全国优秀教材一等奖

“十二五”普通高等教育本科国家级规划教材

电机学

（第三版）

编著　胡敏强　黄学良　黄允凯　徐志科

主审　刘承榆　邱阿瑞

中国电力出版社

CHINA ELECTRIC POWER PRESS

内 容 提 要

本书为“十二五”普通高等教育本科国家级规划教材，并在首届全国教材建设奖评选中获“全国优秀教材一等奖”。

本书是在“九五”“十五”“十一五”国家级规划（重点）教材《电机学》基础上编写的。本书以变压器、异步电机、同步电机和直流电机为研究对象，使读者掌握电机的基本概念、基本原理和基本分析方法，重点是各类电机的稳态性能分析。为紧密结合电气工程最新技术的发展，本次修订在电机材料中增加了非晶合金材料和超导材料的介绍，在异步电机中增加了电子软启动器和双馈型风力发电机的介绍，在直流电机中增加了永磁无刷直流电机的介绍。

本书结合重点内容，设有例题、思考题和习题以及相关的实验说明。本书体系完整，涉及面较宽，主次分明，教学内容灵活，便于教学和自学。

本书可作为高等学校电气工程及其自动化专业主干课程电机学的教材，也可供其他相关专业本科生、研究生学习，还可作为从事电机运行和制造的工程技术人员参考用书。

图书在版编目（CIP）数据

电机学/胡敏强等编著．—3版．—北京：中国电力出版社，2014.7（2023.11重印）

“十二五”普通高等教育本科国家级规划教材

ISBN 978-7-5123-5763-1

Ⅰ．①电… Ⅱ．①胡… Ⅲ．①电机学-高等学校-教材 Ⅳ．①TM3

中国版本图书馆CIP数据核字（2014）第075464号

中国电力出版社出版、发行

（北京市东城区北京站西街19号　100005　http://www.cepp.sgcc.com.cn）

北京雁林吉兆印刷有限公司印刷

各地新华书店经售

*

2005年8月第一版

2014年7月第三版　2023年11月北京第三十二次印刷

787毫米×1092毫米　16开本　24.75印张　602千字

定价**45.00**元

前言

本书是在第一版和第二版的基础上，为了适应当前电机技术发展的最新成果和趋势，依据电气工程及其自动化专业教学大纲修订而成。

随着材料技术、控制技术、电力电子技术、计算电磁学、优化方法、新能源与节能技术等的发展，"电机学"这门古老学科又焕发了新的活力。但就本质而言，电机的基本原理和分析方法并没有发生根本改变。因此，第三版教材继承了原教材的体系和风格，仍以电机电磁基本理论为基础，以稳态运行性能分析为主线，阐述变压器、异步电机、同步电机和直流电机四类电机的基本原理和分析方法。本书是读者后期学习微特电机、电机设计、电机控制等专业课程的基础。

本书结合电气工程最新技术发展，在修订时增加了相关新技术内容，删除或改写了部分陈旧或淘汰的技术内容，更改了个别插图，梳理了部分习题和思考题，主要改动如下：

(1) 在电机材料中增加了对非晶合金材料和超导材料的介绍。非晶合金材料已广泛应用于变压器的设计和制造，在变压器章节中增加对非晶合金变压器的讲解。超导材料在电机领域极具应用潜力，是目前的研究热点，本书在相应章节中增加了超导变压器、超导电抗器、超导电机的介绍。

(2) 特高压直流输电是我国未来远距离输电的发展方向，本书在第五章中介绍了特高压直流输电中所用的换流变压器。

(3) 异步电机中增加了对电子软启动器和双馈型风力发电机的介绍。

(4) 在直流电机中增加了永磁无刷直流电机的章节。永磁无刷直流电机目前应用十分广泛，其原理和传统有刷直流电机类似，性能特点和调速方法也类似，但克服了传统有刷电机噪声大、寿命短的致命弱点，是电机技术的发展热点。该章节放在第五篇中是对直流电机内容的有益补充。

(5) 在全书最后增加了索引，便于读者快速查找本书中电机专有名词的解释；此外，所有名词都配有相应的英文对照，便于读者阅读国外电机相关文献。

本书由东南大学胡敏强教授组织和规划，并对全书进行统稿。其中，第一章由胡敏强教授修订，第一篇和第二篇由徐志科副教授修订，第三篇和第五篇由黄允凯副教授修订，第四篇由黄学良教授修订。

本书是在总结东南大学长期教学和教材建设经验基础上，参考吴大榕教授、周鹗教授、徐德淦教授、濮开贵教授、胡虔生教授、杜炎森教授等编著和修改的电机学教材，吸取了近年来国外和国内教材的长处。编写得到了东南大学“电机学”国家级精品课程团队和兄弟院校老师的大力支持，在此一并表示真诚的感谢。

限于编者水平，书中难免还会存在一些不妥之处，殷切希望读者指正。

编　者

2014 年 4 月

本书是普通高等学校“十五”国家级规划教材。

本书主要内容为电机原理与运行，是电气工程类专业的基本理论和分析方法。本书在内容的选取、编排和论述方式方面进行改革，以适应教学改革的需要。本书的编写思路和特点为：

(1) 以变压器、异步电机、同步电机和直流电机四类典型通用电机为研究对象，以此叙述它们的工作原理和运行特性，着重于稳态性能的分析。本书内容丰富，叙述详实，采用类比方法，前后呼应，循序渐进，不断加深。通过了解本教材涵盖的内容，增加对电机电磁基本理论的理解，掌握电机分析的方法。

(2) 本书编写突出重点，主次分明，减少章节和层次，压缩篇幅。精简的主要方面有：电机的结构和交流、直流绕组的构成；特种电机；直流电机的换向以及同步电机中的一些专题性内容等。本书中的内容做了精心组织，使用中可以比较方便地根据实际情况挑选合适内容讲解，有的内容可供学生自学或查询。

(3) 电机学本科教材中一些难点问题，如谐波问题、不对称问题和暂态过程等，本书中均有叙述，但是对于初学者要求应该得当，本书着重讲清楚物理概念和基本分析方法，以定性分析为主。

(4) 本书对电机领域的新技术和生产实践中热点问题给予关注，丰富教材内容，如交流和直流调速方法；变压器和异步电动机的经济运行；同步电机的进相运行；磁性材料和永磁电机等。

(5) 本书的例题和习题作了调整和充实，每章有小结起总结和提高的作用，使学生掌握物理概念，提高解题能力，取得好的学习效果。本书编写中还对书中重要内容和关键字句加了黑体字，突出要点；还适当增加了插图，简化文字说明。

本书由东南大学胡虔生教授、胡敏强教授合作编写。其中，第一篇和第四篇由胡敏强编写；第一章、第二篇、第三篇和第五篇由胡虔生编写。由胡虔生对全书进行统稿。全书由天津大学刘承榆教授担任主审，刘承榆教授对本书初稿作了仔细审阅，并提出了许多宝贵意见和建议，在此表示衷心的感谢。

本书是在总结东南大学长期教学和教材建设经验基础上，参考吴大榕教授、周鹗教授、徐德淦教授、濮开贵教授等编著和修改的电机学教材，吸取了近年来国外和国内教材的长处。编写得到了东南大学和兄弟院校老师的大力支持，成文过程中杜炎森教授给予了很大帮助，余莉博士生、王曼和陈慧硕士生等在文字录入和稿件整理中付出了辛勤劳动，在此一并表示真诚的感谢。

限于编者水平，书中难免有不妥和疏漏之处，恳请读者批评指正。

编　者

2005 年 3 月于东南大学

本书第二版是在第一版的基础上，为了适应我国现代化建设和教学改革的需要，根据电气工程及其自动化专业新的教学大纲的要求，电机学教材内容需要整合和不断更新。为此，我们进行了第二版的修订工作。

第二版电机学教材继承原教材的体系和风格，仍以电机电磁基本理论为基础，突出重点，以稳态运行性能分析为主线，阐述变压器、异步电机、同步电机和直流电机等四类电机的基本原理和分析方法。微特电机涉及面宽，品种多，原理各异，将另设课程。

修订时，增删或改写了部分内容，更改了个别插图，梳理了部分习题和思考题。增加了电机节能内容，在有关章节中强调以下问题：如何提高交直流电机和变压器的效率，仔细分析电机各种损耗，使用新型导磁、导电材料，减少损耗提高效率；如何减少各种运行状态的能量消耗，改善运行环境，建立电机和变压器经济运行的理念，运用合理的运行方式，使用调速，调电压方法达到电机系统节能的效果。

由于各院校普遍压缩本课程学时（约100学时），原有内容偏多，本书将一些内容列为选学，有关章节前标有"*"，可以简单介绍，不作教学基本要求，具有灵活性。教材只是蓝本，提供本课程比较准确而丰富的素材，使读者能开卷受益。教学中各校情况不同，要求不一，供使用者参考选用。

本书的习题与思考题内容比较宽泛，初学者有一定难度，为此，与本书配套，编写出版了"电机学习题解析"一书，该书有大量思考题和计算题的解答，还包括应用MATLAB解题。

本书仍由东南大学胡虔生教授、胡敏强教授合作编著。胡虔生教授负责统稿。全书由清华大学邱阿瑞教授和天津大学刘承榆教授担任主审，两位教授对本书初稿进行了认真的评阅，提出许多非常宝贵的意见和建议，对此编者深表由衷感谢！

本书第一版出版四年，已印刷8次，印数2.5万册，其间评为电力行业精品教材，被多所高等学校选作教材，得到广大读者的欢迎和支持，东南大学电机学国家级精品课程组老师在使用和修改教材中给予大力支持和无私的帮助，修订过程中广泛听取各方面的意见，得到东南大学黄学良教授、周建华教授和黄允凯副教授等的大力协助，再次表示诚挚的谢意。

书中难免还会存在一些不妥和疏漏，殷切希望读者指正。

编　者

2009年5月于南京

主 要 符 号 表

A　A相（a相）；线负荷
a　并联支路数；复数算子
B　B相（b相）；磁通密度
B_r　剩余磁通密度
b　宽度长
b_m　电纳
C　C相（c相）；并列圈边数；电容；比热
C_e　电动势常数
C_T　转矩常数
C_1　修正系数（异步电机）
D　定子内径
E　电动势（交流表示有效值）
E_{ph}　相电动势
E_C　线圈电动势
E_q　q个线圈合成电动势
e　电动势瞬时值
F　磁动势；力
F_e　电磁力
F_{c1}　线圈磁动势的基波振幅
F_{q1}　线圈组磁动势的基波振幅
F_{m1}　磁动势的基波振幅
f　频率；磁动势瞬时值
G　重量
g_m　电导
H　磁场强度
H_c　矫顽磁力
I　电流（交流表示有效值）
I_μ　励磁电流中磁化电流
I_{Fe}　励磁电流中铁耗电流
i　电流瞬时值
J　转动惯量
j　电流密度
K　换向器片数
K_d　分布因数
K_p　节距因数
K_N　绕组因数
K_m　过载能力
k_v　电压波形正弦畸变率
k　电压变比（变压器）
k_k　短路比
k_A　自耦变压器变比
L　电感
l　长度
M　互感
m_1　定子相数
N　串联匝数
N_c　线圈的匝数
n　转速
n_1　同步转速
P　功率（有功）
P_1　输入功率
P_2　输出功率
P_i　机械功率
P_M　电磁功率
p　损耗；极对数
p_{Cu}　铜损耗
p_{Fe}　铁损耗
p_{ad}　附加损耗
p_{mec}　机械损耗
Q　无功功率；热量
q　每极每相槽数
R　电阻（r电阻）
R_m　磁阻；励磁电阻
r_Δ　附加电阻
S　视在功率；面积；每槽导体数
s　转差率；秒
s_k　最大转矩时转差率

T	转矩（电磁转矩）；时间常数；周期
T_1	输入转矩
T_2	输出转矩
T_J	加速转矩
T_{pi}	牵入转矩
T_{a3}	非周期电流衰减时间常数
T'_{d3}	瞬变电流衰减时间常数
T''_{d3}	超瞬变电流衰减时间常数
T_{d0}	定子开路时励磁绕组电流自由分量衰减时间常数
T_c	换向周期
t	时间
U	电压（交流表示有效值）
U_{ph}	相电压
U_M	磁位差
u	电压瞬时值
ΔU	电压变化率；电刷接触电压降
W	功；能
W_m	磁场储能
X	电抗（x 电抗）
X_s	同步电抗
x_p	保梯电抗
Y_m	导纳
y	绕组合成节距
y_1	第一节距
y_2	第二节距
Z	阻抗；槽数
Z_L	负载阻抗
α	槽距角
β	短距角；负载系数
δ	功率角；气隙
θ	功率因数角；温升
Ψ	磁链
ψ	内功率因数角
Λ	磁导
μ	磁导率
σ	电导率
η	效率
τ	极距
Φ	磁通有效值
Φ_m	磁通最大值
ϕ	磁通瞬时值
Ω	机械角速度
ω	电角频率

上角标的含义：

“′”	归算值；瞬态值
“″”	超瞬态值
“·”	相(矢)量值

下标（右）的含义：

1	定子侧；一次侧（变压器）；基波
2	转子侧；二次侧（变压器）；二次谐波（3，4，…次谐波，类推）
+	正序
−	负序
0	零序；空载
*	标幺值
a	电枢
d	直轴
q	交轴
f	励磁（直流）
m	励磁（交流）
k	短路；换向极
N	额定
st	起动
av	平均（值）
v	v 次谐波
σ	（泄）漏
max	最大（值）
min	最小（值）

第一篇 变 压 器

第二篇 交流电机的共同问题

第三篇　异　步　电　机

第四篇　同　步　电　机

第五篇　直　流　电　机

第一章

概　述

第一节　电 机 的 分 类

电能是能量的一种形式。与其他形式的能源相比，电能具有明显的优越性，它适宜于大量生产、集中管理、远距离传输和自动控制。故电能在工农业及人类生活中获得广泛的应用。作为与**电能**生产、输送和应用有关的**能量转换装置——电机**，在电力工业、工矿企业、农业、交通运输业、国防、科学文化及日常生活等方面都是十分重要的设备。

电力工业中，将机械能转换为电能的发电机以及将电网电压升高或降低的变压器都是电力系统中的关键设备。在工矿企业中的各种工作母机、压缩机、起重机、水泵、风机，交通运输中的汽车电器、电力机车，农业中的电力排灌、农产品加工，日常生活中的各种电器，以及国防、文教、医疗等领域都需要不同特性的电机来驱动和控制。随着工业企业电气化、自动化、电脑化的发展，还需要众多的各种容量的精密控制电机，作为整个自动控制系统中的重要元件。

显然，电机在国民经济建设中起着重要的作用，随着生产的发展和科学技术水平的提高，它本身的内容也在不断地深化和更新。

电机的用途广泛，种类很多，电机按照在应用中的能量转换职能来分，可以分为下列各类。

(1) **发电机**：将机械功率转换为电功率。

(2) **电动机**：将电功率转换为机械功率。

(3) 将电功率转换为另一种形式的电功率的电机又可分为：

1) **变压器**：输出和输入有不同的电压；

2) **变流机**：输出与输入有不同的波形，如将交流变为直流；

3) **变频机**：输出与输入有不同的频率；

4) **移相机**：输出与输入有不同的相位。

(4) 不以功率传递为主要职能，而在电气机械系统中起调节、放大和控制作用的各种控制电机。

按照所应用的电流种类，电机可以分为**直流电机**和**交流电机**。

电机还可以按原理和运动方式来分，可分为：

(1) **直流电机**：没有固定的同步速度。同步速度决定于该电机的极数和频率，同步速度的确切意义将在后文说明。

(2) **变压器**：静止设备。

(3) **异步电机**：作为电动机运行时，速度较同步速度为小；作为发电机运行时，速度较同步速度为大。

(4) **同步电机**：速度等于同步速度。

(5) **交流换向器电机**：速度可以在宽广范围内随意调节，可以从同步速度以下调至同步速度以上。

各种控制电机可分别归入以上各类中。

本书按原理分类，主要学习变压器、异步电机、同步电机和直流电机四大类电机。

第二节　电机的磁路和磁路定律

电和磁是构成电机的两大要素，相互关联，缺一不可。电在电机中主要是以路的形式出现，即由电机内的线圈（或绕组）构成电机的电路。有关电机电路的理论知识，在先修课"电路"中已进行了详细的讲授，这里不再重复。磁在电机中是以场的形式存在的，一般工程分析计算时，常把磁场简化为磁路来处理，而其准确度也已满足要求。与电路相比，磁路方面的理论知识有必要进行总结和补充。本节主要介绍磁路的基本概念和分析方法。

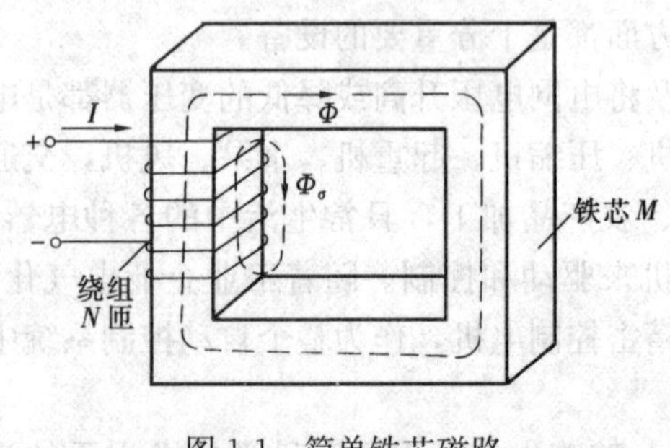

图 1-1　简单铁芯磁路

一、磁场、磁路

运动电荷（电流）的周围空间存在着一种特殊形态的物质，人们称之为**磁场**。在电机和变压器里，常把线圈套装在铁芯上，当线圈中流过电流，在线圈周围的空间就会形成磁场，如图 1-1 所示。其中铁芯由铁磁材料构成，导磁性能比空气好得多，磁通几乎全部在铁芯中流通（即 Φ），而在空气中只存在少量分散的磁通（即 Φ）。所以在一般工程计算中，电机中的磁场常简化为磁路来处理。

二、磁感应强度（磁通密度）$\boldsymbol{B}$、磁通量 $\boldsymbol{\Phi}$

磁场的大小和方向可用基本物理量**磁感应强度**来描述，用符号 B 表示，单位是 T（特斯拉），是一个矢量。

在给定的磁场中，某一点的磁感应强度 B 的大小和方向都是确定的。若设想用假想存在的曲线来表示磁场的分布，则应规定曲线上的每一点的切线方向就是该点的磁感应强度 B 的方向。这样的曲线叫做**磁感应线**或**磁力线**。

磁感应线具有以下特征：

(1) 磁感应线的回转方向和电流方向之间的关系遵守**右手螺旋法则**。如图 1-1 所示，四指指向电流的方向，则拇指将指向磁场的方向。

(2) 磁场中的磁感应线不会相交，因为磁场中每点的磁感应强度的方向是确定的、唯一的。

(3) 载流导线周围的磁感应线都是围绕电流的闭合曲线，没有起点，也没有终点。

为了使磁感应线不但能表示磁场的方向，而且能描述磁场各处的强弱，人们以磁感应线的疏密程度来表示该处磁感应强度 B 的大小。对磁感应线的密度规定如下：通过磁场中某点处垂直于 B 矢量的单位面积上的磁感应线数目（磁感应线密度）等于该点 B 的数值。因此，磁场强的地方，B 大，磁感应线密；磁场弱的地方，B 小，磁感应线稀。对均匀磁场来说，磁场中的磁感应线相互平行，各处的磁感应线密度相等；对非均匀磁场来说，各条磁感应线相互不平行，各处的磁感应线密度不相等。

通过磁场中某一面积的磁感应线数称为通过该面积的磁通量，简称**磁通**，用符号 Φ 表示。在国际单位制中它的单位是 Wb（韦伯），它是一个标量。根据上述磁感应强度，磁感应线和磁通量的定义，由图 1-2 可见，对于均匀磁场，穿过面积 S 的磁通量 Φ 为

$$\Phi = BS\cos\theta \tag{1-1}$$

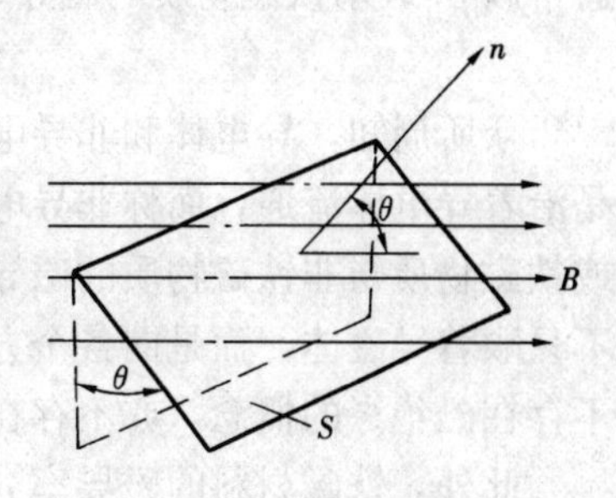

图 1-2 磁通量

式中 θ——面积 S 的法线 n 和 B 之间的夹角。

可见当磁感应线与平面正交时通过平面的磁通量为最大；当两者平行时，通过平面的磁通量为零。

通过任意曲面的磁通量为

$$\Phi = \int_s \mathrm{d}\Phi = \int_s B\cos\theta \mathrm{d}S \tag{1-2}$$

式中 $\mathrm{d}S$——曲面的单元面积，其面积分即为通过该曲面的磁通量。

根据矢量标积的定义，式（1-2）可写成

$$\Phi = \int_s \boldsymbol{B}\mathrm{d}\boldsymbol{S} \tag{1-3}$$

由于磁感应线是闭合的，因此对任意封闭曲面来说，进入该闭合曲面的磁感应线，一定等于穿出该闭合曲面的磁感应线。如规定磁感应线从曲面穿出为正，穿入为负，则通过任意封闭曲面的磁通量总和必等于零，即有

$$\oint_s B\cos\theta \mathrm{d}S = 0 \tag{1-4}$$

这个结论叫做**磁场的高斯定理**，也称为**磁通连续性定理**，说明磁感应线既无始端，亦无终端，而是连续的。

由式（1-2）可见，如果取面积单元 $\mathrm{d}S$ 垂直于该点处的磁感应强度 B，则 $\cos\theta=1$，$\mathrm{d}\Phi=B\mathrm{d}S$ 或 $B=\mathrm{d}\Phi/\mathrm{d}S$，说明某点的磁感应强度就是该点的磁通密度，所以在工程中常称**磁感应强度**为**磁通密度**。于是磁感应强度的单位亦可写成 $\mathrm{Wb/m^2}$。若某一面积 S 上磁通密度分布均匀，且与该面积相垂直时，有

$$\Phi = BS \tag{1-5}$$

三、磁场强度 $\boldsymbol{H}$、磁导率 $\boldsymbol{\mu}$

表征磁场性质的另一个基本物理量是**磁场强度**，它也是一个矢量，用符号 H 表示，其单位为 A/m（安/米）。磁场的两个基本物理量之间存在着下列关系

$$B = \mu H \tag{1-6}$$

式中 μ——磁导率，由磁场该点处的介质性质所决定，H/m（亨/米）。

磁导率的数值随介质的性质而异，变化范围很大。在电机中应用的材料，一般按其导磁性能分为**非铁磁材料和铁磁材料**。

（1）**非铁磁材料**如空气、铜、铝和绝缘材料等，它们的磁导率可认为等于真空磁导率 μ_0，$\mu_0 = 4\pi\times10^{-7}\,\mathrm{H/m}$。

（2）**铁磁材料**如铁、镍、钴及其合金，其磁导率远大于真空磁导率数千倍甚至上万倍。

通常以 μ_r 表示铁磁物质的磁导率 μ 比真空磁导率 μ_0 增大的倍数，称为**相对磁导率**，即

$$\mu = \mu_r \mu_0 \tag{1-7}$$

众所周知，导电体和非导电体的电导率之比，其数量级可达 10^{16} 之巨大。所以一般电流是沿着导电体流通，而称非导电体为电绝缘体，电主要以路的形式出现。导磁体与非导磁体或铁磁物质与非铁磁物质的磁导率之比，其数量级仅为 $10^3 \sim 10^5$。所以磁感应线（磁力线）不只顺着导磁体，而是向各个方向散播的，即有相当一部分磁力线流经非导磁材料。因此，不存在磁绝缘的概念，亦不存在磁绝缘体物质。实际上，磁是以场的形式存在的。

此外，铁磁材料的磁导率 μ 不是一个常数，B 与 H 呈非线性关系，而电路中导体的电导率通常是常数，电路大多是线性电路。因此，磁路计算比电路计算复杂。

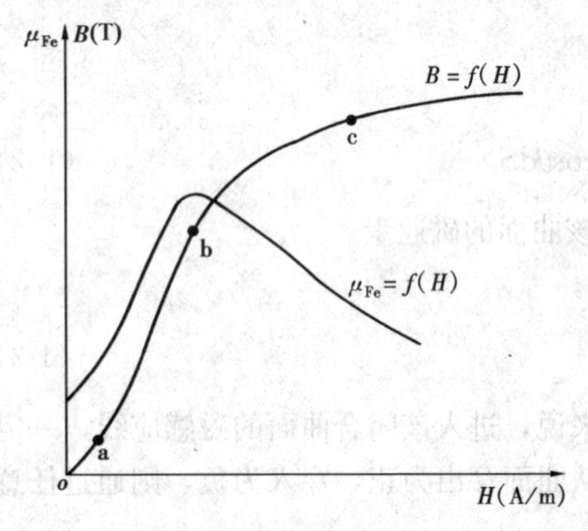

图 1-3　典型的磁化曲线

四、铁磁材料的 *B-H* 曲线

铁磁材料（也称导磁材料或磁性材料）的**磁化**，是由于它内部存在很小的**磁畴**，无外磁场时，这些磁畴无序排列，对外不显磁性；若将铁磁材料放在外磁场中，磁畴的轴线将逐渐趋于一致，由此形成一个附加磁场，叠加于外磁场，使合成磁场大大加强。而非铁磁材料无此附加磁场，在同样条件下，所激励的磁场要小得多，磁导率也小，接近于真空磁导率 μ_0。非铁磁材料的磁通密度 B 和磁场强度 H 之间呈直线关系，其斜率就是 μ。铁磁材料增大磁场强度 H 时，材料中的磁通密度 B 将随之迅速增大，其磁导率很大且不是一个常数，B 与 H 之间的关系曲线称为**磁化曲线**，也称为 *B-H* 曲线。它是磁性材料最基本的特征。典型的磁化曲线如图1-3所示。

图 1-3 中区域 oa 段为**起始段**，这时候材料的磁导率较小，称为起始磁导率。继续增大 H，到达区域 ab 段，此时磁导率迅速增大至保持基本不变，*B-H* 关系近似为直线，称为**线性区**。如果电机的磁性材料工作在这个区域，便可近似应用线性理论来分析。区域 bc 段中材料的磁导率逐渐变小，其间 H 增大，B 的增长率减慢，到达 c 点后，B 增加更缓慢，c 点称饱和点，该区域称为**饱和区**。由此可见，**不但不同的磁性材料有不同的磁导率，同一材料当其磁通密度不同时，亦有不同的磁导率**，如

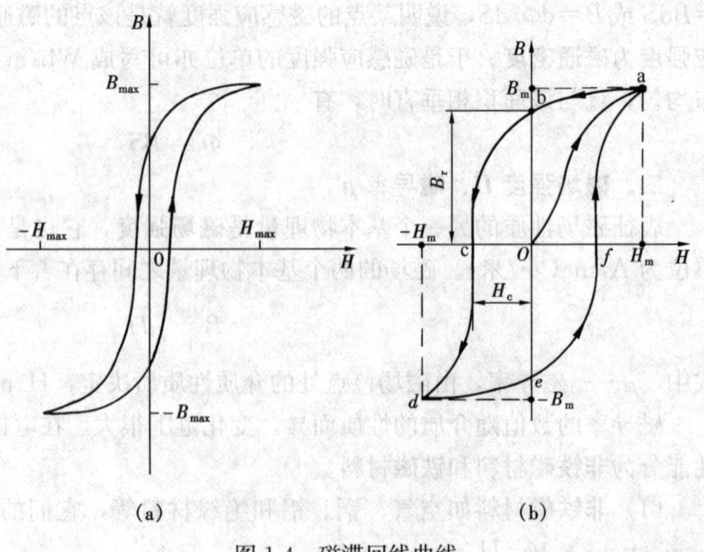

图 1-4　磁滞回线曲线
(a) 软磁材料；(b) 硬磁材料

图 1-3 中曲线 $\mu_{Fe}=f(H)$。设计电机时，通常将铁芯中磁通密度选在曲线拐弯处，即 b 点附近。

如果将铁磁材料进行周期性磁化，外磁场增加的上升磁化曲线与相应外磁场减少的下降磁化曲线不会重合，如图1-4所示。这种现象称为**磁滞现象**。如果磁场强度 H 缓慢地循环变化，B-H 曲线便是一封闭曲线，称为**磁滞回线**。返回点的 H 不同，磁滞回线的宽度和高度亦不相同；当 H 和 B 充分饱和后，磁滞回线不再增大，此最大的磁滞回线称为极限磁滞回线。极限磁滞回线与纵坐标的交点 B_r 称为**剩余磁感应强度**或**剩余磁通密度**，表示当外施磁场减小到零($H=0$)时，所剩余的磁通密度。要使磁通密度减小至零，必须加上反向磁场，其数值为磁滞回线与横坐标的交点 H_c，称为**矫顽磁力**。B_r 与 H_c 是磁性材料的重要参数。

根据矫顽磁力 H_c 的大小和磁滞回线的形状，磁性材料分为软磁材料和硬磁材料（也称永磁材料）。

（1）**软磁材料**。其 H_c 小，磁滞回线较狭窄［见图 1-4（a）］，而磁导率很大，容易被磁化，在较低的外磁场作用下就能产生较高的磁通密度，一旦外磁场消失，其磁性亦基本上消失。电机中应用的导磁体，如铸钢、铸铁、电工钢片等均系软磁材料。工程上对这些软磁材料都采用连接各磁滞回线顶点的曲线表征该材料的 B-H 曲线，这种曲线称基本磁化曲线，也就是一般手册和书中软磁材料的磁化曲线。

（2）**硬磁材料**。其 H_c 大，磁滞回线宽阔［见图 1-4（b）］，而磁导率较小，不容易磁化，也不容易去磁，当外磁场消失后，它们能保持相当强且稳定的磁性。硬磁材料可在电机中用做永久磁铁，以便在没有线圈电流产生磁动势的情况下为电机提供一个恒定磁场。近来发展很快的各类永磁电机就采用此类材料。

当前，常用的**永磁材料**有铁氧体、铝镍钴和稀土永磁材料三种。由图 1-5 可以看出：①**铁氧体**，它是铁与其他一种或多种金属元素（如锶、钡等）的复合化合物，此类材料 H_c 较大，而 B_r 不大，温度对磁性能影响较大，因其价格低廉，故在电机中应用较广。②**铝镍钴**，它是铁和镍、铝、钴的合金，B_r 较大，而 H_c 不大。③**稀土永磁材料**，这是 20 世纪 60 年代以来发展的新型永磁材料，常用的有钕铁硼和钐钴两种。其中钕铁硼材料比钐钴磁性能更好。该材料综合磁性能好，B_r、H_c 和最大磁能积 $(BH)_{max}$ 均大，不足之处是允许工作温度较低，且价格较高，对于性能要求较高的永磁电机使用较多。通常永磁材料的磁性能主要用 B_r、H_c 和 $(BH)_{max}$ 三项指标来表征，一般这些指标越大表示磁性能越好。

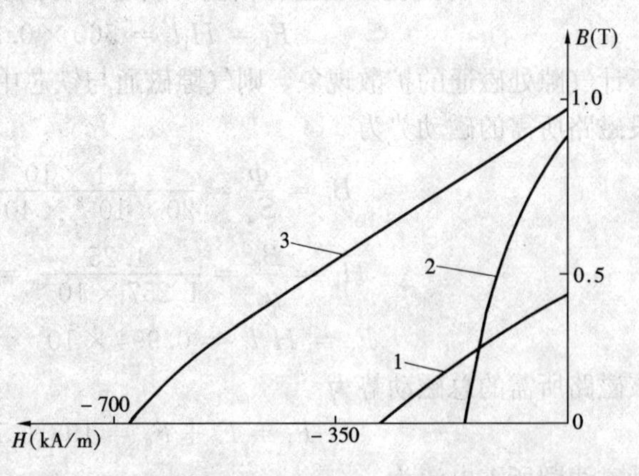

图 1-5 常用永磁材料的磁性能

1—铁氧体；2—铝镍钴；3—钕铁硼

硬磁材料的性能可由极限磁滞回线在第二象限内的部分，即**去磁曲线**来阐明。永磁电机的工作点将由去磁曲线和外磁路的状况而定。

【例 1-1】 图 1-6（a）所示磁路由硅钢片叠成，图 1-6（b）所示为硅钢片的磁化曲线。图中尺寸的单位是 mm，励磁线圈有 1000 匝。试求当铁芯中磁通为 1×10^{-3} Wb 时，励磁线

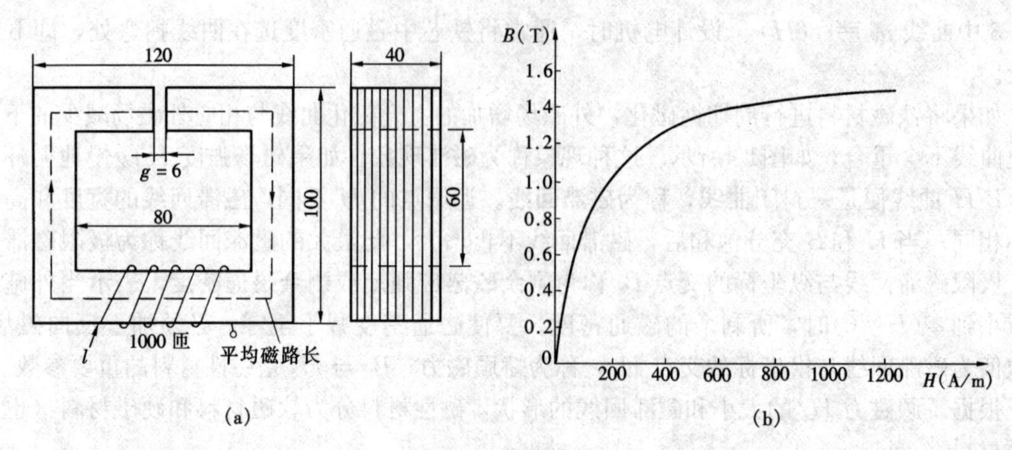

图 1-6 ［例 1-1］图

(a) 磁路；(b) 磁化曲线

圈的电流应是多少。

解 设铁芯的叠片因数（叠片净厚度与总厚度之比）为 0.94，则铁芯的净面积为

$$S_i = 20 \times 10^{-3} \times 40 \times 10^{-3} \times 0.94 = 0.752 \times 10^{-3}(\text{m}^2)$$

铁芯磁路的平均长度为

$$l_i = 2(100 + 80) - 6 = 354(\text{mm}) = 0.354(\text{m})$$

铁芯中的平均磁通密度为

$$B_i = \frac{\Phi}{S_i} = \frac{1 \times 10^{-3}}{0.752 \times 10^{-3}} = 1.33(\text{T})$$

由图 1-6（b）的磁化曲线查得相应的铁芯磁场强度为 560A/m。铁芯段磁路所需的磁动势为

$$F_i = H_i l_i = 560 \times 0.354 = 198(\text{A})$$

不计气隙处磁通的扩散现象，则气隙磁通与铁芯中的磁通相同，因此气隙的磁场强度和气隙段磁路所需的磁动势为

$$B_g = \frac{\Phi}{S_g} = \frac{1 \times 10^{-3}}{20 \times 10^{-3} \times 40 \times 10^{-3}} = 1.25(\text{T})$$

$$H_g = \frac{B_g}{\mu_0} = \frac{1.25}{1.257 \times 10^{-6}} = 0.994 \times 10^6(\text{A/m})$$

$$F_g = H_g l_g = 0.994 \times 10^6 \times 6 \times 10^{-3} = 5964(\text{A})$$

该磁路所需的总磁动势为

$$F_l = F_i + F_g = 198 + 5964 = 6162(\text{A})$$

励磁线圈所需电流为

$$I = \frac{F_l}{N} = \frac{6162}{1000} = 6.162(\text{A})$$

由该题可见，虽然铁芯段长度较气隙长了近 60 倍，但其所需的磁动势却仅占总磁动势的 3.1%。因此，在估算时往往可以只计算气隙段所需磁动势，亦不会带来太大的误差。

实际上，气隙处磁感应线有扩散现象，气隙所需磁动势比上面算的值为小。一般说来，这种磁通扩散现象可以由修正气隙截面的方法来处理。通常将气隙截面的长、宽均用增大一个气隙长度 g 来修正。于是［例 1-1］中的气隙计算截面积为

$$S'_g = (20 + 6) \times 10^{-3} \times (40 + 6) \times 10^{-3} = 1.196 \times 10^{-3}(\text{m}^2)$$

经过修正后可算得 F'_g=3990A，线圈励磁电流仅为 4.2A。可见由于不存在磁绝缘而呈现的

磁通扩散现象的影响是相当大的。

五、铁芯损耗 p_{Fe}

当导磁材料位于交变磁场中被反复磁化，其中 B-H 关系便是磁滞回线。此时导磁材料中将引起能量损耗，称为**铁芯损耗**。铁芯损耗分为两部分，即磁滞损耗和涡流损耗。

（1）**磁滞损耗**。磁滞损耗是导磁体反复被磁化，其磁畴相互间不停地摩擦，分子运动所消耗的能量。磁滞回线所包含的面积表示了单位体积导磁材料在磁化一周的进程中所消耗的能量，即

$$p_{hc} = V\oint H \mathrm{d}B \tag{1-8}$$

式中　p_{hc}——每磁化一周引起的磁滞损耗；

V——导磁体的体积。

工程上常用 p_h 表示每秒消耗的磁滞损耗能量，经验公式为

$$p_h = k_h V f B_m^n \tag{1-9}$$

式中　k_h——由导磁体材料决定的磁滞损耗系数；

f——磁场交变频率亦即导磁体被反复磁化的频率；

B_m——磁化过程中的最大磁通密度；

n——与材料性质有关，其数值在 1.5～2.0 之间，作估算时可取 n=2.0。

（2）**涡流损耗**。因为铁芯是导磁体亦是导电体，交变磁场在铁芯内产生自行闭合的感应电流，即称为**涡流**，涡流在铁芯中产生焦耳损耗，即所谓**涡流损耗**。频率越高，磁通密度越大，感应电动势就越大，涡流损耗也越大；铁芯的电阻率越大，涡流流过的路径越长，涡流损耗就越小。如图 1-7 所示，电机铁芯通常由加入适量硅的硅钢片（又称电工钢片）叠压而成，由于硅的加入使铁芯材料的电阻率增大，硅钢片沿磁力线方向排列，片间有绝缘层，叠片越薄，损耗越低，这样增大涡流回路的电阻以减小涡流损耗。如不计饱和影响，由正弦波电流所激励的交变磁场中的铁芯涡流损耗 p_e 的经验公式为

$$p_e = k_e V f^2 \tau^2 B_m^2 \tag{1-10}$$

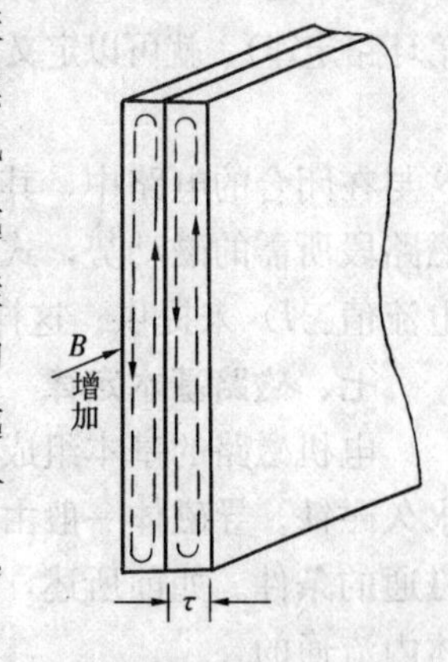

图 1-7　硅钢片中的涡流

式中　k_e——取决于铁芯材料性质的涡流损耗系数；

τ——叠片的厚度，在 50Hz 交变磁场中的叠片厚度一般在 0.3～0.5mm 之间；其余符号的含义同前。

铁芯损耗为磁滞损耗和涡流损耗之和，p_{Fe} 为

$$p_{Fe} = p_h + p_e = (k_h f B_m^n + k_e f^2 \tau^2 B_m^2)V \tag{1-11}$$

对于一般电工钢片，B_m 在 1.8T 以内，可以近似表示为

$$p_{Fe} = k_{Fe} f^{1.3} B_m^2 V \tag{1-12}$$

式中　k_{Fe}——铁芯的损耗系数。

由此可见，铁芯中有恒定磁通并不消耗功率，只有交变磁通才会在铁芯中产生铁芯损耗。铁芯损耗与铁芯材料的特性（k_{Fe}）、磁通密度（B_m）、频率（f）及铁芯体积（V）有关。

工程应用时，由实验测出并以曲线或表格表示各种铁磁材料在不同频率、不同磁通密度

下的比损耗 p（单位：W/kg）（包括磁滞损耗和涡流损耗）来计算铁磁损耗 p_{Fe}。

铁芯损耗均转化为热能，使铁芯温度升高，为防止电机过热，一方面采用硅钢片以减小铁芯损耗，另一方面则应采取散热降温措施。

六、全电流定律

在磁场中，磁场强度矢量 H 沿任一闭合路径的线积分等于穿过该闭合路径的限定面积中流过电流的代数和。其数学表达式为

$$\oint_l H \mathrm{d}l = \sum_{k=1}^{n} I_k = NI \tag{1-13}$$

式中 N——闭合路径链着的线圈匝数；

I——线圈中的电流。

式（1-13）积分回路的绕行方向和产生该磁场的电流方向符合**右手螺旋法则**。

磁场强度沿一条路径 l 的线积分定义为该路径上的**磁位差**（又称**磁压**），以符号 U_M 表示，其单位为 A，即有

$$U_M = \int_l H \mathrm{d}l \tag{1-14}$$

由于磁场是由电流所激发，故式（1-13）中磁场回路所匝链的电流称为**磁动势**，通常以符号 F 表示，其单位和磁压一样均为 A。这样，说明电流和它所产生的磁场之间的关系的**全电流定律**（安培环路定律），就可以定义为：**沿着磁场中任一闭合回路，其总磁压等于总磁动势**，有

$$\Sigma U_M = \Sigma I_k = \Sigma F \tag{1-15}$$

这与在闭合的电路中，其总的电压降等于总的电动势相似。有时亦常称某磁路段的磁压为某磁路段所需的磁动势，式（1-15）可理解为闭合磁路各段所需的磁动势由磁动势源（励磁总电流值 ΣI）来提供。这样，就隐去了磁压这一名称。

七、磁路基本定律

电机磁路的基本组成部分是磁动势源和导磁体。磁动势源可以是带电的线圈，亦可以是永久磁铁。导磁体一般由电工钢片（硅钢片）、铸钢或合金构成，其作用是提供建立较大的磁通的条件。如前所述，虽然没有什么磁绝缘，可是磁通的绝大部分是循着磁导率大的导磁体内流通的。

（1）**磁路欧姆定律**。图 1-8（a）示出了单相壳式变压器的磁路，中间通以电流的一次绕组为磁动势源，为简单起见设变压器二次绕组开路，所以图 1-8（a）中未予画出。由电工钢片叠成的铁芯为导磁体，可以认为磁通完全在导磁体中通过。由式(1-15)可知，对磁路中任一段磁路，例如截面积为 S_{c1}、长为 l_{c1} 的变压器中间芯柱，假设在芯柱截面上磁通密度为均匀分布，则该段磁路的磁通和磁压为

$$\left.\begin{aligned} \Phi_{c1} &= B_{c1} S_{c1} \\ U_{Mc1} &= H_{c1} l_{c1} \end{aligned}\right\} \tag{1-16}$$

与电路中电流和电压降的关系相似，定义

$$R_{Mc1} = \frac{U_{Mc1}}{\Phi_{c1}} \tag{1-17}$$

为该芯柱段的**磁阻**。式（1-17）指出了一个磁路段上的磁通与磁压间的关系，称为**磁路的欧**

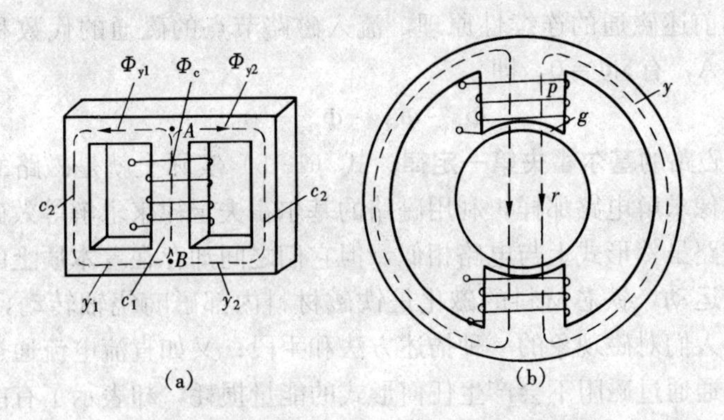

图 1-8　单相壳式变压器与直流电机的磁路

(a) 单相壳式变压器磁路；(b) 直流电机磁路

姆定律。

设 μ 为该段磁路导磁体的磁导率，即该段的磁感应强度与磁场强度之间的关系为 $B_{c1}=\mu H_{c1}$，则广义而言，式 (1-17) 表示的磁路段的磁阻为

$$R_m=\frac{l}{\mu S} \tag{1-18}$$

磁阻的表示式与导体电阻表示式相似。同样，磁阻的倒数被称为**磁导**，用符号 Λ 表示。上述磁路段的磁导为

$$\Lambda=\frac{1}{R_m}=\frac{\Phi}{U_M} \tag{1-19}$$

或

$$\Lambda=\mu\frac{S}{l} \tag{1-20}$$

磁阻和磁导的单位均可由磁通和磁压的单位导出，在 SI 制中磁导的单位是 H 或 Wb/A，磁阻的单位是 H^{-1} 或 A/Wb。

铁磁材料的 μ 比非铁磁材料的大许多，且非线性，故其磁阻 R_m 较小，而磁导 Λ 较大，且均为磁密 B 的函数，所以数值计算时很少去直接计算磁阻或磁导。

(2) **磁路基尔霍夫定律**。和电路相似，磁路也可由磁动势、磁阻或磁导和磁通等参数构成一个等效磁路。根据实际磁路作等效磁路时，用与电源相仿的磁动势源符号代替通有电流的励磁线圈。顺着磁通路径用相应的磁阻代替各磁路段。凡磁路段的截面不同或材料不同、通过的磁通量不同时，则需用不同的磁阻来表示。各段的磁通则像电流那样可用箭头表示。图 1-9 表示了图 1-8 中变压器磁路和直流电机磁路的等效磁路。

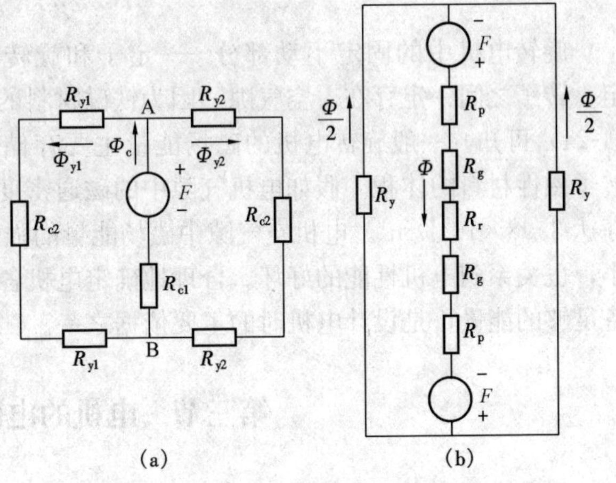

图 1-9　图 1-8 中变压器与直流电机的等效磁路

(a) 变压器等效磁路；(b) 直流电机等效磁路

根据每段磁路的几何尺寸及材料特性，便可按式 (1-18) 来计算磁路中的

各个磁阻值。根据前述磁通的连续性原理，流入磁路节点的磁通的代数和应等于零。如图1-9（a）中的节点A，有$\sum\Phi=0$，即

$$\Phi_c-\Phi_{y1}-\Phi_{y2}=0 \tag{1-21}$$

式（1-21）亦称为磁路的**基尔霍夫第一定律**。式（1-15）实际上就是磁路的**基尔霍夫第二定律**。这样，就可以像求解电路那样，利用磁路的基尔霍夫定律来求解等效磁路。

必须指出，磁路虽然形式上与电路相似，但它们之间却存在着**本质上的不同**。如电流是真实的带电粒子的运动，铁芯材料的磁化是铁磁材料内部磁畴绕轴转动，形成一个附加磁场，而磁通仅仅是人们对磁现象的一种描述方法和手段；又如直流电流通过电阻时会引起能量损失，而恒定磁通通过磁阻不会产生任何形式的能量损耗，却表示了有能量存储在该磁阻表示的磁路段中。

八、磁场储能 W_m

已知磁场是一种特殊形式的物质，磁场中能够存储能量，该能量是在磁场建立过程中，由外部能源的能量转换而来的。在电机中就是通过这个磁场储能来实现机、电能量转换的。

磁场中的体积能量密度w_m可由下式确定

$$w_m=\frac{1}{2}BH \tag{1-22}$$

式中 B——磁场中某点的磁通密度；

H——磁场中某点的磁场强度；

w_m——磁场中该点处的能量密度。

显然，磁场的总储能是磁能密度的体积分，即

$$W_m=\int_v w_m\mathrm{d}V \tag{1-23}$$

对于线性介质，磁导率为常数，则式（1-22）可写成

$$w_m=\frac{B^2}{2\mu}=\frac{B^2}{2\mu_r\mu_0} \tag{1-24}$$

旋转电机中的固定不动部分——定子和旋转部分——转子均系铁磁材料构成。显然，定、转子之间一定存在着空气隙。因为铁磁材料的磁导率高于空气的磁导率达数千倍，由式（1-24）可知，一般旋转电机的磁场能量主要存储在空气隙中，虽然气隙的体积远小于定、转子磁性材料的体积。假如电机气隙中的磁通密度为1T时，气隙中单位体积的磁场储能将高达$3.98\times10^5\mathrm{J/m^3}$。电机空气隙中磁场能量的强弱，直接决定着电机可能转换的功率的大小，也关系到电机性能的好坏。合理地确定电机各部分尺寸及选择工作密度，使气隙磁场具备足够的能量，是设计电机时的主要依据之一。

第三节 电机的电磁基本理论

电机是通过电磁感应原理来实现能量变换的机械。依据下列基本规律：设在任一导体中有电流流通，则在该导体周围便有磁场产生；设在任一线圈中的磁链发生变化，则该线圈中

便有感应电动势产生。

一、电感 L

如图 1-10 所示，电机中的导体都是绕成各种各样的线圈，线圈中流过电流将产生磁场，穿过线圈的磁通形成磁链。磁链通常用符号 Ψ 表示。

设线圈有 N 匝，通过电流后产生匝链线圈的磁通为 Φ，则磁链为

$$\Psi = N\Phi \tag{1-25}$$

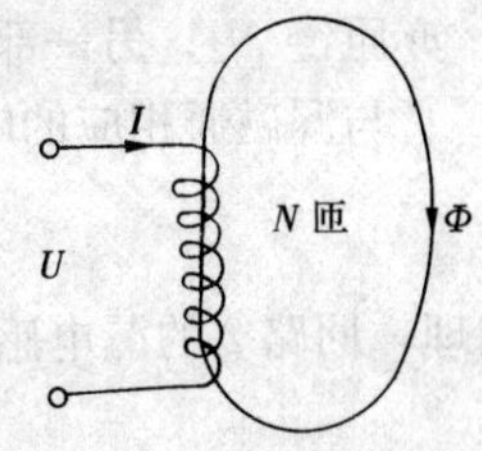

图 1-10 线圈的电感

对于磁路的磁导率为恒值时，或气隙磁路起主导作用时，该磁链与流过线圈的电流之间有正比关系，可写成

$$\Psi = LI \tag{1-26}$$

或

$$L = \frac{\Psi}{I} \tag{1-27}$$

式中 L——比例系数，称为**电感**。

换言之，**一个线圈通过单位电流所产生的磁链称为该线圈的电感**，它是反应导体（线圈）电磁特性的参数，在 SI 制中电感的单位是 H。式（1-27）亦可写成

$$L = \frac{\Psi}{I} = \frac{N\Phi}{I} = \frac{N\Lambda F}{I} = \Lambda N^2 = \frac{N^2}{R_m} \tag{1-28}$$

由式（1-28）可见电感与线圈匝数的平方成正比，与磁场介质的磁导成正比关系（与磁阻成反比），而和线圈所加的电压、电流或频率无关。

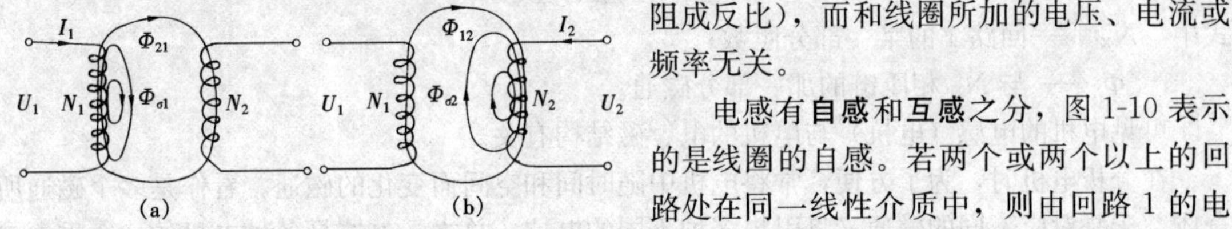

图 1-11 回路间的互感

(a) 回路 1 有电流产生磁链；(b) 回路 2 有电流产生磁链

电感有**自感**和**互感**之分，图 1-10 表示的是线圈的自感。若两个或两个以上的回路处在同一线性介质中，则由回路 1 的电流 I_1 所产生而和回路 2 相匝链的磁链表示为 Ψ_{21}，如图 1-11（a）所示。

该磁链与电流 I_1 的比例系数为

$$M_{21} = \frac{\Psi_{21}}{I_1} \tag{1-29}$$

式中 M_{21}——回路 1 对回路 2 的互感。

同理，回路 2 对回路 1 的互感［见图 1-11（b）］为

$$M_{12} = \frac{\Psi_{12}}{I_2} \tag{1-30}$$

上两式中，Ψ_{21} 和 Ψ_{12} 均是互感磁链，下标中第一个数字表示磁通所穿过的回路的代号，第二个数字表示产生磁通的电流回路。和式（1-28）相似，可以写出互感的表达式

$$\left.\begin{aligned} M_{21} &= \frac{\Psi_{21}}{I_1} = \frac{N_2\Phi_{21}}{I_1} = \frac{N_2\Lambda_{21}N_1I_1}{I_1} = \Lambda_{21}N_1N_2 \\ M_{12} &= \frac{\Psi_{12}}{I_2} = \frac{N_1\Phi_{12}}{I_2} = \frac{N_1\Lambda_{12}N_2I_2}{I_2} = \Lambda_{12}N_1N_2 \end{aligned}\right\} \tag{1-31}$$

由图可见 $\Lambda_{12} = \Lambda_{21}$，所以互感 M_{12} 与 M_{21} 是相等的。

参看图 1-11，I_1 所产生的磁通可看成由两部分组成。一部分为互磁通 Φ_{21}，它既匝链 N_1 亦匝链 N_2；另一部分为 $\Phi_{\sigma1}$，它只匝链 N_1。称 $\Phi_{\sigma1}$ 为回路 1 的漏磁通，相应的磁链为 $\Psi_{\sigma1}$。与漏磁通相应的电感称为**漏电感**，为

$$L_{\sigma1} = \frac{\Psi_{\sigma1}}{I_1} \tag{1-32}$$

同理，回路 2 的漏电感为

$$L_{\sigma2} = \frac{\Psi_{\sigma2}}{I_2} \tag{1-33}$$

当线圈流过正弦交流电时，线圈电感的作用常用相应的电抗来表示。图 1-10 中的电压、电流用有效值表示，不计线圈的电阻时，则存在下列关系

$$\frac{U}{I} = \omega L = X_L \tag{1-34}$$

式中 X_L——线圈的**电抗**。

由式（1-34）可见，电抗与电感和交变频率成正比。因为电感（电抗）与磁场的介质的磁导成正比，而电机的导磁材料的特性为非线性，饱和程度不同时，相应的磁导亦不同，所以电机的电抗与电机磁路的饱和有关。例如，施加电压越高，磁路磁通越大，磁路越饱和，磁导率 μ_{Fe} 越小，磁阻越大，电机电抗越小。若磁路的磁阻由气隙线性磁阻和铁磁材料非线性磁阻组成，而非线性磁阻数值较小，可以忽略不计。此时电抗近似为常数。

参看图 1-10 和图 1-11，磁通 Φ 并不一定匝链全部 N，$\Phi_{\sigma1}$ 和 Φ_{12} 并不一定匝链全部 N_1，$\Phi_{\sigma2}$ 和 Φ_{21} 亦不一定匝链全部 N_2。一般而言，磁链表示式应为

$$\Psi_{11} = \sum N_{X1}\Phi_X \tag{1-35}$$

式中 N_{X1}——回路 1 的某一部分匝数；

Φ_X——与 N_{X1} 相匝链的那一部分磁通。

可见电机的电感（电抗）与电机的电、磁结构有关。

在分析电机时，为了方便，常将电机中随时间和空间而变化的磁通，看作是多个磁通所合成，于是对应不同的磁通又将引出多种不同的电抗。总之，电抗是各种电机的一个重要参数，要掌握电机的性能，必须对电机的各种电抗有充分的认识。

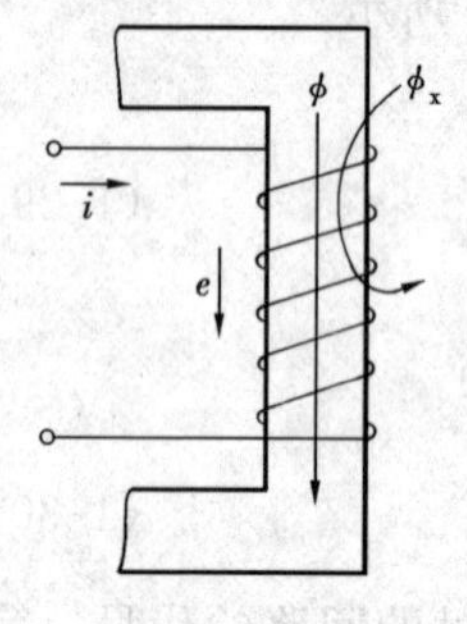

图 1-12 电流、电动势和磁通的正方向

二、电磁感应定律

设有一线圈位于磁场中，则该线圈的总共磁链数为

$$\Psi = \sum N_X\Phi_X$$

当该线圈中的磁链 Ψ 发生变化时，线圈中将有感应电动势产生。感应电动势的数值与线圈所匝链的磁链的变化率成正比。感应电动势的方向，将倾向于产生一电流，如电流能流通，该电流的磁化作用将阻止线圈的磁链发生变化。如图 1-12 所示，若电动势、电流和磁通的正方向取得一致，即电流的正方向与磁通的正方向符合**右手螺旋定则**，正电动势倾向于产生正电流，则电磁感应定律用数学式表示时为

$$e = -\frac{d\Psi}{dt} \tag{1-36}$$

必须指出，在建立式（1-36）时，各电磁量的正方向概念十分重要。其基本物理概念是：**线圈中的感应电动势将倾向于阻止线圈中磁链的变化。**

设所有的磁通都匝链线圈的全部匝数为 N，则式（1-36）便化为

$$e = -N\frac{d\Phi}{dt} \tag{1-37}$$

式中，Φ 的单位是 Wb，e 的单位是 V。

线圈中磁链的变化，可能有以下两种不同的方式。

（1）磁通本身就是由交流电流所产生，也就是说磁通本身随时间在变化着，这样产生的电动势称为**变压器电动势**。

（2）磁通本身不随时间变化，但由于线圈与磁场间有相对运动而引起线圈中磁链的变化，这样产生的电动势称为**运动电动势或速度电动势**。速度电动势的大小可用另一种形式来表示，形象的说法是：当导体在磁场中运动而切割磁力线时，该导体中将产生速度电动势 e，且

$$e = Blv \tag{1-38}$$

式中 l——导体在磁场中的长度，m；

B——导体切割到的磁通密度，T；

v——导体运动线速度，m/s；

e——电动势，V。

式中 B、l、v 三个物理量需互相垂直，其间方向关系可用右手定则确定，参看图 1-13。

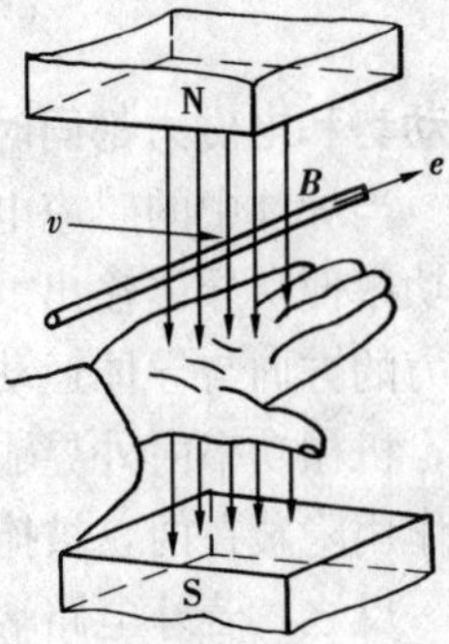

图 1-13 右手定则

三、电磁力 F_e、电磁转矩 T

设有一导体位于磁场中，用外力 F 加于导体使其以速度 v 运动，外力对导体做功。导体在磁场中截切磁力线，导体中便产生感应电动势 $e=Blv$。若导体外接至适当负载电阻构成闭合回路，则将有一电流 i 顺着感应电动势方向流向负载，输出电功率 $p=ei$。如略去各种损耗，根据能量守恒定律，加于导体上的机械功率输入与电功率输出应相等，即

$$Fv = ei = Blvi \tag{1-39}$$

由于导体以恒速 v 运动，那么在导体上除外施机械力 F 外，必然有与之相平衡的另一力作用着，这就是**载流导体位于磁场中时，导体上所受到的电磁力 F_e**，它的表达式为

$$F_e = F = Bli \tag{1-40}$$

式中，B 的单位为 T，l 的单位为 m，i 的单位为 A，则 F 的单位为 N。

以上现象说明了**发电机基本作用原理**。

位于磁场中的载流导体所受**电磁力的方向**可以很形象地按**左手定则**确定，如图 1-14 所示。

若从外电源向位于磁场中的一导体送入电流，则该导体上也将受一电磁力 $F_e=Bli$，在电磁力作用下，导体将沿着电磁力的方向运动，这说明了**电动机的基本作用原理。**

旋转电机的运动系旋转运动，设所研究的导体位于电机的转子上，如把导体上所受到的电磁力，乘以从导体至旋转轴之间的距离，便得**电磁转矩 T**，即

$$T = Blir \tag{1-41}$$

式中 T——电磁转矩，N·m；

r——转子的半径，m。

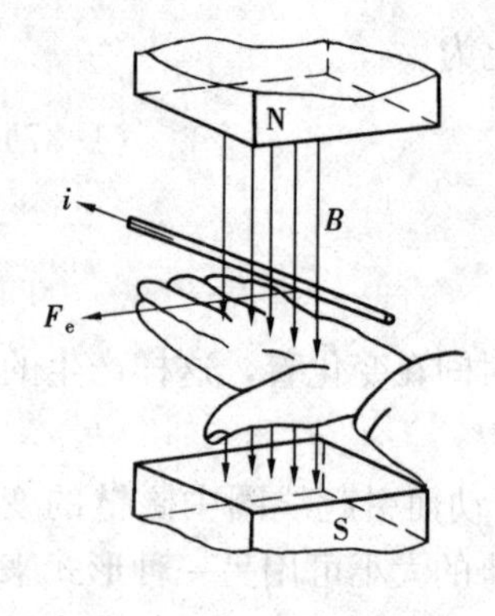

图 1-14　左手定则

四、电机的可逆性原理

从上述的位于磁场中一根导体的发电机基本作用原理和电动机基本作用原理，可以进一步解释：如在电机轴上外施机械功率，通过电机导体在磁场中运动产生感应电动势可输出电功率；如在电机电路中从电源输入电功率，则载流导体在磁场作用下可使电机旋转而输出机械功率。也就是说，任何电机既可以作为发电机运行，又可以作为电动机运行，这一性质称为**电机的可逆性原理。**

已经知道：只要导体截切磁力线，在导体中便有感应电动势产生；只要位于磁场中的导体有电流流通，在导体上便会有电磁力作用。这样，**不论该导体采用作发电机或电动机，感应电动势和电磁力都同时作用于导体。**

当导体中的感应电动势 e 大于外接电路的端电压 u 时，电流 i 顺电动势 e 的方向流出，电功率便从导体输出。同时载流导体上也受到电磁力 F_e 作用，根据左手定则可知，这一电磁力的方向与导体运动方向相反，具有阻力性质，为外施机械力所克服。显然，在这种情况下，机械功率由外界输入给导体，导体作发电机运行。也就是，发电机作用表现在外，电动机作用隐蔽在内，被掩盖了的电磁力称为发电机的**电磁阻力。**

反之，若外电路端电压 u 大于感应电动势 e，则电流 i 逆电动势 e 的方向流入，电功率自外电源向导体输入。载流导体受作用在其上的电磁力 F_e 的驱使，顺电磁力方向运动，这时，导体作电动机运行。电动机作用表现在外，而发电机作用隐蔽在内，被掩盖的电动势 e 称为电动机的**反电动势。**

换言之，我们不应忘记在发电机中也有电磁力，在电动机中也有感应电动势。从原理上看，发电机和电动机不应视为两种截然不同的电机，而只是**同一电机的两种不同运行方式。**

*第四节　电机的制造材料

电机的技术经济指标在很大程度上与其制造材料有关。材料的改进使电机不但有较好的性能，而且有较小的尺寸。正确地选择导电材料、磁性材料和绝缘材料等，在设计和制造电机时极为重要。同时，在选择材料时，又必须保证电机的各部分都有足够的机械强度，即使在按技术条件所允许的不正常运行状态下，也能承受较大的电磁力而不致损坏。

一台电机所用的各种材料的功用包括导电、导磁、绝缘、散热和机械支撑五种。

一、导电材料

铜是最常用的导电材料，电机中的绕组一般都用铜线绕成。电力工业用的标准铜，在温度为 20℃时的电阻率为 $17.24\times10^{-9}\Omega\cdot m$，即长度为 1m、截面积为 $1mm^2$ 的铜线，其电阻为 $17.24\times10^{-3}\Omega$，相对密度为 $8.9g/cm^3$，含纯铜量 99.9%以上。电机绕组用的铜导体是硬拉后再经过退火处理的。换向片的铜片则是硬拉或轧制的。

铝的电阻率在 20℃时为 $28.2\times10^{-9}\Omega\cdot m$，相对密度为 $2.7g/cm^3$。作为导电金属，铝的重要性仅次于铜。铝线在输电线路上应用很广，但由于体积较大，在电机中尚不能普遍使用，而笼式异步电动机的转子绕组则常用铝浇铸而成。

黄铜、青铜和钢都可以作为集电环的材料。

碳也是应用于电机的一种导电材料。电刷可用碳—石墨、石墨或电化石墨制成。为了降低电刷与金属导体之间的接触电阻，某些牌号的电刷还要镀上一层厚度约为 0.05mm 的铜。碳刷的接触电阻并不是常数，随着电流密度的增大而减小。每对电刷的接触电压降随着电刷的牌号略有不同。

随着超导技术的不断进步，在电机设备的研制中，超导材料得到了较快的应用，已有多种实用超导电机、超导变压器、超导限流器等投入使用，并且有广泛应用的趋势。

超导材料，又称为超导体，在临界温度 T、临界磁场强度 H 及临界电流密度 J 值以内时具有超导性，能够无损耗地传输电能，其电阻为零。超导材料按其化学成分可分为元素材料、合金材料、化合物材料和超导陶瓷。

利用材料的超导电性可制作磁体，用于制作交流超导发电机、变压器、限流器、磁流体发电机、高能粒子加速器及用于磁悬浮运输、受控热核反应、储能等，也可制作电力电缆，用于大容量输电（功率可达 10000MVA）；可制作通信电缆和天线，其性能优于常规材料。

利用实用超导线绕制电机的绕组，使得电机绕组的电阻损耗降为零，不仅可以减少电枢绕组发热、降低温升，又可大大提高电机的效率。此外，由于超导线的临界磁场强度和临界电流密度都很高，可使超导电机的气隙磁通密度和绕组的电流密度比传统常规电机高数倍乃至数十倍，大大提高了电机功率密度，降低电机的质量、体积和材料消耗。

在传统变压器中，变压器运行的损耗主要是绕组中的铜损。因此，采用实用超导线制成绕组，可以大大降低变压器的损耗，提高变压器的运行效率。由于超导线具有较高的电流密度，在容量一定的条件下超导变压器的体积要比常规变压器小，使得超导变压器具有效率高、体积小等优点。

二、导磁材料

钢铁是良好的导磁材料。铸铁因导磁性能较差，应用较少，仅用于截面积较大、形状较复杂的结构部件。各种成分的铸钢的导磁性能较好，应用也较广。特性较好的铸钢为合金钢，如镍钢、镍铬钢，但价格较贵。整块的钢材，仅能用以传导不随时间变化的磁通。

如所导磁通是交变的，为了减少铁芯中的涡流损耗，导磁材料应当用薄钢片，称为电工钢片。电工钢片的成分中含有少量的硅，使它有较高的电阻，同时又有良好的磁性能。因此，电工钢片又称为**硅钢片**。随着牌号的不同，各种电工钢片的含硅量也不相同，最低的为 0.8%，最高的可达 4.8%，含硅量越高则电阻越大，但导磁性能略差。在近代的电机制造工业中，变压器和电机的铁芯越来越多地应用冷轧硅钢片替代热轧硅钢片，它具有优良的导磁性能，有较小的比损耗，较高的磁导率。其中，有取向电工钢片比无取向电工钢片可以工作在更高磁通密度下。

电工钢片的标准厚度为 0.35、0.5、1mm 等。变压器用较薄的钢片，旋转电机用较厚的钢片。高速电机需用更薄的钢片，其厚度可为 0.2、0.15、0.1mm。钢片与钢片之间常涂有一层很薄的绝缘漆。一叠钢片中叠片的净长和包含有片间绝缘的叠片毛长之比称为**叠片因数**，对于表面涂有绝缘漆，厚度为 0.5mm 的硅钢片来说，叠片因数的数值约为 0.93～0.95。

非晶态合金，又称非晶合金，是现代材料科学中十分活跃的领域之一。随着冶金技术的发展，非晶合金作为一种新型的软磁性能材料得到了快速发展和应用，以电机制造领域广泛应用的铁基非晶合金材料为例，它具有高饱和磁感应强度和低损耗的特点。

材料一般分为两种形态：一种是晶态材料，另一种是非晶态材料。所谓晶态材料，是指材料内部的原子排列遵循一定的规律。反之，内部原子排列处于无规则状态，则为非晶态材料。一般的金属，其内部原子排列有序，都属于晶态材料。非晶态合金与晶态合金相比，在物理性能、化学性能和机械性能方面都发生了显著的变化，使其呈现了不同于晶态材料的特性。

降低变压器铁芯损耗一直是电工制造领域中的技术问题之一。应用非晶态合金制造变压器铁芯，与硅钢片铁芯变压器相比，空载损耗下降可达80%。铁基非晶合金主要元素是铁、硅、硼、碳、磷等。它们磁性强，价格便宜，最适合替代硅钢片，带材厚度为0.03mm左右，可用作中低频变压器的铁芯；铁镍基非晶合金主要元素由铁、镍、硅、硼、磷等，它们磁导率较高，价格较贵，可用作中低频变压器铁芯；钴基非晶合金主要元素由钴和硅、硼等，它们磁导率极高，一般用在要求严格的军工电源变压器和电感中，替代坡莫合金和铁氧体。

三、绝缘材料

导体与导体间、导体和机壳或铁芯间，都必须用绝缘材料隔开。绝缘材料的种类很多，可分为天然的和人工的、有机的和无机的，有时也使用不同绝缘材料的组合。绝缘材料的寿命和它的工作温度有很大关系，过高的运行温度，绝缘材料会加速老化，会使其丧失机械强度和绝缘性能。在电机材料中，绝缘材料的耐热程度较低，为了保证电机能在足够长的合理的年限内可靠地运行，对绝缘材料都规定了极限允许温度。国家标准根据绝缘的耐热能力将绝缘材料分为七个标准等级，见表1-1。表中绝缘级别的符号及其极限允许温度是由国际电工技术协会所规定的。

表1-1 绝缘材料的等级

绝缘级别	Y	A	E	B	F	H	C
极限允许温度（℃）	90	105	120	130	155	180	180以上

Y级绝缘为未用油或漆处理过的纤维材料及其制品，如棉纱、棉布、天然丝、纸及其他类似的材料。

A级绝缘为经过油或树脂处理过的棉纱、棉布、天然丝、纸及其他类似的有机物质。整个绕组可先用油或树脂浸透，再在电烘箱中烘干，此种手续称为浸渍。纤维间所含的气泡或潮气，经过烘干后逸出，油和树脂即行填充原来的空隙。因为油类物质的介质常数较大，所以A级绝缘能力较Y级绝缘能力为强。普通漆包线的漆膜也属于A级绝缘。在早期的中小型电机中，A级绝缘应用最多。20世纪60年代以后，由于绝缘材料工业的发展，中小型电机多采用E级绝缘，当今已普遍采用B级及以上绝缘等级。

E级绝缘包括由各种有机合成树脂所制成的绝缘膜，如酚醛树脂、环氧树脂、聚酯薄膜等。

B级绝缘包括用无机物质如云母、石棉、玻璃丝和有机黏合物，以及A级绝缘为衬底的云母纸、石棉板、玻璃漆布等。B级绝缘物质在大中型电机中采用颇广。

F级绝缘是用耐热有机漆（如聚酯漆）黏合的无机物质，如云母、石棉、玻璃丝等。

H级绝缘包括耐热硅有机树脂、硅有机漆，以及用它们作为黏合物的无机绝缘材料，如硅有机云母带等。H级绝缘由于价格昂贵，所以仅用于对尺寸和重量限制特别严格的电机。

C级绝缘包括各种无机物质，如云母、瓷、玻璃、石英等，但不用任何有机黏合物。这类绝缘物质的耐热能力极高。它们的物理性质使它们不适用于电机的绕组绝缘。C级绝缘在输电线上应用很多。在电机工业中利用瓷做成变压器的绝缘套管，用于高压的引出端。

变压器油为一特种矿物油，在变压器中同时起**绝缘**和**散热**两种作用。

四、机械支撑材料

电机上有些结构部件是专为机械支撑用的，例如机座、端盖、轴与轴承、螺杆、木块间隔等。在漏磁场附近，任何机械支撑最好应用非磁性物质，例如置于槽口的楔，中小型电机用木材或竹片，大型电机用磷青铜等材料。定子绕组端部的箍环应当用黄铜或非磁性钢制成。转子外围的绑线采用非磁性钢丝。钢的成分中如含有25%镍或12%锰，即可完全使其丧失磁性。制造电机所用的材料，种类极多，以上所述仅是大概的情况。

小 结

本章介绍了有关磁场、磁路的基本概念，磁路的基本定律和电机电磁基本关系。

(1) 工程上常将磁场化为磁路来处理，所谓等效磁路或磁路的模拟电路均是求解磁路的有效而简单的方法。

电路和磁路的类比见表1-2。

表1-2　　电路和磁路的类比

电　路	磁　路
电动势 E (V)	磁动势 IN 或 F (A)
电流 I (A)	磁通 Φ (Wb)
电阻 $R=\rho\dfrac{l}{S}$ (Ω)	磁阻 $R_m=\dfrac{l}{\mu S}$ (H^{-1})
电导 $G=\dfrac{1}{R}$ (S)	磁导 $\Lambda=\dfrac{1}{R_m}$ (H)
电路 (U, I, R)	等效磁路 (F, Φ, R_m)
欧姆定律 $U=IR$	欧姆定律 $F=\Phi R_m$
节点 $\Sigma I=0$	节点 $\Sigma\Phi=0$
回路 $\Sigma E=\Sigma U$	回路 $\Sigma F=\Sigma U_m$
场强 $\oint Edl=U$	场强 $\oint Hdl=IN$
电流密度 $j=\dfrac{I}{S}$ (A/m^2)	磁通密度 $B=\dfrac{\Phi}{S}$ (T)
电导率 $\sigma=\dfrac{j}{E}$ (S/m)	磁导率 $\mu=\dfrac{B}{H}$ (H/m)

磁路与电路有可类比之处，可以帮助学习了解磁路的基本概念和分析方法，但是它们的本质是不同的，在分析计算时应注意。

(2) 铁磁材料的磁导率为非线性的，它是 B 的函数。因此，在求解磁路时应与解非线性电路一样处理。在定量计算时，我们并不计算磁路的磁阻（或磁导），而是用 B-H 曲线，由磁通求出磁动势（$\Phi \to B \to H \to F$），而反之由磁动势求磁通，通常用试探法，先假设 Φ 求出 F。但鉴于铁磁材料的 μ_r 可达 $10^3 \sim 10^5$，而电机中又存在着 $\mu_r = 1$ 的空气隙，铁芯部分一般只需耗所需总磁动势的百分之几到百分之十几。换句话说，铁芯部分所需磁动势的计算即使不太精确，也不会给整个磁路计算带来明显影响，甚至在估算时干脆略去其影响，只计算空气隙所需磁动势，这就大大简化了计算过程。

(3) 电感是沟通电、磁关系的一个重要参量，电磁感应定律也可由电感来表达，即

$$e = -\frac{\mathrm{d}\Psi}{\mathrm{d}t} = -\frac{\mathrm{d}\Psi \mathrm{d}i}{\mathrm{d}i \mathrm{d}t} = -L\frac{\mathrm{d}i}{\mathrm{d}t}$$

电机学中常常把某些感应电动势用电抗电压降来处理，这样做易于建立电机的数学模型。于是，针对电机中的各种磁通，引出了相应的各种电抗。电抗是电机分析的一个十分重要的参数。读者在今后的学习中，应给予充分重视。

(4) 电机可逆性原理告诉我们，原理上，发电机和电动机是一种电机的两种不同运行方式；实际上，某些电机常称为发电机（或电动机），只说明该类电机作为发电机（或电动机）时有较多优点，而不是说只能用做发电机（或电动机）。

(5) 电机学是一门工程性质的课程，因此对电机的材料应有一定的认识，了解电机的电路、磁路构成的主要材料。有些数据还应记忆在心，如常用绝缘材料的级别及其极限允许温度，各种物理量的单位及在电机中这些量值的范围等。

思 考 题

1-1 电机和变压器的磁路常用什么材料制成？这种材料有哪些主要特征？

1-2 在磁路计算中，全电流定律有什么用处？如何用法？

1-3 公式 $e = -\frac{\mathrm{d}\Psi}{\mathrm{d}t}$，$e = -N\frac{\mathrm{d}\Phi}{\mathrm{d}t}$，$e = -L\frac{\mathrm{d}i}{\mathrm{d}t}$ 都是电磁感应定律的不同写法，它们之间有什么差别？哪一种写法最有普遍性？从一种写法改为另一种写法需要什么附加条件？

1-4 如何将 $e = -\frac{\mathrm{d}\Phi}{\mathrm{d}t}$ 和 $e = Blv$ 两个外表不同的式子统一起来？

1-5 在什么情况下应将电磁感应定律写成 $e = +\frac{\mathrm{d}\Phi}{\mathrm{d}t}$？试举例说明之。

1-6 电抗的物理意义是什么？它的大小和哪些量有关？

1-7 一台电机在同一时间决不能既是发电机又是电动机，为什么说发电机作用和电动机作用同时存在于一台电机中？

习 题

1-1 一铁环的平均半径为 30cm，铁环的横截面积为一直径等于 5cm 的圆形，在铁环上

绕有线圈，当线圈中的电流为5A时，在铁芯中产生的磁通为0.003Wb。试求线圈应有的匝数。铁环所用的材料为铸钢。其磁化曲线数据见表1-3。

表1-3　铸钢的磁化曲线数据

H（A/cm）	5	10	20	30	40	50	60	80	110	140	180	250
B（T）	0.55	1.1	1.36	1.48	1.55	1.60	1.64	1.72	1.78	1.83	1.88	1.95

注　应用磁化曲线从已知的B求H或从已知的H求B时，有两种方法：①在方格纸上把$B-H$曲线画出，然后根据曲线由B查出对应的H，或由H查出对应的B。②用查表**插入法**。设所查的数据在给定的两点之间，可用插值法，即假定在相邻的两点之间曲线的一小段可用直线来代表，然后利用直线方程来求解。

1-2　设题1-1中的铁环不是闭合的，而是留有长度为1mm的空气隙：

（1）如线圈中的电流仍为5A，铁芯中的磁通仍为0.003Wb，问线圈的匝数应为多少？

（2）如线圈中的电流仍为5A，线圈的匝数为1400匝，问铁芯中的磁通为多少？

提示：此题必须用**试探法**求解，即先假设一磁通，计算出所需的电流，比较所得的结果是否与给定的电流相符，通过几次计算，可求出与给定电流相近的两点，再利用插值法求解。

1-3　图1-15所示为一100匝长方形线圈，线圈的尺寸为：$a=10$cm，$b=20$cm。线圈在均匀磁场中环绕着连接长边中心点的轴线以均匀转速$n=1000$r/min旋转，均匀磁场的磁通密度$B=0.8$T。试求：

（1）线圈中感应电动势的时间表示式；

（2）感应电动势的最大值及出现最大值时的位置；

（3）感应电动势的有效值。

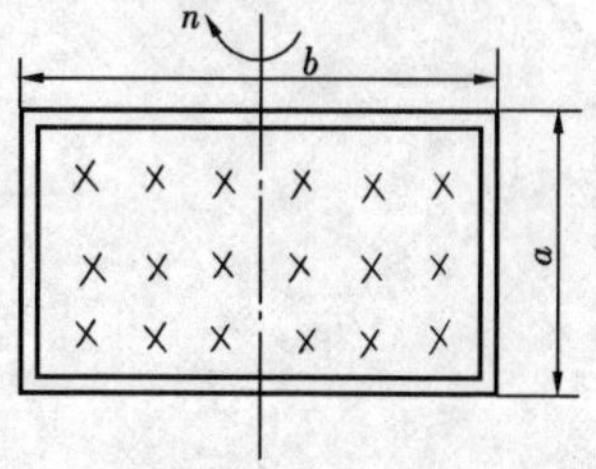

图1-15　习题1-3的图

1-4　设题1-3中的磁场为一交变磁场，交变频率为50Hz，磁场的最大磁通密度$B_m=0.8$T。试求：

（1）设线圈不动，线圈平面与磁力线垂直时，求线圈中感应电动势的表示式；

（2）设线圈不动，线圈平面与磁力线间有60°的夹角时，求线圈中感应电动势的表示式；

（3）设线圈以$n=1000$r/min的速度旋转，且当线圈平面垂直于磁力线时磁通达最大值，求线圈中感应电动势的表示式。

1-5　线圈尺寸同题1-3，位于均匀的恒定磁场中，磁通密度$B=0.8$T，设在线圈中通以10A电流。试求：

（1）当线圈平面与磁力线垂直时，线圈各边所受的力是多少？作用的方向如何？作用在该线圈上的转矩为多少？

（2）线圈受力矩后便要转动，试求线圈在不同位置时的转矩表达式。

1-6　有一铁环的平均半径为180mm，铁环的横截面为一正方形，每边长20mm，铁芯的相对磁导率是100，铁环上绕有200匝线圈，试求线圈的电感为多少？

第一篇

变　压　器

变压器的基本作用原理与理论分析

第一节　电力变压器的基本结构和额定值

一、电力变压器的基本结构

通常的电力变压器大部分为油浸式，铁芯和绕组都浸放在盛满变压器油的油箱之中，各绕组的端点通过绝缘套管而引至油箱的外面，以便与外线路连接。电力变压器主要由五个部分组成：①**铁芯**；②**带有绝缘的绕组**；③**变压器油**；④**油箱**；⑤**绝缘套管**。以下将对每一部分分别加以叙述。

（一）铁芯

变压器的铁芯是变压器的磁路。由于变压器铁芯中的磁通为一交变磁通，为了减小涡流损耗，变压器的铁芯用冷轧电工钢片叠成；钢片的厚度为0.3～0.35mm，在相邻两钢片之间涂有一层绝缘漆。变压器的铁芯平面如图2-1所示。铁芯结构可分为两部分，C为套线圈的部分，称为铁芯柱；Y为用以闭合磁路部分，称为铁轭。单相变压器有两个铁芯柱，三相变压器有三个铁芯柱。

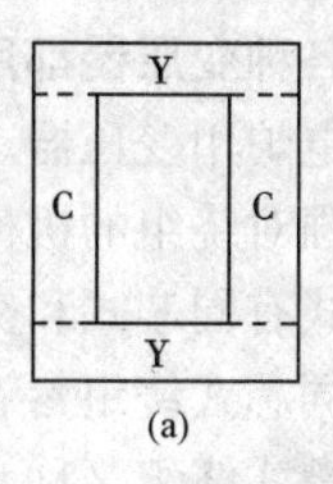

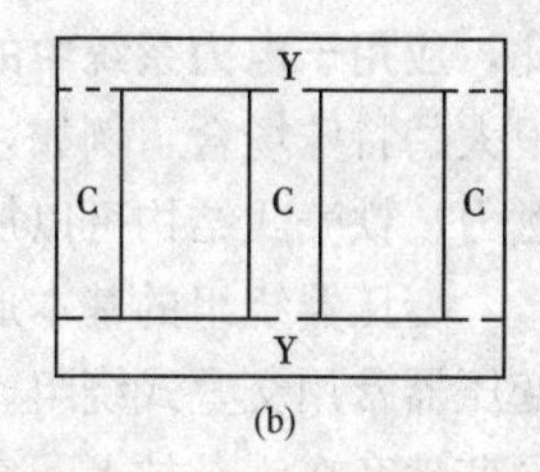

图2-1　变压器的铁芯平面
(a) 单相变压器；(b) 三相变压器

组成铁芯的钢片应先裁成所需用的形状和尺寸，称为冲片，然后按交叠方式将冲片组合起来。图2-2 (a)表示直接缝变压器铁芯，每层六片交叠组合，相邻两层磁路接缝处相互错开，用于热轧电工钢片，无方向性。目前，由取向冷轧电工钢片取代热轧电工钢片，故不再采用直接缝铁芯，而用图2-2（b）所示**斜接缝铁芯**，每层七片，同样是交叠组合，磁通顺着轧制方向，可以较好利用取向钢片的特点。为减少接缝间隙和励磁电流，还可由冷轧钢片卷成卷片式铁芯。近年来，**非晶合金**新型节能材料出现，厚度极薄，仅为0.025mm，磁导率高，铁芯损耗很小，适合于制造损耗更低的节能变压器，制作的配电变压器比一般变压器空载电流、空载损耗平均下降50%多；但是由于材料价格比较高，加工困难，目前仍未大量使用。

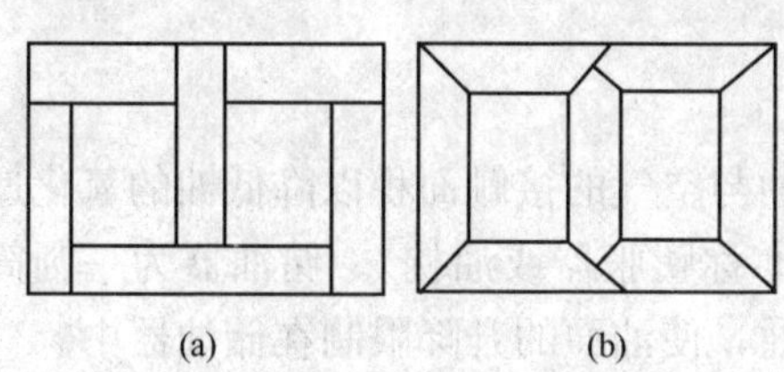

图2-2　变压器铁芯的交叠装配
(a) 直接缝铁芯；(b) 斜接缝铁芯

（二）绕组

按照绕组在铁芯中的排列方法分类，变压器可分为铁芯式和铁壳式两类。

图2-3（a）为铁芯式单相变压器的同心式圆筒

形绕组，图 2-3（b）为铁芯式三相变压器的同心式圆筒形绕组。每个铁芯柱上都套有高压绕组和低压绕组。为了绝缘方便，低压绕组靠近铁芯柱，高压绕组套在低压绕组的外面。对于单相变压器，低压绕组和高压绕组各分为两部分，分别套在两边的铁芯柱上，但在电路上可以串联或并联。

图 2-4 表示单相铁壳式变压器的交叠式绕组。这种变压器的铁芯柱在中间，铁轭在两旁环绕，且把绕组包围起来。

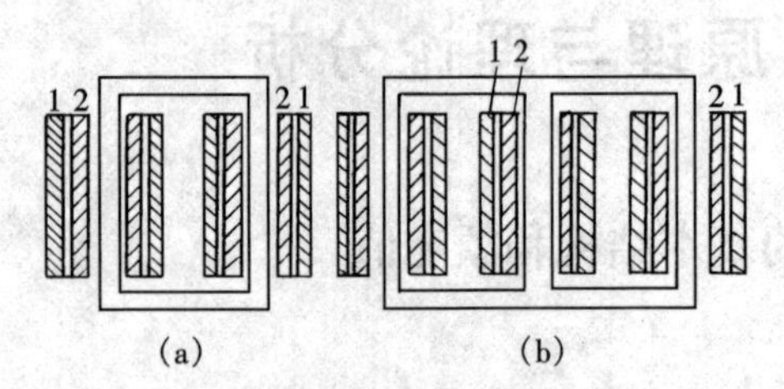

图 2-3 同芯式圆筒形绕组
（a）单相变压器；（b）三相变压器
1—高压绕组；2—低压绕组

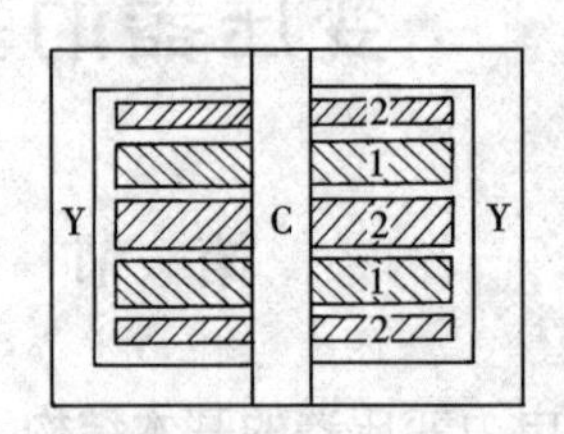

图 2-4 交叠式绕组
1—高压绕组；2—低压绕组

铁芯式变压器制造工艺比较简单，高压绕组与铁芯柱的距离较远，绝缘较容易。铁壳式变压器结构比较坚固，制造工艺复杂，高压绕组与铁芯柱的距离较近，绝缘也比较困难。因此，**应用于电力系统中的各种变压器都用铁芯式**。铁壳式变压器通常应用于电压较低而电流很大的特殊场合，例如，电炉用变压器。这时巨大的电流流过绕组将使绕组上受到巨大的电磁力，铁壳式结构可以加强对绕组的机械支撑，使其能承受较大的电磁力。

变压器绕组的基本形式有同芯式和交叠式两种，铁芯式变压器常用同芯式绕组，铁壳式变压器常用交叠式绕组。同芯式绕组参看图 2-3，高压绕组和低压绕组均做成圆筒形，然后同芯地套在铁芯柱上。交叠式绕组又称为饼式绕组，参看图 2-4，高压绕组和低压绕组各分为若干个线饼，沿着铁芯柱的高度交错地排列着。为了排列对称起见，也为了使高压绕组离铁轭远一些以便于绝缘，高压绕组分为两个线饼，低压绕组分为一个线饼和两个“半线饼”，靠近上下铁轭处的线饼为低压“半线饼”，其匝数为位于中间的低压绕组线饼匝数的一半。

（三）变压器油

油浸式电力变压器的铁芯和绕组都需浸在变压器油中。变压器油的作用有两方面：①由于变压器油有较大的介质常数，因此它可以增强绝缘。②铁芯和绕组中由于损耗而发出热量，通过油在受热后的对流作用把热量传送到铁箱表面，再由铁箱表面散逸到四周。变压器油为矿物油，由石油分馏得来。少量水分的存在，可使变压器油的绝缘性能大为降低。因此，防止潮气浸入变压器油中是十分重要的。

（四）油箱

电力变压器的油箱一般都做成椭圆形。为了减小油与空气的接触面积以降低油的氧化速度和浸入变压器油的水分，在油箱上安装一**储油器**（亦称膨胀器或油枕）。储油器为一圆筒形容器，横装在油箱盖上，用管道与变压器的油箱接通，使油面的升降限制在储油器中。

在储油器与油箱的油路通道间常装有气体继电器。当变压器内部发生故障产生气体或油箱漏油使油面下降时，它可发出报警信号或自动切断变压器电源。

随着变压器容量的增大，对散热的要求也将不断提高，油箱形式也要与之相适应。容量很小的变压器可用平滑油箱，容量较大时需增大散热面积而采用管形油箱，容量很大时用散热器油箱。图 2-5 为管形油箱及其附件图。

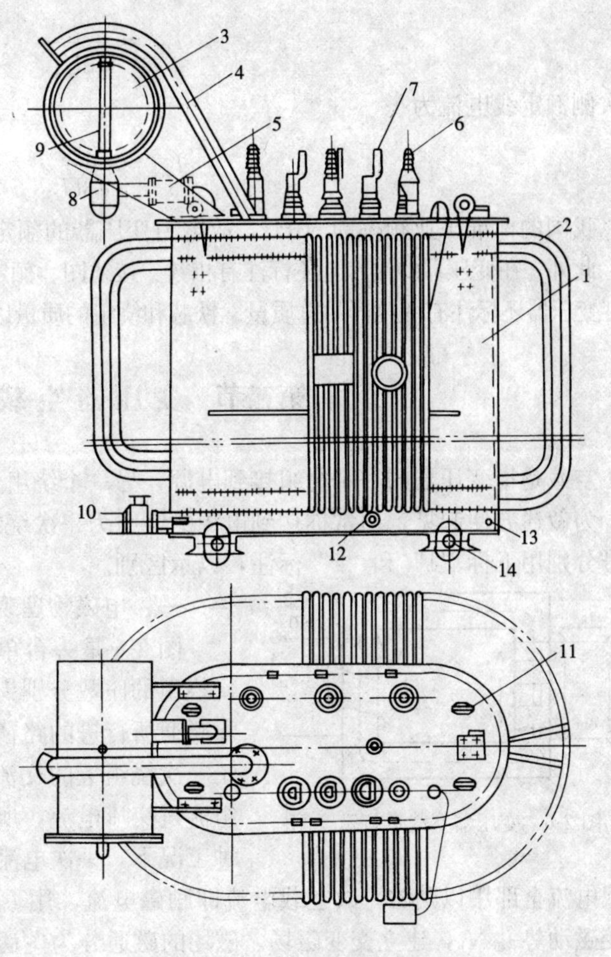

图 2-5　具有管形油箱的变压器

1—油箱；2—散热管；3—油枕；4—排气管；5—气体继电器；6—高压套管；7—低压套管；8—吸湿器；9—油标；10—事故放油阀门；11—起吊孔；12—取油样阀门；13—接地螺栓；14—滚轮

（五）绝缘套管

绝缘套管由中心导电铜杆与瓷套等组成。导电管穿过变压器油箱，在油箱内的一端与线圈的端点连接，在外面的一端与外线路连接。高、低压套管如图 2-5 中的 6、7 所示。

二、变压器的额定值

在变压器铭牌上常标注有它的额定值，如额定容量、额定电压、额定电流和额定频率。

额定容量 S_N 是制造厂所规定的，是在额定条件下使用时输出能力的保证值，单位为 VA 或 kVA。对于三相变压器而言是指三相的总容量。

额定电压是由制造厂所规定的，是变压器在空载时额定分接头上的电压保证值，单位为 V 或 kV。当变压器一次侧在额定分接头处接有额定电压 U_{1N}，二次侧空载电压即为二次侧额定电压 U_{2N}。对于三相变压器而言，如不作特殊说明，铭牌上的额定电压是指线电压。

额定电流是额定容量除以各绕组的额定电压所计算出来的线电流值，单位用 A 或 kA。对于单相变压器，一次侧额定电流为

$$I_{1N}=\frac{S_N}{U_{1N}} \tag{2-1}$$

二次侧额定电流为

$$I_{2N}=\frac{S_N}{U_{2N}} \tag{2-2}$$

对于三相变压器，如不作特殊说明，铭牌上所标注的额定电流是指线电流。一次侧额定线电流为

$$I_{1N}=\frac{S_N}{\sqrt{3}U_{1N}} \tag{2-3}$$

二次侧额定线电流为

$$I_{2N}=\frac{S_N}{\sqrt{3}U_{2N}} \tag{2-4}$$

我国的标准工业频率为50Hz，故电力变压器的额定频率是50Hz。

此外，在变压器的铭牌上还标注有相数、接线图、额定运行效率、阻抗压降和温升。对于特大型变压器还标注有变压器的总质量、铁芯和绕组的质量以及储油量，供安装和检修时参考。

第二节　变压器空载运行

空载是指变压器的一个绕组接到电源，另一个绕组开路的运行方式。

为叙述方便起见，通常称接到电源的绕组为一次绕组；接负载的绕组为二次绕组，相应符号分别用下标“1”和“2”标注，以示区别。

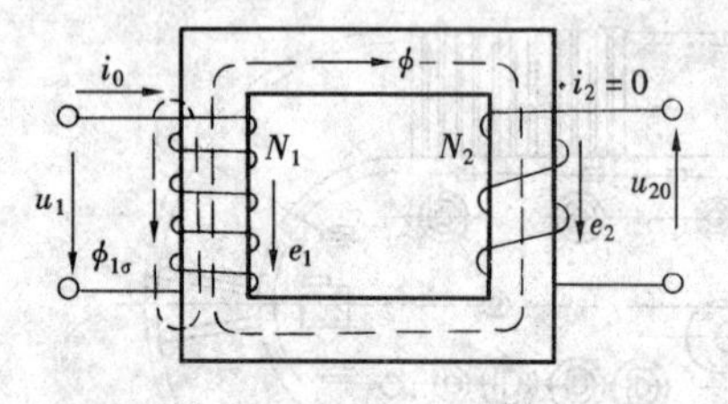

图 2-6　变压器空载运行示意图

一、电磁物理现象

图 2-6 是一台单相变压器空载运行示意图。一、二次绕组的匝数分别为 N_1 和 N_2。图中还画出了主磁通和漏磁通所行进的路径及其与绕组交链的情形。u_1 为外施于一次绕组上的交流电压，在外施电压作用下，一次绕组流过交流电流。所研究的情况为二次绕组开路，在这种工况下，一次电流即空载电流，用 i_0 表示，即 $i_1=i_0$。空载电流全部用以励磁，故空载电流即励磁电流，用 i_m 表示，即 $i_0=i_m$。励磁电流产生的交变磁动势 i_mN_1，建立交变磁场。磁场的磁通分为主磁通和漏磁通两部分。之所以要这样分解有两方面原因：①它们的磁路不同，因而磁阻不同。主磁通 ϕ 同时交链一、二次绕组，因而又称为互磁通，它所行经的路径为沿着铁芯而闭合的磁路，磁阻较小；漏磁通 $\phi_{1\sigma}$ 只交链一次绕组，称一次漏磁通，它所行经的路径大部分为非磁性物质，磁阻较大。②功能不同。主磁通通过互感作用传递功率，漏磁通不传递功率。

ϕ 与 $\phi_{1\sigma}$ 都是交变磁通。根据电磁感应定律，将在其所交链的绕组中感应电动势。此外，空载电流还在一次绕组中产生电阻压降。综上所述，可把空载运行所发生的电磁现象汇总，如图 2-7 所示。其中，虚框以内为磁路性质，虚框以外为电路性质。

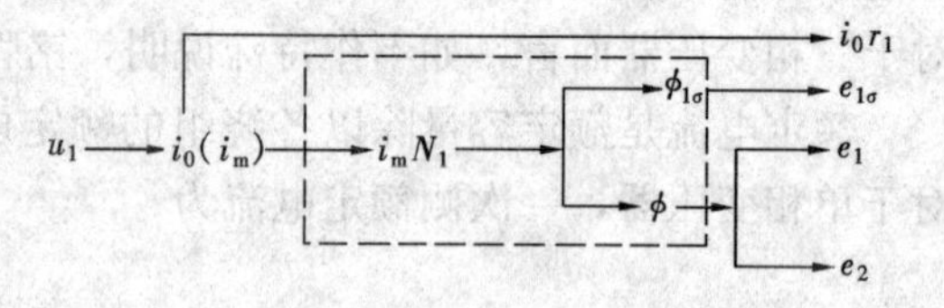

图 2-7　变压器空载时的电磁关系

二、正方向的规定

因为变压器中的电压、电流、电动势、磁动势和磁通都是时间函数，是正负交替变化的量，因此在列电路方程时，需给它们分别规定参考正方向，否则所列出的电路方程，其物理意义便含混不清。所以在电路图中，都需用箭头方向来表示其正方向。

需强调指出：正方向可以任意选择。选择的正方向不同，则所列出的表达式各异。但各物理量的变化规律并不依正方向的选择不同而改变。

在电机理论中，通常按习惯方式选择正方向。这样，不仅便于文献交流和记忆，也避免出错。**习惯上规定电流的正方向与该电流所产生的磁通正方向符合右手螺旋法则，规定磁通的正方向与其感应电动势的正方向也符合右手螺旋法则。感应电动势升高的方向也即为电压降低的方向，这意味着在电路理论中常把电流的正方向与电动势的正方向取作一致，这样才能把电动势公式写成 $e=-N\frac{d}{dt}$ 形式。**在图2-6中，各物理量的正方向就是按这个原则规定的。

三、感应电动势、电压变比

就电力变压器而言，空载时 i_0r_1 和 $e_{1\sigma}$ 的值很小，如略去不计，则 $u_1=-e_1$。如外施电压 u_1 按正弦规律变化，则 ϕ 和 e_1、e_2 也都按正弦规律变化，设

$$\phi=\Phi_m\sin\omega t \tag{2-5}$$

则

$$e_1=-N_1\frac{d\phi}{dt}=-\omega N_1\Phi_m\cos\omega t \tag{2-6}$$

$$=E_{1m}\sin(\omega t-90°)$$

$$e_2=-N_2\frac{d\phi}{dt}=-\omega N_2\Phi_m\cos\omega t \tag{2-7}$$

$$=E_{2m}\sin(\omega t-90°)$$

$$E_{1m}=\omega N_1\Phi_m \tag{2-8}$$

$$E_{2m}=\omega N_2\Phi_m \tag{2-9}$$

上五式中　Φ_m——主磁通最大值；

ω——磁通变化的角频率，$\omega=2\pi f$；

E_{1m}——一次绕组电动势最大值；

E_{2m}——二次绕组电动势最大值。

电动势 e_1、e_2 化为有效值，则

$$E_1=\frac{E_{1m}}{\sqrt{2}}=\sqrt{2}\pi fN_1\Phi_m=4.44fN_1\Phi_m \tag{2-10}$$

$$E_2=\frac{E_{2m}}{\sqrt{2}}=\sqrt{2}\pi fN_2\Phi_m=4.44fN_2\Phi_m \tag{2-11}$$

E_1、E_2 在时间相位上滞后于磁通 Φ_m 90°，其波形图和相量图如图 2-8 所示。

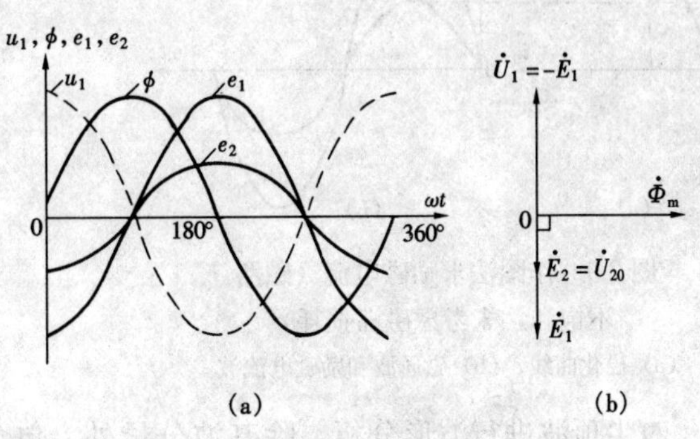

图 2-8　主磁通及其感应电动势

(a) 波形图；(b) 相量图

比较式 (2-10) 与式 (2-11) 得

$$\frac{E_1}{E_2}=\frac{N_1}{N_2}=k \tag{2-12}$$

式中　k——电压变比，取决于一、二次绕组匝数之比。

换言之，只要 $N_1\neq N_2$，则 $E_1\neq E_2$，从而实现改变电压的目的。因已略去电阻压降和漏磁电动势，则

$$\dot{U}_1 = -\dot{E}_1 \tag{2-13}$$

$$\dot{U}_{20} = \dot{E}_2 \tag{2-14}$$

因而变比又可写成

$$k = \frac{U_1}{U_{20}} \tag{2-15}$$

即变压器的变比可以理解为变压器一次电压与二次空载时端点电压之比。

四、励磁电流

毫无疑问，主磁通是励磁电流产生的，但是主磁通的量值大小受到外施电压及电路参数的制约，如不考虑电阻压降和漏磁电动势，则 $U_1 = E_1 = 4.44fN_1\Phi$。对已制成的变压器，N_1 是常数，通常电源频率亦为常数，故 Φ 正比于 U_1。换言之，当外施电压 U_1 为定值，主磁通 Φ 也为一定值常数。现在讨论的问题是：**一台结构已定的变压器当外施电压为已知，需要电源提供多大的励磁电流呢？励磁电流包括哪些成分呢？这决定于变压器的铁芯材料及铁芯几何尺寸。**因为铁芯材料是磁性物质，励磁电流的大小和波形将受磁路饱和、磁滞及涡流的影响。以下分别予以讨论。

（一）*磁路饱和对励磁电流的影响*

磁性材料呈饱和现象，其饱和程度决定于铁芯磁通密度 B_m。

(1) 如 $B_m < 0.8$T，通常其磁路处于未饱和状态，磁化曲线 $\phi = f(i_0)$ 呈线性关系，磁导率是常数。当 ϕ 按正弦变化，i_0 亦按正弦变化，相应波形可用作图法求出，如图 2-9 所示。因为未考虑铁耗电流，所以励磁电流仅含磁化电流分量。

(2) 如 $B_m > 0.8$T，磁路开始饱和，$\phi = f(i_0)$ 呈非线性，随 i_0 增大磁导率逐渐变小，用作图法求得励磁电流。当磁通 ϕ 为正弦波，i_0 为尖顶波，如图 2-10 所示。尖顶的大小取决于饱和程度。磁路越饱和，尖顶的幅度越大。设计时常取 $B_m =$ (1.4～1.6) T，以免磁化电流幅值过大。同样，因为未考虑铁芯损耗，励磁电流仅含磁化电流分量。

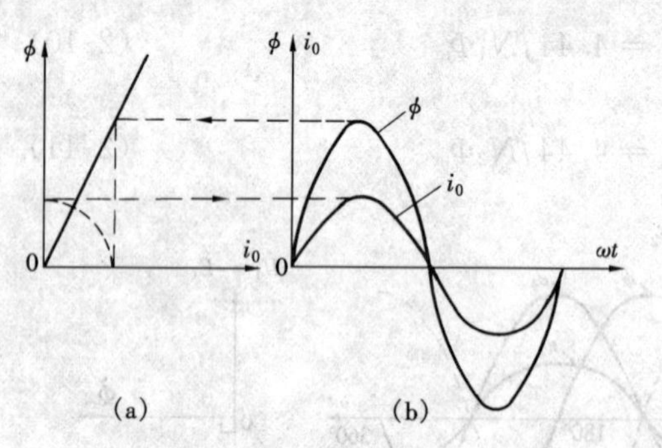

图 2-9 作图法求励磁电流（磁路不饱和，未考虑磁滞损耗）
(a) 磁化曲线；(b) 磁通波和励磁电流波

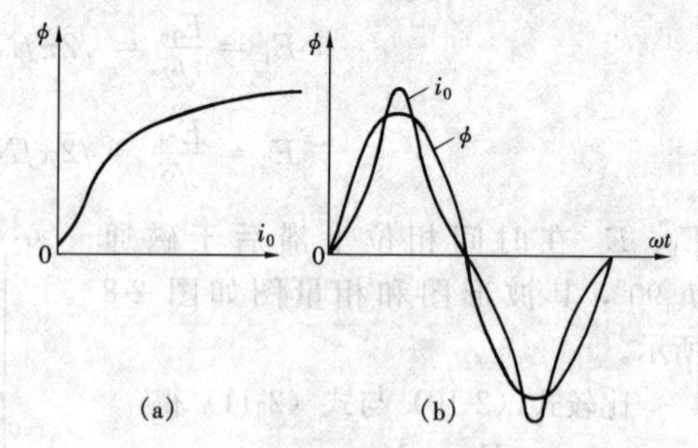

图 2-10 作图法求励磁电流（磁路饱和，未考虑磁滞损耗）
(a) 磁化曲线；(b) 磁通波和励磁电流波

对尖顶波进行波形分析，除基波分量外，包含有各奇次谐波，其中以 3 次谐波幅值最大。虽然如此，尖顶波励磁电流的有效值与额定电流相比仅占很小成分。但是，在电路原理中，尖顶波电流不能用相量表示。为此，可用等效正弦波电流替代实际尖顶波电流。等效原则是令等效正弦波与尖顶波有相同的有效值，与尖顶波的基波分量有相同频率且同相位。这样，**磁化电流**便可用相量 $\dot{I}_\mu$ 表示，$\dot{I}_\mu$ 与 $\dot{\Phi}$ 同相位。因为，$\dot{E}_1$ 滞后于 $\dot{\Phi}$ 90°，故 $\dot{I}_\mu$ 滞后于 $-\dot{E}_1$ 90°，$\dot{I}_\mu$ 具有无功电流性质。它是励磁电流的主要成分。

（二）磁滞现象对励磁电流的影响

以上分析未考虑磁滞现象。实际上，在交变磁场作用下，磁化曲线呈磁滞现象，如图 2-11（a）所示。仍用作图法求解，其励磁电流是不对称尖顶波，如图 2-11（b）所示。励磁电流可分解成两个分量：其一为对称的尖顶波，它是磁路饱和所引起的，即前面叙述的磁化电流分量 $\dot{I}_\mu$；另一电流分量为 $\dot{I}_h$，其波形近似正弦波，频率为基波频率，由于量值较小，若认为它是正弦波不致引起多大误差，因此，可用相量 $\dot{I}_h$ 表示。$\dot{I}_h$ 称为**磁滞电流分量**，$\dot{I}_h$ 与 $-\dot{E}_1$ 同相位，是有功分量电流。

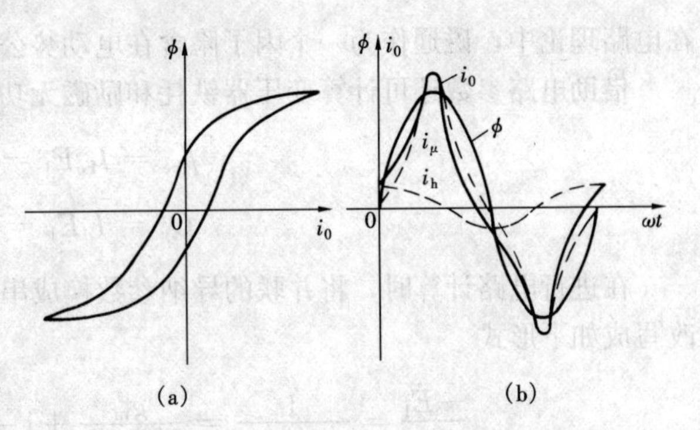

图 2-11　有磁滞作用时的励磁电流

（a）磁滞回线；（b）磁通波和励磁电流波

（三）涡流对励磁电流的影响

交变磁通不仅在绕组中感应电动势，也在铁芯中感应电动势，从而在铁芯中产生涡流及涡流损耗。与涡流损耗对应的电流分量也是一有功分量，用 $\dot{I}_e$ 表示，它是由涡流引起的，称为**涡流电流分量**，$\dot{I}_e$ 与 $-\dot{E}_1$ 同相位。

由于磁路饱和、磁滞和涡流三者同时存在，励磁电流实际包含 $\dot{I}_\mu$、$\dot{I}_h$ 和 $\dot{I}_e$ 三个分量，又由于 $\dot{I}_h$ 和 $\dot{I}_e$ 同相位，无必要分开，因此常合并而统称为**铁耗电流分量**，用 $\dot{I}_{Fe}$ 表示，即

$$\dot{I}_{Fe} = \dot{I}_h + \dot{I}_e \tag{2-16}$$

所以，在变压器电路分析中，把励磁电流表示为铁耗电流和磁化电流两个分量，即

$$\dot{I}_m = \dot{I}_{Fe} + \dot{I}_\mu \tag{2-17}$$

五、励磁特性的电路模型

以上从物理概念分析了励磁电流的性质，可见步骤极为繁琐，不便工程运算。但从以上分析中得到了两个简单结论（$\dot{I}_{Fe}$ 与 $-\dot{E}_1$ 同相位，$\dot{I}_\mu$ 滞后 $-\dot{E}_1$ 90°），便有可能引用两个电路参数 g_m 和 b_m，将 $\dot{I}_{Fe}$、$\dot{I}_\mu$ 和 $-\dot{E}_1$ 联系起来，令

$$\dot{I}_{Fe} = g_m(-\dot{E}_1) \tag{2-18}$$

$$\dot{I}_\mu = -\mathrm{j}b_m(-\dot{E}_1) \tag{2-19}$$

则

$$\dot{I}_m = (g_m - \mathrm{j}b_m)(-\dot{E}_1) \tag{2-20}$$

式中　g_m——励磁电导；

b_m——励磁电纳；

$g_m - \mathrm{j}b_m$——励磁导纳（Y_m）。

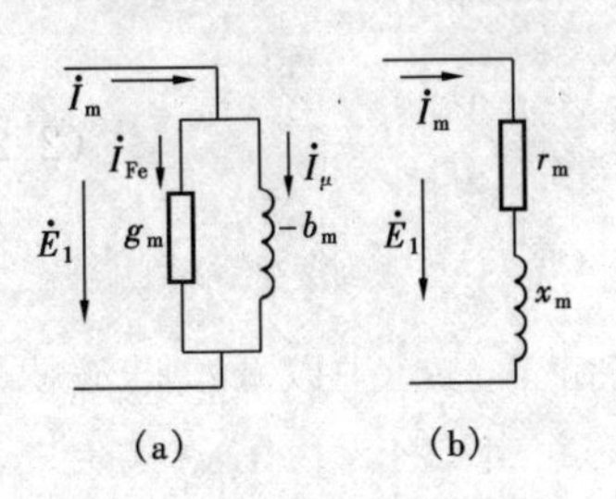

图 2-12　励磁等效电路

（a）导纳电路；（b）阻抗电路

换言之，得到了励磁特性的数学模型如图 2-12（a）所示。

在电路理论中，磁通作为一个因子隐含在电动势公式之中。

借助电路参数还可计算变压器铁耗和励磁无功功率，即

$$p_{Fe} = I_{Fe}E_1 = g_m E_1^2 \tag{2-21}$$

$$Q_\mu = I_\mu E_1 = b_m E_1^2 \tag{2-22}$$

在进行电路计算时，将并联的导纳参数换成串联的阻抗参数将更为方便。式（2-20）可改写成如下形式

$$\frac{-\dot{E}_1}{\dot{I}_m} = \frac{1}{g_m - jb_m} = \frac{g_m}{g_m^2 + b_m^2} + j\frac{b_m}{g_m^2 + b_m^2} = r_m + jx_m = Z_m \tag{2-23}$$

或

$$-\dot{E}_1 = \dot{I}_m Z_m \tag{2-24}$$

上二式中　r_m——励磁电阻，$r_m = \dfrac{g_m}{g_m^2 + b_m^2}$；

x_m——励磁电抗，$x_m = \dfrac{b_m}{g_m^2 + b_m^2}$；

Z_m——励磁阻抗，$Z_m = r_m + jx_m$。

相应等效电路如图 2-12（b）所示。上述变换乃等值变换，其功率保持不变。故 $I_m^2 r_m$ 应表示铁耗，$I_m^2 x_m$ 应表示励磁无功功率。

需强调指出：r_m 并非实质电阻，它是为计算铁耗而引入的**模拟电阻**。

由于磁化曲线呈非线性，参数 Z_m 随电压而变化，它不是常数。但变压器正常运行时，外施电压等于或近似等于额定电压，且变动范围不大。在这种情况下，也可将 Z_m 看成常数。

六、漏抗

漏抗是用来描述漏磁电动势的电路参数。由于漏磁通所行进路径主要为非磁性物质，磁阻为常数，即漏磁通与产生该漏磁通的电流成正比且同相位，漏电感亦为常数。设

$$i_1 = \sqrt{2} I_1 \sin\omega t \tag{2-25}$$

则

$$\left.\begin{aligned} \phi_{1\sigma} &= \Phi_{1\sigma m} \sin\omega t \\ L_{1\sigma} &= \frac{N_1 \Phi_{1\sigma m}}{\sqrt{2} I_1} \end{aligned}\right\} \tag{2-26}$$

由此求得漏磁感应电动势

$$\dot{E}_{1\sigma} = -j\omega L_{1\sigma} \dot{I}_1 = -jx_1 \dot{I}_1 \tag{2-27}$$

上二式中　$\dot{E}_{1\sigma}$——一次绕组漏磁电动势；

$\dot{I}_1$——一次绕组电流；

$L_{1\sigma}$——一次绕组漏电感；

$x_1 = \omega L_{1\sigma}$——一次绕组漏电抗。

在空载时 $\dot{I}_1 = \dot{I}_m = \dot{I}_0$，这时的一次绕组漏抗压降为

$$-\dot{E}_{1\sigma}=\mathrm{j}x_1\dot{I}_{\mathrm{m}}=\mathrm{j}x_1\dot{I}_0 \tag{2-28}$$

七、电路方程、等效电路和相量图

以上逐项分析了各物理量，了解了励磁电流的性质及其成分，对磁化电流的波形进行了合理等效，且引入参数 Z_{m} 以表示主磁通对电路的影响，又引入漏抗参数 x_1 以表示漏磁通对电路的影响，终于将变压器空载运行时的全部电磁现象演变成一具有复数形式的电路方程。据此可知

$$\left.\begin{array}{ll}\text{励磁电流} & \dot{I}_{\mathrm{m}}=\dot{I}_{\mathrm{Fe}}+\dot{I}_{\mu}=\dot{I}_0 \\ \text{励磁支路电压降} & -\dot{E}_1=\dot{I}_{\mathrm{m}}Z_{\mathrm{m}} \\ \text{一次电压平衡方程} & \dot{U}_1=-\dot{E}_1+\dot{I}_0(r_1+\mathrm{j}x_1)=-\dot{E}_1+\dot{I}_0Z_1 \\ \text{二次电压平衡方程} & \dot{U}_{20}=\dot{E}_2\end{array}\right\} \tag{2-29}$$

式中　Z_1——一次绕组漏阻抗，$Z_1=r_1+\mathrm{j}x_1$。

根据式（2-29）可画出相应的等效电路和相量图，如图 2-13 所示。电路方程、等效电路和相量图都是用来分析变压器运行性能的工具。电路方程清楚地表达了变压器各个部分的电磁关系，等效电路则便于记忆，相量图描述了各电磁物理量间的相位关系。

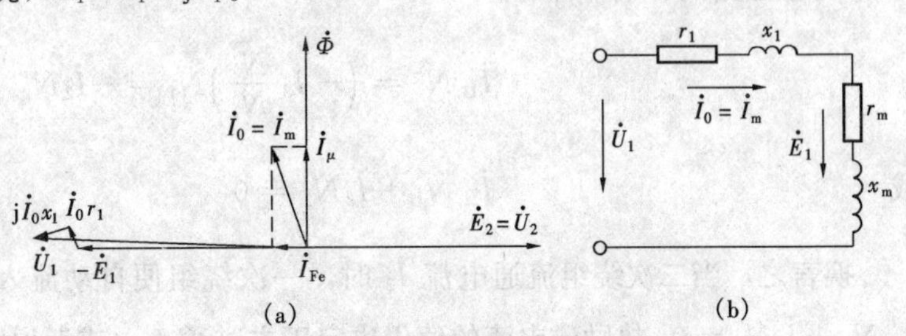

图 2-13　变压器空载时的相量图和等效电路

（a）相量图；（b）等效电路

需强调指出：本节详细分析了变压器空载运行，并非变压器空载运行本身多么重要，而在于这种分析方法具有普遍意义。

第三节　变压器负载运行

变压器负载运行是指一个绕组接至电源，另一绕组接负载时的运行方式。线路示意图如图 2-14 所示，图中各物理量均按习惯标注。

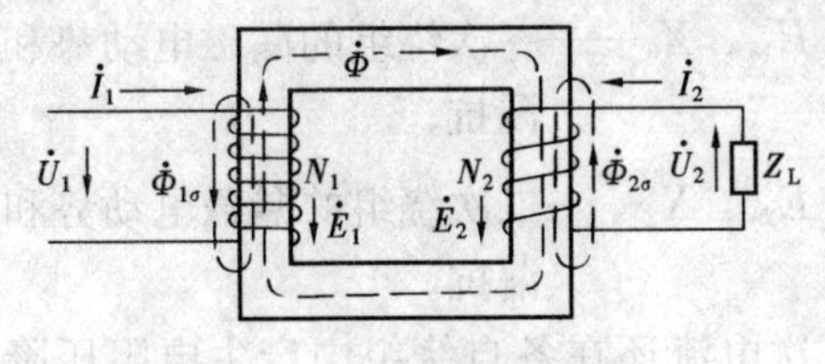

图 2-14　单相双绕组变压器负载运行电路示意图

一、变压器负载运行时的电磁物理现象

变压器接通负载后，二次绕组便流通电流，二次电流的存在，建立起二次磁动势，它也作用在铁芯磁路上，因此改变了原有的磁动势平衡状态，迫使主磁通变化，导致电动势也随之改变。电动势的改变又破坏了已建立的电压平衡，迫使原电流随之改变，直到电路和磁路又达到新的平衡为止。设在新的平衡条件下，二次电流为 $\dot{I}_2$，由二次电流所建立的磁动势为 $\dot{I}_2N_2$。一次电流为 $\dot{I}_1$，由一次电流所建立的磁动势为 $\dot{I}_1N_1$，负载后作用在磁路上的总磁动势为 $\dot{I}_1N_1+\dot{I}_2N_2$。依据全电流定律应满足

$$\dot{I}_1N_1+\dot{I}_2N_2=\dot{I}_mN_1 \tag{2-30}$$

用文字解释就是**变压器负载运行时作用在主磁路上的全部磁动势应等于产生磁通所需的励磁磁动势**。

上述关系式称为**磁动势平衡式**。由磁动势平衡式可求得一、二次电流间的约束关系。将式（2-30）除以 N_1 并移项得

$$\dot{I}_1=\dot{I}_m+\left(-\dot{I}_2\frac{N_2}{N_1}\right)=\dot{I}_m+\dot{I}_{1L} \tag{2-31}$$

式中　$\dot{I}_{1L}$ ——一次电流的**负载分量**，$\dot{I}_{1L}=-\dot{I}_2\dfrac{N_2}{N_1}$。

式（2-31）具有明确的物理意义。它表明当有负载电流时，一次电流 $\dot{I}_1$ 应包含有两个分量。其中 $\dot{I}_m$ 用以激励主磁通，而 $\dot{I}_{1L}$ 所产生负载分量磁动势 $\dot{I}_{1L}N_1$，用以抵消二次磁动势 $\dot{I}_2N_2$ 对主磁路的影响，即有

$$\dot{I}_{1L}N_1=\left(-\dot{I}_2\frac{N_2}{N_1}\right)N_1=-\dot{I}_2N_2$$

或

$$\dot{I}_{1L}N_1+\dot{I}_2N_2=0 \tag{2-32}$$

换言之，当二次绕组流通电流 $\dot{I}_2$ 时，一次绕组便自动流入负载分量电流 $\dot{I}_{1L}$，以满足 $\dot{I}_{1L}N_1+\dot{I}_2N_2=0$。故励磁电流的值仍决定于主磁通 $\dot{\Phi}$，或者说决定于 $\dot{E}_1$，因此，仍然可用参数 Z_m 将励磁电流 $\dot{I}_m$ 和电动势 $\dot{E}_1$ 联系起来，即

$$-\dot{E}_1=\dot{I}_mZ_m \tag{2-33}$$

一、二次电流在各自绕组中还产生有漏磁通，感应漏磁电动势。通常将漏磁电动势写成漏抗压降形式，推导方法同本章第二节，即有

$$\left.\begin{aligned}-\dot{E}_{1\sigma}&=\mathrm{j}X_1\dot{I}_1\\-\dot{E}_{2\sigma}&=\mathrm{j}X_2\dot{I}_2\end{aligned}\right\} \tag{2-34}$$

式中　$\dot{E}_{1\sigma}$、X_1——一次绕组的漏磁电动势和漏抗；

$\dot{E}_{2\sigma}$、X_2——二次绕组的漏磁电动势和漏抗。

一、二次电流还在各自绕组中产生电阻压降 $\dot{I}_1r_1$ 及 $\dot{I}_2r_2$。

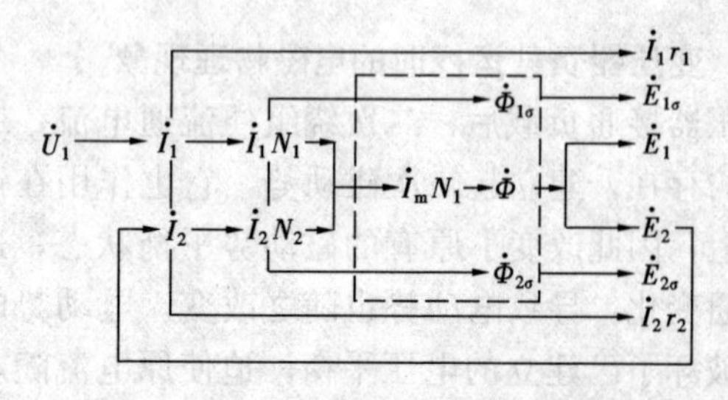

图 2-15　变压器负载运行时的电磁关系

综上所述，将变压器负载运行时所发生的电磁现象汇总，如图 2-15 所示。

二、基本方程式

由以上电磁物理分析得到一组表示式

$$
\left.\begin{array}{ll}
\text{磁动势平衡} & \dot{I}_1N_1+\dot{I}_2N_2=\dot{I}_mN_1 \\
\text{电流表示式} & \dot{I}_1=\dot{I}_m+\left(-\dot{I}_2\dfrac{N_2}{N_1}\right) \\
\text{励磁支路电压降} & -\dot{E}_1=\dot{I}_mZ_m \\
\text{一次电压平衡式} & \dot{U}_1=-\dot{E}_1+\dot{I}_1Z_1 \\
\text{二次电压平衡式} & \dot{U}_2=\dot{E}_2-\dot{I}_2Z_2 \\
\text{电压变比} & k=\dfrac{N_1}{N_2}=\dfrac{E_1}{E_2} \\
\text{负载电路电压平衡式} & \dot{U}_2=\dot{I}_2Z_L
\end{array}\right\} \tag{2-35}
$$

式中　Z_m——励磁阻抗，$Z_m=r_m+jx_m$；

Z_1——一次绕组漏阻抗，$Z_1=r_1+jx_1$；

Z_2——二次绕组漏阻抗，$Z_2=r_2+jx_2$；

Z_L——负载阻抗，$Z_L=r_L+jx_L$。

三、归算

方程组（2-35）完整地表达了变压器负载时的电磁现象，但要求解这组方程是相当繁琐的。其原因是 $N_1\neq N_2$ 使得 $k\neq1$。试设想如果 $k=1$，求解变得非常方便。但实际变压器 $k\neq1$，为了求解方便，常用一假想的绕组替代其中一个绕组使之成为 $k=1$ 的变压器，这种方法称为绕组**归算**或绕组**折算**。归算后的量在原来的符号加上一个上标号“$'$”以示区别，归算后的值称为**归算值**或**折算值**。

绕组的归算有两种方法：一种方法是保持一次绕组匝数 N_1 不变，设想有一个匝数为 N'_2 的二次绕组，用它来取代原有匝数为 N_2 的二次绕组，令 $N'_2=N_1$ 就满足了变比 $k=\dfrac{N_1}{N'_2}=1$，这种方法称为二次归算到一次；另一种方法是保持二次绕组匝数 N_2 不变，设想有一个匝数为 N'_1 的一次绕组，用它来取代原有匝数为 N_1 的一次绕组，令 $N'_1=N_2$ 也就满足了变比 $k=\dfrac{N'_1}{N_2}=1$，这种方法称为一次归算到二次。

归算的目的纯粹是为了计算方便。因此，归算不应改变实际变压器内部的电磁平衡关系。对绕组进行归算时，该绕组的一切物理量均应作相应归算。现以二次归算到一次为例说明各物理量的归算关系。

（一）二次电流的归算值

根据归算前后磁动势应保持不变为条件，可求得二次电流的归算值，它应满足

$$I'_2N'_2=I_2N_2$$

即

$$I'_2=I_2\frac{N_2}{N'_2}=I_2\frac{N_2}{N_1}=\frac{I_2}{k} \tag{2-36}$$

其物理意义也很清楚，当用 N'_2 替代 N_2 后，二次绕组匝数增加到 k 倍。为保持磁动势不变，二次电流归算值减小到原来的 $1/k$ 倍。

（二）二次电动势的归算值

根据归算前后二次电磁功率应维持不变为条件，可求得二次电动势归算值。它应满足

$$E'_2I'_2=E_2I_2$$

即
$$E'_2=\frac{I_2}{I'_2}E_2=kE_2 \tag{2-37}$$
其物理意义也很清楚，当用 N'_2 替代 N_2 后，二次绕组匝数增加到 k 倍。而主磁通 Φ 及频率 f 均保持不变，归算后的二次电动势应增加到 k 倍。

（三）电阻的归算值

根据归算前后铜耗应保持不变为条件，可求得电阻的归算值。它应满足
$$I'^2_2r'_2=I^2_2r_2$$
即
$$r'_2=\left(\frac{I_2}{I'_2}\right)^2r_2=k^2r_2 \tag{2-38}$$
其物理意义可解释为：由于二次绕组匝数增加到 k 倍，其绕组长度相应也增加到 k 倍；二次电流归算值减少到原来的 $1/k$ 倍，相应归算后的二次绕组截面积应减少到原来的 $1/k$ 倍，故二次电阻应增加到原来的 k^2 倍。

（四）漏抗的归算值

根据归算前后二次漏磁无功损耗应保持不变为条件，可求得漏抗的归算值。它应满足
$$\left.\begin{aligned}I'^2_2x'_2&=I^2_2x_2\\ x'_2&=\left(\frac{I_2}{I'_2}\right)^2x_2=k^2x_2\end{aligned}\right\} \tag{2-39}$$
即

其物理意义可解释为：绕组的电抗和绕组的匝数平方成正比。由于归算后二次绕组匝数增加到 k 倍，故漏抗应增加到 k^2 倍。

变压器二次绕组匝数进行归算后，负载的端电压以及负载阻抗也应进行相应计算，即二次电压应乘以 k，负载阻抗应乘以 k^2。

四、归算后的基本方程、等效电路和相量图

归算后，基本方程组可写成
$$\left.\begin{aligned}\dot I_1&=\dot I_m+(-\dot I'_2)\\ -\dot E_1&=\dot I_mZ_m\\ \dot U_1&=-\dot E_1+\dot I_1Z_1\\ \dot U'_2&=\dot E'_2-\dot I'_2Z'_2\\ \dot U'_2&=\dot I'_2Z'_L\\ \dot E_1&=\dot E'_2\end{aligned}\right\} \tag{2-40}$$
式（2-40）恰好构成一电路图。因为它反映了变压器的运行情况，所以称之为变压器的等效电路。又因为电路参数 Z_1、Z'_2 和 Z_m 连接的表达形式如同英文大写字母“T”，故常称它为 **T 形等效电路**，如图 2-16 所示。

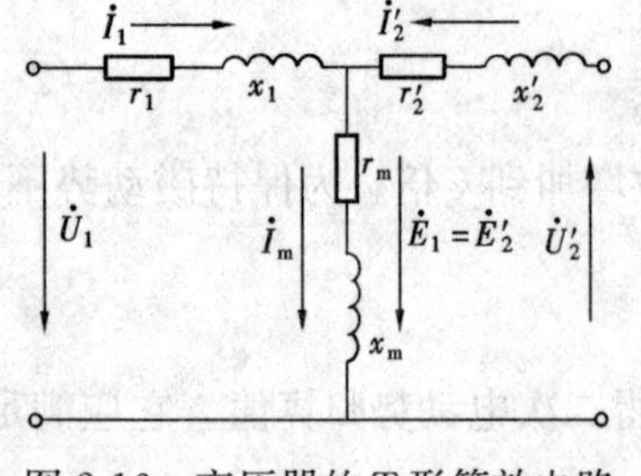

图 2-16　变压器的 T 形等效电路

变压器的电磁关系，除了可用基本方程式和等效电路表示外，还可用相量图表示。相量图并未引进任何新的概念和原理，只是将所得到的表达式用相量图形表示。

需强调指出，**相量图的作法必须与方程式的写法一致，而方程式的写法又必须与所规定的正方向一致。**

变压器的相量图包括三个部分：①二次电压相量图；②电流相量图或磁动势平衡相量图；③一次电压相量图。

画相量图时，认为电路参数为已知，且负载亦已给定。具体作图步骤如下：

(1) 首先选定一个参考相量，且只能有一个参考相量。常以$\dot{U}'_2$为参考相量，根据给定的负载画出负载电流相量$\dot{I}'_2$，$\dot{I}'_2=-\dot{I}_{1L}$。

(2) 根据二次电压平衡式 $\dot{E}'_2=\dot{U}'_2+\dot{I}'_2Z'_2$ 可画出相量 $\dot{E}'_2$，由于 $\dot{E}_1=\dot{E}'_2$，因此也可以画出相量 $\dot{E}_1$。

(3) 主磁通 $\dot{\Phi}$ 应超前 $\dot{E}_1$ 90°，励磁电流又超前 $\dot{\Phi}$ 一铁耗角 $\alpha=\tan^{-1}\frac{r_m}{x_m}$。

(4) 由磁动势平衡式 $\dot{I}_1=\dot{I}_m+(-\dot{I}'_2)$ 可求画出 $\dot{I}_1$。

(5) 由一次电压平衡式 $\dot{U}_1=-\dot{E}_1+\dot{I}_1Z_1$ 可画出 $\dot{U}_1$。

图 2-17 是按感性负载所画出的变压器相量图。

能较直观地表达各物理量相位关系是相量图的优点，但作图时难以精确绘出各相量的长度与角度，相量图仅作为定性分析时的辅助工具。

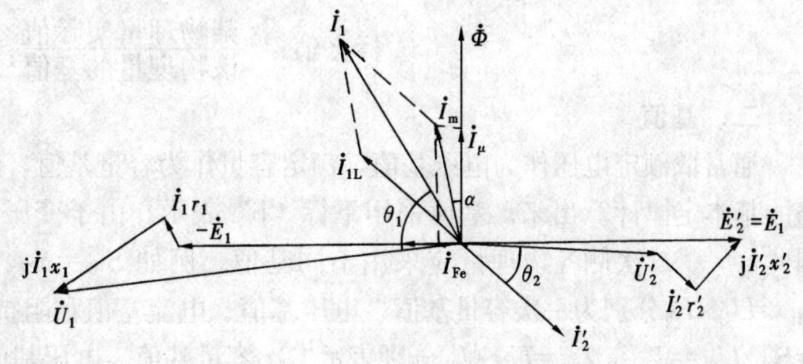

图 2-17　变压器的实用相量图

五、近似等效电路和简化等效电路

T 形等效电路虽能完整地表达变压器内部电磁关系，但运算较繁。考虑到变压器的励磁电流与额定电流相比其值较小，仅为额定电流的3%～8%，大型变压器甚至不到 1%。因此，将励磁支路移至端点处，进行计算时引起的误差并不大，这样的电路称为近似等效电路，如图 2-18 所示。

如采用近似等效电路，可将 r_1、r'_2 合并为一个电阻 r_k，同理，可将 x_1、x'_2 合并为一个电抗 x_k，即有

$$\left.\begin{aligned}r_k&=r_1+r'_2\\x_k&=x_1+x'_2\\Z_k&=r_k+jx_k\end{aligned}\right\}\tag{2-41}$$

r_k、x_k 和 Z_k 分别称之为**短路电阻**、**短路电抗**和**短路阻抗**。其所以冠以短路字样，因为这些参数可以通过短路试验求得。

如果进一步略去励磁电流，这时的等效电路称为简化等效电路，如图 2-19 所示。用简化等效电路进行计算有较大误差，常用于定性分析。

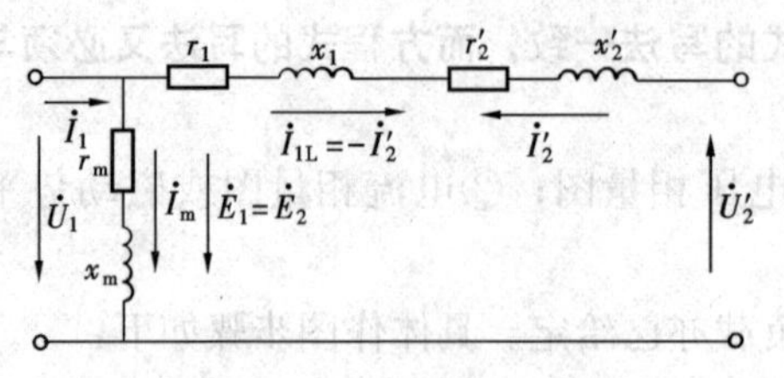

图 2-18 变压器的近似等效电路

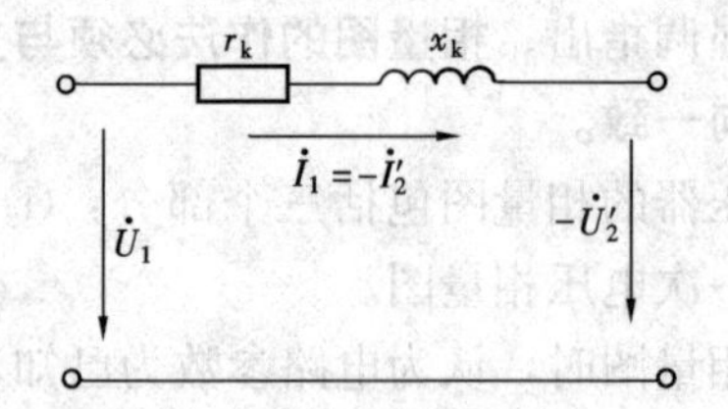

图 2-19 变压器的简化等效电路

第四节 标 幺 值

一、标幺值定义

在电机和电力系统的计算中，各物理量（电压、电流和功率等）除采用实际值表示和计算外，有时亦常用标幺值来表示和计算。所谓标幺值就是对各个物理量选一个固定的数值作为基值，**取实际值与基值之比称为该物理量的标幺值**，即

$$标幺值 = \frac{某物理量实际值}{该物理量的基值}$$

二、基值

通常取额定电压作为电压基值，额定容量作为容量基值，电流基值和阻抗基值则可根据电路的基本定律计算出来。基值采用下标“b”表示。由于变压器有不同的一、二次额定电压，因此，一、二次侧各物理量应采用不同基值。例如 $S_{1b}=S_N$、$U_{1b}=U_{1N}$、$I_{1b}=S_{1b}/U_{1b}=I_{1N}$、$Z_{1b}=U_{1b}/I_{1b}$分别为一次容量基值、电压基值、电流基值和阻抗基值。$S_{2b}=S_N$、$U_{2b}=U_{2N}$、$I_{2b}=S_{2b}/U_{2b}=I_{2N}$、$Z_{2b}=U_{2b}/I_{2b}$分别表示二次容量基值、电压基值、电流基值和阻抗基值。

为区别标幺值与实际值，标幺值均用下标“*”表示以示区别。例如，一次电压、电流和阻抗的标幺值为

$$U_{1*}=\frac{U_1}{U_{1b}},\quad I_{1*}=\frac{I_1}{I_{1b}},\quad Z_{1*}=\frac{Z_1}{Z_{1b}} \tag{2-42}$$

二次电压、电流和阻抗的标幺值为

$$U_{2*}=\frac{U_2}{U_{2b}},\quad I_{2*}=\frac{I_2}{I_{2b}},\quad Z_{2*}=\frac{Z_2}{Z_{2b}} \tag{2-43}$$

以上各量均为相值。在三相系统中，除了相电压、相电流可用标幺值表示外，线电压和线电流亦可用标幺值表示。通常取线电压的额定值作为线电压基值，线电流的额定值作为线电流的基值。不难证明，对三相电路任一点处，其相电压和线电压的标幺值恒相等，相电流和线电流的标幺值亦恒相等。这给实际计算带来很大的方便。

三、标幺值的优点

（一）计算方便且容易判断计算错误

因为取额定值为基值，当实际电压为额定电压和实际电流为额定电流时，用标幺值计算就为 1，这就一目了然。

（二）采用标幺值计算同时也起到了归算作用

这是由于一、二次侧分别采用了不同基值，且已包含有变比关系。例如，$U'_{2*}=\frac{U'_2}{U_{1b}}=\frac{kU_2}{U_{1N}}=\frac{U_2}{U_{2N}}=\frac{U_2}{U_{2b}}=U_{2*}$。

（三）采用标幺值更能说明问题的实质

例如，某变压器供给电流100A，人们难以判断这个100A电流是轻载还是重载。如果某变压器供给电流用标幺值表示为1.2，则立即知道该变压器正以1.2倍额定电流运行，是在超载运行。

标幺值的缺点是，各物理量的标幺值都没有量纲，不能用量纲的关系来检查结果是否正确。

第五节　参数测定方法

从物理概念出发得到了一组基本方程式和相应等效电路，其中包括有六个参数，在分析和计算变压器特性时，这些参数都应该是已知量。现在介绍这些参数的试验测定方法。

一、空载试验

应用空载试验可以测定励磁电阻 r_m 和励磁电抗 x_m，接线图如图2-20所示。

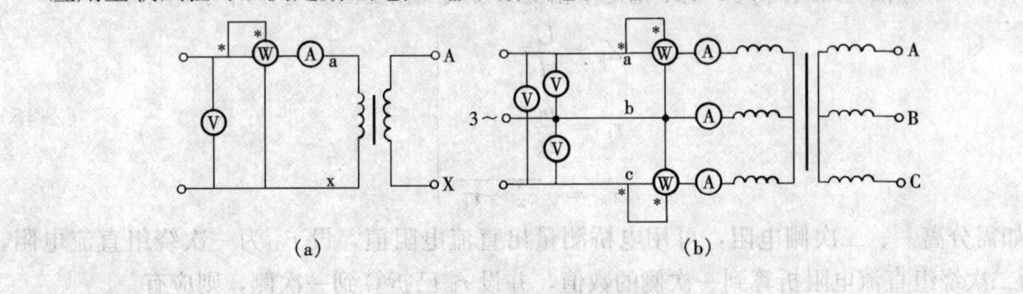

图2-20　变压器空载试验接线图

(a) 单相；(b) 三相

试验时可在高压侧测量也可在低压侧测量，视实际测量何者较为方便而定。如令低压侧开路，测量在高压侧进行，则所测得的数据是高压侧的值，由此计算的励磁阻抗便为高压侧的值。相反，如令高压侧开路，测量在低压侧进行，则所测得的数据是低压侧的值，由此计算的励磁阻抗便为低压侧的值。

设所测得的数据均已化为每相值。令 U_0 为外施每相电压，I_0 为每相电流，P_0 为每相输入功率即等于每相的空载损耗 p_0，则不论是单相变压器或三相变压器均有相同计算式，即

$$\left.\begin{aligned} Z_0 &= \frac{U_0}{I_0} \\ r_0 &= \frac{p_0}{I_0^2} = r_1 + r_m \approx r_m \\ x_0 &= \sqrt{z_0^2 - r_0^2} = x_1 + x_m \approx x_m \end{aligned}\right\} \tag{2-44}$$

需强调指出，励磁参数值随饱和而变化。由于变压器总是在额定电压或很接近于额定电压的情况下运行，**空载试验时应调整外施电压等于额定电压**，这时所求得的参数才真实反映了变压器运行时的磁路饱和情况。

二、短路试验

短路试验用来求参数 r_k 和 x_k。如将变压器的一侧短路，则外施电压全部降落在变压器的内部阻抗上。由于 Z_k 很小，就一般电力变压器而言，额定电流所产生的压降 $I_N Z_k$ 大约为（0.05～0.105）U_N。如果变压器在额定电压下短路，则短路电流可达（9.5～20）I_N，将损

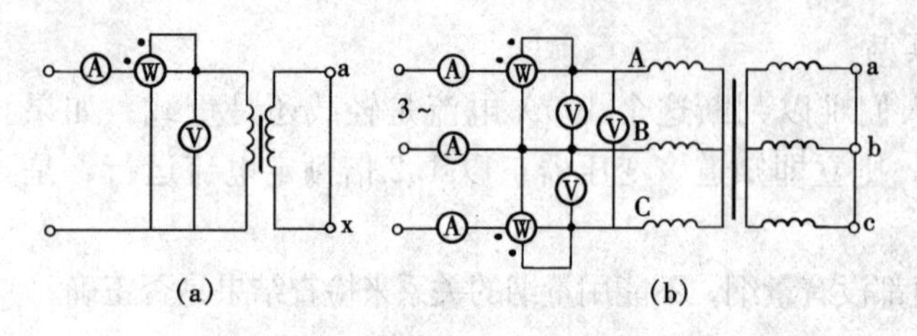

图 2-21 变压器短路试验线路图
(a) 单相；(b) 三相

坏变压器。为了测量参数，**短路试验应降低电压进行**。如控制短路电流不超过额定值，则对变压器是安全的。正因为短路试验时外施电压很低，励磁电流便可略去不计，所以电磁关系可用简化等效电路分析。短路试验接线图如图 2-21 所示。

短路试验时可以在高压侧测量而将低压侧短路，也可在低压侧测量而将高压侧短路，二者测得的数值不同，如化为标幺值计算则是相同的。

设所测得的数值均已化为每相值，令 U_k 表示每相电压，I_k 表示每相电流，P_k 表示每相输入功率即等于每相短路损耗 p_k，则不论是单相变压器或三相变压器均有相同计算式，即

$$\left.\begin{aligned} Z_k &= \frac{U_k}{I_k} \\ r_k &= \frac{p_k}{I_k^2} \\ x_k &= \sqrt{z_k^2 - r_k^2} \end{aligned}\right\} \tag{2-45}$$

如需分离一、二次侧电阻，可用电桥测量出直流电阻值，设 r_{1D} 为一次绕组直流电阻，r'_{2D} 为二次绕组直流电阻折算到一次侧的数值，并设 r_k 已折算到一次侧，则应有

$$\left.\begin{aligned} r_k &= r_1 + r'_2 \\ \frac{r_1}{r_{1D}} &= \frac{r'_2}{r'_{2D}} \end{aligned}\right\} \tag{2-46}$$

联立求解可求出 r_1 和 r'_2。

一、二次侧漏抗则不能应用实验方法分离。如需分离，通常假设一、二次侧漏抗归算到同一侧可认为相等，即令

$$x_1 = x'_2 = \frac{x_k}{2} \tag{2-47}$$

因为**电阻随温度而变化**，如短路试验时的室温为 θ，按照电力变压器标准规定应换算到标准温度 75℃时的值，而**漏抗与温度无关**，即有

$$\left.\begin{aligned} r_{k75} &= r_{k\theta}\frac{234.5+75}{234.5+\theta} \quad (\text{适用于铜线}) \\ r_{k75} &= r_{k\theta}\frac{228+75}{228+\theta} \quad (\text{适用于铝线}) \\ Z_{k75} &= \sqrt{r_{k75}^2 + x_k^2} \end{aligned}\right\} \tag{2-48}$$

式中 $r_{k\theta}$——θ 温度下的短路电阻。

如在短路试验时，调整外施电压使短路电流恰为额定电流，这个短路电压用 U_{kN} 表示，即有 $U_{kN}=I_N Z_k$。它是一个很重要的数据，常标注在变压器铭牌上，有两种表示方式：一种以额定电压百分数表示，称为短路电压百分数。有时还标出它的有功分量和无功分量，即有

$$\left.\begin{aligned}u_{k}&=\frac{U_{kN}}{U_{N}}\times100\%=\frac{I_{N}Z_{k}}{U_{N}}\times100\%\\u_{a}&=\frac{I_{N}r_{k75}}{U_{N}}\times100\%\\u_{r}&=\frac{I_{N}x_{k}}{U_{N}}\times100\%\end{aligned}\right\}\tag{2-49}$$

另一种表示方法采用标幺值，即有

$$\left.\begin{aligned}u_{k*}&=\frac{I_{N}Z_{k}}{U_{N}}=Z_{k*}\\u_{a*}&=\frac{I_{N}r_{k75}}{U_{N}}=r_{k*}\\u_{r*}&=\frac{I_{N}x_{k}}{U_{N}}=x_{k*}\end{aligned}\right\}\tag{2-50}$$

可见，短路电压的标幺值等于短路阻抗的标幺值。同样，短路电压的有功分量和无功分量的标幺值分别等于短路电阻的标幺值和短路电抗的标幺值，便于计算。此外，短路电阻标幺值还可写成

$$r_{k*}=\frac{I_{N}^{2}r_{k}}{U_{N}I_{N}}=\frac{p_{kN}}{S_{N}}\tag{2-51}$$

式中　p_{kN}——短路电流为额定值时的绕组铜耗，$p_{kN}=I_{N}^{2}r_{k}$。

如果短路试验测得的短路电流 $I_{k}\neq I_{N}$，测得的短路损耗 p_{k} 也就不等于 p_{kN}，但是可以按下式计算出 p_{kN}

$$p_{kN}=\left(\frac{I_{N}}{I_{k}}\right)^{2}p_{k}\tag{2-52}$$

【例 2-1】　三相变压器额定容量为 2500kVA，额定电压为 60/6.3kV，Yd 连接（即 Y/△连接），室温为 25℃时测得试验数据见表 2-1。试求：

（1）高压和低压测的额定电压和电流。

（2）等效电路参数的欧姆值和标幺值，画出近似等效电路图。

（3）励磁支路用导纳表示的数值和标幺值。

表 2-1　　**试 验 数 据**

试验类型	电压（V）	电流（A）	功率（W）	备　注
短　路	4800	24.06	26500	在高压侧测量
空　载	6300	11.46	7700	在低压侧测量

解　（1）高压绕组星形连接，额定线电压 $U_{1Nl}=60$kV，可求得

额定相电压　$$U_{1Nph}=\frac{U_{1Nl}}{\sqrt{3}}=\frac{60\times10^{3}}{\sqrt{3}}=34.64(\text{kV})$$

额定相电流等于额定线电流

$$I_{1Nph}=I_{1Nl}=\frac{S_{N}}{\sqrt{3}U_{1N}}=\frac{2500\times10^{3}}{\sqrt{3}\times60\times10^{3}}=24.06(\text{A})$$

低压绕组三角形连接，相电压和线电压相等，即

$$U_{2Nph}=U_{2Nl}=6.3(\text{kV})$$

额定线电流　$I_{2Nl}=\frac{S_N}{\sqrt{3}U_{2N}}=\frac{2500\times10^3}{\sqrt{3}\times6.3\times10^3}=229.11(A)$

额定相电流　$I_{2Nph}=\frac{I_{2Nl}}{\sqrt{3}}=\frac{229.11}{\sqrt{3}}=132.28(A)$

(2) 空载试验在低压侧测量，线电流为 11.46A，可求得

相电流　$I_{2oph}=\frac{I_{2ol}}{\sqrt{3}}=\frac{11.46}{\sqrt{3}}=6.62(A)$

励磁电阻　$r_m=\frac{p_0}{3I_{2oph}^2}=\frac{7700}{3\times6.62^2}=58.57(\Omega)$

励磁阻抗　$Z_m\approx Z_0=\frac{U_{2Nph}}{I_{2oph}}=\frac{6.3\times10^3}{6.62}=951.66(\Omega)$

励磁电抗　$x_m=\sqrt{Z_m^2-r_m^2}=\sqrt{951.66^2-58.57^2}=949.86(\Omega)$

归算至高压侧的值为

$$k=\frac{U_{1Nph}}{U_{2Nph}}=\frac{34.64}{6.3}=5.5$$

$$Z'_m=k^2Z_m=5.5^2\times951.66=28787.72(\Omega)$$

$$r'_m=k^2r_m=5.5^2\times58.57=1771.74(\Omega)$$

$$x'_m=k^2x_m=5.5^2\times949.86=28733.27(\Omega)$$

低压侧阻抗基值为

$$Z_{2b}=\frac{U_{2Nph}}{I_{2Nph}}=\frac{6300}{132.28}=47.63(\Omega)$$

高压侧阻抗基值为

$$Z_{1b}=\frac{U_{1Nph}}{I_{1Nph}}=\frac{34640}{24.06}=1439.73(\Omega)$$

励磁阻抗标幺值为

$$Z_{m*}=\frac{Z_m}{Z_{2b}}=\frac{951.66}{47.63}=19.98$$

励磁电阻标幺值为

$$r_{m*}=\frac{r_m}{Z_{2b}}=\frac{58.57}{47.63}=1.23$$

励磁电抗标幺值为

$$x_{m*}=\frac{x_m}{Z_{2b}}=\frac{949.86}{47.63}=19.94$$

短路试验在高压侧测量，高压侧星形连接，相电流等于线电流为 24.06A，线电压为 4800V，可求得

短路阻抗　$Z_k=\frac{U_k}{\sqrt{3}I_k}=\frac{4800}{\sqrt{3}\times24.06}=115.18(\Omega)$

短路电阻　$r_k = \dfrac{p_k}{3I_k^2} = \dfrac{26500}{3 \times 24.06^2} = 15.26(\Omega)$

短路电抗　$x_k = \sqrt{Z_k^2 - r_k^2} = \sqrt{115.18^2 - 15.26^2} = 114.16(\Omega)$

r_k 为 $t=25℃$测得的数值，应折算至 75℃时的电阻，即

$$r_{k75} = \frac{234.5+75}{234.5+t} r_k = \frac{234.5+75}{234.5+25} \times 15.26 = 18.20(\Omega)$$

折算至 75℃时的短路阻抗值

$$Z_{k75} = \sqrt{r_{k75}^2 + x_k^2} = \sqrt{18.20^2 + 114.16^2} = 115.60(\Omega)$$

短路阻抗标幺值为

$$Z_{k*} = \frac{Z_k}{Z_{1b}} = \frac{115.60}{1439.73} = 0.080$$

短路电阻标幺值为

$$r_{k*} = \frac{r_k}{Z_{1b}} = \frac{18.20}{1439.73} = 0.013$$

短路电抗标幺值为

$$x_{k*} = \frac{x_k}{Z_{1b}} = \frac{114.16}{1439.73} = 0.079$$

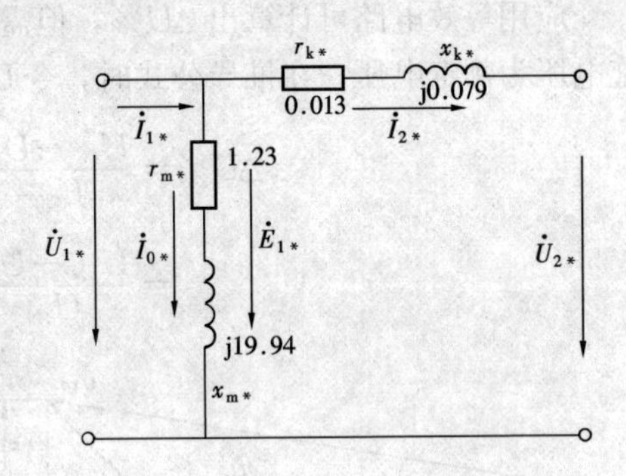

图 2-22　［例 2-1］变压器的近似等效电路

至此，就可得到图 2-22 所示的［例 2-1］变压器近似等效电路。

(3) 励磁支路用导纳表示（归算至高压侧）。

导纳
$$Y_m = \frac{1}{Z'_m} = \frac{1}{28787.72} = 34.74 \times 10^{-6}(S)$$

$$Y_{m*} = \frac{1}{Z_{m*}} = \frac{1}{19.98} = 0.05$$

电导
$$g_m = \frac{r'_m}{r'^2_m + x'^2_m} = \frac{1771.74}{1771.74^2 + 28733.27^2} = 2.14 \times 10^{-6}(S)$$

$$g_{m*} = g_m Z_{1b} = 2.14 \times 10^{-6} \times 1439.73 = 0.00308$$

电纳
$$b_m = \frac{x'_m}{r'^2_m + x'^2_m} = \frac{28733.72}{1771.74^2 + 28733.72^2} = 34.67 \times 10^{-6}(S)$$

$$b_{m*} = b_m Z_{1b} = 34.67 \times 10^{-6} \times 1439.73 = 0.0499$$

(4) 短路试验电流为额定值，短路电压标幺值与短路阻抗标幺值相等，即 $u_{k*} = Z_{k*} = 0.08$，且有 $u_{ka*} = r_{k*} = 0.013$，$u_{k*} = x_{k*} = 0.079$。

第六节　变压器的运行性能

反映变压器运行性能的主要指标有电压变化率（又称电压调整率）和效率。

一、电压变化率

由于变压器内部存在着电阻和漏抗，负载时产生电阻压降和漏抗压降，导致二次电压随负载电流变化而变化。电压变化程度通常用电压变化率表示。设外施电压为额定电压，取空载与额定负载两种情况下的二次电压的算术差与空载电压之比定义为电压变化率，即

$$\Delta U\% = \frac{U_{20}-U_2}{U_{20}} \times 100 \tag{2-53}$$

应用等效电路可计算出 $\Delta U\%$，但需复数运算。现介绍一种实用计算公式。因为假设外施电压为额定电压，在推导公式时，令 $U_1=U_{1N}$，因此 $U_{20}=U_{2N}$

$$\Delta U\% = \frac{U_{20}-U_2}{U_{20}} \times 100 = \frac{U_{2N}-U_2}{U_{2N}} \times 100$$

$$= \frac{U_{1N}-U_2'}{U_{1N}} \times 100 = (1-U_{2*}) \times 100 \tag{2-54}$$

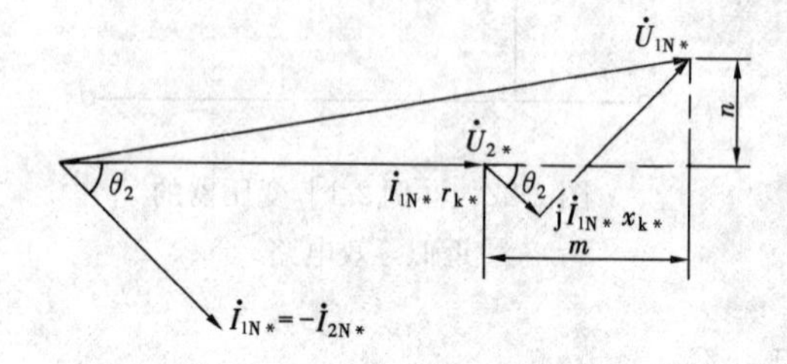

图 2-23 由简化相量图推导电压变化率

如略去励磁电流，便可用简化相量图分析，如图 2-23 所示。图中各线段均用标幺值表示，$U_{1N*}=1$，$I_{1N*}=I_{2N*}=1$，电阻压降为 $I_{1N*}r_{k*}$，其标幺值为 u_{a*}，电抗压降为 $I_{1N*}x_{k*}$，其标幺值为 u_{r*}，它们都是已知量，仅 U_{2*} 为待求量。

从相量图中几何关系可知

$$U_{2*} = \sqrt{1-n^2} - m \tag{2-55}$$

由于 $n \ll 1$，应用二项式定理展开，只取前两项，求得

$$U_{2*} = 1 - \frac{n^2}{2} - m \tag{2-56}$$

代入到式（2-54）得

$$\Delta U\% = \left(m + \frac{n^2}{2}\right) \times 100 \tag{2-57}$$

从简单几何关系可知

$$m = u_{a*}\cos\theta_2 + u_{r*}\sin\theta_2 \tag{2-58}$$

$$n = u_{r*}\cos\theta_2 - u_{a*}\sin\theta_2 \tag{2-59}$$

故

$$\Delta U\% = \left[u_{a*}\cos\theta_2 + u_{r*}\sin\theta_2 + \frac{1}{2}(u_{r*}\cos\theta_2 - u_{a*}\sin\theta_2)^2\right] \times 100 \tag{2-60}$$

由于后一项其值甚小，所以计算时常可略去，简化成

$$\Delta U\% = (u_{a*}\cos\theta_2 + u_{r*}\sin\theta_2) \times 100 \tag{2-61}$$

上述公式适用于电阻电感性负载，如为电阻电容性负载，应用类似方法求得

$$\Delta U\% = \left[u_{a*}\cos\theta_2 - u_{r*}\sin\theta_2 + \frac{1}{2}(u_{r*}\cos\theta_2 + u_{a*}\sin\theta_2)^2\right]\times 100 \quad (2\text{-}62)$$

比较式（2-60）与式（2-62），两式中含有 $\sin\theta_2$ 项的加减号相反。如果电感性负载取 θ_2 为正，电容性负载取 θ_2 为负，则两式可共用一个公式（2-60）。

从式（2-61）可见，当 θ_2 有负值时，ΔU 将减小，且当负载电流超前至一定程度时，ΔU 可能有负值。也就是说，在这种情况下，变压器二次侧的端电压将随负载电流的增加而上升。由此可见，当有不同的负载功率因数时，变压器的电压变化率是不同的。常用的电力变压器，功率因数为0.8（滞后）时额定负载的电压变化率，称为额定电压变化率，它约为5%～8%。

二、变压器的效率

变压器是一种能量转换装置，在转换能量过程中必然同时产生损耗。变压器的损耗可以分为铁损耗和铜损耗两大类。每类损耗又有基本损耗和附加损耗之分。基本损耗可以计算，附加损耗难以准确计算，一般约取对应基本损耗的某个百分值。

变压器的基本铁耗就是主磁通在铁芯中引起的磁滞损耗和涡流损耗。附加损耗包括由主磁通在油箱及其他构件中所产生的涡流损耗和叠片之间的局部涡流损耗等。

变压器的基本铜耗是指电流流过绕组时所产生的直流电阻损耗。附加铜耗主要指由于漏磁场引起的集肤效应使导线有效电阻增大而增加的铜耗、多股并绕导线的内部环流损耗以及漏磁场在结构部件、油箱壁等处引起的涡流损耗。

变压器的总损耗为

$$\Sigma p = p_{Cu} + p_{Fe} \quad (2\text{-}63)$$

输入功率应该是输出功率与全部损耗之和，即有

$$P_1 = P_2 + \Sigma p \quad (2\text{-}64)$$

定义输出功率与输入功率之比为效率，即

$$\eta = \frac{P_2}{P_1} \quad (2\text{-}65)$$

由于电力变压器效率很高，用直接负载法测量其效率很难获得准确的结果。为此，一般用间接法计算效率。间接法又称损耗分离法，其优点在于无需把变压器直接接负载，也无需运用等效电路计算，只要进行空载试验测出空载损耗和短路试验测出短路损耗便可方便地计算出任意给定负载时的效率。空载试验时因 I_0 和 r_1 均很小可近似认为 $I_0^2 r_1=0$，即认为 $p_0=I_0^2 r_m=p_{Fe}$。短路试验时因短路电压很低，I_m 很小可忽略 $I_m^2 r_m$，即认为 $p_{kN}=I_N^2 r_1+I_N^2 r'_2=I_N^2 r_k=p_{CuN}$，故有 $\Sigma p_N=p_{Fe}+p_{CuN}=p_0+p_{kN}$。当为任意负载时 $\Sigma p=p_0+\beta^2 p_{kN}$，式中 $\beta=\dfrac{I_2}{I_{2N}}$ 称为**负载系数**。

变压器负载运行时，二次电压随负载电流而变化。当应用间接法求效率，可以不考虑二次电压变化，即认为 $U_2=U_{2N}$，不致引起太大误差，则

$$P_2 = U_{2N} I_2 \cos\theta_2 = \frac{I_2}{I_{2N}} U_{2N} I_{2N} \cos\theta_2 = \beta S_N \cos\theta_2 \quad (2\text{-}66)$$

$$P_1 = P_2 + \sum p = \beta S_N \cos\theta_2 + \beta^2 p_{kN} + p_0 \tag{2-67}$$

$$\eta = \frac{\beta S_N \cos\theta_2}{\beta S_N \cos\theta_2 + \beta^2 p_{kN} + p_0} \tag{2-68}$$

用间接法求效率公式计算的效率又称为**惯例效率**。惯例是指公认的习惯用法。该式是按单相变压器推导的，也适用于三相变压器。对于三相变压器计算效率，S_N、p_{kN}和 p_0 都应取三相值。

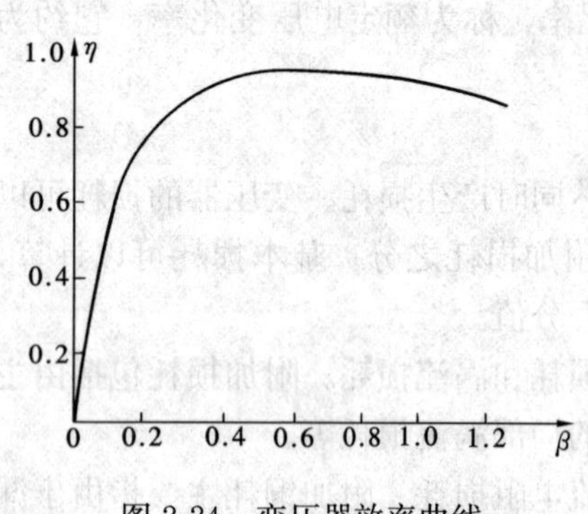

图 2-24　变压器效率曲线

效率不是常数，与负载电流的大小以及负载的性质有关。当负载的功率因数保持不变，效率随负载电流而变化的关系称为**效率曲线**，如图 2-24 所示。仅在某一负载电流时其效率达到最大，为求得最大效率，对式（2-68）取$\frac{d\eta}{d\beta}=0$，求极值条件为

$$p_0 = \beta^2 p_{kN} \tag{2-69}$$

式中　p_0——不变损耗，不随负载电流变化；

$\beta^2 p_{kN}$——可变损耗，随负载电流二次方变化。

式（2-69）说明当**可变损耗等于不变损耗时效率达到最大**，即最大效率发生在

$$\beta = \sqrt{\frac{p_0}{p_{kN}}} \tag{2-70}$$

一般电力变压器的 $p_0/p_{kN}=1/4\sim1/3$，故最大效率发生在$\beta=0.5\sim0.6$，而不设计成$\beta=1$时效率最大。这是因为变压器并非经常满载运行，负载系数随季节、昼夜而变化，因而铜耗也是随之变化的，而铁耗在变压器投入运行后，则总是存在的，故常设计成较小铁耗，这对提高全年的能量效率有利。

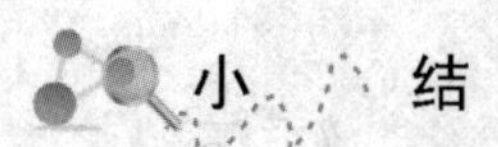

小　结

变压器是把一个数值的交流电压变换为另一数值的交流电压的交流电能变换装置。变压器的基本工作原理是电磁感应定律，一、二次绕组间的能量传递以磁场作为媒介。因此，变压器的关键部件是具有高磁导系数的闭合铁芯和套在铁芯柱上的一、二次绕组。电力变压器的其他主要部件还有油箱、绝缘套管和变压器油等。

变压器工作时在铁芯柱中产生铁芯损耗，在绕组中产生铜损耗和在金属构件中产生附加损耗等，所有损耗都转化为热量。通常将铁芯和绕组浸在变压器油中，以利于热量的散发。根据散热要求，采取不同的散热方式和不同的油箱结构形式。

变压器铭牌上给出额定容量、额定电压、额定电流以及额定频率等，应了解它们的定义及它们之间的关系。

变压器磁路中存在着主磁通和漏磁通。主磁通同时键链一、二次绕组，在一、二次绕组中产生感应电动势 E_1 和 E_2，由于一、二次绕组的匝数不同，从而实现了电压的变换。同时，主磁通在传递电磁功率过程中还起着媒介作用。漏磁通分别键链一次绕组或二次绕组，

它对变压器电磁过程的影响是起漏抗压降作用，而不直接参与能量的传递。

在变压器中存在着一次绕组和二次绕组各自的电动势平衡关系和两绕组之间的磁动势平衡关系。当二次电流和磁动势变化时，将倾向于改变铁芯中的主磁通 ϕ 及感应电动势 E_1，这就破坏了一次电动势平衡关系，此时一次绕组会自动增加一电流分量 I_{1L} 和相应的磁动势 $I_{1L}N_1$ 以平衡二次磁动势的作用，使一次电动势达到新的平衡。通过电动势平衡关系与磁动势平衡关系，能量就从一次侧传递至二次侧。

在铁芯饱和时，为了得到正弦变化的磁通，励磁电流中必须含有高次谐波，尤其是3次谐波。在变压器分析中常采用等效正弦波电流来等值代替，考虑铁损耗后，等效励磁电流超前主磁通一个角度。

变压器运行中既有电路问题，也有磁路问题，为了分析方便，将它转化为单纯的电路问题，因而引入了励磁阻抗 r_m+jx_m 和漏电抗 x_1、x_2 等参数，再把二次侧的量归算至一次侧，就可以得到一次、二次侧间有电流联系的等效电路。

基本方程式、等效电路和相量图是分析变压器内部电磁关系的三种方式。基本方程式是变压器电磁关系的一组数学表达式，等效电路是从基本方程式出发用电路形式来模拟实际变压器，相量图是基本方程式的图形表示，三者是一致的。在实际应用时，定性分析采用相量图，定量计算采用等效电路。

变压器的电抗参数是和磁通对应的，x_m 和铁芯中的主磁通相对应，x_1、x_2 分别和一、二次绕组的漏磁通相对应。主磁通在铁芯中流通、受磁路饱和影响，x_m 不是常数；而漏磁通路径介质主要为非磁性物质，所以 x_1 和 x_2 可看作是常数。

变压器的主要运行性能指标是电压变化率 ΔU 和效率 η，其数值受变压器参数和负载的大小及性质的影响。

思　考　题

2-1　变压器有哪些主要部件？各部件起什么作用？

2-2　设 $k=N_1/N_2$ 为变压器的变比，试比较下列各式的准确性

$$k=\frac{E_{1m}}{E_{2m}},\quad k=\frac{E_1}{E_2},\quad k=\frac{u_1}{u_2},\quad k=\frac{I_1}{I_2},\quad k=\frac{u_1}{u_{20}}$$

如某一公式是近似的，试说明要使该公式近似适合的条件。

2-3　区别变压器主磁通和漏磁通，并指出激励各磁通的磁动势。

2-4　在作变压器的等效电路时，励磁回路中的 r_m 代表什么电阻？这一电阻是否能用直流电表来测量？

2-5　变压器中的励磁电抗 x_m 的物理意义是什么？在变压器中希望 x_m 大好，还是小好？

2-6　变压器一次电压超过额定电压时，其励磁电流 I_m、励磁电阻 r_m、励磁电抗 x_m 和铁耗 p_{Fe} 将如何变化？

2-7　如将频率 $f=50$Hz 的变压器，用于频率 $f=60$Hz 的电源上（电压相同），问励磁电流 I_m、励磁电阻 r_m、励磁电抗 x_m、短路电抗 x_k 和铁芯损耗 p_{Fe} 如何变化？

2-8 把T形等效电路简化为近似等效电路时相当于作了哪些近似假设？

2-9 如何将变压器二次侧的各种量归算到一次侧？在用标幺值表示时，为什么不需要归算？

2-10 试默画变压器空载时和短路时的等效电路和相量图。在哪一种情况下可略去励磁电流？在哪一种情况下可以略去漏阻抗所引起的电压降？

2-11 试证明：当用标幺值表示时，变压器的参数不论归算至一次侧或二次侧都有相同的数值；当用标幺值表示时，短路阻抗的标幺值 z_{k*} 与短路电压的标幺值 u_{k*} 在数值上相等。

2-12 当负载电流的大小保持不变，变压器的电压变化率将如何随着负载电流的功率因数而变化？

2-13 试写出当变压器供给的负载电流的负载系数为 β 时的电压变化实用公式。

2-14 当铁损耗与铜损耗相等时变压器的效率为最高，但在设计配电变压器时，常使铁损耗远小于在有额定电流时的铜损耗。例如，铁损耗仅为满载时铜损耗的1/3，为什么？

2-15 在推导 ΔU 实用公式时作了哪些假设？如一次电压不是额定值，实用公式能否适用？

2-16 在推导惯例效率公式时作了哪些假设？为何误差不大？

习 题

2-1 设有一台500kVA、三相、35000/400V双绕组变压器，一、二次绕组均系星形连接，试求高压方面和低压方面的额定电流。

2-2 设有一台容量为10kVA的单相变压器，有两个分开的一次绕组和两个分开的二次绕组。两个一次绕组和两个二次绕组各可以串联或并联，然后再和外面的线路相接。每一个一次绕组的额定电压为1100V，每一个二次绕组的额定电压为110V。从这一变压器可以得到哪几种不同的变比？对于每一种情形，试作出接线图，并标出一、二次侧的额定电流的数值。

2-3 设有一台500kVA、50Hz三相变压器，Dyn连接，额定电压为10000/400V（符号Dyn的意义为一次绕组接成三角形，二次绕组接成星形并有中性线引出；额定电压均指线电压）。试求：

（1）一次侧额定线电流及相电流，二次侧额定线电流及相电流；

（2）如一次侧每相绕组有960匝，问二次侧每相绕组有几匝？每匝的感应电动势为多少？

（3）如铁芯中磁通密度的最大值为1.4T，求该变压器铁芯的截面积；

（4）如在额定运行情况下绕组中的电流密度为3A/mm²，求一、二次绕组各应有的导线截面。

2-4 设有一台2kVA、50Hz、1100/110V单相变压器，在高压侧测得下列数据：短路阻抗 $Z_k=30\Omega$，短路电阻 $r_k=8\Omega$；在额定电压下的空载电流的无功分量为0.09A，有功分量为0.01A。二次电压保持在额定值。接至二次的负载为10Ω的电阻与5Ω的感抗相串联。要求：

（1）试作出该变压器的近似等效电路，各种参数均用标幺值表示；

(2) 试求一次电压 U_{1*} 和一次电流 I_{1*}。

2-5　设有一台 10kVA、2200/220V 单相变压器，其参数如下：$r_1 = 3.6\Omega$，$r_2 = 0.036\Omega$，$x_k = x_1 + x'_2 = 26\Omega$。在额定电压下的铁芯损耗 $p_{Fe}=70W$，空载电流 I_0 为额定电流的 5%。假定一、二次绕组的漏抗如归算到同一侧时可作为相等，试求：

(1) 各参数的标幺值，并绘出该变压器的 T 形等效电路；

(2) 设变压器二次电压和二次电流为额定值，且有 $\cos\theta_2=0.8$ 滞后功率因数，求一次电压和电流。

2-6　设有三台单相变压器接在三相系统中，一次绕组接成三角形，二次绕组接成星形。二次绕组的端点接有星形连接的三相负载，如图 2-25 所示。一次外施电压为 3800V，已知一、二次侧线电压间的变比为 10，问每台变压器的变比为多少？略去空载电流及变压器本身的漏阻抗，求一、二次侧各相电流及线电流的复数值。相序为 A、B、C，并以 $\dot{U}_{AB}$ 为参考轴（即令 $\dot{U}_{AB} = 3800\angle 0°$，$\dot{U}_{BC} = 3800\angle -120°$，$\dot{U}_{CA} = 3800\angle 120°$）。注意：一次绕组 AB 与二次绕组 a0 属于第一台变压器。同样，一次绕组 BC 与二次绕组 b0 属于第二台变压器，一次绕组 CA 与二次绕组 c0 属于第三台变压器。各相负载的数值如下：

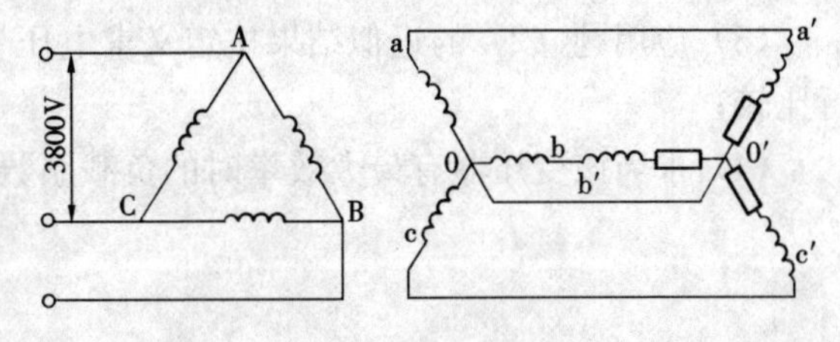

图 2-25　习题 2-6 图

a′0′电阻 10Ω，感抗 10Ω；

b′0′电阻 8Ω，感抗 6Ω；

c′0′电阻 3Ω，感抗 4Ω。

要全部用复数运算，作出一、二次电压和电流的相量图。最后从功率关系来复核答案是否正确。

2-7　设有一台 1800kVA，10000/400V，Yyn 连接的三相铁芯式变压器，短路电压 $u_k=4.5\%$，在额定电压下的空载电流为额定电流的 4.5%，即 $I_0=0.045I_N$，在额定电压下的空载损耗 $p_0=6800W$，当有额定电流时的短路铜耗 $p_{kn}=22000W$。试求：

(1) 当一次电压保持额定值，一次电流为额定值且功率因数为 0.8 滞后时的二次电压和电流；

(2) 根据 (1) 的计算值求电压变化率，并与电压变化率公式的计算值相比较。

2-8　设有一台 320kVA、50Hz、6300/400V、Yd 连接的三相铁芯式变压器。其空载试验及短路试验数据见表 2-2。要求：

表 2-2　　空载及短路试验数据

试验类型	线电压（V）	线电流（A）	总功率（kW）	备　注
空载试验	400	27.7	1.45	在低压侧测量
短路试验	284	29.3	5.7	在高压侧测量

(1) 试作出该变压器的近似等效电路，各参数均用标幺值表示；

（2）设该变压器的二次侧供给星形连接的电阻负载，一次电压保持额定值。二次电流正好为额定值时，求每相负载电阻。

2-9　设有一台125000kVA、50Hz、110/11kV、YNd连接的三相变压器。空载电流 $I_0=0.02I_N$，空载损耗 $p_0=133\text{kW}$，短路电压 $u_{k*}=0.105$，短路损耗 $p_{kN}=600\text{kW}$。试求：

（1）励磁阻抗和短路阻抗，作出近似等效电路，标明各阻抗的数值；

（2）设该变压器的二次电压保持额定，且供给功率因数0.8滞后的额定负载电流，求一次电压及一次电流；

（3）应用题（2）的近似结果按定义求电压变化率和效率。并与由实用公式计算结果进行比较；

（4）求当该变压器有最大效率时的负载系数以及最大效率（设 $\cos\theta_2=0.8$）。

三相变压器及运行

第一节　三相变压器的磁路

三相变压器的磁路系统可分为各相磁路彼此独立和各相磁路彼此相关两类。

一、各相磁路彼此独立

如将三个完全相同的单相变压器的绕组按一定方式作三相连接便构成为三相变压器，常称为**三相变压器组**，如图 3-1 所示。这种变压器的各相磁路是彼此独立的，各相主磁通以各自铁芯作为磁路。因为各相磁路的磁阻相同，当三相绕组接对称的三相电压时，各相的励磁电流也相等。

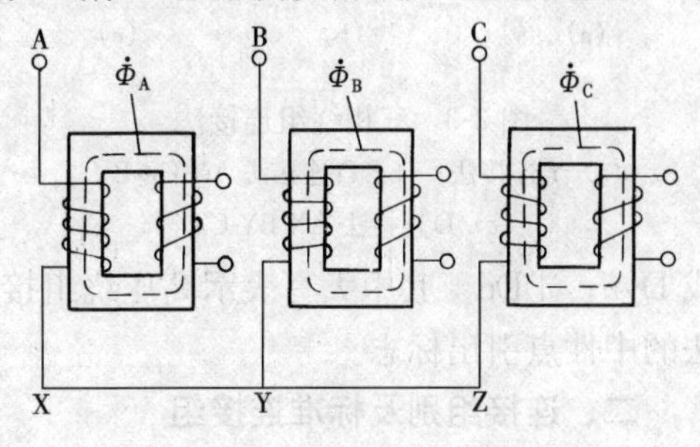

图 3-1　三相变压器组的磁路系统

二、各相磁路彼此相关

如果将图 3-1 的三个单相铁芯合并成如图 3-2(a)所示的结构。图中，通过中间三个芯柱的磁通便等于三相磁通的总和。当外施电压为对称三相电压，三相磁通也对称，其总和$\dot{\Phi}_A+\dot{\Phi}_B+\dot{\Phi}_C=0$，即在任意瞬间，中间芯柱磁通为零。因此，在结构上可省去中间的芯柱，如图 3-2（b）所示。这时，三相磁通的流通情形和星形接法的电路相似，在任一瞬间各相磁通均以其他两相为回路，仍满足了对称要求。为简化生产工艺，在实际制作时常把三个芯柱排列在同一平面上，如图 3-2 (c)所示。人们称这种变压器为**三相三铁芯柱变压器**，或简称为**三相铁芯式变压器**。三相三芯柱变压器中间相的磁路较短，即使外施电压为对称三相电压，三相励磁电流也不完全对称，其中间相励磁电流较其余两相小。但因与负载电流相比，励磁电流很小，如负载对称，仍然可以认为三相电流对称。

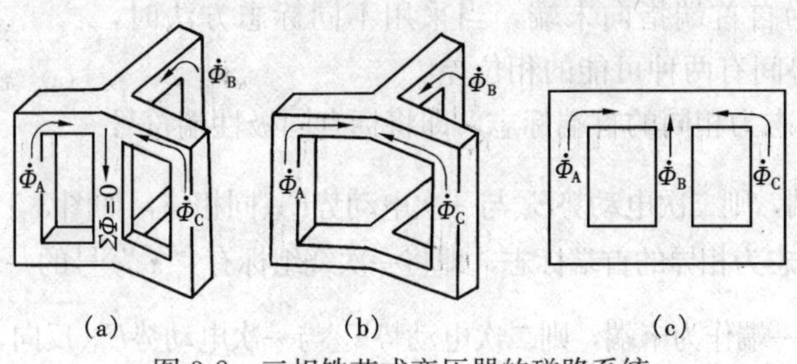

图 3-2　三相铁芯式变压器的磁路系统

第二节 三相变压器的连接组

一、三相变压器绕组的接法

在三相变压器中，用大写字母A、B、C表示高压绕组的首端，用X、Y、Z表示高压绕组的末端，用小写字母a、b、c表示低压绕组的首端，用x、y、z表示低压绕组的末端。

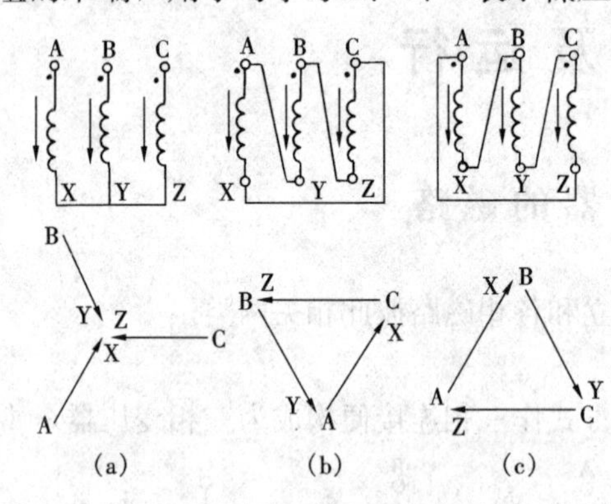

图3-3 三相绕组连接法
(a) Y连接法；(b) D连接法AX-CZ-BY；
(c) D连接法AX-BY-CZ

对于电力变压器，不论是高压绕组或是低压绕组，我国电力变压器标准规定只采用星形接法或三角形接法。现以高压绕组为例，将三相绕组的三个末端连在一起，而将它们的首端引出，便是星形接法，以字母Y表示，如图3-3(a)所示。如将一相的末端和另一相的首端连接起来，顺序连接成一闭合电路，便是三角形接法，以字母D表示。三角形接法有两种连接顺序，一种按AX-CZ-BY顺序，如图3-3(b)所示；一种按AX-BY-CZ顺序，如图3-3(c)所示。

因此，三相变压器可以连接成如下几种形式：①Yy或YNy或Yyn；②Yd或YNd；③Dy或Dyn；④Dd。其中大写表示高压绕组接法，小写表示低压绕组接法，字母N、n是星形接法的中性点引出标志。

二、连接组别及标准连接组

如果将两台变压器或多台变压器并联运行，除了要知道一、二次绕组的连接方法外，还要知道一、二次绕组的线电动势之间的相位。连接组就是用来表示一、二次绕组电动势相位关系的一种方法。

（一）单相变压器的组别

由于变压器的一、二次绕组有同一磁通交链，一、二次侧电动势有着相对极性。例如在某一瞬间高压绕组的某一端为正电位，在低压绕组上也必定有一个端点的电位也为正，人们将这两个正极性相同的对应端点称为**同极性端**，在绕组旁边用符号“·”表示。不管绕组的绕向如何，同极性端总是客观存在的，如图3-4所示。由于绕组的首端、末端标志是人为标定的，如规定电动势的正方向为自首端指向末端，当采用不同标志方法时，一、二次绕组电动势间有两种可能的相位差。

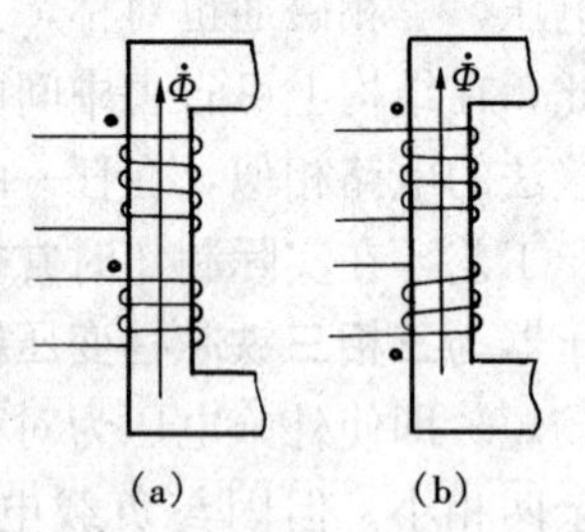

图3-4 说明同极性端是客观存在的
(a) 绕向相同；(b) 绕向相反

如将同极性端标志为相同的首端标志，即将标有同极性端符号“·”的一端作为首端，则二次电动势$\dot{E}_{ax}$与一次电动势$\dot{E}_{AX}$同相位，如图3-5所示。

如将同极性端标志为相异的首端标志，即将一次绕组标有“·”号的一端作为首端，在二次绕组标有“·”号的一端作为末端，则二次电动势$\dot{E}_{ax}$与一次电动势$\dot{E}_{AX}$反向，如图3-6所示。

为了形象地表示一、二次电动势相量的相位差，电力系统中通常采用所谓时钟表示法。

将高压电动势看作时钟的长针，低压电动势看作时钟的短针，将代表高压电动势的长针固定指向时钟12点（或0点），代表低压电动势的短针所指的时数作为绕组的组号。前一种情况，一、二次电动势相位差为0°，用时钟表示法便为Ii0。后一种，一、二次电动势相位差为180°，用时钟表示法便为Ii6。其中Ii表示一、二次侧都是单相绕组，0和6表示组号。我国国家标准规定，单相变压器以Ii0作为标准连接组。

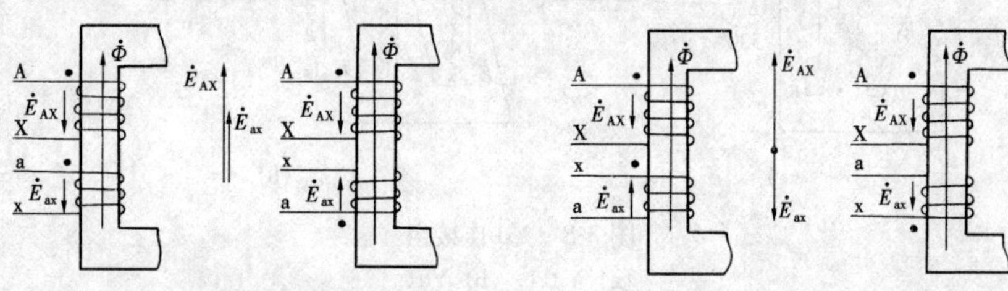

图3-5　同极性端有相同首端标志　　　　图3-6　同极性端有相异首端标志

（二）三相变压器的组别

三相变压器的连接组别用一、二次绕组的线电动势相位差来表示，它不仅与绕组的接法有关，也与绕组的表示方法有关。

1. Yy连接

Yy连接有两种可能接法。如图3-7（a）所示，绕组同极性端有相同的首端标志，一、二次侧相电动势同相位，二次侧线电动势$\dot{E}_{ab}$与一次侧线电动势$\dot{E}_{AB}$也同相位，便标定为Yy0。如图3-7（b）所示，绕组同极性端有相异的首端标志，二次线电动势$\dot{E}_{ab}$与一次线电动势$\dot{E}_{AB}$相位差180°，便标定为Yy6。

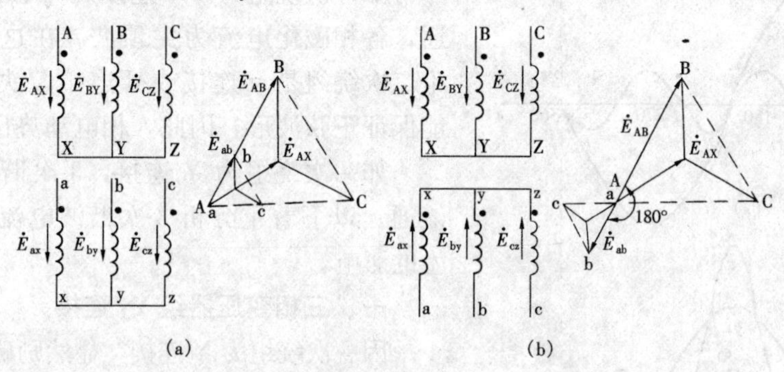

图3-7　Yy连接

（a）Yy0连接组；（b）Yy6连接组

2. Yd连接

在Yd连接中，d有两种连接顺序。在图3-8（a）中，$\dot{E}_{ab}$滞后$\dot{E}_{AB}$330°，属于Yd11连接组。在图3-8（b）中，$\dot{E}_{ab}$滞后$\dot{E}_{AB}$30°，属于Yd1连接组。

此外，三相变压器还可以接成Dy连接或Dd连接。

（三）标准组别

为统一制造，我国国家标准规定只生产五种标准连接组：①Yyn0；②Yd11；③YNd11；④YNy0；⑤Yy0，其中最常用的为前三种。

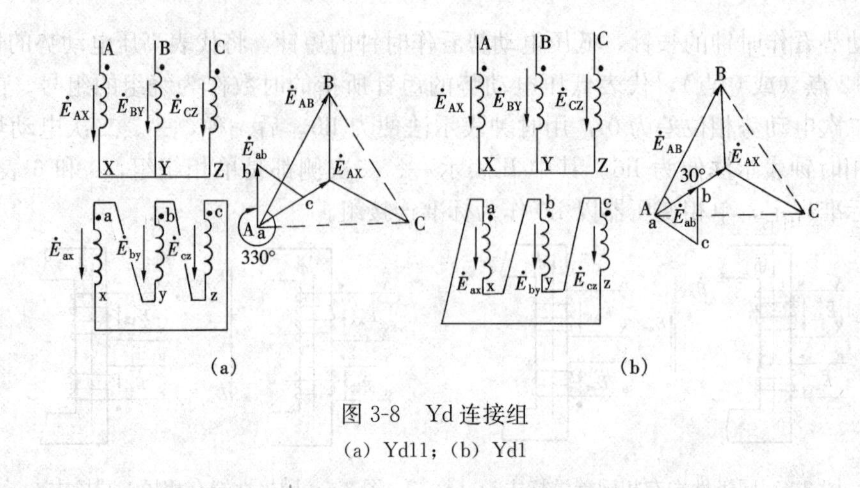

图 3-8　Yd 连接组

(a) Yd11；(b) Yd1

第三节　三相变压器绕组连接法及其磁路系统对电动势波形的影响

在分析单相变压器空载运行时曾经指出：由于磁路饱和，磁化电流是尖顶波，即除有基波分量以外，还包含有各奇次谐波，其中以 3 次谐波最为重要。但是在三相系统中，3 次谐波电流在时间上同相位，即

$$\left.\begin{aligned} i_{\mu 3A} &= I_{\mu 3m}\sin 3\omega t \\ i_{\mu 3B} &= I_{\mu 3m}\sin 3(\omega t - 120^\circ) = I_{\mu 3m}\sin 3\omega t \\ i_{\mu 3C} &= I_{\mu 3m}\sin 3(\omega t - 240^\circ) = I_{\mu 3m}\sin 3\omega t \end{aligned}\right\} \tag{3-1}$$

它能否流通与三相绕组的连接方法有关。

如一次绕组为 YN 连接，3 次谐波电流可以流通，各相磁化电流为尖顶波。在这种情况下，不论二次绕组是 y 连接或 d 连接，铁芯中的磁通均能保证正弦波形，因此，相电动势也为正弦波。

如一次绕组为 Y 连接，3 次谐波电流则不能流通。以下着重分析 3 次谐波电流不能流通所产生的影响。

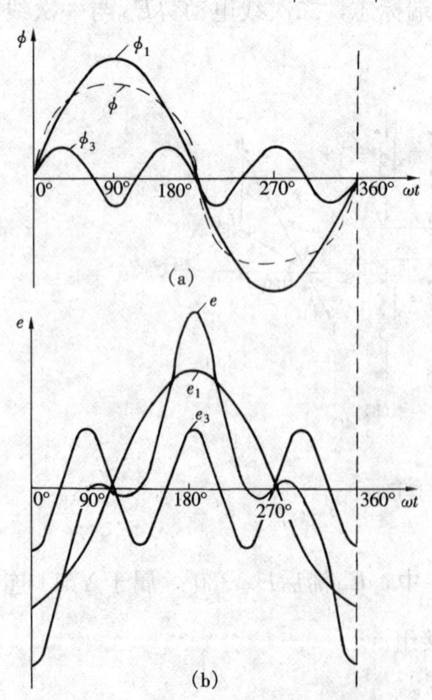

图 3-9　三相变压器组铁芯中的磁通波和绕组中的电动势波（Yy 接法）

(a) 磁通波形；(b) 电动势波形

一、三相变压器组 Yy 连接

因一次绕组为 Y 连接，显然励磁电流中所必需的 3 次谐波电流分量不能流通，从磁化电流中减去 3 次谐波分量后近似为正弦波形。在这种情况下，借助作图法求得磁通波近似于平顶波，如图 3-9(a) 所示。将磁通波分解成基波磁通和各次谐波磁通，在各次谐波磁通中以 3 次谐波磁通幅度最大，影响也最大，以下着重分析 3 次谐波磁通的影响。图 3-9(a)中只画出了基波磁通和 3 次谐波磁通。由基波磁通感应基波电动势 e_1，频率为 f_1，相位滞后于 $\dot{\Phi}_1$ 90°。由 3 次谐波磁通感应 3 次谐波电动势 e_3，频

率为 $f_3=3f_1$，相位上滞后于 $\dot{\Phi}_3 90°$（在3次谐波标尺上量度）。将 e_1 和 e_3 逐点相加，合成电动势是一尖顶波，最高振幅等于基波振幅与3次谐波振幅之和，使相电动势波形畸变，如图3-9(b)所示。但是畸变程度又决定于磁路系统。三相变压器组的各相有独立磁路，3次谐波磁通与基波磁通有相同磁路，其磁阻较小，因此 $\dot{\Phi}_3$ 较大。加之 $f_3=3f_1$，所以3次谐波电动势就相当大，其振幅可达基波振幅的50%～60%，导致电动势波形严重畸变，所产生的过电压有可能危害线圈绝缘。因此，**三相变压器组不能接成Yy运行。**

需要指出，虽然相电动势中包含有3次谐波电动势，因二次绕组是y连接，线电动势中不包含3次谐波电动势。

二、三相铁芯式变压器Yy连接

和第一种情况相同，3次谐波电流不能流通，从而导致3次谐波磁通的存在。但从量值来讲，由于三相铁芯式变压器的三相磁路彼此相关，又由于各相的3次谐波磁通在时间上同相位，不能像基波磁通那样以其他相铁芯为回归路线，3次谐波磁通只能以铁芯周围的油、油箱壁和部分铁轭等形成回路，如图3-10所示。这条磁路的磁阻较大，故3次谐波磁通及其3次谐波电动势很小，相电动势接近于正弦波形。所以三相铁芯式变压器可以接成Yy连接。同理也可以接成Yyn连接。但因3次谐波磁通经过油箱壁等钢件，在其中感应电动势，产生涡流损耗，会引起油箱壁局部过热和降低变压器效率，国家标准规定三相铁芯式变压器如按Yyn连接，其容量限制在1800kVA以下。

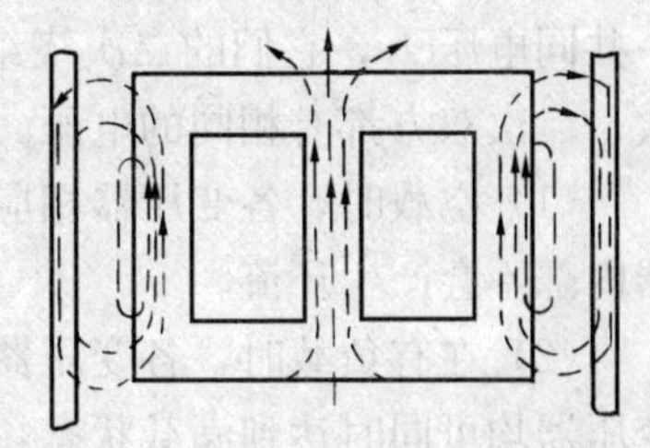
图3-10　三相铁芯式变压器中三次谐波磁通的路径

三、三相变压器Yd连接

和前两种情况相比，这种连接时3次谐波电流在一次绕组中不能流通，一、二次绕组中交链着3次谐波磁通，感应有3次谐波电动势，性质上是相同的；对于二次三角形接法的电路来讲，3次谐波电动势可看成是短路，所产生的3次谐波电流便在三角形电路中环流。该环流对原有的3次谐波磁通起去磁作用，3次谐波电动势被削弱，量值是很小的，因此，相电动势波形接近正弦波形。或者从全电流定律解释，作用在主磁路上的磁动势为一、二次侧磁动势之和，在Yd连接中，由一次侧提供了磁化电流的基波分量，由二次侧提供了磁化电流的3次谐波分量。其作用与由一次侧单方面提供尖顶波磁化电流的作用是等效的。但略有不同，在Yd接法中，为维持3次谐波电流仍需有3次谐波电动势。但是量值甚微，对运行影响不大。这就是为什么在高压线路中的大容量变压器需接成Yd的理由。这个分析无论对三相变压器组或是三相铁芯式变压器都是适用的。

四、三相变压器Yy连接附加一组d连接第三绕组

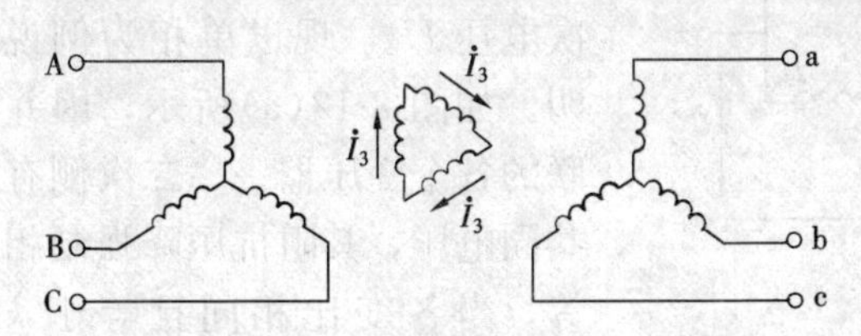

图3-11　Yy连接附加d连接第三绕组

在第二部分已经分析，大容量变压器不能接成Yy连接。如果大容量三相变压器又需要一、二次侧都接成星形，则需在铁芯柱上另外安装一套第三绕组，将它连接成三角形，以提供3次谐波电流通道，接线图如图3-11所示。如果不需要第三绕组供给负载电流，其端点也不必引出。如果需第三绕组供给负载，这种变压器成为三绕组变压器，其工作原理在第五章中介绍。

第四节 变压器的并联运行

在变电站中，常由两台或两台以上的变压器并联运行以供给总的负载。变压器的并联运行可以减少备用容量，提高供电的可靠性，并可根据负载变化来调整投入运行的变压器台数，以提高运行的效率。

一、变压器理想并联运行的条件

变压器有不同的容量和不同的结构型式。当变压器并联运行时，它们的一次绕组都接至一共同电压$\dot{U}_1$，它们的二次绕组并联连接，因而有共同二次电压$\dot{U}_2$。也就是说，它们的一次、二次双方都有相同的电压。理想的并联应能满足下列三个条件：

(1) 空载时，各变压器相应的二次侧电压必须相等且同电位。如此，则并联的各个变压器内部不会产生环流。

(2) 在有负载时，各变压器所分担的负载电流应该与它们的容量成正比例。如此，则各变压器均可同时达到满载状态，使全部装置容量获得最大程度的利用。

(3) 各变压器的负载电流都应同相位。如此，则总的负载电流便是各负载电流的代数和。当总的负载电流为一定值时，每台变压器所分担的负载电流均为最小，因而每台变压器的铜耗为最小，运行较为经济。

二、如何满足并联运行的条件

为满足第一项条件，**首先，并联连接的各变压器必须有相同的电压等级，且属于相同的连接组。**不同连接组变压器不能并联运行。例如 Yy0 连接的变压器绝对不容许与 Yd11 连接的变压器并联运行，因为它们的二次侧线电压之间有 30°相位差。Dy11 连接的变压器却可以和 Yd11 连接的变压器并联运行。因为它们的二次侧线电压同相位。其次，**各变压器都应有相同的线电压变比。**设有几台变压器并联运行，即

$$k_{\mathrm{I}} = k_{\mathrm{II}} = k_{\mathrm{III}} = \cdots = k_n \tag{3-2}$$

这一条件容易满足。实用中所并联的各变压器的变比间的差值要求限制在 0.5%以内。

为满足第二项条件，保证各变压器所分担的负载电流与其容量成正比例，各变压器应有相同的短路电压。证明如下。

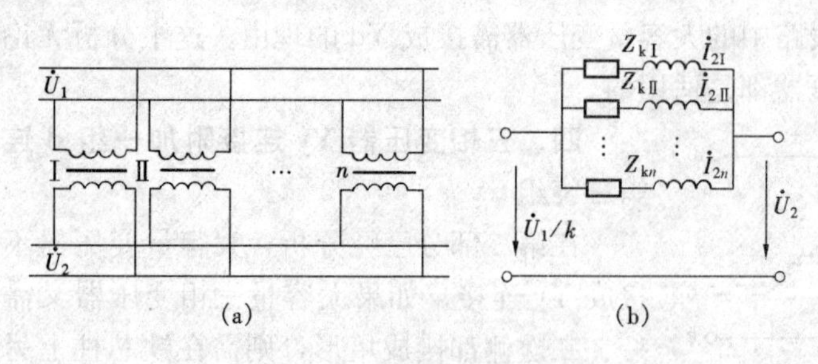

图 3-12 变压器并联运行

(a) 接线图；(b) 简化等效电路图

当各变压器并联运行时，它们有共同一次电压 U_1 和二次电压 U_2，现以单相为例说明。如图 3-12(a)所示，因并联的各个变压器一、二次侧有共同电压，其阻抗压降强制相等，当各变比相同且等于 k 时，根据图 3-12(b)可得

$$\frac{\dot{U}_1}{k}-\dot{U}_2=\dot{I}_{2\text{I}}Z_{\text{kI}}=\dot{I}_{2\text{II}}Z_{\text{kII}}=\dot{I}_{2\text{III}}Z_{\text{kIII}}=\cdots=\dot{I}_{2n}Z_{\text{k}n} \tag{3-3}$$

式中　$\dot{I}_{2\text{I}}$、$\dot{I}_{2\text{II}}$、$\dot{I}_{2\text{III}}$、…、$\dot{I}_{2n}$——各变压器的二次电流；

Z_{kI}、Z_{kII}、Z_{kIII}、…、$Z_{\text{k}n}$——各变压器的短路阻抗。

在应用简化等效电路时，已将励磁电流略去不计。

欲使各变压器同时达到满载，则式（3-3）应化作

$$\dot{I}_{\text{NI}}Z_{\text{kI}}=\dot{I}_{\text{NII}}Z_{\text{kII}}=\dot{I}_{\text{NIII}}Z_{\text{kIII}}=\cdots=\dot{I}_{\text{N}n}Z_{\text{k}n} \tag{3-4}$$

如将式（3-4）的各项均除以共同的额定电压，则有

$$u_{\text{kI}*}=u_{\text{kII}*}=u_{\text{kIII}*}=\cdots=u_{\text{k}n*} \tag{3-5}$$

由式（3-4）和式（3-5）可知，**各变压器的短路阻抗应和它们的额定电流或额定容量成反比，亦即各变压器应有相同的短路电压标幺值。**

为要满足第三项条件，使变压器负载电流同相，即要求各变压器短路电阻与短路电抗的比值相等。因此，要求阻抗电压降的有功分量和无功分量应分别相等，即有

$$\left.\begin{aligned}u_{\text{aI}*}=u_{\text{aII}*}=u_{\text{aIII}*}=\cdots=u_{\text{a}n*}\\u_{\text{rI}*}=u_{\text{rII}*}=u_{\text{rIII}*}=\cdots=u_{\text{r}n*}\end{aligned}\right\} \tag{3-6}$$

亦即**各变压器应有相同的短路电压有功分量和相同的短路电压无功分量。**

三、并联运行时负载分配的实用计算公式

当实际的变压器并联运行时，以上的第二、第三两项理想条件未必能完全满足。在以下的推导中，假设各变压器有相同的变比，但有不同的短路电压。这个假设是符合实际情况的。因为变比相同是容易做到的，而短路电压则随容量等级的不同而不同，通常大容量变压器有较大的短路电压。

由式（3-3）可求得各变压器的负载电流为

$$\left.\begin{aligned}\dot{I}_{2\text{I}}&=\frac{1}{Z_{\text{kI}}}\left(\frac{\dot{U}_1}{k}-\dot{U}_2\right)\\\dot{I}_{2\text{II}}&=\frac{1}{Z_{\text{kII}}}\left(\frac{\dot{U}_1}{k}-\dot{U}_2\right)\\&\cdots\\\dot{I}_{2n}&=\frac{1}{Z_{\text{k}n}}\left(\frac{\dot{U}_1}{k}-\dot{U}_2\right)\end{aligned}\right\} \tag{3-7}$$

将式（3-7）的各式相加，得到总负载电流为

$$\dot{I}_2=\left(\frac{\dot{U}_1}{k}-\dot{U}_2\right)\sum_{i=1}^{n}\frac{1}{Z_{\text{k}i}} \tag{3-8}$$

将式（3-8）与式（3-7）相比，并消去$\left(\frac{\dot{U}_1}{k}-\dot{U}_2\right)$，则得到各变压器负载电流分配关系式为

$$\left.\begin{aligned}\dot{I}_{2\text{I}} &= \frac{\dfrac{1}{Z_{\text{kI}}}}{\sum\limits_{i=1}^{n}\dfrac{1}{Z_{\text{k}i}}}\dot{I}_2\\ \dot{I}_{2\text{II}} &= \frac{\dfrac{1}{Z_{\text{kII}}}}{\sum\limits_{i=1}^{n}\dfrac{1}{Z_{\text{k}i}}}\dot{I}_2\\ &\cdots\\ \dot{I}_{2n} &= \frac{\dfrac{1}{Z_{\text{k}n}}}{\sum\limits_{i=1}^{n}\dfrac{1}{Z_{\text{k}i}}}\dot{I}_2\end{aligned}\right\} \tag{3-9}$$

式（3-9）的两边各乘以电压$\dot{U}_2$，则得到各变压器的输出功率分配关系式为

$$\left.\begin{aligned}S_{\text{I}} &= \frac{\dfrac{1}{Z_{\text{kI}}}}{\sum\limits_{i=1}^{n}\dfrac{1}{Z_{\text{k}i}}}S\\ S_{\text{II}} &= \frac{\dfrac{1}{Z_{\text{kII}}}}{\sum\limits_{i=1}^{n}\dfrac{1}{Z_{\text{k}i}}}S\\ &\cdots\\ S_n &= \frac{\dfrac{1}{Z_{\text{k}n}}}{\sum\limits_{i=1}^{n}\dfrac{1}{Z_{\text{k}i}}}S\end{aligned}\right\} \tag{3-10}$$

式中 S——并联系统的总功率；

S_{I}，S_{II}，…，S_n——各变压器承担的功率。

严格说来，式（3-9）和式（3-10）均为复数方程，需用复数运算，工作量较大。实用中Z_{k}可采用绝对值。以上简化相当于假定了各变压器的电流都同相。如算式中变压器的阻抗Z_{k}仅取其绝对值，则因为$\left|\dfrac{1}{Z_{\text{k}}}\right|=\dfrac{1}{Z_{\text{k}*}}\dfrac{I_{\text{N}}}{U_{\text{N}}}=\dfrac{1}{u_{\text{k}*}}\dfrac{S_{\text{N}}}{U_{\text{N}}^2}$，故式（3-10）可写成

$$\left.\begin{aligned}S_{\text{I}} &= \frac{\dfrac{S_{\text{NI}}}{u_{\text{kI}*}}}{\sum\limits_{i=1}^{n}\dfrac{S_{\text{N}i}}{u_{\text{k}i*}}}S\\ S_{\text{II}} &= \frac{\dfrac{S_{\text{NII}}}{u_{\text{kII}*}}}{\sum\limits_{i=1}^{n}\dfrac{S_{\text{N}i}}{u_{\text{k}i*}}}S\\ &\cdots\\ S_n &= \frac{\dfrac{S_{\text{N}n}}{u_{\text{k}n*}}}{\sum\limits_{i=1}^{n}\dfrac{S_{\text{N}i}}{u_{\text{k}i*}}}S\end{aligned}\right\} \tag{3-11}$$

或
$$S_{\text{I}}:S_{\text{II}}:\cdots:S_n=\frac{S_{\text{NI}}}{u_{\text{kI}*}}:\frac{S_{\text{NII}}}{u_{\text{kII}*}}:\cdots:\frac{S_{\text{N}n}}{u_{\text{k}n*}} \tag{3-12}$$

由此可见，**各变压器的负载分配与该变压器的额定容量成正比，与短路电压成反比。如果各变压器的短路电压都相同，则变压器的负载分配只与额定容量成正比。**在这种条件下，意味着各变压器可同时达到满载，总的装置容量能够得到充分利用。事实上，各变压器的短路电压很难做到都相同。一般电力变压器的 $u_{\text{k}*}$ 大约在 0.05～0.105 范围内，容量大的变压器 $u_{\text{k}*}$ 也较大。如果 $u_{\text{k}*}$ 不等，则 $u_{\text{k}*}$ 较小的那台变压器将先达到满载。为了不使其过载，其余的变压器均将达不到满载，导致整个装置容量得不到充分利用。而 $u_{\text{k}*}$ 较小的常常是容量较小的变压器，造成容量大的变压器达不到满载。在实用上，为了使变压器总的装置容量能够得到较好利用，要求投入并联运行的各变压器的容量尽可能相接近，最大容量与最小容量之比不要超出 3∶1；短路电压值尽可能接近，其差值应限制不超过 10%。

根据负载情况，合理选择变压器并联方式，还可以降低有功损耗，提高系统的效率和功率因数，实现变压器经济运行。

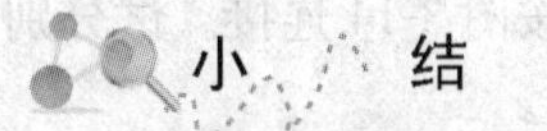

小　结

三相变压器的磁路系统分为各相磁路彼此独立的三相变压器组和各相磁路彼此相关的三相铁芯式变压器两种。

三相变压器的一、二次绕组，可以接成星形，也可以接成三角形。三相变压器一、二次绕组对应线电动势（或电压）间的相位关系与绕组绕向、标志和三相绕组的连接方法有关。其相位差均为 30°的倍数，通常用时钟表示法来表明其连接组别，共有 12 个组别。为了生产和使用方便，规定了标准连接组。

不同磁路结构和不同连接方法的三相变压器，其励磁电流中的 3 次谐波分量流通情况不同。对于 Yy 连接的三相变压器组，由于 3 次谐波电流流不通，而 3 次谐波的磁通在铁芯中可以畅通，造成 3 次谐波电动势幅值较大，导致相电动势波形畸变和相电压的升高。因此，三相变压器组不能接成 Yy 运行。

变压器并联运行时，如能满足变比相等、连接组别相同和短路电压有功分量及无功分量分别相等诸条件，则并联运行的经济性最好，装置容量能够充分利用。而实际上最后一条件不易满足，但应做到尽量接近。

当各并联运行变压器短路阻抗标幺值不相同时，其负载容量分配的实用表达式如式(3-11)所示。从式中可以看出，短路电压标幺值小的变压器将先达到满载。为了使各变压器的装置容量尽可能得到利用，要求各变压器的短路电压标幺值应尽可能相近。

思　考　题

3-1　三相变压器的连接组由哪些因素决定的?

3-2　是否任何变压器连接组都可以用时钟表示法表示？为什么?

3-3　试说明三相变压器组为什么不采用 Yy 连接，而三相铁芯式变压器又可用呢?

3-4　为什么大容量变压器常接成 Yd 连接而不接成 Yy 连接呢?

3-5　Yd 连接的三相变压器中，3 次谐波电动势在 d 接法的绕组中能形成环流，基波电动势能否在 d 接法的绕组中形成环流呢？

3-6　Yy 连接的三相变压器组中，相电动势有 3 次谐波，线电动势中有无 3 次谐波？为什么？

3-7　当有几台变压器并联运行时，希望能满足哪些理想条件？如何达到理想的并联运行？

3-8　实用公式（3-11）采用了哪些假设？如果要考虑各变压器电流的相位该如何计算？

3-9　如果变比不相同，将发生什么物理现象？会带来什么后果？

习　题

3-1　有一三相变压器，其一、二次绕组的同极性端和一次端点的标志如图 3-13 所示。试将该变压器接成 Dd0、Dy11、Yd7、Yy10 连接组，并画出它们的电动势相量图（设相序为 A、B、C）。

3-2　变压器的一、二次绕组按图 3-14 连接。试分别画出它们的电动势相量图，并判明其连接组别（设相序为 A、B、C）。

3-3　设有两台变压器并联运行，变压器Ⅰ的容量为 1000kVA，变压器Ⅱ的容量为 500kVA，在不容许任一台变压器过载的条件下，试就下列两种情况求该变压器组可能供给的最大负载。

（1）当变压器Ⅰ的短路电压为变压器Ⅱ的短路电压的 90%时，即设 $u_{k\text{I}*}=0.9u_{k\text{II}*}$；

（2）当变压器Ⅱ的短路电压为变压器Ⅰ的短路电压的 90%时，即设 $u_{k\text{II}*}=0.9u_{k\text{I}*}$。

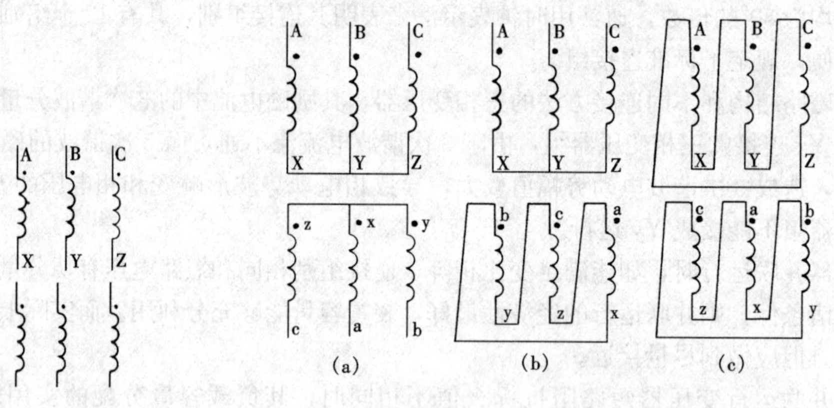

图 3-13　习题 3-1 图　　　　图 3-14　习题 3-2 图

3-4　设有两台变压器并联运行，其数据见表 3-1。试求：

表 3-1　　两台变压器的数据

变　压　器	Ⅰ	Ⅱ
容　量（kVA）	500	1000
U_{1N}（V）	6300	6300
U_{2N}（V）	400	400
在高压侧测得的短路试验数据	250V 32A	300V 82A
连接组	Yd11	Yd11

（1）该两变压器的短路电压 u_k 各为多少？

（2）当该变压器并联运行，且供给总负载为 1200kVA，问每一台变压器各供给多少负载？

（3）当负载增加时哪一台变压器先满载？设任一台变压器都不容许过载，问该两台变压器并联运行所能供给的最大负载是多少？

（4）设负载功率因数为 1，当总负载为 1200kW，求每一台变压器二次绕组中的电流。

第四章 三相变压器的不对称运行及瞬态过程

第一节 对称分量法

前面分析的是变压器的对称运行状态，而在实际运行中，变压器有时会处于不对称运行状态。产生不对称运行的原因有：①外施电压不对称；②各相负载阻抗不对称；③外施电压和负载阻抗均不对称。这都将引起变压器三相电压不对称和流经变压器的三相电流不对称。在变压器及交流电机中不对称运行的分析常采用对称分量法。下面介绍这一方法。

对于对称的三相系统，三相中的电压$\dot{U}_a$、$\dot{U}_b$、$\dot{U}_c$只能看成是一个独立变量。如相序为a、b、c，已知$\dot{U}_a$便可立即写出其余两相电压为

$$\left.\begin{aligned}\dot{U}_b &= a^2\dot{U}_a\\ \dot{U}_c &= a\dot{U}_a\end{aligned}\right\}\tag{4-1}$$

式中，$a=e^{j120}=e^{-j240}$是一个复数算子，应有$a^2=e^{j240}=e^{-j120}$，$a^3=e^{j360}=e^{j0}=1$。

对于不对称的三相系统，三相中的电压$\dot{U}_a$、$\dot{U}_b$、$\dot{U}_c$互不相关，它们的大小不一定相等，也没有固定的相位关系，$\dot{U}_a$、$\dot{U}_b$、$\dot{U}_c$为三个独立变量，必须建立三个方程式联立求解。

所谓对称分量法，实质上是一种线性变换。应用对称分量法将不对称的三相系统分解为三个独立的对称系统，即正序系统、负序系统和零序系统。

例如，$\dot{U}_a$、$\dot{U}_b$、$\dot{U}_c$为不对称三相电压，每相电压用三个分量表示，即

不对称电压 正序 负序 零序

$$\left.\begin{aligned}\dot{U}_a &= \dot{U}_{a+}+\dot{U}_{a-}+\dot{U}_{a0}\\ \dot{U}_b &= \dot{U}_{b+}+\dot{U}_{b-}+\dot{U}_{b0}\\ \dot{U}_c &= \dot{U}_{c+}+\dot{U}_{c-}+\dot{U}_{c0}\end{aligned}\right\}\tag{4-2}$$

下标"+"、"−"、"0"分别表示正序、负序和零序。其电路示意图如图4-1所示。

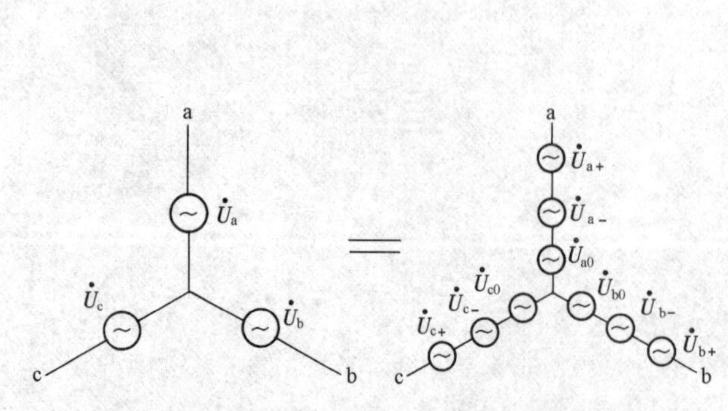

图4-1 将不对称三相电压分解为三相对称电压

不对称系统$\dot{U}_a$、$\dot{U}_b$、$\dot{U}_c$只有三个独立变量，变换后也只能用三个新的

独立变量取代。而在式（4-2）中引进了九个变量，其中必须有六个变量为不独立变量，如令$\dot{U}_{a+}$、$\dot{U}_{a-}$、$\dot{U}_{a0}$为独立变量，则$\dot{U}_{b+}$、$\dot{U}_{b-}$、$\dot{U}_{b0}$和$\dot{U}_{c+}$、$\dot{U}_{c-}$、$\dot{U}_{c0}$均为不独立变量，为此必须引进约束条件。

在式（4-2）中抽出各相的正序电压$\dot{U}_{a+}$、$\dot{U}_{b+}$、$\dot{U}_{c+}$组成正序系统，且令满足约束条件

$$\left.\begin{aligned}\dot{U}_{b+} &= a^2\dot{U}_{a+}\\ \dot{U}_{c+} &= a\dot{U}_{a+}\end{aligned}\right\}\tag{4-3}$$

正序系统的性质是，每相大小相等，相序为 a、b、c，彼此相位差 120°。

同理，在式（4-2）中抽出各相负序电压$\dot{U}_{a-}$、$\dot{U}_{b-}$、$\dot{U}_{c-}$组成负序系统，且令满足约束条件

$$\left.\begin{aligned}\dot{U}_{b-} &= a\dot{U}_{a-}\\ \dot{U}_{c-} &= a^2\dot{U}_{a-}\end{aligned}\right\}\tag{4-4}$$

负序系统的性质是，每相大小相等，相序为 a、c、b，彼此相位差 120°。

同理，在式（4-2）中抽出各相零序电压$\dot{U}_{a0}$、$\dot{U}_{b0}$、$\dot{U}_{c0}$组成零序系统，且令满足约束条件

$$\left.\begin{aligned}\dot{U}_{b0} &= \dot{U}_{a0}\\ \dot{U}_{c0} &= \dot{U}_{a0}\end{aligned}\right\}\tag{4-5}$$

零序系统的性质是，每相大小相等且同相位。

将式（4-3）～式（4-5）约束关系代入到式（4-2）得

不对称电压　正序　负序　零序

$$\left.\begin{aligned}\dot{U}_a &= \dot{U}_{a+} + \dot{U}_{a-} + \dot{U}_{a0}\\ \dot{U}_b &= a^2\dot{U}_{a+} + a\dot{U}_{a-} + \dot{U}_{a0}\\ \dot{U}_c &= a\dot{U}_{a+} + a^2\dot{U}_{a-} + \dot{U}_{a0}\end{aligned}\right\}\tag{4-6}$$

式（4-6）中电压分量的系数行列式不等于零，即

$$D = \begin{vmatrix}1 & 1 & 1\\ a^2 & a & 1\\ a & a^2 & 1\end{vmatrix} = \mathrm{j}3\sqrt{3} \neq 0\tag{4-7}$$

其逆变换式成立。逆变换式为

$$\left.\begin{aligned}\dot{U}_{a+} &= \frac{1}{3}(\dot{U}_a + a\dot{U}_b + a^2\dot{U}_c)\\ \dot{U}_{a-} &= \frac{1}{3}(\dot{U}_a + a^2\dot{U}_b + a\dot{U}_c)\\ \dot{U}_{a0} &= \frac{1}{3}(\dot{U}_a + \dot{U}_b + \dot{U}_c)\end{aligned}\right\}\tag{4-8}$$

由此可见，再利用约束条件后，便可求得其他两相电压的对称分量，新旧变量有对应关系且是唯一的。以上方法同样也适用于不对称的三相电流、电动势、磁动势等的分析。

应用对称分量法时要用到叠加原理，因此它只能适用于线性系统或近似地线性化系统。

第二节　三相变压器的各序阻抗及其等效电路

分析变压器和交流电机的不对称运行，应用对称分量法不仅有优越性且是必要的。其理由如下：

（1）由不对称系统分解而得到的正序、负序和零序系统都是对称系统。对称系统容易求解。当求得各个对称分量后，再将各相的三个分量叠加便得到不对称运行情形。

（2）不同相序电流流经电机和变压器具有不同物理性质，换言之，具有不同阻抗参数。

一、正序阻抗 Z_+ 和正序等效电路

正序电流所遇到的阻抗称为正序阻抗。在正序系统中，不论绕组的接法如何，当二次侧有负载电流时，其一次侧会自动流入相应的电流分量与之平衡，并且，不论磁路系统如何，各相主磁通均能在铁芯中流通，因而有较小的励磁电流。如略去励磁电流，其等效电路如图4-2所示，这里只画出了 A 相，并且**省略了归算符号“′”**。正序阻抗为

$$Z_+ = Z_k = r_k + jx_k \tag{4-9}$$

二、负序阻抗 Z_- 和负序等效电路

负序电流所遇到的阻抗称之为负序阻抗。负序和正序是相对的，仅相序不同而已。因此，负序系统与正序系统有相同的物理性质和等效电路，如图 4-3 所示。负序阻抗为

$$Z_- = Z_k = r_k + jx_k \tag{4-10}$$

也就是说，变压器的负序阻抗与正序阻抗相同。

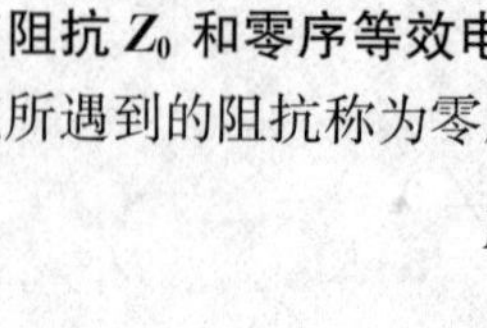

图 4-2　正序等效电路

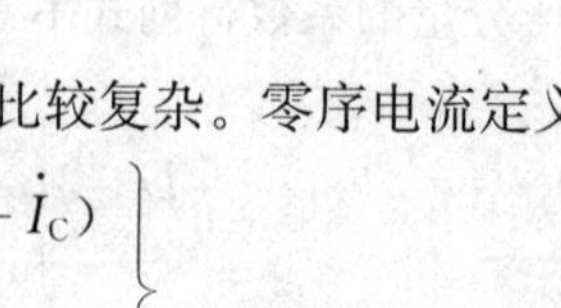

图 4-3　负序等效电路

三、零序阻抗 Z_0 和零序等效电路

零序电流所遇到的阻抗称为零序阻抗。零序阻抗比较复杂。零序电流定义为

$$\left.\begin{aligned}\dot{I}_{A0} &= \frac{1}{3}(\dot{I}_A + \dot{I}_B + \dot{I}_C)\\ \dot{I}_{a0} &= \frac{1}{3}(\dot{I}_a + \dot{I}_b + \dot{I}_c)\end{aligned}\right\} \tag{4-11}$$

且

$$\left.\begin{aligned}\dot{I}_{A0} &= \dot{I}_{B0} = \dot{I}_{C0}\\ \dot{I}_{a0} &= \dot{I}_{b0} = \dot{I}_{c0}\end{aligned}\right\} \tag{4-12}$$

（一）零序电流在变压器绕组中的流通情况

在三相变压器中，零序电流能否流通与绕组的连接方式有关。零序电流在 Y 接法中无法流通，YN 接法可以流通。D 接法比较特殊，其线电流中无零序电流，但是三角形接法是闭合回路，却可以为零序电流提供通路，如果另一侧有零序电流，通过感应也会在 D 接法

绕组中产生零序电流。

综合上述，Yy、Yd、Dy、Dd四种接法的变压器中均无零序电流。YNd和Dyn接法的变压器，当YN或yn绕组中有零序电流，d或D绕组中也感应零序电流。YNy和Yyn接法的变压器，当YN或yn绕组中有零序电流，y或Y绕组中也不会有零序电流。

（二）零序等效电路

由于YNd、Dyn、YNy、Yyn这四种接法的变压器中零序电流的流通情况各不相同，它们的零序等效电路也不相同。现分析其中对变压器运行影响较大的两种接法。

1. YNd接法的零序等效电路

YNd接法的零序电流是由于电源中有零序电压引起的，其零序电流和等效电路如图4-4所示。一、二次侧均能流通零序电流，但是不能流向二次侧负载电路。由于d连接是闭合绕组，所以等效电路的二次侧为短路，有如下电磁关系

$$\left.\begin{aligned}&Z_0 = Z_1 + \frac{Z_2 Z_{m0}}{Z_2 + Z_{m0}} \approx Z_1 + Z_2 = Z_k\\&\dot{I}_{A0} = \frac{\dot{U}_{A0}}{Z_k}\\&\dot{I}_{A0} + \dot{I}_{a0} = \dot{I}_{m0}\\&-\dot{E}_{m0} = \dot{I}_{m0} Z_{m0}\end{aligned}\right\} \tag{4-13}$$

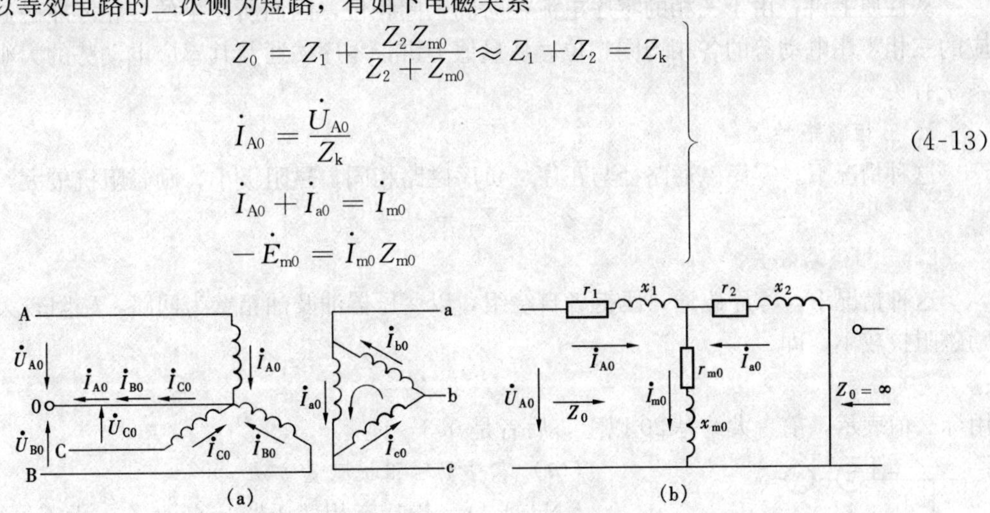

图4-4　YNd接法的零序电流及等效电路

(a) 零序电流；(b) 零序等效电路

如略去零序励磁电流$\dot{I}_{m0}$，则

$$\dot{I}_{a0} = -\dot{I}_{A0} \tag{4-14}$$

可见YNd接法的零序阻抗很小。即使电源有较小的$\dot{U}_{A0}$，也会引起较大的零序电流，导致变压器过热。使用时，线路中应有保护措施监视中性线电流。

2. Yyn接法的零序等效电路

这种接法的零序电流是由于二次侧有中性线电流引起的，一次侧仅感应零序电动势而无零序电流，因而有较大零序阻抗。其零序电流和等效电路如图4-5所示，有如下电磁关系

$$\left.\begin{aligned}&Z_0 = Z_2 + Z_{m0}\\&\dot{U}_{a0} = \dot{I}_{a0} Z_0 = \dot{I}_{a0}(Z_2 + Z_{m0})\\&\dot{I}_{A0} = 0\\&\dot{U}_{A0} = -\dot{E}_0 = \dot{I}_{a0} Z_{m0}\end{aligned}\right\} \tag{4-15}$$

由于Z_0较大，在这种情况下，即使有较小的中性线电流，也会造成相电压的不对称。其不

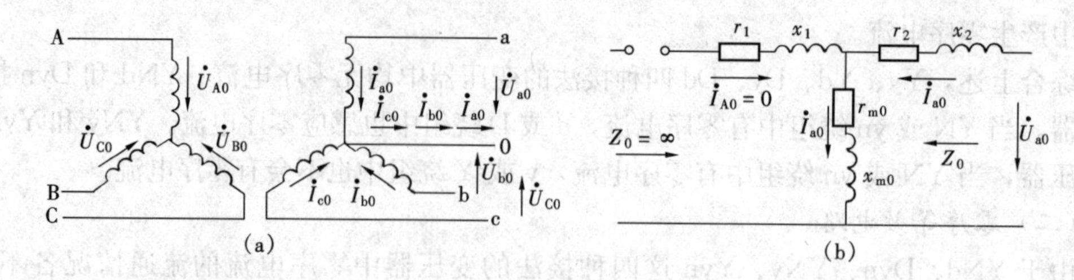

图 4-5　Yyn 连接的零序电流及等效电路

(a) 零序电流；(b) 零序等效电路

对称的程度还与变压器的磁路有关，留待下节专题讨论。

（三）零序磁通在变压器铁芯中流通路径

从性质上讲，由于三相的零序电流在时间上同相位，因而所产生的三相零序磁通及其感应的三相零序电动势的各相均同相位。从量值上讲，零序磁通及其感应电动势的大小与磁路系统有关。

1. 三相磁路独立

这种情况下，零序磁通路径与正序、负序磁路相同，磁阻极小，励磁阻抗较大，即

$$Z_{m0}=Z_m=r_m+jx_m \tag{4-16}$$

2. 三相磁路相关

这种情况下，零序磁通只匝链各自绕组，以变压器油及油箱壁为回路，磁阻较大，零序励磁阻抗较小，即

$$Z_m \gg Z_{m0} \tag{4-17}$$

用标幺值表示，前者大约是 20 以上，后者是 0.3～1。

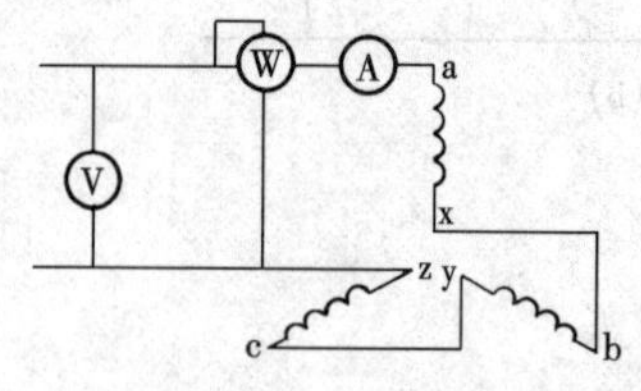

图 4-6　零序阻抗的试验接线图

（四）零序励磁阻抗测量方法

YNd 或 Dyn 连接三相变压器，$Z_{k0}=Z_k$，无需另行测量。Yyn 或 YNy 连接三相变压器按如下方法测量：为模拟零序电流与零序磁通的流通路径，应将三个相绕组按首尾次序串联，接到单相电源，另一侧开路，如图 4-6 所示。测量电压 U、电流 I 和输入功率 P，可计算出零序励磁阻抗，即

$$\left.\begin{aligned} z_0 &= \frac{U}{3I} \\ r_0 &= \frac{P}{3I^2} \\ x_0 &= \sqrt{z_0^2-r_0^2} \end{aligned}\right\} \tag{4-18}$$

以上测量的是 Yyn 连接的零序阻抗，如将一次绕组串联，二次侧开路，便可求出 YNy 连接的零序阻抗。

第三节　三相变压器 Yyn 连接单相运行

详细分析变压器的不对称运行已超出本书范围，作为应用对称分量法的具体举例，只着重分析三相变压器 Yyn 连接带单相负载运行，并假设外施电压为对称三相电压。

变压器 Yyn 连接带单相负载电路图如图 4-7 所示。在 a 相接有单相负载 Z_L，变压器参数为已知，设一次绕组外施电压是对称三相电压，求负载电流 $\dot{I}$，一次电流 $\dot{I}_A$、$\dot{I}_B$、$\dot{I}_C$ 以及一、二次侧相电压 $\dot{U}_A$、$\dot{U}_B$、$\dot{U}_C$ 和 $\dot{U}_a$、$\dot{U}_b$、$\dot{U}_c$。

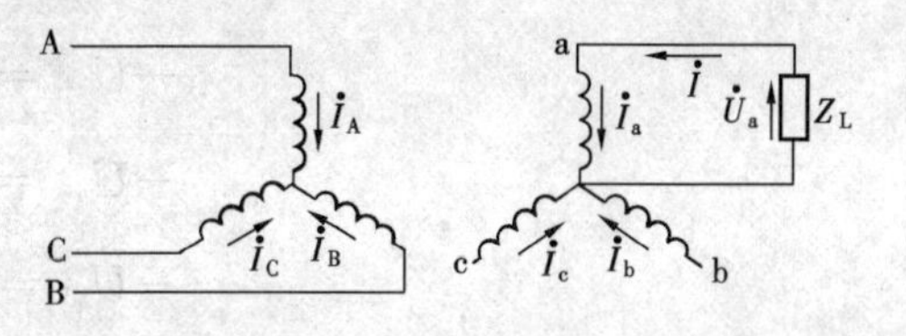

图 4-7　Yyn 连接带单相负载电路

首先按端点条件列出方程

$$\left.\begin{aligned}\dot{I}_a &= \dot{I}\\ \dot{I}_b &= \dot{I}_c = 0\\ \dot{U}_a &= \dot{I}Z_L\end{aligned}\right\}\tag{4-19}$$

以 a 相电流为基准求出二次电流的对称分量

$$\left.\begin{aligned}\dot{I}_{a+} &= \frac{1}{3}(\dot{I}_a + a\dot{I}_b + a^2\dot{I}_c) = \frac{1}{3}\dot{I}\\ \dot{I}_{a-} &= \frac{1}{3}(\dot{I}_a + a^2\dot{I}_b + a\dot{I}_c) = \frac{1}{3}\dot{I}\\ \dot{I}_{a0} &= \frac{1}{3}(\dot{I}_a + \dot{I}_b + \dot{I}_c) = \frac{1}{3}\dot{I}\end{aligned}\right\}\tag{4-20}$$

一次绕组星形连接，无零序电流通路，相电流只有正序与负序分量，即

$$\left.\begin{aligned}\dot{I}_A &= \dot{I}_{A+} + \dot{I}_{A-} = -(\dot{I}_{a+} + \dot{I}_{a-}) = -\frac{2}{3}\dot{I}\\ \dot{I}_B &= \dot{I}_{B+} + \dot{I}_{B-} = -(a^2\dot{I}_{a+} + a\dot{I}_{a-}) = \frac{1}{3}\dot{I}\\ \dot{I}_C &= \dot{I}_{C+} + \dot{I}_{C-} = -(a\dot{I}_{a+} + a^2\dot{I}_{a-}) = \frac{1}{3}\dot{I}\end{aligned}\right\}\tag{4-21}$$

现分析各个电压成分。题设外施线电压为对称的，没有负序分量和零序分量电压，各绕组上的正序电压 $\dot{U}_{A+}$、$\dot{U}_{B+}$、$\dot{U}_{C+}$ 即为电源相电压。外施电压中虽没有负序分量电压和零序分量电压成分，本例中由于负载电流为不对称，所以只要二次侧出现中性线电流，就会在二次绕组产生负序分量电流和零序分量电流及其相应的负序磁通和零序磁通，同时它们也会在一、二次绕组中感应负序分量电压和零序分量电压。

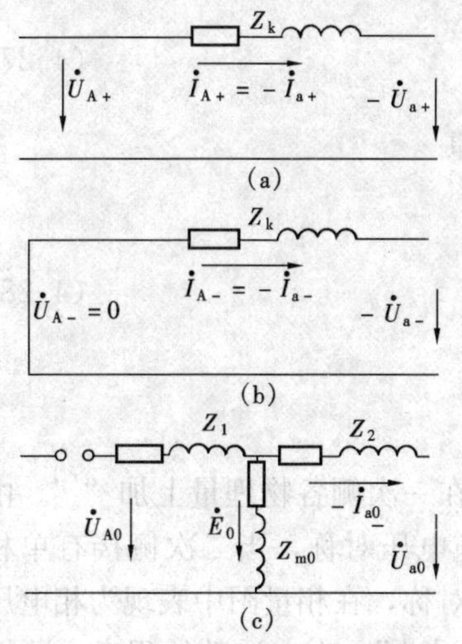

图 4-8　Yyn 连接各相序等效电路
(a) 正序；(b) 负序；(c) 零序

一次绕组中感应的负序电压产生一次负序电流 $\dot{I}_{A-}$、$\dot{I}_{B-}$、$\dot{I}_{C-}$，能以电源为回路，对负序电流来讲，由于一、二次侧的磁动势平衡，负序压降即为负序阻抗压降，其值不大。

零序则不相同，在 Yyn 连接中，零序电流只能在二次侧流通，在一次侧电路中虽感应有零序电动势，但零序电流无法流通。$\dot{I}_{a0}$、$\dot{I}_{b0}$、$\dot{I}_{c0}$ 全部为励磁性质电流，因此一次侧的零序电压即等于零序电动势。相应等效电路如图 4-8 所示。现以 a 相为例写出各分量系统电压平衡式。

$$\left.\begin{aligned}-\dot{U}_{a+}&=\dot{U}_{A+}+\dot{I}_{a+}Z_k\\-\dot{U}_{a-}&=\dot{I}_{a-}Z_k\\-\dot{U}_{a0}&=\dot{I}_{a0}Z_2-\dot{E}_0\\\dot{U}_{A0}&=-\dot{E}_0\end{aligned}\right\}\tag{4-22}$$

由此可写出电压表达式

$$\left.\begin{aligned}-\dot{U}_a&=-(\dot{U}_{a+}+\dot{U}_{a-}+\dot{U}_{a0})=\dot{U}_{A+}+\dot{I}_{a+}Z_k+\dot{I}_{a-}Z_k+\dot{I}_{a0}Z_2-\dot{E}_0\\-\dot{U}_b&=-(\dot{U}_{b+}+\dot{U}_{b-}+\dot{U}_{b0})=\dot{U}_{B+}+\dot{I}_{b+}Z_k+\dot{I}_{b-}Z_k+\dot{I}_{b0}Z_2-\dot{E}_0\\-\dot{U}_c&=-(\dot{U}_{c+}+\dot{U}_{c-}+\dot{U}_{c0})=\dot{U}_{c+}+\dot{I}_{c+}Z_k+\dot{I}_{c-}Z_k+\dot{I}_{c0}Z_2-\dot{E}_0\end{aligned}\right\}\tag{4-23}$$

已知

$$\dot{U}_a=\dot{I}_aZ_L$$

或

$$\dot{U}_{a+}+\dot{U}_{a-}+\dot{U}_{a0}=(\dot{I}_{a+}+\dot{I}_{a-}+\dot{I}_{a0})Z_L\tag{4-24}$$

把它们代入式（4-23）第一式，并考虑到$\dot{I}_{a+}=\dot{I}_{a-}=\dot{I}_{a0}=\frac{1}{3}\dot{I}$，经整理得到

$$-\dot{I}_{a+}=-\dot{I}_{a-}=-\dot{I}_{a0}=\frac{\dot{U}_{A+}}{2Z_k+Z_2+Z_{m0}+3Z_L}\tag{4-25}$$

相应等效电路如图 4-9 所示。式（4-25）中参数 Z_k、Z_2 和 Z_{m0} 为已知，$\dot{U}_{A+}$ 为电源的相电压，又负载阻抗 Z_L 为已知，便可求出$\dot{I}_{a+}$、$\dot{I}_{a-}$和$\dot{I}_{a0}$，从而求出负载电流

$$-\dot{I}=-(\dot{I}_{a+}+\dot{I}_{a-}+\dot{I}_{a0})=\frac{3\dot{U}_{A+}}{2Z_k+Z_2+Z_{m0}+3Z_L}\tag{4-26}$$

由于 $Z_k\ll Z_{m0}$，$Z_2\ll Z_{m0}$，如略去 Z_k 和 Z_2，式（4-26）简化成

$$-\dot{I}=\frac{3\dot{U}_{A+}}{Z_{m0}+3Z_L}\tag{4-27}$$

当略去 Z_k 和 Z_2，则式（4-23）中一、二次侧相电压相等，即

$$\left.\begin{aligned}-\dot{U}_a&=\dot{U}_{A+}-\dot{E}_0=\dot{U}_A\\-\dot{U}_b&=\dot{U}_{B+}-\dot{E}_0=\dot{U}_B\\-\dot{U}_c&=\dot{U}_{C+}-\dot{E}_0=\dot{U}_C\end{aligned}\right\}\tag{4-28}$$

式中　$\dot{U}_A$、$\dot{U}_B$、$\dot{U}_C$——接有单相负载后的一次侧相电压。

以上分析时，将一次侧的各物理量折算到二次侧，并不在一次侧各物理量上加“′”。由式（4-28）画出简化相量图如图 4-10 所示。可见，尽管外施电压对称，当二次侧接有单相负载后，在每相绕组上都叠加有零序电动势，造成相电压不对称，在相量图中表现为相电压中点偏离了线电压三角形的几何中心，这种现象称为“中点浮动”。中点浮动的程度主要取决于 $\dot{E}_0$，而 $\dot{E}_0$ 的大小又取决于零序电流的大小和磁路结构。

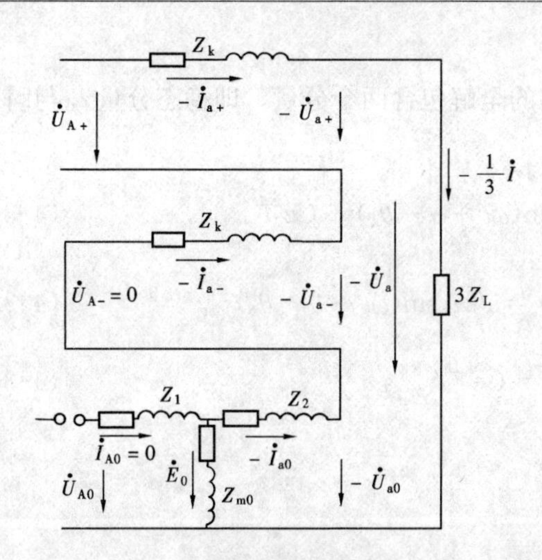

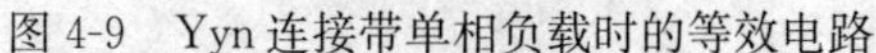
图 4-9　Yyn 连接带单相负载时的等效电路

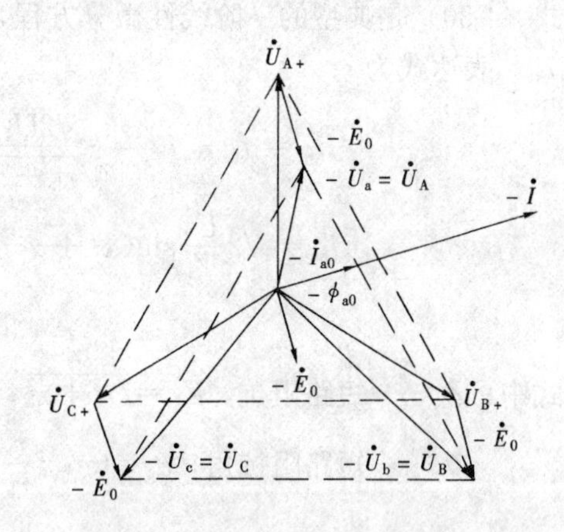

图 4-10　中点浮动

如变压器为三芯柱结构，由于零序磁通的磁阻较大（即 Z_{m0} 较小），因此只要适当地限制中性线电流，则 E_0 不致太大。电力变压器运行规程规定三芯柱变压器如按 Yyn 连接运行应限制中性线电流不超过 $0.25I_N$。因为中性线电流 $\dot{I}_0=\dot{I}_a+\dot{I}_b+\dot{I}_c=3\dot{I}_{a0}$，按此规则核算，$I_{a0}$应小于 $0.0833I_N$。设 $Z_{m0*}=0.6$，当 $I_{a0}=0.0833I_N$，$E_{0*}=I_{a0*}Z_{m0*}=0.05$，可见所造成的相电压偏移不大。由于零序磁通途经变压器油箱，所以会引起油箱壁局部发热。

如为三相变压器组，其各相磁路独立，零序磁阻较小，$Z_{m0}=Z_m$。在这种结构中，即使有很小的零序电流也会感应很大的零序电动势，从而中点有较大的浮动，造成相电压严重不对称，导致用电设备不能正常工作。在极端情况下，如一相发生短路，即 $Z_L=0$，$-\dot{I}=\frac{3\dot{U}_{A+}}{Z_m}$。从短路电流角度来看，仅为正常励磁电流的 3 倍。但因$\dot{U}_a=0$，则$\dot{E}_0=\dot{U}_{A+}$，这么大的零序电动势叠加在其余两相上，把原有的相电压提高了$\sqrt{3}$倍，这是极危险的。由此得出结论，**三相变压器组不能接成 Yyn 连接运行。**

第四节　变压器二次侧突然短路时的瞬态过程

一、瞬态过程

当变压器二次侧突然发生短路时，短路电流很大，因此，可以忽略励磁电流，即认为

$$i_k=i_1=-i'_2 \tag{4-29}$$

由于漏磁通与电流成正比，漏感是常数，因此，可以直接以电流为变量写出微分方程

$$L_k\frac{di_k}{dt}+r_ki_k=\sqrt{2}U_1\sin(\omega t+\alpha) \tag{4-30}$$

式中　L_k——变压器的漏感 $L_k=L_1+L'_2=\frac{1}{\omega}(x_1+x'_2)=\frac{x_k}{\omega}$；

r_k——变压器的短路电阻 $r_k=r_1+r'_2$；

U_1——外施电压有效值；

α——短路开始时外施电压初相角。

式（4-30）是典型的一阶线性微分方程，它的全解包含两个分量，即稳态分量 i_{ks} 与瞬态分量 i_{kt}，表达式为

$$i_k = i_{ks} + i_{kt} = \frac{\sqrt{2}U_1}{\sqrt{r_k^2 + x_k^2}}\sin(\omega t + \alpha - \theta_k) + Ce^{-\frac{t}{T_k}} \tag{4-31}$$

其中

$$i_{ks} = \sqrt{2}\frac{U_1}{Z_k}\sin(\omega t + \alpha - \theta_k) = \sqrt{2}i_k\sin(\omega t + \alpha - \theta_k) \tag{4-32}$$

$$i_{kt} = Ce^{-\frac{t}{T_k}} = Ce^{-\frac{r_k}{L_k}t} \tag{4-33}$$

上三式中　Z_k——短路阻抗，$Z_k=\sqrt{r_k^2+x_k^2}$；

θ_k——短路阻抗角，$\theta_k=\tan^{-1}\frac{x_k}{r_k}$；

T_k——瞬态电流衰减的时间常数，$T_k=\frac{L_k}{r_k}$；

C——待定积分常数，由初始条件决定。

变压器突然短路之前可能已有负载电流，但与短路电流相比是很小的，在分析突然短路的瞬态过程时，通常略去短路前的负载电流，而认为突然短路发生在空载时。根据这个起始条件，代入 $t=0$，$i_k=0$，求出积分常数为

$$C = -\sqrt{2}I_k\sin(\alpha - \theta_k) \tag{4-34}$$

式中　I_k——稳态短路电流有效值，$I_k=\frac{U_1}{Z_k}$。

由此得到短路电流的通解为

$$i_k = \sqrt{2}I_k\sin(\omega t + \alpha - \theta_k) - \sqrt{2}I_k[\sin(\alpha - \theta_k)]e^{-\frac{r_k}{L_k}t} \tag{4-35}$$

研究瞬态过程，人们最关心的是它的最大幅值和衰减时间。

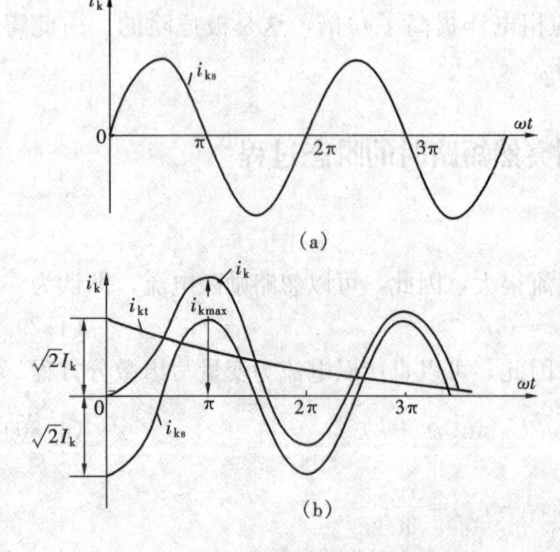

图 4-11　变压器突然短路电流波形

(a) $\alpha=\theta_k$；(b) $\alpha=\theta_k-\pi/2$

最大幅值与突然短路时外施电压的初相角有关。现分析两种极端情况。

（1）如突然短路时电压的初相角 $\alpha=\theta_k$，则瞬态分量电流 $i_{kt}=0$，从短路开始时就立即进入稳态，由式（4-35）得

$$i_k = \sqrt{2}I_k\sin\omega t \tag{4-36}$$

波形图如图 4-11（a）所示。

（2）如突然短路时电压的初相角 $\alpha=\theta_k\pm\pi/2$，则瞬态分量有最大幅值。例如当 $\alpha=\theta_k-\pi/2$，代入式（4-35）得

$$i_k = \sqrt{2}I_k(e^{-\frac{r_k}{L_k}t} - \cos\omega t) \tag{4-37}$$

图 4-11(b)是它的波形图，短路电流的最大幅值发生在短路后的半个周期。代入 $t=\pi/\omega$ 求得

$$i_{kmax}=\sqrt{2}I_k(e^{-\frac{r_k}{x_k}\pi}+1)=\sqrt{2}I_kK_s \tag{4-38}$$

式中　K_s——突然短路电流最大幅值与稳态短路电流幅值的比值，$K_s=e^{-\frac{r_k}{x_k}\pi}+1$。

K_s 的大小决定于变压器参数 r_k、x_k 的比值。中小型变压器的$\frac{r_k}{x_k}=\frac{1}{2}\sim\frac{1}{3}$，$K_s=1.2\sim1.35$；大型变压器的$\frac{r_k}{x_k}=\frac{1}{10}\sim\frac{1}{15}$，$K_s=1.75\sim1.81$。

设外施电压为额定电压，可求得稳态短路电流标幺值为

$$\left.\begin{aligned}I_{k*}&=\frac{I_k}{I_N}=\frac{U_N}{I_NZ_k}=\frac{1}{Z_{k*}}\\ \text{或}\quad I_k&=\frac{1}{Z_{k*}}I_N\end{aligned}\right\} \tag{4-39}$$

代入式（4-38）得

$$\left.\begin{aligned}i_{kmax}&=\sqrt{2}I_N\frac{K_s}{Z_{k*}}\\ \text{或}\quad \frac{i_{kmax}}{\sqrt{2}I_N}&=\frac{K_s}{Z_{k*}}\end{aligned}\right\} \tag{4-40}$$

式中　$\frac{K_s}{Z_{k*}}$——短路电流最大幅值与额定电流幅值之比。

例如某变压器的 $Z_{k*}=0.055$，$\frac{r_k}{x_k}=\frac{1}{3}$，则 $K_s=1.35$，$\frac{K_s}{Z_{k*}}=24.5$，即短路电流最大幅值是稳态短路电流幅值的 1.35 倍，是额定电流幅值的 24.5 倍。由式（4-35）可见，短路电流以指数函数衰减。

二、过电流的影响

过电流所造成的影响有两方面，即发热和电磁力。

（一）发热

因为 $I_k=\frac{1}{Z_{k*}}I_N$，一般电力变压器的 $Z_{k*}=0.105\sim0.055$，则 $I_k=(9.5\sim18)I_N$，这是一很大的电流，而铜耗按电流平方变化，短路时铜耗可达到额定铜耗的几百倍。因此，当变压器发生短路后，其绕组温度急剧升高。所以大型电力变压器都安装过热保护装置，以便在发生短路故障后及时切断电源。

（二）电磁力

伴随着电流产生电磁力，由于电磁力与电流的平方成正比，突然短路时作用在绕组上的电磁力是正常运行时的几百倍。与发热有所不同，温度的升高总需要一定时间，可采用继电器保护。而电磁力伴随着电流同时产生，无法利用附加的外部设备保护，只能在制造时考虑绕组能承受这个强大的机械应力，特别是大型变压器，尤应考虑短路时的电磁力。所以大型变压器往往设计成具有较大的短路阻抗以限制短路电流。

因为绕组处于漏磁场中，而漏磁场的分布难以准确测定，所以要精确计算电磁力也是困难的。本书仅定性分析绕组的受力方向，从中也可以得到某些有用的结论。

图 4-12 表示圆筒绕组漏磁场分布情形。沿绕组轴向方向，在其中间部分的漏磁通磁力线与轴向平行，在该处仅有轴向磁通密度 B_d；而在绕组的两端，磁力线弯曲，在该处的磁

通密度除有轴向分量 B_d 外，还有径向分量 B_q。

由 B_d 与 i 产生的电磁力的径向力如图 4-13(a)所示，成辐射状，外层线圈受到张力，内层线圈受到压力。由于磁通与电流同时改变方向，所以电磁力的方向是不变的。张力对线圈的危害比压力的危害更大，由于圆形线圈比矩形线圈的机械性能好，不易变形，所以变压器的绕组总是做成圆筒形。

同理，可以验证 B_q 与 i 相互作用产生的电磁力方向，无论是外层线圈或内层线圈所受到的电磁力都是轴向力，其作用方向总是从绕组两端挤压绕组，如图 4-13(b)所示。所以，靠近铁轭的那一部分线圈最易遭受破坏，结构上必须加强机械支撑。

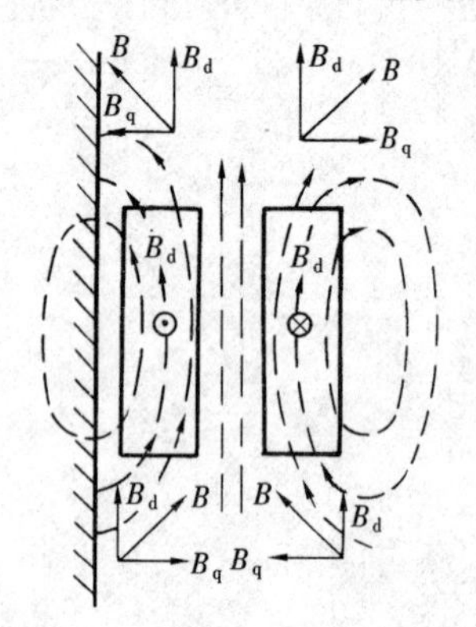

图 4-12 同心式圆筒绕组的漏磁场分布情况

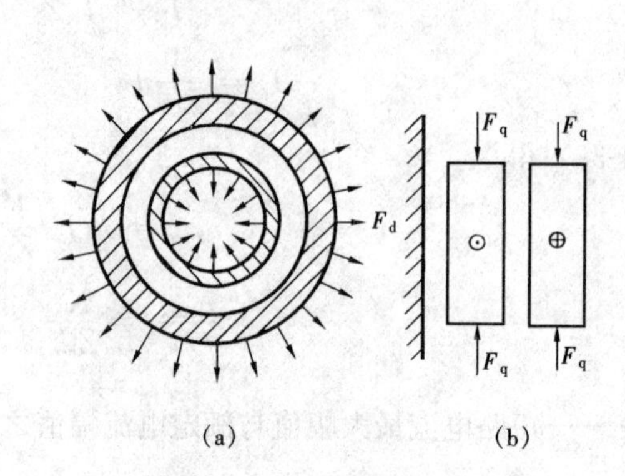

图 4-13 同心式圆筒绕组的受力情况
(a) 径向力；(b) 轴向力

第五节 变压器空载合闸时的瞬态过程

变压器正常运行时，励磁电流很小，通常只有额定电流的 3%～8%，大型变压器甚至不到 1%。可是在空载合闸时，励磁电流急剧增长，有时会达到几倍额定电流。下面分析合闸时电流的瞬态过程以及电流增长的原因及其影响。

一、瞬态过程

设外施电压按正弦规律变化，则电压方程式为

$$N_1 \frac{d\phi_1}{dt} + r_1 i_m = \sqrt{2} U_1 \sin(\omega t + \alpha) \quad (4\text{-}41)$$

式中 N_1、r_1——一次绕组的匝数和电阻；

ϕ_1——匝链一次绕组的全部磁通；

U_1——外施电压有效值；

α——合闸时外施电压初相角；

i_m——励磁电流瞬时值。

式（4-41）中有两个变量 ϕ_1 和 i_m，需要两个方程才能求解。由于 ϕ_1 和 i_m 相关，另一方程表示为磁化曲线 $\phi_1 = f(i_m)$。由于磁路饱和，使 ϕ_1 和 i_m 呈非线性关系，与式(4-41)联立求解，难以求得解析解。考虑到电力变压器的电阻 r_1 较小，$r_1 i_m \ll N_1 \frac{d\phi_1}{dt}$，如果取正常运行时

的平均电感 $L_{av}=\dfrac{N_1\phi_1}{i_m}$ 作为整个瞬态过程期间的电感，即将电感视为常数，则 $\phi_1=f(i_m)$ 可写出线性方程

$$i_m=\frac{N_1\phi_1}{L_{av}} \tag{4-42}$$

代入到式（4-41）消去变量 i_m，便简化成只有变量 ϕ_1 的线性方程

$$N_1\frac{d\phi_1}{dt}+\frac{r_1N_1}{L_{av}}\phi_1=\sqrt{2}\sin(\omega t+\alpha) \tag{4-43}$$

它有解析解。当然作这个简化也会带来误差，留待后文分析。式（4-43）的全解有两个分量，稳态分量 ϕ'_1 和瞬态分量 ϕ''_1，即

$$\phi_1=\phi'_1+\phi''_1=\frac{L_{av}}{N_1}\frac{\sqrt{2}U_1}{\sqrt{r_1^2+(\omega L_{av})^2}}\sin\left(\omega t+\alpha-\tan^{-1}\frac{\omega L_{av}}{r_1}\right)+Ce^{-\frac{r_1}{L_{av}}t} \tag{4-44}$$

由于 $r_1\ll\omega L_{av}$，则

$$\tan^{-1}\frac{\omega L_{av}}{r_1}\approx 90^\circ$$

$$\frac{L_{av}}{N_1}\frac{\sqrt{2}U_1}{\sqrt{r_1^2+(\omega L_{av})^2}}=\frac{\sqrt{2}U_1}{N_1\omega}\approx\Phi_m \tag{4-45}$$

代入式（4-44）得

$$\phi_1=\Phi_m\sin(\omega t+\alpha-90^\circ)+Ce^{-\frac{r_1}{L_{av}}t} \tag{4-46}$$

式中　Φ_m——稳态时的磁通幅值；

　　　C——积分常数，由初始条件决定。

为了简化起见，假设铁芯无剩磁，即 $t=0$，$\phi_1=0$，代入式（4-46）可求得积分常数为

$$C=\Phi_m\cos\alpha \tag{4-47}$$

代入式（4-46）得磁通的解析式为

$$\phi_1=-\Phi_m\cos(\omega t+\alpha)+(\Phi_m\cos\alpha)e^{-\frac{r_1}{L_{av}}t} \tag{4-48}$$

由式（4-45）可见，采用平均电感 L_{av} 进行分析，对稳态时的磁通幅值并无影响，仅只影响衰减时间常数，这就提供了方便。当求出磁通的变化规律后，再用磁化曲线反过来求相应的励磁电流。现分析两种极端情况。

（1）如果在初相角 $\alpha=0$ 时接通电源，则

$$\phi_1=-\Phi_m\cos\omega t+\Phi_m e^{-\frac{r_1}{L_{av}}t} \tag{4-49}$$

在这种情况下，瞬态分量的幅值最大，是最不利的情形。式（4-49）的波形图如图4-14所示。在合闸后的半个周期，即当 $t=\pi/\omega$ 时，稳态分量的瞬时值与瞬态分量的瞬时值相叠加可达 $2\Phi_m$。显然这时的磁路非常饱和，相应的励磁电流急剧增大，可达正常励磁电流的几百倍，或者说可达几倍额定电流。

（2）如果在初相角 $\alpha=90^\circ$ 时接通电源，则

$$\phi_1=\Phi_m\sin\omega t \tag{4-50}$$

在这种情况下，不含瞬态分量磁通，合闸后立即进入稳态，这就避免了冲击电流。

由于人们无法控制合闸的初相角，因此保护装置应按照最不利的情况考虑。

需强调指出：①求得磁通波后再求相应的励磁电流只能是近似估算。因为变压器正常运行时的磁路已经饱和，而磁通增大一倍的这条磁化曲线是很难测量的。②由于磁路的非线性，电感并非常数，从而励磁电流也并非按指数函数衰减。而磁路越饱和则电感越小，实际的衰减速度要比按 $e^{-\frac{r_1}{L_{av}}t}$ 计算值快得多。图 4-15 绘出空载合闸后电流变化的实际波形。一般来讲，小型变压器的电阻较大，电抗较小，衰减也较快，约几个周期就可达到稳态。大型变压器的电阻较小，电抗较大，衰减也慢些，可能延续几秒。

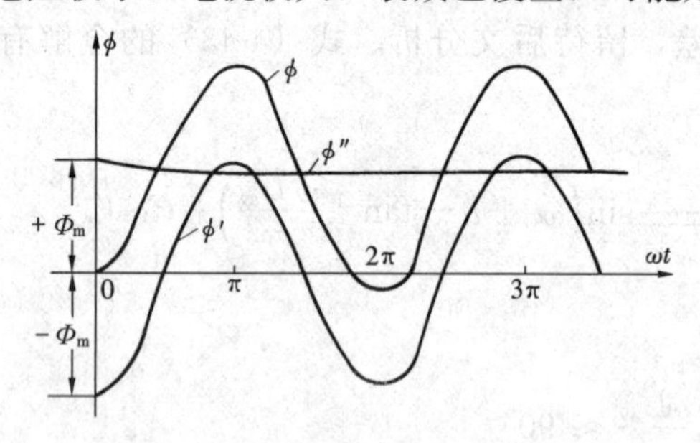

图 4-14　在最不利情况下空载合闸时的磁通波形

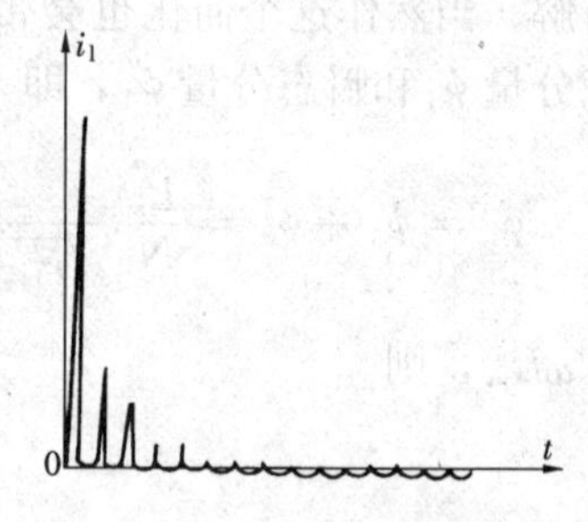

图 4-15　变压器空载合闸冲击电流波形

二、过电流的影响

虽然无法精确计算最大可能的冲击电流值，但实用结果表明，在最不利的时刻合闸，其冲击电流只不过是几倍额定电流，比短路电流要小得多。虽然瞬态过程持续时间较长，也只不过在最初几个周期内冲击电流较大，在整个瞬态过程中，大部分时间内的冲击电流值都在额定值以下。无论从电磁力或温度来考虑，对变压器本身直接危害不大。但在最初几个周期的冲击电流有可能使过电流保护装置误动作。为防止这种现象发生，装设有过电流保护装置的大型变压器，合闸时可在变压器的输入端与电网间串联适当电阻以限制冲击电流，且有利于合闸冲击电流快速衰减，待冲击电流衰减到额定电流以内，再将限流电阻切出。

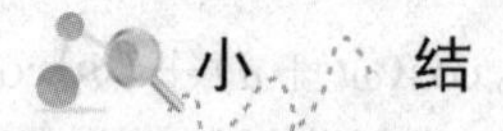

小　结

在变压器和交流电机中，不对称运行的分析常采用对称分量法，即将不对称的三相电压或电流用对称分量法分解为对称的正序分量系统、负序分量系统和零序分量系统。分别对各对称分量系统作用下的运行情况进行分析，然后将各分量系统的分析结果叠加起来，便得到不对称运行时总的分析结果。

由于变压器是静止的电器，所以对称的正序分量电流和负序分量电流流经变压器时，其对应的等效电路和阻抗都和变压器正常运行时的相同。零序分量电流是三相同相的，其流经变压器的情况与变压器的连接方法有关：①Yy、Yd、Dy、Dd 连接无零序电流。②YNd、Dyn 连接零序电流在双侧绕组内均可流通。③YNy、Yyn 连接零序电流只能在 YN 或 yn 侧流通。在零序电流可以流通的连接组中，其零序阻抗的大小还与变压器的磁路结构有关。

本章以三相变压器 Yyn 连接单相运行为例，介绍了不对称运行的分析方法。其分析步骤如下：列出端点方程式、将不对称的三相电压和电流分解为对称分量、列出相序方程式、求解电流和电压。对于 Yyn 连接的单相运行，由于三相变压器组的零序励磁阻抗值很大（$Z_{m0}=Z_m$），故其单相运行时“中点浮动”程度很大，这不仅造成单相负载电流很小，而且还造成另外两相电压的升高，所以对于三相变压器组不允许采用 Yyn 连接，而对于三相铁芯式变压器，由于 Z_{m0} 较小，在 $S_N \leqslant 1800\text{kVA}$ 的变压器中允许采用 Yyn 连接。

变压器的突然短路电流包括稳态分量和瞬态分量。稳态分量的大小决定于电源电压 u_1 和短路阻抗 Z_k。瞬态分量不仅决定于 u_1 和 Z_k，还与短路时电压的初相角 α 有关。当 $\alpha=\theta_k \pm \frac{\pi}{2}$ 时瞬态分量有最大幅值，短路电流数值很大，可能造成变压器绕组的过热和在绕组中产生强大的电磁力。因此，必须采取过热保护和加强绕组机械强度的措施，以防止绕组的过热和机械损坏。

变压器空载合闸时，其铁芯中的磁通包含有稳态分量和瞬态分量。稳态分量的大小，主要决定于电源电压和平均电感。瞬态分量的大小还与合闸的初相角 α 有关，当 $\alpha=0$ 时，瞬态分量的幅值最大，这时总磁通将接近 $2\Phi_m$，励磁电流可达正常励磁电流的数百倍（相等于额定电流的数倍）。空载合闸时的冲击电流虽较大，但对变压器本身不会造成直接危害，却可能造成继电器保护的误动作，这应在变压器运行时加以防止。

思 考 题

4-1　如何应用对称分量法将不对称的三相系统转化成正序、负序和零序系统？应用这种转换的目的性何在？

4-2　为什么变压器的正序阻抗和负序阻抗相同？为什么变压器的零序阻抗不同于正序阻抗和负序阻抗？是什么因素决定变压器零序阻抗的大小？

4-3　为什么变压器的零序阻抗不仅与绕组连接组有关且与铁芯的结构形式有关？

4-4　为什么 Yyn0 连接组绝不可以用于三相变压器组，却可以用于三相铁芯式变压器？对于后者又为什么要对中性线电流加以限制呢？

4-5　在 4-2 节中介绍了零序励磁电抗的测量方法。如果该变压器为 YNd 或 Dyn 连接，试问如何测量该变压器的零序阻抗，试绘出测量接线图。

4-6　为什么在分析稳态运行时只需列出复数方程，而在分析瞬态过程中必须列出微分方程？

4-7　在分析空载合闸瞬态过程时，采用了哪些假设条件？引起了哪些误差？

4-8　变压器的绕组上承受着径向电磁力和轴向电磁力，哪一种电磁力对绕组的破坏作用更大些？为什么？

习 题

4-1　有三台单相变压器，各台变压器数据如下：短路电压 $u_{k*}=0.05$，短路电压有功分量 $u_{a*}=0.02$，空载损耗 $p_0=0.01P_N$，空载电流 $I_0=0.05I_N$。将这三台单相变压器连接成 Yyn0 连接组，外施电压是对称三相电压，电压值为额定值。试问：

（1）当二次侧空载时，一、二次侧的相电压和线电压是否对称，为什么？

(2) 当二次侧接有对称三相负载，一、二次侧的相电压和线电压是否对称，为什么？

(3) 当二次侧仅只一相接有电阻性负载，$r_{L*}=1$，其余两相空载，求一、二次侧相电流、相电压和线电压？

4-2 如将题 4-1 的变压器接成 Dyn 连接组，重新计算各项，计算结果与 4-1 题进行比较。

4-3 在图 4-16 所示的变压器中，变比 $k=2$。设外施电压对称，当二次侧电流 $I=1\text{A}$，求一次侧线电流。

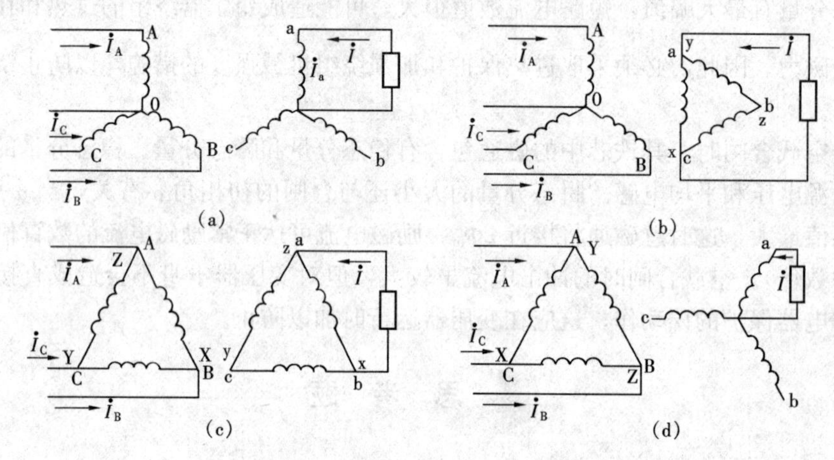

图 4-16 习题 4-3 图

电力系统中的特种变压器

*第一节　三 绕 组 变 压 器

电力系统常需要将三个电压等级不同的电网相互连接，为了经济起见，可采用三绕组变压器来实现。

一、结构特点

三绕组变压器的结构和双绕组变压器相似，在每个铁芯柱上同心排列着三个绕组，即高压绕组 1、中压绕组 2、低压绕组 3，如图 5-1 所示。

一般说来，相互间传递功率较多的绕组应当靠得近些。升压变压器，采用图 5-1（a）所示的方案比较合理，低压绕组放在中间，高压绕组放在外层，中压绕组放在里层。这种布置因漏场均匀可以有较好的电压调整率和运行性能。降压变压器，多半是从高压电网取得电功率，经三绕组变压器传送至中压和低压电网，最理想的方案应该是将高压绕组放在中间，但这将增加绝缘的困难；通常采用中压绕组放在中间，高压绕组放在外层，低压绕组放在里层的方案，如图 5-1(b)所示。

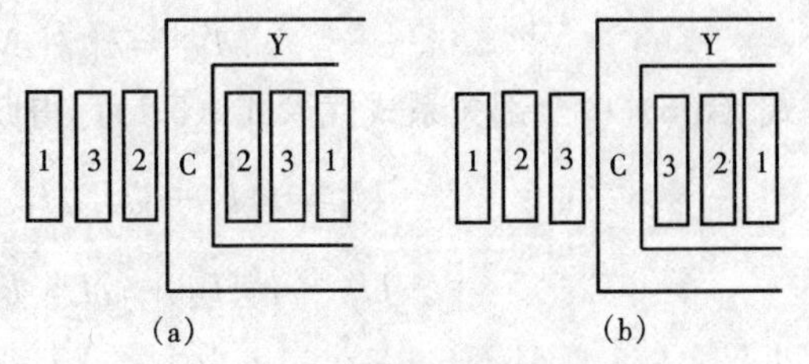

图 5-1　三绕组变压器绕组布置示意图
（a）升压变压器；（b）降压变压器

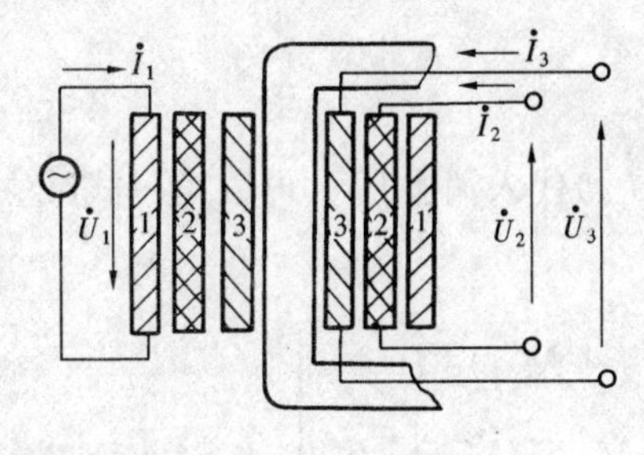

图 5-2　三绕组降压变压器

二、电压方程式和等效电路

以图 5-2 所示的降压变压器为例，推导三绕组变压器的电压方程式和等效电路。从高压电网传送来的功率分别传送到中压电网和低压电网。$\dot{U}_1$、$\dot{U}_2$、$\dot{U}_3$ 分别表示高压侧的、中压侧的和低压侧的电压。

由于三绕组变压器有高压、中压和低压三个绕组，在磁路方面又相互耦合，在建立基本方程式时，不可能像双绕组变压器那样简单地使用漏磁通和互磁通的概念，必须用每一绕组的自感系数和各绕组间的互感系数作为基本参数。令 L_1、L_2、L_3 为各绕组的自感系数；$M_{12}=M_{21}$ 为 1 与 2 绕组间互感系数，$M_{13}=M_{31}$ 为 1 与 3 绕组间互感系数，$M_{23}=M_{32}$ 为绕组 2 与 3 间互感系数。如电压、电流和电动势的正方向均按照惯例，则当外施电压为正弦波且稳定运行时，电压方程式为

$$\left.\begin{aligned} \dot{U}_1 &= r_1 \dot{I}_1 + j\omega L_1 \dot{I}_1 + j\omega M_{12} \dot{I}_2 + j\omega M_{13} \dot{I}_3 \\ -\dot{U}_2 &= r_2 \dot{I}_2 + j\omega L_2 \dot{I}_2 + j\omega M_{21} \dot{I}_1 + j\omega M_{23} \dot{I}_3 \\ -\dot{U}_3 &= r_3 \dot{I}_3 + j\omega L_3 \dot{I}_3 + j\omega M_{31} \dot{I}_1 + j\omega M_{32} \dot{I}_2 \end{aligned}\right\} \tag{5-1}$$

设绕组 1、2、3 分别有 N_1、N_2、N_3 匝，则各绕组间的变比为

$$\left.\begin{aligned} k_{12} &= \frac{N_1}{N_2} \\ k_{13} &= \frac{N_1}{N_3} \\ k_{23} &= \frac{N_2}{N_3} = \frac{k_{13}}{k_{12}} \end{aligned}\right\} \tag{5-2}$$

如将各种数量均归算到一次绕组，即有

$$\left.\begin{aligned} U'_2 &= k_{12}U_2, U'_3 = k_{13}U_3 \\ I'_2 &= I_2/k_{12}, I'_3 = I_3/k_{13} \\ r'_2 &= k_{12}^2 r_2, r'_3 = k_{13}^2 r_3 \\ L'_2 &= k_{12}^2 L_2, L'_3 = k_{13}^2 L_3 \\ M'_{12} &= k_{12}M_{12}, M'_{13} = k_{13}M_{13} \\ M'_{23} &= k_{12}k_{13}M_{23} \end{aligned}\right\} \tag{5-3}$$

将式（5-3）中全部关系式代入式（5-1），得归算后的电压方程式

$$\left.\begin{aligned} \dot{U}_1 &= r_1 \dot{I}_1 + j\omega L_1 \dot{I}_1 + j\omega M'_{12} \dot{I}'_2 + j\omega M'_{13} \dot{I}'_3 \\ -\dot{U}'_2 &= r'_2 \dot{I}'_2 + j\omega L'_2 \dot{I}'_2 + j\omega M'_{21} \dot{I}_1 + j\omega M'_{23} \dot{I}'_3 \\ -\dot{U}'_3 &= r'_3 \dot{I}'_3 + j\omega L'_3 \dot{I}'_3 + j\omega M'_{31} \dot{I}_1 + j\omega M'_{32} \dot{I}'_2 \end{aligned}\right\} \tag{5-4}$$

按照惯例所规定的电流正方向，磁动势平衡式可写成

$$N_1 \dot{I}_1 + N_2 \dot{I}_2 + N_3 \dot{I}_3 = N_1 \dot{I}_0$$

或

$$\dot{I}_1 + \dot{I}'_2 + \dot{I}'_3 = \dot{I}_0 \tag{5-5}$$

如将励磁电流略去不计，则

$$\dot{I}_1 + \dot{I}'_2 + \dot{I}'_3 = 0 \tag{5-6}$$

将式（5-4）的第一式减去第二式，并以$\dot{I}'_3 = -(\dot{I}_1 + \dot{I}'_2)$代入消去$\dot{I}'_3$；再以第一式减去第三式，并以$\dot{I}'_2 = -(\dot{I}_1 + \dot{I}'_3)$代入消去$\dot{I}'_2$，可得到

$$\left.\begin{aligned} \dot{U}_1 - (-\dot{U}'_2) &= [r_1 + j\omega(L_1 - M'_{12} - M'_{13} + M'_{23})]\dot{I}_1 \\ &\quad - [r'_2 + j\omega(L'_2 - M'_{12} - M'_{23} + M'_{13})]\dot{I}'_2 \\ \dot{U}_1 - (-\dot{U}'_3) &= [r_1 + j\omega(L_1 - M'_{12} - M'_{13} + M'_{23})]\dot{I}_1 \\ &\quad - [r'_3 + j\omega(L'_3 - M'_{13} - M'_{23} + M'_{12})]\dot{I}'_3 \end{aligned}\right\} \tag{5-7}$$

如令

$$\left.\begin{aligned} x_1 &= \omega(L_1 - M'_{12} - M'_{13} + M'_{23}) \\ x'_2 &= \omega(L'_2 - M'_{12} - M'_{23} + M'_{13}) \\ x'_3 &= \omega(L'_3 - M'_{13} - M'_{23} + M'_{12}) \end{aligned}\right\}$$

则式（5-7）可写成

$$\left.\begin{aligned}\dot{U}_1-(-\dot{U}'_2)=(r_1+\mathrm{j}x_1)\dot{I}_1-(r'_2+\mathrm{j}x'_2)\dot{I}'_2=Z_1\dot{I}_1-Z'_2\dot{I}'_2\\ \dot{U}_1-(-\dot{U}'_3)=(r_1+\mathrm{j}x_1)\dot{I}_1-(r'_3+\mathrm{j}x'_3)\dot{I}'_3=Z_1\dot{I}_1-Z'_3\dot{I}'_3\end{aligned}\right\}\quad(5\text{-}8)$$

式中：x_1、x'_2、x'_3并不表示各绕组的漏抗，而是各绕组的自感电抗以及各绕组的互感电抗的组合，将它们称为组合电抗。与之相应的Z_1、Z'_2、Z'_3不代表漏阻抗，将它们称为组合阻抗。

根据式（5-8），可作出三绕组变压器的等效电路如图 5-3 所示。与之相应的相量图如图 5-4 所示。

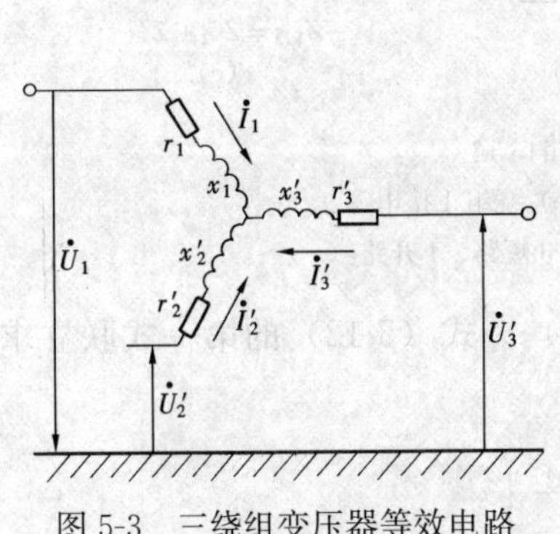

图 5-3　三绕组变压器等效电路

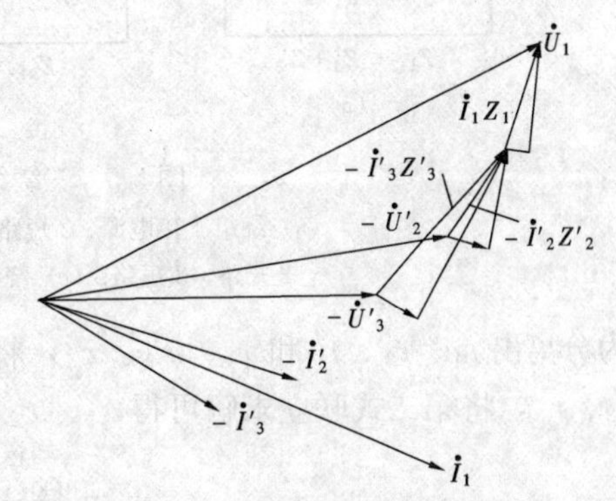

图 5-4　三绕组变压器相量图

三、组合参数的实验测定

x_1、x'_2、x'_3是组合电抗，不能直接测量。但是，如将它们两两相加，消去两个互感，则得

$$\left.\begin{aligned}x_1+x'_2=\omega(L_1-M'_{12})+\omega(L'_2-M'_{21})=x_{k12}\\ x_1+x'_3=\omega(L_1-M'_{13})+\omega(L'_3-M'_{31})=x_{k13}\\ x'_2+x'_3=\omega(L_2-M'_{23})+\omega(L'_3-M'_{32})=x'_{k23}\end{aligned}\right\}\quad(5\text{-}9)$$

也就是说x_1、x'_2、x'_3虽不能直接测量，但它们两两之和适为每两绕组间的漏抗。后者，可经过短路实验测量。为此，可进行三次不同的短路实验测定每两绕组间的短路阻抗Z_{k12}、Z_{k13}、Z'_{k23}，再分离出r_1、r'_2、r'_3和x_1、x'_2、x'_3。三次不同的短路实验如下：

（1）如图 5-5（a）所示，外施电压至绕组 1，绕组 2 短路，绕组 3 开路，测量U_{k12}、I_{k12}和P_{k12}，可计算出

$$\left.\begin{aligned}r_{k12}=r_1+r'_2\\ x_{k12}=x_1+x'_2\end{aligned}\right\}\quad(5\text{-}10)$$

（2）如图 5-5（b）所示，外施电压至绕组 1，绕组 3 短路，绕组 2 开路，测量U_{k13}、I_{k13}和P_{k13}，可计算出

$$\left.\begin{aligned}r_{k13}=r_1+r'_3\\ x_{k13}=x_1+x'_3\end{aligned}\right\}\quad(5\text{-}11)$$

（3）如图 5-5（c）所示，外施电压至绕组 2，绕组 3 短路，绕组 1 开路，测量U_{k23}、I_{k23}和P_{k23}，可计算出r_{k23}和x_{k23}。它们是在绕组 2 端点测量的数值，为要归算至绕组 1，还应乘以k_{12}^2，即有

$$\left.\begin{aligned}r_{12}^2r_{k23}=r'_{k23}=r'_2+r'_3\\ k_{12}^2x_{k23}=x'_{k23}=x'_2+x'_3\end{aligned}\right\}\quad(5\text{-}12)$$

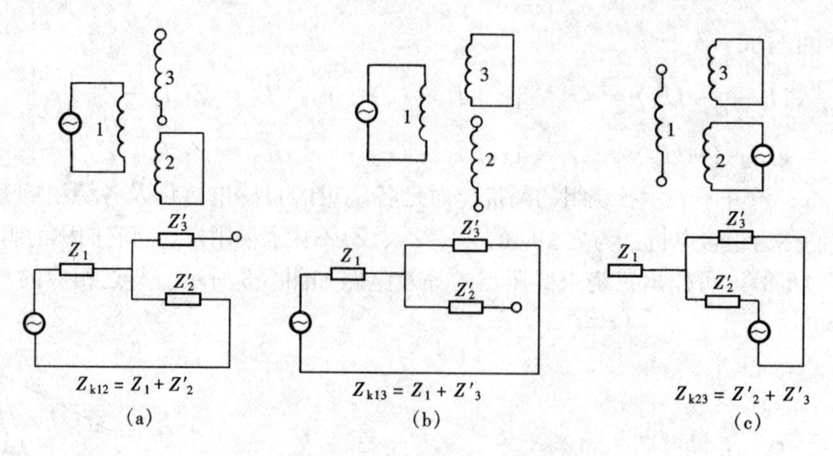

图 5-5 三绕组变压器短路试验

（a）绕组 1 接电源、2 短路、3 开路；（b）绕组 1 接电源、2 开路、3 短路；（c）绕组 2 接电源、3 短路、1 开路

为分离出 r_1、r'_2、r'_3和 x_1、x'_2、x'_3，将式（5-10）～式（5-12）的第一式联立求解得 r_1、r'_2、r'_3，将第二式联立求解可得 x_1、x'_2、x'_3，即

$$\left.\begin{aligned} r_1 &= \frac{r_{k12}+r_{k13}-r'_{k23}}{2} \\ r'_2 &= \frac{r_{k12}+r'_{k23}-r_{k13}}{2} \\ r'_3 &= \frac{r_{k13}+r'_{k23}-r_{k12}}{2} \end{aligned}\right\} \tag{5-13}$$

$$\left.\begin{aligned} x_1 &= \frac{x_{k12}+x_{k13}-x'_{k23}}{2} \\ x'_2 &= \frac{x_{k12}+x'_{k23}-x_{k13}}{2} \\ x'_3 &= \frac{x_{k13}+x'_{k23}-x_{k12}}{2} \end{aligned}\right\} \tag{5-14}$$

x_1、x'_2、x'_3的数值与各绕组在铁芯上的相对位置有关。降压变压器绕组按图 5-1（b）排列，中压绕组放在中间，高、低压绕组距离为最大，因此 x_{k13} 最大，约为 x_{k12}、x'_{k23}之和。由式(5-14)第二式可以看出，绕组 2 的组合电抗 x'_2为最小，常接近于零，甚至是微小的负值。升压变压器绕组按图 5-1（a）排列，低压绕组放在中间，高、中压绕组距离为最大，因此 x_{k12}最大，约为 x_{k13}、x'_{k23}之和。由式（5-14）第三式可以看出，绕组 3 的组合电抗为最小，也就是说，位于中间的绕组的组合电抗接近于零，或微小的负值。这意味着排列在中间位置的绕组的电压降总是最小。

负值电抗是容性电抗，这当然不是变压器的绕组真具有容性。前已说过，组合电抗是各种不同电抗的组合，并不表示漏抗，各绕组间漏抗分别为 $x_1+x'_2$、$x_1+x'_3$和 $x'_2+x'_3$，它们不会有负值。

四、标准连接组

三相三绕组变压器的标准连接组为 YNyn0d11 和 YNyn0y0，单相三绕组变压器的标准连接组为 Ii0i0。

五、容量配合

绕组容量是指绕组通过功率的能力。对双绕组变压器而言，功率的传递只在一、二次两侧进行。所以，一、二次绕组的额定容量设计成相等。变压器铭牌上所标定的额定容量，即为一、二次绕组的额定容量。三绕组变压器有一个一次绕组和两个二次绕组。而两个二次绕组的负载分配并无必要固定不变。根据电力系统运行的实际情况，有时需向某一、二次绕组多输出些功率，而向另一个二次绕组少输出些功率。只要两个二次电流各自不超过额定值，两个二次电流归算至一次侧的相量和的值不超过一次侧额定电流，各种运行的配合都是允许的。这也体现了三绕组变压器在电力系统中的灵活性。因此，三个绕组的额定容量可以设计成相等，也可不等。为了使产品标准化起见，国家标准对高压、中压和低压各绕组的额定容量规定了几种配合，见表5-1，供使用者选择。

表 5-1　三绕组及自耦变压器的容量配合

变压器类别	绕组			备注
	高压	中压	低压	
三绕组变压器	100	100	50	以变压器额定容量为百分数
	100	50	100	
	100	100	100	
三绕组自耦变压器	100	100	100	—

注　1. 三绕组容量均为100%的品种，仅供升压变压器。
　　2. 三绕组自耦变压器的容量分配，指电压为220kV与110kV级自耦连接的品种。

在采用标幺值计算时，各绕组都必须用相同的容量基值，而三绕组变压器的各绕组额定容量可能不相等，故通常采用变压器高压绕组的额定容量作为各绕组的容量基值。电压基值仍为各绕组的额定电压，电流基值则由容量基值和电压基值计算而得，阻抗基值由电压基值和电流基值计算而得。

【例 5-1】　利用试验数据求参数。一台三相三绕组变压器，型号 $SSPSL_1$-120000/220，绕组 YNyn0d11 连接，额定电压 220/121/10.5kV，额定容量 120000/120000/60000kVA。试验数据见表 5-2，其中电压和电流已整理成百分数。试求等效电路中各阻抗标幺值。

表 5-2　试验数据

试验	绕组			电压（%）	电流（%）	三相总功率（kW）
	高压（1）	中压（2）	低压（3）			
空载	开路	开路	加电压	100	1	123
短路	加电压	短路	开路	24.7	100	1023
	加电压	开路	短路	7.35	50	227
	开路	加电压	短路	4.4	50	165

解　(1) 求励磁阻抗。容量基值为 120000kVA，则

励磁电流 $$I_{30*}=\frac{0.01I_{3N}}{I_{3b}}=0.01\left(\frac{S_{3N}}{S_{1N}}\right)=0.005$$

励磁电压 $$U_{30*}=1$$

励磁阻抗 $$z_{0*}=\frac{U_{30*}}{I_{30*}}=\frac{1}{0.005}=200$$

励磁电阻 $$r_{0*}=\frac{p_{30*}}{I_{30*}^2}=\frac{123}{120000}\times\frac{1}{(0.005)^2}=41$$

励磁电抗 $$x_{0*}=\sqrt{z_{0*}^2-r_{0*}^2}=\sqrt{(200)^2-(41)^2}=196.5$$

(2) 求短路阻抗，容量基值为 120000kVA，则

短路电阻 $$r_{k12*}=p_{k12*}=\frac{1023}{120000}=0.00854$$

$$r_{k13*}=p_{k13*}=\frac{227\times\left(\frac{1}{0.5}\right)^2}{120000}=0.00757$$

$$r_{k23*}=p_{k23*}=\frac{165\times\left(\frac{1}{0.5}\right)^2}{120000}=0.0055$$

等效电阻

$$r_{1*}=\frac{r_{k12*}+r_{k13*}-r_{k23*}}{2}=\frac{0.00854+0.00757-0.0055}{2}=0.0053$$

$$r_{2*}=\frac{r_{k12*}+r_{k23*}-r_{k13*}}{2}=\frac{0.00854+0.0055-0.00757}{2}=0.00323$$

$$r_{3*}=\frac{r_{k13*}+r_{k23*}-r_{k12*}}{2}=\frac{0.00757+0.0055-0.00854}{2}=0.00226$$

短路阻抗 $$z_{k12*}=\frac{U_{k12*}}{I_{k12*}}=\frac{0.247}{1}=0.247$$

$$z_{k13*}=\frac{U_{k13*}}{I_{k13*}}=\frac{0.0735}{0.5}=0.147$$

$$z_{k23*}=\frac{U_{k23*}}{I_{k23*}}=\frac{0.044}{0.5}=0.088$$

短路电抗 $$x_{k12*}=\sqrt{z_{k12*}^2-r_{k12*}^2}=\sqrt{(0.247)^2-(0.00854)^2}=0.2469$$

$$x_{k13*}=\sqrt{z_{k13*}^2-r_{k13*}^2}=\sqrt{(0.147)^2-(0.00757)^2}=0.1468$$

$$x_{k23*}=\sqrt{z_{k23*}^2-r_{k23*}^2}=\sqrt{(0.088)^2-(0.0055)^2}=0.0878$$

等效电抗 $$x_{1*}=\frac{x_{k12*}+x_{k13*}-x_{k23*}}{2}=\frac{0.2469+0.1468-0.0878}{2}=0.153$$

$$x_{2*}=\frac{x_{k12*}+x_{k23*}-x_{k13*}}{2}=\frac{0.2469+0.0878-0.1468}{2}=0.094$$

$$x_{3*}=\frac{x_{k13*}+x_{k23*}-x_{k12*}}{2}=\frac{0.1468+0.0878-0.2469}{2}=-0.006$$

根据计算结果本例题的等效电路如图 5-6 所示。

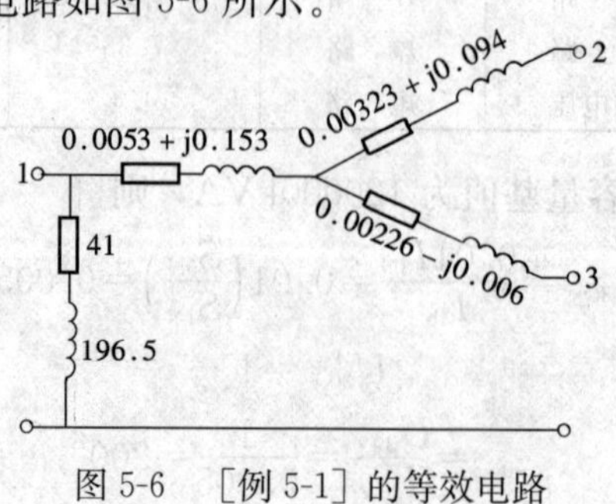

图 5-6 ［例 5-1］的等效电路

第二节　自耦变压器

如将一台普通双绕组变压器的高压绕组和低压绕组串联连接便成为自耦变压器，如图5-7所示。这时，双绕组变压器的低压绕组作为自耦变压器的公共绕组，为一、二次绕组所共有，其高压绕组作为自耦变压器的串联绕组，串联绕组与公共绕组共同组成自耦变压器的高压绕组。

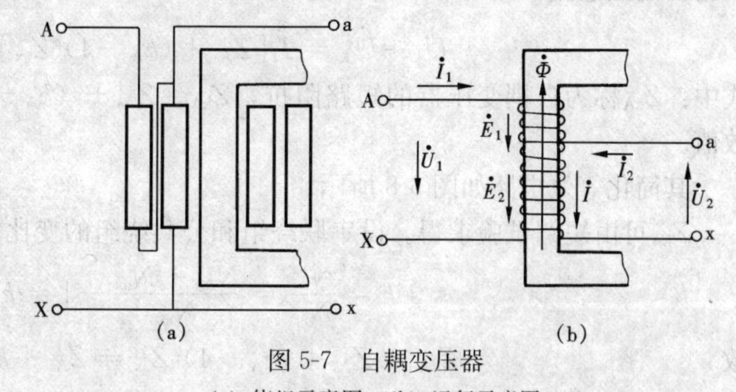

图 5-7　自耦变压器

(a) 绕组示意图；(b) 运行示意图

一、基本方程、等效电路和相量图

按照图 5-7（b）中所标注的正方向，可列出基本方程式为

$$\dot{U}_1 = \dot{U}_{Aa} - \dot{U}_2 = -\dot{E}_1 - \dot{E}_2 + \dot{I}_1 Z_{Aa} + \dot{I} Z_{ax}$$

$$\dot{U}_{Aa} = -\dot{E}_1 + \dot{I}_1 Z_{Aa} \tag{5-15}$$

$$\dot{U}_2 = \dot{E}_2 - \dot{I} Z_{ax} \tag{5-16}$$

$$\dot{I} = \dot{I}_1 + \dot{I}_2 \tag{5-17}$$

式中　$\dot{U}_1$、$\dot{I}_1$——外施电压和电流；

$\dot{U}_2$、$\dot{I}_2$——负载电压和电流；

$\dot{E}_1$、$\dot{U}_{Aa}$、$\dot{I}_1$、Z_{Aa}——串联绕组的电动势、电压、电流和漏阻抗；

$\dot{E}_2$、$\dot{U}_2$、$\dot{I}$、Z_{ax}——公共绕组的电动势、电压、电流和漏阻抗。

则自耦变压器的变比为

$$k_A = \frac{E_1 + E_2}{E_2} = \frac{N_{Aa} + N_{ax}}{N_{ax}} \tag{5-18}$$

依据全电流定律，按磁动势平衡关系，并代入$\dot{I} = \dot{I}_1 + \dot{I}_2$，应有

$$\dot{I}_m (N_{Aa} + N_{ax}) = \dot{I}_1 N_{Aa} + \dot{I} N_{ax} = \dot{I}_1 (N_{Aa} + N_{ax}) + \dot{I}_2 N_{ax} \tag{5-19}$$

或

$$\dot{I}_m = \dot{I}_1 + \dot{I}_2 \frac{N_{ax}}{N_{Aa} + N_{ax}} = \dot{I}_1 + \dot{I}'_2 \tag{5-20}$$

式中　$\dot{I}'_2$——负载电流的归算值，$\dot{I}'_2 = \dot{I}_2 / k_A$。

将式（5-16）左右各乘以 k_A，则

$$\dot{U}'_2 = \dot{E}_1 + \dot{E}_2 - \dot{I} k_A Z_{ax} \tag{5-21}$$

式中　$\dot{U}'_2$——负载电压的归算值，$\dot{U}'_2 = \dot{U}_2 k_A$。

将式（5-15）与式（5-21）相加，得

$$\dot{U}_1+\dot{U}'_2=\dot{I}_1 Z_{Aa}+\dot{I}(1-k_A)Z_{ax}$$
$$=\dot{I}_1[Z_{Aa}+(1-k_A)Z_{ax}]+\dot{I}'_2 k_A(1-k_A)Z_{ax} \tag{5-22}$$

如略去励磁电流，则$\dot{I}_1=-\dot{I}'_2$，代入式（5-22），得

$$\dot{U}_1+\dot{U}'_2=\dot{I}_1[Z_{Aa}+(k_A-1)^2 Z_{ax}]=\dot{I}_1 Z_{kA} \tag{5-23}$$

式中：Z_{kA}称为自耦变压器的短路阻抗，$Z_{kA}=Z_{Aa}+(k_A-1)^2 Z_{ax}$，并且是归算到高压侧的数值。

其简化等效电路如图 5-8 所示。

Z_{kA}可由短路试验求得。设串联绕组和公共绕组的变比为k，则k与k_A有以下关系

$$k=\frac{N_{Aa}}{N_{ax}}=\frac{N_{Aa}+N_{ax}}{N_{ax}}-1=k_A-1 \tag{5-24}$$

故

$$Z_{kA}=Z_{Aa}+(k_A-1)^2 Z_{ax}=Z_{Aa}+k^2 Z_{ax}=Z_k \tag{5-25}$$

式中，$Z_k=Z_{Aa}+k^2 Z_{ax}$是将 Aa 看作一次，ax 看作二次双绕组变压器的等效阻抗。

这表示**自耦变压器在高压侧的短路阻抗 Z_{kA} 等于看成双绕组变压器在 N_{Aa}绕组上测得的短路阻抗 Z_k**。图 5-9 也可证明这一结论。其中图 5-9(a)是自耦变压器的短路试验接线图，它和图 5-9(b)、(c)是等效的，无论采用哪种方式测量，均可测得 Z_{kA}。

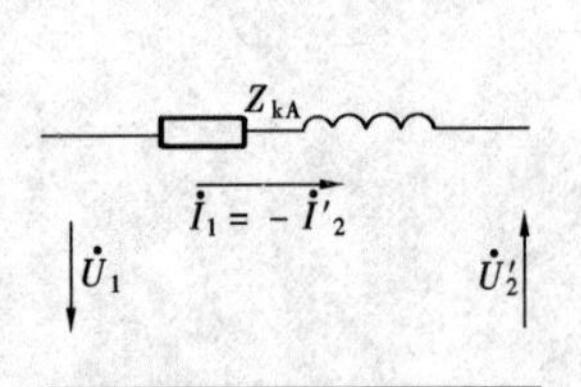

图 5-8　自耦变压器的简化等效电路

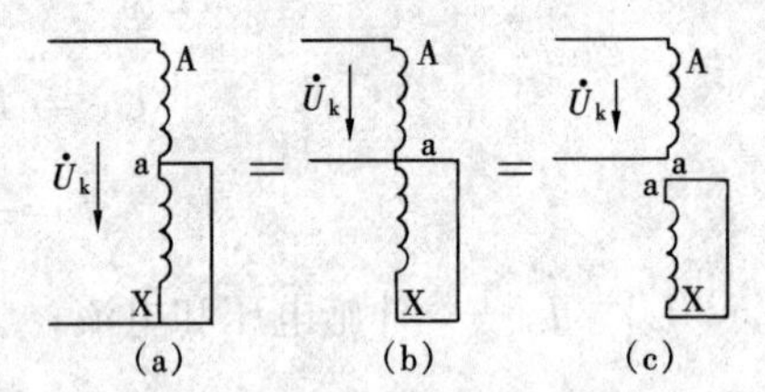

图 5-9　自耦变压器的短路试验
(a) 接线图；(b)、(c) 等效电路图

Z_{kA}和Z_k实际值相等，但由于阻抗的基值不同，短路阻抗的标幺值将不相同。自耦变压器的阻抗基值为U_{AxN}/I_{AaN}，双绕组变压器的阻抗基值为U_{AaN}/I_{AaN}，故

$$Z_{kA*}=\frac{Z_{kA}I_{AaN}}{U_{AxN}} \tag{5-26}$$

$$Z_{k*}=\frac{Z_k I_{AaN}}{U_{AaN}} \tag{5-27}$$

$$Z_{kA*}=Z_{k*}\frac{U_{AaN}}{U_{AxN}}=Z_{k*}\left(1-\frac{1}{k_A}\right) \tag{5-28}$$

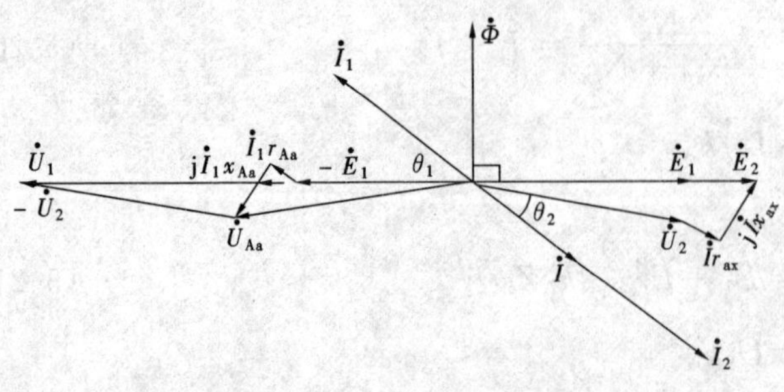

图 5-10　自耦变压器的相量图

图 5-10 是按基本方程式(5-15)～式（5-17）画出的相量图。图中取$k_A=1.5$，且为电感性负载。

二、标称容量和电磁容量

普通双绕组变压器的一、二次绕组之间只有磁的联系而没有电的联系，功率的传递全靠电磁感应。因此变压器的标称容量（亦称铭牌

容量）由绕组容量所决定。也就是说普通双绕组变压器铭牌上所标称的额定容量就是绕组的额定容量。

自耦变压器则不同，一、二次绕组间除磁的联系外还有电的联系。从一次侧到二次侧的功率传递，一部分通过绕组间的电磁感应，一部分直接传导。铭牌上所标注的额定容量乃二者之和。

参看图 5-7（b），如略去绕组的阻抗压降和励磁电流，这时，自耦变压器的输入和输出端标称的额定容量分别为

$$S_{1N}=U_{1N}I_{1N} \tag{5-29}$$

$$S_{2N}=U_{2N}I_{2N} \tag{5-30}$$

考虑到变比$\dfrac{U_{1N}}{U_{2N}}=k_A$，$\dfrac{I_{1N}}{I_{2N}}=\dfrac{1}{k_A}$，则

$$S_{1N}=S_{2N} \tag{5-31}$$

串联绕组的额定容量为

$$S_{AaN}=U_{AaN}I_{1N}=U_{1N}\left(1-\frac{1}{k_A}\right)I_{1N}=\left(1-\frac{1}{k_A}\right)S_N \tag{5-32}$$

公共绕组的额定容量为

$$S_{axN}=U_{2N}I_{axN}=U_{2N}\left(1-\frac{1}{k_A}\right)I_{2N}=\left(1-\frac{1}{k_A}\right)S_N \tag{5-33}$$

由此可以看出，绕组的额定容量只需有铭牌上标称额定容量的$\left(1-\dfrac{1}{k_A}\right)$倍，传导容量占标称额定容量的$\dfrac{1}{k_A}$。

三、自耦变压器的优缺点及其应用范围

（一）节省材料

变压器的质量和尺寸是由绕组容量决定的。与普通双绕组变压器相比，在相同的标称容量情况下，自耦变压器有较小的绕组容量，因而材料较省，尺寸较小，造价较低。效益程度与 k_A 有关，k_A 越接近 1，经济效益就越大。

（二）效率较高

当绕组中的电流和电压一定时，不论是双绕组变压器或自耦变压器，两种情况下的铜损耗和铁损耗是相同的。但在计算效率时，由于自耦变压器有一部分是传导功率，其输出功率比双绕组变压器大 $k_A/(k_A-1)$ 倍，故效率较高，可达 99%以上。

（三）较小的电压变化率和较大的短路电流

由于 $Z_{kA*}=\left(1-\dfrac{1}{k_A}\right)Z_{k*}$，$Z_{kA*}<Z_{k*}$，运行时有较小的电压降落，故有较小的电压变化率，这对正常运行是有益的。但短路电流与 Z_{kA*} 成反比，如发生短路故障，将有较大的短路电流，从而对断路器提出较高要求，这是不利的。为此，串联绕组与公共绕组之间常设计成有较大的漏抗。

（四）需有可靠的保护措施

由于自耦变压器一、二次侧有电的联系，在故障情况下，可能使低压侧产生过电压，危及用电设备安全。使用自耦变压器时需要使中性点可靠接地，且一、二次侧都需采取加强防雷保

护措施。

在现代高压电力系统中，常常采用自耦变压器将电压等级相差不大的输电线路连接起来。由于自耦变压器一般采用星形连接方式，这是为了消除3次谐波磁通的影响，往往在变压器中加上一个三角形连接的第三绕组。为了充分利用这个第三绕组，就将它当作低压绕组，作为附近地区的电源，或接调相机或电力电容器以改善功率因数。于是就形成了三绕组自耦变压器，如图5-11所示。这种三绕组自耦变压器实际上只是高、中压是自耦的，低压绕组在电气上是独立的。由于高压电力系统中一般都要求中性点接地，所以它们的标准连接组通常是YNa0d11。三绕组自耦变压器的等效电路和普通的三绕组变压器相同，其容量配合见表5-1。

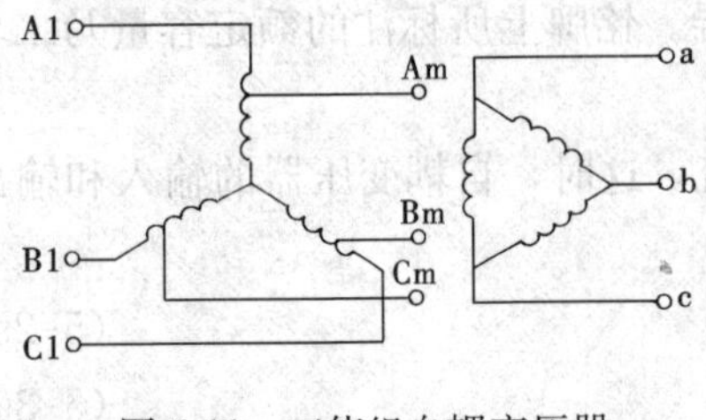

图5-11 三绕组自耦变压器

改变自耦变压器公共绕组的匝数，就能平滑调节输出电压的大小。因此，在实验室中，常用自耦变压器作为可变电压电源。当异步电动机或同步电动机需降压起动时，也常用自耦变压器降压起动。

第三节 互 感 器

互感器是电气测量电路中的一种重要设备，分电压互感器和电流互感器两大类，它们的工作原理与变压器基本相同。使用互感器有三个目的：①扩大常规仪表的量程；②使测量回路与被测系统隔离，以保障工作人员和测试设备的安全；③由互感器直接带动继电器线圈，为各类继电保护提供控制信号，也可以经过整流变换成直流电压，为控制系统或微机控制系统提供控制信号。

互感器有各种规格，但测量系统使用的电压互感器二次侧额定电压都统一设计成100V，电流互感器二次侧额定电流都统一设计成5A或1A。也就是说，配合互感器所使用的仪表的量程，电压应该是100V，电流应该是5A或1A。作为控制用途的互感器，通常由设计人员自行设计，没有统一的规格。

互感器主要性能指标是测量精度，要求转换值与被测量值之间有良好的线性关系。因此，互感器的工作原理虽与普通变压器相同，但结构上有其特殊的要求。以下将分别分析电压互感器和电流互感器的工作原理以及提高精度的措施。

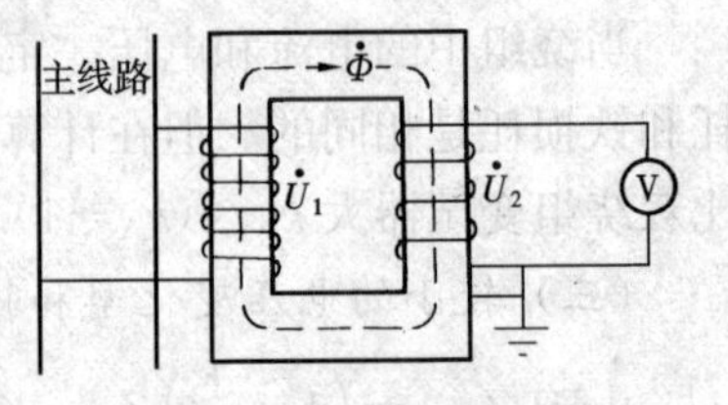

图5-12 电压互感器原理图

一、电压互感器

图5-12是电压互感器的原理图。高压绕组接到被测量系统的电压回路上，低压绕组接到测量仪表的电压线圈。如仪表的个数不止一个，则各仪表的电压线圈都应并联。

先分析一种理想情况。当电压互感器是空载状态，且略去励磁电流和漏阻抗压降，则$\dot{U}_1=-\dot{E}_1$，$\dot{U}_2=\dot{E}_2$。一、二次侧电压与匝数成正比，即

$$\frac{U_1}{U_2}=\frac{N_1}{N_2} \tag{5-34}$$

或

$$U_1=U_2\frac{N_1}{N_2}=U'_2 \tag{5-35}$$

这是一种理想情况。实际情况是电压互感器的二次侧接有测量仪表，不是空载状态，而负载的大小又与所接仪表的数量有关，又电压互感器本身总还有励磁电流和漏阻抗压降存在，这时$U'_2\neq U_1$，出现变比误差。变比误差是指U'_2与U_1的代数差值。此外，$-\dot{U}'_2$与$\dot{U}_1$也不同相，出现相角误差。相角误差表示为$-\dot{U}'_2$与$\dot{U}_1$的相位差。

为了使测量结果接近于理想情况，需采取如下措施：从使用角度看，要求所接测试仪表具有高阻抗，这样使二次电流较小，可接近于空载状态。电压互感器也规定有额定容量，但与一般电力变压器不同，它的额定容量不是按发热程度来规定，而是为了满足测量精度，也就是说，电压互感器所能连接的仪表数量要受额定容量的限制。如有超过，则过大的负载电流将引起较大的漏阻抗压降，U'_2将更加偏离U_1，也就不能保证测量精度。从制造角度看，必须设法减小互感器的励磁电流和漏阻抗。因此，在铁芯制作上通常采用铁耗较小的高级硅钢片；工作磁通密度要选择得低一些，一般为0.6～0.8T，磁路应处于不饱和状态；在加工时尽可能使磁路有较小的间隙；在绕组制作上应尽量减小漏磁，并适当采用较粗导线以减小电阻，使有较小的漏阻抗。

以上分析了电压互感器的误差来源及减小误差的措施，但也要注意到提高互感器精度将会增加其制造成本。国家标准按$\frac{U_1-U'_2}{U_1}\times100\%$来计算误差，并且对电压互感器规定了0.2、0.5、1.0、3.0四个标准等级，供使用单位选择。

在使用电压互感器时应特别注意两点：①二次侧绝对不允许短路，因短路电流将引起绕组发热，有可能破坏绕组绝缘，导致高电压侵入低压回路，危及人身和设备安全。②为保障人身安全，互感器铁芯和二次绕组的一端必须可靠接地。

二、电流互感器

电流互感器的主要结构也与普通变压器相似，不同的是一次绕组匝数较少，一般只有一匝或几匝，而二次绕组的匝数较多，如图5-13所示。一次绕组串联在被测电流回路中，二次绕组接至电流表或功率表的电流线圈或电能表的电流线圈。因为是测量电流，各测量仪表的电流线圈应串联连接。由于电流线圈的电阻值很小，电流互感器可视为处于短路运行状态。

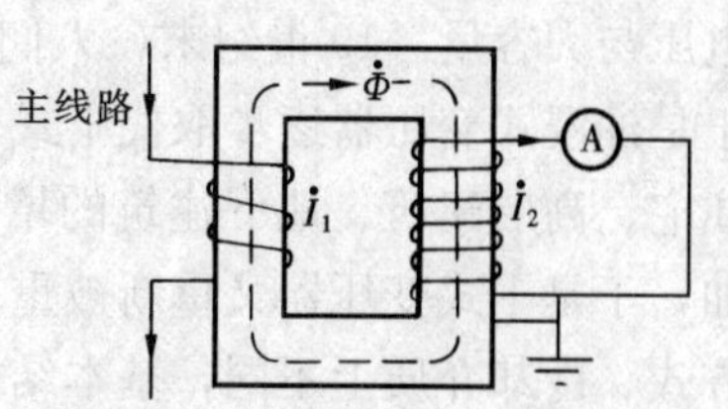

图5-13　电流互感器原理图

先分析理想情况。如略去励磁电流，根据磁动势平衡原理，应有

$$\dot{I}_1N_1+\dot{I}_2N_2=0 \tag{5-36}$$

或

$$\dot{I}_1=-\dot{I}_2\frac{N_2}{N_1}=-\dot{I}'_2 \tag{5-37}$$

这是一种理想情况，而实际的电流互感器总存在着励磁电流和漏抗压降。$\dot{I}_1$中包含有励磁电流分量，因而$\dot{I}_1\neq\dot{I}'_2$，出现变比误差和相位误差。变比误差表示为I_1和I'_2的代数差值，

相位误差表示为$\dot{I}_1$与$-\dot{I}'_2$间的相位差。

为了使测量接近于理想情况，需采取如下措施：从使用角度看，二次侧所串联的仪表数量受到额定容量的限制，否则，随着测量仪表数量的增多，电流互感器的二次侧端电压将增大，不再是短路状态，一次侧电压也增大，从而使励磁电流增大。由于$\dot{I}_1$中实际上包含有励磁电流分量，这将影响测量精度。从铁芯制造来看，由于励磁电流受负载电流变化的影响较电压互感器更为严重，磁通密度应取得更低些，通常选取为0.08～0.1T，且制造时尽可能减小气隙。从绕组制造来看，应有较小的电阻和漏抗。

国家标准规定按$\frac{I_1-I'_2}{I_1}\times 100\%$计算误差，并将电流互感器分为0.2、0.5、1.0、3.0和10.0五个标准等级，供使用单位选择。

在使用电流互感器时应特别注意两点：①在运行过程中或带电切换仪表时，绝对不允许电流互感器的二次侧开路。电流互感器的一次侧电流是由一次侧被测试电路决定的。在正常运行时，由于有二次侧电流的去磁作用，励磁电流是很小的。若二次侧开路，则流入电流互感器的一次侧电流将全部为励磁电流，使铁芯过饱和，铁损耗将急剧增大，引起互感器严重发热。又因二次绕组匝数较多，所以二次绕组突然开路，在其中将感应较高的电压，对操作人员有极大危险。②为防止绝缘被击穿带来的不安全，电流互感器二次绕组的一端以及铁芯均应可靠接地。

第四节 其他特种变压器

一、干式变压器

电力变压器根据绕组的绝缘和冷却介质种类，可以分为油浸式变压器和干式变压器。19世纪80年代，变压器开始商用时均为干式变压器，局限于当时绝缘材料水平，很难实现高电压与大容量。19世纪末，人们发现采用变压器油可以大大提高变压器的绝缘与冷却性能，于是油浸式变压器逐步取代干式变压器。二战后，随着经济和城市规模的发展，以及密集化住宅、高层建筑、地下建筑的增多，对变压器防火、防爆以及环保等方面的要求也随之增加，于是干式变压器又重新被重视和采用。与油浸式变压器相比，干式变压器实际只在冷却方式、冷却介质上不同，基本结构相同，分析方法、试验方法也相同。

干式变压器由于运行维护简单，环保和安全程度高，没有变压器油易燃的火灾危险，可直接运行于负荷中心，所以近年来发展很快。干式变压器可分两大类：一类是敞开式，绕组直接和气体接触散热，如聚酰芳胺绝缘变压器；另一类是包封式，绕组被固体绝缘包裹，不和气体接触，绕组产生的热量通过固体绝缘导热，对空气散热，如树脂型干式变压器。

（一）敞开式干式变压器

敞开式干式变压器与油浸变压器的结构非常相似，就像一个没有油箱的油浸变压器的器身，由于空气的冷却能力要比变压器油差得多，为了保证有足量的冷却空气吹入绕组，这种变压器要求在轴向和辐向均要设置有足够的冷却空道。这种干式变压器制造工艺比较简单，通常用导线绕制完成的绕组浸渍以耐高温的绝缘漆，并进行加热干燥处理，还可以采用聚酰芳胺绝缘材料（如NOMEX纸）进行绕组的绝缘处理。敞开式干式变压器如图5-14所示。

（二）树脂型干式变压器

树脂型干式变压器指的是主要用环氧树脂作为绝缘材料的干式变压器，它又可分为浇注式和包绕式两类。环氧树脂是一种广泛应用的化工原料，不仅难燃、阻燃，而且具有优越的电气性能，比空气和变压器油具有更高的绝缘强度，并且在浇注成型后又具有高的机械强度和优越的防潮、防尘性能，因此特别适合制造干式变压器。树脂型干式变压器如图 5-15 所示。

图 5-14　敞开式干式变压器

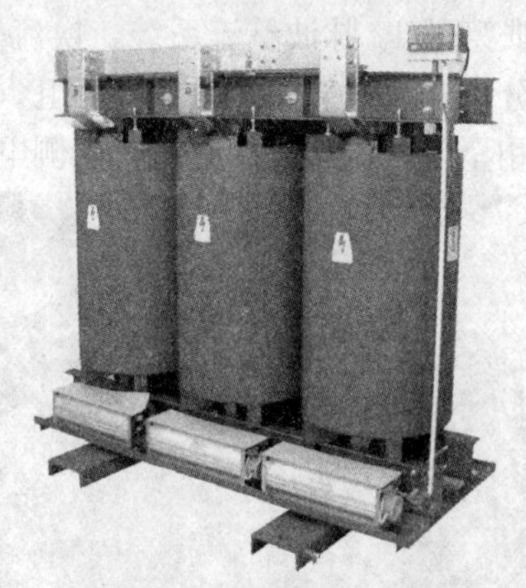

图 5-15　树脂型干式变压器

二、非晶合金变压器

非晶合金变压器是 20 世纪 70 年代开发研制的一种节能型变压器，由于使用了一种新的软磁材料——非晶合金，这种变压器的性能超越了各类硅钢变压器。

一般的金属，其内部原子排列有序，都属于晶态材料，而非晶材料的内部原子排列处于无规则状态。科学家发现，金属在熔化后，内部原子处于活跃状态，一旦金属开始冷却，原子就会随着温度的下降，慢慢地按照一定的晶态规律有序地排列起来，形成晶体；如果冷却过程很快，原子还来不及重新排列就被凝固住了，由此就产生了非晶态合金。制备非晶态合金采用的正是一种快速凝固的工艺，将处于熔融状态的高温液体喷射到高速旋转的冷却辊上，合金液以每秒百万摄氏度的速度迅速冷却，仅用千分之一秒的时间就将 1300℃的合金液降到室温，形成非晶带材。非晶态合金与晶态合金相比，在物理性能、化学性能和机械性能方面都发生了显著的变化。以铁基非晶合金为例，它具有高饱和磁感应强度和低损耗的特点。

非晶合金材料的使用还有以下几点需要注意：①它硬度很高，成型后难加工；②单片厚度极薄，只有 0.03mm，材料表面不平坦，铁芯填充系数较低；③它对机械应力非常敏感，铁芯不能作为主承重结构件。

非晶合金铁芯变压器为一种使用非晶合金材料制作铁芯的变压器。其分析方法、试验方法和普通变压器一样。其最大优点是空载损耗值低，它比硅钢材料铁芯变压器的空载损耗下降约 80%，空载电流下降约 85%。

三、换流变压器

在高压直流输电（HVDC）系统中所使用的变压器通常称为换流变压器。换流变压器是高压直流输电工程中至关重要的关键设备，是交、直流输电系统中的换流、逆变两端接口的核心设备。它的投入和安全运行是工程取得发电效益的关键和重要保证。因为有交、直流电场、磁场的共同作用，所以换流变压器的结构特殊、复杂，对制造环境和加工质量要求严格。

换流变压器在高压直流输电系统中的主要作用为：①将交流网侧的电源电压升高到满足输出直流电压要求的交流阀侧电压；②实现交流阀侧与网侧的电气隔离；③将交流网侧的三相交流电能转换为交流阀侧的多相交流电能，以降低交流网侧的谐波含量并改善直流电压波形。图 5-16 所示为我国自行研制±800kV 特高压直流换流变压器。

为了最大限度地减小整流的谐波，通常会采用 12 脉波整流的换流变压器。如图 5-17 所示，为一个典型的 12 脉波整流系统，换流变压器的交流网侧通常为一组 Y 接的三相绕组，阀侧有两组分别连接成 y 和 d 的二次绕组，两组绕组的同名端线电压之间的相位移角为 30°，通过两组三相全桥整流就可以获得直流侧电压。12 脉波整流系统谐波电流含量见表 5-3。

图 5-16　±800kV 特高压直流换流变压器

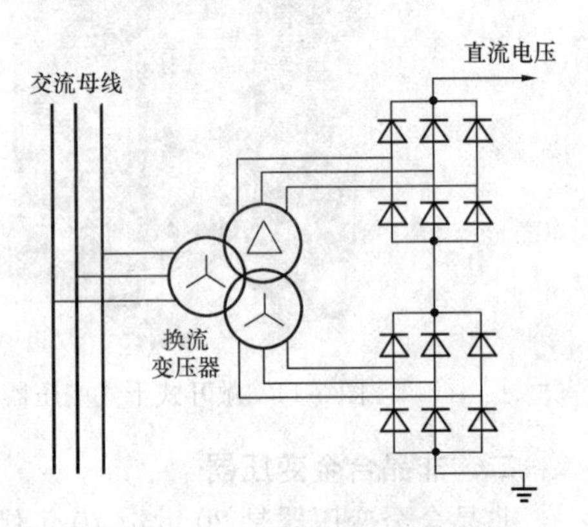

图 5-17　12 脉波整流系统

表 5-3　　12 脉波整流谐波电流含量典型值

谐波次数 n	5	7	11	13	17	19	23	25
相对于基波电流 I_1 的标幺值	0.026	0.016	0.045	0.029	0.002	0.001	0.009	0.008

四、超导变压器

超导变压器是利用超导材料以提高能效并减少电力传输损失的变压器。在传统的变压器中，绕组中的铜损占变压器满负荷运行时总损耗的绝大部分，而采用超导绕组即可大大降低这部分损耗，大大提高变压器运行的经济性。早在 20 世纪 60 年代实用超导材料出现后，国际上就开展了对超导变压器的研究。最初的超导材料需要使用液氦冷却获得极低温度，用这种低温超导材料制成的变压器称为低温超导变压器，这种变压器的冷却成本太高，因此不能达到实用化的要求。

图 5-18　投入运行的高温超导变压器

从 1987 年以来，随着高温超导材料的开发研制成功，超导变压器的研究开始转向使用液氮冷却的高温超导变压器，随着液氮冷却技术的不断完善成熟，高温超导变压器的稳定性和经济性也大大提高。图 5-18 所示为我国自行研制并投入运行的高温超导变压器。

高温超导变压器可以根据有无铁芯

分为空心式变压器和铁芯式变压器。由于取消了铁芯，空心式超导变压器具有质量轻、体积小的优点，而且没有空载损耗，绕组与铁芯间绝缘、磁路饱和以及由磁路饱和引起的励磁电流畸变等问题都不存在。但是由于没有铁芯，会产生比额定电流大几倍的励磁电流和较高的漏电感，也会使一次绕组的体积过大，因此在不需要补偿容性电流的送电端，一般采用铁芯式高温超导变压器。

一般大容量电力变压器通常采用铁芯式高温超导变压器，其铁芯截面积可以减小 4 倍左右，大大降低了变压器质量和铁芯损耗。变压器主要由铁芯、高温超导绕组和制冷系统组成，如图 5-19 所示。

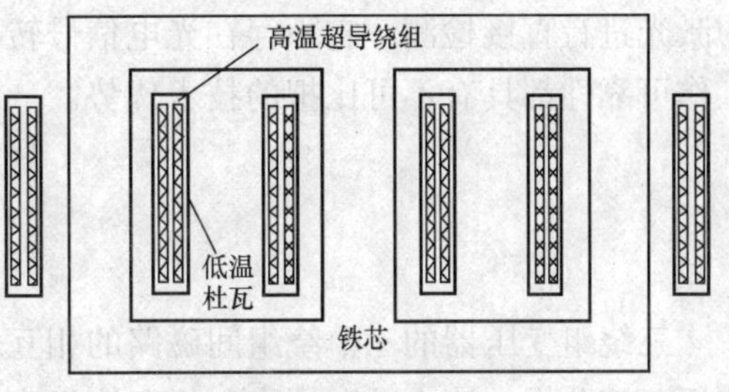

图 5-19　高温超导变压器结构示意图

五、电抗器

电抗器是电力系统中常用的电感性装置，依靠线圈的感抗阻碍电流变化，在电力系统中起到无功补偿、限流、稳流、滤波、阻尼、移相等作用，是电力系统中一种常用的、重要的电气设备，广泛应用于电网中的电抗器有并联电抗器、串联电抗器、限流电抗器、接地变压器、消弧线圈、阻波器、防雷绕组等。电力系统中电抗器的接线分串联和并联两种方式，串联电抗器通常起限流和滤波的作用，并联电抗器经常用于无功补偿。

电抗器根据结构类型可以分为空心电抗器和铁芯电抗器。空心电抗器实质上是一个无导磁材料的空心线圈，以空气为磁路，空气的磁导率恒定，不存在饱和现象，所以空心电抗器得到电感值是一个常数，不随通过电抗器电流的大小而改变。铁芯电抗器以带有一定长度气隙的铁芯为磁路，由于铁磁材料的磁导率比空气高很多，所以相同容量的铁芯电抗器要比空心电抗器体积小很多，一般只有 1/5 左右；但是由于铁芯存在有饱和现象，当电抗器磁通密度超过一定值以后，铁芯饱和，磁导率降低，电抗器的电感将会降低。

随着高温超导材料研制成功，高温超导电抗器逐步开始进入实用阶段。它利用超导体的超导态/正常态的转变特性，线路正常时，超导体处于超导态，具有零电阻和迈斯纳效应（材料在过渡到超导态时，把内部所含磁通全部排斥出去的现象），装置阻抗很低；在发生短路故障时，它转为正常态，具有一定的电阻，失去迈斯纳效应，使装置阻抗迅速增大以限制短路电流。高温超导电抗器能够集检测、转换和限流于一体，响应速度快，且具有自恢复功能，与其他装置相比具有无可比拟的优越性，是一种理想的限流装置。

六、光电互感器

随着电力工业的不断发展，电网电压等级不断提高，对电压、电流的检测要求也不断提高。而对于传统的电磁式互感器，由于绝缘成本随着绝缘等级的升高成指数增长，原有的空气绝缘、油纸绝缘、气体绝缘和串级绝缘已经不能满足超高压设备的绝缘要求；同时传统互感器存在磁饱和的问题，造成继电保护装置的误动或拒动，而且铁磁谐振、易燃易爆及动态范围小等缺点一直是传统互感器难以克服的困难。随着光电子技术的迅速发展，科技人员研制出利用光学传感技术和电子学原理相结合的光电互感器。

光电互感器分有源和无源两种。有源互感器的一次绕组为空心绕组，结合现代集成电子技术作为检测部件，然后通过光电转换，把电信号转换成光信号，然后通过光纤传输出来。它存在光电信号转换，需要电源的支持；另外在特高压环境下其使用寿命和工作可靠性都存在问题。目前绝大多数的光电互感器属于此类。

而无源互感器的一次绕组为磁光玻璃，它是利用光在电磁场中会产生一定偏转角的原理，将一定波长的激光信号利用光纤传输到被测量物体周围的电磁场中，然后对经过电磁场的激光进行直接检测。它不存在光电信号转换，也就不需要电源，因此无论是使用寿命还是工作可靠性都具有不可比拟的技术优势。

小 结

三绕组变压器的三个绕组间磁路的相互耦合较复杂，采用具有自感和互感的电路来进行分析（该分析方法也可以用来分析双绕组变压器），同样得到变压器的基本方程式、等效电路和相量图。与双绕组变压器不同的是等效电路中的 x_1、x'_2、x'_3不代表各绕组的漏抗，而是组合电抗。在用标幺值表示时，不论绕组的额定容量为多少，都一律以变压器的额定容量作为基值容量。

自耦变压器一、二次绕组间不仅有磁的联系，还有电的联系。其功率的传递包括两部分：一部分是通过电磁感应关系传递的电磁功率为$\left(1-\frac{1}{k_A}\right)S_N$，另一部分是直接传导的功率为$\frac{1}{k_A}S_N$。通过电磁作用传递的功率（又称计算功率）越小，其尺寸和损耗亦越小，自耦变压器的优点越突出。但由于其短路阻抗标幺值较小，因此短路电流较大。

电压互感器和电流互感器的工作原理与变压器基本相同，在使用时都应将二次绕组的一端及铁芯接地。在一次侧接电源时，电压互感器的二次侧不允许短路，而电流互感器的二次侧则绝对不允许开路。

思 考 题

5-1 什么是三绕组变压器？在电力系统中如何具体应用？应用三绕组变压器有什么好处？

5-2 三绕组变压器等效电路中的 x_1、x'_2、x'_3代表什么电抗？为什么有时候其中一个数值会成为负值？

5-3 为什么说一台变比为 k_A 的自耦变压器也可以看作是一台变比等于 k_A-1 的普通变压器？如将一台变比等于 k 的普通变压器接成自耦变压器，可得哪几种变比？

5-4 试说明自耦变压器和普通变压器相比较时有哪些优缺点。为什么变比越接近于 1，自耦变压器的优越性也就越显著？

5-5 在使用电压互感器和电流互感器时应注意哪些问题？

习 题

5-1 设有一台 121/38.5/11kV、三相、三绕组变压器，高压绕组、中压绕组及低压绕组的容量分别为 15000、10000、15000kVA。绕组连接组为 YNyn0d11。进行空载试验和短路试验后，得到数据见表 5-4。要求：

（1）试求短路电压 u_{k12}、u_{k13}、u'_{k23}、u_{a12}、u_{a13}、u'_{a23}、u_{r12}、u_{r13}、u'_{r23}（均归算到高压侧）；

（2）试求等效电路图中各阻抗的标幺值（包括励磁阻抗）；

（3）绘出等效电路并标出各量。

表 5-4　　试 验 数 据

试验类型		绕组			线电压 (kV)	线电流 (A)	三相总功率 (kW)
		高压	中压	低压			
空载		开路	开路	加电源	11	31.6	60
短路	1	加电源	开路	短路	12.7	71.6	132
	2	加电源	短路	开路	11	38.2	39
	3	开路	加电源	短路	1.54	150	54

5-2　设有一台型号为 STL1-1250/10 的三相铝线电力变压器，额定容量 1250kVA，50Hz，额定电压 10/3.15kV，Yd11 连接。试验数据见表 5-5。现将该变压器的一、二次绕组串联，作为 Yy0 连接的降压自耦变压器应用，并以 10kV 为低压侧的输出电压，试求：

（1）该自耦变压器的变比；

（2）该自耦变压器的额定容量和绕组容量之比；

（3）当该自耦变压器供给 80％额定负载、功率因数为 0.8 滞后时的效率和电压变化率。

5-3　设有一台 50kVA、2400/240V 单相变压器，其试验数据见表 5-6。问表中各数据系自哪一侧测量得？现将该变压器的一、二次绕组串联连接，用作 2400/2640V 的自耦升压变压器，试求：

（1）该自耦变压器一次和二次侧的额定电压和电流及其变比；

（2）在额定运行情况下的绕组容量与额定容量之比；

（3）当自耦变压器供给满载电流且功率因数为 1 时的电压变化率及效率。

表 5-5　　STL1-1250/10 型试验数据

试验类型	电压	电流	功率 (W)
空载试验	U_N	1.6％	2350
短路试验	5.5％	I_N	16 400

表 5-6　　单相变压器试验数据

试验类型	电压 (V)	电流 (A)	功率 (W)
短路试验	48	20.8	617
空载试验	240	5.41	186

5-4　变压器总复习。

设有一线电压为 66kV 的三相电源，经过两台容量为 1500kVA 的三相变压器两次降压后供给一线电压为 400V 的负载。第Ⅰ台变压器用 Dy 连接，额定电压为 66/6.3kV。第Ⅱ台变压器也用 Dy 连接，额定电压为 6300/400V。当两台变压器各在 6300V 侧作短路试验时，取得数据见表 5-7。又设第Ⅰ台变压器的空载损耗为 10kW，第Ⅱ台变压器的空载损耗为 12kW。要求：

（1）作出接线图；

（2）求出每台变压器一、二次侧的额定线电压和相电压、额定线电流和相电流，并在接线图上标出；

（3）求出每台变压器线电压间的变比和相电压间的变比；

(4) 求出每台变压器的短路阻抗 z_k、r_k、x_k 的欧姆值及标幺值，欧姆值应注明是归算到哪一方面的，在求标幺值时，应注意到两台变压器有不同的基值阻抗；

(5) 作出略去了励磁电流以后的每相等效电流图（注意在应用了标幺值后，两台变压器的阻抗可以串联相加，为什么?）；

(6) 当负载电压为额定值，负载电流为 2000A 且有 0.9 滞后功率因数时，求电源电流的数值（先将负载电流用标幺值表示，然后再计算）；

(7) 求在上述负载情况下，每台变压器的效率和两台变压器的总效率；

(8) 分别求出当第Ⅰ台变压器有最高效率、当第Ⅱ台变压器有最高效率、当两台变压器的总效率最高三种情况时的负载情况；

(9) 求在额定负载且有 0.9 滞后功率因数时总的电压变化率。

表 5-7　　　试　验　数　据

变压器	外施线电压（V）	短路电流（A）	三相总功率（kW）
Ⅰ	334	130	14
Ⅱ	382	135	15

第二篇

交流电机的共同问题

第六章 交流电机绕组及其感应电动势

第一节 旋转电机的基本作用原理

旋转电机是一种通常以磁场为耦合场的连续旋转的机电装置。从结构上看，它有固定部分和可以转动的部分，分别称为定子和转子，其间留有空气隙，简称为气隙。定子和转子一般都有铁芯和绕组。绕组有一种是励磁绕组，通入电流后产生磁通，在电机内形成磁场；另一种绕组是电枢绕组，每种绕组各自安置在气隙的一侧，但它可以在定子边也可以在转子边。电枢绕组与磁场之间的相对运动方式有不同的形式：可以是绕组在磁场中做机械旋转，或者是磁场做机械旋转掠过绕组；或者将磁路的磁阻设计成随转子转动而变化的。无论哪种方法线圈匝链的磁通都有周期变化，在该绕组中感应出电动势，同时电枢绕组中的电流与气隙磁场相互作用又会产生电磁转矩，由此实现电机的机电能量转换。

旋转电机根据外电路流入（或流出）电机电枢绕组电流的种类分为**交流电机**和**直流电机**两大类。交流电机又可分为**同步电机**和**异步电机**。以下分别对这三种常用旋转电机的作用原理作一简要介绍。

一、同步电机

图 6-1（a）所示是三相同步电机模型示意图。为了简明起见，图中定子上嵌放一组三相对称电枢绕组 a-x、b-y、c-z，三相绕组匝数相同，空间位置互差 120°；转子上装有励磁绕组，通以直流电流，将产生一对磁极。当原动机带动电机转子以恒定转速旋转，气隙中的磁场是一个旋转磁场，该旋转磁场的转速称**同步转速**，其幅值大小不变，幅值所在空间位置随转子的旋转而旋转，该旋转磁场匝链定子各相绕组。假设该磁场在气隙中按正弦规律分布，根据电磁感应定律，定子绕组中感应电动势也是按正弦规律交变，由于三相绕组对称，故三相绕组的感应电动势也对称，即各相电动势的幅值大小相等，而时间相位差 120°。电动势波形图和相量图如图 6-1（b）、（c）所示。三相绕组若接成 Y 接法，将 x、y、z 三个线端接在一起成为中性点，而在 a、b、c 三个出线端之间可得到三相对称交变电动势，这就是三相同步发电机空载时的基本作用原理。如果在三个

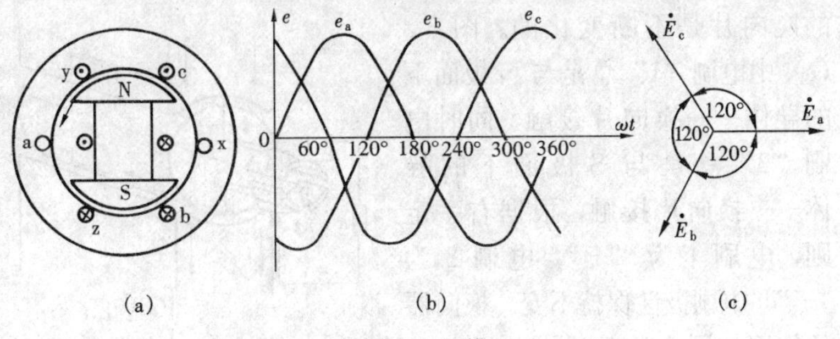

图 6-1 三相同步电机模型（$p=1$）

（a）结构示意图；（b）电动势波形；（c）相量图

出线端接上三相对称负载，就引出三相对称交流电流，输出电能，此时电枢绕组的三相电流与励磁绕组电流生成的气隙磁场相互作用，就能产生电磁转矩，发电机状态时该转矩与转子转向相反，原动机必须不断地给转子提供机械转矩，才能维持电机转速，这样发电机就完成了机械能转换为电能。

二、异步电机

异步电机的定子结构与同步电机相似，定子同样由铁芯和三相交流绕组组成。而转子结构与同步电机不同，转子绕组是一个闭合的交流绕组，常用的一种转子绕组为由转子导条和两端的端环组成形似鼠笼的闭合多相绕组。当异步电机定子三相对称绕组流入三相交流电时，就会在气隙内产生一个旋转磁场，因磁场性质与同步电机的气隙内磁场相同，这一磁场同时匝链定子和转子两个绕组，且与转子绕组之间有**相对运动**，则在闭合的导条中产生感应电动势，进而形成感应电流，转子绕组的感应电流和气隙旋转磁场相互作用产生电磁转矩，驱动转子转动。这就是三相异步电动机的基本作用原理。这时，如果在电动机轴上加上机械负载，电动机带动机械负载运动，实现输出机械功率，这样电动机就完成了电能转换为机械能。这种电机负载运行时转子导条与旋转磁场之间必须有相对运动，即转子转速与旋转磁场转速（又称同步转速）不能相同，方能在转子绕组中不断产生感应电动势和感应电流，从而产生电磁转矩，所以称其为**异步电机**。由这种电机的作用原理来看，该类电机能负载运行的关键在于转子一侧有感应电动势和电流，这样能量由静止部分通过电磁感应传递到运动部分，或由运动部分传递到静止部分，所以它又称为**感应电机**。三相异步电动机模型示意图如图 6-2 所示。

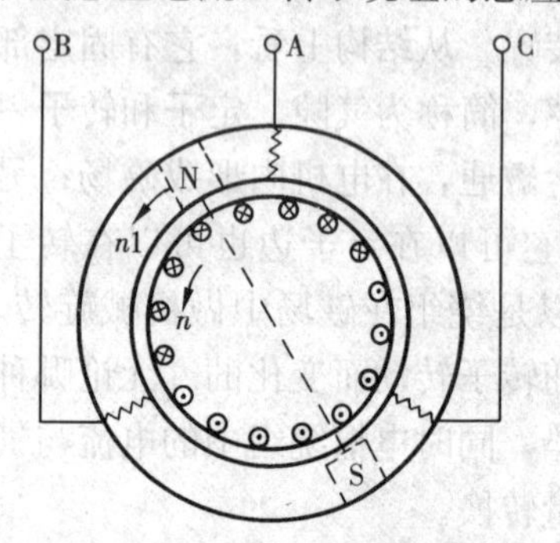

图 6-2 三相异步电动机模型（$p=1$）

三、直流电机

一般直流电机的直流励磁绕组设置在定子上，电枢绕组嵌放在转子铁芯槽内，为了引出直流电动势，旋转电枢必须装有换向器。图 6-3（a）为直流电机的模型示意图。

当励磁绕组流入直流电流，电机主磁极产生恒定磁场，由原动机带动转子旋转，电枢导体切割主磁场产生感应电动势，它随时间的变化规律与气隙磁场空间分布规律一致，因此线圈 abcd 内是交流电动势，线圈电动势随时间变化规律的波形与气隙磁密分布相同，通常为平顶波。然而线圈电动势不是直接引出，而是通过换向器。电枢导体与换向片固定连接，换向片之间由绝缘体隔开，换向器随电枢旋转，而电刷是静止不动的，并与外电路相连，这样电刷接触的换向片是不断变化的。图 6-3（a）中电刷“1”总是与 N 极面下的导体——换向片接触，同时电刷“2”总是与 S 极面下的导体——换向片接触，根据右手定则，电刷 1 为“+”，电刷 2 为“−”，电刷极性保持不变。换向器的作用如同全波整流，电刷 1、2 之间的电动势经换向后为有较大脉

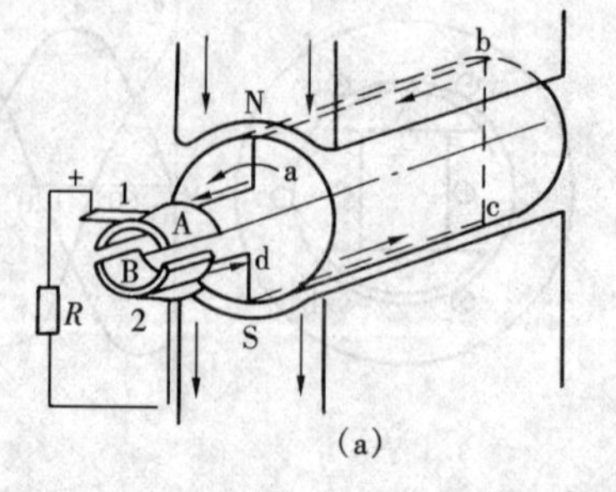

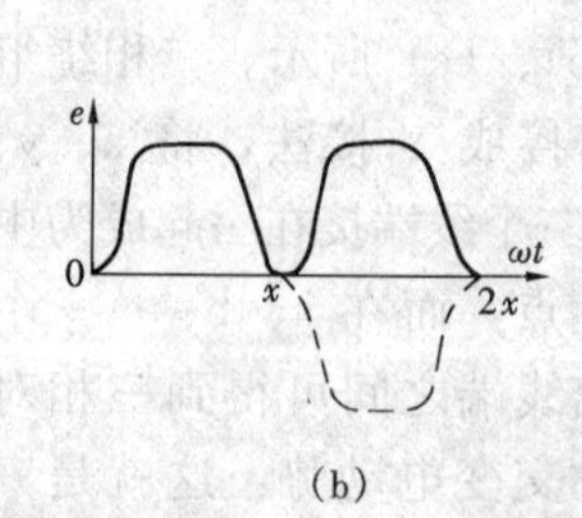

图 6-3 直流电机模型（$p=1$）

（a）线圈接至换向极和电刷；（b）线圈中感应电动势的换向

动分量的直流电动势，如图 6-3（b）所示。若电机接上负载，电枢绕组中有电流流过，也会产生一个空间固定的磁场，其轴线一般与励磁绕组磁场轴线正交。发电机运行时，两磁场相互作用产生的电磁转矩，其方向与转向相反，原动机不断克服这一阻转矩，保持电机转速一定，这就是直流发电机的基本作用原理。实际的直流电机转子绕组不可能是一个线圈，而是由许多线圈绕制，换向器也不可能是两个铜片紧固在一起的圆柱体，而是由许多换向片制成，因此，电刷两端引出的电动势是符合实用要求的直流。

当电刷两端接入直流电压，转子电枢绕组中就有电流流过，定子励磁绕组有直流电流励磁，则带电电枢导体在磁场中受电磁力的作用，产生电磁转矩，使电枢旋转，电磁转矩的方向与电机转向一致。由于电刷与换向器的作用使所有导体受力方向一致，此时直流电机作电动机运行。

一台直流电机既可作发电机运行，也可作电动机运行，只是它们的运行方式不同，这就是**电机的可逆性原理**。同步电机和异步电机也是如此。

由以上介绍可知，旋转电机种类很多，运行性能各异，但基本作用原理是相通的。因此，有必要先对旋转电机运行性能有关的共同问题，如**主磁场的形成和特性，绕组感应电动势、磁动势的计算**以及**电枢绕组的构成**等进行研究。

第二节　交　流　绕　组

绕组是电机结构的重要组成部分，电机的电动势和磁动势特性均与绕组的构成有关。

交流绕组是指同步电机的电枢绕组和异步电机的定子、转子绕组。绕组由线圈组成，本节将研究线圈的排列规则和连接方式，以满足电力系统对电机电动势和磁动势的波形、幅值和对称等要求。

为说明绕组的组成规律，先介绍几个有关的术语。

（一）电角度

在电机理论中导体每转过一对磁极，电动势变化一个周期，故称**一对磁极距对应的角度为 360°电角度**。而一个圆周几何上定义为 360°机械角度。对于极对数为 p 的电机，两者之间的关系为

$$电角度 = p \times 机械角度 \qquad (6\text{-}1)$$

（二）相带

每极面下每相绕组占有的范围称为相带，一般用电角度表示。例如为了获得三相对称绕组，一种方法是在每个极面下均匀分成三个相等范围，每个相带占有 $\frac{180^\circ}{3}=60^\circ$ 电角度；另一种方法是把每对极面所占范围均匀分为三等分，使每个相带占有 $\frac{360^\circ}{3}=120^\circ$ 电角度。一般均采用 60°相带绕组，如图 6-4(a)所示。

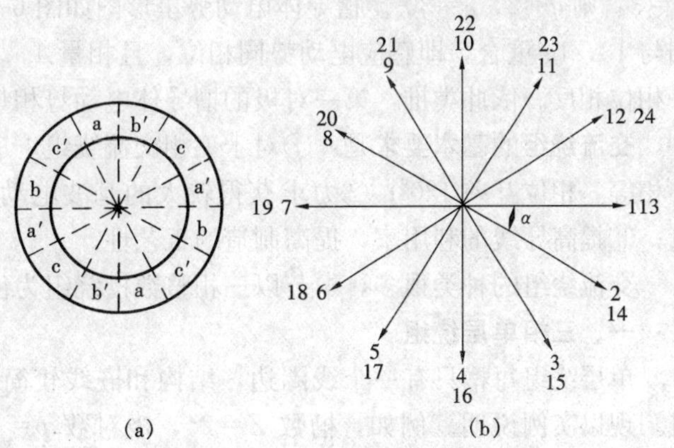

图 6-4　相带的划分及槽导体电动势星形图
(a) 60°相带的划分（$p=2$）；(b) 槽导体电动势星形图
（总槽数 $Z=24$，$p=2$，槽距角 $\alpha=30^\circ$）

（三）每极每相槽数 q

$$q=\frac{Z}{2pm} \tag{6-2}$$

式中　Z——总槽数；

p——极对数；

m——相数。

$q=1$ 称为**集中绕组**，$q\neq 1$ 称为**分布绕组**；q 为整数称为**整数槽分布绕组**，q 为分数称为**分数槽分布绕组**。普遍采用的是**整数槽分布绕组**。

（四）槽距角 α

槽距角为相邻两槽之间的电角度，计算式为

$$\alpha=\frac{p\times 360^\circ}{Z} \tag{6-3}$$

（五）极距 τ

相邻两磁极对应位置两点之间的圆周距离称极距。有两种表示方法：

一种是用每极所对应的定子内圆或转子外圆的弧长来表示

$$\tau=\frac{\pi D}{2p} \tag{6-4}$$

式中　D——定子内圆直径或转子外圆直径。

另一种是用每极所对应的槽数来表示

$$\tau=\frac{Z}{2p} \tag{6-5}$$

（六）节距（跨距）y

槽中线圈（或称元件）的两个圈边（或称元件边）的宽度称为**节距**，其宽度一般用槽数来表示，如 $y=\tau$ 称为**整距**，$y<\tau$ 称为**短距**，$y>\tau$ 称为**长距**。两个圈边之间的连接部分称为绕组端部，不产生有效电磁转矩。

槽导体电动势星形图是分析交流绕组的一种有效方法。将电枢上各槽内导体按正弦规律变化的电动势分别用相量表示，这些相量构成一个辐射星形图，相邻两槽间的距离为槽距角 α 电角度，在槽导体电动势星形图上一对极距范围等于 360°电角度。例如，$Z=24$，$p=2$，$m=3$，则 $q=2$，$\alpha=30^\circ$。槽导体电动势星形图如图 6-4（b）所示。由图可见，相量 1，2 分别与 13，14 重合，即感应电动势同相位，且相量 1，2 分别与相量 7，8 反向，即感应电动势相位相反。依此类推，第一对极的槽导体电动势相量与第二对极相重合。

交流绕组的基本要求是：①对于三相交流绕组，三相基波电动势和磁动势要对称，即大小相等，相位互差 120°；②力求获得较大的基波电动势和磁动势，尽量减少或消除谐波分量；③提高导线的利用率，提高制造的工艺性。

交流绕组的种类很多，本节以三相整数槽绕组为例，介绍绕组的几种常用构成方式。

一、三相单层绕组

单层绕组每槽只有一个线圈边，结构和嵌线较简单，适用于 10kW 以下的小型交流电机。现以实例说明。例如，槽数 $Z=24$，极对数 $p=2$，相数 $m=3$，则每极每相槽数 $q=\frac{Z}{2pm}=\frac{24}{2\times 2\times 3}=2$，槽距角 $\alpha=\frac{p\times 360^\circ}{Z}=\frac{2\times 360^\circ}{24}=30^\circ$，相带 60°，参照图 6-4（b）所示的槽导体电动势星形图，根据交流绕组的基本要求，列出各槽号分配表，见表 6-1。

表 6-1　　三相槽号分配表（$Z=24$，$p=2$）

极　对	相	带				
	a	c′	b	a′	c	b′
第一对极	1，2	3，4	5，6	7，8	9，10	11，12
第二对极	13，14	15，16	17，18	19，20	21，22	23，24

属于 a 相的有 8 个槽，即 1、2、7、8、13、14、19、20，根据槽导体电动势相量，按电动势相加原则构成线圈，再将一个极面下 q 个线圈串联起来，构成一个线圈组（又称极相组）。本例中两个线圈连成一个线圈组，每相有 p 个线圈组（本例 $p=2$），它们之间可以串联或并联，以形成不同的并联支路数，串联时（并联支路数 $a=1$）使电动势相加。同理，可利用槽电动势星形图按三相对称的要求组成 b 相和 c 相绕组。

以上分析可以看出，各相所属的槽号（即圈边）确定后，只要**按电动势相加的原则进行连接，其连接的先后次序和各圈边之间的相互搭配并不影响电动势的大小**。实用中圈边之间不同的连接组成的绕组形式也不同，单层绕组通常有链式、交叉式、同心式和等元件。采用何种绕组形式，与极对数 p 和每极每相槽数 q 有关，要有利于节省用铜量，并使嵌线方便等。

1. 等元件绕组

上例中若每个线圈都是整距，则 $y=\tau=6$ 槽，a 相绕组共有 4 个线圈 1-7、2-8、13-19、14-20，四个线圈全部串联形成 a 相绕组，a 作为相绕组首端，x 为相绕组末端。b 相和 c 相的连接规律与 a 相一致，但**各相首端间位置应相差 120°电角度**。本例 $\alpha=30°$，各相首端间应差 4 个槽，即 a 相首端位于第 1 槽，则 b 相首端位于第 5 槽，c 相首端位于第 9 槽。这样三相绕组在空间互差 120°电角度，方能构成三相对称绕组，如图 6-5 所示。

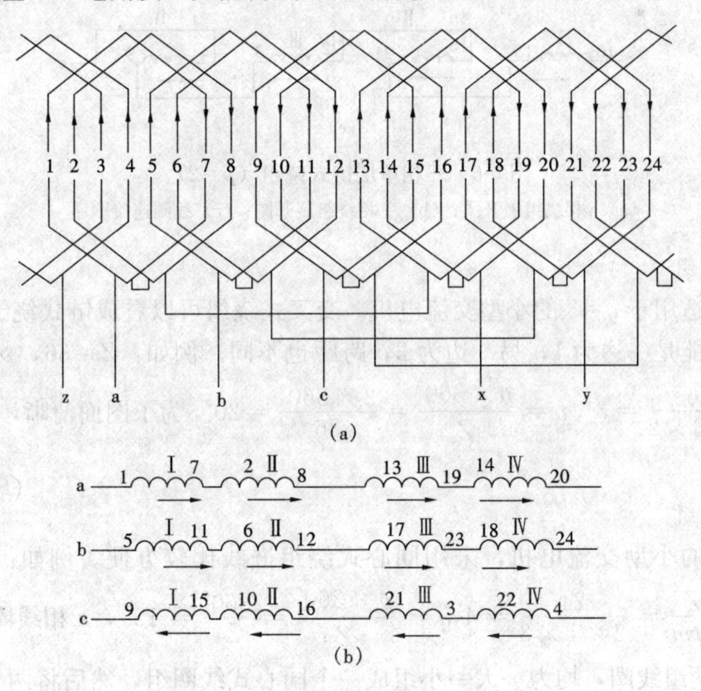

图 6-5　三相单层等元件绕组（$p=2$）

(a) 三相绕组展开图；(b) 线圈连接顺序

2. 链式绕组

上例中 a 相绕组的 4 个线圈接成 2-7，8-13，14-19，20-1，线圈之间连接方式依据电动势相加原则进行调整，与上述等元件绕组的相电动势或磁动势的性质和大小相同，但链式绕组的端部接线较短，可节省铜线，如图6-6所示，这种绕组较适用于 $q=2$，$p>1$ 的小型交流电机。

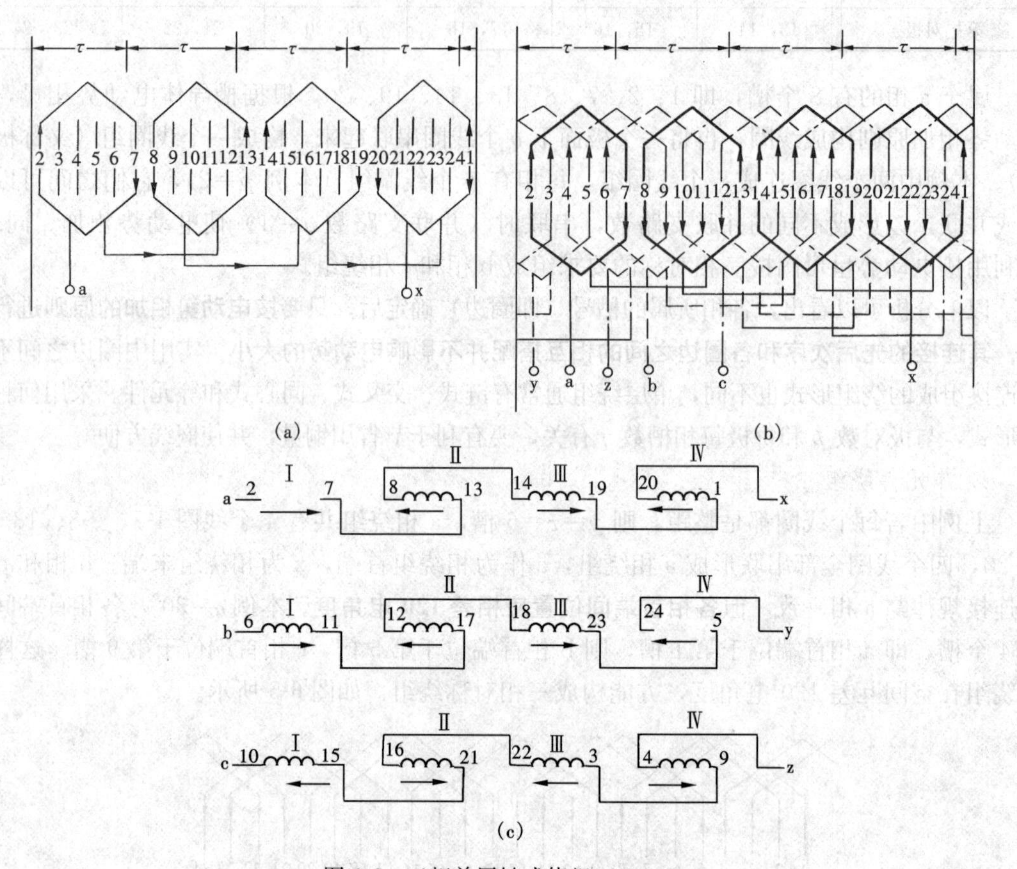

图 6-6　三相单层链式绕组（$p=2$）

（a）a 相绕组展开图；（b）三相绕组展开图；（c）线圈连接顺序

3. 交叉式绕组

交叉式绕组适用于 $q=3$ 的小型交流电机。交叉式绕组可以看成链式绕组中 $q=3$，无法均分为两半，只能是一边为 1，另一边为 2，跨距也不同。例如：$Z=36$，$p=2$，$m=3$，则 $q=\dfrac{Z}{2pm}=\dfrac{36}{2\times3\times2}=3$，$\alpha=\dfrac{p\times360^\circ}{Z}=\dfrac{2\times360^\circ}{36}=20^\circ$，为了图面清晰，在图 6-7 中只画 a 相绕组。

4. 同心式绕组

对于 q 较大的小型交流电机，采用同心式绕组嵌线比较方便。例如：$Z=24$，$p=1$，$m=3$，则 $q=\dfrac{Z}{2pm}=\dfrac{24}{2\times1\times3}=4$，$\alpha=\dfrac{p\times360^\circ}{Z}=\dfrac{360^\circ}{24}=15^\circ$，a 相线圈为 1-12，2-11；13-24，14-23，两组线圈，均为一大一小组成一个同心式线圈组，然后将两个线圈组反向串联，以保证电动势相加。三相单层同心式绕组展开图如图 6-8 所示。

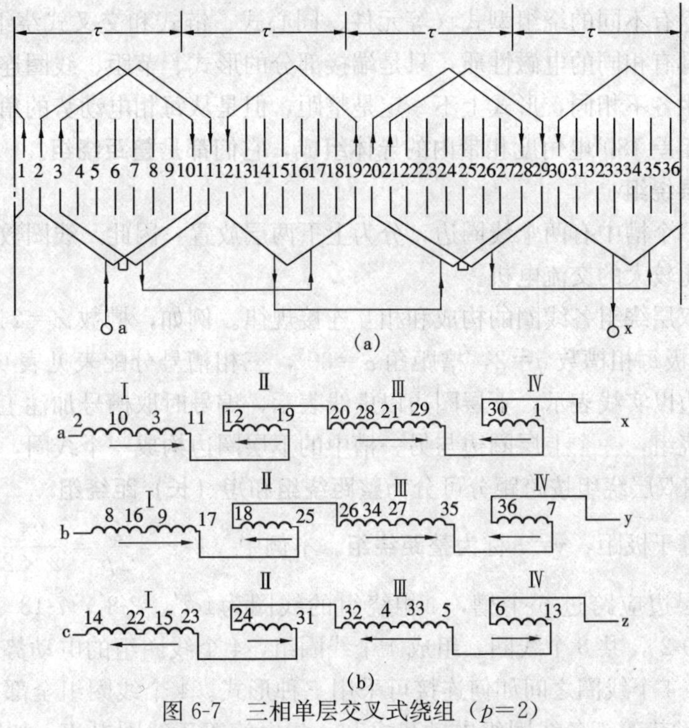

图 6-7　三相单层交叉式绕组（$p=2$）

（a）a 相绕组展开图；（b）绕圈连接顺序

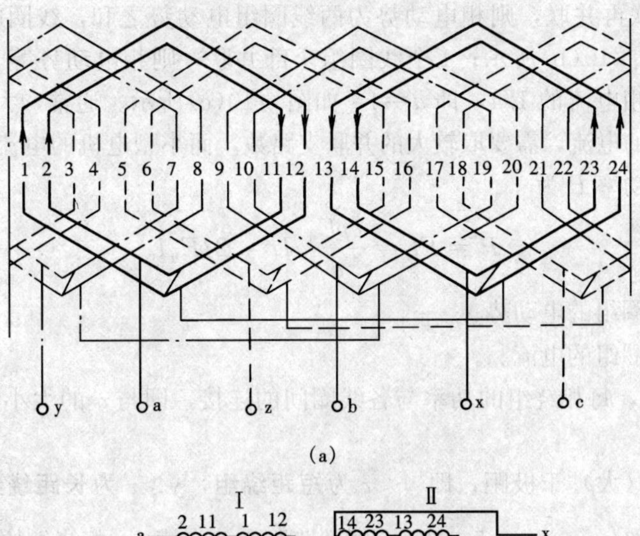

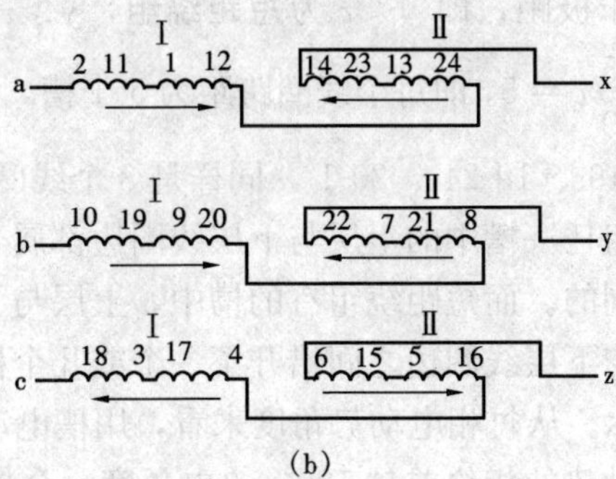

图 6-8　三相单层同心式绕组（$p=1$）

（a）展开图；（b）线圈连接顺序

三相单层绕组有不同的绕组型式（等元件、同心式、链式和交叉式绕组），当通以三相交流电流，它们具有相同的电磁性质，只是端接部分的形式、节距、线圈连接先后次序不同而已，它们的节距各不相同，形式上不一定是整距，但是从每相电动势的角度来看，所有绕组都是属于两个相差180°电角度相带内的导体组成，它们都是**整距绕组**。

二、三相双层绕组

双层绕组每一个槽中有两个线圈边，分为上下两层放置。因此，线圈数等于槽数。双层绕组适用于功率比较大的交流电机。

现举例说明双层绕组各线圈的构成和相互连接规律。例如，槽数 $Z=24$，极对数 $p=2$，相数 $m=3$，则每极每相槽数 $q=2$，槽距角 $\alpha=30°$，三相槽号分配表见表6-1。绕组展开图上每槽的上层圈边以实线表示，下层圈边以虚线表示，编号时取槽号加注上标“′”。双层绕组一般为等元件绕组，一个上层圈边与另一槽中的下层圈边构成一个线圈，之间所跨的槽数即为跨距 y。三相双层绕组按跨距分可分为**整距绕组**和**短（长）距绕组**。

线圈的跨距等于极距，$y=\tau$ 称为**整距绕组**。本例中 $y=\tau=\dfrac{Z}{2p}=\dfrac{24}{2\times2}=6$，即每个线圈的上层边与下层边应跨过6个槽，a相绕组的线圈为1-7′、2-8′、7-13′、8-14′、13-19′、14-20′、19-1′、20-2′，共8个线圈，组成4个线圈组，4个线圈组的电动势大小相等，方向如图6-9(a)所示。4个线圈之间如何连接可采用三种形式。4个线圈组全部串联，即**并联支路数** $a=1$，相电动势等于各线圈组电动势之和，相电流等于线圈电流，如图6-10(a)所示；4个线圈组两两串联再并联，则相电动势为两线圈组电动势之和，线圈电流为相电流的一半，即 $a=2$，如图6-10(b)所示；4个线圈组全部并联，则相电动势等于一个线圈组电动势，线圈组电流为相电流的1/4，即 $a=4$，如图6-10(c)所示。通常，大型电机电流较大，为了减少每个线圈的电流，需要取较大的并联支路数，而小型电机的电流较小，一般 $a=1$。其实，每相绕组的功率 P 为

$$P=EI=\frac{2pE_{\mathrm{q}}}{a}aI_{\mathrm{c}}=2pE_{\mathrm{q}}I_{\mathrm{c}} \tag{6-6}$$

式中 E_{q}——每线圈组的电动势；

I_{c}——每线圈组的电流。

由式(6-6)可见，每相绕组的功率与各线圈间的连接，即与 a 的大小无关，都是每线圈组功率的 $2p$ 倍。

线圈的跨距小（大）于极距，即 $y<\tau$ 为**短距绕组**，$y>\tau$ 为**长距绕组**，一般取短距绕组。在上例中，如取 $y=\dfrac{5}{6}\tau=5$，即每个线圈跨距为5个槽，a相绕组的线圈为1-6′、2-7′、7-12′、8-13′、13-18′、14-19′、19-24′、20-1′，同样是8个线圈，4个线圈组，如图6-9（b）所示。由图可见，整距绕组任一槽中的上层与下层线圈边都属于同一相，各线圈边电动势相加的情况与单层绕组是相同的。而短距绕组有的槽中，上层与下层线圈边不属于同一相，对于同一相绕组上层线圈边与下层线圈边之间错开了一个或几个槽距，大小正好是节距所短的距离，可用**短距角** β 来表示。从每相电动势角度来看，用槽电动势星形图来分析，此时线圈上层导体电动势和下层电动势的相位差是 $180°-\beta$ 电角度，合成电动势时应计及该因素。而**整距绕组和单层绕组与此不同**，它们每相绕组的导体都在属于两个相差180°电角度的相带

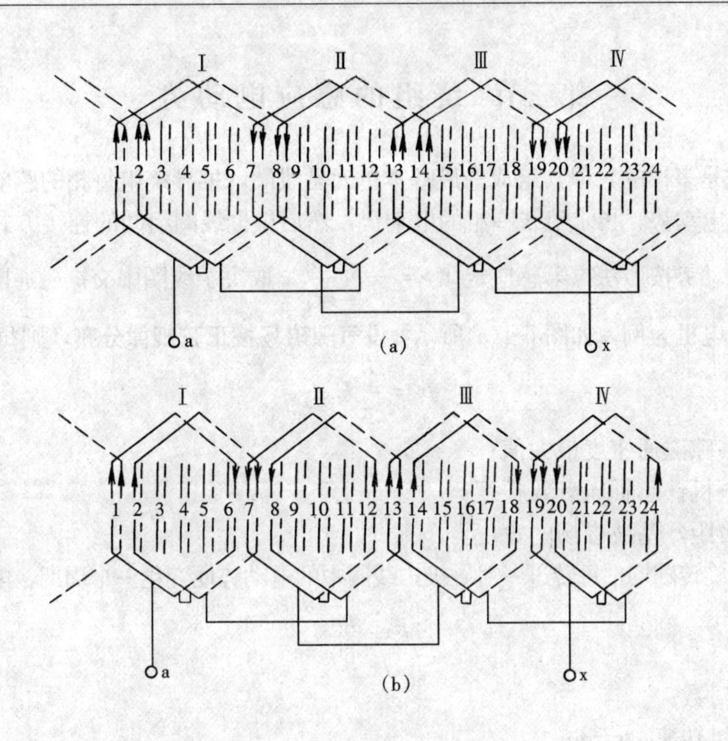

图 6-9　三相双层绕组($p=2$)

(a) 整距绕组 $y=\tau=6$；(b) 短距绕组 $y=\frac{5}{6}\tau=5$

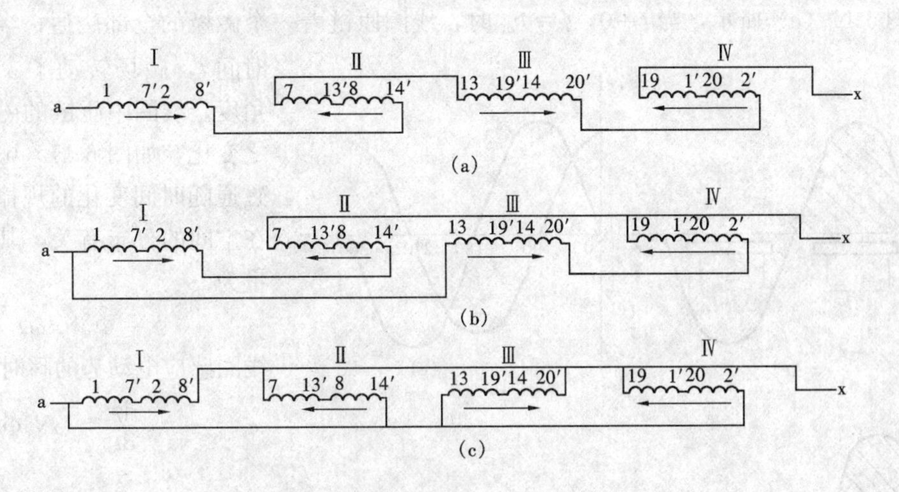

图 6-10　说明并联支路（以 a 相为例）

(a) $a=1$；(b) $a=2$；(c) $a=4$

内，因此绕组的基波合成电动势比短距的大。

三相双层绕组有叠绕组和波绕组两种。以上介绍了叠绕组的构成特点，它能较方便地设计所需的短距绕组，使线圈的端部连接较短，可节省铜线，又可削弱谐波，改善电动势和磁动势的波形，所以应用较为广泛。波绕组常用于绕线式异步电机的转子绕组和多极水轮发电机的定子绕组。

第三节　绕组的感应电动势

绕组的形式是多样的，但其组成的最基本单元是线圈，推导绕组每相的感应电动势，首先分析一个线圈的电动势，再求出线圈组的电动势，然后根据线圈组间的连接方式求出每相绕组电动势。感应电动势按照法拉第感应定律 $e=-N\dfrac{d\phi}{dt}$，e 取决于线圈中交链磁通随时间的变化规律。以三相同步电机为例，如图 6-1(a)所示，**设气隙磁场按正弦规律分布**，则每极磁通为

$$\Phi=\frac{2}{\pi}B_m l\tau \tag{6-7}$$

式中　B_m——气隙磁通密度最大值；

l——电机铁芯轴向有效长度；

τ——极距，基波磁场的宽度。

气隙磁场为旋转磁场，每转过一对磁极，线圈中的电动势便变化一个周期，电动势的**频率**为

$$f=\frac{pn}{60} \tag{6-8}$$

式中　p——极对数；

n——电机转速，r/min。

频率 f 的单位为 Hz（每秒变化的周期数，s^{-1}），电角频率为

$$\omega=2\pi f \tag{6-9}$$

如图 6-11（a）所示，当 $t=0$，$\phi=\Phi_m$ 时，线圈匝链着一个磁极的全部磁通；当经历了时间 t，磁场转动了 $\alpha=\omega t$ 电角度，线圈中匝链的磁通也随之变化，如图 6-11（b）所示。磁通随时间变化的规律与磁场在空间的分布有关，其基波分量为

$$\phi=\Phi_m\cos\omega t \tag{6-10}$$

线圈感应电动势的瞬时值为

$$e_c=-N_c\frac{d\phi}{dt}=\omega N_c\Phi_m\sin\omega t \tag{6-11}$$

式中　N_c——线圈的匝数。

其有效值

$$E_c=\frac{\omega N_c\Phi_m}{\sqrt{2}}=4.44fN_c\Phi_m \tag{6-12}$$

磁通和电动势随时间而变化的波形图和所对应的相量图如图 6-11(c)、(d)所示。

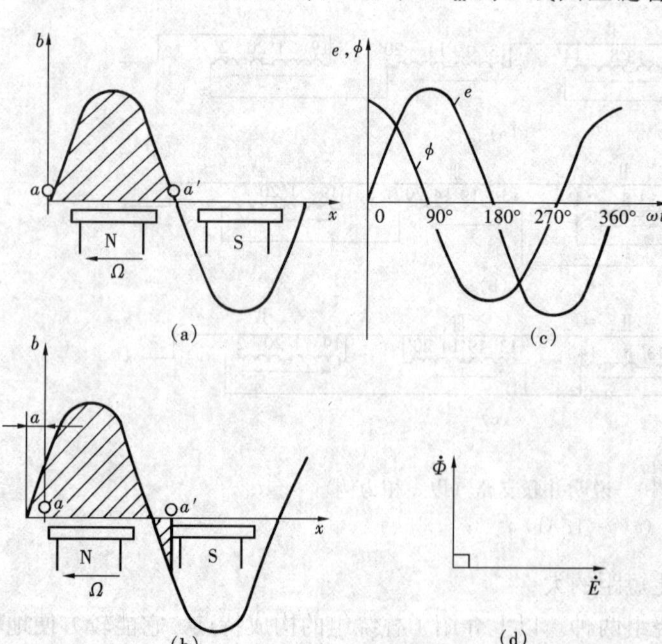

图 6-11　线圈中磁链变化的感应电动势

(a) 交链磁通最大；(b) $\alpha=\omega t$，磁链在变化；(c) 磁通与电动势波形；(d) 相量图

由以上分析可见，旋转电机感应电动势公式与变压器感应电动势公式有相同形式，这是因为它们的线圈中所交链的磁通变化规律相同，都是按正弦规律变化。所不同的是变压器线圈中磁通的变化是由于磁场幅值随时间而变化；而旋转电机磁场幅值不随时间而变化，但磁场与线圈之间相对运动，因而线圈中交链的磁通随时间而变化。

一、线圈的电动势

对于双层绕组，绕组的节距小于或大于极距，一般都采用短距绕组。对于短距绕组，线圈的节距小于极距，设短距角为β电角度，此时线圈中匝链磁通的最大值不再是一个磁极的全部磁通Φ_m[1]，则同一线圈的上层导体与下层导体的感应电动势不是反相，而是相差$\pi-\beta$电角度，由槽导体电动势星形图分析，从图6-12相量图，可得一个线圈的合成相量E_c为

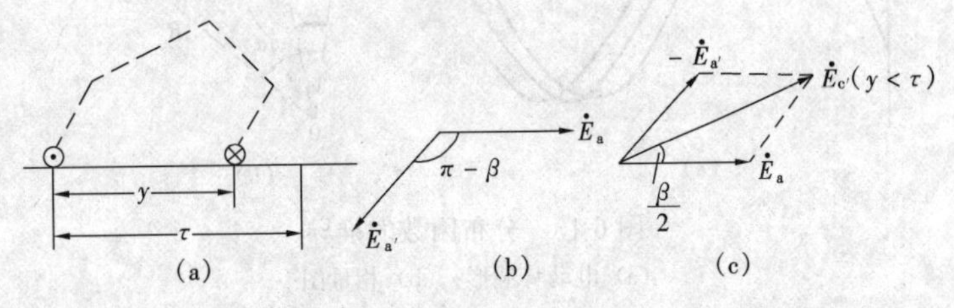

图 6-12　节距因数的推导

(a) 短距绕组的一个绕圈；(b) 导体中的感应电动势；(c) 线圈中的感应电动势

$$\dot{E}_c = \dot{E}_a + (-\dot{E}_{a'}) = E\angle 0^\circ - E\angle\beta$$

则
$$E_c = 2E\cos\frac{\beta}{2} = 4.44fN_c\cos\frac{\beta}{2}\Phi_m \tag{6-13}$$

节距因数
$$K_p = \frac{E_{c(y<\tau)}}{E_{c(y=\tau)}} = \frac{4.44fN_c\cos\frac{\beta}{2}\Phi_m}{4.44fN_c\Phi_m} = \cos\frac{\beta}{2} \tag{6-14}$$

可见，**短距线圈的电动势比整距线圈的电动势有所减少**。定义其比值为**节距因数**，用K_p表示。通常$K_p\leqslant 1$，只有是双层整距绕组或单层绕组时，$K_p=1$；其他情况，$K_p<1$。因此一个线圈感应电动势的有效值为

$$E_c = 4.44fN_cK_p\Phi_m \tag{6-15}$$

二、线圈组的电动势

实用的电机均采用分布绕组，每线圈组有q个线圈组成，线圈组电动势即为q个线圈的电动势之和。通常各线圈匝数相等，但空间位置依次相位差槽距角α电角度，因此，各线圈

---

[1] 短（长）距后，线圈所匝链的磁通为$\Phi_m\cos\frac{\beta}{2}$，如下图所示。其磁通随时间变化规律不变，感应电动势的瞬时值为$e_c=-N_c\frac{d\phi'}{dt}=\omega N_c\Phi_m\cos\frac{\beta}{2}\sin\omega t$，其有效值为$E_c=\frac{1}{\sqrt{2}}\omega N_c\Phi_m\cos\frac{\beta}{2}=4.44fN_c\cos\frac{\beta}{2}\Phi_m$，故节距因数为$K_p=\cos\frac{\beta}{2}$。

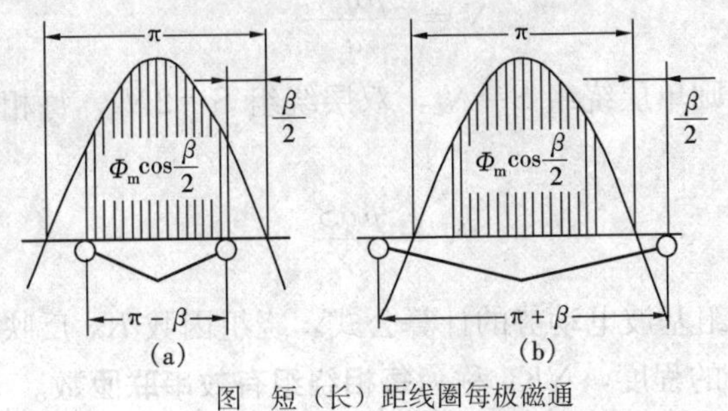

图　短（长）距线圈每极磁通

(a) 短距；(b) 长距

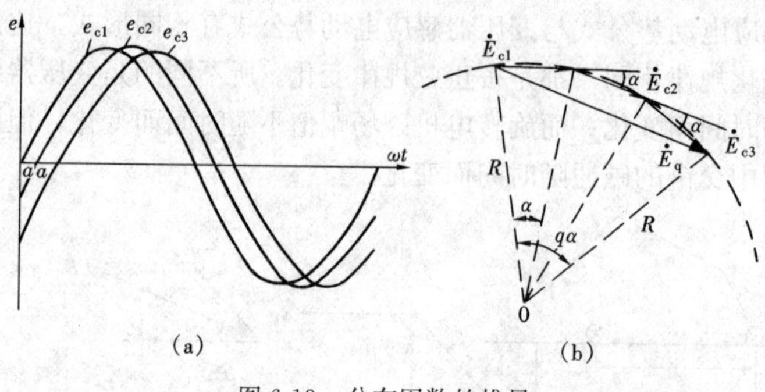

图 6-13 分布因数的推导
(a) 电动势波形；(b) 相量图

电动势的幅值相等，但时间相位差也为 α 电角度，其和应为它们的相量相加，如图 6-13 所示。图中 q 取 3。从几何关系可得线圈组合成电动势为

$$E_q = 2R\sin\frac{q\alpha}{2} \tag{6-16}$$

每个线圈电动势

$$E_c = 2R\sin\frac{\alpha}{2} \tag{6-17}$$

显然，**线圈组 q 个线圈电动势的相量和 E_q 要比其代数和 qE_c 小**。定义其比值为**分布因数**，用 K_d 表示。$K_d \leqslant 1$，只有 $q=1$ 集中绕组时，$K_d=1$；其他 $q\neq 1$ 时，$K_d<1$。

整数槽的分布因数为

$$K_d = \frac{E_q}{qE_c} = \frac{\sin\frac{q\alpha}{2}}{q\sin\frac{\alpha}{2}} \tag{6-18}$$

式中 q——每极每相槽数；

α——槽距角，电角度。

线圈组感应电动势的有效值为

$$E_q = K_d qE_c = 4.44fqN_cK_dK_p\Phi_m = 4.44fqN_cK_N\Phi_m \tag{6-19}$$

式中 K_N——**绕组因数**，$K_N=K_pK_d$；

qN_c——线圈组串联匝数。

三、相绕组的电动势

每相绕组总的合成电动势为

$$E_{ph} = 4.44fNK_N\Phi_m \tag{6-20}$$

式中 N——每相绕组总的串联匝数。

对于单层绕组，每对极每相只有一个线圈组，设 a 为并联支路数，则

$$N = \frac{pqN_c}{a}$$

对于双层绕组，每对极每相有二个线圈组，则

$$N = \frac{2pqN_c}{a}$$

设每槽导体数为 S，则单层绕组 $S=N_c$，双层绕组 $S=2N_c$，每相绕组串联匝数可统一写成

$$N = \frac{pqS}{a} \tag{6-21}$$

式 (6-20) 是一相绕组基波电动势的计算公式，绕组因数 K_N 反映了因采用分布和短距结构而使感应电动势减少的程度，NK_N 称为**每相绕组有效串联匝数**。

【例 6-1】 设有一台三相交流电机，定子绕组为连续分布，试求相带为 60°和 120°的分

布因数。

解　定子绕组连续分布，即认为 $q\to\infty$（见图 6-14），分布因数为

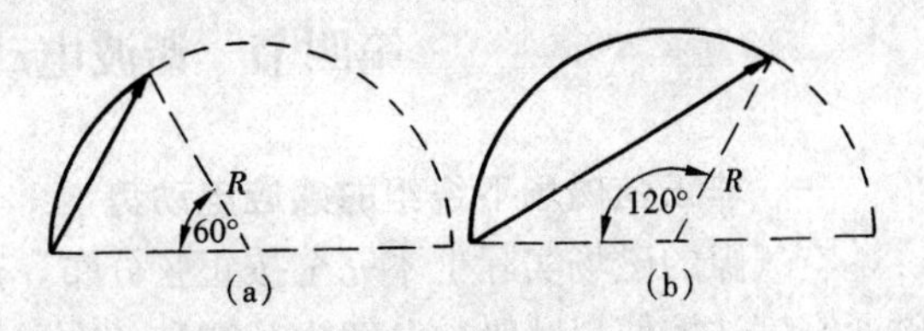

图 6-14　绕组分布因数的极限

$$K_d=\frac{弦长}{弦所对应的弧长}$$

（1）对于 60°相带有

$$K_d=\frac{R}{\frac{2\pi R}{6}}=\frac{3}{\pi}=0.955$$

或 $q\alpha=\frac{2\pi p}{Z_1}\times\frac{Z_1}{m_1\times 2p}=\frac{\pi}{3}$，当 $q\to\infty,\alpha\to 0,\sin\frac{\alpha}{2}\to\frac{\alpha}{2}$，故

$$K_d=\frac{\sin\frac{q\alpha}{2}}{q\sin\frac{\alpha}{2}}=\frac{\sin\frac{\pi}{6}}{\frac{\pi}{6}}=\frac{3}{\pi}=0.955$$

（2）对于 120°相带有

$$K_d=\frac{2R\cos 30^\circ}{\frac{2\pi R}{3}}=\frac{3\sqrt{3}}{2\pi}=0.827$$

或 $q\alpha=\frac{2\pi p}{Z_1}\times\frac{Z_1}{m_1\times 2p}=\frac{2\pi}{3}$，当 $q\to\infty,\alpha\to 0,\sin\frac{\alpha}{2}\to\frac{\alpha}{2}$，故

$$K_d=\frac{\sin\frac{q\alpha}{2}}{q\sin\frac{\alpha}{2}}=\frac{\sin\frac{\pi}{3}}{\frac{\pi}{3}}=\frac{3\sqrt{3}}{2\pi}=0.827$$

据分析 K_d 与 q 有关，q 越大，K_d 越小，其各种相带的 q 为极限值，即上述算例值。如（q 为其他值时）以 60°相带为例：

$$q=1,\ \alpha=\frac{\pi}{3},\ 则\ K_d=1\quad（集中绕组）;$$

$$q=2,\ \alpha=\frac{\pi}{6},\ 则\ K_d=0.966;$$

$$q=3,\ \alpha=\frac{\pi}{9},\ 则\ K_d=0.960;$$

…

$$q=6,\ \alpha=\frac{\pi}{18},\ 则\ K_d=0.956;$$

…

$$q\to\infty,\ \alpha\to 0,\ 则\ K_d=0.955。$$

由此可见，分布因数 K_d 与相带大小有关，120°相带的 K_d 要比 60°相带的小；分布因数小，绕组的有效匝数减少的程度较大，故三相绕组通常不采用 120°相带。

第四节 谐波电动势及其削弱方法

一、非正弦磁场下绕组的感应电动势

空气隙的磁场实际上不完全按正弦分布，产生的原因是多方面的，可以将非正弦分布的磁通密度波按傅里叶级数分解为基波和各次谐波，它们分别在绕组中产生感应电动势。如图6-1所示的三相凸极同步电机为例，**气隙磁密空间分布为一平顶波**，可以分解成基波与谐波。由于结构对称，谐波分量中无偶次谐波，只有奇次谐波，其中3次、5次谐波幅值较大，而高次谐波幅值较小，图6-15仅画出基波和3次、5次谐波。

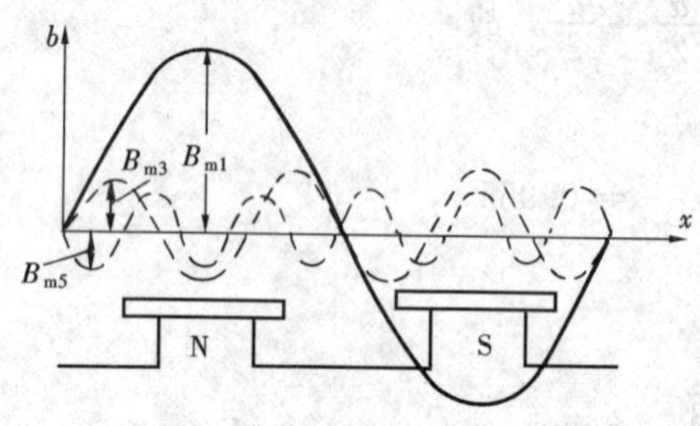

图6-15 气隙磁通密度分布波分解为基波和谐波

对于上述同步电机由转子励磁产生的磁场，基波和各次谐波磁场均随转子而旋转，因此，定子绕组中不仅感应基波电动势，还感应有谐波电动势。谐波电动势的计算公式与基波电动势的类似，**v次谐波的电动势**表示式为

$$E_v = 4.44 f_v N K_{Nv} \Phi_{mv} \tag{6-22}$$

式中 f_v——v次谐波电动势的频率；

K_{Nv}——v次谐波电动势的绕组因数；

Φ_{mv}——v次谐波的每极磁通最大值。

因为转子磁极产生的v次谐波磁场与基波磁场随转子以同一速度旋转，$n_v = n_1$，而极对数为基波磁场的v倍，即$p_v = vp$，故在定子绕组上产生的**v次谐波电动势的频率**为

$$f_v = p_v \frac{n_v}{60} = vp \frac{n_1}{60} = vf_1 \tag{6-23}$$

因为v次谐波磁场的极对数为基波磁场极对数的v倍，故v次谐波磁场的极距为基波磁场极距的$\frac{1}{v}$倍，即$\tau_v = \frac{1}{v}\tau$，故**v次谐波磁场的每极磁通最大值**为

$$\Phi_{mv} = \frac{2}{\pi} B_{mv} l \frac{\tau}{v} \tag{6-24}$$

式中 B_{mv}——v次谐波磁场的磁通密度幅值。

因为v次谐波磁场的极对数为基波磁场极对数的v倍，$p_v = vp$，因此，同样一个槽距角或短距角，在基波尺度上量度时为α或β电角度，而在v次谐波尺度上量度时为$v\alpha$或$v\beta$电角度，故参照基波绕组因数的计算公式，v次谐波电动势的分布因数、节距因数和绕组因数分别为

$$K_{dv} = \frac{\sin q \frac{v\alpha}{2}}{q \sin \frac{v\alpha}{2}} \tag{6-25}$$

$$K_{pv} = \cos \frac{v\beta}{2} \tag{6-26}$$

$$K_{N\nu}=K_{d\nu}K_{p\nu}=\frac{\sin q\,\frac{\nu\alpha}{2}}{q\sin\frac{\nu\alpha}{2}}\cos\frac{\nu\beta}{2} \tag{6-27}$$

在一般情况下，**谐波绕组因数要比基波绕组因数小。**

【例 6-2】 三相四极交流电机，定子槽数 $Z=24$，绕组为下列接线时，计算出其基波和 5 次谐波绕组因数：

(1) 单层链式绕组；

(2) 双层短距绕组，节距 $y=5$。

解 (1) 单层链式绕组。槽距角为

$$\alpha=\frac{360^\circ p}{Z}=\frac{360^\circ\times 2}{24}=30^\circ$$

每极每相槽数

$$q=\frac{Z}{2pm}=\frac{24}{2\times 2\times 3}=2$$

三相单层绕组因数 K_p 均为 1。

基波绕组因数

$$K_{N1}=K_{d1}K_{p1}=\frac{\sin\frac{q\alpha}{2}}{q\sin\frac{\alpha}{2}}\times 1=\frac{\sin 2\times\frac{30^\circ}{2}}{2\sin\frac{30^\circ}{2}}=0.965$$

5 次谐波绕组因数

$$K_{N5}=K_{d5}K_{p5}=\frac{\sin 2\times\frac{5\times 30^\circ}{2}}{2\sin\frac{5\times 30^\circ}{2}}=0.259$$

(2) 双层短距绕组的 $y=5$，$\tau=6$，$\beta=\alpha=30^\circ$，则基波绕组因数为

$$K_{p1}=\cos\frac{\beta}{2}=\cos\frac{30^\circ}{2}=0.966$$

$$K_{N1}=K_{d1}K_{p1}=0.965\times 0.966=0.932$$

5 次谐波绕组因数为

$$K_{p5}=\cos\frac{5\beta}{2}=\cos 5\times\frac{30^\circ}{2}=0.259$$

$$K_{N5}=K_{d5}K_{p5}=0.259\times 0.259=0.067$$

二、谐波电动势的削减方法

考虑了各次谐波的相电动势的有效值为

$$\begin{aligned}E_{ph}&=\sqrt{E_{ph1}^2+E_{ph3}^2+E_{ph5}^2+\cdots}\\&=E_{ph1}\sqrt{1+\left(\frac{E_{ph3}}{E_{ph1}}\right)^2+\left(\frac{E_{ph5}}{E_{ph1}}\right)^2+\cdots}\end{aligned} \tag{6-28}$$

工程上用**电压波形正弦性畸变率** K_v 等来对同步发电机的空载电压波形进行考核，电压波形正弦性畸变率是指电压波形中所包含的除基波分量以外的各次谐波分量有效值平方和的根值与基波分量有效值之比的百分数，即

$$K_v = \frac{1}{U_1}\sqrt{U_2^2 + U_3^2 + U_4^2 + \cdots + U_n^2} \times 100\% \tag{6-29}$$

式中 U_1——基波电压有效值；

U_n——n 次谐波电压有效值。

由此可见，绕组的感应电动势中不仅有基波分量，还有一定高次谐波的分量，致使发电机输出的电压并不是理想的正弦波。一般来说，高次谐波与基波相比较，其值较小，但高次谐波的存在对电力系统中电动机和其他电气设备产生的损耗增加，温升增高，效率降低，性能变坏等不良影响；高次谐波还会产生电磁干扰，对通信线路和通信设备均有影响；再者，电力系统中有一些电感和电容的组合，若在某一高频条件下产生并联谐振，产生很大的谐振电流和危险的过电压，存在着一种潜在的谐波危险。因此**电力系统十分重视谐波限制和谐波管理**，国家颁布了有关公用电网谐波规定。供电系统谐波污染的综合治理涉及面很广，本节仅介绍几种消除和减少电机绕组高次谐波电动势的方法。

1. 使气隙磁场接近正弦分布

这是消除和减少绕组高次谐波电动势最有效的方法。例如，调节凸极同步电机转子极靴宽度和气隙长度（磁极中心气隙较小，极边缘的气隙有规律的变大），使气隙磁场的波形尽可能接近正弦分布。

2. 采用短距绕组

某次谐波电动势的大小与其绕组因数成正比。如要消除 v 次谐波电动势，可令 v 次谐波节距因数为零，即

$$K_{pv} = \cos\frac{v\beta}{2} = 0，v\beta = 180°$$

则短距角

$$\beta = \frac{180°}{v} 或 \frac{\tau}{v}$$

节距

$$y = \left(1 - \frac{1}{v}\right)\tau \tag{6-30}$$

当磁场为非正弦分布时，线电动势中主要成分是 5 次和 7 次谐波，所以三相双层短距绕组一般取短距角为 $\left(\frac{1}{5} \sim \frac{1}{7}\right)\tau$，这样有利于改善相电动势的波形。

3. 采用分布绕组

绕组的分布因数同样与其电动势大小成正比。随着每极每相槽数的增加，基波分布因数减少很少，仍接近于 1，而谐波分布因数减少很多，如：

$q=1$ 时，$K_{d1}=K_{d3}=K_{d5}=K_{d7}=\cdots=1$；

$q=2$ 时 $K_{d1}=0.965$，$K_{d3}=0.707$，$K_{d5}=0.259$，$K_{d7}=-0.259$；

$q=6$ 时 $K_{d1}=0.957$，$K_{d3}=0.644$，$K_{d5}=0.195$，$K_{d7}=-0.143$。

所以通常交流电机不采用集中绕组（$q=1$），而采用分布绕组，一般取 $q=2\sim6$。

由此可见，由于分布绕组和短距绕组对基波和谐波电动势的绕组因数影响有很大的不同，采用**分布绕组和短距绕组后虽然基波电动势有所下降，但对削弱或消除谐波电动势非常**

明显，因而广泛采用这类绕组。

4. 3次和3的倍数奇次谐波的消除方法

三相交流电流中，各相基波电动势相位差为120°，而各相的3次谐波电动势相位差为3×120°=360°，即为同相。同理，3的倍数的各奇次谐波如$v=3，9，15，21，\cdots$，亦为同相位。这样接成星形时，在线电动势中不可能出现3次和3的倍数奇次谐波电动势，而其他各奇次谐波线电动势为相电动势的$\sqrt{3}$倍，即

$$E_l=\sqrt{3}\sqrt{E_{ph1}^2+E_{ph5}^2+E_{ph7}^2+\cdots} \tag{6-31}$$

当三相绕组接成三角形时，3次及3的倍数奇次谐波电动势在闭合的三角形电路中被短路而形成环流，引起附加铜损耗，虽然这时只残留微少的电压降，线电动势中仍不出现这类谐波。因此，现代的**三相同步发电机多采用星形连接。**

以上以三相同步发电机为例，说明其气隙磁场空间分布为平顶波时，定子绕组产生谐波电动势的机理和削弱谐波电动势的方法。对于由于其他原因产生的绕组谐波电动势的分析，将在以后的有关章节介绍，如定子、转子开槽以后，单位面积下气隙磁导变为不均匀，导致气隙磁场中含有**齿谐波**，同样也会产生相应的谐波电动势。

小　结

旋转电机从结构上看均有定子和转子，从电磁能量和机械能量转换的机理来看基本是一样的，绕组中发生的电磁现象也相同，所以，有必要将旋转电机的一些共同问题统一起来进行研究，如电枢绕组、绕组的感应电动势、电机绕组的磁动势以及电机的发热和冷却。

电枢绕组是电机的关键部件。交流绕组的构成原则是力求获得较大的基波电动势，尽量减少谐波电动势，且保持三相电动势的对称，同时要提高导线的利用率和良好的工艺性。槽导体电动势星形图是分析绕组的一种基本方法，有助于安排绕组的连接，计算绕组的电动势大小，分析绕组的特性。交流绕组的形式很多，通过实例了解常用三相单层、双层绕组的一般构成方式和特点。从相带的划分、绕组形式的选择、绕组节距的确定，由线圈——线圈组——相绕组——三相绕组，掌握绕组排列和连接的规律。绕组的组成对电机电动势和磁动势有很大的影响，因此，在学习交流电机工作原理和特性之前，对交流电枢绕组有个初步了解很有必要。

交流绕组的感应电动势按照法拉第感应定律的两种基本形式：$e=-\frac{\mathrm{d}\phi}{\mathrm{d}t}$和$e=Blv$，进行公式推导，可以得到相同的结果。绕组的相电动势为$E_{ph}=4.44fNK_N\Phi_m$。该公式与变压器感应电动势公式有相同的形式，因为它们的线圈中所交链的磁通都是按正弦规律变化的。所不同的是二者仅差一个绕组因数K_N。其实变压器是集中绕组，绕组因数为1，而旋转电机通常是分布绕组。分布、短距对绕组的电动势的大小和波形所产生的影响可用绕组因数来体现。因此，分布因数K_d和节距因数K_p是分析绕组特点的两个重要参数。本章以同步电机为例，分析由转子励磁引起的非正弦磁场和由此产生的谐波电动势。谐波电动势的存在对电力系统和电机的运行十分不利，可采用选择合理的分布绕组和短距绕组、三相绕组星形接法，以及改善磁极的结构，使气隙磁场的波形尽可能接近正弦分布，以消弱或消除高次谐波电动势。

思 考 题

6-1 什么叫槽导体电动势星形图，如何利用槽电动势星形图来验证图 6-5 所示的三相绕组是否对称？

6-2 为什么当 $q\neq1$ 时分布因数总小于 1？为什么节距因数无论双层短距绕组还是长距绕组总是小于 1？

6-3 为什么单层绕组采用短距（$y<\tau$）只是外形上的短距，实质上是整距绕组，即节距因数为 1？

6-4 如绕组的结构和其他条件不变，仅改变线圈组之间的相互连接方式，即改变绕组的并联支路 a，此时相电动势有何变化？电机的功率会不会变化？为什么？

6-5 简述单层绕组、双层绕组各自的特点及适用的范围。

6-6 为什么交流电机常用分布绕组和短距绕组？

6-7 为什么三相电机常用 60°相带绕组而很少用 120°相带绕组？

习 题

6-1 有一台三相电机，$Z=36$，$2p=6$，$a=1$，采用单层链式绕组。要求：

(1) 求绕组因数 K_{N1}，K_{N5}，K_{N7}；

(2) 画出槽导体电动势星形图；

(3) 画出三相绕组展开图。

6-2 有一台三相电机，$Z=36$，$2p=4$，$y=\frac{7}{9}\tau$，$a=1$，双层叠绕组。要求：

(1) 求绕组因数 K_{N1}，K_{N5}，K_{N7}；

(2) 画出槽导体电动势星形图；

(3) 画出绕组展开图（只画 A 相，其他 B、C 两相只画出引出线端部位置）。

6-3 有一台三相电机，$Z=48$，$2p=4$，$a=1$，每相串联导体数 $N=96$，$f=50\text{Hz}$，双层短距绕组，星形接法，每极磁通 $\phi_1=1.115\times10^{-2}\text{Wb}$，$\phi_3=0.365\times10^{-2}\text{Wb}$，$\phi_5=0.24\times10^{-2}\text{Wb}$，$\phi_7=0.093\times10^{-2}\text{Wb}$，试求：

(1) 力求削弱 5 次和 7 次谐波电动势，节距 y 应选多少？

(2) 此时每相电动势 E_{ph}；

(3) 此时线电动势 E_l。

6-4 有一台单相电机，$Z=12$，$2p=2$，采用同心式绕组，各绕组匝数如图 6-16(a)所示。试计算绕组的基波绕组因数和 5 次谐波绕组因数。

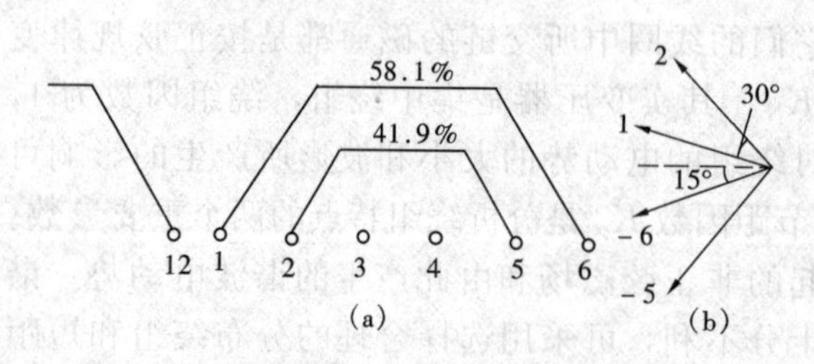

图 6-16 习题 6-4 的图
(a) 绕组；(b) 槽导体相量

解 通常电机绕组都采用等元件绕组，但是，为了削弱绕组的谐波分量，可采用不同匝数、不同节距线圈构成非等元件绕组，使基波绕组因数较大，而谐波绕组因数很小，甚至为零，故称其为**正弦绕组**。本例说明如何求取该绕组的绕组因数。

$$\alpha = \frac{360^\circ p}{Z} = \frac{360^\circ \times 1}{12} = 30^\circ$$

如图 6-16（b）所示，槽电动势星形图，槽 1、2、5、6 的电动势相加，正弦绕组的线圈匝数不等，两个线圈的节距也不同，**按绕组因数的定义，求该绕组的绕组因数。**线圈电动势的相量和与导体电动势代数和之比为绕组因数。基波绕组因数为

$$K_{N1} = \frac{(0.581\cos 15^\circ)\times 2 + (0.419\cos 45^\circ)\times 2}{0.581\times 2 + 0.419\times 2} = 0.858$$

同理，5 次谐波绕组因数

$$K_{N5} = \frac{[0.581\cos(15^\circ\times 5) + 0.419\cos(45^\circ\times 5)]\times 2}{0.581\times 2 + 0.419\times 2} = -0.146$$

由此可见，非等元件绕组因数的求取不能简单地套用等元件绕组绕组因数的公式，而要根据绕组因数的定义，借助于槽电动势星形图计算而得。**采用正弦绕组可使交流电机的谐波磁场和谐波电动势大为削弱。**

6-5　有一台单相电机，$Z=18$，$2p=2$，采用同心绕组，各绕组匝数如图 6-17 所示。试求：

（1）基波绕组因数 K_{N1}；

（2）7 次谐波绕组因数 K_{N7}。

6-6　有一台三相电机，$Z=180$，$2p=10$，$a=1$，$y=15$，每线圈匝数 $N_c=3$，$f=50\text{Hz}$，基波每极磁通 $\Phi_{m1}=0.113\text{Wb}$，$B_{m1} : B_{m3} : B_{m5} = 1 : 0.2 : 0.1$，三相绕组星形接法。试求：

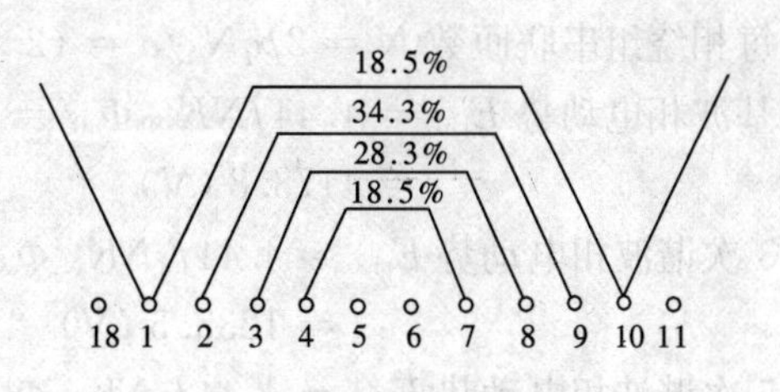

图 6-17　习题 6-5 的图

（1）每线圈的感应电动势 E_c；

（2）每相绕组的感应电动势 E_{ph}；

（3）线电动势 E_l。

解　每极每相槽数

$$q = \frac{Z}{2pm} = \frac{180}{10\times 3} = 6$$

槽距角
$$\alpha = \frac{p\times 360^\circ}{Z} = \frac{5\times 360^\circ}{180} = 10^\circ$$

极距
$$\tau = \frac{Z}{2p} = \frac{180}{10} = 18(\text{槽})$$

短距角
$$\beta = (\tau - y)\alpha = (18-15)\times 10 = 30^\circ$$

基波节距因数
$$K_{p1} = \cos\frac{\beta}{2} = \cos\frac{30^\circ}{2} = 0.966$$

3 次谐波节距因数
$$K_{p3} = \cos\frac{3\beta}{2} = \cos\frac{3\times 30^\circ}{2} = 0.707$$

5 次谐波节距因数
$$K_{p5} = \cos\frac{5\beta}{2} = \cos\frac{5\times 30^\circ}{2} = 0.259$$

基波分布因数
$$K_{d1}=\frac{\sin\frac{q\alpha}{2}}{q\sin\frac{\alpha}{2}}=\frac{\sin\frac{6\times10^{\circ}}{2}}{6\sin\frac{10^{\circ}}{2}}=0.958$$

3 次谐波分布因数
$$K_{d3}=\frac{\sin\frac{3q\alpha}{2}}{q\sin\frac{3\alpha}{2}}=\frac{\sin\frac{3\times6\times10^{\circ}}{2}}{6\sin\frac{3\times10^{\circ}}{2}}=0.645$$

5 次谐波分布因数
$$K_{d5}=\frac{\sin\frac{5q\alpha}{2}}{q\sin\frac{5\alpha}{2}}=\frac{\sin\frac{5\times6\times10^{\circ}}{2}}{6\sin\frac{5\times10^{\circ}}{2}}=0.197$$

（1）每个线圈的感应电动势有效值：

基波电动势 $E_{c1}=4.44fN_cK_{p1}\Phi_{m1}=4.44\times50\times3\times0.966\times0.113=72.7\,(V)$

3 次谐波电动势 $E_{c3}=4.44f_3N_cK_{p3}\Phi_{m3}=4.44\times3\times50\times3\times0.707\times0.113\times0.2=31.9\,(V)$

5 次谐波电动势 $E_{c5}=4.44f_5N_cK_{p5}\Phi_{m5}=4.44\times5\times50\times3\times0.259\times0.113\times0.1=9.7\,(V)$

线圈电动势 $E_c=\sqrt{E_{c1}^2+E_{c3}^2+E_{c5}^2}=\sqrt{72.7^2+31.9^2+9.7^2}=80.0\,(V)$

（2）每相绕组的感应电动势有效值：

每相绕组串联匝数 $N=2pqN_c/a=(2\times5\times6\times3)/1=180$

基波相电动势 $E_{ph1}=4.44fNK_{N1}\Phi_{m1}=4.44\times50\times180\times0.966\times0.958\times0.113$
$=4178.8\,(V)$

3 次谐波相电动势 $E_{ph3}=4.44f_3NK_{N3}\Phi_{m3}=4.44\times3\times50\times180\times0.707\times0.645\times0.113\times0.2$
$=1235.5\,(V)$

5 次谐波相电动势 $E_{ph5}=4.44f_5NK_{N5}\Phi_{m5}=4.44\times5\times50\times180\times0.259\times0.197\times0.113\times0.1$
$=115.2\,(V)$

相电动势 $E_{ph}=\sqrt{E_{ph1}^2+E_{ph3}^2+E_{ph5}^2}=\sqrt{4178.8^2+1235.5^2+115.2^2}=4359.1\,(V)$

说明：谐波相电动势

$$E_{ph\nu}=4.44f_\nu NK_{N\nu}\Phi_{m\nu}=4.44(\nu f)NK_{N\nu}\left(\frac{2}{\pi}\frac{\tau}{\nu}lB_{m\nu}\right)=4.44fNK_{N\nu}\Phi_{m1}\frac{B_{m\nu}}{B_{m1}}$$

同理，**谐波线圈电动势**

$$E_{c\nu}=4.44fN_cK_{p\nu}\Phi_{m1}\frac{B_{m\nu}}{B_{m1}}$$

（3）线电动势有效值。

由于三相绕组星形接法，线电动势中无 3 次谐波分量，故

$$E_l=\sqrt{3}\sqrt{E_{ph1}^2+E_{ph5}^2}=\sqrt{3}\times\sqrt{4178.8^2+115.2^2}=7240.6(V)$$

6-7 有一台三相电机，$Z=72$，$2p=4$，$a=2$，$y=14$，$N_c=3$，$f=50$Hz，基波每极磁通 $\Phi_m=0.185$Wb，谐波磁场与基波磁场之比 $B_{m5}/B_{m1}=1/8$，$B_{m7}/B_{m1}=1/25$，三相绕组星形接法。试求：

（1）每相绕组的感应电动势 E_{ph}；

（2）线电动势 E_l。

6-8　试分析三相绕组分布因数与每极每相槽数之间的关系，画出基波、5 次谐波和 7 次谐波，$K_{d\nu}=f(q)$ 之间的曲线（$q=1\sim\infty$）。设三相绕组为 60°相带。

6-9　试分析三相绕组节距因数与短距角之间的关系，画出基波、5 次谐波和 7 次谐波，$K_{p\nu}=f(\beta)$ 之间的曲线（$\beta=0°\sim60°$）。

6-10　试分析三相绕组 120°相带分布因数与每极每相槽数之间的关系，画出基波 $K_{d1}=f(q)$ 之间的曲线（$q=1\sim\infty$）。

6-11　有一台三相交流电机，极数 $2p=8$，定子槽数 $Z=30$，双层绕组，跨距 $y=3$，计算基波绕组因数。

解　每极每相槽数

$$q=\frac{Z}{2pm}=\frac{30}{8\times3}=\frac{5}{4}=1\frac{1}{4}$$

可见为一**分数槽绕组**，$1\frac{1}{4}$是平均值，实际分配是每相绕组 4 个极下占 5 个槽，即其中 3 个极下为 1 槽，另一极下为 2 槽。如何分布可通过画槽电动势相量图来分析。

计算槽距角为

$$\alpha=\frac{p\times360°}{Z}=\frac{4\times360°}{30}=48°$$

对于分数槽绕组，若总槽数 Z 和极对数 p 之间有最大公约数 D，则整个电机中槽与磁极的相对位置有 D 次重复，可以分成 D 个完全相同的单元，每个单元的槽电动势相量图是一致的。本题 $Z=30$，$P=4$，最大公约数 $D=2$，采用 60°相带分相，30 个槽电动势相量依次画出，1～15 相量与 16～30 重合，可以看成为等效 4 极机，如图 6-18（a）所示。图中重合部分相量未画出。

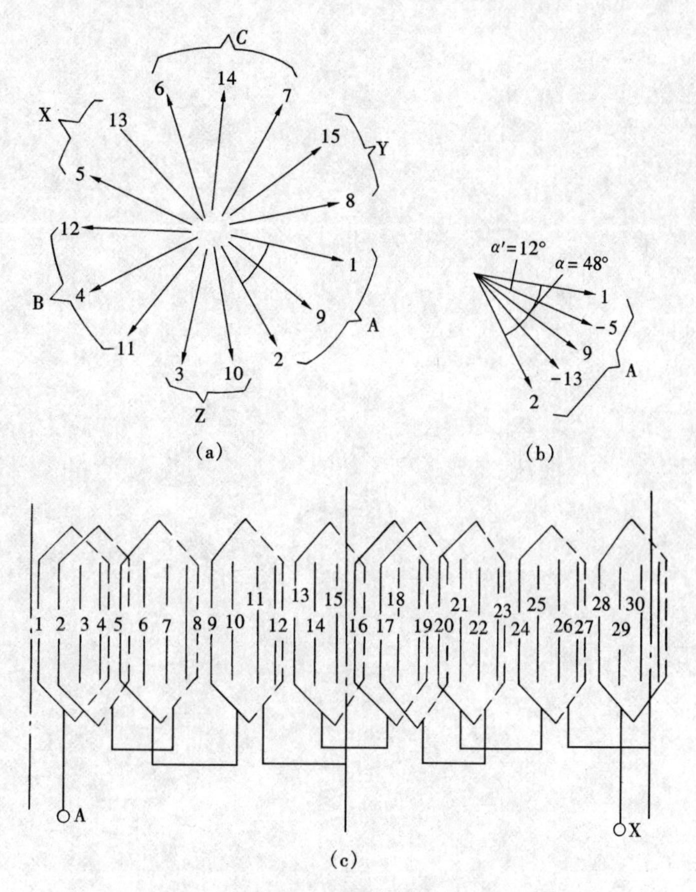

图 6-18　分数槽绕组
（a）分数槽绕组电动势星形图（仅画出 1～15 导体相量）；
（b）A 相电动势相量（一部分）；（c）三相双层分数槽绕组展开图
（仅画出 A 相，$y=\frac{4}{5}\tau$）

由图 6-18 可见，$q=b\frac{c}{d}$，$q=1\frac{1}{4}$ 的分数槽绕组，相当于 $q'=bd+c=1\times4+1=5$，$\alpha'=\frac{\alpha}{d}=\frac{48°}{4}=12°$ 的整数槽绕组，

其基波分布因数为

$$K_{d1}=\frac{\sin\frac{q'\alpha'}{2}}{q'\sin\frac{\alpha'}{2}}=\frac{\sin\frac{5\times12^\circ}{2}}{5\sin\frac{12^\circ}{2}}=0.957$$

节距因数（与整数槽计算方法相同）为

$$K_{p1}=\cos\frac{\beta}{2}=\cos\frac{1}{2}\left(\frac{15}{4}-3\right)\times48^\circ=\cos18^\circ=0.951$$

基波绕组因数为

$$K_{N1}=K_{d1}K_{p1}=0.957\times0.951=0.91$$

分数槽绕组的分布因数不能简单的套用整数槽绕组的计算公式，而是应将其化为一个等效的整数槽绕组，再用相应的整数槽绕组公式进行计算。

分数槽绕组用于多极的大型水轮发电机和低速同步电动机，在 q 为较小的分数时同样能削弱谐波磁场所感应的谐波电动势。

6-12 有一三相单层绕组，极数 $2p=10$，定子槽数 $Z=36$，计算基波绕组因数。

交流绕组的磁动势

第一节 概 述

由第六章介绍的旋转电机基本作用原理可知，电机类别不同则电机磁场的建立方式和特性也不同，气隙磁场对电机的机电能量转换和运行特性具有重要影响。气隙磁场的建立是很复杂的，可以由电流励磁产生，也可以由永磁体产生。电流励磁也可以分直流励磁和交流励磁。图 6-1 中的三相同步电机转子流过直流电建立空载磁场，当同步发电机接上负载后，定子绕组里就有了交流电流，它同样也会产生磁动势，这个磁动势必然会对转子磁动势产生影响。在介绍异步电机作用原理时，当定子三相绕组流入交流电，也会产生一个与同步电机气隙磁场相似的旋转磁场，这个磁场与交流电流的参数、绕组的构成之间的关系密切，这些内容将在本章内进行认真的分析。根据由简入繁的原则，按下列层次逐项讨论：线圈、线圈组、单相绕组的磁动势；三相绕组的基波磁动势；三相电流不对称的基波磁动势以及磁动势空间谐波的分析等。

为了简化分析，本章对交流绕组磁动势分析时，作如下几点假定：①绕组的电流随时间按正弦规律变化，不考虑高次谐波电流；②槽内电流集中于槽中心处，齿槽的影响忽略不计，定转子间的气隙是均匀的，气隙磁阻是常数；③铁芯不饱和，略去定转子铁芯的磁压降。

第二节 单相绕组的磁动势

一、线圈的磁动势

图 7-1（a）表示任一个整距线圈通以电流后的磁场分布情况。气隙磁场为一对磁极，由于是整距线圈，气隙的磁通密度均相同，按照全电流定律，在磁场中沿任一磁力线的磁压降等于该磁力线所包围的全部电流。如线圈的匝数为 N_c，电流为 i_c，则作用在磁路上的磁动势为 $N_c i_c$。由于铁芯中磁压降不考虑，所以线圈的磁动势降落在两个均匀的气隙中，则气隙各处的磁压降均等于线圈磁动势的一半，即 $\frac{1}{2}N_c i_c$。

把图 7-1（a）沿气隙圆周展开成直线，如图 7-1（b）所示。横坐标表示气隙圆周所对应的电角度，纵坐标表示磁动势的大小，由于是整距线圈，每极磁动势沿气隙分布是矩形波，纵坐标的正负表示磁场 NS 极。由于电流是按正弦规律变化的交流电，所以，磁动势波的高度（即振幅）也随时间按正弦规律变化，但是空间分布情况不变，即磁动势幅值所在位置不变，具有这种性质的磁动势称为**脉动磁动势**。图 7-2 画出了当电流为正负最大和等于零时的磁动势脉动分布情况。设 $i_c=\sqrt{2}I_c\sin\omega t$，当 $\omega t=2k\pi+\dfrac{\pi}{2}(k=0,1,2,\cdots)$，则 $i_c=\sqrt{2}I_c$，磁动势的最大幅值为 $F_c=\dfrac{1}{2}\sqrt{2}N_cI_c$，如图 7-2（a）所示；同理，$\omega t=k\pi, i_c=0, F_c=0$，如图 7-2（b）所示；$\omega t=2k\pi-\dfrac{\pi}{2}, i_c=-\sqrt{2}I_c, F_c=-\dfrac{1}{2}\sqrt{2}N_cI_c$，如图 7-2（c）所示。脉动的频率取决于电流的交变频率。

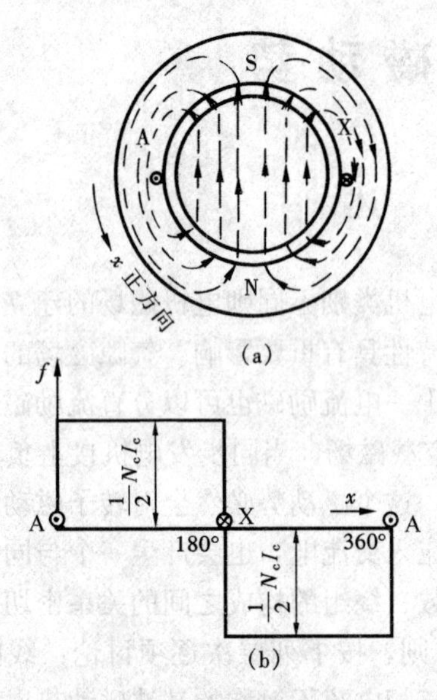

图 7-1　一个整距线圈的磁动势沿气隙空间分布

（a）2 极电机磁动势；（b）磁动势分布波

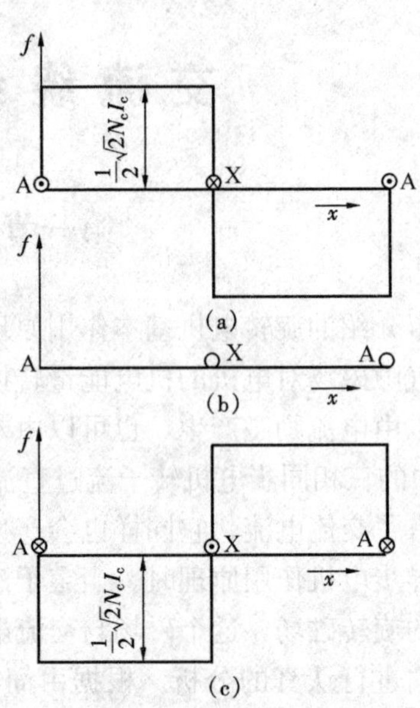

图 7-2　磁动势随时间而交替变化

（a）$\omega t=2k\pi+\dfrac{\pi}{2}, i_c=\sqrt{2}I_c$；（b）$\omega t=k\pi$，$i_c=0$；（c）$\omega t=2k\pi-\dfrac{\pi}{2}, i_c=-\sqrt{2}I_c$

因为磁动势是一个对称的矩形波，用傅里叶级数表示为

$$f=\frac{1}{2}\sqrt{2}N_cI_c\sin\omega t\left[\frac{4}{\pi}(\sin x+\frac{1}{3}\sin 3x+\frac{1}{5}\sin 5x+\cdots)\right]$$
$$=F_{c1}\sin\omega t\sin x+F_{c3}\sin\omega t\sin 3x+F_{c5}\sin\omega t\sin 5x+\cdots \tag{7-1}$$

式中　F_{c1}——线圈磁动势的基波幅值，$F_{c1}=\dfrac{\sqrt{2}}{2}\times\dfrac{4}{\pi}N_cI_c=0.9N_cI_c$；

F_{cv}——线圈磁动势的 v 次谐波幅值，$F_{cv}=\dfrac{1}{v}F_{c1}$，$v=3,5,7,\cdots$；

x——沿气隙空间电角度。

以上矩形波图解如图 7-3 所示，为了图面清晰只画了基波、3 次和 5 次谐波。

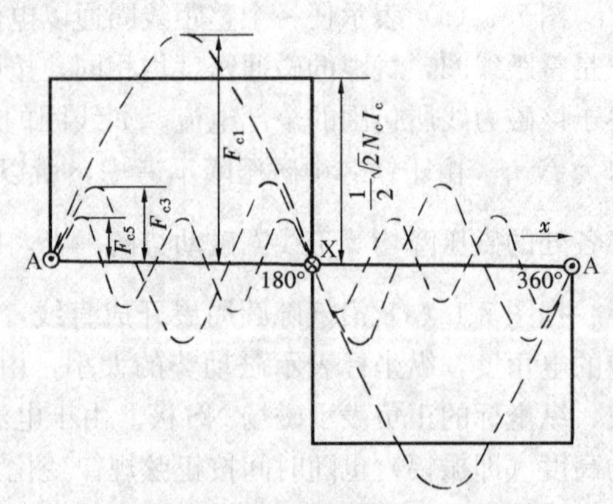

图 7-3　矩形波分解为基波和谐波

二、线圈组的磁动势

1. 整距分布绕组的磁动势

设有 q 个相同的整距线圈相串联组成一个线圈组。各线圈在空间依次相距 α 电角度，若

各线圈的匝数相等，流过的电流也相同，便产生 q 个振幅相等的矩形磁动势波，但空间依次相距 α 电角度。在图 7-4(a)中，$q=3$，$\alpha=20°$，共有三个高度相等的矩形波，彼此相差 20°电角度，将各矩形波逐点相加，便得到线圈组的磁动势波，它是一个**阶梯波**，如图 7-4(b)所示。

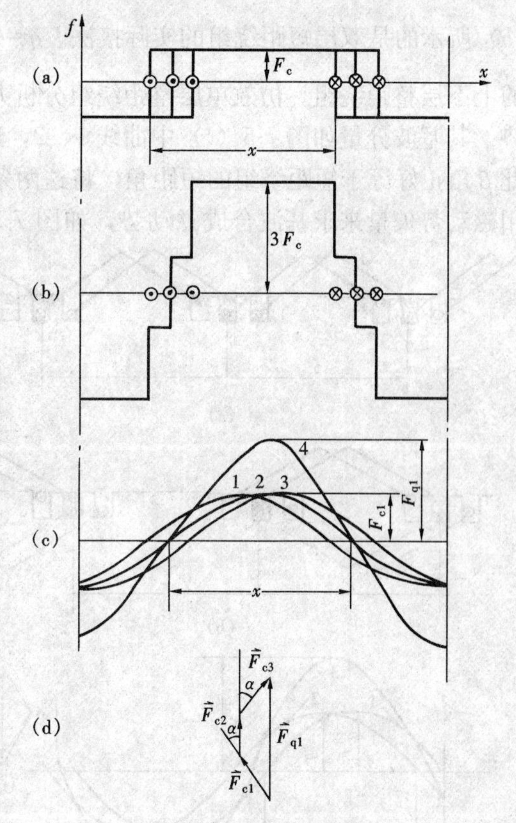

图 7-4　单层分布绕组的磁动势（$q=3$）

(a) 各线圈的磁动势；(b) 合成磁动势；

(c) 各线圈基波磁动势及其合成；

(d) 用矢量求基波合成磁动势

按傅里叶级数分解每个矩形波，可得到各自的基波分量和一系列高次谐波分量。图 7-4(c)中曲线 1、2、3 分布代表三个矩形磁动势波的三个基波磁动势分量，它们振幅相等，空间相差 20°电角度，将三个正弦波曲线相加，得到线圈组的磁动势基波如曲线 4，其振幅为 F_{q1}。其他谐波分量也可用相同的方法求得各次谐波的磁动势之和，振幅为 $F_{q\upsilon}$。

在数学分析上，正弦分布波可用空间矢量来表示❶，矢量的长度表示振幅，图 7-4(c)中三个线圈的基波磁动势，分别是三个大小相等、彼此相差 20°电角度的空间矢量，按矢量相加，其合成磁动势基波即为这三个线圈矢量的矢量和，如图 7-4(d)所示。这个矢量和比各线圈的代数和小。以上分析与第六章线圈组基波电动势的合成相似，因此同样可以引入分布因数 K_{d1} 以计及线圈分布的影响。故线圈组磁动势的基波振幅为

$$F_{q1}=qF_{c1}K_{d1}=0.9qN_cK_{d1}I_c \tag{7-2}$$

式中　qN_c——每线圈组的匝数；

K_{d1}——**磁动势的基波分布因数，计算公式与电动势的基波分布因数公式相同**，见式(6-18)。

同理，线圈组磁动势的 υ 次谐波振幅为

$$F_{q\upsilon}=qF_{c\upsilon}K_{d\upsilon}=\frac{0.9}{\upsilon}qN_cK_{d\upsilon}I_c \tag{7-3}$$

式中　$K_{d\upsilon}$——磁动势的 υ 次谐波分布因数，计算公式与电动势的 υ 次谐波分布因数公式相同，见式 (6-25)。

2. 短距分布绕组的磁动势

双层绕组每对极有两个线圈组，将两个线圈组产生的磁动势叠加起来，便得到双层绕组的磁动势。双层绕组通常是短距绕组，从产生磁场的观点来看，磁动势既决定于槽内导体电流的大小和方向，又与槽内有效圈边的分布和匝数有关，而与圈边的连接次序无关。图7-5

❶　本书按国标对随时间按正弦规律交变的量称为**时间相量**，简称相量，如电流相量，电压相量等；对在空间按正弦分布的量称为**空间矢量**，简称矢量，如交流电机中的磁动势矢量。

(a) 所示的是双层短距绕组的实际接法，$q=2$，$y=\frac{5}{6}\tau$。为了分析方便，图 7-5 (b) 为等效的上下层整距绕组。仿效单层整距绕组分析方法，分别求出这两个单层整距分布绕组的磁动势，其基波分量如图 7-5 (c) 中曲线 1、2，这两个磁动势的幅值相等，空间相差 β 电角度，此 β 角正好等于短距绕组的短距角，将这两条曲线逐点相加，可得到合成曲线 3。同样可以用磁动势矢量来求基波合成磁动势，如图 7-5 (d) 所示。与交流绕组的电动势分析方法相似，双层短距分布绕组的基波磁动势比双层整距时小 $\cos\frac{\beta}{2}$ 倍，此倍数就是基波节距因数 K_{p1}，双层绕组磁动势的基波振幅为

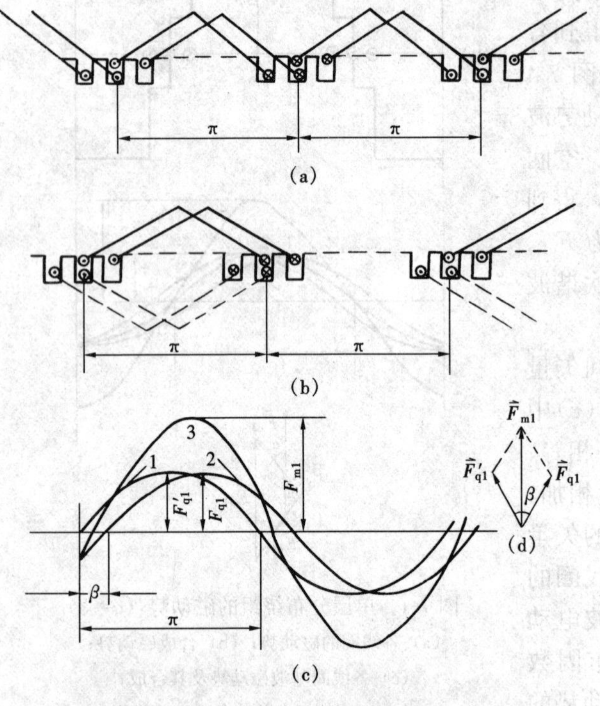

图 7-5　双层短距绕组基波磁动势 ($q=2$)

(a) 双层短距绕组的实际连接；(b) 等效上、下层整距绕组；(c) 上、下层基波磁动势及其合成；(d) 用矢量求基波合成磁动势

$$
\begin{aligned}
F_{m1} &= 2F_{q1}K_{p1} \\
&= 0.9(2qN_c)K_{p1}K_{d1}I_c \\
&= 0.9(2qN_c)K_{N1}I_c
\end{aligned}
\tag{7-4}
$$

式中　$2qN_c$——双层绕组的每对极对应匝数；

K_{p1}——**磁动势的基波节距因数，计算公式与电动势的基波节距因数公式相同，**见式(6-14)；

K_{N1}——磁动势的基波绕组因数，$K_{N1}=K_{p1}K_{d1}$。

同理，磁动势的 v 次谐波振幅为

$$
\begin{aligned}
F_{mv} &= 2F_{qv}K_{pv} = 0.9(2qN_c)\frac{K_{pv}K_{dv}}{v}I_c \\
&= 0.9(2qN_c)\frac{K_{Nv}}{v}I_c
\end{aligned}
\tag{7-5}
$$

式中　K_{pv}——磁动势的 v 次谐波节距因数，计算公式与电动势的 v 次谐波节距因数公式相同，见式 (6-26)；

K_{Nv}——磁动势的 v 次谐波绕组因数，$K_{Nv}=K_{pv}K_{dv}$。

如取 S 为每槽导体数，对于单层绕组 $S=N_c$，对于双层绕组 $S=2N_c$，这样就可以将单层绕组和双层绕组磁动势公式的形式统一起来。每相绕组总的串联匝数 N 也可以统一写成

$$
N=\frac{Sqp}{a}
\tag{7-6}
$$

绕组的相电流 $I=aI_c$，这样**每对极磁动势**表示式可写成

$$
\begin{aligned}
f &= 0.9qSI_c\sin\omega t\left(K_{N1}\sin x+\frac{1}{3}K_{N3}\sin 3x+\frac{1}{5}K_{N5}\sin 5x+\cdots\right) \\
&= 0.9\frac{N}{p}I\sin\omega t\left(K_{N1}\sin x+\frac{1}{3}K_{N3}\sin 3x+\frac{1}{5}K_{N5}\sin 5x+\cdots\right)
\end{aligned}
$$

$$= F_{m1}\sin\omega t\sin x + F_{m3}\sin\omega t\sin 3x + F_{m5}\sin\omega t\sin 5x + \cdots \tag{7-7}$$

式中　F_{m1}——磁动势的基波振幅，$F_{m1}=0.9\dfrac{NK_{N1}}{p}I$；

F_{mv}——磁动势的 v 次谐波幅值，$F_{mv}=0.9\dfrac{NK_{Nv}}{vp}I, v=3,5,7,\cdots$。

三、单相绕组的磁动势

以上分析了一个线圈组的磁动势，对于一对极的电机，一相绕组就只有一个线圈组，线圈组的磁动势也就是相绕组的磁动势。如图 7-6（a）所示，对于多对极的电机，每对极有一个线圈组，$p=2$，各对磁极分别有各自的磁路，磁动势的空间分布规律和随时间的变化规律与线圈组的求法一样，见式（7-7）。相绕组的磁动势是指一相绕组通过电流后产生的处于各对磁极下**不同空间**的所有磁动势，如图 7-6（b）所示。

这与相电动势求法不同，电动势是时间相量，相电动势是将各线圈组电动势按线圈组的接线方式（串联或并联）相加而成，而磁动势则不然，它是空间矢量，若将不同空间的各对磁极的磁动势合并起来是没有意义的。图 7-6（a）所示的四极电机，无论 a_1-x_1 和 a_2-x_2 在电路上是串联或并联，通以电流后总是形成 4 极磁场，由于它们匝数相同，电流相同，使得各对极磁动势分布完全相同，仅空间相距 360°电角度，如图 7-6（b）所示。

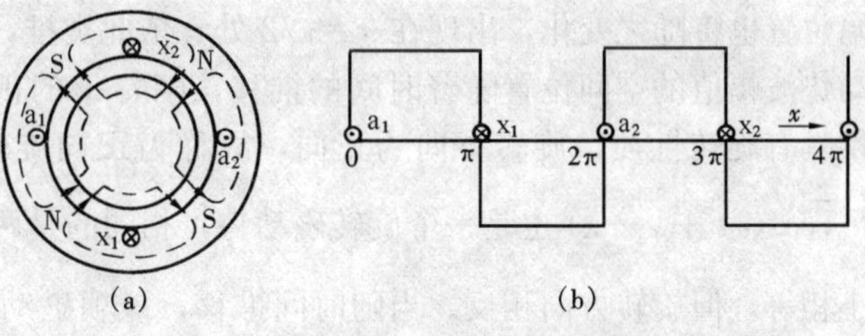

图 7-6　4 极整距元件的磁动势

（a）磁场；（b）磁动势分布波

综上所述，单相绕组流入交流电流产生脉动磁动势，该磁动势有以下特性：

（1）单相分布绕组的磁动势呈阶梯形分布，磁动势波的幅值大小随时间按正弦规律变化，**但磁动势波的节点和振幅所在位置不变**。

（2）磁动势的基波分量是磁动势的主要成分，谐波次数越高，幅值越小。绕组分布和适当短距有利于改善磁动势的波形。

（3）基波和各次谐波有相同的脉动频率，都决定于电流的频率。

（4）绕组的极对数与基波的极对数相同为 p，v 次谐波的极对数 $p_v=vp$。如基波的极距为 τ，则 v 次谐波的极距 $\tau_v=\dfrac{\tau}{v}$。

（5）**单相绕组流入交流电流形成脉动磁动势**，其基波磁动势的数学表达式为

$$f_1 = F_{m1}\sin\omega t\sin x \tag{7-8}$$

式中　F_{m1}——单相基波磁动势幅值，$F_{m1}=0.9\dfrac{NK_{N1}}{p}I$。

总之，从物理上看，**脉动磁动势属于驻波，它的轴线在空间固定不动，但振幅不断地随电流的交变而在正负幅值间变化。**

第三节　对称三相电流流过对称三相绕组的基波磁动势

交流电机大多数为三相电机，以上分析了单相绕组的磁动势，三个单相绕组所产生的磁

动势波逐点相加，就可得到三相绕组的合成磁动势。本节用分析法研究对称三相电流流过对称三相绕组时所产生的合成磁动势，讨论其基波磁动势的性质和特点。

一、脉动磁动势分解成两个旋转磁动势

单相绕组流过交流电产生如图 7-7(a)所示脉动磁动势，数学表达式见式(7-8)，依据三角函数变换可分解成

$$f_1 = F_{m1}\sin\omega t\sin x = \frac{1}{2}F_{m1}\cos(\omega t - x) + \frac{1}{2}F_{m1}\cos(\omega t + x - \pi) \tag{7-9}$$

可见由式(7-9)单相脉动磁动势可分解成两项，等式右边第一项是 $\frac{1}{2}F_{m1}\cos(\omega t - x)$。该项磁动势波在空间按正弦规律分布，振幅等于 $\frac{1}{2}F_{m1}$，且保持不变，振幅所在位置出现在 $\omega t - x = 0$ 处。例如，当 $\omega t = 0$ 时，振幅位置出现在 $x = 0$ 处，随时间的推移；当 $\omega t = \pi/2$ 时，振幅位置也将随之变化，出现在 $x = \pi/2$ 处，依此类推，如图 7-7(b)所示。由此可见，该项磁动势波幅值的空间位置随着时间的推移，朝着 x 的正方向有规则的移动，表示该磁动势分量具有旋转性质，旋转方向为正向，故称为**正向旋转磁动势**。同理，式(7-9)的第二项 $\frac{1}{2}F_{m1}\cos(\omega t + x - \pi)$ 也是一个旋转磁动势，相同的是两者振幅均为 $\frac{1}{2}F_{m1}$，它们的旋转速度大小相等，但旋转方向相反。当随时间推移，该项磁动势的空间位置朝着 $-x$ 的方向移动，故称**负向旋转磁动势**，如图 7-7(c)所示。

随时间按正弦规律变化的物理量，如交流电压、电流，可以在选定的时间参考轴上用时

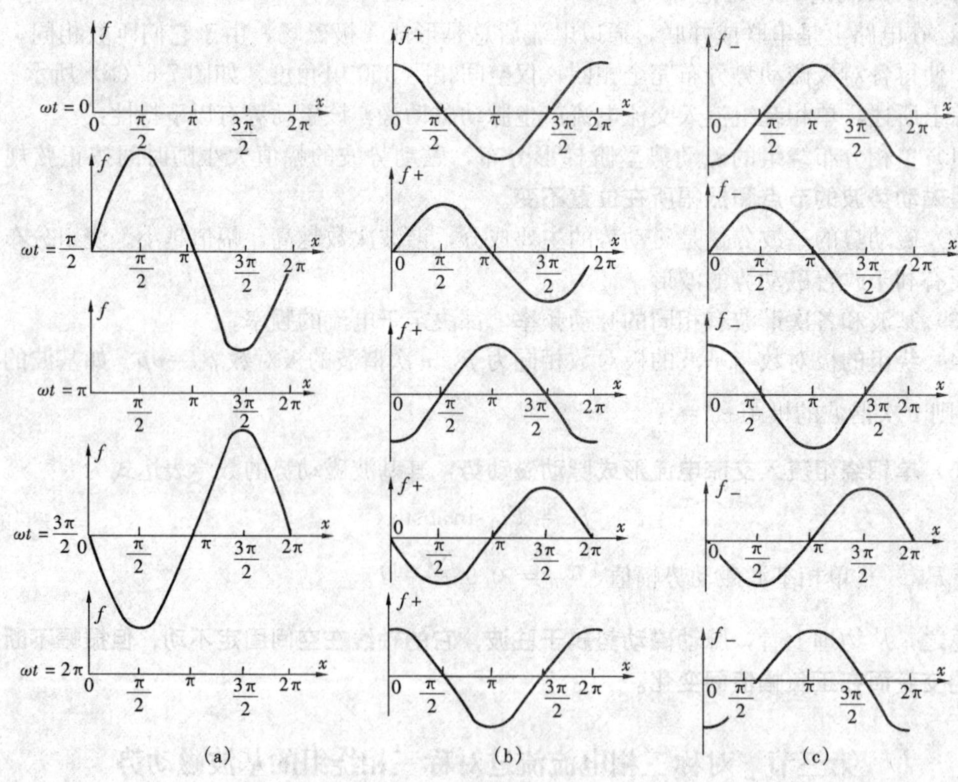

图 7-7　单相脉动磁动势分布波的分解

(a) 脉动磁动势波；(b) 正向旋转磁动势波；(c) 负向旋转磁动势波

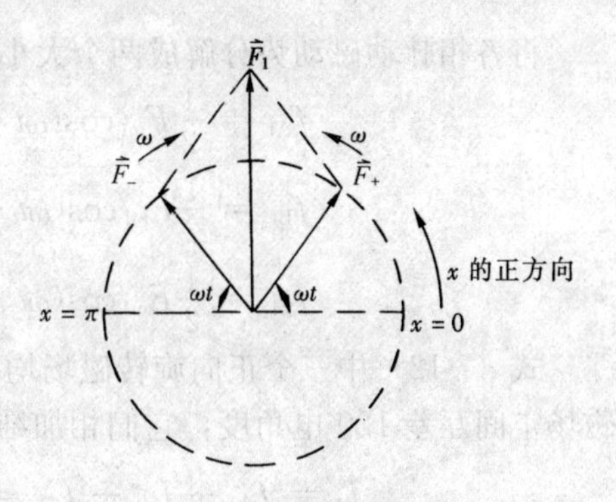

图 7-8　脉动磁动势的分解（用空间矢量表示）

间相量来表示，相量的大小表示其有效值。同理，在空间按正弦规律分布的磁动势，也可以在选定的空间参考轴上用空间矢量来表示，由于磁动势取有效值无物理意义，矢量的大小表示磁动势的振幅。据此将式（7-9）中的 $\frac{1}{2}F_{m1}\cos(\omega t - x)$ 和 $\frac{1}{2}F_{m1}\cos(\omega t + x - \pi)$ 分别用空间矢量 $\vec{F}_+$ 和 $\vec{F}_-$ 表示，脉振磁动势 $F_{m1}\sin\omega t\sin x$ 为它们的矢量和，用 $\vec{F}$ 来表示，如图 7-8 所示。当 $t=0$ 时，$\vec{F}_+$ 位于 $x=0$ 处，为坐标原点，$\vec{F}_-$ 位于 $x=\pi$，两者恰相反，因此 $\vec{F}_1 = \vec{F}_+ + \vec{F}_- = 0$，即该瞬间脉动磁动势为零。又如 $\omega t = \frac{\pi}{2}$ 时，$\vec{F}_+$、$\vec{F}_-$ 同时旋转到 $\frac{\pi}{2}$ 处合成磁动势 $\vec{F}$ 最大，该瞬间脉动磁动势的振幅为 F_{m1}。由图 7-8 可见，矢量 $\vec{F}_+$ 和 $\vec{F}_-$ 振幅相同，以相同角速度 ω 向相反方向旋转，其合成磁动势 $\vec{F}_1$ 不论在任何瞬间，空间位置总在该绕组的轴线处，故称绕组的轴线为**磁轴**或**相轴**。

以上分析清楚地表明了**一个在空间正弦分布随时间按正弦规律变化的脉动磁动势，可以分解为两个旋转磁动势分量，每个旋转磁动势的振幅均为脉动磁动势振幅的一半，它们的旋转速度相同，但旋转方向相反，称为正向和负向旋转磁动势。**

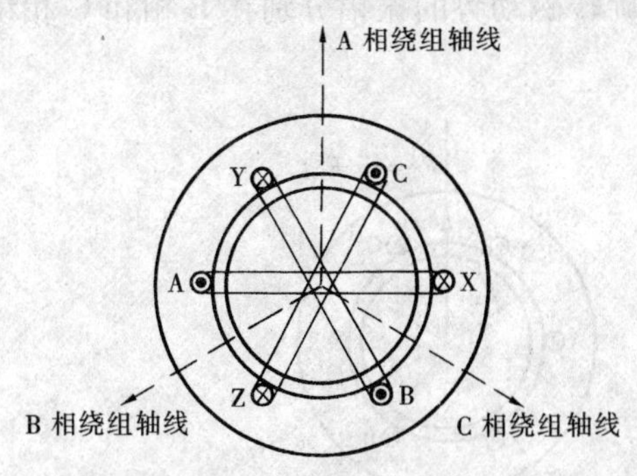

图 7-9　三相绕组示意图

二、三相对称绕组流过三相对称电流的基波磁动势

三相对称绕组是指三相绕组构成的跨距、匝数等相同，它们在空间依次相差 120°电角度，因此各相的磁轴在空间也相差 120°电角度。图 7-9 表示一台三相绕组示意图，由集中绕组代替实际绕组，相序为 A－B－C，各相绕组流过各相电流，均将产生一作用在各自磁轴上的脉动磁动势。

三相电流对称是指电流最大值相同，时间相位互相差 120°，即

$$\left.\begin{aligned} i_A &= \sqrt{2}I\sin\omega t \\ i_B &= \sqrt{2}I\sin(\omega t - 120°) \\ i_C &= \sqrt{2}I\sin(\omega t + 120°) \end{aligned}\right\} \tag{7-10}$$

这样，各相绕组脉动磁动势的表示式为

$$\left.\begin{aligned} f_{A1} &= F_{m1}\sin\omega t\sin x \\ f_{B1} &= F_{m1}\sin(\omega t - 120°)\sin(x - 120°) \\ f_{C1} &= F_{m1}\sin(\omega t + 120°)\sin(x + 120°) \end{aligned}\right\} \tag{7-11}$$

将各相脉动磁动势分解成两个大小相等、方向相反的旋转磁动势，即

$$\left.\begin{aligned} f_{A1} &= \frac{1}{2}F_{m1}\cos(\omega t - x) - \frac{1}{2}F_{m1}\cos(\omega t + x) \\ f_{B1} &= \frac{1}{2}F_{m1}\cos(\omega t - x) - \frac{1}{2}F_{m1}\cos(\omega t + x + 120^\circ) \\ f_{C1} &= \frac{1}{2}F_{m1}\cos(\omega t - x) - \frac{1}{2}F_{m1}\cos(\omega t + x - 120^\circ) \end{aligned}\right\} \tag{7-12}$$

式（7-12）中三个正向旋转磁场均相同，求合成磁动势时可直接相加。而三个负向旋转磁场空间互差 120°电角度，它们相加结果为零。因此，三相绕组合成磁动势的基波为

$$f_1 = f_{A1} + f_{B1} + f_{C1} = \frac{3}{2}F_{m1}\cos(\omega t - x) = F_1\cos(\omega t - x) \tag{7-13}$$

式中　F_1——三相基波磁动势幅值，$F_1 = \frac{3}{2}F_{m1} = 1.35\frac{NK_{N1}}{p}I$。

由此可以得出结论：当三相对称电流流过对称三相绕组时，其合成磁动势为一**圆形旋转磁动势**。该旋转磁动势在以下几方面的特性为：

（1）**极数**。基波旋转磁动势的极数与绕组的极数相同。

（2）**振幅**。三相合成磁动势的振幅是一个常数，为每相脉动磁动势振幅的 3/2 倍。

（3）**幅值的位置**。三相合成磁动势的振幅位置随时间而变化，出现在 $\omega t - x = 0$ 处，即 $x = \omega t$。基波旋转磁动势在空间位置上移动的电角度恰好等于电流在时间上变化的电角度。当哪一相电流达到最大值，合成磁动势的振幅就恰好移至该相轴线处。例如，如图 7-10（a）所示，当 $\omega t = 90°$时，A 相电流达到最大，此时旋转磁动势的振幅恰在 $x = 90°$处，该处恰好是 A 相绕组的磁轴；同样，$\omega t = 210°$和 $\omega t = 330°$时旋转磁动势的振幅分别在 B 相和 C 相绕组的磁轴上，如图7-10(b)、(c)、(d)所示。

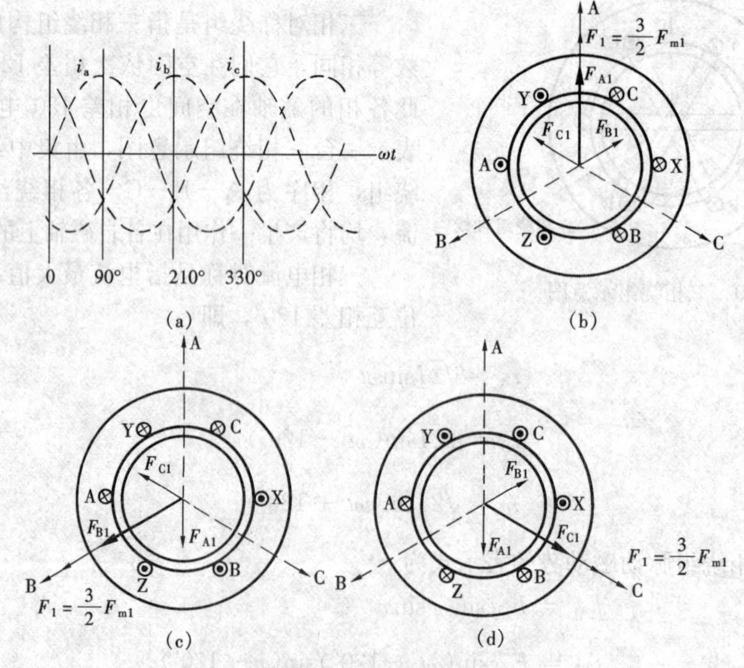

图 7-10　三相绕组的旋转磁场（$p=1$）

（a）三相对称电流的瞬态波形图；（b）$\omega t = 90°$；（c）$\omega t = 210°$；（d）$\omega t = 330°$

（4）**转速**。合成磁动势的旋转速度是一个常数。

角速度 $\frac{dx}{dt}=\omega=2\pi f$（rad/s）。

旋转速度取决于交流电流的角频率和电机极对数。如用转速表示

$$n_1=\frac{\omega}{2\pi p}=\frac{f}{p}\quad (\text{r/s})$$

或

$$n_1=\frac{60f}{p}\quad (\text{r/min}) \tag{7-14}$$

式中　n_1——**同步转速，即为合成旋转磁动势的基波转速。**

（5）**旋转方向**。式（7-13）所示的旋转磁动势的旋转方向顺着 x 增加的方向，即由 A 相转向 B 相再转向 C 相。如更换流入绕组电流的相序，即

$$\left.\begin{aligned}i_a&=\sqrt{2}I\sin\omega t\\ i_b&=\sqrt{2}I\sin(\omega t+120^\circ)\\ i_c&=\sqrt{2}I\sin(\omega t-120^\circ)\end{aligned}\right\} \tag{7-15}$$

用同样的方法推导，得到合成磁动势的表达式为

$$f_1=\frac{3}{2}F_{m1}\cos(\omega t+x) \tag{7-16}$$

此式也表示旋转磁动势，与式（7-13）相比，其旋转方向相反，由 A 相转向 C 相，再转向 B 相。由此可见，旋转磁动势的旋转方向与电流相序有关，总是**由超前电流的相转向滞后电流的相，改变旋转磁动势的方向，只需改变流入相电流的相序。**

第四节　不对称三相电流流过对称三相绕组的基波磁动势

三相绕组流过三相不对称电流产生的合成磁动势，同样可以参照上节的分析方法，将各相的脉动磁动势分解成两个方向相反的旋转磁动势，然后叠加起来。由于三相电流不对称（三相电流幅值不相等或三相电流时间相量不是互差 120°），因此三个负序旋转磁动势之和不等于零，于是在基波合成磁动势中，正向和负向旋转磁动势同时存在。这与上节的旋转磁场有明显的不同。

分析不对称运行可以用**对称分量法**，将不对称的三相系统分解为三个对称的三相系统，即正序系统、负序系统和零序系统。设 I_+ 为各相正序电流的有效值，I_- 为各相负序电流的有效值，I_0 为各相零序电流的有效值，则

$$\left.\begin{aligned}i_A&=\sqrt{2}I_+\sin(\omega t+\theta_+)+\sqrt{2}I_-\sin(\omega t+\theta_-)\\&\quad+\sqrt{2}I_0\sin(\omega t+\theta_0)\\ i_B&=\sqrt{2}I_+\sin(\omega t+\theta_+-120^\circ)+\sqrt{2}I_-\sin(\omega t+\theta_-+120^\circ)\\&\quad+\sqrt{2}I_0\sin(\omega t+\theta_0)\\ i_C&=\sqrt{2}I_+\sin(\omega t+\theta_++120^\circ)+\sqrt{2}I_-\sin(\omega t+\theta_--120^\circ)\\&\quad+\sqrt{2}I_0\sin(\omega t+\theta_0)\end{aligned}\right\} \tag{7-17}$$

式中　θ_+、θ_-、θ_0——正序、负序、零序电流的初相角。

当三相正序电流流过三相绕组，产生**正向旋转磁动势**，亦称正序旋转磁动势，其合成基波磁动势

$$f_{+}=\frac{3}{2}F_{1+}\cos(\omega t+\theta_{+}-x)=F_{+}\cos(\omega t+\theta_{+}-x) \tag{7-18}$$

式中 F_{+}——三相正序磁动势幅值，$F_{+}=\frac{3}{2}F_{1+}=1.35\frac{NK_{N1}}{P}I_{+}$。

当三相负序电流流过三相绕组，产生负向旋转磁动势，亦称负序旋转磁动势，其合成基波磁动势

$$f_{-}=\frac{3}{2}F_{1-}\cos(\omega t+\theta_{-}+x)=F_{-}\cos(\omega t+\theta_{-}+x) \tag{7-19}$$

式中 F_{-}——三相负序磁动势幅值，$F_{-}=\frac{3}{2}F_{1-}=1.35\frac{NK_{N1}}{P}I_{-}$。

当三相绕组为星形连接时，各相零序电流为零，故不存在零序磁动势。当三相绕组为三角形连接时，各相零序电流同相位，由零序电流产生的各相零序磁动势在空间相差120°电角度，故零序合成磁动势为零。

三相绕组流入三相不对称电流气隙中的合成磁动势为上述两个旋转磁动势之和，即

$$f_{1}=f_{1+}+f_{1-}=\frac{3}{2}F_{1+}\cos(\omega t+\theta_{+}-x)+\frac{3}{2}F_{1-}\cos(\omega t+\theta_{-}+x) \tag{7-20}$$

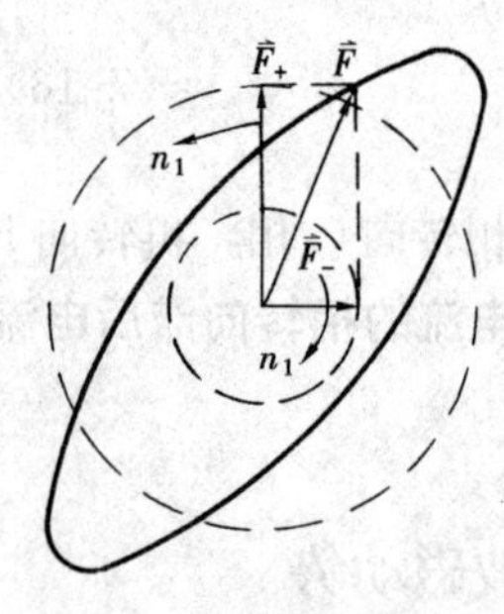

图7-11 不对称电流产生的椭圆形旋转磁动势

f_{1+}和f_{1-}是两个旋转磁动势，其旋转速度的大小相同，但旋转方向相反，且幅值大小不等，这两个旋转磁动势可用两个旋转矢量$\vec{F}_{+}$和$\vec{F}_{-}$表示，合成磁动势为这两个旋转矢量和，即

$$\vec{F}_{1}=\vec{F}_{+}+\vec{F}_{-} \tag{7-21}$$

由图7-11可见，合成旋转矢量$\vec{F}$端点轨迹为一椭圆，称此种磁动势为**椭圆形旋转磁动势**。用数学式表示，设$\vec{F}$的横坐标为u，$\vec{F}$的纵坐标为v，初相角θ_{+}和θ_{-}为零，则

$$\left.\begin{aligned}u&=F_{+}\cos\omega t+F_{-}\cos\omega t=(F_{+}+F_{-})\cos\omega t\\ v&=F_{+}\sin\omega t-F_{-}\sin\omega t=(F_{+}-F_{-})\sin\omega t\end{aligned}\right\} \tag{7-22}$$

经整理可得椭圆方程

$$\frac{u^{2}}{(F_{+}+F_{-})^{2}}+\frac{v^{2}}{(F_{+}-F_{-})^{2}}=1 \tag{7-23}$$

椭圆形旋转磁场在以下方面的特点：

(1) **振幅**。椭圆形旋转磁场的振幅为

$$F=\sqrt{u^{2}+v^{2}}=\sqrt{F_{+}^{2}+F_{-}^{2}+2F_{+}F_{-}\cos2\omega t} \tag{7-24}$$

由此可见，其振幅不是一个常数，随时间而变化，最大幅值为$F_{+}+F_{-}$，即椭圆的**长轴**，而最小幅值为$F_{+}-F_{-}$，即椭圆的**短轴**。

(2) **转速**。设合成磁动势F与横坐标之间的空间相位角为x，则

$$\tan x=\frac{v}{u}=\frac{F_{+}-F_{-}}{F_{+}+F_{-}}\tan\omega t$$

$$x=\tan^{-1}\left(\frac{F_{+}-F_{-}}{F_{+}+F_{-}}\tan\omega t\right) \tag{7-25}$$

转速
$$\frac{dx}{dt}=\omega\frac{F_+^2-F_-^2}{F^2}$$

由此可见，合成磁动势的转速与F^2成反比，它不是一个常数，当幅值最大时转速**最慢**，反之幅值最小时转速**最快**，其平均电角速度仍为ω。

分析椭圆形旋转磁动势的特点，正向旋转磁动势F_+和负向旋转磁动势F_-是两个重要参数。如F_+或F_-中任一个为零，则旋转磁动势的幅值为常数，转速也是常数，合成磁动势$\dot{F}$端点轨迹为一个圆，这就是圆形旋转磁场。若$F_+=F_-$，则振幅随时间按正弦规律变化，转速为零，即为脉动磁动势。由此可见，**椭圆形旋转磁动势是气隙磁动势的最普遍情况，而圆形旋转磁动势和脉动磁动势只是它的两个特例。**

*第五节　三相绕组磁动势的空间谐波分量和时间谐波分量

一、磁动势的空间谐波分量

一相绕组流入正弦交流电流会产生脉动的阶梯波磁动势，按傅里叶级数分解成基波分量和各奇次谐波，如式（7-7）所示。以上分析的三相绕组合成磁动势仅考虑基波分量，本节将讨论对称三相电流流过对称三相绕组所产生磁动势中的各次**空间谐波**的特性。

三相磁动势分解成基波分量和各奇次谐波分量为

$$\left.\begin{aligned}f_A=&F_{m1}\sin\omega t\sin x+F_{m3}\sin\omega t\sin 3x+F_{m5}\sin\omega t\sin 5x\\&+F_{m7}\sin\omega t\sin 7x+\cdots\\f_B=&F_{m1}\sin(\omega t-120^\circ)\sin(x-120^\circ)+F_{m3}\sin(\omega t-120^\circ)\\&\sin 3(x-120^\circ)+F_{m5}\sin(\omega t-120^\circ)\sin 5(x-120^\circ)\\&+F_{m7}\sin(\omega t-120^\circ)\sin 7(x-120^\circ)+\cdots\\f_C=&F_{m1}\sin(\omega t+120^\circ)\sin(x+120^\circ)+F_{m3}\sin(\omega t+120^\circ)\\&\sin 3(x+120^\circ)+F_{m5}\sin(\omega t+120^\circ)\sin 5(x+120^\circ)\\&+F_{m7}\sin(\omega t+120^\circ)\sin 7(x+120^\circ)+\cdots\end{aligned}\right\}\quad(7\text{-}26)$$

式中　F_{m1}——一相绕组基波磁动势的幅值，$F_{m1}=0.9\dfrac{NK_{N1}}{p}I$；

F_{m3}——一相绕组3次谐波磁动势的幅值，$F_{m3}=0.9\dfrac{NK_{N3}}{3p}I$；

F_{m5}——一相绕组5次谐波磁动势的幅值，$F_{m5}=0.9\dfrac{NK_{N5}}{5p}I$；

F_{m7}——一相绕组7次谐波磁动势的幅值，$F_{m7}=0.9\dfrac{NK_{N7}}{7p}I$。

类推，F_{mv}为一相绕组v次谐波磁动势的幅值，$F_{mv}=0.9\dfrac{NK_{Nv}}{vp}I$。可见谐波磁动势幅值与谐波次数$v$及绕组因数$K_{Nv}$有关。

将式（7-26）三相磁动势中，次数相同的各次谐波逐次合成，可得

$$\begin{aligned}f=f_A+f_B+f_C=&\frac{3}{2}F_{m1}\cos(\omega t-x)\\&-\frac{3}{2}F_{m5}\cos(\omega t+5x)+\frac{3}{2}F_{m7}\cos(\omega t-7x)+\cdots\end{aligned}\quad(7\text{-}27)$$

其中，合成的基波分量为正向旋转磁动势。

3 次谐波合成磁动势为零。这是因为三个相的 3 次谐波磁动势空间位置是相同的，而三相电流在时间上互差 120°，它们随时间脉动有交错，正好相差 120°，互相抵消了。依此类推，3 的倍数次谐波，如 9 次，15 次，21 次，…等，合成磁动势均为零。

5 次谐波合成磁动势为负向旋转磁动势。这是由于

$$
\begin{aligned}
f_5 &= f_{A5} + f_{B5} + f_{C5} \\
&= \frac{1}{2}F_{m5}\cos(\omega t - 5x) - \frac{1}{2}F_{m5}\cos(\omega t + 5x) \\
&\quad + \frac{1}{2}F_{m5}\cos(\omega t - 120° - 5x + 5\times 120°) - \frac{1}{2}F_{m5}\cos(\omega t - 120° + 5x - 5\times 120°) \\
&\quad + \frac{1}{2}F_{m5}\cos(\omega t + 120° - 5x - 5\times 120°) - \frac{1}{2}F_{m5}\cos(\omega t + 120° + 5x + 5\times 120°) \\
&= -\frac{3}{2}F_{m5}\cos(\omega t + 5x)
\end{aligned}
$$

其旋转速度为 $\frac{dx}{dt} = -\frac{\omega}{5}$，　　即　　$n_5 = -\frac{n_1}{5}$

可见，**三相合成的 5 次谐波磁动势是一个旋转方向相反的负向旋转磁动势**，转速大小为基波分量的$\frac{1}{5}$。推及得 $v = 6k-1(k=1,2,3,\cdots)$，如 $v=5,11,17,\cdots$ 等的各次三相空间谐波磁动势均为一个转向与基波相反的负向旋转磁动势。

用同样的方法推导，**三相合成的 7 次谐波磁动势及** $v = 6k+1(k=1,2,3,\cdots)$，如 $v=7,13,19,\cdots$ 等的各次三相空间谐波**均为正向旋转磁动势**，其旋转方向均与基波分量旋转方向相同。

对于定子三相绕组产生的空间磁场，由于其 v 次空间谐波的极对数为基波极对数的 v 倍，而各次空间谐波的变化率与基波的相同，取决于交流电流的频率 f，这样 v 次谐波的旋转速度仅为基波的$\frac{1}{v}$，即

$$
\left.\begin{aligned}
p_v &= vp \\
n_v &= \frac{60f}{p_v} = \frac{60f}{vp} = \frac{n_1}{v}
\end{aligned}\right\} \tag{7-28}
$$

故

$$
f_v = \frac{3}{2}F_{mv}\cos(\omega t \pm vx),\quad \left.\begin{aligned} v &= 6k-1 \text{ 取}"+" \\ v &= 6k+1 \text{ 取}"-" \end{aligned}\right\} \tag{7-29}
$$

以上利用傅里叶级数将磁动势波分解为基波和各次谐波，分别讨论了谐波合成磁动势的幅值、旋转方向和旋转速度，气隙磁动势应由这些磁动势叠加而成。其中基波磁动势是主要的，但是高次谐波，特别是次数较低的 5 次、7 次谐波磁动势的影响也不能忽略，应与削弱谐波电动势一样，采用适当的短距和分布绕组等措施来削弱空间谐波磁动势，改善磁动势的波形。

注意，此处谐波磁场转速与第六章第四节中的不同。第六章第四节中气隙磁场是同步电机磁极产生的，所以谐波磁场与基波磁场随转子以同一速度旋转；而此处谐波磁场是由定子绕组交流电流产生的阶梯波磁动势而造成的，因此各次空间谐波的变化率与基波相同，均为 f，所以才得到式（7-28）。

二、磁动势的时间谐波分量

以上讨论的绕组电流均为正弦电流，若电流是非正弦波形（如由电力半导体变流装置供

电)，则可用傅里叶级数将它分解为基波和一系列谐波电流。本节将讨论随时间变化的谐波电流所产生的谐波磁动势，称为**时间谐波磁动势**。

设三相非正弦电流只有奇次谐波，且三相对称，则

$$\left.\begin{aligned}
i_A &= \sqrt{2}I_1\sin\omega t+\sqrt{2}I_3\sin(3\omega t+\alpha_3)+\sqrt{2}I_5\sin(5\omega t+\alpha_5)+\sqrt{2}I_7\sin(7\omega t+\alpha_7)+\cdots\\
i_B &= \sqrt{2}I_1\sin(\omega t-120^\circ)+\sqrt{2}I_3\sin3(\omega t-120^\circ+\alpha_3)\\
&\quad+\sqrt{2}I_5\sin5(\omega t-120^\circ+\alpha_5)+\sqrt{2}I_7\sin7(\omega t-120^\circ+\alpha_7)+\cdots\\
i_C &= \sqrt{2}I_1\sin(\omega t+120^\circ)+\sqrt{2}I_3\sin3(\omega t+120^\circ+\alpha_3)\\
&\quad+\sqrt{2}I_5\sin5(\omega t+120^\circ+\alpha_5)+\sqrt{2}I_7\sin7(\omega t+120^\circ+\alpha_7)+\cdots
\end{aligned}\right\} \tag{7-30}$$

当三相非正弦电流流入三相对称绕组，且不计绕组的空间谐波分量，μ 次谐波电流产生的三相合成磁动势为

$$f_\mu=\frac{3}{2}F_\mu\cos(\mu\omega t\pm x),\quad \left.\begin{aligned}\mu&=6k-1\text{ 取“}+\text{”}\\ \mu&=6k+1\text{ 取“}-\text{”}\end{aligned}\right\} \tag{7-31}$$

若同时计及绕组空间谐波分量，μ 次谐波电流产生的三相合成磁动势为

$$f_{\mu v}=\frac{3}{2}F_{\mu v}\cos(\mu\omega t\pm vx) \tag{7-32}$$

当前出现了不少电力半导体变流装置供电电源，电流的谐波分量很难避免，谐波磁动势对电机的运行将产生多方面的不良影响。例如，变频器供电的交流电动机，由此产生多次时间谐波电压和谐波电流，增加了铁芯损耗和铜损耗，效率和功率因数降低，温升升高，同时加大振动和噪声，冲击电压还对电机的绝缘造成危害，为此须采取措施进行谐波治理。人们对此极为关注。

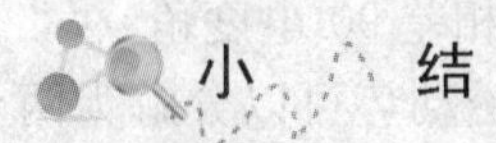

小　结

电机绕组磁动势的性质、大小和波形是研究交流电机工作原理和特性的基础。

单相绕组流入正弦交流电流，产生脉动磁动势，磁动势的幅值大小随时间按正弦规律变化，而幅值在空间的位置固定不变，脉动的频率取决于电流的频率。一个脉动磁动势可以分解成两个旋转磁动势，这两个圆形旋转磁动势振幅大小相等，为脉动磁动势幅值的一半，旋转速度大小相同，但方向相反。

三相对称绕组流入三相对称电流，产生的基波合成磁动势是一个圆形旋转磁动势，其幅值不变，为一相脉动磁动势幅值的$\frac{3}{2}$倍，旋转速度为 $n_1=\frac{60f}{p}$，旋转方向从超前电流相转向滞后相。

三相对称绕组流入三相不对称电流，三相不对称电流用对称分量法进行分析，正序电流产生正序圆形旋转磁动势 $\vec{F}_+$，负序电流产生负序圆形旋转磁动势 $\vec{F}_-$，合成气隙磁动势为一椭圆形旋转磁动势 $\vec{F}$。当 $\vec{F}_+=\vec{F}_-$，为脉动磁动势；当 $\vec{F}_+$ 或 $\vec{F}_-$ 为零时，为圆形旋转磁动

势。因此椭圆形旋转磁动势是气隙磁动势的普遍形式。

磁动势的空间分布除了有基波分量还有谐波分量，这是由于绕组的空间分布等原因造成的，可用傅里叶级数方法进行分析。尽管一般情况谐波磁动势的幅值比基波的小得多，但是它对电机运行性能有一定的影响，以后有关章节将作进一步讨论。

磁动势和电动势同是交流绕组中发生的电磁现象，因此它们与绕组的构成方式关系密切，如绕组的分布和短距同样会影响它们的大小和波形，绕组因数的计算公式在它们的数值计算中也是相同的。但是磁动势与电动势的本质是不同的，各有其特点，**电动势是时间相量**，绕组中的电动势随时间按正弦规律变化，其大小与相位可用时间相量来表示，同一相线圈的电动势相加形成相电动势；而**磁动势是空间矢量**，绕组流过交流电流在气隙空间产生磁动势，其基波分量（或谐波分量）可用空间矢量来表示，故**它既是时间函数又是空间函数**，各相绕组的磁动势在气隙空间相互作用，形成一个合成磁动势。在电机内部磁动势与电动势又是相互关联的，以后结合各类电机再继续进行讨论。

思 考 题

7-1 为什么交流绕组的磁动势既是时间函数又是空间函数？

7-2 为什么分布因数和节距因数既可应用于电动势相加，又可应用于磁动势相加？

7-3 为什么说椭圆形旋转磁动势是气隙磁动势的普遍形式，什么情况下将简化成脉动磁动势？什么情况下将简化成圆形旋转磁动势？

7-4 试比较转子励磁产生的气隙磁场中的谐波磁动势与定子绕组产生的气隙磁场中的谐波磁动势的异同点（两种谐波磁动势与其基波磁动势的极对数、转速、转向等相比较）。

7-5 如不考虑谐波分量，在任一瞬间，脉动磁动势、圆形旋转磁动势、椭圆形旋转磁动势在空间分布是怎样的？能否仅观察一瞬间的情况就能区别出该磁动势的性质？

7-6 试证明，任一圆形旋转磁动势可以分解为两个振幅相等的脉动磁动势，它们在空间相差90°电度角，在时间相位上也相差90°电度角。

7-7 试证明，任一椭圆形旋转磁动势可以分解为两个振幅不相等的脉动磁动势，它们在空间相差90°电度角，在时间相位上也相差90°电度角。

7-8 三相交流绕组中的电流有高次谐波（如5次、7次谐波），试分析高次谐波所产生磁动势的转速和转向。该磁动势又将在交流绕组中感应电动势，该电动势的频率为多少？

7-9 如何改变三相电动机旋转磁动势的转向？

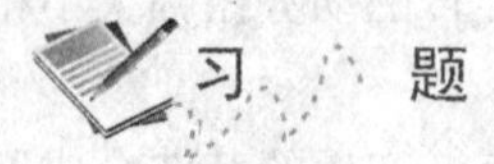

习 题

7-1 设有一对称三相双层绕组，极对数 $p=2$，槽数 $Z=36$，每极每相槽数 $q=3$，每线圈匝数 $N_c=40$匝，线圈跨距 $y=\frac{7}{9}\tau$，每相的各线圈均为串联连接。若流入一频率 $f=50\text{Hz}$，有效值 $I=10\text{A}$ 的电流。试求合成磁动势中的基波、5次和7次谐波分量的振幅和转速。

解 槽距角为

$$\alpha=\frac{360^\circ\times p}{Z}=\frac{360^\circ\times 2}{36}=20^\circ$$

短距角 $\beta = 2\alpha = 2 \times 20^\circ = 40^\circ$

每相串联匝数 $N = 2N_c p q = 2 \times 40 \times 2 \times 3 = 480$

基波绕组因数

$$K_{N1} = K_{p1} K_{d1} = \frac{\sin \frac{q\alpha}{2}}{q \sin \frac{\alpha}{2}} \cos \frac{\beta}{2} = \frac{\sin \frac{3 \times 20^\circ}{2}}{3 \sin \frac{20^\circ}{2}} \cos \frac{40^\circ}{2} = 0.902$$

基波磁动势幅值

$$\frac{3}{2} F_{1m} = \frac{3}{2} \times 0.9 \frac{N K_{N1}}{p} I = \frac{3}{2} \times 0.9 \times \frac{480 \times 0.902}{2} \times 10 = 2922(\text{A})$$

基波转速（同步转速）

$$n_1 = \frac{60 f}{p} = \frac{60 \times 50}{2} = 1500(\text{r/min})$$

5 次谐波绕组因数

$$K_{N5} = K_{p5} K_{d5} = \frac{\sin \frac{5q\alpha}{2}}{q \sin \frac{5\alpha}{2}} \cos \frac{5\beta}{2} = \frac{\sin \frac{5 \times 3 \times 20^\circ}{2}}{3 \sin \frac{5 \times 20^\circ}{2}} \cos \frac{5 \times 40^\circ}{2} = -0.038$$

5 次谐波磁动势振幅

$$\frac{3}{2} F_{5m} = \frac{3}{2} \times 0.9 \frac{N K_{N5}}{5p} I = \frac{3}{2} \times 0.9 \times \frac{480 \times 0.038}{5 \times 2} \times 10 = 24.6(\text{A})$$

5 次谐波转速

$$n_5 = \frac{1}{5} n_1 = \frac{1500}{5} = 300(\text{r/min})(\text{反向旋转})$$

7 次谐波绕组因数

$$K_{N7} = K_{p7} K_{d7} = \frac{\sin \frac{7q\alpha}{2}}{q \sin \frac{7\alpha}{2}} \cos \frac{7\beta}{2} = \frac{\sin \frac{7 \times 3 \times 20^\circ}{2}}{3 \sin \frac{7 \times 20^\circ}{2}} \cos \frac{7 \times 40^\circ}{2} = 0.1356$$

7 次谐波磁动势振幅

$$\frac{3}{2} F_{7m} = \frac{3}{2} \times 0.9 \frac{N K_{N7}}{7p} I = \frac{3}{2} \times 0.9 \times \frac{480 \times 0.1356}{7 \times 2} \times 10 = 62.76(\text{A})$$

7 次谐波转速

$$n_7 = \frac{1}{7} n_1 = \frac{1500}{7} = 214(\text{r/min})(\text{正向旋转})$$

7-2　设有一台 6 极三相电机，双层绕组，星形接法，$Z=54$，$y=7$ 槽，$N_c=10$ 匝，绕组中电流 $f=50\text{Hz}$，流入电流有效值 $I=16\text{A}$。试求：旋转磁动势的基波、5 次和 7 次谐波分量的振幅及转速、转向。

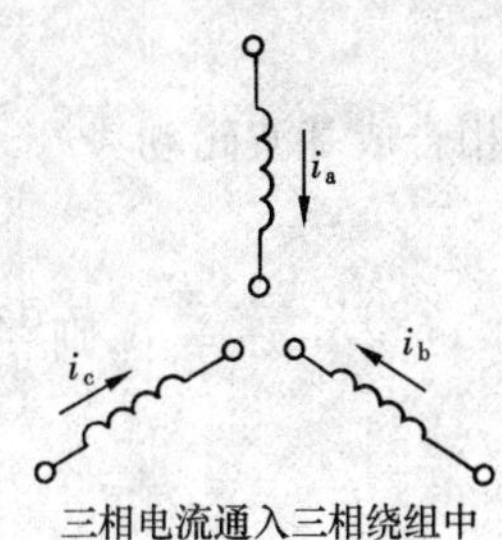

三相电流通入三相绕组中

图 7-12　习题 7-3 的图

7-3　设有一台 4 极三相交流电机，星形连接，绕组中 50Hz，定子绕组为双层对称绕组，$q=3$，$N_c=4$ 匝，线圈跨距 $y=7$ 槽。试问流入三相电流为下列各种情况时所产生的磁动势，求出磁动势的性质和基波振幅，三相电流通入三相绕组中，如图 7-12 所示：

(1) $$\left.\begin{aligned} i_a &= 100\sqrt{2}\sin\omega t \\ i_b &= 100\sqrt{2}\sin(\omega t - 120°) \\ i_c &= 100\sqrt{2}\sin(\omega t + 120°) \end{aligned}\right\}$$

(2) $$\left.\begin{aligned} i_a &= 100\sqrt{2}\sin\omega t \\ i_b &= 100\sqrt{2}\sin\omega t \\ i_c &= 100\sqrt{2}\sin\omega t \end{aligned}\right\}$$

(3) $$\left.\begin{aligned} i_a &= 100\sqrt{2}\sin\omega t \\ i_b &= -100\sqrt{2}\sin\omega t \\ i_c &= 0 \end{aligned}\right\}$$

(4) $$\left.\begin{aligned} i_a &= 100\sqrt{2}\sin\omega t \\ i_b &= -50\sqrt{2}\sin(\omega t - 60°) \\ i_c &= -86\sqrt{2}\sin(\omega t + 30°) \end{aligned}\right\}$$

7-4　设有一台两相交流电机，定子上有 a、b 两相对称绕组，通入两相对称电流。试求：

(1) 合成基波磁动势的表达式，说明其转速和转向；

(2) 合成 3 次谐波磁动势的表达式，说明其转速和转向。

解　(1) 流入 a、b 相绕组的两相对称电流为

$$\left.\begin{aligned} i_a &= \sqrt{2}I\sin\omega t \\ i_b &= \sqrt{2}I\sin(\omega t - 90°) \end{aligned}\right\}$$

设 a 相绕组轴线超前 b 相 90°电度角，则 a 相和 b 相基波磁动势分别为

$$\left.\begin{aligned} f_{a1} &= F_{m1}\sin\omega t\sin x \\ f_{b1} &= F_{m1}\sin(\omega t - 90°)\sin(x - 90°) \end{aligned}\right\}$$

将脉动磁动势分解为两个旋转磁动势

$$\left.\begin{aligned} f_{a1} &= \frac{1}{2}F_{m1}\cos(\omega t - x) - \frac{1}{2}F_{m1}\cos(\omega t + x) \\ f_{b1} &= \frac{1}{2}F_{m1}\cos(\omega t - x) - \frac{1}{2}F_{m1}\cos(\omega t + x - 180°) \end{aligned}\right\}$$

两相合成基波磁动势

$$f_1 = f_{a1} + f_{b1} = F_{m1}\cos(\omega t - x)$$

令 $\omega t - x = 0$，则$\frac{dx}{dt} = \omega = 2\pi f$。基波旋转磁动势转速为

$$n_1 = \frac{60f}{p}(\mathrm{r/min})$$

两相合成磁动势是一个圆形旋转磁动势，磁动势幅值等于一相脉动磁动势的幅值，旋转

方向是 a 相（超前相）转向 b 相（滞后相）。

（2）a 相和 b 相绕组 3 次谐波磁动势分别为

$$f_{a3}=F_{m3}\sin\omega t\sin 3x=\frac{1}{2}F_{m3}\cos(\omega t-3x)-\frac{1}{2}F_{m3}\cos(\omega t+3x)$$

$$\begin{aligned}f_{b3}&=F_{m3}\sin(\omega t-90^\circ)\sin3(x-90^\circ)\\&=\frac{1}{2}F_{m3}\cos(\omega t-3x+180^\circ)-\frac{1}{2}F_{m3}\cos(\omega t+3x-360^\circ)\\&=-\frac{1}{2}F_{m3}\cos(\omega t-3x)-\frac{1}{2}F_{m3}\cos(\omega t+3x)\end{aligned}$$

两相合成三相谐波磁动势

$$f_3=f_{a3}+f_{b3}=-F_{m3}\cos(\omega t+3x)$$

令 $\omega t+3x=0$，则$\frac{dx}{dt}=-\frac{\omega}{3}$。

3 次谐波旋转磁动势转速

$$n_3=\frac{1}{3}n_1=\frac{20f}{p}(\mathrm{r/min})$$

两相合成 3 次谐波磁动势是一个圆形旋转磁动势，振幅等于一相脉动磁动势 3 次谐波分量的幅值。旋转方向与基波磁动势的相反，转速大小仅为基波磁动势的$\frac{1}{3}$。

7-5　两相交流电机定子上有 a 相和 b 相两相绕组，a 相绕组轴线超前 b 相绕组 60°电角度，其有效匝数比为 2∶3。设 a 相绕组中送入电流 $i_a=I_m\sin\omega t$，如要获得圆形旋转磁动势，求在 b 相绕组送入的电流表达式。

7-6　设在一交流电机定子上有一对称 m 相绕组，各相绕组空间相位差为$\frac{2\pi}{m}$电角度，在该绕组中流过对称的 m 相电流，各相电流时间相位差为$\frac{2\pi}{m}$电角度。试问合成磁动势是什么性质的磁动势，并求合成磁动势的基波振幅与每相脉动磁动势基波振幅比值。

7-7　A 相、B 相和 C 相绕组等效线圈如图 7-13 所示。三相对称绕组流入三相对称电流

$$\left.\begin{aligned}i_a&=\sqrt{2}I\sin\omega t\\i_b&=\sqrt{2}I\sin(\omega t-120^\circ)\\i_c&=\sqrt{2}I\sin(\omega t+120^\circ)\end{aligned}\right\}$$

试求：（1）当 $\omega t=0^\circ$时，三相合成磁动势基波分量幅值的位置；

（2）当 $\omega t=120^\circ$时，三相合成磁动势基波分量幅值的位置；

（3）当 $\omega t=240^\circ$时，三相合成磁动势基波分量幅值的位置。

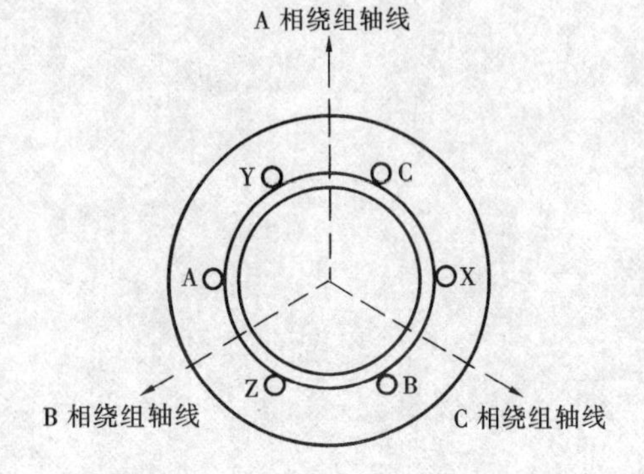

图 7-13　习题 7-7 的图

7-8　试证明 $v=2mqk\pm1$（k 为正整数）次时，磁动势谐波的绕组因数与其基波的绕组因数相等。

解　设基波槽距角 α 为

$$\alpha = \frac{360^\circ p}{Z_1} = \frac{360^\circ p}{2mpq} = \frac{180^\circ}{mq}$$

v 次谐波的分布因数

$$K_{d(v=2mqk\pm1)} = \frac{\sin q\frac{(2mqk\pm1)\alpha}{2}}{q\sin\frac{(2mqk\pm1)\alpha}{2}} = \frac{\sin\left(qk\times180^\circ\pm\frac{q\alpha}{2}\right)}{q\sin\left(180^\circ\times k\pm\frac{\alpha}{2}\right)} = \pm\frac{\sin\frac{q\alpha}{2}}{q\sin\frac{\alpha}{2}} = \pm K_{d1}$$

设短距角 $\beta = n\alpha$，n 是整数，则 v 次谐波的节距因数

$$K_{p(v=2mqk\pm1)} = \cos\frac{(2mqk\pm1)\beta}{2} = \cos\left(nk\times180^\circ\pm\frac{\beta}{2}\right) = \pm\cos\frac{\beta}{2} = \pm K_{p1}$$

由此可见，此时 v 次谐波的分布因数和节距因数分别与基波的分布因数和节距因数相等，故绕组因数也相等，即

$$K_{N(v=2mqk\pm1)} = K_{d(v=2mqk\pm1)}K_{p(v=2mqk\pm1)} = K_{d1}K_{p1} = K_{N1}$$

$v=2mqk\pm1$ 次谐波称为定子绕组齿谐波，由定子铁芯上有齿槽形成的，其绕组因数与基波绕组因数相等，当 $k=1$，称一阶齿谐波；$k=2$，称二阶齿谐波，余类推。

第八章

电机的发热和冷却

第一节 电机的额定容量

电机是一种变换能量形式的机器。它一方面有功率输入，另一方面有功率输出，在能量转换过程中同时产生功率损耗，各种损耗最后都转化为热能，因而使电机各部分的温度升高。对于铁磁材料和导电材料，通常在200℃以下的环境中使用不会显著影响电机的电磁性能和机械性能，但是**绝缘材料的耐热性能较低，它是电机中较易损坏的部分，直接影响电机的使用寿命**。绝缘材料的老化是一种化学变化，包括缓慢氧化和突然固化，并导致机械耐力和介电强度的下降。绝缘材料的寿命与它的工作温度有关，以B级绝缘为例，每当工作温度超出规定限值约10℃，它的使用寿命将缩短一半。为了保证电机正常使用年限（一般为10～20年），对各种绝缘材料都规定有极限容许温度，这也间接规定了电机的工作状况。

电机的**额定容量**即**额定功率**。发电机的额定功率是指铭牌上规定的符合定额的输出电功率，电动机的额定功率是指轴端输出的机械功率。当电机运行时，如果各种电量（如电压、电流、频率等）与机械量（如转速、转矩等）都符合技术标准规定的数值，则此种运行情况称为**额定运行情况**。在额定运行情况下运行，各种功率损耗也都有一定的数值。损耗将使电机发热，如在每单位时间内损耗产生的热量大于发散的热量，电机的温度将升高，直到双方达到热平衡为止。此时电机温度比环境温度或冷却介质温度高，它们之间相差的温度度数称为电机的**温升**。电机额定功率和额定运行情况的规定，应使电机的温升和各部分的最后温度都不超过所有绝缘材料的极限允许温度。电机常用绝缘材料和耐热等级见第一章第四节及表1-1所述，其中B级、F级和H级绝缘用得较普遍。

电机的温升，不仅取决于损耗的大小，而且与电机的运行情况有关，即使有同样的损耗，长时间运行的电机与短时间运行的电机温升不同，故所定的定额也不同。依据我国有关技术标准的规定，电机的**工作制**可分为连续、短时、周期和非周期几种。此外，定额的规定和电机的结构型式（如开启式，还是封闭式等）、冷却方式、冷却介质等有关，定额还与周围环境（如环境温度、海拔等）有关，运行条件如与规定的不同，则定额应进行修正。

第二节 电机的发热

一、电机的损耗

电机的各种损耗是电机发热的热源。电机内部的主要损耗有基本铜损耗、基本铁损耗、机械损耗、附加损耗四种。

1. 基本铜损耗

电机定、转子导体流过电流产生的铜损耗为

$$p_{Cu} = mI^2 r \tag{8-1}$$

式中 m——相数；

I——相电流；

r——定、转子相电阻。

计算时假设导体截面上电流密度是均匀分布的。电阻为折算到75℃时（E级绝缘）的值。

2. 基本铁损耗

电机定、转子铁芯齿部和轭部里，通过交变磁通引起的铁损耗为基本铁损耗。它包括磁滞损耗与涡流损耗两部分。单位重量导磁材料的基本铁损耗为

$$p_{Fe} = p_{10/50}\left(\frac{f}{50}\right)^{1.3} B_m^2 \quad (W/kg) \tag{8-2}$$

式中 $p_{10/50}$——单位重量导磁材料在1T，50Hz时产生的损耗，各种材料可查表；

f——磁通交变频率，Hz；

B_m——磁通密度，T。

基本铁损耗为

$$P_{Fe} = K_a p_{Fe} G \tag{8-3}$$

式中 K_a——经验系数，因冲压等加工后引起损耗增大系数；

G——导磁材料重量。

3. 机械损耗

机械损耗包括轴承、电刷的摩擦损耗，以及风扇消耗的损耗和转子旋转时冷却介质摩擦的通风损耗等。机械损耗与转速有关。在高速电机中，机械损耗占总损耗的比例较高。通风损耗还与冷却介质有关，如氢冷却的氢气质量轻（比空气轻十多倍），传热能力强（比空气高六倍多），用氢气作为冷却介质能大大降低通风损耗。

4. 附加损耗

附加损耗又称杂散损耗，是指由于谐波磁动势、漏磁通引起的附加铁损耗和附加铜损耗。例如，漏磁通在定子端部周围、端盖等金属构件中引起的铁损耗；定子、转子磁动势高次谐波分别在转子、定子表面感应高频涡流引起的铁损耗；定子、转子存在齿和槽，转动时因磁阻不同引起磁通变化产生脉动损耗；绕组导体中由于集肤效应使电流分布不均匀而引起的额外铜损耗等。该损耗比基本铁损耗和铜损耗要小得多，计算比较复杂，根据经验，估算为额定功率的2.5%～0.5%，具体按不同电机型式而定。

以上损耗中，一部分与电机负载大小无关（如铁损耗、机械损耗和部分附加损耗），故称**不变损耗或空载损耗**；另一部分与电机负载大小、电流大小有关（如铜耗和部分附加损耗），故称**可变损耗**。因此在定额下运行，电机输出功率越大，损耗越大，温升越高，为了保证电机各部分绝缘材料的温度不超过极限允许温度，必须规定电机的输出功率为一合理的数值，即电机的额定容量。

二、电机的发热理论

电机的发热过程较为复杂，一台电机中常有好几个热源，各部分同时发热，各部分包含各种不同的物质，其导热系数也不同，因此如要准确分析电机内部的热交换情况较为困难。

为此，作如下假设：①每一部分为均质固体，即物体中各点之间无温差，表面各点之间散热情况也相同；②各部分的发热过程分开计算，即各部分产生的热量仅使该部分发热，不考虑各部分之间的能量交换。

某一部分物体的热量平衡式为

$$Q\mathrm{d}t = cG\mathrm{d}\theta + \alpha S\theta\mathrm{d}t \tag{8-4}$$

式中　Q——该物体在每秒内产生的热量，W；

c——该物体的物质比热，J/(kg·℃)；

S——冷却表面积，m^2；

α——散热系数，W/（m^2·℃）；

θ——温升，℃；

G——该部分物体的质量，kg。

式（8-4）表示物体在极短时间间隔 $\mathrm{d}t$ 内，发出的热量 $Q\mathrm{d}t$ 的一部分 $cG\mathrm{d}\theta$ 使该物体温度升高，另一部分的热量 $\alpha S\theta\mathrm{d}t$ 将散失于冷却介质中。

设在开始发热时该部分物体的温度和冷却介质的温度相同，即温升 θ 为零，关系式为

$$\int_0^t \mathrm{d}t = cG\int_0^\theta \frac{\mathrm{d}\theta}{Q-\alpha S\theta}$$

积分并化简

$$\theta = \frac{Q}{\alpha S}\left(1-\mathrm{e}^{\frac{-\alpha S}{cG}t}\right)$$

$$\theta = \theta_\infty\left(1-\mathrm{e}^{-\frac{t}{T}}\right) \tag{8-5}$$

式中　θ_∞——最后的温升，$\theta_\infty=\dfrac{Q}{\alpha S}$；

T——温度上升的时间常数，$T=\dfrac{cG}{\alpha S}$。

均质固体的发热过程曲线如图 8-1 所示。

冷却过程即电机温升达到稳定值后，如果停止运行，电机内部停止产生热量，这样电机各部分温度下降至冷却介质的温度，储藏在电机各部分物质内部的热量将发散至冷却介质中去，对于均质固体，冷却过程基本方程为

$$cG\mathrm{d}\theta + \alpha S\theta\mathrm{d}t = 0 \tag{8-6}$$

即

$$\int_0^t \mathrm{d}t = -\frac{cG}{\alpha S}\int_{\theta_\infty}^0 \frac{\mathrm{d}\theta}{\theta}$$

积分并化简

$$\theta = \theta_\infty \mathrm{e}^{-\frac{\alpha S}{cG}t} = \theta_\infty \mathrm{e}^{-\frac{t}{T}} \tag{8-7}$$

均质固体的冷却过程曲线如图 8-2 所示。

三、电机各部分温度的测量方法

1. 温度计法

温度计法用温度计直接测定温度，最为简便。但因该方法只能测得能直接接触到的电机有关部分表面的温度，无法测得内部的温度。

2. 电阻法

电阻法用以**测定绕组的平均温度**。导体的电阻大小与温度有关。对于铜导线有如式（8-8）所示的关系，可由此测得绕组温度。

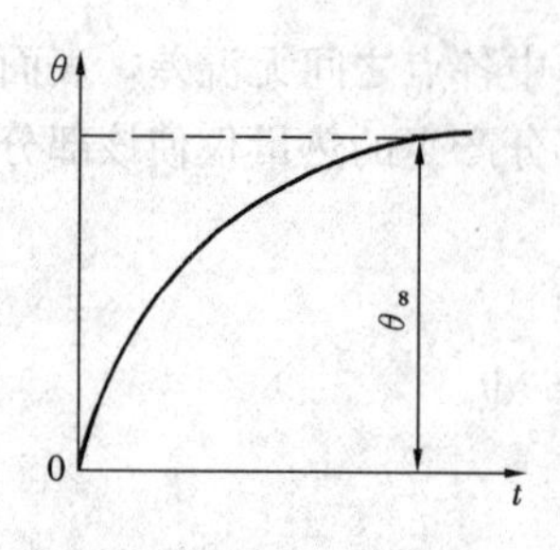

图 8-1　均质固体的发热过程曲线

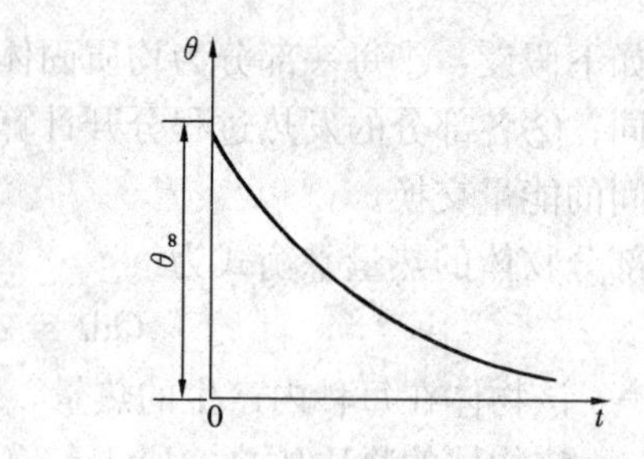

图 8-2　均质固体的冷却过程曲线

$$\frac{r_1}{r_2}=\frac{235+t_1}{235+t_2} \tag{8-8}$$

式中　r_1——当温度为 t_1 时，绕组电阻 r_1；

r_2——当温度为 t_2 时，绕组电阻 r_2；

t_1、t_2——绕组对冷却介质的温升；t_1、t_2 均为摄氏温度（℃）。

对于铝线绕组，将式(8-8)中的常数 235 改为 225 即可。

3. 埋置测温法

较大的电机，在装配时常在可能有较高温度的几个点上预埋置测温元件，如导体与槽底之间、铁芯中间部分等。测温元件有热电偶及电阻温度计等，检测计受热端埋于电机内部，引线引至外面，接至测量仪表，可直接读出温度。

4. 叠加法（双桥带电测温法）

在不中断交变负载电流的情况下，在负载电流上叠加一微弱直流电流，以测量绕组直流电阻随温度而发生的变化，从而确定绕组的温升。

第三节　电 机 的 散 热

一、电机的散热计算

电机的温升取决于电机各部分的发热和散热的平衡。电机的热量向外发散时主要依靠**对流**，其次为**辐射**作用，**传导**作用主要在电机内部进行，而电机表面与冷却介质间的传导作用则可以不计。

1. 辐射散热计算

辐射散热由史蒂芬—波尔兹曼定律计算，单位时间内单位面积所辐射的热量为

$$q_r = 5.65\upsilon(T_1^4 - T_0^4)\times 10^{-8} \tag{8-9}$$

式中　T_1——热体的绝对温度，K；

T_0——气体的绝对温度，K；

υ——相对辐射系数。

对于理想的黑体，$\nu=1$，对于实际的辐射体，ν 将减少，在设计时可取 $\nu=0.85$，则

$$\begin{aligned} q_r &= 4.8(T_1^4 - T_0^4)\times 10^{-8} \\ &= 4.8(T_1 - T_0)(T_1^3 + T_1^2T_0 + T_1T_0^2 + T_0^3)\times 10^{-8} \\ &= 4.8\theta(T_1^3 + T_1^2T_0 + T_1T_0^2 + T_0^3)\times 10^{-8} = \alpha_r\theta \quad (\mathrm{W/m^2}) \end{aligned} \tag{8-10}$$

式中　α_r——辐射作用的散热系数，$\mathrm{W/(m^2\cdot K)}$；

θ——温升，$\theta=T_1-T_0$，K。

设想一种平均情况，对于空气冷却的电机，取环境温度为20℃，温升至40℃，即绝对温度$T_0=273+20=293\text{K}$，$T_1=293+40=333\text{K}$，代入式(8-10)，得$\alpha_r=6\text{W}/(\text{m}^2\cdot\text{K})$，即

$$q_r = 6\theta \tag{8-11}$$

2. 对流散热计算

对流又可分为**自然对流与强制对流**。

(1) 自然对流。自冷变压器的散热，除辐射作用外，还依靠自然对流，自然对流的散热系数α_K，与温升、散热面等有关，平均可取$\alpha_K=8\text{W}/(\text{m}^2\cdot\text{K})$。自然对流作用从单位面积在每秒发出的热量为

$$q_k = \alpha_k\theta = 8\theta \tag{8-12}$$

(2) 强制对流。**旋转电机的散热，主要依靠强制对流作用**。由设备的通风系统将气流强制送入通风道，当气流吹拂冷却表面时，便将热量带走，散热系数随气流的速度而增加，常用公式为

$$\alpha'_k = \alpha_k(1+C_k\sqrt{v}) \tag{8-13}$$

式中　α'_k——吹风冷却时的散热系数；

α_k——自然对流散热系数；

v——冷却表面与空气的相对速度，m/s；

C_k——经验系数，当全部表面均被均匀地吹拂时，可取$C_k=1.3$，当表面的各部分受到不均匀吹拂时，C_k值相应减小甚至取小于1的数。

二、电机的冷却方式

电机的冷却方式直接影响到电机的散热，所以改善电机的冷却方式可以降低温升，提高使用寿命。通风冷却(又称表面冷却)的冷却介质通过机壳、铁芯、绕组的绝缘表面，间接将热量带走，这种冷却方法结构较简单，故被广为采用，特别是中、小型电机普遍采用此法。通风冷却又可分为自冷式和自扇冷式。

(1)自冷式。自冷式是指电机没有任何特殊的冷却装置，依靠表面的辐射和空气的自然对流进行冷却。这种方法仅适用于数十瓦的微型电机。

(2)自扇冷式。内部自扇冷式电机在转子轴上安装有风扇设备，风扇随转子转动，驱使气流吹拂电枢表面从轴向和径向的通风槽中通过，将热量带走。这种方式适用于开启式电机。另一种外部自扇冷式电机装有内外两层风扇，除了在转轴上装有风扇外，在轴伸的一端装有外风扇，借助外风扇作用将机壳上的热量发散到周围空气中去。这种方式适用于封闭式电机，如图8-3所示。按照气流在电机内部的流动方式，自扇冷式又可分为**径向通风**式与**轴向通风**式两种。径向通风是两端进风，绕组和铁芯沿轴向的温度分布比较均匀。大型电机为了增大散热面积，铁芯沿轴向常均匀分为数段，两段叠片间留有约10mm的通风槽，如图8-4所示。轴向通风是气流从一端进入，然后沿轴向从另一端流出。较大的电机定子和转子方面都可以有轴向通风槽，如图8-5所示。这种方

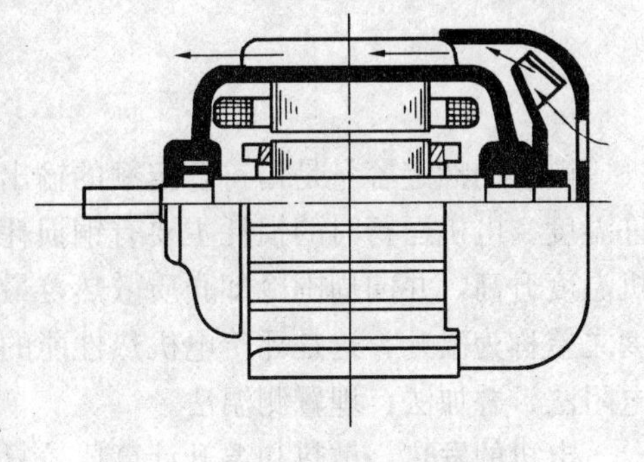

图8-3　外部自扇冷式电机

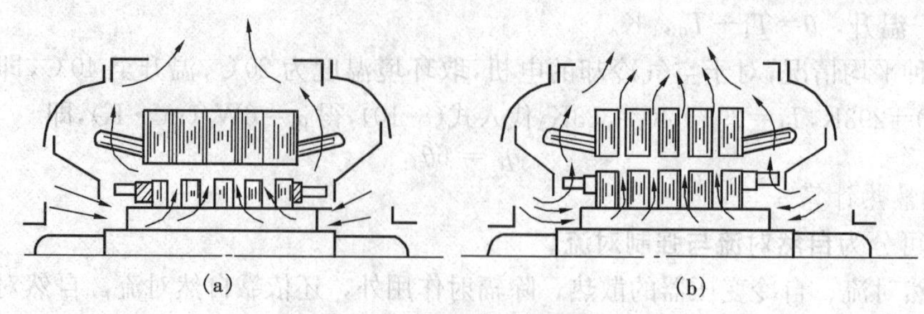

图 8-4　径向通风式电机

(a)单径向通风；(b)双径向通风

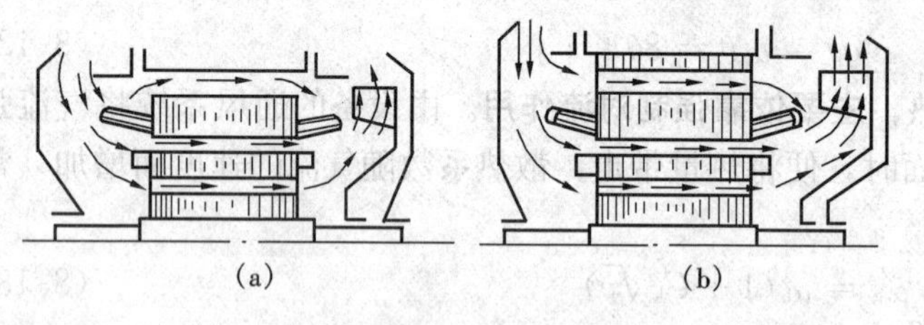

图 8-5　轴向通风式电机

(a) 单轴向通风；(b) 双轴向通风

式沿电机轴向长度散热不均匀，常用于中小型电机。

(3) 它扇冷式。该方式的电机用于冷却空气的风扇不是由电机本身驱动的，而是由另外动力装置独立驱动。如果冷空气直接取自外界，在通过电机后复行放出，则为开启式通风系统。如以一定量的气流在封闭系统内循环，使这一循环气流依次通过电机和冷却器，将电机内部发出的热量传至冷却器而被带走，则为封闭式通风系统。

单机容量越大的电机，发热问题越严重，大型电机的冷却问题是一个比较困难的问题，将足够的冷却介质送到各个发热的部位去，使最热的地方得到最强的冷却，从而使电机各部分的温升比较均匀，并且都不超过允许的温升限度。大型电机的**冷却介质以空气、氢、水三种用得最多**，冷却能力水最好，其次是氢。目前，国内外大型汽轮发电机，定、转子绕组采用内部冷却方法，如采用空心导体把冷却介质通入导体内部直接带走热量，常采用的冷却介质是氢气和经处理的洁净水，称为**氢内冷**和**水内冷**。定子绕组采用氢内冷或水内冷的较多，转子绕组采用氢内冷的较多，定子转子均采用水内冷，常称为“双水内冷”。

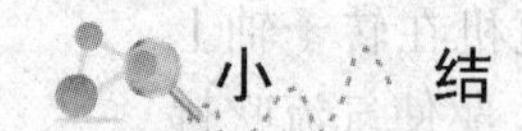

小　结

电机的额定容量是指符合定额的输出功率。它主要取决于电机各部分绝缘材料的极限允许温度。电机运行时的损耗主要有铜损耗、铁损耗和机械损耗，各种损耗都变为热量，使电机温度升高，并向周围冷却介质散热，最后达到热量稳定。此时电机稳定温度与周围介质温度之差称为温升，这是评价电机热性能的重要指标。电机各部分温度的测量可用温度计法、电阻法、叠加法、埋置测温法。

电机的发热、散热和温升计算比较复杂，本章着重进行定性分析。电机的发热和冷却过程曲线都是按指数规律变化。电机的散热方式主要是对流，其次为辐射。旋转电机主要依靠强制对流，可以改善散热效果，且结构较简单，故被广为采用。合理选择大型电机的冷却方式和冷却介质，以保证电机各部分的温升在规定范围内。

思 考 题

8-1　旋转电机运行时的主要损耗有哪些?

8-2　电机的额定容量主要受哪些因素的影响?提高电机绝缘材料的等级对额定容量有何影响?

8-3　电机的温升与什么有关?电机各部分的温升是否相同?

8-4　在规定电机的额定功率时，电机的结构型式、运行方式及其周围环境对其有何影响?

8-5　有哪些方法可以测定电机绕组的温度，哪一种方法测得的数值较低?哪一种方法测得的数值较高?

8-6　电机通风冷却常采用哪些方法?

8-7　电机的散热方式有哪几种?旋转电机的主要散热方式是什么?

8-8　变压器的散热与旋转电机的散热有何异同点?

第三篇

异步电机

第九章 异步电机的理论分析与运行特性

第一节 异步电机的基本结构

异步电机又称**感应电机**，是交流电机的一种。与其他旋转电机相比，它具有结构简单，制造、使用和维护方便，运行可靠，效率较高，价格较低等优点，但是它的调速和起动性能不佳，功率因数较低，增加了电力系统的无功负担。异步电机主要作为电动机使用，是当今应用最广，需要量最大的一种电机。

异步电机和其他旋转电机的基本结构一样，如图 9-1(a)所示，固定的部分，叫做定子；旋转的部分，叫做转子；定、转子之间有一个很小的空气隙；此外，还有端盖、轴承和机座等部件。

一、定子

异步电机定子主要包括定子**绕组**、**铁芯**和**机座**三部分。

三相异步电机是异步电机最通用的形式，其定子绕组是电机的电路部分，绕组用带绝缘的铜导线绕制，嵌在定子槽内，绕组与槽壁间用绝缘材料隔开。绕组的构成和连接方式参见第六章第二节。

定子铁芯是电机磁路的一部分，放置对称的三相定子绕组。由于旋转磁场以同步速度相对于定子旋转，因此，定子铁芯中的磁通大小和方向都是变化的。为了减少其涡流损耗和磁滞损耗，定子铁芯用导磁性能好的硅钢片叠压而成，一般为 0.5mm 厚，片间有绝缘层。整个定子铁芯为一个内圆周上均匀带有齿槽的环形柱状铁芯，其内径、外径和铁芯轴向长度是电机的主要电磁尺寸。定子的槽数，槽形选择也很重要，常用的槽形有三种，即半闭口槽、半开口槽和开口槽，如图 9-1(b)所示。半闭口槽的槽口宽度小于槽宽的一半，可以减少主磁路的磁阻，从而降低励磁电流，适用于散嵌绕组(一般为平行齿)，应用于小型电机；半开口槽，其槽口宽度大于槽宽的一半；开口槽，其槽口宽度等于槽宽，为平行槽，用于成型绕组，便于嵌线，中、大型电机一般采用这类槽形。

机壳是电机的外壳，异步电机的机壳主要起固定定子铁芯和支撑电机的作用，要求其有足够的机械强度和刚度。中小型异步电机一般采用铸铁或铸铝(合金)机座，微、小容量异步电机可采用铸铝机座，而较大容量异步电机采用钢板焊接机座。

二、转子

异步电机转子主要包括**转子绕组**、**铁芯**和**转轴**三部分。

转子铁芯也是主磁路的一部分，一般由厚 0.5mm 的硅钢片叠成，铁芯固定在转轴上或转子支架上。整个转子的外表呈圆柱形，一般外圆周上均匀冲有齿槽，其槽形对电机的性能，特别是笼型异步电动机的起动性能有很大的影响。小功率电动机可以选用平行齿，运行

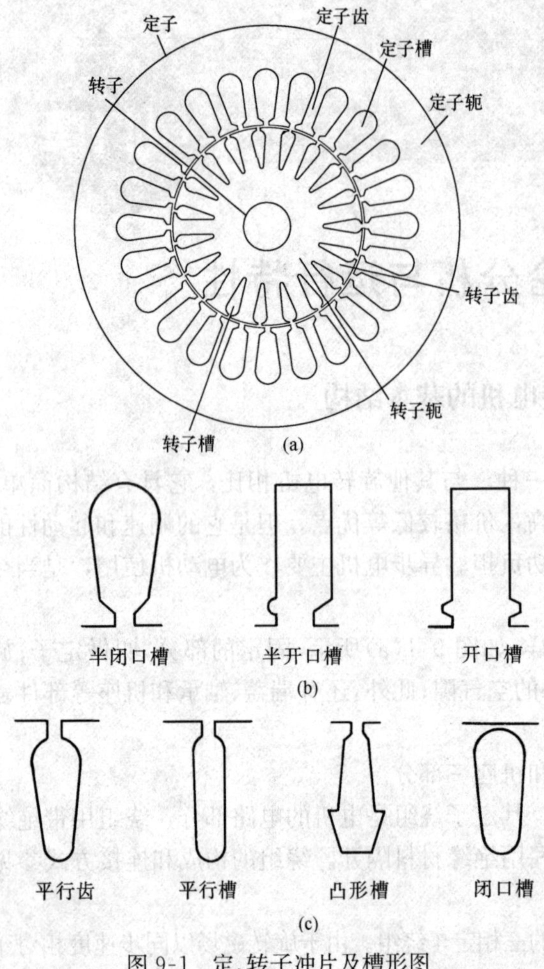

图 9-1 定、转子冲片及槽形图
(a)定转子冲片图;(b)定子槽形;(c)转子槽形

性能较好；功率较大的电动机可选用平行槽，以提高起动性能，为获得更高的起动性能可用凸形槽，但工艺结构比较复杂；小电机也有用闭口槽，降低杂散损耗。转子槽形如图 9-1(c)所示。如需进一步改善起动性能，可以采用其他特殊槽形，这将在第十章中介绍。

异步电机的转子绕组可以分为笼型绕组和绕线式绕组两大类。

1. 笼型绕组

转子铁芯的每一槽中有一根导体，称为导条，这些导条两端各有一个圆环，称为端环，将它们短接起来形成闭合绕组，如去掉铁芯，该绕组的外形好像一只"**鼠笼**"，如图 9-2(a)所示。笼型转子或称鼠笼式转子的名称也由此而来。笼型转子生产工艺有两种：一种是铸铝，可用离心浇铸或用压铸法，把熔化的铝注入转子槽中，且把风扇和端环也一同铸成，工艺简便，生产效率高。这种工艺适合中、小型电机的笼型转子。另一种是焊接，每槽中放一根铜条，再在两端放上两个端环，将转子条分别焊在端环上。对于大型电机铸铝转子质量难以保证，所以一般采用这种工艺方法。笼型转子有时故意将转子槽与转轴倾斜一定角度，形成斜槽，其理由将在后文说明。广泛应用的封闭式笼型异步电动机，总装配图如图 9-2(b)所示。

2. 绕线绕组

转子铁芯上绕有一对称绕组，和定子绕组有相同的极数，但不一定要求有相同的相数，而实际上常常制成相同的相数，故三相绕线转子异步电机的转子通常为三相对称绕组，连接成星形，转子的一端装有三个集电环，各与转子三相绕组的三个起始端相连接。每个集电环上各有一电刷，通过电刷与集电环的滑动接触把转子绕组与外电路相连，就可以把外接电阻串联到转子绕组回路中去，以改善电动机的起动性能和调速性能。在正常运行时，如果外接电阻被全部切除，转子绕组会直接短路，这时由短路提刷装置把电刷提起，其目的是为了减少摩擦损耗，提高电动机运行可靠性。绕线转子异步电机的装配图如图 9-3(a)所示。

绕线转子异步电机的转子绕组比较复杂，由线圈绕制而成，采用插入式绕组或散嵌绕组，常用绕组型式有双层波绕组(适用于大、中型电机)或双层叠绕组(适用于小型电机)。现以双层波绕组举例说明之。

设转子槽数 $Z=24$，极数 $2p=4$，相数 $m=3$，则每极每相槽数

$$q=\frac{Z}{2pm}=\frac{24}{4\times3}=2$$

槽距角 $\alpha=\frac{360^\circ p}{Z}=\frac{360^\circ\times2}{24}=30^\circ$

整距绕组 $y=\tau=6$ 槽

为了图面清晰，只画出 a 相绕组，此时，1、2、7、8、13、14、19、20 等 8 槽的上、下层均属 a 相。根据交流绕组的连接规律，应使绕组通以电流能形成对称的绕组，而与导体连接的先后次序无关。图 9-3(b)所示的连接方式是波绕组型式，这种方式一个线圈与相邻线圈连接次序形似波浪前进，故称**波绕组**，它与图 6-9 所示的双层叠绕组产生的磁动势和电动势是一样的。转子绕组之所以采用波绕组，是由于转子电流较大，铜线较粗，通常每线圈只有一匝；用波绕组可以节约铜线。b 相和 c 相绕组也可按此方法绕制。

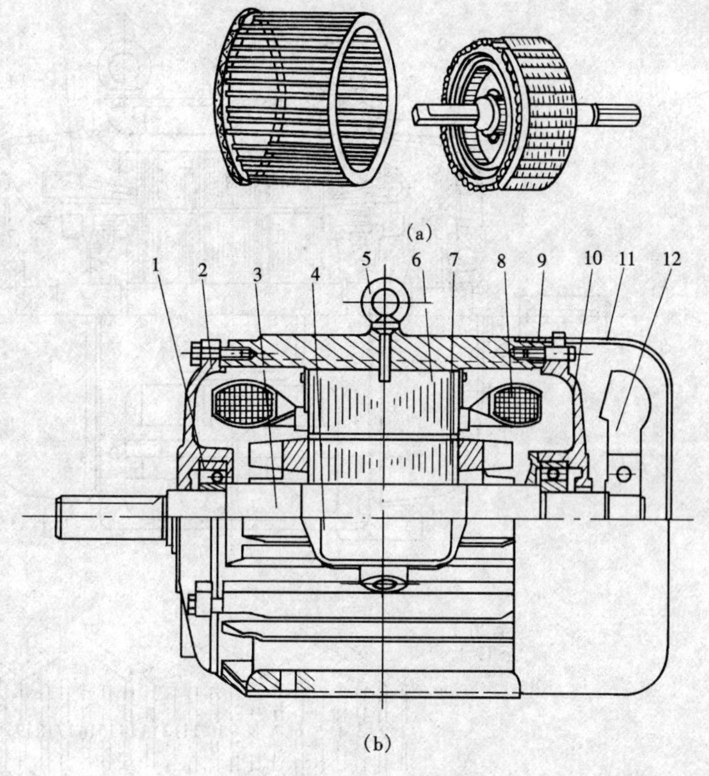

图 9-2　笼型转子异步电机结构

(a)焊接笼型转子；(b)封闭式笼型转子异步电动机总装配图

1—轴承；2—后端盖；3—转轴；4—接线盒；5—吊环；6—定子铁芯；7—转子；8—定子绕组；9—机座；10—前端盖；11—风罩；12—风扇

三、气隙

定、转子之间的空气隙称为气隙，它对电动机的性能有重大的影响。中小型异步电动机的气隙一般为 0.2～2.0mm，微型电动机的更小，减小气隙可以减小励磁电流，提高功率因数，但会使谐波磁场增大，附加损耗增加，起动转矩下降。过小气隙还会使电动机装配困难，运行不可靠。因此为减小励磁电流，气隙应尽量小，但应在机械加工条件所容许的范围内。

四、铭牌

每台异步电动机的机座上都有一个铭牌，上面标明有型号、额定值和有关技术数据。

(1)型号，我国电机的产品型号一般采用大写印刷体的汉语拼音字母和阿拉伯数字组成，其中当头的字母是根据电机的全名称选择有代表意义的汉语拼音字母。例如：

Y 160 L 1－4

- Y：三相异步电动机
- 160：机座中心高(mm)
- L：机座号长短代号
- 1：铁芯长短代号
- 4：极数

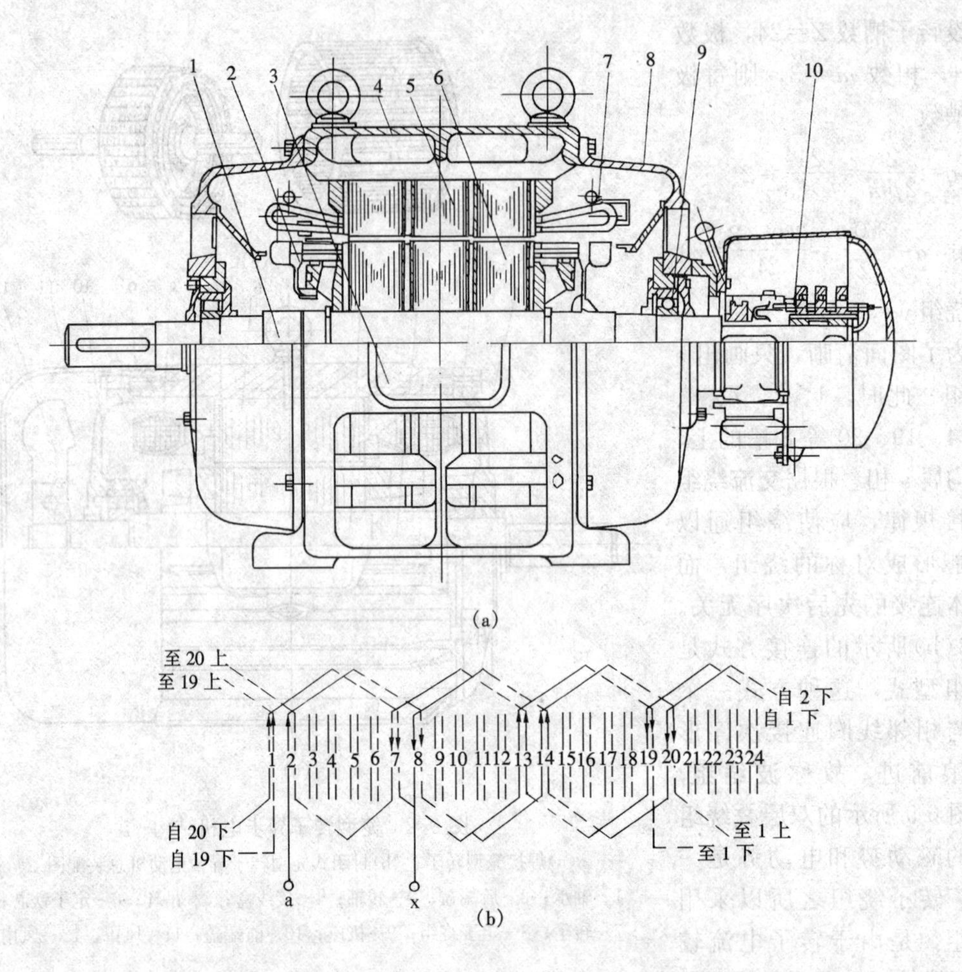

图 9-3　绕线转子异步电动机结构

(a)绕线转子异步电动机的总装配图；(b)绕线转子的双层波绕组(a 相)

1—转轴；2—转子绕组；3—接线盒；4—机座；5—定子铁芯；6—转子铁芯；7—定子绕组；

8—端盖；9—轴承；10—集电环

(2)额定功率(P_N)，是指电动机在额定方式下运行时，转轴上**输出的机械功率**，单位为 W 或 kW。

(3)额定电压(U_N)，是指电动机在额定方式下运行时，定子绕组应加的**线电压**，单位为 V 或 kV。

(4)额定电流(I_N)，是指电动机在额定电压和额定功率状态下运行时，流入定子绕组的**线电流**，单位为 A。

(5)额定频率(f)，是指额定状态电源的交变频率，单位为 Hz，我国电网频率为 50Hz。

(6)额定转速(n_N)，是指在额定状态下运行时的转子转速，单位为 r/min。

除标明上述数据外，还标出额定运行时，电机的功率因数以及相数、接线法、防护等级、绝缘等级与温升(见表 1-1)、工作方式等有关项目。对于绕线式异步电动机，还标明当定子外施额定电压时的转子开路电压和转子额定电流。

第二节 异步电机的运行状态和磁场

一、异步电机的运行状态

当一对称三相电流流入异步电机三相定子绕组时，在气隙中便产生一旋转磁场，以同步转速 n_1 旋转。转子绕组与其有相对运动，则在闭合的转子绕组产生感应电动势和感应电流，旋转磁场与转子导体中的电流相互作用产生电磁转矩。由此可见，正常情况下，异步电机的转子转速 n 总是略低或略高于**旋转磁场转速(即同步转速)**n_1，它们之间的差(n_1-n)，称为**转差速度**。定义转差速度与同步转速的比值为**转差率** s，即

$$s=\frac{n_1-n}{n_1} \tag{9-1}$$

转差率是决定异步电机运行状态的重要变量。异步电机的负载情况发生变化，转子导体中的电动势、电流和电磁转矩相应变化，则转子转速和转差率随之变化。按照转差率的大小与正负，异步电机运行状态可分为电动机运行状态、发电机运行状态和电磁制动状态三种状态，如图 9-4 所示。

1. 电动机运行状态

如图 9-4(a)所示，设旋转磁场方向自左向右，旋转磁场切割转子导体[图 9-4(a)中只画出一根在 N 极面下的转子导体]，按右手定则，感应电动势方向流向纸面，若转子绕组是闭合的，感应电流的方向也为流向纸面。按左手定则，导体所受电磁力 F_e 的方向与旋转磁场方向相同，由此形成的电磁转矩 T_e 拖动转子转动。这时电磁力为原动力，负载力 F 为阻力。当 $F_e=F$ 时转子转速达到稳定，运行转速为 n，此时**异步电机转速比旋转磁场转速小**，$n<n_1$，则 $0<s<1$，当负载转矩较大时，必须有较大的转子电动势和电流，因而有较大的转差率。反之，负载转矩较小，转差率亦减小，n 接近于 n_1。**理想空载情况下**，若无阻力转矩，则 $n=n_1$，$s=0$。故**电动机状态转速低于同步转速**，即 $0<s<1$。

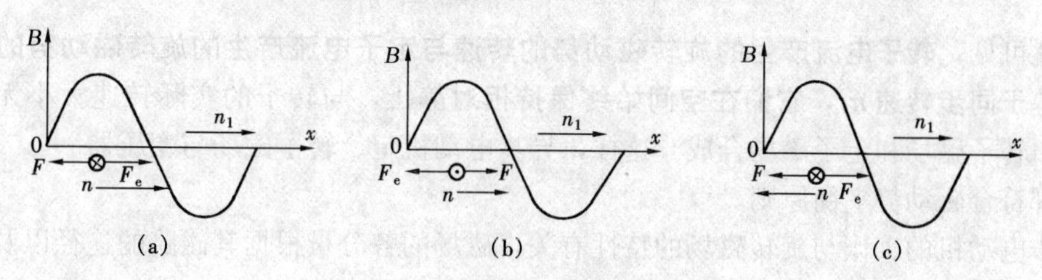

图 9-4 异步电机的三种运行状态

(a)电动机状态；(b)发电机状态；(c)电磁制动状态

2. 发电机运行状态

如图 9-4(b)所示，若转子上外加原动机驱动，使**转子转速高于旋转磁场转速**，$n>n_1$，则转差率 $s<0$。此时旋转磁场切割转子的相对速度便倒转方向，转子感应电动势、电流的方向倒转(与电动机情况相比)，产生的电磁转矩的方向与转子旋转方向相反，此时电磁转矩为阻转矩，电磁力为阻力，为使转子维持高于旋转磁场转速旋转，原动机的外施力 F 必须克服电磁阻力，此时输入机械功率，输出电功率。故**发电机状态转速大于同步转速**，即 $s<0$。

3. 电磁制动状态

如图 9-4(c)所示，若转子在外力拖动下，使其旋转方向与旋转磁场的转向相反。此时旋转磁场切割转子的相对速度方向与电动机状态时方向相同，因此电磁力 F_e 的方向也是自左向右，但是由于转子转向改变，对转子而言，此电磁转矩为制动转矩。电机的转速与旋转磁场的转向相反，故 n 应取负值，相对转速则大于同步转速为 $n_1-(-n)$，即 $n<0$，$s>1$。此时电机处于电磁制动状态。例如，起重设备中，起重机下放重物时，如让重物自由下坠非常危险，这时要使电动机运行在制动状态，由电磁转矩来制止转子加速，调整其下降速度。

异步电机有以上几种运行状态，是符合电机可逆性原理的，但是实际应用中异步电机主要作为电动机运行。本篇将主要讨论异步电动机的运行理论和特性。

二、异步电动机的磁场

空载时，异步电动机定子三相绕组流入三相电流产生旋转磁场，旋转磁场转速 $n_1=\dfrac{60f_1}{p}$。空载时电动机转速近似同步转速，转子中电流很小，可近似认为转子电流为零，气隙中仅此定子旋转磁场。

负载时，电动机转速将下降，从 n_1 降至 n，此时定子电流将增大，转子绕组中也有电流流过，也将产生转子磁动势并建立转子磁场。若转子转速为 n，则定子旋转磁场与转子绕组的相对速度为 n_1-n，转子感应电流的频率为

$$f_2=\frac{p(n_1-n)}{60}=\frac{pn_1}{60}\frac{n_1-n}{n_1}=sf_1 \tag{9-2}$$

转子电流产生的旋转磁动势相对转子的转速为

$$n_2=\frac{60f_2}{p}=\frac{60sf_1}{p}=sn_1=n_1-n \tag{9-3}$$

转子电流产生的旋转磁动势相对定子的转速为

$$n_2+n=n_1-n+n=n_1 \tag{9-4}$$

由此可见，**转子电流产生的旋转磁动势的转速与定子电流产生的旋转磁动势的转速相同，都等于同步转速 n_1，它们在空间始终保持相对静止**，与转子的实际转速大小无关。气隙磁场由转子磁场和定子磁场合成。这样，异步电动机定、转子磁场与变压器一、二次磁场一样，都符合磁动势平衡原则。

异步电动机的工作与旋转磁场的特性有关，磁场的各分量根据其磁路的途径以及对电动机能量转换和性能影响的不同，可分为**主磁通**和**漏磁通**两类。

1. 主磁通

由基波磁动势产生的互磁通称为主磁通。主磁通通过气隙并同时交链定子绕组和转子绕组，将同时在定子、转子绕组内感应电动势，主磁通与转子感应电流相互作用产生有用的电磁转矩，并实现能量转换。主磁通用符号 ϕ 表示，在数量上 ϕ 表示每极的基波磁通量。

图 9-5 表示四极机主磁通的磁路示意图。主磁通途径分五段磁路，包括空气隙、定子齿、定子轭、转子齿和转子轭。

2. 漏磁通

除去主磁通以外的磁通通称**漏磁通**。漏磁通包括三个方面：**槽漏磁通、端部漏磁通和谐**

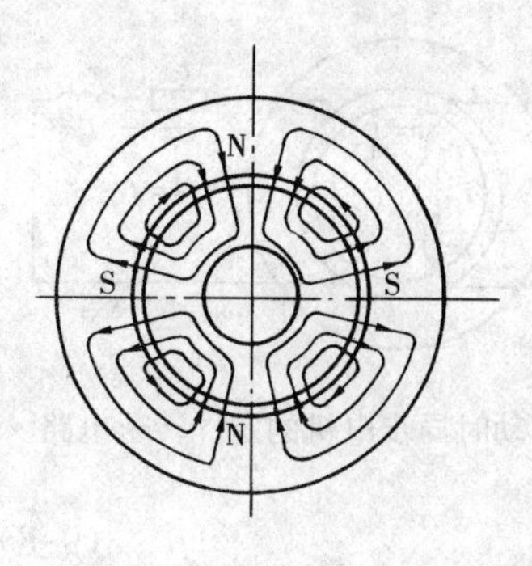

图 9-5　主磁通的磁路
($2p=4$)

波漏磁通。

定子槽漏磁通和端部漏磁通如图 9-6 所示。虽然它们所经过的路径有所不同，但主要都是通过空气等非导磁材料而闭合，磁阻很大，因此磁通量要比主磁通小得多。此外它们只交链定子绕组，不交链转子绕组，不能传递能量。

旋转磁场中不仅有基波磁场还有高次谐波磁场，这部分磁场比基波磁场小得多。谐波磁通的路径与基波主磁通一样，通过气隙同时交链定子、转子绕组。因为定子交流绕组产生的谐波磁场极对数$p_v=vp$，旋转速度 $n_v=\frac{n_1}{v}$，谐波磁场在定子绕组上的感应电动势频率为

$$f_{1v}=\frac{p_v n_v}{60}=\frac{vp\frac{n_1}{v}}{60}=\frac{pn_1}{60}=f_1 \tag{9-5}$$

谐波磁场在转子绕组上也将产生感应电动势，设转子的转速为 n，则感应电动势的频率为

$$f_{2v}=\frac{p_v(n_v-n)}{60}=\frac{vp\left(\frac{n_1}{v}-n\right)}{60} \tag{9-6}$$

而基波磁场在转子绕组上的感应电动势频率为

$$f_2=\frac{p(n_1-n)}{60} \tag{9-7}$$

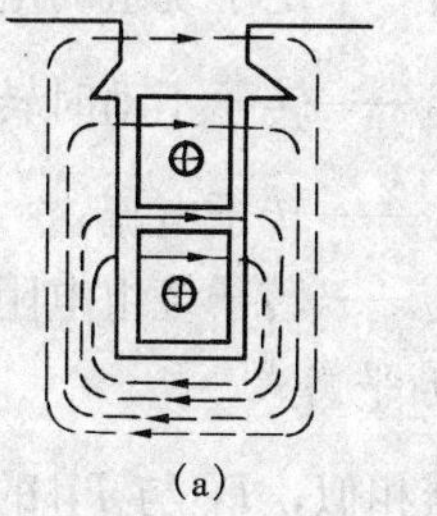
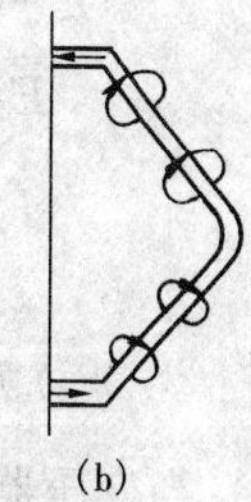

图 9-6　定子漏磁通
(a)槽漏磁通；(b)端部漏磁通

两者频率不同，所以要将基波磁通与谐波磁通分开考虑。基波磁通产生有用的电磁转矩，而谐波磁通产生有害的附加电磁转矩；又因为谐波磁通在定子绕组中感应电动势的频率仍为基波频率 f_1，与其他定子绕组漏磁通的感应电动势频率一样，所以通常将全部的高次谐波磁通归并到漏磁通，故称为**谐波漏磁通**。由此产生的感应电动势也归并到漏磁电动势。谐波磁动势实际是反映了全部磁动势与基波磁动势之差，所以谐波磁通又称为**差异漏磁通**。

同理，转子电流也将产生漏磁通，包括转子的槽漏磁通、端部漏磁通和谐波漏磁通等。

第三节　三相异步电机的等效电路

一、转子不动时的异步电机

三相异步电机正常运行时转子通常是旋转的，为了研究方便，先分析转子不动时的情况。由于异步电机转子绕组是短路的，从电路分析角度来看，转子不动时异步电机的电路方程与二次绕组短路时变压器的电路方程相似，变压器的一次绕组相当于异步电机的定子绕组，二次绕组相当于转子绕组。尽管异步电机与变压器的磁场性质、结构与运行方式不相同，但是它们内部的电磁关系是相通的，所以在研究异步电机等效电路时，可借助于变压器的电磁理论，用**类比法**进行推理是十分有效的。

1. 电压平衡式

三相异步电机的电压平衡式、等效电路和相量图各种物理量均取**每相值**，下标“1”和“2”分别表示定子和转子电路的有关量值，并设各相量的正方向均按变压器惯例，则转子不动时的定、转子电路如图 9-7 所示。定子绕组的电压平衡式和转子不动时转子绕组的电压平衡式分别为

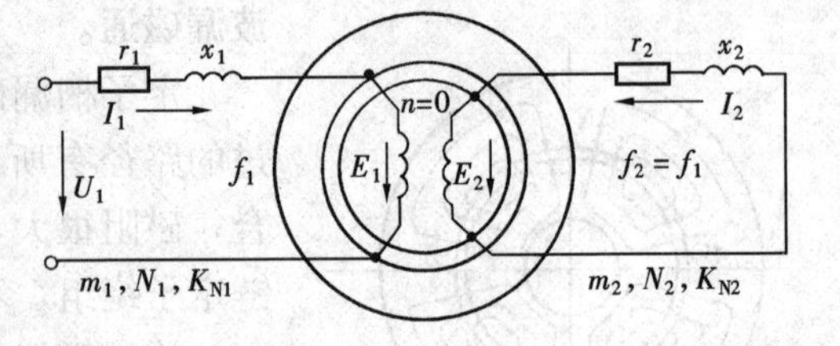

图 9-7 转子不动时异步电机的定、转子电路

$$\dot{U}_1 = -\dot{E}_1 + \dot{I}_1(r_1 + \mathrm{j}x_1) \tag{9-8}$$

$$0 = \dot{E}_2 - \dot{I}_2(r_2 + \mathrm{j}x_2) \tag{9-9}$$

上两式中 $\dot{U}_1$——定子绕组的电压；

$\dot{E}_1$——定子绕组的感应电动势；

$\dot{I}_1$——定子电流；

r_1，x_1——定子绕组的电阻和漏抗；

$\dot{E}_2$——转子不动时转子绕组感应电动势；

$\dot{I}_2$——转子电流；

r_2，x_2——转子绕组电阻和转子不动时的转子漏抗。

2. 磁动势平衡式

与变压器相似，$\dot{I}_1$ 与 $\dot{I}_2$ 的大小和相位是通过磁动势平衡关系联系的。转子不动时，定、转子绕组有相同的极数，因此定、转子电流产生的基波旋转磁动势有相同的转速，转子旋转磁动势对定子旋转磁动势产生去磁作用，二者共同作用产生主磁通 ϕ，由此产生定子感应电动势 $\dot{E}_1 = 4.44 f_1 N_1 K_{N1} \Phi_m$，故 Φ_m 正比于 E_1；又由式(9-8)定子电压平衡式，当电动机端电压 U_1 一定，E_1 也基本不变，从而决定基波磁通 Φ_m 和励磁电流 I_m。

一般定子绕组与转子绕组有相同的极数，但可有不同相数。设定子绕组有 m_1 相，转子绕组有 m_2 相，则定子绕组磁动势

$$\dot{F}_1 = \frac{m_1}{2} \times 0.9 \times \frac{N_1 K_{N1}}{p} \dot{I}_1 \tag{9-10}$$

转子绕组磁动势

$$\dot{F}_2 = \frac{m_2}{2} \times 0.9 \times \frac{N_2 K_{N2}}{p} \dot{I}_2 \tag{9-11}$$

合成磁动势

$$\dot{F}_m = \frac{m_1}{2} \times 0.9 \times \frac{N_1 K_{N1}}{p} \dot{I}_m$$

磁动势平衡式为 $\dot{F}_1 + \dot{F}_2 = \dot{F}_m$，即

$$\frac{m_1}{2} \times 0.9 \times \frac{N_1 K_{N1}}{p} \dot{I}_1 + \frac{m_2}{2} \times 0.9 \times \frac{N_2 K_{N2}}{p} \dot{I}_2 = \frac{m_1}{2} \times 0.9 \times \frac{N_1 K_{N1}}{p} \dot{I}_m \tag{9-12}$$

3. 绕组归算

定子、转子的相数、有效匝数不同，和分析变压器的方法相似，为建立等效电路，需要

进行**绕组归算**。一般将转子方面的各物理量归算到定子方面，如相数 m_2、绕组匝数 N_2、绕组因数 K_{N2} 等。对于绕线式转子，定、转子绕组极数、相数通常是相同的，归算较为简单。而对于笼型转子，转子极对数应与定子极对数相同，否则不能产生平均的电磁转矩，电机也无法工作。每对极的导条数为$\frac{Z_2}{p}$（Z_2 为转子导条数），若$\frac{Z_2}{p}$为整数，这说明笼型绕组是一个对称的多相绕组，每对极下的每一根导条就构成一相，转子导条的槽距角就是相与相之间空间相差的电角度

$$\alpha_2 = \frac{360° p}{Z_2}$$

笼型转子的相数

$$m_2 = \frac{Z_2}{p} \tag{9-13}$$

每对极下每相只有一根导体，p 对极有 p 根导体并联，所以每相串联匝数 $N_2 = \frac{1}{2}$，绕组因数 $K_{N2}=1$。若$\frac{Z_2}{p}$为分数，为了简化计算，也可用以上关系式计算磁动势和磁密。

（1）电流的归算。根据**归算前后转子磁动势保持不变**，即

$$\frac{m_1}{2} \times 0.9 \frac{N_1 K_{N1}}{p} I'_2 = \frac{m_2}{2} \times 0.9 \frac{N_2 K_{N2}}{p} I_2$$

则

$$I'_2 = \frac{m_2 N_2 K_{N2}}{m_1 N_1 K_{N1}} I_2 = \frac{I_2}{K_i} \tag{9-14}$$

式中 K_i——**电流变比**，$K_i = \frac{m_1 N_1 K_{N1}}{m_2 N_2 K_{N2}}$。

（2）电动势的归算。根据**归算前后转子视在功率保持不变**，即

$$m_1 E'_2 I'_2 = m_2 E_2 I_2$$

则

$$E'_2 = \frac{N_1 K_{N1}}{N_2 K_{N2}} E_2 = K_e E_2 \tag{9-15}$$

式中 K_e——**电动势变比**，$K_e = \frac{N_1 K_{N1}}{N_2 K_{N2}}$。

（3）阻抗的归算。根据**归算前后转子铜耗保持不变**，即

$$m_1 I'^2_2 r'_2 = m_2 I_2^2 r_2$$

则

$$r'_2 = \frac{m_1}{m_2}\left(\frac{N_1 K_{N1}}{N_2 K_{N2}}\right)^2 r_2 = K_e K_i r_2 \tag{9-16}$$

同理，根据归算前后转子漏磁场的无功损耗保持不变，得 $x'_2 = \frac{m_1}{m_2}\left(\frac{N_1 K_{N1}}{N_2 K_{N2}}\right)^2 x_2 = K_e K_i x_2$，故称 $K_e K_i = \frac{m_1}{m_2}\left(\frac{N_1 K_{N1}}{N_2 K_{N2}}\right)^2$ 为**阻抗变比**。

对于笼型转子异步电机，绕组归算的变比为

电流变比

$$K_i = \frac{m_1 N_1 K_{N1}}{m_2 N_2 K_{N2}} = \frac{m_1 N_1 K_{N1}}{\frac{Z_2}{p} \times \frac{1}{2}} = \frac{2p m_1 N_1 K_{N1}}{Z_2} \tag{9-17}$$

电动势变比
$$K_e=\frac{N_1K_{N1}}{N_2K_{N2}}=\frac{N_1K_{N1}}{\frac{1}{2}}=2N_1K_{N1} \tag{9-18}$$

阻抗变比
$$K_eK_i=2N_1K_{N1}\frac{2pm_1N_1K_{N1}}{Z_2}=\frac{4pm_1(N_1K_{N1})^2}{Z_2} \tag{9-19}$$

笼型转子内由于导条与端环中电流的大小和相位皆不同，故它们的阻抗不能直接相加，可将端环的阻抗归算到导条侧，归算的原则是归算前后有功功率和无功功率保持不变，讨论略。

二、转子转动后的异步电机

1. 转子转动后对转子各物理量的影响

转子转动后，根据式(9-2)，转子绕组的感应电动势和电流的频率与转子的转速有关，但转子基波旋转磁动势的转速(相对于定子)不变，根据式(9-4)仍为同步转速 n_1，因此，磁动势平衡式(9-12)转子转动后依然成立。

从电路角度看，转子转动后转子频率的变化将影响转子电动势和漏抗等参数的变化。转子电动势

$$E_{2s}=4.44f_2N_2K_{N2}\Phi_m=4.44sf_1N_2K_{N2}\Phi_m=sE_2 \tag{9-20}$$

式中 E_{2s}——转子转动后转子电动势；

E_2——转子不动时转子电动势。

转子漏抗

$$x_{2s}=2\pi f_2L_{\sigma2}=2\pi sf_1L_{\sigma2}=sx_2 \tag{9-21}$$

式中 x_{2s}——转子转动后转子漏抗；

x_2——转子不动时转子漏抗。

转子转动后转子回路电压平衡式

$$0=\dot{E}_{2s}-\dot{I}_2(r_2+jx_{2s}) \tag{9-22}$$

2. 频率归算

以上分析可知，转子转动后转子回路参数的频率为 $f_2=sf_1$，而定子回路参数的频率仍为 f_1，两者不相同，而不同频率的物理量所列出的方程式是不能联立求解的，也得不到统一的等效电路。为此将转子频率变换成与定子电路相同的频率，这就是**频率归算**。上节已讨论过，转子不动时，定、转子电路具有相同的频率，故等效的转子电路可以看成静止不动的。进行归算纯属是为解电路的需要，应该保持频率归算后转子电流的大小和相位不变，从而保持磁动势平衡不变，保持定子各物理量以及功率不变。

式(9-22)可写成

$$\left.\begin{aligned}\dot{I}_2&=\frac{\dot{E}_{2s}}{r_2+jx_{2s}}=\frac{s\dot{E}_2}{r_2+jsx_2}\\ \theta_2&=\tan^{-1}\frac{x_{2s}}{r_2}=\tan^{-1}\frac{sx_2}{r_2}\end{aligned}\right\} \tag{9-23}$$

将式(9-23)分子、分母同除以 s，其数值不变，即

$$\left.\begin{aligned}\dot{I}_2 &= \frac{\dot{E}_2}{\frac{r_2}{s}+\mathrm{j}x_2}=\frac{\dot{E}_2}{(r_2+\mathrm{j}x_2)+\frac{1-s}{s}r_2}\\ \theta_2 &= \tan^{-1}\frac{x_2}{\frac{r_2}{s}}\end{aligned}\right\}\tag{9-24}$$

从式（9-23）变换到式（9-24）是在保持 I_2 和 θ_2 不变前提下的数学变换，但是分析它们一些参数的物理意义却发生了变化。

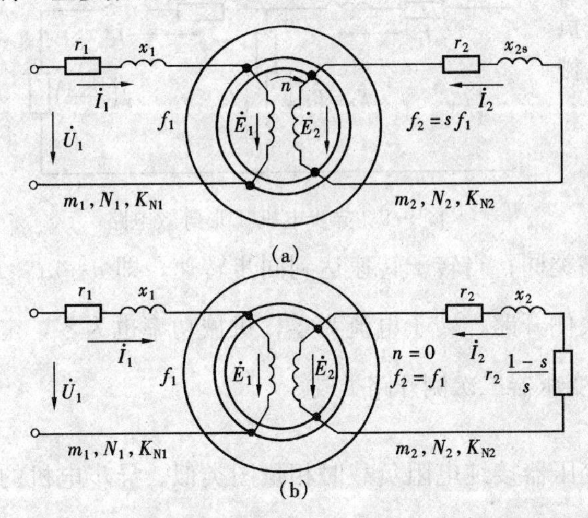

图 9-8　转子转动后的异步电机定、转子电路图

(a) 转动时的电路；(b) 频率归算后的电路

式（9-23）表示转子转动时的实际情况。转子电动势为 E_{2s}，转子电抗为 x_{2s}，转子频率为 f_2，转轴上输出机械功率，电路如图 9-8（a）所示。

式（9-24）表示频率归算后的等效转子。转子电动势为 E_2，转子电抗为 x_2，转子频率为 f_1，转子不动，但是它用$\frac{r_2}{s}$的转子电阻代替实际的转子电阻 r_2，形成一个等效转子。将$\frac{r_2}{s}$分成两项，即

$$\frac{r_2}{s}=r_2+\frac{1-s}{s}r_2 \tag{9-25}$$

在频率归算后的电路图 9-8（b）中，第一项 r_2 为转子本身的电阻，第二项$\frac{1-s}{s}r_2$为**附加电阻**。它表示频率归算后，等效转子不动，故无机械功率输出，但是串入了附加电阻$\frac{1-s}{s}r_2$，因归算前后总功率不变，因此从数量上看，附加电阻上的电功率为 $m_2I_2^2r_2\ \frac{1-s}{s}$，相当于转子转动时轴上的机械功率。也就是说，可以通过计算等效电路中**附加电阻上的电功率代表转子总的机械功率**，故$\frac{1-s}{s}r_2$ 又称为**模拟电阻**。模拟电阻与转差率 s 有关，电动机稳态运行时，s 值很小（额定负载时约为 0.05 以内），当 s 增大时，模拟电阻就减小，负载增大。

3. 基本方程式和等效电路

定子和转子构成一个等效电路，转子参数经**频率归算**后还应进行**绕组归算**，将转子电动势、电流和阻抗按各自的变比归算到定子侧，归算后异步电机转子侧参数为 $\dot{E}'_2$，$\dot{I}'_2$，r'_2，x'_2，异步电机的基本方程为

$$\left.\begin{aligned}
\dot{U}_1 &= -\dot{E}_1 + \dot{I}_1(r_1 + jx_1) \\
0 &= \dot{E}'_2 - \dot{I}'_2\left(\frac{r'_2}{s} + jx'_2\right) \\
\dot{I}_1 &= \dot{I}_m + (-\dot{I}'_2) \\
\dot{E}_1 &= \dot{E}'_2 \\
-\dot{E}_1 &= \dot{I}_m Z_m = \dot{I}_m(r_m + jx_m)
\end{aligned}\right\} \tag{9-26}$$

根据式（9-26）可画出**异步电机的T形等效电路**，如图9-9所示。它和变压器接有纯电阻负载的等效电路相似，所接的电阻即为模拟机械功率的模拟电阻$\frac{1-s}{s}r'_2$。

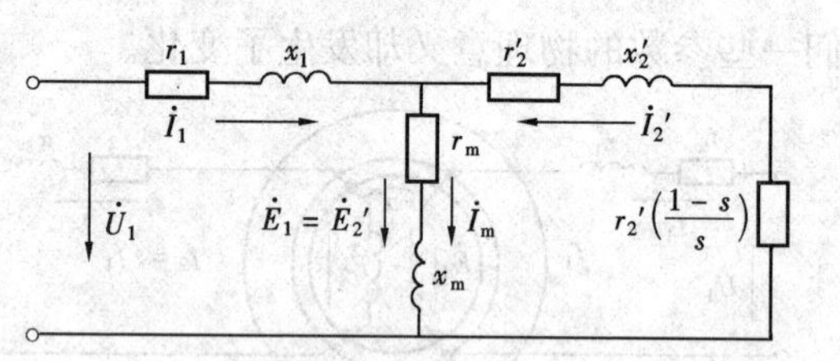

图9-9　异步电机T形等效电路

当转子不动时，即$n=0$，$s=1$，则$\frac{1-s}{s}r'_2=0$，机械功率等于零，与变压器二次侧短路类同；当转子转速达到同步转速，即$n=n_1$，$s=0$，则$\frac{1-s}{s}r'_2=\infty$，相当于等效电路的二次侧开路，转子电流为零，机械功率也为零，定子电流仅为励磁电流，为理想空载状态，与变压器二次侧开路类同。

4. 相量图

如图9-10所示，异步电机的相量图与变压器接纯电阻负载时相量图类似。异步电机的模拟电阻压降相当于变压器的二次侧电压。图中定子电流$\dot{I}_1$总是滞后于电源电压$\dot{U}_1$，这主要是磁化电流和定、转子漏抗引起的，**异步电机正常运行时必须从电源输入感性无功功率**，这一缺点是异步电机固有特性所决定的。

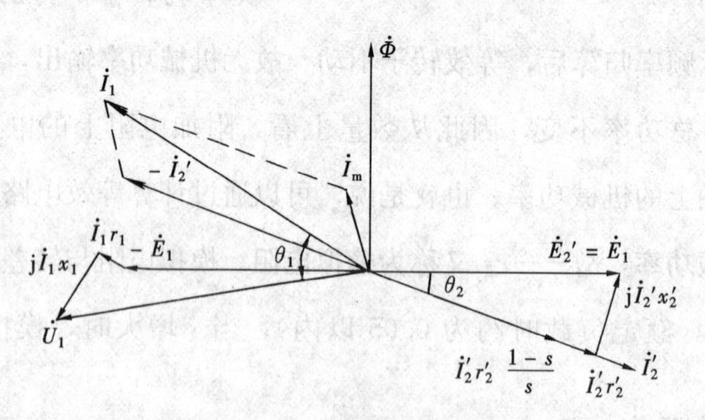

图9-10　异步电机相量图

第四节　异步电机的参数

利用基本方程式、等效电路和相量图分析交流电机特性是电机学中普遍采用的方法。异步电机通过等效电路可算出电机的电流、功率、效率、功率因数以及转矩等。为此需要了解等效电路的运算方法和电路中各个参数的物理概念及测定方法，T形等效电路中有r_1、x_1、r'_2、x'_2、r_m、x_m六个基本参数和转差率s运行状态参数。

一、异步电机等效电路参数的测定

异步电机T形等效电路中定子绕组电阻 r_1 可用电桥等表计直接测量，并换算到标准温度（一般为75℃）时的值。其他参数和变压器相似，可通过空载实验和短路（堵转）实验来测定。

1. 空载实验

空载实验的目的是测定**励磁参数** r_m、x_m，以及**铁损耗** p_{Fe}**和机械损耗** p_{mec}。实验在电源频率 $f=f_N$，转子轴上不带任何负载，转速接近同步转速 $n\approx n_1$ 的情况下进行，测取额定相电压 $U_1=U_N$ 时，空载相电流 I_0 和空载三相功率 P_0。为了测试准确往往用调压器改变试验电压大小，从$(1.1\sim1.2)U_N$ 下降到电动机转速发生明显变化为止，一般为 $0.3U_N$ 左右，画出空载特性曲线 $I_0=f(U_1)$和 $P_0=f(U_1)$，如图9-11所示。

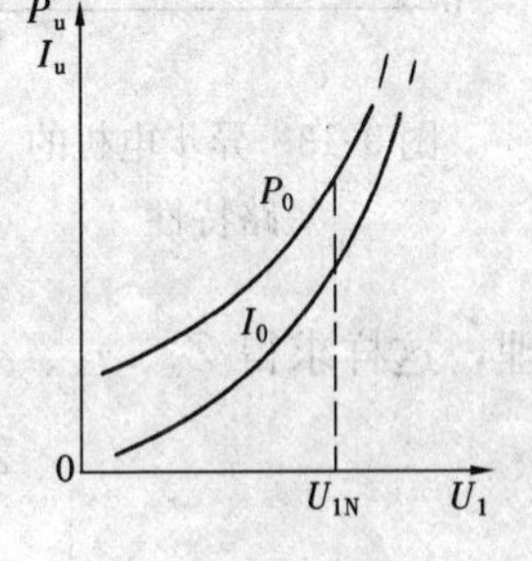

图9-11　异步电动机空载特性

空载输入总功率为

$$P_0 = m_1 I_0^2 r_1 + p_{Fe} + p_{mec} \tag{9-27}$$

铁损耗和机械损耗之和为

$$P'_0 = P_0 - m_1 I_0^2 r_1 = p_{Fe} + p_{mec} \tag{9-28}$$

由于铁损耗与磁密平方成正比，也就近似与电压平方成正比，而机械损耗与电压大小无关，仅与转速有关，故可用$P'_0=f\ (U_1^2)$关系曲线，将 p_{Fe}与 p_{mec}分离开来，求出额定电压时的铁损耗和机械损耗，如图9-12所示。其中铁损耗包括空载附加损耗，该损耗同样与电压平方成正比，但是数值较小。

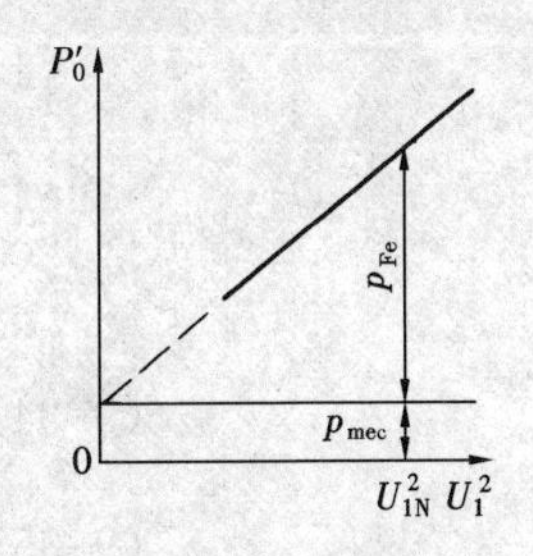

图9-12　电压平方法分离机械损耗与铁损耗

空载试验时，$s\approx0$，转子可认为是开路，根据 $U_1=U_N$ 时的数据可求出励磁阻抗。

励磁电阻为

$$r_m = \frac{p_{Fe}}{m_1 I_0^2} \tag{9-29}$$

空载总电抗为

$$x_0 = x_1 + x_m = \sqrt{\left(\frac{U_1}{I_0}\right)^2 - r_0^2} \approx \frac{U_1}{I_0} \tag{9-30}$$

式中：$r_0=r_1+r_m\ll x_0$；U_1、I_0 均为**相值**。

励磁电抗为

$$x_m = x_0 - x_1 \tag{9-31}$$

2. 短路（堵转）试验

短路试验的目的是测定**短路电抗、短路阻抗和转子电阻**。短路试验是在转子不动的情况下（$s=1$），调节外施电压，使短路电流由 $1.2I_N$ 逐渐减少到 $0.3I_N$，每次测出定子相电压 U_k、相电流 I_k 和输入三相总功率 P_k，并画出短路特性曲线 $I_k=f(U_k)$和 $P_k=f(U_k)$，如图9-13所示。

根据短路试验查出 $I_k=I_N$ 时的数据，求得异步电机的短路阻抗 Z_k、短路电阻 r_k 和短路电抗 x_k 分别为

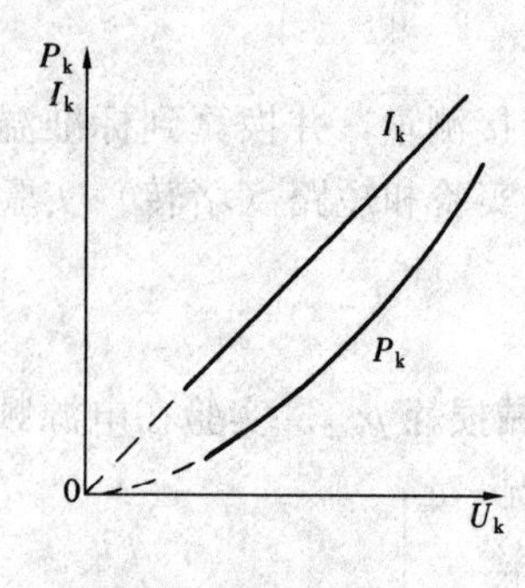

图 9-13 异步电机的短路特性

$$\left.\begin{aligned} Z_k &= \frac{U_k}{I_k} \\ r_k &= \frac{P_k}{m_1 I_k^2} \\ x_k &= \sqrt{Z_k^2 - r_k^2} \end{aligned}\right\} \tag{9-32}$$

短路时异步电机 T 形等效电路如图 9-9 所示。此时，$s=1$，$\frac{1-s}{s}r'_2=0$，如同变压器一侧短路。短路（堵转）试验所加电压较低，故铁损耗可不计，则 $r_m=0$。异步电机由于存在气隙，励磁电流较大，可达额定电流的 20%～50%，励磁电抗虽然比转子漏抗大得多，但是不宜像变压器短路试验时将励磁回路开路处理，这样求得 Z_k、r_k、x_k 分别为

$$\left.\begin{aligned} Z_k &= r_1 + jx_1 + \frac{jx_m(r'_2 + jx'_2)}{r'_2 + j(x_m + x'_2)} = r_k + jx_k \\ r_k &= r_1 + r'_2 \frac{x_m^2}{r'^2_2 + (x_m + x'_2)^2} \\ x_k &= x_1 + x_m \frac{r'^2_2 + x'^2_2 + x_m x'_2}{r'^2_2 + (x_m + x'_2)^2} \end{aligned}\right\} \tag{9-33}$$

对于一般异步电机，设 $x_1 = x'_2$❶，并利用空载试验数据 $x_0 = x_m + x_1 = x_m + x'_2$，代入式 (9-33)，则

$$r_k = r_1 + r'_2 \frac{(x_0 - x_1)^2}{r'^2_2 + x_0^2}$$

$$x_k = x_1 + (x_0 - x_1) \frac{r'^2_2 + x_0 x_1}{r'^2_2 + x_0^2}$$

上式可改写成

$$x_1 = x'_2 = x_0 - \sqrt{\frac{x_0 - x_k}{x_0}(r'^2_2 + x_0^2)} \tag{9-34}$$

$$r'_2 = (r_k - r_1)\frac{x_0}{x_0 - x_k} \tag{9-35}$$

对于大型异步电机，一般 $x_m \gg Z'_2$，励磁电流所占比例很少，因此可近似与变压器短路试验时一样将励磁回路做开路处理，这样 $r_k = r_1 + r'_2$，则

$$r'_2 = r_k - r_1 \tag{9-36}$$

❶参见下表。

异步电机漏电抗分配的经验值

电机类型	描述	$x_1 + x_2$	
		x_1	x_2
A	正常起动转矩，正常起动电流	0.5	0.5
B	正常起动转矩，低起动电流	0.4	0.6
C	高起动转矩，低起动电流	0.3	0.7
D	高起动转矩，高转差率	0.5	0.5
绕线式转子	性能随转子电阻变化	0.5	0.5

注 摘自 IEEE Standard 112。

$x_k = x_1 + x'_2$，则

$$x_1 = x'_2 = \frac{1}{2}x_k \tag{9-37}$$

等效电路中所有参数均为相值，一般定子侧的参数为**实际值**，转子侧的参数为**归算值**，而不是实际值，由此算出的定子侧的量也为实际值，**算出的转子侧电动势、电流是归算值而不是实际值，但是归算是在功率不变的条件下进行的，所以算出的转子有功功率、损耗和转矩均与实际值相同。**

二、异步电机等效电路的简化

异步电机T形等效电路是一个串并联电路且为复数运算，计算比较繁杂，工程计算时可以进行适当简化。与变压器类似，将励磁支路移至端点形成近似等效电路，但是异步电机励磁电流较大，励磁阻抗较小，简单的励磁支路前移将造成较大的误差，需要作必要的修改。

根据T**形等效电路**，定子、转子电流为

$$\dot{I}_1 = \frac{\dot{U}_1}{Z_1 + \dfrac{Z_m Z'_2}{Z_m + Z'_2}} = \dot{U}_1 \frac{1 + \dfrac{Z'_2}{Z_m}}{Z_1 + \left(1 + \dfrac{Z_1}{Z_m}\right)Z'_2} = \dot{U}_1 \frac{1 + \dfrac{Z'_2}{Z_m}}{Z_1 + \dot{C}_1 Z'_2} \tag{9-38}$$

$$-\dot{I}'_2 = \frac{\dot{U}_1}{Z_1 + \left(1 + \dfrac{Z_1}{Z_m}\right)Z'_2} = \frac{\dot{U}_1}{Z_1 + \dot{C}_1 Z'_2} \tag{9-39}$$

$$\dot{I}_m = \dot{I}_1 \frac{Z'_2}{Z_m + Z'_2} = \frac{\dot{U}_1}{Z_m} \frac{Z'_2}{Z_1 + \dot{C}_1 Z'_2} \tag{9-40}$$

其中 $Z_1 = r_1 + jx_1$；$Z'_2 = \frac{r'_2}{s} + jx'_2$；$Z_m = r_m + jx_m$

式中 $\dot{C}_1$——复数修正系数，$\dot{C}_1 = 1 + \frac{Z_1}{Z_m} = 1 + \frac{r_1 + jx_1}{r_m + jx_m}$。 (9-41)

在异步电机中，由于 $r_1 < x_1$，$r_m \ll x_m$，如略去 r_1 和 r_m，则**复数修正系数 $\dot{C}_1$ 就简化为一实数修正系数 c_1**

$$c_1 = 1 + \frac{x_1}{x_m} \tag{9-42}$$

式（9-39）**中用 c_1 替代 $\dot{C}_1$**，转子电流计算可以简化为

$$-\dot{I}'_2 = \frac{\dot{U}_1}{\left(r_1 + c_1 \dfrac{r'_2}{s}\right) + j(x_1 + c_1 x'_2)} \tag{9-43}$$

因此可得到**求转子电流的较准确的近似等效电路**，如图9-14所示。

结合原等效电路和式（9-43），求 $\dot{I}_1$ 的简化公式为

$$\dot{I}_1=\dot{I}_m+(-\dot{I}_2)=\frac{\dot{U}_1-\dot{I}_1Z_1}{Z_m}+\frac{\dot{U}_1}{Z_1+c_1Z'_2}$$

整理得
$$\dot{I}_1=\frac{\dot{U}_1}{Z_1+Z_m}+\frac{\dot{U}_1}{c_1Z_1+c_1^2Z'_2}=\dot{I}'_m+\left(-\frac{\dot{I}'_2}{c_1}\right) \tag{9-44}$$

式中，$\dot{I}'_m=\frac{\dot{U}_1}{Z_1+Z_m}=\frac{\dot{U}_1}{(r_1+r_m)+\mathrm{j}(x_1+x_m)}$，$\dot{I}'_m$ 并非是实有的励磁电流，$-\frac{\dot{I}'_2}{c_1}$也不是实有的转子电流，转子电流 $-\dot{I}'_2$ 仍由式（9-43）求得，式（9-44）是求定子电流的简化公式，由此可得**求定子电流的较准确的近似等效电路**，如图 9-15 所示。

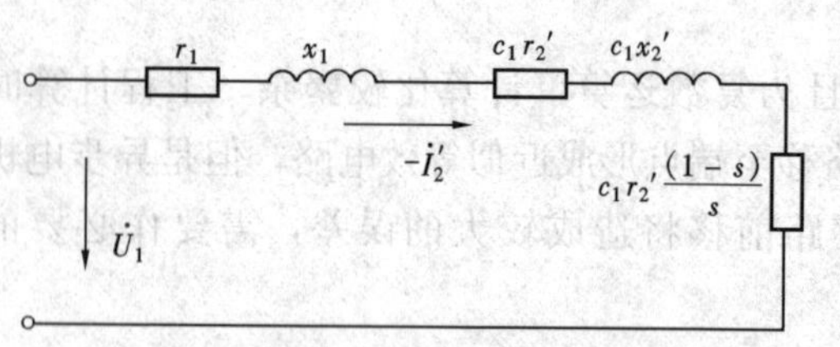

图 9-14　求转子电流的较准确的近似等效电路

容量较大的异步电机，因为 $x_1 \ll x_m$，所以 $c_1\approx1$，**得到的等效电路为简化等效电路**，如图 9-16 所示。由此计算工作量大为简化，当然也会带来误差，与 T 形等效电路相比，励磁电流和定子电流偏大。究竟采用哪种等效电路，应视电机参数情况和要求的计算准确程度而定。

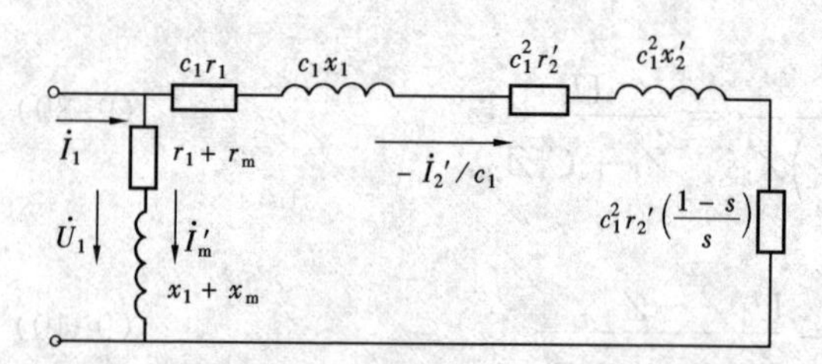

图 9-15　求定子电流的较准确的近似等效电路

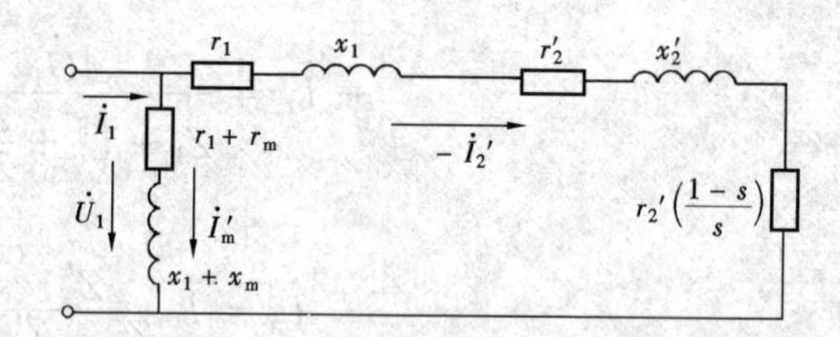

图 9-16　异步电机的简化等效电路

第五节　异步电动机的功率平衡式和转矩平衡式

一、功率平衡式

异步电动机通过电磁能量转换，将电网输入的电功率转换成转子输出的机械功率，其间必然会有损耗，见图 9-17。根据能量守恒原则，输入功率必须等于输出功率和全部损耗之和。本节将用等效电路来分析异步电动机的能量关系：

输入有功功率　　$P_1=m_1U_1I_1\cos\theta_1$

定子铜损耗　　$p_{cu1}=m_1I_1^2r_1$

定子铁损耗　　$p_{Fe}=m_1I_m^2r_m$

转子铜损耗　　$p_{cu2}=m_1I'^2_2r'_2$

总的机械功率　　$P_i=m_1I'^2_2r'_2\frac{1-s}{s}$

其中，p_{Fe}为气隙旋转磁场在定子铁芯中形成交变磁通所产生的定子铁损耗。正常运行时，转子中磁通交变频率（sf_1）很小，对于 50Hz 普通异步电动机，通常仅为 0.5～3Hz，故转子铁损耗可以忽略不计。P_{i} 为**总的机械功率又称为内功率**，它是从等效电路上直接反映转子输出的机械功率，转子轴上实际输出功率还应扣去电动机旋转过程中不可避免的摩擦损耗和风阻损耗，通称机械损耗 p_{mec}，与电动机转速大小有关。除了以上损耗以外统称**附加损耗 p_{ad}，它是异步电动机中谐波磁通和基波漏磁通在定、转子导体，铁芯及其金属部件中所产生的附加铁损耗和铜损耗。附加损耗又称杂散损耗**，组成比较复杂，有部分损耗与负载大小有关，另一部分损耗与负载无关，大型电动机 p_{ad} 约为额定功率的 0.5%，而小型铸铝转子异步电动机满载时 p_{ad} 可达额定功率的 1%～3%。

异步电动机功率流程图如图 9-18 所示。图中，P_{M} **为电磁功率**，它借助于气隙基波旋转磁场由定子传递给转子，这一功率是通过电磁感应而获得的，故称电磁功率或称气隙功率，由等效电路可得

$$P_{\text{M}} = P_1 - p_{\text{Cu1}} - p_{\text{Fe}} = m_1 I'^2_2 \frac{r'_2}{s} = \frac{p_{\text{Cu2}}}{s} \tag{9-45}$$

即

$$p_{\text{Cu2}} = sP_{\text{M}} \tag{9-46}$$

一般异步电动机额定运行时 $s_{\text{N}}=0.01 \sim 0.05$，如转差率过大，转子电流增大，转子铜损耗增大，效率降低。此外，总的机械功率又可写成

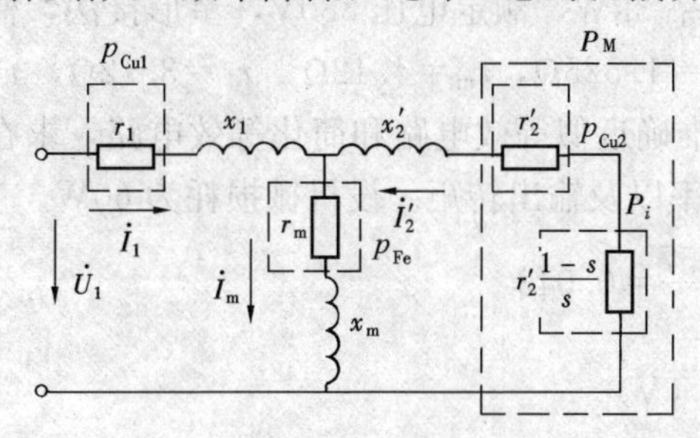

图 9-17 异步电动机的各种损耗

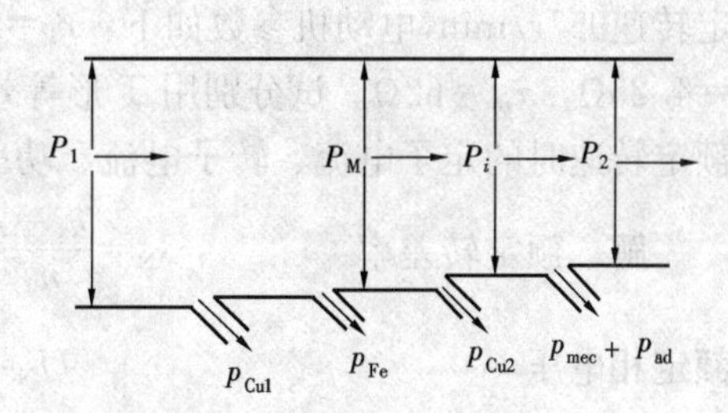

图 9-18 异步电动机的功率流程图

$$P_{\text{i}} = P_{\text{M}} - p_{\text{Cu2}} = (1-s)P_{\text{M}} \tag{9-47}$$

故

$$P_{\text{M}} : P_{\text{i}} : p_{\text{Cu2}} = 1 : (1-s) : s$$

输出功率

$$P_2 = P_{\text{i}} - p_{\text{mec}} - p_{\text{ad}} \tag{9-48}$$

异步电动机总的功率计算式为

$$\begin{aligned} P_1 &= P_2 + p_{\text{Cu1}} + p_{\text{Fe}} + p_{\text{Cu2}} + p_{\text{mec}} + p_{\text{ad}} = P_2 + \Sigma p \\ \Sigma p &= p_{\text{Cu1}} + p_{\text{Fe}} + p_{\text{Cu2}} + p_{\text{mec}} + p_{\text{ad}} \end{aligned} \tag{9-49}$$

式中 Σp——电动机总损耗。

二、转矩平衡式

旋转电动机的机械功率等于电动机的转矩与它的机械角速度乘积。异步电动机输出功率为

$$P_2 = T_2 \Omega = \frac{2\pi n}{60} T_2 \tag{9-50}$$

将式（9-48）两边除以转子角速度 Ω，得到转矩平衡式为

$$T_2 = T - T_{\text{mec}} - T_{\text{ad}} = T - T_0 \tag{9-51}$$

式中 T_2——电动机轴上的输出机械转矩，即**负载转矩**，$T_2=\frac{P_2}{\Omega}$；

T——电动机轴上的总机械转矩，即**电磁转矩**，$T=\frac{P_i}{\Omega}$；

T_0——电动机空载制动转矩，$T_0=T_{mec}+T_{ad}$；

T_{mec}——机械损耗转矩，$T_{mec}=\frac{p_{mec}}{\Omega}$；

T_{ad}——附加损耗转矩，$T_{ad}=\frac{p_{ad}}{\Omega}$。

又电磁转矩为

$$T=\frac{P_i}{\Omega}=\frac{P_i}{\frac{2\pi n}{60}}=\frac{(1-s)P_M}{(1-s)\frac{2\pi n_1}{60}}=\frac{P_M}{\Omega_1} \tag{9-52}$$

式中，$\Omega_1=\frac{2\pi n_1}{60}=\frac{2\pi f}{p}$，又 $\Omega_1=\frac{\Omega}{1-s}$，$\Omega_1$ 为电动机的同步角速度；Ω 为电动机转子的角速度。

【例 9-1】 一台三相笼型异步电动机，额定功率 3kW，额定电压 380V，星形接法，额定转速957r/min,电动机参数如下：$r_1=2.08\Omega$，$r'_2=1.525\Omega$，$r_m=4.12\Omega$，$x_1=3.12\Omega$，$x'_2=4.25\Omega$，$x_m=62\Omega$。试分别用 T 形等效电路、较准确近似等效电路和简化等效电路，求在额定转速时的定子电流、转子电流、功率因数、效率以及输出转矩。设机械损耗为 60W。

解 额定转差率 $s_N=\frac{n_1-n}{n_1}=\frac{1000-957}{1000}=0.043$

额定相电压 $U_N=\frac{380}{\sqrt{3}}=220\ (V)$

设以 $\dot{U}_1$ 为参考轴，则 $\dot{U}_1=220\angle 0°$。

(1) 应用 T 形等效电路计算。

定子电流
$$\dot{I}_1=\frac{\dot{U}_1}{Z_1+\frac{Z'_2Z_m}{Z'_2+Z_m}}=\frac{220\angle 0°}{2.08+j3.12+\frac{\left(\frac{1.525}{0.043}+j4.25\right)\times(4.12+j62)}{\frac{1.525}{0.043}+j4.25+4.12+j62}}$$
$$=6.822\angle -36.41°(A)$$

转子电流
$$-\dot{I}'_2=\frac{\dot{I}_1Z_m}{Z'_2+Z_m}=\frac{6.822\angle -36.41°\times(4.12+j62)}{\frac{1.525}{0.043}+j4.25+4.12+j62}$$
$$=5.49\angle -9.352°(A)$$

功率因数 $\cos\theta_1=\cos(-36.41°)=0.8047$

输入功率 $P_1=3U_1I_1\cos\theta_1=3\times220\times6.822\times0.8047=3622\ (W)$

输出功率
$$P_2=3I'^2_2r'_2\frac{1-s}{s}-p_{mec}=3\times5.49^2\times1.525\times\frac{1-0.043}{0.043}-60$$
$$=3008(W)$$

效率
$$\eta=\frac{P_2}{P_1}=\frac{3008}{3622}=0.8305$$

输出转矩
$$T_2=\frac{P_2}{\Omega}=\frac{3008}{\frac{2\pi\times957}{60}}=30.01\ (\mathrm{N\cdot m})$$

（2）应用较准确近似等效电路计算。

修正系数
$$c_1=1+\frac{x_1}{x_m}=1+\frac{3.12}{62}=1.05$$

转子电流
$$-\dot{I}'_2=\frac{\dot{U}_1}{\left(r_1+c_1\frac{r'_2}{s}\right)+\mathrm{j}\ (x_1+c_1x'_2)}$$

$$=\frac{220\angle0^\circ}{\left(2.08+1.05\times\frac{1.525}{0.043}\right)+\mathrm{j}\ (3.12+1.05\times4.25)}=5.5\angle-10.915^\circ\ (\mathrm{A})$$

励磁电流
$$\dot{I}'_m=\frac{\dot{U}_1}{(r_1+r_m)+\mathrm{j}(x_1+x_m)}$$

$$=\frac{220\angle0^\circ}{(2.08+4.12)+\mathrm{j}(3.12+62)}=3.363\angle-84.56^\circ(\mathrm{A})$$

定子电流

$$\dot{I}_1=\dot{I}_m-\frac{\dot{I}'_2}{c_1}=3.363\angle-84.56^\circ+\frac{5.5}{1.05}\angle-10.915^\circ=6.974\angle-38.46^\circ(\mathrm{A})$$

功率因数
$$\cos\theta_1=\cos(-38.46^\circ)=0.783$$

输入功率
$$P_1=3U_1I_1\cos\theta_1=3\times220\times6.974\times0.783=3604(\mathrm{W})$$

输出功率
$$P_2=3I'^2_2r'_2\frac{1-s}{s}-p_{mec}=3\times5.5^2\times1.525\times\frac{1-0.043}{0.043}-60$$

$$=3020(\mathrm{W})$$

效率
$$\eta=\frac{P_2}{P_1}=\frac{3020}{3604}=0.8379$$

输出转矩
$$T_2=\frac{P_2}{\Omega}=\frac{3020}{\frac{2\pi\times957}{60}}=30.13(\mathrm{N\cdot m})$$

（3）应用简化等效电路计算，令 $c_1=1$，则

转子电流
$$-\dot{I}'_2=\frac{\dot{U}_1}{\left(r_1+\frac{r'_2}{s}\right)+\mathrm{j}(x_1+x'_2)}$$

$$=\frac{220\angle0^\circ}{\left(2.08+\frac{1.525}{0.043}\right)+\mathrm{j}(3.12+4.25)}=5.75\angle-11.1^\circ(\mathrm{A})$$

励磁电流
$$\dot{I}'_m=\frac{\dot{U}_1}{(r_1+r_m)+\mathrm{j}(x_1+x_m)}$$

$$=\frac{220\angle0^\circ}{(2.08+4.12)+\mathrm{j}(3.12+62)}=3.363\angle-84.56^\circ(\mathrm{A})$$

定子电流 $\dot{I}_1=\dot{I}'_m-\dot{I}'_2=3.362\angle-84.56°+5.75\angle-11.1°=7.441\angle-36.77°(\mathrm{A})$

功率因数 $\cos\theta_1=\cos(-36.77°)=0.801$

输入功率 $P_1=3U_1I_1\cos\theta_1=3\times220\times7.441\times0.801=3934(\mathrm{W})$

输出功率
$$P_2=3I'^2_2r'_2\frac{1-s}{s}-p_{mec}=3\times5.75^2\times1.525\times\frac{1-0.043}{0.043}-60=3305(\mathrm{W})$$

效率
$$\eta=\frac{P_2}{P_1}=\frac{3305}{3934}=0.8401$$

输出转矩
$$T_2=\frac{P_2}{\Omega}=\frac{3305}{\frac{2\pi\times957}{60}}=32.98(\mathrm{N\cdot m})$$

比较计算结果，应用方法（1）与（2）的计算值比较接近，而用方法（3）计算时各量误差较大。其原因在于复数修正系数 $\dot{C}_1=1+\frac{Z_1}{Z_m}=1.0529\angle-16.32°$，常数修正系数 $c_1=1+\frac{x_1}{x_m}=1.05$，而方法（3）中设 $c_1=1$，必然引起较大的偏差。因此，小型电机计算中常用方法（2）。

第六节 异步电动机的机械特性及稳定运行条件

一、电磁转矩和机械特性

三相异步电动机在外施电压、频率和参数为规定值时，电磁转矩 T 与转差率 s（或转速 n）之间的函数关系，可用曲线表示，称为异步电动机的电磁转矩一转差率曲线，简称 T-s 曲线，又称为**机械特性曲线**，它是异步电动机最主要的特性。

根据式（9-52），电磁转矩为

$$T=\frac{P_M}{\Omega_1}=\frac{P_i}{\Omega}=\frac{p}{\omega_1}m_1I'^2_2\frac{r'_2}{s}\tag{9-53}$$

其中 $\Omega=\frac{2\pi n}{60}=\frac{2\pi n_1(1-s)}{60}=(1-s)\frac{2\pi f_1}{p}=(1-s)\frac{\omega_1}{p}$

式中 Ω—— 转子角速度。

根据较准确的近似等效电路，电磁转矩的表达式为

$$T=\frac{m_1p}{\omega_1}U_1^2\frac{\frac{r'_2}{s}}{\left(r_1+c_1\frac{r'_2}{s}\right)^2+(x_1+c_1x'_2)^2}\tag{9-54}$$

式中 U_1——相电压，V；

r_1，r'_2，x_1，x'_2——定、转子相电阻和漏电抗，Ω；

ω_1——同步角频率（rad/s），$\omega_1=2\pi f_1$；

T——三相电磁转矩，N·m。

由式（9-54）在恒定电压、恒定频率电源供电下，可画出 T-s 曲线，如图 9-19 所示。该曲线是按电动机运行方式导出，按照转差率划分电机有三种运行状态：

（1）在 $0<s\leqslant1$，$n_1>n\geqslant0$ 的范围内，电磁转矩 T 和转速 n 都为正，方向相同，为**电动机状态**；

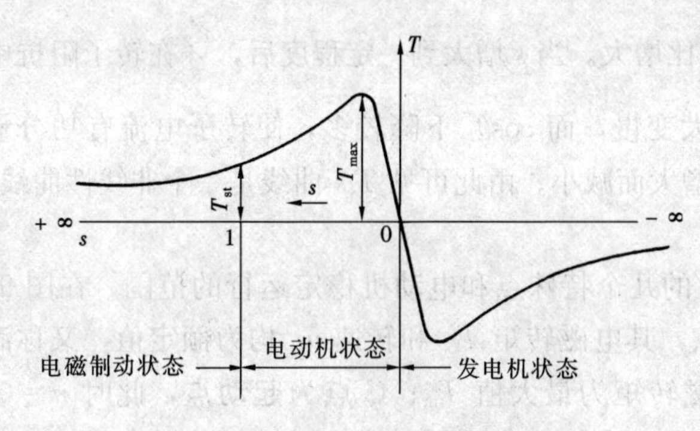

图 9-19　异步电机的 T-s 曲线

（2）在 $s<0$，即 $n>n_1$，电磁转矩为负值，是制动转矩，为**发电机状态**；

（3）在 $s>1$，即 $n<0$，电磁转矩 T 和转速 n 方向相反，为电磁**制动状态**。

图 9-19 所示的 T-s 曲线是把电动机的参数看作常数画出的。实际上由于存在着集肤效应和饱和影响，参数并非是常数，而是随转差率而变化，正常运行时变化不大，一般无需逐点进行修正，但是对一些影响大的特殊工作点的参数应该作必要修正，如起动点等。

电磁转矩的另一种表达式为

$$T=\frac{P_M}{\Omega_1}=\frac{m_1 p}{\omega_1}E'_2 I'_2\cos\theta_2$$

以 $E'_2=E_1=4.44f_1N_1K_{N1}\Phi_m$，$\omega_1=2\pi f_1$ 代入上式得

$$T=\frac{pm_1}{\sqrt{2}}N_1K_{N1}\Phi_m I'_2\cos\theta_2=C_T\Phi_m I'_2\cos\theta_2 \tag{9-55}$$

其中

$$C_T=\frac{pm_1}{\sqrt{2}}N_1K_{N1}$$

式中　C_T——**电机转矩常数**。

式（9-55）表示电磁转矩与主磁通及转子电流有功分量乘积成正比。该式常用于定性分析，可用来解释 T-s 曲线的变化规律。因为

$$\left.\begin{aligned}\dot{E}'_2&=\dot{E}_1=\dot{U}_1-\dot{I}_1Z_1\\ I'_2&=\frac{E'_2}{\sqrt{\left(\frac{r'_2}{s}\right)^2+x'^2_2}}\\ \cos\theta_2&=\frac{\frac{r'_2}{s}}{\sqrt{\left(\frac{r'_2}{s}\right)^2+x'^2_2}}\end{aligned}\right\} \tag{9-56}$$

$\dot{E}'_2$、$\dot{I}'_2$ 和 $\cos\theta_2$ 都是 s 的函数，变化曲线如图 9-20 所示。

当理想空载时 $n=n_1$，$s=0$，$I'_2=0$，$T=0$。电动机带上负载后，$n<n_1$，$s>0$。s 增大将使 I'_2 增大，而使 $\cos\theta_2$ 下降，但是都不是线性变化关系。s 增大，负载增加，但是 E'_2 减小不大，若电压不变，则 Φ_m 减少不多，可近似看成不变。这样，当 s 很小时，n 很接近 n_1，$\frac{r'_2}{s}\gg x'_2$，I'_2 近似与 s 成正比，而 s 增大，使 $\cos\theta_2$ 下降不

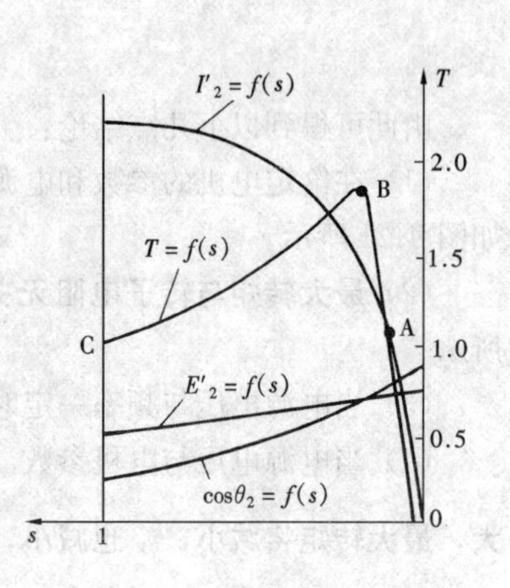

图 9-20　异步电动机的机械特性曲线

大，此时 $\cos\theta_2\approx1$，这样 T 近似与 s 成正比增大。当 s 增大到一定程度后，$\frac{r'_2}{s}$在转子阻抗中所占比例相对减少，所以 s 增大，I'_2 增大变慢，而 $\cos\theta_2$ 下降较多，使转子电流有功分量 $I'_2\cos\theta_2$ 反而减少，故电磁转矩 T 随着 s 增大而减小。由此可见 T-s 曲线是一个非线性曲线，其中极值点即为最大转矩点。

下面讨论异步电动机机械特性曲线上的几个特殊点和电动机稳定运行的范围。在图 9-20 所示的 T-s 曲线上，A 点为**额定运行点**，其电磁转矩 T_N 和转速 n_N 均为额定值，又称满载工作点；B 点为**最大转矩点**，此时电磁转矩为最大值 T_m；C 点为**起动点**，此时 $n=0$，$s=1$，电磁转矩为起动转矩 T_{st}。

1. 最大转矩

求最大转矩，可用式（9-54），$\frac{dT}{ds}=0$ 或 $\frac{dT}{d\left(\frac{r'_2}{s}\right)}=0$，由此求得产生最大转矩时的转差率

$$s_k=\pm\frac{c_1r'_2}{\sqrt{r_1^2+(x_1+c_1x'_2)^2}} \tag{9-57}$$

代入到转矩表达式，求得最大转矩为

$$T_m=\pm\frac{m_1p}{\omega_1}\frac{U_1^2}{2c_1\left[\pm r_1+\sqrt{r_1^2+(x_1+c_1x'_2)^2}\right]} \tag{9-58}$$

式中 s_k——**临界转差率**；

“±”号——电动机状态取“+”号，发电机状态取“−”号。

对于大容量电机，可近似看成 $c_1\approx1$，$r_1\ll(x_1+x'_2)$，则式（9-58）简化为

$$T_m=\pm\frac{m_1p}{\omega_1}\frac{U_1^2}{2(x_1+x'_2)} \tag{9-59}$$

$$s_k=\pm\frac{r'_2}{x_1+x'_2} \tag{9-60}$$

由此可得到以下几点结论：

（1）在给定电机的参数和电源频率下，异步电机的**最大转矩与电源电压的平方成正比**。如图 9-21 所示。

（2）**最大转矩与转子电阻无关，但临界转差率** s_k **与转子电阻值** r'_2 **成正比**，如图 9-22 所示。

（3）当电源电压与频率一定时，**最大转矩近似与定、转子漏抗之和成反比**。

（4）当电源电压与电机参数（电阻、电感）一定时，**电源频率增大，则漏抗和** ω_1 **均增大，最大转矩将减小**，s_k **也减小**，$T_m\propto\frac{1}{f_1^2}$，$s_k\propto\frac{1}{f_1}$，如图 10-14（b）所示。

电动机的最大转矩与额定转矩之比为**最大转矩倍数**，称为**过载能力**，这是异步电动机的重要指标之一，用 K_m 表示，即

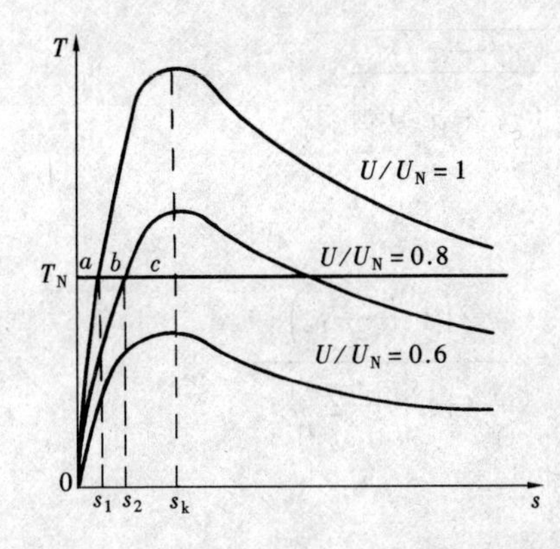

图 9-21　电源电压对 T-s 曲线的影响

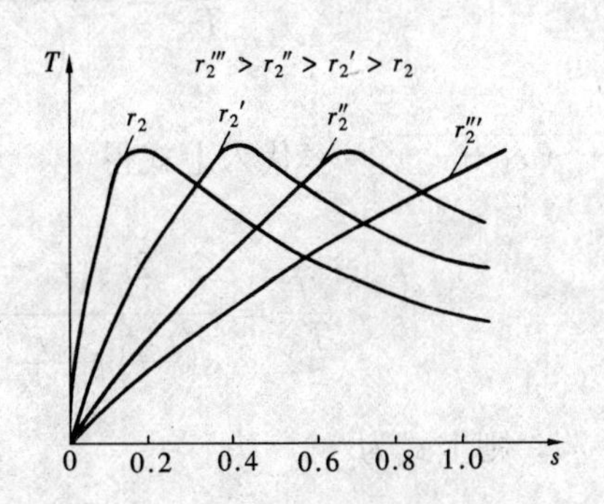

图 9-22　转子电阻对 T-s 曲线的影响

$$K_m = \frac{T_m}{T_N} \tag{9-61}$$

如果负载制动转矩超过电动机的最大转矩，电机就会停转，为保证电动机不因短时间负载突然增大而停转，要求电动机具有一定的过载能力。各类电机的 K_m 都有规定指标，普通异步电机 $K_m=1.8\sim2.5$，有特殊要求的可达 $K_m=2.8\sim3.0$。

2. 起动转矩

异步电动机接通电源开始起动（$n=0$）时的电磁转矩称起动转矩。将 $s=1$ 带入式（9-54）可得起动转矩为

$$T_{st} = \frac{m_1 p}{\omega_1} U_1^2 \frac{r'_2}{(r_1 + c_1 r'_2)^2 + (x_1 + c_1 x'_2)^2} \tag{9-62}$$

由图 9-22 和式（9-62）可见，在一定范围内转子电阻 r'_2 增大，临界转差率 s_k 就增大，起动转矩 T_{st} 随之增大。当 $s_k=1$ 时，起动转矩最大。根据式（9-60），$r'_2=x_1+x'_2$，则 $T_{st}=T_m$。绕线式异步电动机可以在转子回路中串外接电阻，使转子回路总电阻的归算值等于定子漏抗与归算后的转子漏抗之和，起动转矩最大。

由式（9-62）可知，起动转矩与电压平方成正比，定、转子漏抗之和越大，起动转矩越小，电源频率越高，起动转矩越小，跟最大转矩与相应参数之间的关系越相仿。

起动转矩也是异步电机的重要指标之一，常用起动转矩倍数 K_{st} 表示，即

$$K_{st} = \frac{T_{st}}{T_N} \tag{9-63}$$

一般笼型异步电动机 $K_{st}=1.0\sim2.0$。

3. 电磁转矩简化计算公式

如取 $c_1=1$，则电磁转矩 T、最大转矩 T_m 和临界转差率 s_k 可简化为

$$T = \frac{m_1 p}{\omega_1} U_1^2 \frac{\frac{r'_2}{s}}{\left(r_1 + \frac{r'_2}{s}\right)^2 + (x_1 + x'_2)^2} \tag{9-64}$$

$$T_m = \frac{m_1 p}{\omega_1} U_1^2 \frac{1}{2\left[r_1 + \sqrt{r_1^2 + (x_1 + x'_2)^2}\right]} \tag{9-65}$$

$$s_k = \frac{r'_2}{\sqrt{r_1^2 + (x_1 + x'_2)^2}} \tag{9-66}$$

$$\frac{T}{T_m}=\frac{2r'_2\left[r_1+\sqrt{r_1^2+(x_1+x'_2)^2}\right]}{s\left[\left(r_1+\frac{r'_2}{s}\right)^2+(x_1+x'_2)^2\right]}$$

以$\sqrt{r_1^2+(x_1+x'_2)^2}=\frac{r'_2}{s_k}$代入上式得

$$\frac{T}{T_m}=\frac{2r'_2\left(r_1+\frac{r'_2}{s_k}\right)}{s\left(\frac{r'_2}{s_k}\right)^2+\frac{r'^2_2}{s}+2r_1r'_2}=\frac{2\left(1+\frac{r_1}{r'_2}s_k\right)}{\frac{s}{s_k}+\frac{s_k}{s}+2\frac{r_1}{r'_2}s_k}$$

设$r_1=r'_2$，则上式为

$$\frac{T}{T_m}=\frac{2+2s_k}{\frac{s}{s_k}+\frac{s_k}{s}+2s_k} \tag{9-67}$$

一般电机$s_k=0.1\sim0.2$，**稳定运行范围内s更小**，故式（9-67）可进一步简化为

$$\frac{T}{T_m}=\frac{2}{\frac{s}{s_k}+\frac{s_k}{s}} \tag{9-68}$$

式（9-68）也可认为是$c_1=1$，且忽略定子电阻$r_1=0$的电磁转矩简化公式。

式（9-67）和式（9-68）为**电磁转矩的简化计算公式**。该式中不包括电机参数，如能知道T_m和s_k的数值，就能较方便求出不同的s所对应的电磁转矩T。通过产品铭牌数值可以近似求出T_m和s_k，**步骤如下**：通常可通过产品铭牌或产品目录查出该电机的额定功率P_N、额定转速n_N和过载能力K_m等。由P_N和n_N可求出额定转矩

$$T_N=\frac{P_N}{2\pi\frac{n_N}{60}}=9.55\frac{P_N}{n_N} \tag{9-69}$$

式中　T_N——额定输出转矩，N·m，可近似等于电磁转矩。

由T_N与K_m又可求出最大转矩$T_m=K_mT_N$。根据额定转速求得额定转差率s_N，由式（9-68）得

$$K_m=\frac{T_m}{T_N}=\frac{\frac{s}{s_k}+\frac{s_k}{s}}{2}$$

s_k的计算式为

$$s_k=s_N\left(K_m+\sqrt{K_m^2-1}\right) \tag{9-70}$$

当三相异步电动机在**额定负载范围内运行**时，转差率很小，一般$s_N<0.05$，即

$$\frac{s}{s_k}\ll\frac{s_k}{s}$$

这样式（9-68）又将进一步简化为

$$\frac{T}{T_m}=\frac{2s}{s_k} \tag{9-71}$$

式（9-71）表示s在$0\sim s_N$之间时，电磁转矩T与转差率s近似成正比。

以上电磁转矩的简化计算公式是在进行了一系列简化约定后得到的，所以使用时应注意场合，如用在$s=s_k\sim1$那段不稳定运行区，或修正系数c_1不近似为1时，用简化公式将会引起较大误差。

【例 9-2】 续［例 9-1］，试求该电动机的额定转矩、最大转矩、过载能力、临界转差率。

解　(1) 额定转矩

$$T_N = \frac{m_1 p}{\omega_1} U_1^2 \frac{\frac{r'_2}{s_N}}{\left(r_1 + \frac{c_1 r'_2}{s_N}\right)^2 + (x_1 + c_1 x'_2)^2}$$

$$= \frac{3\times 3}{2\pi \times 50} \times 220^2 \times \frac{\frac{1.525}{0.043}}{\left(2.08 + \frac{1.05\times 1.525}{0.043}\right)^2 + (3.12 + 1.05\times 4.25)^2}$$

$$= 30.6(\text{N}\cdot\text{m})$$

(2) 最大转矩

$$T_m = \frac{m_1 p}{\omega_1} U_1^2 \frac{1}{2c_1\left[r_1 + \sqrt{r_1^2 + (x_1 + c_1 x'_2)^2}\right]}$$

$$= \frac{3\times 3}{2\pi \times 50} \times \frac{220^2}{2\times 1.05 \times \left[2.08 + \sqrt{2.08^2 + (3.12 + 1.05\times 4.25)^2}\right]}$$

$$= 66.45(\text{N}\cdot\text{m})$$

(3) 过载能力

$$K_m = \frac{T_m}{T_N} = \frac{66.45}{30.6} = 2.17$$

(4) 临界转差率

$$s_k = \frac{c_1 r'_2}{\sqrt{r_1^2 + (x_1 + c_1 x'_2)^2}}$$

$$= \frac{1.05\times 1.525}{\sqrt{2.08^2 + (3.12 + 1.05\times 4.25)^2}} = 0.203$$

用简化转矩公式复验过载能力，用式 (9-67) 计算过载能力

$$K_m = \frac{T_m}{T_N} = \frac{\frac{s_k}{s_N} + \frac{s_N}{s_k} + 2s_k}{2 + 2s_k}$$

$$= \frac{\frac{0.203}{0.043} + \frac{0.043}{0.203} + 2\times 0.203}{2 + 2\times 0.203} = 2.219$$

用式(9-68) 计算过载能力

$$K_m = \frac{T_m}{T_N} = \frac{\frac{s_k}{s_N} + \frac{s_N}{s_k}}{2} = \frac{\frac{0.203}{0.043} + \frac{0.043}{0.203}}{2} = 2.47$$

用式(9-71) 计算过载能力

$$K_m = \frac{T_m}{T_N} = \frac{s_k}{2s_N} = \frac{0.203}{2\times 0.043} = 2.36$$

用简化公式计算比较方便，但是有一定误差，相对而言，用式（9-67）计算较为准确。

二、异步电动机稳定运行范围

电动机的电磁转矩 T 是原动转矩，用以驱动机械负载。机械负载转矩 T_L 是阻力转矩，其作用方向总与电磁转矩作用方向相反，转子的转矩平衡方程式为

$$T - T_L = T_J = J\frac{d\Omega}{dt} \tag{9-72}$$

式中　T_J——加速转矩；

J——旋转部件的转动惯量。

当 $T>T_L$，T_J 为正值，电动机加速；当 $T<T_L$，T_J 为负值，电动机减速；当 $T=T_L$，T_J 为 0，转速才能维持不变，电动机处于转矩平衡状态。

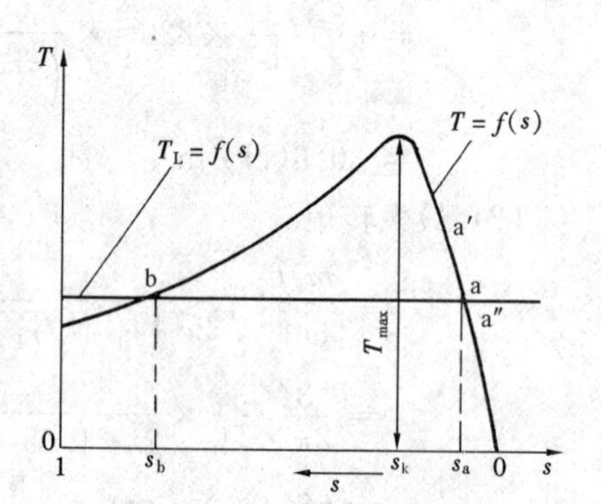

图 9-23　异步电动机稳定运行与不稳定运行

负载的机械特性大致有三类：①**恒转矩负载**。当转速变化时，这类负载的转矩保持不变（或变化甚微），如起重机、轧钢机等，如图 9-23 所示。②**恒功率负载**。这类负载转矩与转速基本上成反比，其乘积基本保持不变，如卷扬机，卷纱机等。③**风机类负载**。这类负载的转矩随转速升高而增大，基本上与转速平方成正比，即 $T_L=kn^2$，如风机、水泵等。实际工作机械特性可能是上述某几种特性的组合。在图 9-23 中，电动机的机械特性曲线 $T=f(s)$，与电机所拖动的负载机械特性 $T_L=f(s)$的交点 a 和 b，就是两个平衡点，图 9-23 中负载为恒转矩负载，$T_L=c$。下面进一步讨论 a 点和 b 点是否为稳定运行点。

若电动机在 a 点运行，转差率为 s_a，如发生扰动，负载转矩突然增大，电动机转速将下降，转差率增加 Δs，电动机运行在 a′点，这时电磁转矩自然增大，可见，电动机能稳定运行，当扰动因素消除后，电动机便加速而恢复到原来的运行点 a；同样，如扰动使转速上升，转差率减少 Δs，电动机运行在 a″点，这时，电磁转矩将减小，电动机也能稳定运行。所以在 s 在 $0\sim s_k$ 的一段是电动机的稳定运行范围。若电动机在 b 点运行，转差率为 s_b，如发生扰动，负载转矩突然增大，电动机转速下降，转差率将增大，这时根据电动机的 T-s 曲线，电磁转矩将减少，电动机便继续减速，直至停止；同样，如扰动使转差率减小，电动机会继续加速，直至稳定运行区相应平衡点，可见，s 在 $s_k\sim 1$ 的一段是电动机的不稳定运行范围。一般而言，**电动机的静态稳定运行条件**为

$$\frac{dT}{ds} > \frac{dT_L}{ds} \tag{9-73}$$

图 9-23 中负载特性为$\frac{dT_L}{ds}=0$，即$\frac{dT}{ds}>0$ 为该负载情况下电动机的稳定运行条件。如用转速来表示，电动机的静态稳定运行条件为

$$\frac{dT}{dn} < \frac{dT_L}{dn} \tag{9-74}$$

第七节　异步电动机的工作特性

异步电动机在外施电压和频率保持不变条件下，其转速 n、输出转矩 T_2、定子电流 I_1、定子功率因数 $\cos\theta_1$、效率 η 等量与输出功率 P_2 之间的关系，称为异步电动机的**工作特性**。通常用曲线来表示，典型曲线如图 9-24 所示。它反映异步电动机运行过程中主要性能指标和主要运行参数的变化规律。工作特性可通过等效电路和有关计算公式而得到，中、小型异步电动机也可以通过直接负载试验法求得。

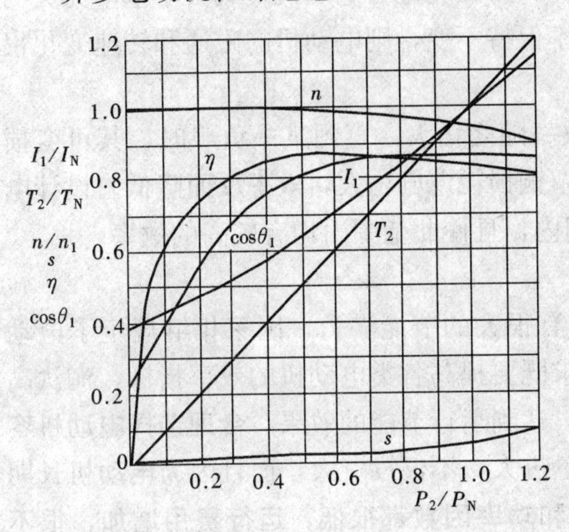

图 9-24　异步电动机的工作特性

一、转速特性 $n=f(P_2)$ 或 $s=f(P_2)$

异步电动机空载时，$P_2=0$，则 $T_2=0$，$T=T_0$。因此，空载转子电流很小，转速接近于同步转速，转差率接近于零。随着负载增大，为维持转矩平衡需要较大的电磁转矩，因此转差率随之增大，转速随之降低，但变化量不大，一般在额定功率时转差率约为 1%～5%。人们称这样的转速特性为**硬特性**。

二、负载转矩特性 $T_2=f\ (P_2)$

输出转矩 $T_2=\dfrac{P_2}{\Omega}=\dfrac{P_2}{2\pi\times\dfrac{n}{60}}$，由于在正常运行范围内转速变化率不大，故负载特性与输出功率近似为一条直线。如考虑 P_2 增加，n 略有下降，$T_2=f(P_2)$ 是一条接近直线略微上翘的曲线。

三、定子电流特性 $I_1=f(P_2)$

定子电流包括两个分量，$\dot{I}_1=\dot{I}_m+(-\dot{I}'_2)$，空载时 $\dot{I}_2\approx0$，$\dot{I}_1=\dot{I}_m$。随着负载增大，I_2 相应增大，从而定子电流 I_1 也随之增大，但并不完全成正比，$I_1=f(P_2)$ 是一条不通过原点的上翘曲线。

四、功率因数特性 $\cos\theta_1=f\ (P_2)$

功率因数是异步电动机的主要性能指标之一。从等效电路看，异步电动机是一个感性电路，必须从电网吸取感性无功电能，功率因数总是小于 1。空载时 $\dot{I}_2\approx0$，$\dot{I}_1=\dot{I}_0$，定子电流基本上是励磁电流，其主要成分是磁化电流，因此，空载时的功率因数很低，约为 0.2。负载时，转子电流增大，输出的机械功率增大，定子电流中的有功成分增大，因此定子的 $\cos\theta_1$ 迅速增大。但当负载增大到一定程度，负载增大引起转差率 s 较大，转子的 $\dot{E}_2$、$\dot{I}_2$ 间的相位角为 $\theta_2=\tan^{-1}\dfrac{sx_2}{r_2}$ 较大，转子的功率因数下降，定子的功率因数也随之减小。换言之，在整个正常工作范围内，只有在某一负载时有最大功率因数，通常使在额定负载或略低于额定负载附近有最大功率因数，而**空载、轻载时功率因数很低**。

五、效率特性 $\eta=f(P_2)$

异步电动机作为机电能量转换装置，效率是最重要的性能指标。效率的大小取决于电动机的功率损耗。损耗可分为两大类：一类是与电动机负载大小关系密切的损耗，称**可变损耗**，如定、转子铜损耗，它与负载电流平方成正比；另一类是与电动机负载大小基本无关的损耗，称**不变损耗**。如正常运行时电源电压和频率保持不变，则电动机的磁通和转速变化很小，所以电动机的铁损耗和机械损耗基本不变。

空载时，$P_2=0$，则 $\eta=0$。随着 P_2 增大，效率随之增大，直到某一负载时，其可变损耗等于不变损耗，效率达到最高。超过这一负载，铜损耗急剧增大，效率反而降低。设计电动机时，通常最大效率出现在$(0.7\sim1.0)P_N$ 范围内，且使此范围内均有较高的效率。

六、电动机的节能运行

我国电动机耗用电能约占总发电量的 60%，有很大的节能潜力，国家相继规定了电动机能效限定值和节能评价值，如表 9-1 所列，要求既要提高各类电动机的效率指标，淘汰高损耗电动机，又要提高电动机及系统的运行效率，达到运行节能的效果。**合理选择电动机容量，使电动机容量与实际负载大小相匹配。**如容量过大，不仅投资大，而且因为**电动机长期运行在轻载**（一般指 $0.5P_N$ 以下）**情况下，效率和功率因数都很低，运行费用增加，很不经济**。但是也不宜选择容量过小的电动机，如果电动机长期处于过负载运行，负载超过电动机的额定容量，将使其温升超过允许值，影响寿命甚至因过热而损坏电动机。

表 9-1 GB 18613—2012 中小型三相异步电动机能效限定值及能效等级

额定功率 (kW)	效率（%）								
	1级			2级			3级		
	2极	4极	6极	2极	4极	6极	2极	4极	6极
0.75	84.9	85.6	83.1	80.7	82.5	78.9	77.4	79.6	75.9
1.1	86.7	87.4	84.1	82.7	84.1	81.0	79.6	81.4	78.1
1.5	87.5	88.1	86.2	84.2	85.3	82.5	81.4	82.8	79.8
2.2	89.1	89.7	87.1	85.9	86.7	84.3	83.2	84.3	81.8
3	89.7	90.3	88.7	87.1	87.7	85.6	84.6	85.5	83.3
4	90.3	90.9	89.7	88.1	88.6	86.8	85.8	86.6	84.6
5.5	91.5	92.1	89.5	89.2	89.6	88.0	87.0	87.7	86.0
7.5	92.1	92.6	90.2	90.1	90.4	89.1	88.1	88.7	87.2
11	93	93.6	91.5	91.2	91.4	90.3	89.4	89.8	88.7
15	93.4	94.0	92.5	91.9	92.1	91.2	90.3	90.6	89.7
18.5	93.8	94.3	93.1	92.4	92.6	91.7	90.9	91.2	90.4
22	94.4	94.7	93.9	92.7	93.0	92.2	91.3	91.6	90.9
30	94.5	95.0	94.3	93.3	93.6	92.9	92.0	92.3	91.7
37	94.8	95.3	94.6	93.7	93.9	93.3	92.5	92.7	92.2
45	95.1	95.6	94.9	94.0	94.2	93.7	92.9	93.1	92.7
55	95.4	95.8	95.2	94.3	94.6	94.1	93.2	93.5	93.1
75	95.6	96.0	95.4	94.7	95.0	94.6	93.8	94.0	93.7

续表

额定功率(kW)	效率（%）								
	1级			2级			3级		
	2极	4极	6极	2极	4极	6极	2极	4极	6极
90	95.8	96.2	95.6	95.0	95.2	94.9	94.1	94.2	94.0
110	96.0	96.4	95.6	95.2	95.4	95.1	94.3	94.5	94.3
132	96.0	96.5	95.8	95.4	95.6	95.4	94.6	94.7	94.6
160	96.2	96.5	96.0	95.6	95.8	95.6	94.8	94.9	94.8
200	96.3	96.6	96.1	95.8	96.0	95.8	95.0	95.1	95.0
250	96.4	96.7	96.1	95.8	96.0	95.8	95.0	95.1	95.0
315	96.5	96.8	96.1	95.8	96.0	95.8	95.0	95.1	95.0
355～375	96.6	96.8	96.1	95.8	96.0	95.8	95.0	95.1	95.0

对于变动负载的异步电动机，当长时间运行在轻载或空载时，应该根据负载的特点，采用合理的运行方式及控制手段，达到**运行节能**的目的。例如空载、轻载时可用降低电压的方法，适当降低电源电压以减少铁损耗和励磁电流，从而提高效率和改善功率因数。对有的负载如风机、水泵、压缩机类负载，过去电动机转速不能变，只能用挡板、阀门等来调节流量，现在轻载时可以采用调速的方法，**降低电动机转速**来实现流量调节，减少输入功率，取得**系统节能**的效果。

节能效果可用投资回收年限来衡量计算式为

$$\text{投资回收年限}=\frac{\text{节能前后投资价差}}{\text{节能前后年耗电费用价差}}$$

希望有较短的投资回收期。

小　结

本章阐明了异步电机的运行原理和工作特性，这是异步电机的理论基础，也是正确使用异步电动机的依据。

(1) 转差率 s 是一个反映异步电机运行状态和负载大小的基本变量。异步电机转子与基波旋转磁场之间的相对运动，决定了闭合的转子导体中感应电动势、电流以及电磁转矩的大小和方向。$s=\frac{n_1-n}{n_1}$，当 $0<s<1$，即 $0<n<n_1$ 时为电动机状态；$s<0$，即 $n>n_1$ 时，为发电机状态；$s>1$，即 $n<0$ 时，为电磁制动状态。

(2) 异步电机与变压器有许多相似之处，如它们都是只有一侧接交流电源，另一侧的电动势、电流由电磁感应产生，两侧并无直接电的联系。因此可在变压器理论分析的基础上，用类比方法来讨论异步电机的问题，由此推导出的电动势、磁动势平衡方程式、等效电路和相量图的形式是基本相同的。同时应该注意它们之间的差别，它们的基本结构和主磁场的性质都是不同的。变压器是静止电器，主磁场是交变脉动磁场；异步电机是旋转电机，主磁场是旋转磁场。等效电路是分析异步电机和变压器的基本方法。异步电机等效电路分析时需要注意以下问题：①异步电机定、转子感应电动势的大小、频率不同，因此形成等效电路时，参数必须同时进行绕组归算和频率归算；②异步电机定、转子之间有气隙存在，励磁电流较变压器的大，等效电路的简化工作应作较多的修正；③异步电动机输出的是机械功率，在等效电路中是用一个模拟电阻$\frac{1-s}{s}r'_2$来表示的。

（3）异步电动机是将电能转换成机械能的装置，应了解能量转换过程中功率平衡和转矩平衡的关系。电动机输出机械功率，因此电磁转矩是一个关键物理量，其数学表达式为

$$T=\frac{m_1 p}{\omega_1}U_1^2\frac{\frac{r'_2}{s}}{\left(r_1+\frac{c_1 r'_2}{s}\right)^2+(x_1+c_1 x'_2)^2}$$

当端电压及频率不变时，电磁转矩T与转差率s（或转速n）之间的关系曲线称机械特性曲线。它是反映异步电动机运行性能的重要曲线，又称为T-s曲线。它是一条二次曲线，其中额定运行点、最大转矩点和起动点最具代表性。本章着重讨论了额定运行点和稳定工作范围，最大转矩和过载能力等。为了便于工程计算还介绍了等效电路的简化和电磁转矩简化计算方法。

（4）异步电动机的工作特性是指随着负载变化，其转速、输出转矩、定子电流、功率因数、效率等的变化关系。电动机节能运行是节能的重要方面，电动机效率和功率因数是重要的力能指标，通过损耗分析和运行参数分析，采用调速、调压等方法，提高异步电动机经济运行的水平，达到节能的目的。

思　考　题

9-1　简述三相异步电机的结构，按转子结构可分成哪几类？

9-2　异步电机的主磁路包括哪几部分，为什么定子和转子铁芯都要用导磁性能良好的硅钢片制成？

9-3　为什么异步电机气隙很小？

9-4　为什么异步电机必须有转差率？如何根据转差率的大小，区别各种运行状态以及负载的大小？

9-5　异步电机主磁通和漏磁通是如何定义的？有何异同点？主磁通在定、转子绕组中的感应电动势大小和频率是否相同？

9-6　三相异步电动机的转速发生变化，转子所产生的磁动势在空间的转速是否发生变化？为什么？

9-7　当异步电动机运行时，定子电流的频率是多少？转子电流的频率是多少？它们分别是由什么因素决定的？

9-8　等效电路中的$\frac{1-s}{s}r'_2$称为模拟电阻，代表什么？能不能不用电阻而用电抗代替，为什么？

9-9　笼型转子异步电动机归算时，转子的极数、相数和每相绕组匝数是如何确定的？

9-10　用短路试验和空载试验测定异步电机有关参数时，短路电压和空载电压的高低、环境温度的不同对参数测试结果有何影响？

9-11　试说明为什么工厂可以用空载试验和短路试验所测得的：空载电流I_0、空载功

率 P_0、短路电流 I_k 和短路功率 P_k 作为判断一台三相异步电动机性能是否合格的依据。

9-12　试分析下列情况下异步电动机的最大转矩、临界转差率和起动转矩将如何变化：

（1）转子回路中串电阻；

（2）定子回路中串电阻；

（3）降低电源电压；

（4）降低电源频率。

9-13　为什么三相异步电动机空载运行时，转子侧功率因数 $\cos\theta_2$ 很高，而定子侧功率因数 $\cos\theta_1$ 却很低？为什么额定负载时转子侧功率因数并不很高，而定子侧功率因数比较高？

9-14　为什么异步电机无论处于何种运行情况，功率因数总是滞后的？

9-15　异步电动机运行时，内部有哪些损耗？负载变化时，哪些损耗不变？哪些损耗可变？何时效率最大？

9-16　为什么三相异步电动机不宜长期空载、轻载运行？举例说明可用什么方法加以改进。

9-17　异步电动机运行时负载转矩保持不变，若电网电压降低，这时电动机内部各种损耗、转速和功率因数将如何变化？

9-18　异步电动机的端电压低于额定电压（如10%～20%），对电动机的效率和温升有何影响（分额定负载和空载两种情况讨论）？

9-19　一台异步电动机，原设计的额定频率为60Hz，今接至50Hz的电网上运行，设电压和输出功率数值不变，问电动机内部各种损耗、转速、功率因数和效率将有什么变化？而最大转矩和起动转矩又会有什么变化？

习　题

9-1　设有一台50Hz、6极三相异步电动机，额定数据如下：$P_N=7.5$kW，$n_N=964$r/min，$U_N=380$V，$I_N=16.4$A，$\cos\theta_N=0.78$。求额定运行时电动机的效率是多少？

9-2　设有一台50Hz、4极三相异步电动机，请填满表9-2的空格。

表 9-2　　　　**习题 9-2 的表**

n（r/min）	1540	1470			−600
s			1	0	
f_2（Hz）					
工作状态					

9-3　设有一台380V、3kW、50Hz、星形连接的三相笼型转子异步电动机，额定运行时效率为0.83，功率因数为0.805，转速为957r/min，定子铁芯内径 $D_a=14.8$cm，铁芯长 $l=11$cm，定子共有36槽，单层绕组，每槽有40导体，转子上共有33槽。试求：

（1）该电机的极数、同步转速及额定转差率；

（2）额定运行时输入功率和输入电流；

（3）转子绕组的电动势变比、电流变比和阻抗变比；

（4）设额定电动势为端电压的85%，求额定运行时的每极磁通及空气隙磁场的最高磁通密度；

（5）在额定运行情况下每一转子条的感应电动势大小及频率；

（6）当定子绕组流过额定电流时所产生的合成基波磁动势的振幅。

解 （1）已知额定转速为957r/min，因为额定转速略低于同步转速，故该电机的同步转速为1000r/min，极对数为

$$p=\frac{60f}{n_1}=\frac{60\times50}{1000}=3$$

额定转差率为

$$s_N=\frac{n_1-n}{n_1}=\frac{1000-957}{1000}=0.043$$

（2）额定输入功率为

$$P_{1N}=\frac{P_{2N}}{\eta}=\frac{3}{0.83}=3.614(kW)$$

额定输入电流 $I_{1N}=\dfrac{P_{1N}}{\sqrt{3}U_{1N}\cos\theta_N}=\dfrac{3.614}{\sqrt{3}\times380\times0.805}=6.82\ (A)$

（3）求归算变比先计算定子每相有效匝数。

定子每极每相槽数 $q=\dfrac{Z_1}{2pm_1}=\dfrac{36}{2\times3\times3}=2$

定子槽距角 $\alpha=\dfrac{p\times360^\circ}{Z_1}=\dfrac{3\times360^\circ}{36}=30^\circ$

定子绕组因数 $K_d=\dfrac{\sin q\dfrac{\alpha}{2}}{q\sin\dfrac{\alpha}{2}}=\dfrac{\sin30^\circ}{2\times\sin15^\circ}=0.966$

$$K_p=1$$

定子绕组每相匝数 $N_1=pqN_c=3\times2\times40=240$

电动势变比 $K_e=2N_1K_d=2\times240\times0.966=463.68$

电流变比 $K_i=\dfrac{2pm_1N_1K_d}{Z_2}=\dfrac{2\times3\times3\times240\times0.966}{33}=42.15$

阻抗变比 $K_eK_i=\dfrac{4pm_1(N_1K_d)^2}{Z_2}=\dfrac{4\times3\times3\times(240\times0.966)^2}{Z_2}=19545.4$

（4）额定时电动势 $E_1=0.85U_1=0.85\times220=187\ (V)$

每极磁通 $\Phi_m=\dfrac{E_1}{4.44f_1N_1K_d}=\dfrac{187}{4.44\times50\times240\times0.966}=0.00364(Wb)$

气隙磁密最大值 $B_m=\dfrac{\pi}{2}\dfrac{\Phi_m}{l\tau}=\dfrac{\pi}{2}\times\dfrac{0.00364\times10^4}{11\times\dfrac{\pi\times14.8}{2\times3}}=0.67(T)$

（5）气隙磁场切割转子导条的相对速度

$$v=\pi D_a\frac{n_1-n}{60}=\pi\times14.8\times\frac{1000-957}{60}=33.3(cm/s)$$

额定运行时每一转子导条的感应电动势的最大值

$$E_{2sm}=B_m lv=0.67\times 11\times 33.3\times 10^{-4}=0.0245(\text{V})$$

则感应电动势的有效值

$$E_{2s}=\frac{1}{\sqrt{2}}E_{2sm}=\frac{1}{\sqrt{2}}\times 0.0245=0.0173(\text{V})$$

转子电动势的频率

$$f_2=sf_1=0.043\times 50=2.15(\text{Hz})$$

(6) 定子基波旋转磁动势的振幅

$$\frac{3}{2}F_m=\frac{3}{2}\times 0.9\frac{N_1K_{d1}}{p}I=\frac{3}{2}\times 0.9\times\frac{240\times 0.966}{3}\times 6.82=711.5(\text{A})$$

9-4　设有一台3000V、50Hz、90kW、1457r/min、星形连接的三相绕线转子异步电动机，额定运行时功率因数为0.86，效率为0.895，定子内径$D_a=35$cm，铁芯轴向长度$l=$18cm，定子上有48槽，为双层短距绕组，跨距为10槽，每槽有40个导体；转子绕组为三相双层整距绕组，每线圈为1匝，转子共有60槽。试求：

(1) 该电机的极数、同步转速和额定转差率；

(2) 额定输入功率、输入电流和输出转矩；

(3) 转子绕组的电流变比、电动势变比和阻抗变比；

(4) 在额定运行时，感应电动势为额定电压的0.9倍，求每极磁通及气隙磁通密度的最大值；

(5) 额定运行时每相转子感应电动势大小和频率；

(6) 额定电流流过定子绕组产生基波旋转磁动势的振幅。

9-5　设有一台3000V、6极、50Hz、星形连接的三相异步电动机，$n_N=975$r/min。每相参数如下：$r_1=0.42\Omega$，$x_1=2.0\Omega$，$r'_2=0.45\Omega$，$x'_2=2.0\Omega$，$r_m=4.67\Omega$，$x_m=48.7\Omega$。试分别用T形等效电路、较准确的近似等效电路和简化等效电路，计算在额定情况下的定子电流和转子电流。

9-6　设有一台额定容量为5.5kW、50Hz的三相四极异步电动机，在某一运行情况下，输入的功率为6.32kW，定子铜损耗为341W，转子铜损耗为237.5W，铁芯损耗为167.5W，机械损耗为45W，杂散损耗为29W，试绘出该电机的功率流程图，并计算该运行情况下：

(1) 电磁功率、内功率和输出机械功率，以及电机效率；

(2) 转差率、转速；

(3) 电磁转矩和机械转矩各为多少？

9-7　设有一台380V、50Hz、1450r/min、三角形连接的三相异步电动机，定子参数与转子参数如归算到同一方可视为相等，$r_1=r'_2=0.742\Omega$，又每相漏抗为每相电阻的4倍，可取修正系数$c_1=1+\frac{x_1}{x_m}=1.04$，$r_m=9\Omega$。试求：

(1) 额定运行时输入功率、电磁功率以及各种损耗；

(2) 最大转矩、过载能力以及临界转差率；

(3) 若要在起动时得到最大转矩，在转子回路中每相应串入的电阻为多少？(归算到定子边的数值)

9-8　一台三相8极异步电动机，数据如下：$P_N=260kW$，$U_N=380V$，$f=50Hz$，$n_N=722r/min$，过载能力$K_m=2.13$。试用简化电磁转矩计算公式求：

(1) 产生最大转矩时的转差率s_k；

(2) 求出s为0.01，0.02，0.03时的电磁转矩。

9-9　一台三相异步电动机，50Hz，380V，三角形接线，定子绕组每相电阻$r_1=0.4\Omega$，试验数据见表9-3，空载机械损耗100W，设$x_1=x'_2$。试求：

(1) 该电机等效电路的各参数；

(2) 空载时功率因数；

(3) 短路（堵转）时功率因数。

表9-3　　习题9-9的表

试验项目	线电压（V）	线电流（A）	三相功率（W）
空载试验	380	21.2	1340
短路试验	110	66.8	4140

9-10　一台三相四极异步电动机，150kW，50Hz，380V，星形接法，额定负载时$p_{Cu2}=2.2kW$，$p_{mec}=2.6kW$，附加损耗$p_{ad}=1.1kW$，等效电路参数：$r_1=r'_2=0.012\Omega$，$x_1=0.06\Omega$，$x'_2=0.065\Omega$，忽略励磁回路参数。试求：

(1) 额定运行时转速和转差率；

(2) 额定运行时电磁功率和电磁转矩；

(3) 电源电压降低20%，最大转矩和临界转差率为多少？若负载转矩保持额定值不变，电机是否正常运行？如能正常运行，此时转速为多少？

9-11　一台三相六极异步电动机，28kW，50Hz，380V，星形接法，额定转速为960r/min，$\cos\theta_N=0.88$，$p_{Cu1}+p_{Fe}=2.4kW$，$p_{mec}=0.9kW$，过载能力$K_m=2.2$。试求：

(1) 额定负载时转子铜损耗、电磁功率和电磁转矩；

(2) 额定负载时输入功率、效率和定子电流；

(3) 转速为950r/min和970r/min时，电磁转矩、电磁功率和输入功率各为多少？设此时定子铜损耗和铁损耗仍为2.4kW。

三相异步电动机的起动和调速

第一节 起动电流和起动转矩

异步电动机的起动是指电机从静止状态加速到稳态转速的整个过程，它包括最初起动状态和加速过程。本节讨论最初起动状态时起动电流和起动转矩，它们是评价异步电动机起动性能的主要指标。

三相异步电动机在额定电压下直接起动，起动电流和起动转矩的计算可根据第九章的有关公式进行。起动时 $s=1$，$n=0$，定子电流很大，励磁电流相对较小，可略去不计，且设修正系数 $c_1=1$，代入式（9-44），由简化等效电路可得**最初定子起动电流**

$$I_{1st}=\frac{U_1}{\sqrt{(r_1+r_2')^2+(x_1+x_2')^2}} \tag{10-1}$$

最初起动转子功率因数

$$\cos\theta_{2st}=\frac{r_2'}{\sqrt{r_2'^2+x_2'^2}} \tag{10-2}$$

同样以 $c_1=1$，$s=1$ 代入式（9-54）得**最初起动转矩**

$$T_{st}=\frac{m_1p}{\omega_1}U_1^2\frac{r_2'}{(r_1+r_2')^2+(x_1+x_2')^2} \tag{10-3}$$

由以上三个公式可见，起动电流比额定电流大得多，约为额定电流的 5～7 倍。起动时转子功率因数很低，大约在 0.2 左右，因此，从转矩公式 $T=C_T\Phi_m I_2'\cos\theta_2$ 来看，$I_2\cos\theta_2$ 电流的有功分量较小。同时，由于电流较大，定子漏抗压降增大，电动势 E_1 减少，主磁通 Φ 也会相应减小，虽然 I_2' 较大，但是起动转矩并不大，一般只有额定转矩的 1～2 倍。需要指出的是，利用以上三个公式计算时，由于起动时的集肤效应与饱和效应使转子阻抗和定子漏抗参数发生变化，应予考虑。

电动机起动的一般要求是有足够大的起动转矩，较小的起动电流，还要求起动设备尽可能简单、易于操作和维护方便，并有良好的经济性。电动机只有在转矩 $T_{st}\geqslant 1.1T_L$ 时，才能带动负载快速起动达到正常值，过大的起动电流会造成较大的线路电压降，影响接在同一台配电变压器上的其他负载的正常运行。对于频繁起动的异步电动机，大的起动电流也会造成电动机内部发热过多而损坏电动机。按以上起动要求异步电动机在额定电压下直接起动，明显存在起动电流过大，而起动转矩不大的缺点，如何改善起动性能是异步电动机使用的一个重要问题。

【例 10-1】 续［例 9-1］，正常运行参数：$r_1=2.08\Omega$，$x_1=3.12\Omega$，$r_2'=1.525\Omega$，$x_2'=$

4.25Ω；起动时有的参数发生变化：$r_1=2.08\Omega$，$x_{1st}=2.16\Omega$，$r'_{2st}=1.715\Omega$，$x'_{2st}=3.18\Omega$。求起动电流、起动转矩和起动时转子的功率因数。

解 按起动参数进行计算：

起动电流
$$I_{1st}=\frac{U_1}{\sqrt{(r_1+r'_{2st})^2+(x_{1st}+x'_{2st})^2}}$$
$$=\frac{220}{\sqrt{(2.08+1.715)^2+(2.16+3.18)^2}}=33.58\ (\text{A})$$

起动电流倍数
$$\frac{I_{1st}}{I_N}=\frac{33.58}{6.82}=4.92$$

起动时转子的功率因数
$$\cos\theta_{2st}=\frac{r'_{2st}}{\sqrt{r'^2_{2st}+x'^2_{2st}}}$$
$$=\frac{1.715}{\sqrt{1.715^2+3.18^2}}=0.47$$

起动转矩
$$T_{st}=\frac{m_1 p}{\omega_1}U_1^2\frac{r'_{2st}}{(r_1+r'_{2st})^2+(x_{1st}+x'_{2st})^2}$$
$$=\frac{3\times3}{2\pi\times50}\times220^2\times\frac{1.715}{(2.08+1.715)^2+(2.16+3.18)^2}$$
$$=55.41\ (\text{N}\cdot\text{m})$$

起动转矩倍数
$$\frac{T_{st}}{T_N}=\frac{55.41}{30.6}=1.81$$

按国家标准规定，起动电流倍数、起动转矩倍数与效率、功率因数、最大转矩倍数等定为异步电动机的主要性能指标。国标规定本例电动机的起动电流倍数为6.5，起动转矩倍数为1.8，以上计算表明该电动机符合起动标准的要求。

*第二节 谐波转矩及其对起动的影响

异步电动机的气隙中除了存在基波磁场之外，还有一系列谐波磁场，这些谐波磁场对电动机有多方面的影响，如产生附加损耗和谐波转矩，引起电动机的振动和噪声等。本节主要讨论高次空间谐波磁场的产生及由此产生的**谐波转矩**，又称为附加**转矩**或**寄生转矩**，分析其对电动机起动的影响及消弱其影响所采取的相应措施。

一、异步电动机的高次空间谐波磁场产生的主要原因

1. 绕组分布非正弦引起的谐波磁场

第七章第五节中分析了三相绕组对称分布流入三相对称电流，由于绕组磁动势为阶梯波，而非正弦波分布，因此，合成磁动势除有基波分量外，还有一系列高次空间谐波磁动势。其v次谐波磁动势的振幅和转速由式（7-28）和式（7-29）表示。谐波磁动势的振幅与谐波次数v成反比，与谐波的绕组因素K_{Nv}成正比。因此，次数较低的奇次谐波如5次和7次谐波磁动势较强，而较高次谐波中$2mqk\pm1$次谐波也有较大磁动势，这是因为$2mqk\pm1$次谐波的绕组因数与基波绕组因数相同，比其他谐波的绕组因数大得多，见习题7-8。

$2mqk\pm1$次谐波可写成与定子齿数有关的谐波，故常称为**定子绕组齿谐波**。

$$\left.\begin{aligned} v_{Z1}&=2mqk\pm1=k\frac{Z_1}{p}\pm1\\ p_{vZ1}&=v_{Z1}p=kZ_1\pm p\\ n_{vZ1}&=\pm\frac{n_1}{v_{Z1}} \end{aligned}\right\}\tag{10-4}$$

式中："+"号为正向旋转磁场；"−"号为反向旋转磁场；k 为正整数，$k=1$ 则称为**一阶绕组齿谐波**，$k=2$ 称为**二阶**绕组齿谐波，余类推。

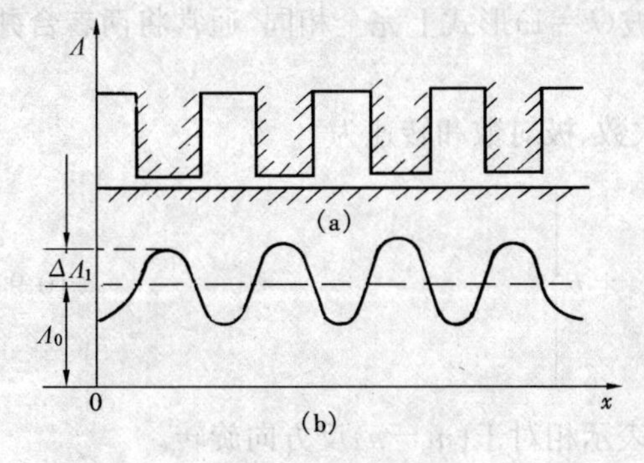

图 10-1　由于齿和槽的存在引起的磁导脉动

(a) 定子有齿槽，而转子表面光滑；(b) 由于定子齿槽引起的磁导变化，只画一阶磁导波

2. 定、转子齿槽存在引起磁导齿谐波

定子铁芯内圆和转子铁芯外圆各有齿槽存在，引起气隙磁导不均匀，面对齿部磁导较大，面对槽口磁导较小。在这种情况下，即使气隙磁动势按正弦分布，由于齿槽磁导变化也会引起谐波磁场，为与绕组谐波相区别，称由磁导变化引起的谐波为**磁导齿谐波**。

在分析磁导齿谐波时，为了简化通常假设定子内圆或转子外圆的表面仅其中一面存有齿槽，而另一面光滑，如图 10-1 所示。定子有齿槽，而转子表面光滑，且由定子齿槽引起的磁导变化，只考虑了一阶磁导波，可见在每对极基波极面下，磁导波变化了$\frac{Z_1}{p}$次，则气隙磁导波的表示式为

$$\Lambda=\Lambda_0+\Delta\Lambda_1\sin\frac{Z_1}{p}x\tag{10-5}$$

式中　Λ——单位面积磁导；

Λ_0——均匀气隙单位面积磁导；

$\Delta\Lambda_1$——磁导变化部分的幅值，即一阶磁导波幅值。

气隙磁通密度分布波为磁导分布波与基波磁动势分布波的乘积，即

$$\begin{aligned} B_1(x,\ t)&=\left(\Lambda_0+\Delta\Lambda_1\sin\frac{Z_1}{p}x\right)F_1\sin(\omega t-x)\\ &=F_1\Lambda_0\sin(\omega t-x)+F_1\Delta\Lambda_1\sin(\omega t-x)\sin\frac{Z_1}{p}x\\ &=B_{m1}\sin(\omega t-x)+B_{mZ1}\sin(\omega t-x)\sin\frac{Z_1}{p}x \end{aligned}\tag{10-6}$$

$$B_{mZ1}\sin\ (\omega t-x)\ \sin\frac{Z_1}{p}x=\frac{B_{mZ1}}{2}\cos\left[\omega t-\left(\frac{Z_1}{p}+1\right)x\right]-\frac{B_{mZ1}}{2}\cos\left[\omega t+\left(\frac{Z_1}{p}-1\right)x\right]\tag{10-7}$$

式中　　$B_{m1}\sin(\omega t-x)$——气隙均匀时的基波磁场；

$B_{mZ1}\sin(\omega t-x)\sin\frac{Z_1}{p}x$——气隙磁导齿谐波磁场。

式(10-7)表示气隙磁导齿谐波磁场分为两个旋转磁场，其谐波次数、极对数和转速为

$$\left.\begin{aligned} v_{Z1}&=\frac{Z_1}{p}\pm 1\\ p_{vZ1}&=v_{Z1}p=Z_1\pm p\\ n_{vZ1}&=\pm\frac{n_1}{v_{Z1}}\end{aligned}\right\}\tag{10-8}$$

式中："+"号为正向旋转磁场；"−"号为反向旋转磁场。

与式(10-4)比较，磁导一阶齿谐波与绕组一阶齿谐波($k=1$)形式上完全相同，通常**将两者合并而统称为定子齿谐波**。

同理，可求得转子齿谐波磁场，其一阶齿谐波次数、极对数和转速为

$$\left.\begin{aligned} v_{Z2}&=\frac{Z_2}{p}\pm 1\\ p_{vZ2}&=v_{Z2}p=Z_2\pm p\\ n_{vZ2}&=\pm\frac{n_1-n}{v_{Z2}}\end{aligned}\right\}\tag{10-9}$$

式中："+"号表示相对于(n_1-n)方向旋转；"−"号表示相对于(n_1-n)反方向旋转。

二、高次谐波磁场产生的谐波转矩及其对起动的影响

由高次谐波磁场所产生的谐波转矩，按性质可分为异步附加转矩和同步附加转矩。

1. 异步附加转矩

异步转矩是由定子旋转磁场与由该磁场感应的转子电流所产生的转子磁场相互作用所产生的转矩，其中只有极对数相同的那些磁场才会产生异步转矩。例如定子基波磁场只与转子基波磁场产生异步转矩，而与转子上的其他各谐波磁场都不会产生平均转矩。同理，定子任一v次谐波磁场，也会在转子上感应相应的谐波电流而形成相应谐波磁场，其中也只有次数相同的那些磁场才能产生平均转矩，即**异步附加转矩**。

若v次谐波磁场的同步转速为$\pm\frac{n_1}{v}$，转子转速为n，则v次谐波的转差率为

$$s_v=\frac{\pm\frac{n_1}{v}-n}{\pm\frac{n_1}{v}}=1\mp v(1-s)\tag{10-10}$$

在众多的异步附加转矩中，以5次和7次谐波异步转矩最强。图10-2画出了基波T_1和T_5、T_7的转矩—转差率曲线。下面先分析其特征。

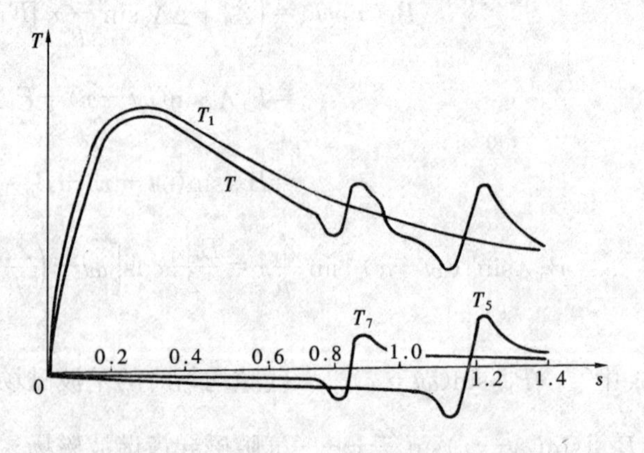

图10-2　考虑5次及7次谐波后的T-s曲线

对于定子7次谐波磁场，极对数$p_7=7p$，同步转速$n_7=\frac{n_1}{7}$，即$s_7=7\left(s-\frac{6}{7}\right)$，转向与基波磁场一致。当转子转速$n=\frac{n_1}{7}$，即$s=\frac{6}{7}=0.857$，$s_7=0$时，7次谐波磁场与转子之间无相对运动，故7次谐波转矩

$T_7=0$；当转子转速 $n>\frac{n_1}{7}$，即 $s<\frac{6}{7}$，$s_7<0$ 时，对于 7 次谐波来讲处于发电机状态，T_7 为负值；当转子转速 $n<\frac{n_1}{7}$，即$s>\frac{6}{7}$，$s_7>0$ 时，对于 7 次谐波来讲处于电动机状态或制动状态，T_7 为正值。

同理，对于定子 5 次谐波磁场，$p_5=5p$，$n_5=-\frac{n_1}{5}$，即 $s_5=5\left(\frac{6}{5}-s\right)$，转向与基波磁场相反，故由 5 次谐波磁场所产生的电动机状态和制动状态的转矩应取负值，而发电机状态的转矩取正值。当 $n=-\frac{n_1}{5}$，即 $s=1.2$ 时，$T_5=0$；当 $n>-\frac{n_1}{5}$，即 $s_5>0$ 时，对于 5 次谐波来讲处于电动机状态或制动状态，T_5 应取负值；当 $n<-\frac{n_1}{5}$，即 $s_5<0$ 时，对于 5 次谐波来讲处于发电机状态，T_5 应取正值。

用**叠加原理**将基波和各谐波的异步附加转矩加起来得到总的转矩，如图 10-2 中的合成曲线 $T=f(s)$，在 $n=-\frac{n_1}{5}$ 和 $n=\frac{n_1}{7}$ 附近呈现明显下陷的谷点，这是由异步附加转矩所造成的，称为“**异步谷**”。其中 $n=\frac{n_1}{7}$ 处的谷点，对起动过程十分不利，若负载转矩大于该谷点附近转矩，则使转子在谷点附近低速“爬行”，而不能继续加速到正常运行转速。同样，$n=-\frac{n_1}{5}$ 处的谷点，对制动区的正常运行也是有害的。

2. 同步附加转矩

同步附加转矩是由独立来源的极对数相同的两个磁场，以相同转速且同方向旋转而产生的转矩。如果不是同步旋转，其平均转矩等于零。

在异步电动机中，定子齿谐波和转子齿谐波是两个独立来源的谐波磁场，且磁场较强，如果定、转子的槽数配合不当，有可能使它们的齿谐波磁场满足极对数相同条件，在某一特定转速时形成较强的同步转矩。例如，某三相异步电动机，$2p=4$，取 $Z_1=36$，$Z_2=40$，定子一阶齿谐波次数为

$$v_{Z1}=\frac{Z_1}{p}\pm1=\frac{36}{2}\pm1=\begin{matrix}19(\text{正转})\\17(\text{反转})\end{matrix}$$

转子一阶齿谐波次数为

$$v_{Z2}=\frac{Z_2}{p}\pm1=\frac{40}{2}\pm1=\begin{matrix}21(\text{正转})\\19(\text{反转})\end{matrix}$$

其中定、转子齿谐波中都有 19 次谐波磁场，定子 19 次谐波磁场以$\frac{n_1}{19}$转速相对于定子旋转，转子 19 次谐波磁场以$-\frac{n_1-n}{19}$转速相对于转子旋转。前面分析，只有当这两个独立来源的极对数相同的磁场，以相同转速旋转时，方能产生同步附加转速，则当

$$\frac{n_1}{19}=n-\frac{n_1-n}{19} \tag{10-11}$$

得

$$n=\frac{n_1}{10}$$

由此求得当转速 $n=\frac{n_1}{10}$时会产生同步附加转矩，如图10-3所示。同步附加转矩是在某一特定

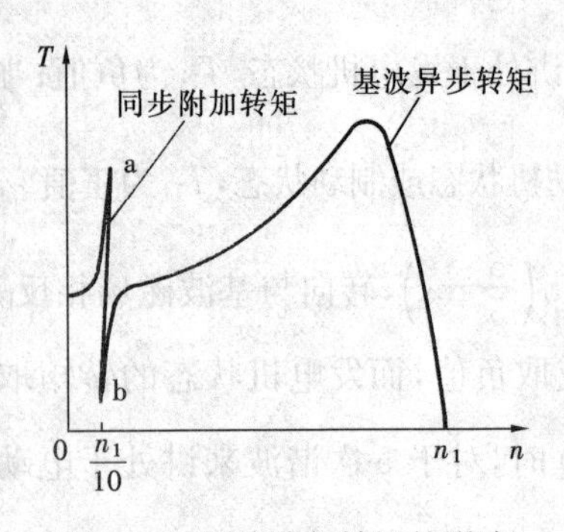

图 10-3 同步附加转矩的影响
($Z_1=36, Z_2=40, 2p=4$)

转速下才产生，其值可正、可负。定子 19 次谐波磁场超前于转子 19 次谐波磁场，产生正向同步转矩，这个转矩对起动并无危害。但是当转子继续加速，使转子 19 次谐波磁场超前于定子 19 次谐波磁场，这时同步转矩变为反向转矩，从图 10-3 中看出转矩立即从 a 点降至 b 点，使合成转矩有很大的下陷，常称为“同步谷”，对电动机的起动过程有很大的影响。如负载转矩大于该谷点的转矩，电动机便会在该转速下“爬行”，无法起动。

异步电动机由于“异步谷”或“同步谷”的存在，使其起动过程有一个转矩的最小值，称为“最小转矩”，它也是考核电动机起动性能的一个指标。

三、削弱和消除附加谐波转矩的措施

(1) 绕组采用分布绕组和适当短距绕组，以减弱绕组谐波磁场，特别是对起动影响较大的 7 次谐波和 5 次谐波，通常是 $y_1\approx\frac{5}{6}\tau$。

(2) 转子斜槽是削弱齿谐波作用的一个有效方法。转子的槽不与轴线平行，而是斜过一个角度，一般斜度为一个定子槽距 t_1，如图 10-4 所示。这样定子齿谐波磁场在同一转子导条中各部分感应电动势相互抵消，合成谐波感应电动势为零，感应电流很小，从而消除由定子齿谐波产生的异步附加转矩。如果不是转子斜槽，而是定子斜槽，效果相同。采用斜槽后，电机的漏抗将稍有增加。

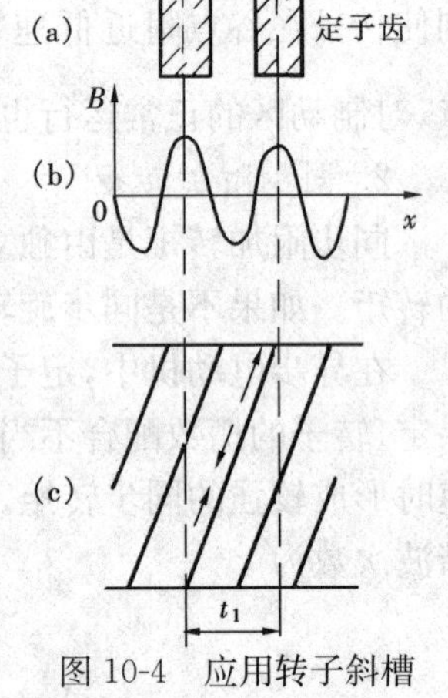

图 10-4 应用转子斜槽消除齿谐波的影响
(a)定子齿、槽；(b)定子齿谐波磁场分布；(c)转子斜槽

(3)选择合理的定、转子槽配合后，可消除或削弱齿谐波转矩。如为要避免一阶齿谐波同步附加转矩发生，应使定子齿数与转子齿数不出现下列情况

$$\frac{Z_1}{p}\pm1=\frac{Z_2}{p}\pm1 \tag{10-12}$$

亦即

$$\left.\begin{aligned}Z_1&=Z_2\\Z_1-Z_2&=\pm2p\end{aligned}\right\} \tag{10-13}$$

槽配合对电动机谐波转矩和其他性能有较大影响，分析较复杂，本书不作深入讨论。

(4)减少气隙磁导变化削弱磁导齿谐波，如定、转子采用半闭口槽，小电动机转子用闭口槽等。

(5)增大气隙能有效地削弱高次谐波和齿谐波磁场，随之减少附加转矩，但是过大的气隙使励磁电流增加，功率因数下降，一般不宜采用这种方法。

此外，采用分数槽绕组也能有效地削弱齿谐波磁动势，讨论略。

第三节 笼型异步电动机的起动

一台异步电动机采用什么起动方法，需要看供电系统的容量、负载的性质以及用户对起动的要求而定。就负载情况而言，可归纳为以下三种典型情况：①重载起动，起动时有比较大的阻力矩，起动特性如图10-5中曲线1；②轻载或空载起动，起动时阻力矩很小，起动特性如图10-5中曲线2；③流体负载起动，最初时阻力矩很小，随转速上升，负载转矩几乎按转速平方上升，如风机、水泵等，起动特性如图10-5中曲线3。

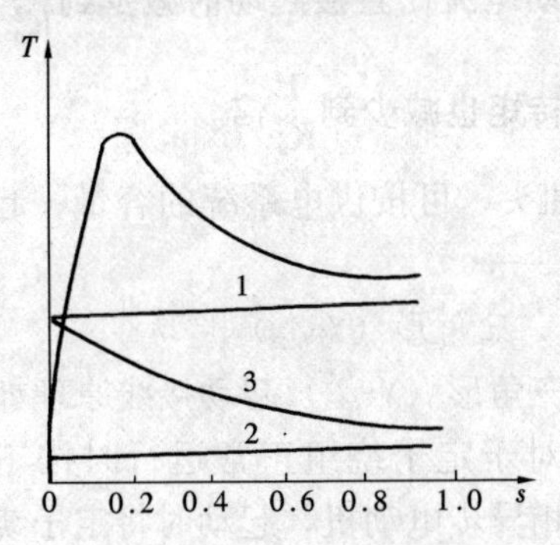

图10-5　三种典型负载起动特性

1—重载阻力矩；2—轻载阻力矩；3—流体类阻力矩

一、全压直接起动

全压直接起动是利用开关或接触器将电动机直接投入电网。直接起动最为简单，当电网有足够的容量，应尽可能采用此法。这种方法的主要问题是起动电流很大，所造成的电压降会影响同一电网变压器供电的其他电气设备的正常工作。电源容量越大，这种不良影响越小。多大容量电动机可以直接起动，有一系列的规定。例如，用户有独立的变压器，对不经常起动的异步电动机，其容量小于变压器容量的30%时可允许直接起动；对需要频繁起动的，电动机容量应小于变压器容量的20%，才允许直接起动；如果动力负载与照明共用一个电源，允许直接起动的异步电动机的容量，应按起动时所引起的电压降不超过5%为原则。当前随着电网容量的增大，允许直接起动异步电动机的容量也随之加大，这种方法的适用范围也将扩大。

二、降低电压起动

当电源容量不够，为了降低起动电流，异步电动机不得不用降压起动。就是利用某些设备，使起动时定子绕组的相电压低于额定电压，从而减少起动电流，不过此时起动转矩也会相应减小，对于起动转矩要求不高的负载（如图10-5中曲线2，3），可采用这种方法。常用的降压起动方法有自耦变压器起动、星形—三角形起动、延边三角形起动、串电抗器起动等。

1. 自耦变压器降压起动

其原理接线图如图10-6所示，高压侧接电源，低压侧接电动机。设自耦变压器的变比为 K_a，起动时电动机的电压降低到$\dfrac{1}{K_a}$倍，故电动机的起动电流为

$$I_{2st}=\frac{1}{K_a}I_{st} \tag{10-14}$$

式中　I_{st}——额定电压下直接起动，电网供给的起动电流。

此时流经自耦变压器一次侧的电流，即电网供给的起动电流，比自耦变压器二次侧的电流又减小$\dfrac{1}{K_a}$倍，故电网供给的起动电流为

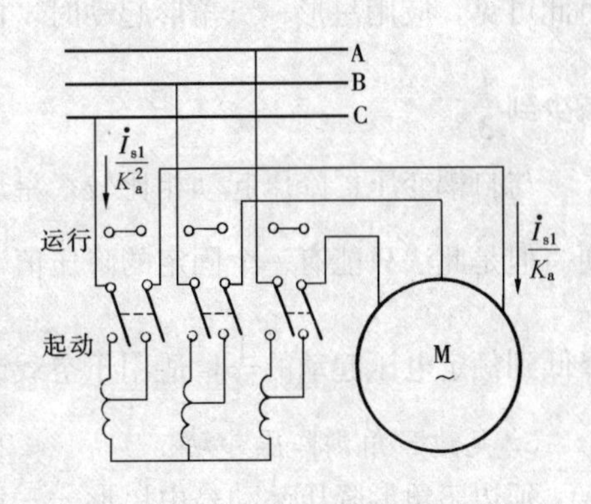

图10-6　自耦变压器起动

$$I_{1st}=\frac{1}{K_a}I_{2st}=\frac{1}{K_a^2}I_{st} \tag{10-15}$$

由此可见，当采用自耦变压器降压起动时，**电网供给的起动电流比直接起动时减少到$\frac{1}{K_a^2}$倍**，同时，由于电磁转矩与电动机电压的平方成正比，故**起动转矩也减少到$\frac{1}{K_a^2}$倍**。

自耦变压器起动器又称起动补偿器，一般备有 2～3 抽头，可按供电系统的容量、起动电流和负载转矩的要求来合理选择。

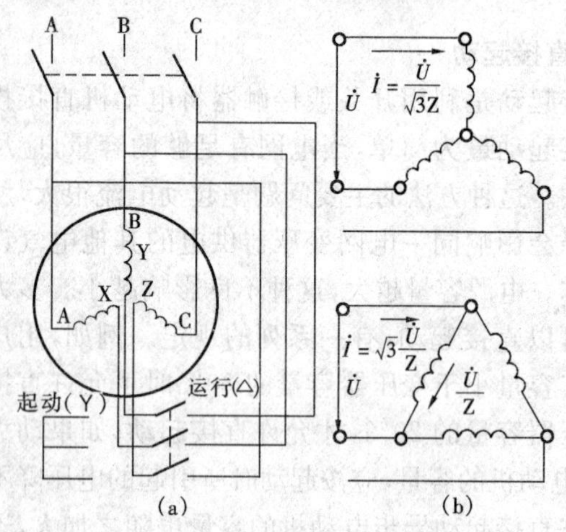

图 10-7 "星形—三角形"起动

(a) 接线图；(b) 原理图

2. 星形—三角形（Y-△）起动

星形—三角形（Y-△）起动接线原理如图 10-7 所示。对于定子绕组正常运行时按三角形接法的三相异步电动机，起动时将定子绕组接成星形，待转速上升到额定转速后，迅速换接成三角形接法。

设电网线电压为U，电动机每相起动阻抗为Z。如用三角形连接直接起动，电网供给的线电流的起动电流为

$$I_{\triangle st}=\sqrt{3}\frac{U}{Z} \tag{10-16}$$

如用星形连接起动，每相绕组的相电压为$\frac{U}{\sqrt{3}}$，流过每相绕组的电流等于电网供给电动机的起动电流，即

$$I_{Yst}=\frac{U}{\sqrt{3}Z} \tag{10-17}$$

则

$$\frac{I_{Yst}}{I_{\triangle st}}=\frac{1}{3} \tag{10-18}$$

由此可见，应用星形—三角形起动时，**由电网供给的起动电流可减少到$\frac{1}{3}$，同时起动转矩也减少到$\frac{1}{3}$。**

与自耦变压器降压起动相比较，星形—三角形起动结构简单、体积小、成本低、维修方便。但是此法只能有一个固定的降压值（额定电压的$\frac{1}{\sqrt{3}}$），没有选择的余地；最初起动转矩降低到额定电压起动的$\frac{1}{3}$，适用于空载或轻载下的起动。

3. 延边三角形降压起动

延边三角形降压起动是由星形—三角形演变而来的一种起动方法。它要求电动机每相绕组中间多一个抽头，三相绕组共有 9 个出线端，正常运行时，三相绕组接成三角形，中间抽头空着不用，起动时，每相绕组一部分接成三角形，整个三相绕组构成一个延边三角形，如图 10-8 所示。这样通过调节抽头位置，使绕组的 Y 接部分绕组和△接部分绕组（如 A 相的 D1D7 和 D7D4）的匝数比产生变化，从而满足不同起动转矩和起动电流的要求。$\frac{N_Y}{N_\triangle}$越大，

起动性能越接近 Y-△起动；反之，$\frac{N_Y}{N_\triangle}$越小，起动性能越接近直接起动。如$\frac{N_Y}{N_\triangle}=1$，起动转矩和起动电流约为直接起动的一半。

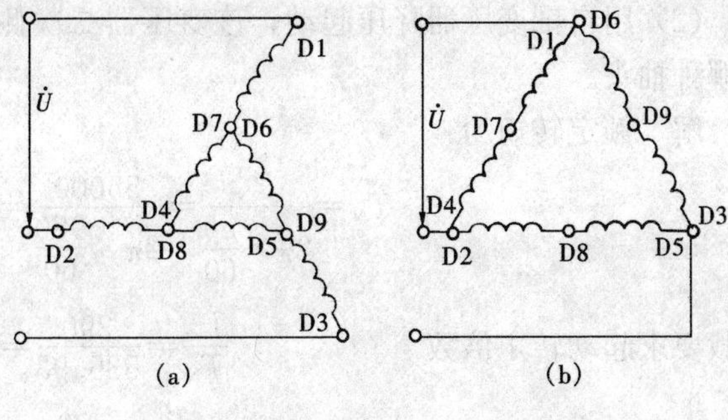

图 10-8　应用延边三角形降压起动

(a) 起动时接成延边三角形；(b) 运行时接成三角形

延边三角形降压起动与星形—三角形起动一样不需要专门的起动设备，且**可以适当调节起动转矩和起动电流倍数**；但是电动机制造时，定子绕组需要增加多个抽头，正常运行时同样要求三相定子绕组为三角形连接。

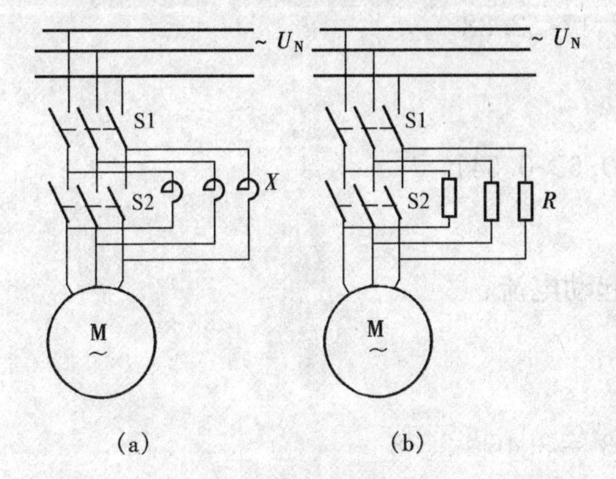

图 10-9　定子绕组串电抗器或电阻降压起动

(a) 串电抗器降压起动；(b) 串电阻降压起动

4. 定子回路串电抗器降压起动

这种方法起动时定子回路串入电抗器，开关 S1 合上，开关 S2 打开；起动后切除电抗器，S1 和 S2 均合上，进入正常运行，如图 10-9 所示。起动时定子回路中串电抗器使电动机绕组的实际电压降低，从而减少起动电流。

设电动机在额定电压下直接起动的起动电流为 I_{st}，起动转矩为 T_{st}，串电阻后起动电流降至 I_s，使 I_s 与 I_{st}之比为 K，K 是一个小于 1 的数，即

$$K=\frac{I_s}{I_{st}} \tag{10-19}$$

此时加在电动机绕组上的电压 $U_s=KU_N$，起动转矩与电动机电压平方成正比，则

$$T_s=K^2T_{st} \tag{10-20}$$

与自耦变压器降压起动相比，串电抗器降压起动装置比较简单，但是相同的情况，电网起动电流降低的效果较差；**电网供给的起动电流减少至原来的 K 倍，而电动机的起动转矩减少至原来的 K^2 倍**。对于一些小型异步电动机也有用定子回路串电阻起动，也能起到降压起动到的效果，但是起动时所串的电阻器上有较大的有功功率损耗。

随着电力电子技术的快速发展，大容量异步电动机的起动基本都采用电子软起动器。软起动器是一种集电动机软起动、软停车、节能和保护功能于一体的电动机控制装置，它采用三相反并联晶闸管作为调压器，接入电源和电动机定子之间。通过控制晶闸管的导通角来控制定子端电压，随着转速的上升，电压逐渐升高至额定电压。待电动机达到额定转速时，起动过程结束，软起动器自动用旁路接触器取代已完成任务的晶闸管，为电动机正常运行提供额定电压。采用软起动器，可以有多种起动方式，如斜坡电压起动、斜坡电流起动、限流起动、突跳起动等。

【例 10-2】　一台三相异步电动机，55kW，380V，绕组三角形连接，额定电流 104A，额定转速 980r/min，起动电流倍数 6.5，起动转矩倍数 1.8。电网要求所供的起动电流不超过 300A，起动时负载转矩不能低于 290N·m。试问：

(1) 能否用星形—三角形起动；

(2) 用自耦变压器降压起动，该变压器二次侧电压抽头为73%、64%和55%三组，应选哪种抽头。

解 额定转矩为

$$T_N=\frac{P_N}{2\pi\times\frac{n_N}{60}}=\frac{55000}{2\pi\times\frac{980}{60}}=535.93\ (\mathrm{N\cdot m})$$

负载要求起动转矩倍数 $\dfrac{T'_{st}}{T_N}=\dfrac{290}{535.93}=0.541$

电网要求起动电流倍数 $\dfrac{I'_{st}}{I_N}=\dfrac{300}{104}=2.88$

(1) 星形—三角形起动时电网供给的起动电流

$$\frac{I_{Yst}}{I_N}=\frac{I_{st}}{3}=\frac{6.5}{3}=2.17<2.88$$

星形—三角形起动时起动转矩

$$\frac{T_{Yst}}{I_N}=\frac{T_{st}}{3}=\frac{1.8}{3}=0.6>0.541$$

故可采用星形—三角形起动。

(2) 自耦变压器二次侧电流，即电网供给的起动电流：

73%电压抽头时，变比 $K_a=\dfrac{1}{0.73}$，则

$$I_{1st}=\frac{1}{K_a^2}I_{st}=6.5\times0.73^2=3.46>2.88$$

64%电压抽头时，变比 $K_a=\dfrac{1}{0.64}$，则

$$I_{1st}=\frac{1}{K_a^2}I_{st}=6.5\times0.64^2=2.66<2.88$$

55%电压抽头时，变比 $K_a=\dfrac{1}{0.55}$，则

$$I_{1st}=\frac{1}{K_a^2}I_{st}=6.5\times0.55^2=1.97<2.88$$

自耦变压器降压起动时起动转矩：

73%电压抽头时

$$T'_{st}=\frac{T_{st}}{K_a^2}=1.8\times0.73^2=0.96>0.541$$

64%电压抽头时

$$T'_{st}=\frac{T_{st}}{K_a^2}=1.8\times0.64^2=0.737>0.541$$

55%电压抽头时

$$T'_{st}=\frac{T_{st}}{K_a^2}=1.8\times0.55^2=0.54<0.541$$

自耦变压器降压起动选择64%电压抽头，方能较好地满足电网和负载的起动要求。

三、深槽式和双笼型异步电动机

降压起动虽能限制起动电流，但起动转矩按电压的平方减小，因此它只适用于带动较轻的负载起动。如要有较大的起动转矩，又要限制起动电流，由式（10-1）和式（10-3）可知增大起动时的转子电阻是一个十分有效的方法，但是转子电阻较大，会使电动机正常运行时效率降低。为此通过改变转子的结构，设计特殊笼型转子的异步电动机，以达到起动时转子电阻增大，运行时转子电阻自行变小的要求。

1. 深槽式异步电动机

深槽式异步电动机转子槽形窄而深，一般槽深与槽宽之比在 10∶1 以上，当转子导条流过电流时，深槽中漏磁通的分布如图 10-10（a）所示，交链槽底部分的漏磁通远比槽口部分的多。在刚起动时，转子绕组电流的频率 $f_2=f_1$。由于频率较高，导体漏抗大于电阻，且槽底部分的漏抗比槽口部分的大，这样使沿槽高的电流密度分布如图 10-10（b）所示，这就是**电流的集肤效应**。电流分布不均匀，槽底部分的导体对传导电流所起作用不大，等同于槽导体的有效高度和截面积减少。换言之，**集肤效应使转子导体电阻增加，同时使槽漏抗有所减少**，二者均促使起动转矩增大，改善了起动特性。

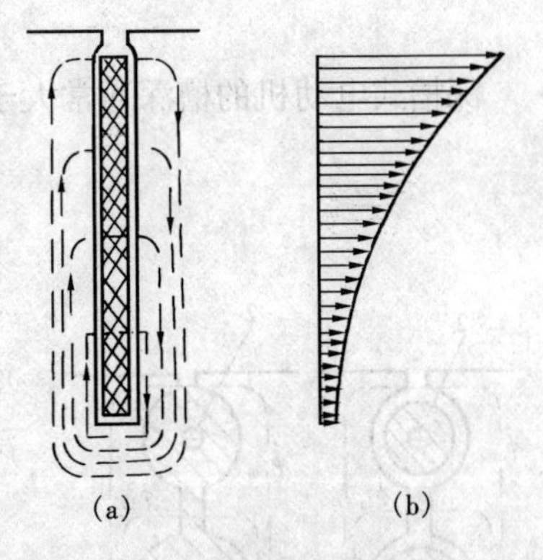

图 10-10　深槽转子导条起动时漏磁通和电流密度分布

（a）漏磁通分布；（b）电流密度分布

集肤效应的强弱与转子电流频率有关，频率越高，集肤效应越显著。正常运行时转子电流的频率 $f_2=sf_1$，频率很低，导体的漏抗很小，导体中电流均匀分布，转子电阻减少，电抗增大，因此对运行特性来说，效率并不降低，但由于槽深很窄，转子漏抗比普通笼型转子漏抗大，以致功率因数和过载能力有所降低。

深槽式电动机的等效电路和普通笼型电动机的形式上相同，起动过程转子阻抗由于集肤效应的影响，将发生以下变化。

由于端环部分在槽外，集肤效应甚微，可以略去不计，计算转子参数时应与槽内部分分开计算，即

$$r'_2=K_r r'_{s2}+r'_{e2} \tag{10-21}$$

$$x'_2=K_x x'_{s2}+x'_{e2} \tag{10-22}$$

式中：下标 s2 和 e2 分别表示转子槽内和端环部分参数；K_r 和 K_x 分别表示集肤效应使槽电阻增大和使槽电抗减小的系数。

由电磁理论分析计算可得

$$K_r=\xi\frac{\mathrm{sh}2\xi+\sin2\xi}{\mathrm{ch}2\xi-\cos2\xi} \tag{10-23}$$

$$K_x=\frac{3}{2\xi}\frac{\mathrm{sh}2\xi-\sin2\xi}{\mathrm{ch}2\xi-\cos2\xi} \tag{10-24}$$

$$\xi=h\sqrt{\frac{\mu_0\omega_2}{2\rho}} \tag{10-25}$$

式中　h——转子导体的高度，m；

μ_0——磁导率，$\mu_0=4\pi\times10^{-7}$ H/m；

ω_2——转子电流角频率，$\omega_2=2\pi f_2\text{rad/s}$；

ρ——材料电阻率，如紫铜 50°时，$\rho=0.2\times10^{-7}\Omega\cdot\text{m}$。

起动时：$f_2=sf_1=f_1=50\text{Hz}$，故

$$\xi=100h \tag{10-26}$$

深槽式电动机的槽深通常大于 2cm，当 $\xi>2$ 时，式（10-23）和式（10-24）可简化成

$$K_r=\xi \tag{10-27}$$

$$K_x=\frac{3}{2\xi} \tag{10-28}$$

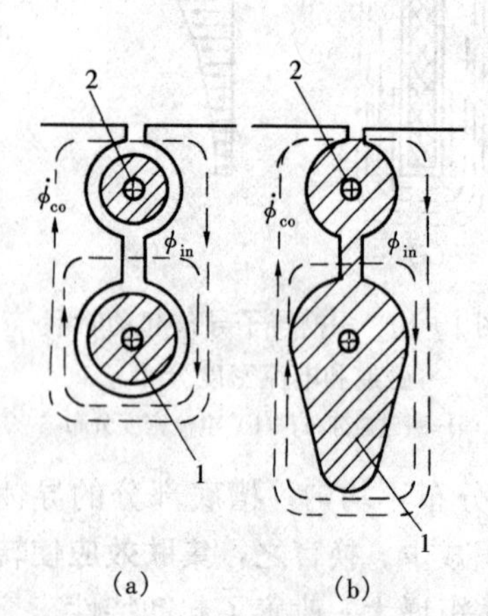

图 10-11 双笼型电动机的转子槽形及漏磁通分布

（a）铜条转子；（b）铸铝转子

1—运行鼠笼（内笼）；2—起动鼠笼（外笼）

由此可见，电流的集肤效应与槽形尺寸有关，一般笼型转子槽深与宽之比小于 5，槽深小，集肤效应不显著，而深槽式转子，**槽形越深，集肤效应越显著。**

正常运行时：$f_2=sf_1$，式（10-25）可写成

$$\xi=100h\sqrt{s} \tag{10-29}$$

额定运行时 s 很小，$\xi\approx0$，$K_r\approx1$，$K_x=1$，这时集肤效应将消失。

2. 双笼型异步电动机

双笼型异步电动机转子有外层和内层两个鼠笼，外层鼠笼的导条截面较小，电阻较大，内层鼠笼的导条截面较大，电阻较小，内外笼可以分别有各自独立的端环，如图 10-11（a）所示，也可以是与铸铝转子合用一个端环，如图 10-11（b）所示。

同样，根据起动时转子电流的集肤效应来分析，转子绕组的漏磁通可分为两类，同时交链内、外笼的为 Φ_{co}，单独交链内笼的为 Φ_{in}，所以内笼的漏磁通比外笼的大。在刚起动时转子绕组的频率高，$f_2=f_1$，内笼有较大的漏抗，因此电流较小，功率因数较低，所产生的电磁转矩也较小；外笼漏抗很小，电阻较大，因此电流较大，电磁转矩也较大，所以**起动时起主要作用的是外层鼠笼，称起动鼠笼**。正常运行时，转子电流频率降低，$f_2=sf_1$，内笼的漏电抗减少，而内笼的电阻较小，所以电流较大，**运行时起主要作用的是内层鼠笼，称运行鼠笼**。电动机的总电磁转矩 T，可以看成是内、外两个鼠笼并联运行而共同产生的，它们的转矩－转差率特性如图 10-12 所示。

双笼型异步电动机的等效电路与普通笼式电动机相仿，只是内、外笼的有关参数要用两个并联回路表示，如图 10-13 所示。下标 in 和 ou 分别表示内、外笼参数。

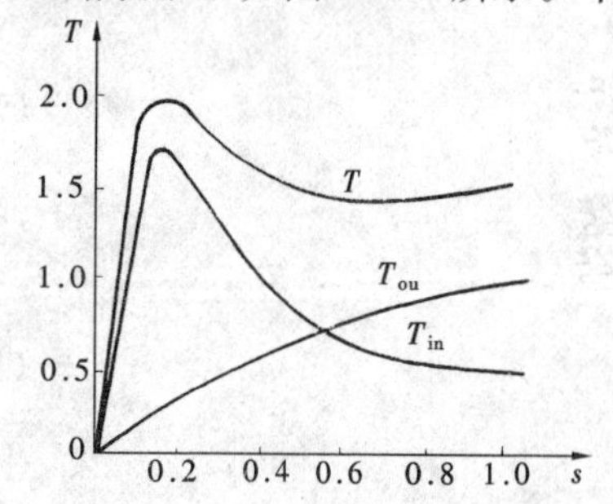

图 10-12 双笼型异步电动机的 T-s 曲线

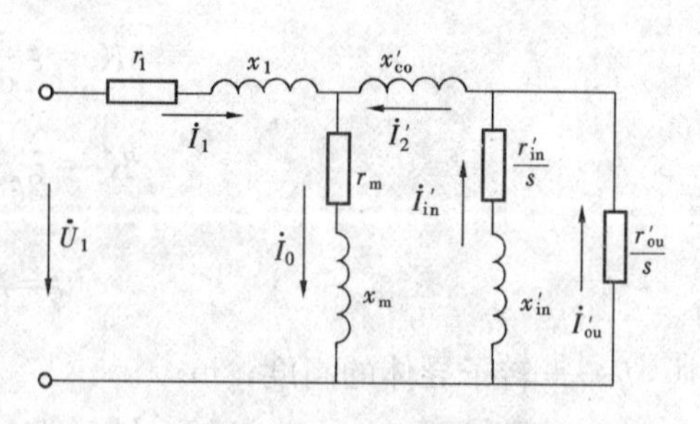

图 10-13 双笼型异步电动机的等效电路

图 10-13 中转子方面并联部分的阻抗为

$$Z=\frac{1}{\dfrac{1}{\dfrac{r'_{in}}{s}+jx'_{in}}+\dfrac{1}{\dfrac{r'_{ou}}{s}}}$$

$$=\frac{r'_{ou}}{s}\cdot\frac{r'_{in}(r'_{in}+r'_{ou})+s^2x'^2_{in}}{(r'_{in}+r'_{ou})^2+s^2x'^2_{in}}+j\frac{r'^2_{ou}x'_{in}}{(r'_{in}+r'_{ou})^2+s^2x'^2_{in}} \tag{10-30}$$

如将其看成是一普通笼型异步电动机，转子电阻和漏抗分别为

$$\left.\begin{aligned}r'_2&=\frac{r'_{ou}\left[r'_{in}(r'_{in}+r'_{ou})+s^2x'^2_{in}\right]}{s\left[(r'_{in}+r'_{ou})^2+s^2x'^2_{in}\right]}\\x'_2&=x'_{co}+\frac{r'^2_{ou}x'_{in}}{(r'_{in}+r'_{ou})^2+s^2x'^2_{in}}\end{aligned}\right\} \tag{10-31}$$

由式（10-31）可见，起动时 $s=1$，正常运行时 s 很小，r'_2 和 x'_2 都是转差率 s 的函数，起动时 r'_2 增大，而 x'_2 较小，对改善起动性能有利。运行时转子电阻 r'_2 减小，x'_2 增大。与普通笼型异步电动机相比，双笼型异步电动机漏抗较大，功率因数稍低，两者的效率相差不多。

综上所述，深槽式和双笼型异步电动机通过改变笼型转子的结构，增大转子导体的集肤效应，使起动时转子电阻明显增大，正常运行时转子电阻自动变小，以改善笼型异步电动机的起动性能，因此对于要求有较高起动转矩的较大容量笼型异步电动机多采用这类转子结构。与普通笼型电动机相比，它们的转子结构较复杂，机械强度较弱，且转子漏抗较大，功率因数稍低。

第四节　笼型异步电动机的调速

异步电动机的转速根据负载的要求，人为地或自动地进行调节，称为**调速**。调速是生产机械运行及生产工艺的要求，如电动车辆、电梯、机床等要求有良好的速度调节性能；调速也是风机、水泵类负载节能运行的需要。一般笼型异步电动机的转速略低于同步转速，且在负载变化时变化不大，是一种接近于恒速的驱动装置，其本身的调速性能不佳。如何提高调速性能是异步电动机应用面临的一个重要问题，也是长期以来电工界关注的问题之一。当前，由于电力电子、微电子和计算机控制技术的发展，以及电机设计方法的改进，为研制高性能、高可靠性和成本较低的机电一体化的异步电动机调速系统创造了条件，交流调速系统的应用已越来越广泛。

异步电动机的转速公式为

$$n=\frac{60f}{p}(1-s) \tag{10-32}$$

因此，异步电动机的调速方法有以下几种方法：

（1）改变供电电源的频率 f；

（2）改变电动机的极对数 p；

（3）改变转差率 s。

改变转差率可以由改变外施电压、在转子回路中引入外加电阻或外加电动势等方法来实现。

一、变频调速

变频调速是通过改变电源频率来改变电动机的同步转速，使转子转速随之变化。这种方法调速范围宽、精度高、效率也较高，且能无级调速，但是需要有专用的变频电源，应用上受到一定限制。近年来，随着电力电子技术的发展，变频器性能提高，价格降低，已成为交流调速中发展最快，使用最广的方法之一。目前，国外工业发达国家有50%左右的调速电动机为变频调速异步电动机。

1. 变频调速的基本控制方式

(1) 恒转矩调速。变频调速时通常希望电动机的主磁通 Φ_m 保持不变，因为 Φ_m 增大将引起磁路过分饱和，励磁电流大大增加，而 Φ_m 减小将使最大转矩、过载能力下降。

如略去异步电动机定子阻抗压降，则

$$U \approx E = 4.44 f_1 N_1 K_{N1} \Phi_m \tag{10-33}$$

要使气隙磁通 Φ_m 保持不变，随着频率的变化，电动势也将随之按正比例变化，即

$$\frac{E_1}{f_1} = 4.44 N_1 K_{N1} \Phi_m = \text{常数} \tag{10-34}$$

此时，最大转矩将保持不变，与频率无关，可见，不同频率的各机械特性曲线是彼此平行的，如图10-14 (a) 中实线所示。如果保持调频前、后散热情况相同，这种调速方式将允许同样大小的转子电流，因而具有同样的额定转矩，所以说它是一种**恒转矩调速方式**。**它能进行无级调速，运行时效率也较高。**

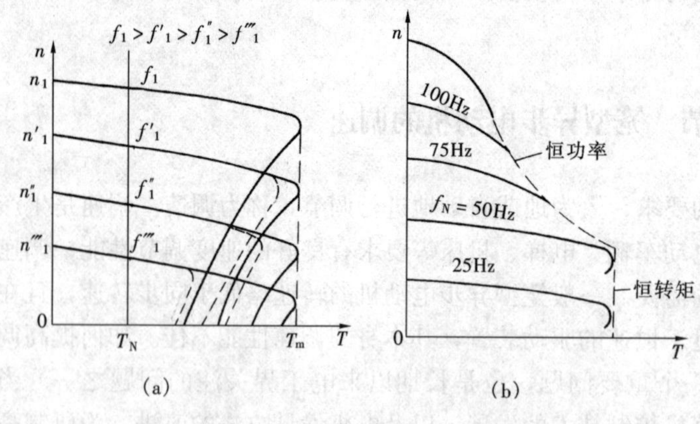

图10-14　异步电动机的机械特性

(a) 保持 $\frac{U}{f}$ = 常数的机械特性；(b) 保持 U_N 不变升频的机械特性

实用时若保持 $\frac{U}{f}$ = 常数，频率 f 降低时，电抗参数 $(x_1+x'_2)$ 随之减小，但是电阻 r_1 不变，此时，最大转矩会略有减小，见式 (9-65)，在频率接近 f_{1N} 时，$r_1 \ll (x_1+x'_2)$，当频率较低时，r_1 相对较大，最大转矩下降比较明显，如图10-14 (a) 中虚线所示，所以低频时须加以补偿，才能获得恒最大转矩的调速特性。

(2) 恒功率调速。调频前后保持输出功率不变，即　$Tf_1 = T'f'_1$ = 常数

即

$$\frac{T'}{T} = \frac{f_1}{f'_1} \tag{10-35}$$

于是定子端电压的大小与频率之间的关系为

$$\frac{U'_1}{U_1} = \sqrt{\frac{f'_1}{f_1}} \tag{10-36}$$

即
$$\frac{U_1}{\sqrt{f_1}}=\text{常数} \tag{10-37}$$

恒功率调速方法，随频率上升，气隙磁通以及最大转矩将下降。

由此可见，变化电源电压频率调速时，为了获得良好的调速性能，电源电压的大小也将按一定规律变化，所以它实际是**变频变压调速**。

工程应用时，将变频调速异步电动机的额定频率称为基频（国内 50Hz）。变频调速从基频往下调通常采用恒转矩调速，从基频往上调，由于电动机绕组不允许承受过高电压，只能保持额定电压不变，这样气隙磁通就会随电源频率升高而减小，此时电动机的机械特性可**近似看成恒功率变频调速方式**，曲线如图 10-14（b）所示，图中 T_m、S_k 由式（9-60）和式（9-61）可得。当电压不变时，最大转矩与频率平方成反比，临界转差率与频率成反比，即

$$T_m=\frac{m_1 p}{\omega_1}\cdot\frac{U_1^2}{2\ (x_1+x'_2)}\propto\frac{1}{f^2} \tag{10-38}$$

$$s_k=\frac{r'_2}{x_1+x'_2}\propto\frac{1}{f} \tag{10-39}$$

2. 变频器的基本构成

变频器是异步电动机变频调速系统中的关键设备。变频装置有多种类型，常用的有交流—直流—交流和交流—交流两类。现在以使用较广泛的交—直—交变频器为例，它由主电路和控制电路组成，其工作原理是先将工频三相交流电网电压通过整流器变成直流电压，然后通过逆变器将直流电压变换成频率可变的交流电压输出给电动机，变频器的构成如图 10-15 所示。图中的**整流器、中间直流环节和逆变器为主电路**。整流器由晶闸管或不可控的二极管构成三相桥式整流电路，逆变器是用晶闸管组成三相桥式逆变电路，通过有规律地控制逆变器中开关元件的开通和关断，得到频率可调的交流电。

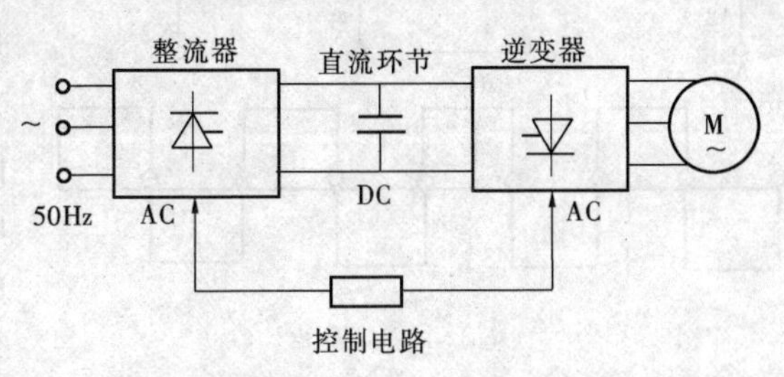

图 10-15　变频器的基本构成

中间直流环节中，当滤波元件为电容时，逆变器具有电压源的性质，称**电压源型逆变器**；当滤波元件为大电感时，逆变器具有电流源的性质，称**电流源型逆变器**。控制电路通过指令对逆变器和整流器进行控制，以改变输出交流电的频率和电压大小，并实现保护功能。

异步电动机变频调速具有很好的调速性能，但是使用时应该注意，变频器输出的交流电压、电流波形通常不是完全的正弦波，除了基波分量外，还有高频谐波分量，这将对电动机运行性能产生不良影响。对此，为适应变频器供电的要求，应专门设计变频调速异步电动机。

二、变极调速

当电源频率保持不变，改变定子绕组的极对数，也能改变同步转速，从而改变转子的转速。利用这种方法调速，定子绕组需要有特殊的绕法和接法，应使绕组的极对数能依外部接线的改变而改变。由于电动机的极对数只能是整数，故**变极调速是有级不平滑的**。例如极对数增加一倍，同步转速将减小一半，转子转速也会成倍减小。现在的变极电动机不仅有倍极

比，如$\frac{2}{4}$、$\frac{4}{8}$等，还有非倍极比，如$\frac{4}{6}$、$\frac{6}{8}$极，以及三速、四速变极电动机。为了适应不同负载需要，变极电动机又可分为**恒功率、恒转矩以及递减转矩**（风机、泵类负载）类电动机。

变极电动机定子绕组的绕制方法：一是双绕组变极，定子上有两套极对数不同，相对独立的绕组，每次运行只用其中一套，这种绕组设计较方便，但材料利用率差，较少使用；二是单绕组变极，定子上只有一套绕组，通过线圈间的不同接法，构成不同极对数，这种绕组材料利用率较高，但欲使不同极对数时电动机均有较好的性能，绕组设计难度较大，我国大多数变极电动机采用这种方法。有时为了获得三速或四速电动机，还可将上述两种方法结合起来使用。为了避免转子绕组换接，变极电动机基本采用笼型转子，它可以随着定子极对数的改变而自动改变极对数。

单绕组多速电动机定子绕组的排列是一种特殊的构成方式，绕组的节距应兼顾不同极数的要求，根据负载的要求，确定变极前后电动机输出功率比和转矩比，同时不让绕组的出线头过多，换接困难。下面以双速电动机为例，简要说明绕组换接变极的原理。

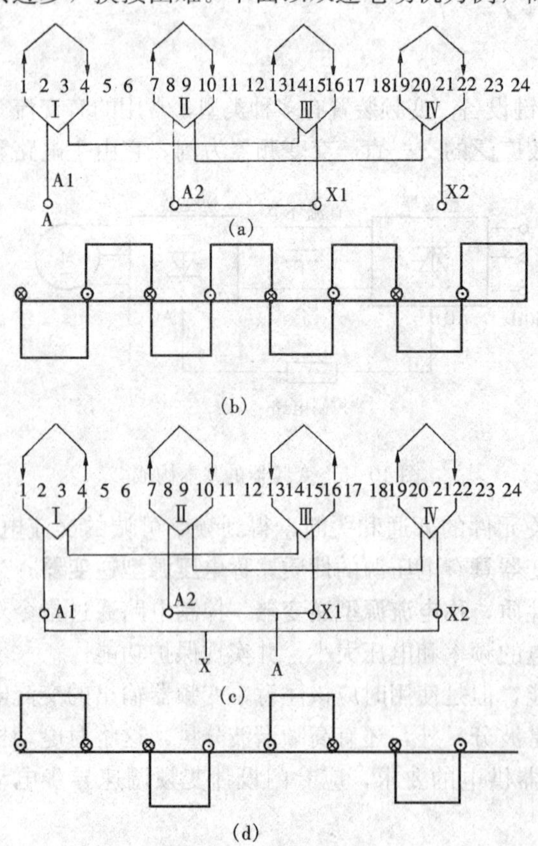

图 10-16　变极绕组的接法

(a) 8 极接法—相绕组接线；(b) 8 极接法—相绕组磁动势波；
(c) 4 极接法—相绕组接线；(d) 4 极接法—相绕组磁动势波

有一台三相异步电动机 8 极 24 槽，A 相绕组的接线如图 10-16（a）所示。有四个线圈串联，分为两个部分，线圈Ⅰ、Ⅲ串联成 A1X1，线圈Ⅱ、Ⅳ串联成 A2X2，然后再将两者串联，A1 为相绕组首端，X2 为相绕组的终端。B 相和 C 相绕组也用同样的接法，但各相的端点彼此相差 120°电角度。当有电流流入 A 相绕组时，产生的磁动势波如图 10-16（b）所示，其基波分量为 8 极，三相合成磁动势也为 8 极。

如改变外部接线，使一相绕组中一半线圈的电流方向倒转。例如，使 A1X1 中的电流方向倒转，将 A2X2 与 X1A1 并联，A2 和 X1 为相绕组首端，A1 和 X2 为相绕组终端，如图 10-16（c）所示。这时 A 相的磁动势波为 4 极，如图 10-16（d）所示。这样线圈的跨距 8 极时为整距，4 极时为短距。因此，**若使极数改变一倍，只要每相绕组的两组线圈中有一组改变电流流向即可。**

三相绕组之间的连接可以有两种方式：①Y/YY，低速时接成 Y，高速时接成 YY，如图 10-17（a）所示；②△/YY，低速时接成△，高速时接成 YY，如图 10-17（b）所示。如要在两种转速下，保持电动机转向不变，则应在变极后同时将任意两个出线端互换。当前，单绕组变极电动机的变极方法不仅有以上所用的**反向法**，还有**换相法**等方法，讨论略。

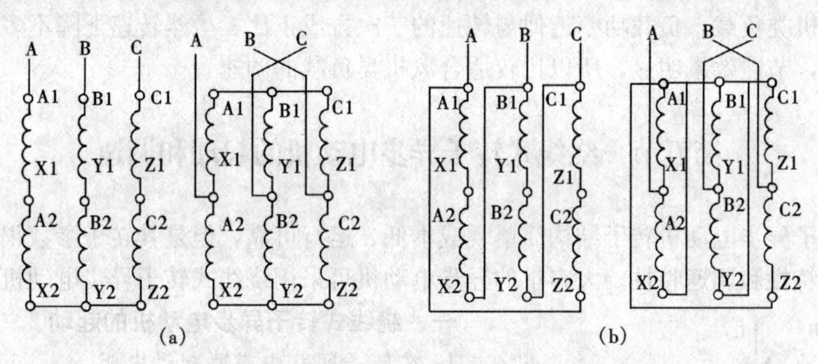

图 10-17　三相变极绕组的两种接法

(a) Y/YY 接法；(b) △/YY 接法

变极调速是一种比较经济、高效的调速方法，控制设备简单，只需增加转换开关，使用维护方便。双速电动机的尺寸一般要比同容量的普通异步电动机稍大，运行性能也稍差，常用于不需要连续调速场合。

三、改变外施电压调速

当外施电压改变时，最大转矩将随 U_1 的平方而变化，但最大转矩出现的转差率 s_k 保持不变。T-s 曲线变化情况如图 10-18 所示。从图中可以看出，当 U_1 下降时，电动机的工作点将发生变化，转差率将增大，即转速减小。如外施电压 U_1 下降为额定电压的 0.8 倍，主磁通 Φ_m 也近似为原来值的 0.8 倍，若是恒转矩负载，由转矩公式 $T=C_T\Phi_m I'_2\cos\theta_2$，正常运行时 $\cos\theta_2\approx1$，当 T 保持不变，Φ_m 下降为 0.8 倍，则 I'_2 增加到$\frac{1}{0.8}$倍，又 $s=\frac{pm_1}{\omega_1}\cdot\frac{I'^2_2r'_2}{T}$，故 s 增加到$\frac{1}{0.8^2}=1.56$ 倍，即从 s_1 增至 s_2。一般笼型异步电动机额定转差率很小。设 $s_N=0.03$，则 $s_2=1.56s_N=0.0469$，原转速为 1455r/min，现降至 1430r/min，调速范围很小。为了获得较宽的调速范围，可**选用转子绕组电阻较大的高转差率异步电动机**，或用绕线式异步电动机转子回路串电阻，此时机械特性较软，s_k 较大，且带风机、泵类负载，其负载转矩与转速平方成正比，即 $T=Kn^2$，如图 10-18 所示。**此时采用调压调速可使电动机在 $0\sim s_k$ 范围内稳定运行。**

调压调速目前广泛采用**交流调压器**，由晶闸管等器件组成，结构与电子软起动器类似，如图 10-19 所示，通过调整六个晶闸管（或三个双向晶闸管）的导通角大小来调节加到定子

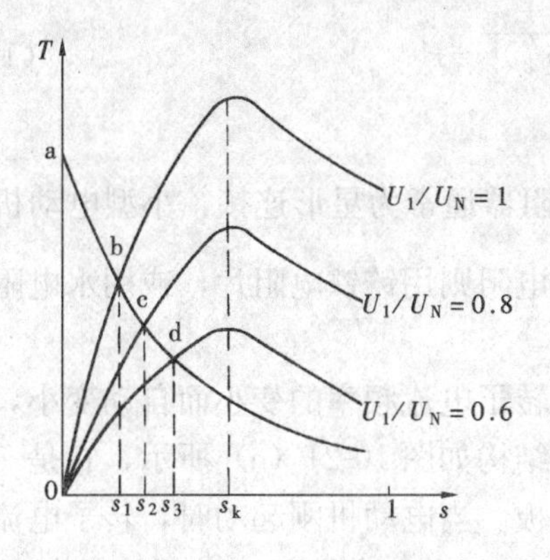

图 10-18　改变外施电压调速

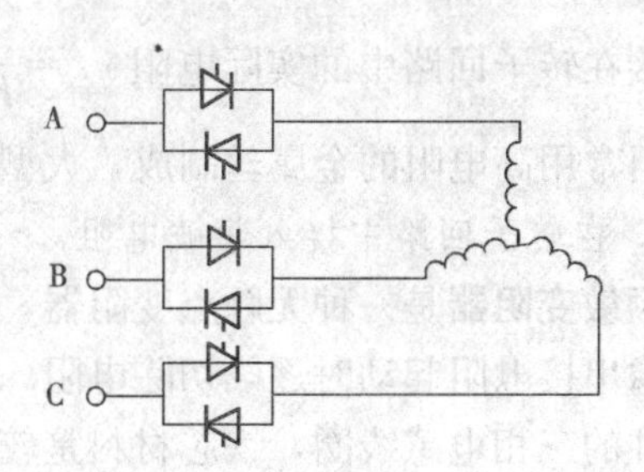

图 10-19　三相晶闸管调压主电路

绕组上的端电压。结构比较简便，控制电路价格较低。但是低速时转子铜损耗较大，效率较低。对于风机类负载，负载功率近似与转速的三次方成正比，虽然转速下降不多，但输入功率下降较多，节能效果明显，所以比较适合风机类负载的调速。

第五节 绕线式转子异步电动机的起动和调速

笼型转子异步电动机转子结构简单、成本低、运行可靠，但是其转子参数很难调整，为了**改善起动特性和调速特性**，大容量的异步电动机可采用绕线式转子异步电动机。

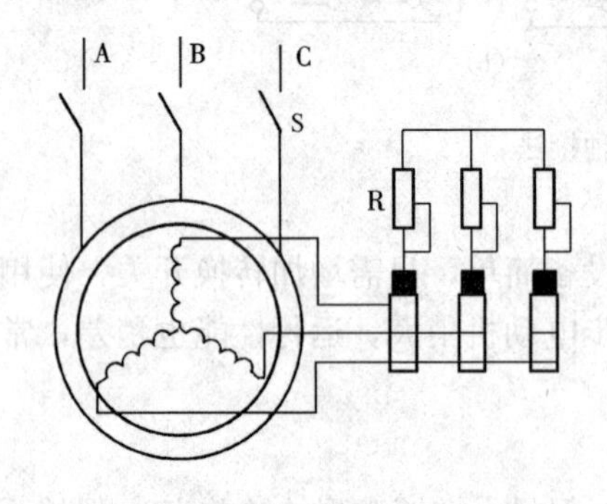

图 10-20 转子串接电阻起动的接线图

一、绕线式转子异步电动机的起动

1. 在转子回路中串联起动电阻

如既要限制起动电流，又要有较大的起动转矩，由起动电流公式（10-1）和起动转矩公式（10-3）可知，增大起动时的转子电阻可以有效改善起动性能，采用绕线式转子电动机起动时，转子绕组通过集电环和电刷与外接起动变阻器相连接，如图 10-20 所示。起动开始时，将全部电阻均串入转子回路，随着转速上升，为了加速起动过程，希望在整个起动过程均有较大的加速转矩，分级切除起动电阻，起动结束后，转子绕组便被短路，转入正常运行。为了避免电刷与集电环的摩擦损耗，较大的电动机还装有举刷装置，起动后使电刷与集电环脱离接触，同时将转子绕组彼此短路，当电动机停机后，应立即把变阻器接入，以备下次起动。

为了获得最大起动转矩，起动变阻器的电阻并非是越大越好，应当有一个合理的数值。根据异步电动机的机械特性，当 $s_k=1$ 时，**起动转矩等于最大转矩**。设 $r'_\triangle$ 为起动变阻器的电阻值（已归算到定子方面），则获得最大起动转矩转子回路所需串接起动电阻可根据式(9-58)来计算

$$s_k=\frac{c_1\ (r'_2+\Delta r'_2)}{\sqrt{r_1^2+\ (x_1+c_1x'_2)^2}}=1$$

$$r'_\triangle=\frac{1}{c_1}\sqrt{r_1^2+\ (x_1+c_1x'_2)^2}-r'_2 \tag{10-40}$$

接在转子回路中的实际电阻 $r_\triangle=\frac{r'_\triangle}{K_eK_i}$，起动变阻器通常为星形连接，小型电动机的起动电阻常用高电阻的金属丝制成，大型电动机的起动电阻则用铸铁电阻片，或用水电阻。

2. 在转子回路中接入频敏电阻

频敏变阻器是一种无触点变阻器，它的电阻值随转子电流频率的变小而自动变小，因此不必像串接电阻起动时逐段切除电阻。频敏变阻器的结构如图 10-21（a）所示，它是一个三铁芯柱的三相电感线圈，铁芯材料是较厚的钢板或铁板。当电动机刚起动时，转子电流频率 $f_2=f_1$，铁芯中的涡流损耗较大，其等效电路如图 10-21（b）所示，反映涡流损耗的等效

电阻 r_m 也较大，这样转子回路中的电阻变大，可以限制起动电流和增大起动转矩。起动后，随着转子转速的逐渐上升，转子电流频率 $f_2=sf_1$ 随之下降，于是涡流损耗也逐渐减小，等效电阻 r_m 也减小，等效电路中 r 为线圈的电阻，x 是线圈的电抗，其数值均不大，所以起动过程转子回路总电阻的变化规律，正好符合绕线式电动机的起动要求，使起动过程中保持较小的起动电流和较高的电磁转矩，缩短起动时间，并且运行可靠，使用维修方便。

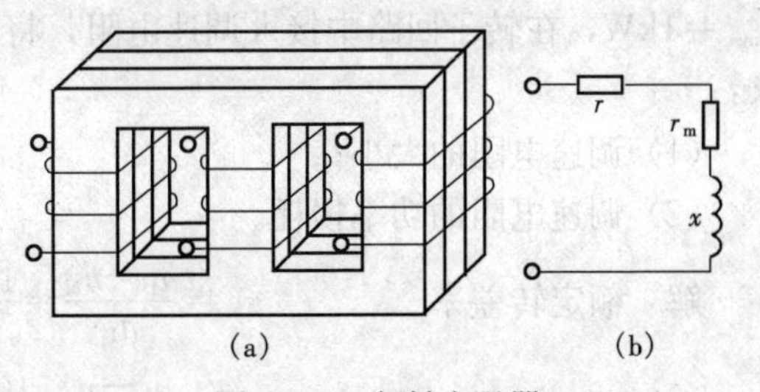

图 10-21　频敏变阻器

(a) 结构示意图；(b) 等效电路

二、绕线式转子异步电动机的调速

1. 在转子回路中接入变阻器调速

稳定运行时，在绕线式转子异步电动机转子回路中接入调速电阻（变阻器），可以改变电动机的机械特性，增大转子的转差率 s，即转速将下降。

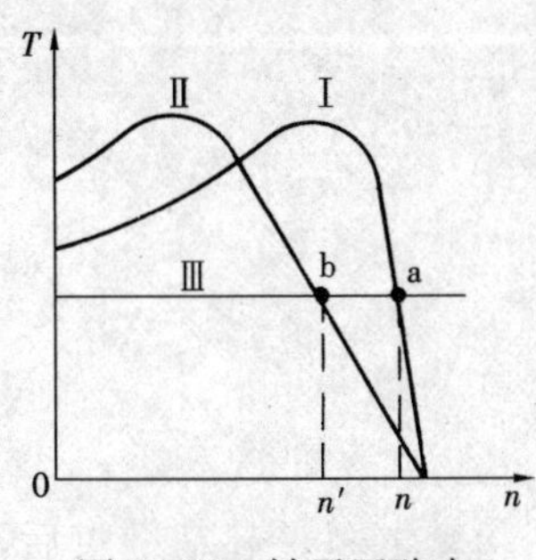

图 10-22　转子回路中串接调速电阻调速

图 10-22 中，曲线Ⅰ是异步电动机的固有机械特性，曲线Ⅱ是接入附加电阻 $r'_\triangle$ 以后的人为机械特性，曲线Ⅲ是恒转矩的负载特性。未接入调速电阻的工作点为 a，转差率为 s；接入调速电阻后的工作点为 b，转差率为 s'。

由于负载转矩调速前后保持不变，则

$$T=\frac{m_1 p}{\omega_1}U_1^2\frac{\dfrac{r'_2}{s}}{\left(r_1+c_1\dfrac{r'_2}{s}\right)^2+(x_1+c_1x'_2)^2}$$

$$=\frac{m_1 p}{\omega_1}U_1^2\frac{\dfrac{r'_2+r'_\triangle}{s'}}{\left(r_1+c_1\dfrac{r'_2+r'_\triangle}{s'}\right)^2+(x_1+c_1x'_2)^2}\tag{10-41}$$

由此求得

$$\left.\begin{aligned}\frac{r'_2}{s}&=\frac{r'_2+r'_\triangle}{s'}\\ s'&=\frac{r'_2+r'_\triangle}{r'_2}s\end{aligned}\right\}\tag{10-42}$$

根据式（10-42）可求得转速与附加调速电阻之间的关系。

这种调速方法只能从空载转速向下调速，调速范围不大，负载小时调速范围更小。当转差率较大，即转速较低时，转子回路（包括外接调速电阻 $r'_\triangle$）中的功率损耗较大，因此效率也较低，由于转子电流很大，调速电阻发热严重，容积大，经济性较差。但是这一方法设备简单，在一些断续工作方式运行的小型异步电动机调速时仍有运用，如桥式起重机等。对风机、水泵类负载也有调速节能的效果。

【例 10-3】　有一台三相绕线式异步电动机，$P_N=100\text{kW}$，50Hz，6 极，$n_N=980\text{r/min}$，

$p_{mec}=1$kW，在转子回路中接入调速电阻，将转速降至750r/min，如负载转矩保持不变，试求：

（1）调速电阻的大小；

（2）调速电阻的功率损耗。

解 额定转差率 $$s_N=\frac{n_1-n_N}{n_1}=\frac{1000-980}{1000}=0.02$$

调速后的转差率 $$s'=\frac{n_1-n}{n_1}=\frac{1000-750}{1000}=0.25$$

（1）调速电阻

$$r'_\Delta=\left(\frac{s'}{s_N}-1\right)r'_2=\left(\frac{0.25}{0.02}-1\right)r'_2=11.5r'_2$$

调速电阻是原转子电阻的11.5倍。

（2）调速前电磁功率

$$P_M=P_2+p_{mec}+p_{Cu2}=\frac{p_{Cu2}}{s_N}$$

$$100+1+p_{Cu2}=\frac{p_{Cu2}}{0.02}$$

调速前转子铜损耗 $$p_{Cu2}=2.06\text{（kW）}$$

当负载转矩保持不变，接入调速电阻后转子电流及转子的功率因数均不变，定子电流及输入功率也保持不变，由于转子回路中调速电阻有很大的功耗，而转速下降，输出功率也下降。

调速后转子绕组上铜损耗仍为2.06kW，调速电阻上的铜损耗为

$$p_{Cu\Delta}=3I'^2_2r'_\triangle=3I'^2_2\text{（}11.5r'_2\text{）}=11.5\times2.06=23.7\text{（kW）}$$

可见，这一调速方法**能耗大**，不经济。

2. 串级调速

绕线式转子异步电动机一般采用转子电路串接电阻和串接电动势两种调速方法，前者在附加调速电阻上将消耗大量能量，后者则将这部分能量加以利用，但是在转子电路中需要增加一套变换装置，由此构成串级调速系统。

当绕线式异步电动机转子回路中串入一个附加电动势，其频率与转子电动势 sE_2 的频率相同，而相位相同或相反。如果附加电动势 E_f 的相位与转子电流相位相反，附加电动势吸收电功率，其作用与外加电阻一样，转子电流 I_2 为

$$I_2=\frac{sE_2-E_f}{\sqrt{r_2^2+s^2x_2^2}} \tag{10-43}$$

接入 E_f 瞬间（s 未变）转子合成电动势减少，转子电流减小，则电磁转矩 T 也随之减小，这样电磁转矩 T 小于负载转矩 T_L，使电动机减速，即 s 增大。由式（10-43）可知，s 增大，I_2 也将增大，直至 $T=T_L$，电动机方能稳速运行，但此时转速较原有的低。串入电动势 E_f 越大，转速越低。同理，如果附加电动势与转子电动势相位相同，则电动机转速将上升，甚至超过同步转速。这种系统常称为双反馈调速系统，讨论略。

实现串级调速的方法很多，近年来，大多采用晶闸管串级调速，主要用于低于同步转速的调速，如图10-23所示。图中转子绕组端接整流器，把转子中的转差电动势和滑差功率变

成直流。与该不可控整流器相连的是晶闸管逆变器，由控制器控制把直流转换为和电源具有相同频率的交流，并通过变压器变成合适的电压返送回电源，逆变器的电压可看成是加在转子回路中的附加电动势，控制逆变器的移相角 β，就可以改变逆变器的电压 E_f，也就可以改变电动机的转速。当逆变器的移相角 β 接近 90°时，逆变电路中直流电压为零，转子附加电动势 E_f 也为零，电动机按原特性运行在接近同步转速。当 β 减小时，E_f 增加，电动机转速下降，通常为了防止逆变换流失败，β 角最小限定在 30°左右。机械特性几乎是一组平行下斜的直线，如图 10-24 所示。与此同时逆变器把转子回路的转差功率 sP_M 大部分反送回交流电网，因此**调速效率较高**。与变频器调速相比，变流装置容量较小，比较经济，但是，其调速范围不大，功率因数较低。当前主要应用于风机、水泵的节能调速和矿井提升、压缩机等功率较大的绕线式异步电动机调速系统。

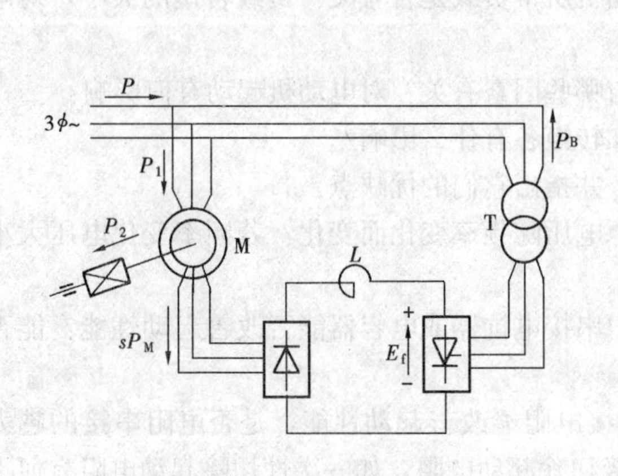

图 10-23　串级调速系统

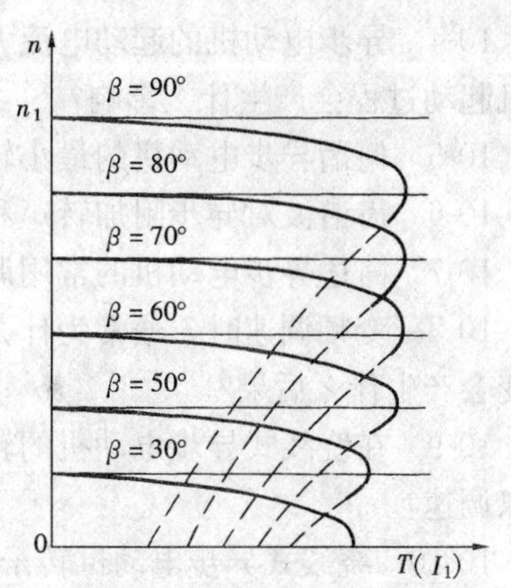

图 10-24　串级调速的机械特性

小　结

起动特性是异步电动机的主要特性之一，起动方法是异步电动机使用中的重要问题。笼型异步电动机的起动性能较差，起动电流很大，而起动转矩不大。一台电动机采用什么方法起动，取决于供电系统的容量、负载的要求和电动机的起动性能。电网容量允许，首先考虑全压直接起动。为了降低起动电流，常采用降低电压起动，有自耦变压器降压、星形一三角形换接开关降压、定子回路串电抗器降压等。为了获得较高的起动转矩和较低的起动电流，增大起动时的转子回路电阻是十分有效的方法，深槽式及双笼异步电动机利用集肤效应使电动机在起动时转子的有效电阻增大，绕线式异步电动机能在转子回路内串入电阻或频敏变阻器，可以获得很好的起动性能。

异步电动机调速是当前电动机发展的重要内容之一。调速性能可从调速范围、平滑性、调速功耗以及调速设备的成本和可靠性来衡量。根据异步电动机的转速公式，其转速 n 与频率 f、极对数 p 和转差率 s 有关。异步电动机调速比较困难，一般需要配置专门的调速装置或特殊的绕组，笼式异步电动机应用较多的是变频调速、变极调速和调压调速，绕线式异步电动机常用转子回路中串接电阻或串级调速。当前随着电力电子技术的发展，变频调速、串级调速和调压调速的工业应用日益广泛。

本章的学习重点是掌握常用起动方法和调速方法的工作原理和特点，还应该了解这些方法的优缺点和应用。

10-1　与笼型异步电动机相比较，绕线式转子异步电动机有哪些优缺点？

10-2　比较各种降压起动方式，指出电动机起动电流、起动转矩以及电网供给的起动电流之间的关系。

10-3　和普通笼型异步电动机相比较，深槽式和双笼型异步电动机有什么特点（起动性能和正常运行的工作特性）？

10-4　异步电动机的起动电流大小与电动机所带负载是否有关？负载转矩的大小，对电动机起动过程会产生什么影响？

10-5　何谓异步电动机的最小转矩，它与哪些因素有关？对电动机起动有何影响？

10-6　齿谐波对异步附加转矩和同步附加转矩各有什么影响？

10-7　简述异步电动机的常用调速方法，并指出它们的优缺点。

10-8　变频调速时，通常为什么要求电源电压随频率变化而变化？若频率变化电压大小不变会产生什么后果？

10-9　在绕线式异步电动机的转子回路中串接电抗器或电容器能否改善起动性能？能否用以调速？

10-10　绕线式异步电动机转子回路中串接电阻能改善起动性能，是否电阻串接的越大越好，为什么？又为什么要在起动过程中逐级切除起动电阻，如一次性切除起动电阻有何不良后果？

10-1　设有一台三相异步电动机，其参数间的关系如下：定子参数与转子参数的标幺值相同，漏抗为电阻的 4 倍，励磁电抗为漏抗的 25 倍，励磁回路电阻略去不计：

(1) 设该机过载能力为 2，求在额定运行时的转差率 s_N，如果你得到两个答数，应选哪个数？为什么？

(2) 试求在额定电压下直接起动的起动电流倍数、起动转矩倍数和功率因数。

10-2　有一台三相笼型异步电动机，额定参数：380V，50Hz，1455r/min，三角形连接，每相参数：$r_1=r'_2=0.072\Omega$，$x_1=x'_2=0.2\Omega$，$r_m=0.7\Omega$，$x_m=5\Omega$，试求：

(1) 在额定电压下直接起动时，起动电流倍数、起动转矩倍数和功率因数；

(2) 应用星形－三角形起动时，起动电流倍数、起动转矩倍数和功率因数。

10-3　题 10-2 中的异步电动机如是绕线式转子，如果使起动转矩有最大值，求每相转子回路中应接入多大的电阻，这时起动电流为多少？如果限制起动电流不超过额定电流的 2 倍，求每相转子回路中应接入多大的电阻，这时起动转矩为多少？

10-4　有一台三相异步电动机，$U_N=380$V，三角形连接，起动电流倍数为 6.5，起动转矩倍数为 2.0，试求：

（1）应用星形—三角形起动，起动电流和起动转矩各为多少？

（2）应用自耦变压器起动，使起动转矩大于额定转矩的0.6倍，起动电流倍数小于额定电流的3倍，此自耦变压器的低压抽头有80%、60%和40%三组，应该选哪一组抽头？

10-5　有一台三相绕线式异步电动机，额定数据如下：额定功率75kW，50Hz，4极，380V，三角形连接。转子电流124A，转子开路电压392V，星形连接，转子每相电阻0.047Ω，如负载转矩保持为额定值不变，当转子回路中串入0.32Ω电阻时，试求：

（1）串电阻后电动机转速；

（2）调速电阻上功率损耗。

解　转子回路方程式

$$\dot{E}_{2s}=\dot{I}_{2s}(r_2+jx_{2s})=\dot{I}_{2s}(r_2+js_Nx_2)\approx\dot{I}_{2s}r_2$$

$$E_{2s}=sE_{20}$$

故

$$s_N=\frac{I_{2N}r_2}{E_{20}}=\frac{124\times0.047}{\dfrac{392}{\sqrt{3}}}=0.02575$$

负载转矩保持额定值时，转差率为

$$s=\left(1+\frac{r_\triangle}{r_2}\right)s_N=\left(1+\frac{0.32}{0.047}\right)\times0.02575=0.201$$

电动机转速　$n=(1-s)n_1=(1-0.201)\times1500=1198.5$（r/min）

调速电阻上的功率损耗

$$p_{Cu}=3I_{2N}^2r_\triangle=3\times124^2\times0.32=14761\text{（W）}$$

10-6　有一台三相绕线式异步电动机，30kW、50Hz、4极、1470r/min，转子电流51.5A，转子开路电压350V，星形接法，负载转矩保持额定值不变，转子回路中串接调速电阻后转速降至1300r/min？试求：

（1）每相串入调速电阻的阻值；

（2）调速电阻上功率损耗。

10-7　有一台三相绕线式异步电动机，50Hz，6极，$n_N=980$r/min，每相转子电阻$r_2=0.073\Omega$，负载转矩保持额定值不变，如转子中所串的调速电阻为0.73Ω和1.7Ω时，电动机的转速各为多少？

10-8　有一台三相笼型异步电动机，50Hz、4极、380V、星形连接，等效电路参数归算到定子：$r_1=0.103\Omega$，$r'_2=0.225\Omega$，$x_1=1.10\Omega$，$x'_2=1.13\Omega$，$x_m=55\Omega$，不计机械损耗。电动机在变频、恒转矩（$\dfrac{U}{f}$=常数）下运行，驱动器最初调整到50Hz，380V时，试求：

（1）最大转矩和临界转差率；

（2）$s=0.03$时，电动机转矩和相应的输出功率；

（3）驱动频率减小到35Hz，负载转矩保持不变［同（2）］，此时电动机转矩和相应的输出功率。

单相异步电动机及异步电机的其他运行方式

第一节　三相异步电动机在不对称电压下运行

在实际运行中，三相异步电动机有时会遇到供电电源三相电压不对称的情况，这会给电动机的正常运行带来影响。本节讨论三相电压不对称，而电动机定子、转子绕组为对称时，三相异步电动机的运行性能。

一、不对称运行的分析方法

应用**对称分量法**是分析不对称问题十分方便而有效的方法。它是一个线性变换，将不对称三相电压分解为正序分量、负序分量和零序分量，分别计算各序系统的电流和转矩。基本分析方法与变压器的不对称运行分析类似，但是不同相序电流流经旋转的电机和静止的变压器有不同的影响，**其等效电路的参数不同。**

正序电压 U_{1+} 作用于定子绕组，便流过正序电流 I_{1+}，建立正向旋转磁场，产生正向转矩 T_+，拖动转子与其同方向旋转，设转子转速为 n，则正序转差率

$$s_+=\frac{n_1-n}{n_1}=s \tag{11-1}$$

负序电压 U_{1-} 作用于定子绕组，便流过负序电流 I_{1-}，建立负向旋转磁场，它与转子旋转方向相反，负序转差率为

$$s_-=\frac{n_1+n}{n_1}=2-s \tag{11-2}$$

三相异步电动机一般不接中性线，则无零序电压，所以定子绕组也无零序电流。

正序和负序等效电路如图 11-1 所示。由于 $s_+\neq s_-$，故 $Z_+\neq Z_-$，**这是与变压器根本不同之处。**

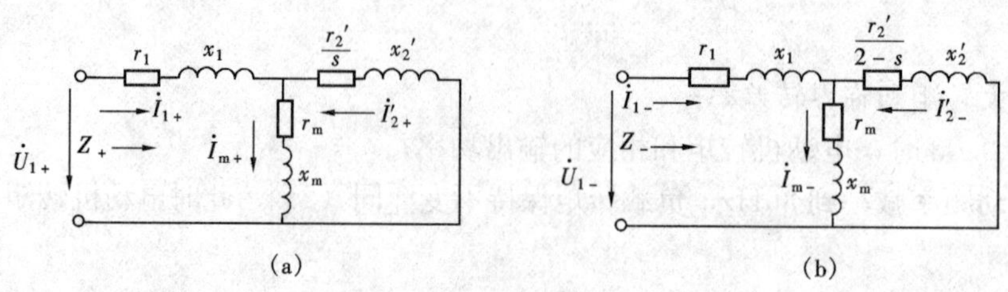

图 11-1　异步电动机正序与负序等效电路

(a) 正序；(b) 负序

$$
\left.\begin{aligned}
&\text{正序阻抗} \quad Z_{+}=r_1+\mathrm{j}x_1+\frac{(r_\mathrm{m}+\mathrm{j}x_\mathrm{m})\left(\frac{r'_2}{s}+\mathrm{j}x'_2\right)}{(r_\mathrm{m}+\mathrm{j}x_\mathrm{m})+\left(\frac{r'_2}{s}+\mathrm{j}x'_2\right)}\\
&\text{负序阻抗} \quad Z_{-}=r_1+\mathrm{j}x_1+\frac{(r_\mathrm{m}+\mathrm{j}x_\mathrm{m})\left(\frac{r'_2}{2-s}+\mathrm{j}x'_2\right)}{(r_\mathrm{m}+\mathrm{j}x_\mathrm{m})+\left(\frac{r'_2}{2-s}+\mathrm{j}x'_2\right)}
\end{aligned}\right\}\tag{11-3}
$$

当外施三相不对称电压$\dot{U}_\mathrm{a}$、$\dot{U}_\mathrm{b}$、$\dot{U}_\mathrm{c}$为已知，则可求出电压的正序分量U_{1+}和负序分量U_{1-}；$U_{1+}>U_{1-}$，$U_{10}=0$。由此，求得正、负序定子电流

$$
\left.\begin{aligned}
\dot{I}_{1+}&=\frac{\dot{U}_{1+}}{Z_{+}}\\
\dot{I}_{1-}&=\frac{\dot{U}_{1-}}{Z_{-}}
\end{aligned}\right\}\tag{11-4}
$$

三相定子电流

$$
\left.\begin{aligned}
\dot{I}_\mathrm{A}&=\dot{I}_{1+}+\dot{I}_{1-}\\
\dot{I}_\mathrm{B}&=a^2\dot{I}_{1+}+a\dot{I}_{1-}\\
\dot{I}_\mathrm{C}&=a\dot{I}_{1+}+a^2\dot{I}_{1-}
\end{aligned}\right\}\tag{11-5}
$$

正、负序转子电流，按式（9-43）得

$$
\left.\begin{aligned}
-\dot{I}'_{2+}&=\frac{\dot{U}_{1+}}{\left(r_1+c_1\frac{r'_2}{s}\right)+\mathrm{j}\,(x_1+c_1x'_2)}\\
-\dot{I}'_{2-}&=\frac{\dot{U}_{1-}}{\left(r_1+c_1\frac{r'_2}{2-s}\right)+\mathrm{j}\,(x_1+c_1x'_2)}
\end{aligned}\right\}\tag{11-6}
$$

正、负序电磁功率

$$
\left.\begin{aligned}
P_{\mathrm{M}+}&=3I'^2_{2+}\frac{r'_2}{s}\\
P_{\mathrm{M}-}&=3I'^2_{2-}\frac{r'_2}{2-s}
\end{aligned}\right\}\tag{11-7}
$$

正、负序电磁转矩

$$
\left.\begin{aligned}
T_{+}&=3\frac{p}{\omega_1}I'^2_{2+}\frac{r'_2}{s}\\
T_{-}&=-3\frac{p}{\omega_1}I'^2_{2-}\frac{r'_2}{2-s}
\end{aligned}\right\}\tag{11-8}
$$

由负序电流产生的转矩与正序电流产生的转矩方向相反，起制动作用。

合成转矩

$$T=T_{+}+T_{-}=3\frac{p}{\omega}\left(I'^2_{2+}\frac{r'_2}{s}-I'^2_{2-}\frac{r'_2}{2-s}\right)\tag{11-9}$$

电压不对称时三相异步电动机的T-s曲线如图11-2所示。

二、电压不对称对电动机运行的影响

电动机运行时由于s很小，因而$s_{-}=2-s\approx2$，于是$Z_{-}\approx Z_\mathrm{k}$，则

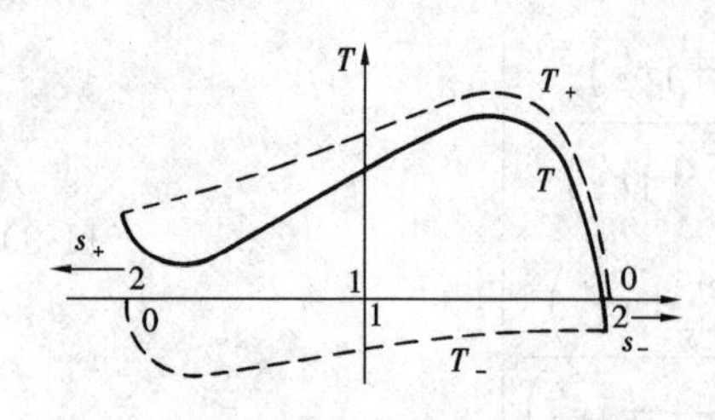

图 11-2　电压不对称时异步电动机的 T-s 曲线

$$I_{1-}=\frac{U_{1-}}{Z_-}\approx\frac{U_{1-}}{Z_k}=\frac{U_N}{Z_k}\cdot\frac{U_{1-}}{U_N}=I_{st}\frac{U_{1-}}{U_N} \tag{11-10}$$

式中　I_{st}——额定电压下起动电流，$I_{st}=\frac{U_N}{Z_k}$。

由此可见，即使很小的负序电压，也会产生较大的负序电流。例如 $U_{1-}=0.05U_N$，那么

$$I_{1-}=0.05I_{st}=0.05\ (5\sim7)\ I_N=\ (0.25\sim0.35)\ I_N$$

由式（11-5）可见，三相电流为正序电流和负序电流叠加，其结果会使其中某一相或两相电流很大，铜损耗增大，效率降低，发热严重，长期过电流运行，绝缘将遭受损坏。

由式（11-9）可见，由于负序转矩的存在，使合成转矩小于正序转矩，导致电动机的最大转矩和过载能力下降，起动转矩减小。因此三相异步电动机不允许长期在严重不对称电压下运行。

【例 11-1】　设有一台三相异步电动机，4 极，50Hz，380V，星形连接，额定转速 1470r/min，$r_1=0.065\Omega$，$r'_2=0.05\Omega$，$x_1=x'_2=0.2\Omega$，略去励磁电流。设双倍频率时，由于集肤效应转子绕组电阻将增加 20%，试求：

（1）额定时电磁转矩和定子电流；

（2）外电路有一相断线，设负载转矩保持不变时，电动机的转速和定子电流。

解　（1）每相电压　$$U_1=\frac{380}{\sqrt{3}}=220\ (\text{V})$$

额定转差率　$$s=\frac{n_1-n}{n_1}=\frac{1500-1470}{1500}=0.02$$

电磁转矩　$$T=\frac{m_1 p}{\omega_1}U_1^2\frac{\frac{r'_2}{s}}{\left(r_1+\frac{r'_2}{s}\right)^2+\ (x_1+x'_2)^2}$$

$$=\frac{3\times2}{2\times50\pi}\times220^2\times\frac{\frac{0.05}{0.02}}{\left(0.065+\frac{0.05}{0.02}\right)^2+\ (0.2+0.2)^2}$$

$$=343\ (\text{N}\cdot\text{m})$$

定子电流　$$I_1=I'_2=\frac{U_1}{\sqrt{\left(r_1+\frac{r'_2}{s}\right)^2+\ (x_1+x'_2)^2}}$$

$$=\frac{220}{\sqrt{\left(0.065+\frac{0.05}{0.02}\right)^2+\ (0.2+0.2)^2}}=84.7\ (\text{A})$$

（2）如图 11-3 所示，a 相断线，列端点方程

$$\left.\begin{aligned}\dot{I}_a&=0\\ \dot{I}_b&=-\dot{I}_c\end{aligned}\right\} \tag{11-11}$$

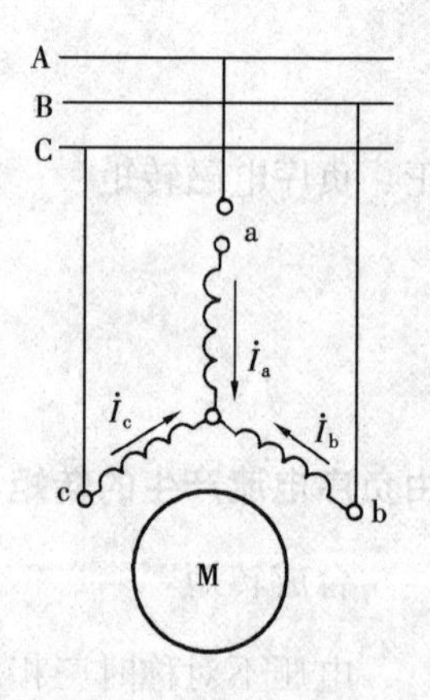

图 11-3　三相异步电动机外电路一相断路

分解为对称分量，得

$$\left.\begin{aligned}\dot{I}_{a0}&=0\\ \dot{I}_{a+}&=-\dot{I}_{a-}\end{aligned}\right\}\tag{11-12}$$

流入 b 相电流分量

$$\dot{I}_{b}=\dot{I}_{b+}+\dot{I}_{b-}=a^2\dot{I}_{a+}+a\dot{I}_{a-}=(a^2-a)\dot{I}_{a+}\tag{11-13}$$

$$\begin{aligned}\dot{U}_{bc}&=\dot{U}_{B}-\dot{U}_{C}=\dot{U}_{b+}+\dot{U}_{b-}-\dot{U}_{c+}-\dot{U}_{c-}\\&=\dot{I}_{b+}Z_{+}+\dot{I}_{b-}Z_{-}-\dot{I}_{c+}Z_{+}-\dot{I}_{c-}Z_{-}\\&=(a^2-a)\dot{I}_{a+}(Z_{+}+Z_{-})\end{aligned}\tag{11-14}$$

则

$$\dot{I}_{b}=\frac{\dot{U}_{bc}}{Z_{+}+Z_{-}}=\frac{\dot{U}_{bc}}{\sqrt{\left(2r_1+\frac{r_2'}{s}+\frac{1.2r_2'}{2-s}\right)^2+(2x_1+2x_2')^2}}\tag{11-15}$$

又电磁转矩

$$T=\frac{m_1p}{\omega_1}\left(I_{2+}'^2\frac{r_2'}{s}-I_{2-}'^2\frac{1.2r_2'}{2-s}\right)$$

略去励磁电流，由式（11-12）、式（11-13）求得

$$\left.\begin{aligned}|I_{2+}|&=|I_{a+}|=\frac{I_b}{\sqrt{3}}\\ |I_{2-}|&=|I_{a-}|=\frac{I_b}{\sqrt{3}}\end{aligned}\right.\tag{11-16}$$

代入数据

$$343=\frac{2}{2\pi\times50}\times\frac{380^2\times\left(\frac{0.05}{s}-\frac{1.2\times0.05}{2-s}\right)}{\left(2\times0.065+\frac{0.05}{s}+\frac{1.2\times0.05}{2-s}\right)^2+(2\times0.2+2\times0.2)^2}$$

用试探法求得

$$s=0.0252$$

转速

$$n=(1-s)\frac{60f}{p}=(1-0.0252)\frac{60\times50}{2}=1462\ (\text{r/min})$$

定子电流由式（11-15）得

$$I_b=-I_c=\frac{380}{\sqrt{\left(2\times0.065+\frac{0.05}{0.0252}+\frac{1.2\times0.05}{2-0.0252}\right)^2+(2\times0.2+2\times0.2)^2}}=166\ (\text{A})$$

由此可见，正在运行的三相异步电动机，一相电源断电，将使转速有所下降，未断相电流急剧增大（算例中大近一倍），如未能及时发现，绕组将会过热而烧毁，实际上，三相异步电动机的损坏，大多数是由此造成的。

第二节　单相异步电动机

单相异步电动机是用单相交流电源供电，在只有单相交流电源的场所应用非常广泛，如家用电器、医疗器械、电动工具等。通常，单相异步电动机**定子**上有两相绕组，**一相为主绕组** m（或称工作绕组），**一相为辅助绕组** a（或称起动绕组），两绕组在空间有相位差，一般为 90°电角度。定子大多采用单层同心式绕组，为了削弱定子绕组的谐波，也有采用正弦绕

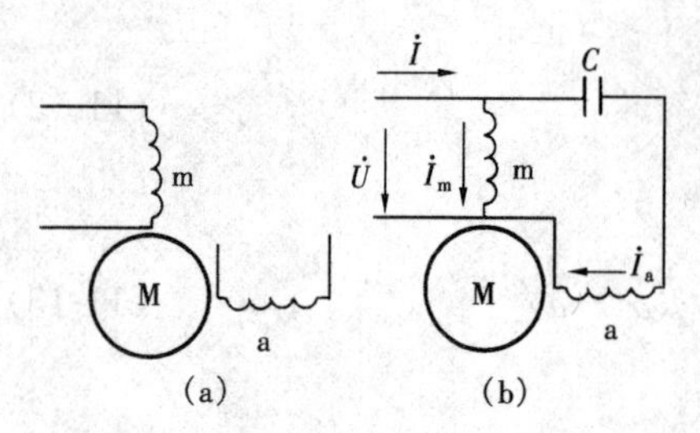

图 11-4　单相异步电动机
(a) 结构示意图；(b) 基本接线图

组（参见习题 6-4）。**转子**为结构简单的**笼型绕组**，结构示意图如图 11-4 所示。

单相异步电动机与三相异步电动机主要不同在于：三相异步电动机的定、转子绕组，以及三相绕组的电压、电流一般都是对称的，工作时气隙磁场是圆形旋转磁场；而单相异步电动机的绕组以及绕组的电压、电流一般是不对称的，工作时气隙磁场是椭圆形旋转磁场。对于这样的不对称问题，常用的分析方法有**对称分量法、双旋转磁场理论**和**正交磁场理论**等。本节采用**对称分量法**对单相异步电动机进行分析。

一、单相异步电动机的工作原理

首先分析辅助绕组开路的情况。这时 $I_a=0$，即仅主绕组有电流 I_m。应用对称分量法分解如下

$$\left.\begin{aligned}\dot{I}_m&=\dot{I}_{m+}+\dot{I}_{m-}\\ \dot{I}_a&=\dot{I}_{a+}+\dot{I}_{a-}=0\end{aligned}\right\}\qquad(11\text{-}17)$$

式中，$\dot{I}_{m+}$、$\dot{I}_{a+}$ 组成正序系统，$\dot{I}_{m-}$、$\dot{I}_{a-}$ 组成负序系统；设转子的转向为自 a 相转向 m 相，则

$$\left.\begin{aligned}\dot{I}_{a+}&=\mathrm{j}\,\dot{I}_{m+}\\ \dot{I}_{a-}&=-\mathrm{j}\,\dot{I}_{m-}\end{aligned}\right\}\qquad(11\text{-}18)$$

代入式（11-17）得

$$\dot{I}_a=\mathrm{j}\,\dot{I}_{m+}-\mathrm{j}\,\dot{I}_{m-}=0$$

即
$$\dot{I}_{m+}=\dot{I}_{m-}=\frac{1}{2}\dot{I}_m\qquad(11\text{-}19)$$

相应的相量图如图 11-5 所示。

电压正序分量和负序分量的平衡式为

$$\left.\begin{aligned}\dot{U}_{m+}&=\dot{I}_{m+}Z_+\\ \dot{U}_{m-}&=\dot{I}_{m-}Z_-\end{aligned}\right\}\qquad(11\text{-}20)$$

式中　Z_+、Z_-——电动机正序阻抗和负序阻抗。

则
$$\left.\begin{aligned}\dot{U}&=\dot{U}_{m+}+\dot{U}_{m-}=\dot{I}_{m+}Z_++\dot{I}_{m-}Z_-\\ \dot{I}_{m+}&=\dot{I}_{m-}=\frac{\dot{U}}{Z_++Z_-}\end{aligned}\right\}\qquad(11\text{-}21)$$

式（11-21）相应的等效电路图如图 11-6 所示，图中电源电压 U 对应脉动磁动势，可分解为正序和负序电压 U_{m+} 和 U_{m-} 对应的正序和负序圆形旋转磁动势，其磁动势幅值相同，为脉动磁动势幅值的一半，如图 7-8 所示。因此，**等效电路图 11-6 的正序阻抗 Z_+ 和负序阻抗 Z_- 中的 r_1，r'_2，x_1，x'_2，r_m，x_m 并不是定、转子的真实参数，其数值是相应的归算值或标幺值，转子对正序和负序旋转磁场的转差率分别为 s 和 $2-s$。**

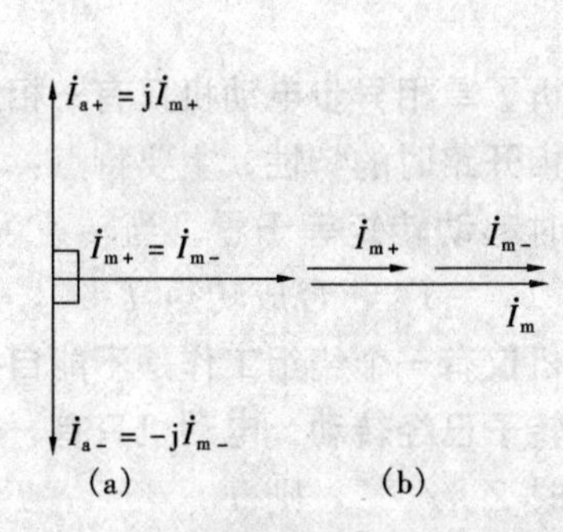

图 11-5　单相电动机一相工作时的电流对称分量

(a) 正序、负序相量；(b) m 相相量的合成

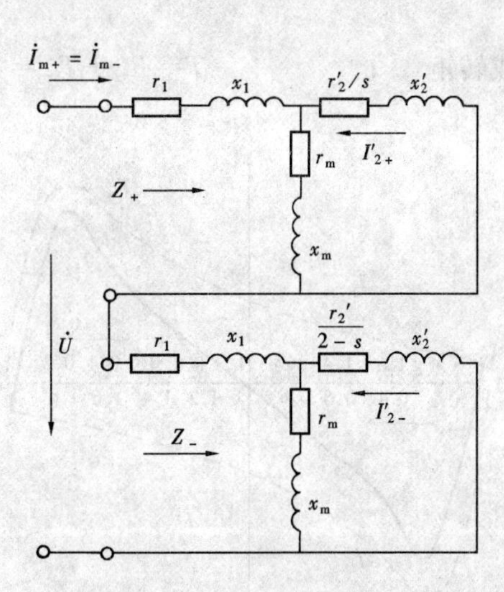

图 11-6　a 相开路时求 I_{m+} 和 I_{m-} 的等效电路

$$
\left.\begin{aligned}
Z_+&=r_1+jx_1+\frac{(r_m+jx_m)\left(\frac{r'_2}{s}+jx'_2\right)}{(r_m+jx_m)+\left(\frac{r'_2}{s}+jx'_2\right)}\\
Z_-&=r_1+jx_1+\frac{(r_m+jx_m)\left(\frac{r'_2}{2-s}+jx'_2\right)}{(r_m+jx_m)+\left(\frac{r'_2}{2-s}+jx'_2\right)}
\end{aligned}\right\}\qquad(11\text{-}22)
$$

正、负序转子电流

$$
\left.\begin{aligned}
\dot I'_{2+}&=-\dot I_{m+}\frac{r_m+jx_m}{(r_m+jx_m)+\left(\frac{r'_2}{s}+jx'_2\right)}\\
\dot I'_{2-}&=-\dot I_{m-}\frac{r_m+jx_m}{(r_m+jx_m)+\left(\frac{r'_2}{2-s}+jx'_2\right)}
\end{aligned}\right\}\qquad(11\text{-}23)
$$

正、负序电磁功率

$$
\left.\begin{aligned}
P_{M+}&=2I'^2_{2+}\frac{r'_2}{s}\\
P_{M-}&=2I'^2_{2-}\frac{r'_2}{2-s}
\end{aligned}\right\}\qquad(11\text{-}24)
$$

总的电磁功率

$$
P_M=P_{M+}+P_{M-}=2I'^2_{2+}\frac{r'_2}{s}+2I'^2_{2-}\frac{r'_2}{2-s}\qquad(11\text{-}25)
$$

正、负序电磁转矩

$$
\left.\begin{aligned}
T_+&=2\frac{p}{\omega_1}I'^2_{2+}\frac{r'_2}{s}\\
T_-&=-2\frac{p}{\omega_1}I'^2_{2-}\frac{r'_2}{2-s}
\end{aligned}\right\}\qquad(11\text{-}26)
$$

合成转矩
$$T=T_{+}+T_{-}=2\frac{p}{\omega_1}\left(I'^2_{2+}\frac{r'_2}{s}-I'^2_{2-}\frac{r'_2}{2-s}\right) \tag{11-27}$$

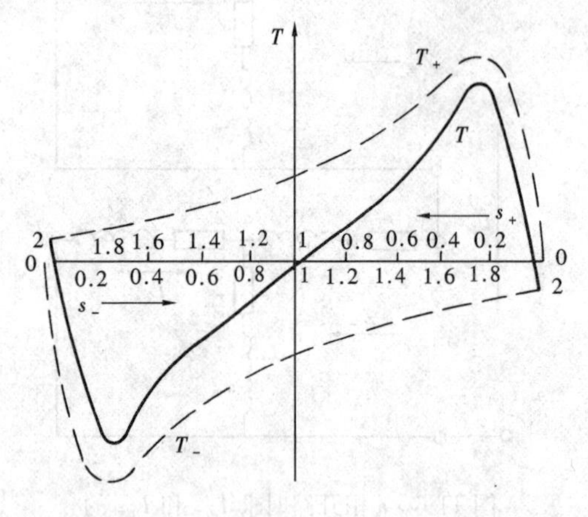

图 11-7 仅主绕组工作时的 T-s 曲线

单相异步电动机一相开路时的 T-s 曲线如图 11-7 所示。

以上分析了**单相异步电动机只有一相绕组通电，另一相开路时的特性**，主要特点：

(1) 此时**起动转矩等于零**。当转速为零，即 $s=1$ 时，$T_{+}=T_{-}$，合成转矩 $T=0$，这说明**单相电动机仅有一个绕组工作是不能自行起动的。如果转子已经转动，电动机只有一个绕组工作**，此时 $Z_{+}\neq Z_{-}$，则 $T_{+}\neq T_{-}$，$T\neq 0$，**电动机能够继续运转。**

(2) 负序转矩的存在使电动机的总转矩减少，当然**最大转矩和过载能力均有所降低**，转速有所减小，转子中的负序电流又增加了转子铜损耗，负序磁场又增加了铁损耗，因此单相异步电动机的效率较低，各种性能指标都低于三相异步电动机。

(3) 理想空载状态也达不到同步转速。当负载转矩为零时，转子电流不可能为零，单相电机转差率不为零。

单相电动机往往采用两相电动机的结构形式，主绕组 m 和辅助绕组 a 通常在空间正交，相差 90°电角度，其匝数、线径和匝数分布均不同，通入相位不同的两相电流，这两相绕组的磁动势为

$$\left.\begin{aligned} f_a &= F_a\sin x\sin\omega t \\ &= \frac{1}{2}F_a\cos(x-\omega t)-\frac{1}{2}F_a\cos(x+\omega t) \\ f_m &= F_m\sin(x-90°)\sin(\omega t-\varphi) \\ &= \frac{1}{2}F_m\cos[(x-90°)-(\omega t-\varphi)] \\ &\quad -\frac{1}{2}F_m\cos[(x-90°)+(\omega t-\varphi)] \end{aligned}\right\} \tag{11-28}$$

电动机内部合成磁动势 $$f=f_a+f_m$$

a 相绕组超前 m 相绕组 90°电角度；a 相绕组的电流超前 m 相绕组电流 φ；

式中，F_a，F_m 为 a 相和 m 相绕组磁动势的最大值 $F_a=0.9\frac{N_aK_{N1a}}{p}I_a$，$F_m=0.9\frac{N_mK_{N1m}}{p}I_m$。如果两绕组的磁动势大小相等，相位移角 90°电角度，即

$$\left.\begin{aligned} F_m=F_a&=F \\ \varphi&=90° \end{aligned}\right\} \tag{11-29}$$

将式 (11-29) 代入式 (11-28) 得

$$\left.\begin{aligned}f_a&=\frac{1}{2}F\cos(x-\omega t)-\frac{1}{2}F\cos(x+\omega t)\\f'_m&=\frac{1}{2}F\cos(x-\omega t)+\frac{1}{2}F\cos(x+\omega t)\end{aligned}\right\}\tag{11-30}$$

合成磁动势
$$f=f_a+f_m=F\cos(x-\omega t)\tag{11-31}$$

由此可见，此时电动机气隙磁场是一个圆形旋转磁动势，如同对称的三相异步电动机一样。

通常式（11-29）中两个等式不会同时成立，两个绕组产生的合成磁动势为椭圆形旋转磁动势，此时的起动性能和运行性能均比圆形旋转磁动势时差。

二、单相异步电动机的起动方法和类型

根据起动方法和运行方式不同，单相异步电动机可分为以下几种类型。

（一）电容电动机

电容电动机是将主绕组固定接单相电源，辅助绕组串联电容器后接单相电源，电容的作用使主绕组和辅助绕组电流不同相。合理选择电容器和主辅绕组匝数，使起动或额定运行时气隙磁场接近圆形旋转磁场，因而电容电动机有较高的起动转矩或较好的运行性能。根据电容器的不同串接方式，电容电动机又可分为下面三种。

1. 单相电容运转异步电动机

单相电容运转异步电动机是将电容器固定接在辅助绕组回路中而构成两相异步电动机，其接线如11-8（a）所示。图中主绕组电流$\dot{I}_m$总是滞后于电压$\dot{U}$一个角度φ_m，辅助绕组中串接电容器，当容抗大于绕组自身感抗，$\dot{I}_a$将超前$\dot{U}$一个角度φ_a，电容器选择适当，可以使$\dot{I}_a$超前$\dot{I}_m$90°，如图11-8（b）所示。合理配置有关参数，还能获得圆形旋转磁场。由于$\dot{I}_m$和$\dot{I}_a$的大小和夹角都随电动机的运行状态而变化，因此电动机内部旋转磁场的椭圆度也随之变化。一般电容运转电动机设计成额定负载时为接近圆形旋转磁场，因此运行性能大为改善，效率、功率因数和过载能力都比其他单相电机高，接近三相异步电动机；但是起动时只能是一个椭圆度比较差的旋转磁场，起动转矩比较小。同样空载运行时，因为负序磁场的增大，使电机空载电流大，损耗大，温升增高。该类电动机额定运行时有较高的效率和功率因数，工作可靠，使用方便，适用于各类空载或轻载起动的负载。

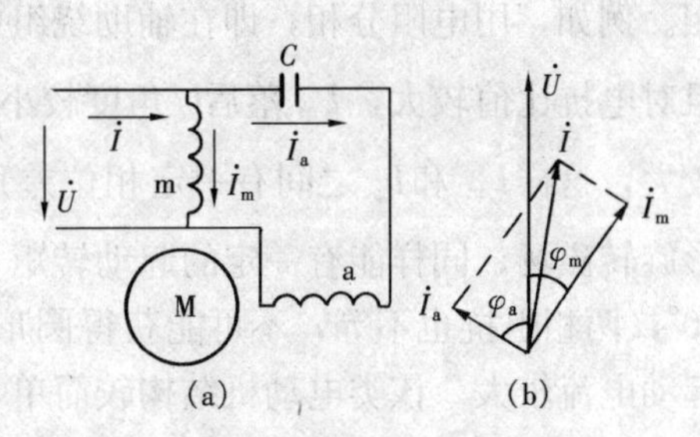

图 11-8　单相电容运转电动机
（a）接线图；（b）相量图

2. 单相电容起动异步电动机

为了有较高的起动转矩，使气隙磁场在起动时接近圆形旋转磁场，必定要加大辅助绕组回路中的电容器和调整辅助绕组的参数，但是这样的参数对于绕组长期运行显然是不合理的，因而在辅助绕组回路中加一个离心开关K，起动时K闭合，当转速达到（0.75～0.85）n_1时，在离心力的作用下，K的常闭触点断开，自动切断辅助电路。正常运转时电动机只有主绕组通电工作，运行性能较差。其接线图如图11-9所示。

3. 单相双值电容异步电动机

该类电动机在辅助绕组回路中串接两个并联的电容器，运行电容 C_{R} 固定接入辅助绕组电路，起动电容 C_{S} 在起动时接入，同样用离心开关 K，待电动机转速上升到一定数值，自动切断起动电容。因此该类电动机有较好的起动性能，又有较好的运行性能，是一种性能优良的单相异步电动机，但结构比较复杂。其接线图如图 11-10 所示。

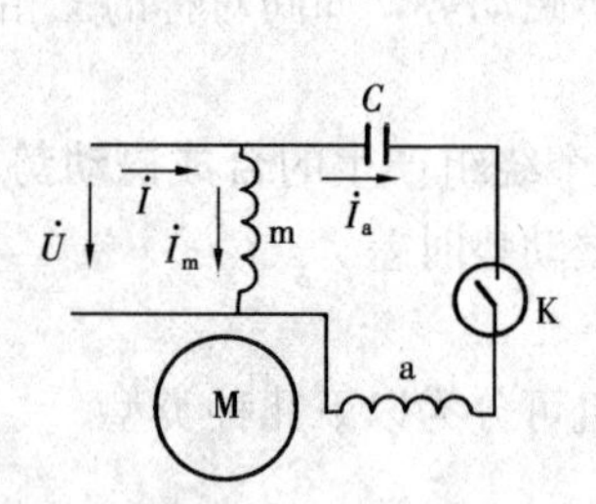

图 11-9　单相电容起动电动机接线图

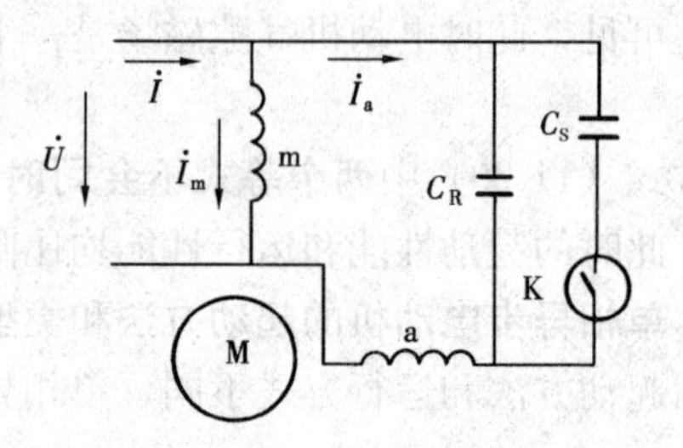

图 11-10　单相双值电容电动机接线图

（二）单相电阻起动异步电动机

电容起动电动机利用电容分相，使 $\dot{I}_{\mathrm{m}}$ 和 $\dot{I}_{\mathrm{a}}$ 之间有相位位移，其实用其他方法也可以分相。例如，用电阻分相，即在辅助绕组中串联电阻或增大辅助绕组的电阻，使辅助回路中电阻对电抗比值较大，$\dot{I}_{\mathrm{m}}$ 落后 $\dot{U}$ 角度较小，而主绕组的电阻对电抗比值较小，$\dot{I}_{\mathrm{m}}$ 落后 $\dot{U}$ 角度较大，这样 $\dot{I}_{\mathrm{m}}$ 和 $\dot{I}_{\mathrm{a}}$ 之间有一定相位差角 φ，形成两相电流如图 11-11 所示。由此产生椭圆形旋转磁场，同样能有一定的起动转矩，与电容起动相比，由于 $\dot{I}_{\mathrm{m}}$ 和 $\dot{I}_{\mathrm{a}}$ 夹角较小，总小于 90°，两相阻抗也不等，不可能获得圆形旋转磁动势，因此起动性能较差，起动转矩较小，起动电流较大。该类电动机结构较简单，省去了起动电容器，可使用在起动转矩要求较低的场合。

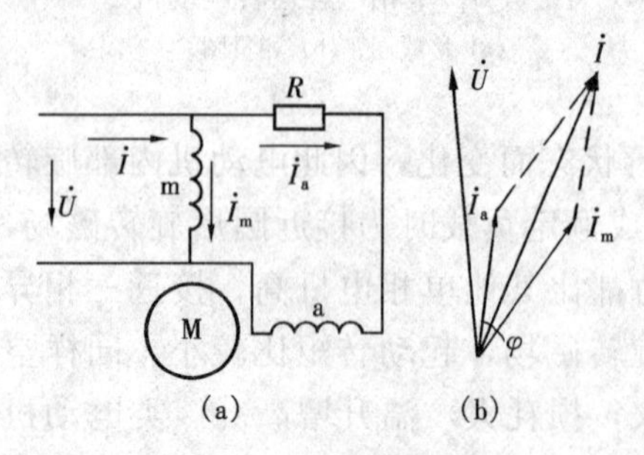

（a）　（b）

图 11-11　电阻起动电动机

（a）接线图；（b）相量图

三、罩极电动机

单相异步电动机常用的起动方法有**裂相起动**和**罩极起动**。以上介绍的均为裂相起动，定子上有两相绕组，两相绕组流过的电流不同相，而形成一个椭圆形旋转磁场，产生一定起动转矩。罩极电动机是罩极起动方法，其定子大多为凸极式，在极上只有一套工作绕组，直接与单相交流电源相接，在极靴的一边开有一个小槽，槽中套有一短路铜环，称为**罩极绕组**。罩极绕组所环绕的铁芯面积约占整个磁极的 $\frac{1}{3}$ 左右。转子绕组为笼型绕组。罩极电动机结构如图 11-12（a）所示。

当工作绕组接通电源后，便建立交变磁场，其中一部分磁通（$\dot{\Phi}_2$）穿过短路环极面，另一部分磁通（$\dot{\Phi}_1$）不穿过短路环极面，穿过短路环的那部分磁通将在短路环中产生磁感应电动势 $\dot{E}_{\mathrm{k}}$ 和感应电流 $\dot{I}_{\mathrm{k}}$，$\dot{I}_{\mathrm{k}}$ 在被罩极部分产生磁通 $\dot{\Phi}_{\mathrm{k}}$，$\dot{\Phi}_{\mathrm{k}}$ 和 $\dot{I}_{\mathrm{k}}$ 同相，通过磁极被罩部分的合成磁通 $\dot{\Phi}_3$ 为

$$\dot{\Phi}_3 = \dot{\Phi}_2 + \dot{\Phi}_k \tag{11-32}$$

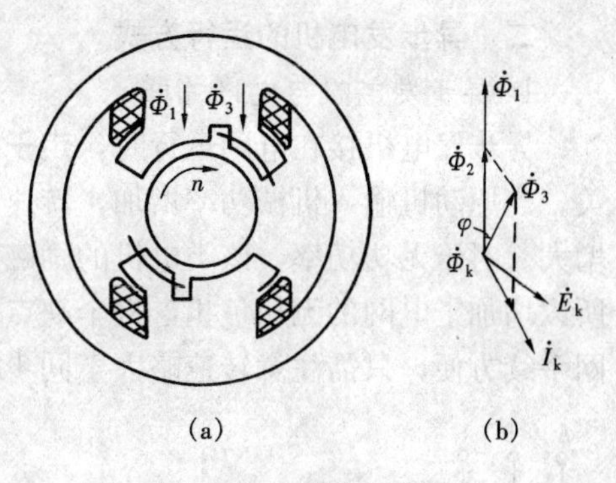

图 11-12　罩极电动机
(a) 结构示意图；(b) 磁通相量关系

图 11-12（b）中，$\dot{E}_k$ 是磁通在短路环中的感应电动势，故 $\dot{E}_k$ 滞后 $\dot{\Phi}_3 90°$，$\dot{I}_k$ 又滞后 $\dot{E}_k$ 一个角度。**这样不穿过短路环极面的磁通 $\dot{\Phi}_1$ 和穿过短路环极面的合成磁通 $\dot{\Phi}_3$ 之间时间上有相位差角 φ，$\dot{\Phi}_1$ 超前 $\dot{\Phi}_3$，在空间分布上它们也是不同相的，因此，电动机气隙的合成磁场是椭圆形旋转磁场**，旋转方向从磁通超前相转向滞后相，即从未罩极部分转向罩极部分，由此产生一定的起动转矩。该类电动机起动转矩较小，效率较低，但由于结构简单，造价低廉，适用于小功率且起动转矩无较高要求的设备中，如小型风扇等。

第三节　异　步　发　电　机

异步电机主要作电动机运行，也可以作发电机状态和制动状态运行。

一、基本分析方法

如用一原动机拖动异步电机转子使其顺着旋转磁场方向旋转，且转速大于同步转速，$n>n_1$，s **具有负值，这时异步电机处于发电机运行。**

根据第九章异步电机基本方程式，等效电路和相量图的分析，发电机状态转差率 s 应取负值，等效电路图仍与图 9-9 有相同形式，由于 $s<0$，转子电流的有功分量 $\dot{I}'_{2a}$ 应与 $\dot{E}'_2$ 反相 180°，无功分量 $\dot{I}'_{2r}$ 仍为感性，即滞后于 $\dot{E}'_2 90°$，相量 $\dot{I}'_2 \dfrac{r'_2}{s}$ 的实际方向应与相量 $\dot{I}'_2$ 反相，其余相量画法与电动机相量图画法一致，如图 11-13 所示。

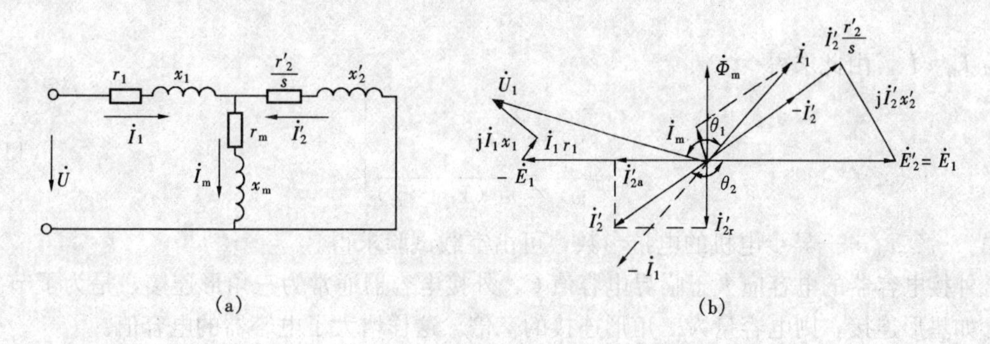

图 11-13　异步发电机的等效电路和相量图
(a) 等效电路；(b) 相量图

由相量图可以看出，在发电机运行状态，定子电流与电压间相位差，即功率因数角 $\theta_1>90°$，$P_1=U_1I_1\cos\theta_1$ 为负值，这意味着电机向电网输出有功功率。对于无功功率来讲，与电动机状态一样，**仍由电网供给感性无功功率。**

二、异步发电机的运行方式

1. 异步发电机与电网并联

异步发电机接在电网运行时，**定子电压和频率取决于电网电压和频率**，与电机的转速无关。当原动机输入机械功率增加，转速 n 增大，转差率 $|s|$ 增大，发电机输出有功功率也增大。对于无功功率，该类电机的励磁电流由电网提供，一般励磁电流可以为 $0.3I_N$ 左右，所以增加了电网的无功负担，这个缺点比较突出。但是这种电机结构简单，运行可靠，且并网手续方便，只需注意转速略大于同步转速，即可投入电网。

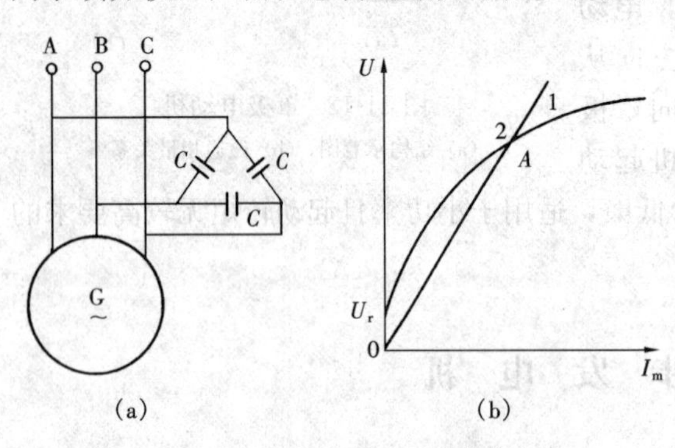

图 11-14　笼型异步发电机单机运行
(a) 接线图；(b) 自激电压建起

2. 异步发电机单机运行

笼型异步发电机如果不与电网并联而是与负载直接相连，其励磁电流需要由并联在端点上的电容器供给。如图 11-14 所示，曲线 1 表示异步单机的空载特性 $U=f(I_m)$，是一条饱和的曲线，曲线 2 是电容器的特性曲线，它是一条直线，其斜率决定于容抗 x_c，其电压建起过程如下：异步发电机最初只有很小的剩磁电压 U_r，该电压加在电容器上产生相应的电容电流，该电流又流经电机绕组，从而增加电机磁场，使电压上升，随着电压增大，电容器电流 I_c 又会增大，相互激励直到曲线 1 和曲线 2 的交点 A，即为稳定运行点。显然，**电压的大小与空载特性、转速及电容器有关**，电容 C 大，则电容线的斜率变小，交点上升，发电机的电压升高；如电容 C 过小，两曲线无明确交点，电机无法正常工作，空载时临界电容值的估算方法为

$$\left.\begin{aligned}I_m&\approx\frac{U_N}{x_1+x_m}\\I_c&=\frac{U_N}{x_c}\end{aligned}\right\}\tag{11-33}$$

因为 $I_m\approx I_c$，由此求得

$$\left.\begin{aligned}&x_c=x_1+x_m\\ \text{或}\quad &C=\frac{1}{\omega x_c}=\frac{1}{\omega\ (x_1+x_m)}\end{aligned}\right\}\tag{11-34}$$

式中　x_1、x_m——异步电机的电抗参数，可由空载试验求得。

外接电容器的电容应大于临界电容值 C，外接电容器通常为三角形连接，是为了节省投资，如星形连接，则电容量为三角形连接的三倍。这样增大了电容器的电容值。

笼型异步发电机单机运行与并网运行不同，欲保持其电压和频率恒定，随着负载的变化，必须相应调节转速和电容。例如，有功负载增加，转差率 $|s|$ 增大，要维持 f_1 不变，$f_1=\frac{pn_1}{60}=\frac{pn}{60\ (1-s)}$，必须增大原动机的输入功率，提高转速，否则会使 f_1 下降，还会导致端电压下降；又如，负载感性电流增大，必须加大电容量，才能维持电压不变。这样调节比较困难，给使用带来不便，也较难保证电压和频率不变。因此单机运行适用于供电系统无

法达到的，且供电质量要求不太高的边远地区。

三、双馈异步发电机

双馈异步发电机是目前使用最为广泛的风力发电机，电机结构与普通绕线式异步电机类似。使用时，定子绕组直接与电网相连，转子绕组通过滑环与双向变频器相连，变频器供以频率、幅值、相位和相序都可改变的三相低频励磁电流，变频器的另一端则与定子绕组并联。转子三相绕组不仅起到励磁作用，同时还有转子功率的输入和输出功能。由于其定子和转子两部分都能馈入和馈出能量，因此得名“双馈”。

发电机的转子与风机相连，当风速发生变化时，转子转速随之发生改变，此时通过变频器调节转子的励磁电流频率来改变转子磁场的旋转速度，使转子磁场相对于定子的转速始终是同步的，定子感应电动势频率就可保持定值。即通过对转差频率的控制，实现了发电机的变速恒频运行。由于控制方案是在电机的转子侧实现的，流过转子电路的功率是由发电机的转速运行范围所决定的转差功率，转差功率仅为发电机定子额定功率的1/4至1/3，所以功率转换装置的容量小、电压低，变频器的成本大为降低，系统容易设计与实现。

采用双馈异步发电机的控制方案，除了可实现变速恒频控制，减小变频器的容量外，还可调节励磁电流的相位，参与电网的无功功率调节，从而提高电网运行效率、电能质量与稳定性。缺点是双馈异步发电机仍然有滑环和电刷，电刷和滑环之间的机械磨损会影响电机的寿命；此外，发电机和风机之间有齿轮箱，需要经常维护。目前双馈异步发电机及相关技术已较为成熟，国内厂家已能生产出6MW风力发电系统。

第四节　异步电机的制动运行

制动运行是异步电机的又一种运行方式，本节介绍制动的原理和方法。**制动是生产机械对电机所提出的特殊要求。**例如，快速停车、正转迅速变成反转或其他制动状态，又如，当电车下坡时，为了安全行车限制转速在一定范围内；当起重机械下放重物时，为使重物能匀速下降也需制动。

异步电机的制动可用采用机械的方法，也可采用电磁的方法，常用的电磁制动方法有：①能耗制动；②回馈制动；③反接制动；④正接制动等。

一、反接制动

异步电机运行时，如果转子的转向与气隙旋转磁场的转向相反，则转差率 $s>1$，这种运行状态为**反接制动**。实现反接制动可以在电动机运转时利用换接开关改变定子电流的相序，使旋转磁场的转向倒转，而转子的转向由于机械惯性不能立即改变，于是电机处于制动状态，使转子的转速迅速下降到零，如果电机继续通电，转子将接着反方向运转。如制动的目的是为了迅速停车，则当转速降至零后，立即切断电源。

异步电机反接制动时，$s>1$，机械功率为 $P_{\mathrm{i}}=mI'^2_2\dfrac{1-s}{s}r'_2<0$，机械功率为负值表示异步电机的机械功率是从转轴输入给电机。这时异步电机的电磁功率为 $P_{\mathrm{M}}=mI'^2_2\dfrac{r'_2}{s}>0$，电磁功率为正值表示电机从电源吸收电功率，功率从定子传给转子。这样转子上消耗的功率为机械功率 P_{i} 和电磁功率 P_{M} 之和，即

$$P_{\mathrm{i}}+P_{\mathrm{M}}=-mI'^{2}_{2}\frac{1-s}{s}r'_{2}+mI'^{2}_{2}\frac{r'_{2}}{s}=mI'^{2}_{2}r_{2}=p_{\mathrm{Cu2}} \tag{11-35}$$

由此可见，P_{i} 和 P_{M} 都转变为转子的铜损耗，因此定、转子电流很大，铜损耗很大。若为绕线式转子异步电动机，应在转子回路中串附加电阻，以限制电流，增加电磁制动转矩。

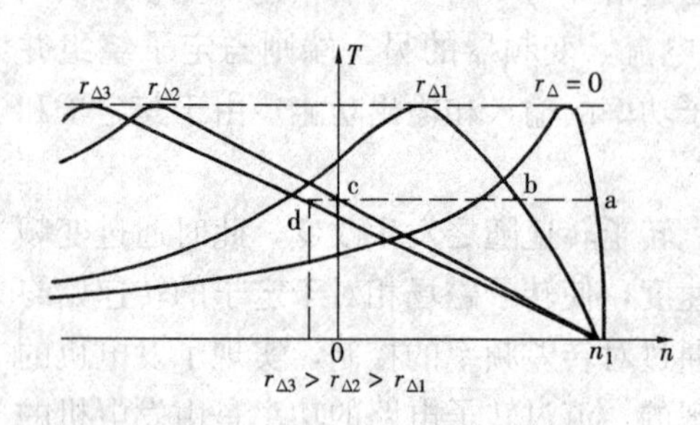

图 11-15 异步电机正接反转制动

二、正接反转制动

正接反转制动是指定子接线保持原接法不变，如转子在外力推动下迫使反向旋转，这时电磁转矩是一制动转矩。这种制动方法主要用于绕线式转子电机作起重用。当起动机械提升重物时，电机处于电动机状态，改变转子附加电阻可控制提升速度，附加电阻增加则转速下降，如图 11-15 所示，稳定点从 a 到 b 点。如需重物悬空不动，则应继续增加附加电阻以改变机械特性，使电磁转矩与负载转矩相交于 c 点，此时 $n=0$。如附加电阻继续增加超过某一数值后，电机将会反转，如图中 d 点，转差率 $s>1$，其功率关系与反接制动过程一样，电磁功率 $P_{\mathrm{M}}>0$，机械功率 $P_{\mathrm{i}}<0$；重物下降所产生的转矩是原动转矩，**电磁转矩是制动转矩**。电机处于制动状态，可用改变转子附加电阻的大小来控制电机的反向转速。

三、能耗制动

当正在运转中的电动机突然切断电源，由于转动部分的动能，将使转子继续旋转，直至所储藏的动能全部消耗完毕，电动机才会停止转动。如不采取任何措施，动能只能消耗在运动所产生的风阻和轴承摩擦损耗上，这些损耗较小，电动机需要较长时间才能停转。能耗制动是在电动机断电后，立即在定子两相绕组通入直流励磁电流，产生制动转矩，使电动机迅速停转。接线如图 11-16 所示。

能耗制动的工作原理如下，电动机定子绕组断电后，将其任意两个端点立即接上直流电流，使定子产生直流磁场，旋转着的转子切割静止的磁场产生感应电动势和感应电流，并与磁场相互作用，这时储藏在转子中的动能变成转子回路中的铜损耗，很快消耗掉，达到迅速停车的目的。制动转矩与直流磁场、转子感应电流的大小有关，故能耗制动高速时效果较好，而低速时感应电流和电磁转矩均较小。改变定子直流励磁电流或绕线转子中串入电阻的大小，均可以调节制动转矩的大小。

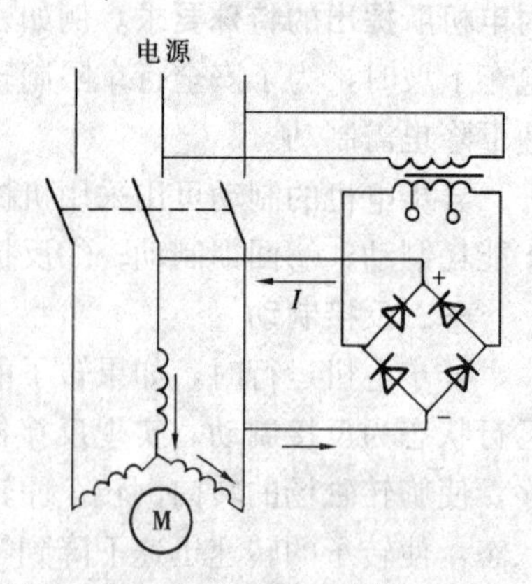

图 11-16 异步电动机的能耗制动

四、回馈制动

回馈制动通常用以限制电机转速，当转子转速超过同步转速，则电磁转矩变为制动转矩，电机由原来电动机状态变为发电机状态运行，故又称发电机制动，这时电机的有功电流也将反向，从而制止了转速超过同步转速，等到转速 n 低于同步转速 n_1 时，结束制动状态，又回到电动机状态。例如，当电车下坡时，重力的作用使车速增大，一旦转速 $n>n_1$，这时电机的有功功率和电磁转矩方向都将倒转，从而制止了转速进一步增加。又如变极调速电机，当电机从高速极（少数极）变为低速极（多数极）

时，同步转速 n_1 相应降低了，而转子转速来不及降低，于是电机处于制动状态。

回馈制动过程中，电机的转速 $n>n_1$，$s<0$，则机械功率 $P_i<0$，电磁功率 $P_M<0$，也就是说电机处于发电机状态，靠系统减少动能而向电机送入机械功率，并由转子向定子输送电磁功率，扣除有关损耗后，电机向电网回馈电功率。

小　结

本章以对称分量法分析三相异步电动机在不对称电压下的运行情况，着重讨论了负序阻抗、负序磁场和负序电流的特性以及对电机性能的不良影响。从原理上看单相异步电动机可看成是一台特殊不对称情况下的三相异步电动机，因为它只需要单相交流电流，所以使用广泛，用量很大。同样可用对称分量法对其进行分析，因其不同程度存在负序分量，故性能比三相异步电动机要差，其突出的问题是起动，转子不动时单绕组流入交流电流，产生脉振磁场，合成起动转矩为零。单相电动机自起动的必要条件是定子空间分布的两相绕组中流入时间相位不同的两相电流，形成椭圆形旋转磁场。按其起动和运行时定子主辅绕组电流不同分相方法，形成不同类型的单相异步电动机，它们的性能也不尽相同，常用的有电容电动机，电阻起动电动机和罩极电动机等。

异步发电机是异步电机的另一种运行方法。基本分析方法与异步电动机相同，只是发电机状态转差率 s 为负值。它将原动机输入的机械功率转换为电功率，输出有功电功率，但是无功功率仍由系统或电容器提供，以建立气隙磁场，这是异步发电机的一个明显缺点。异步发电机可并网运行，也可单机运行。单机运行时，电压建起与空载曲线、转速和外接电容电小有关；负载运行时，负载变化保持发电机的端电压和频率不变，必须相应调节原动机转速和电容，调节比较困难。

制动是生产机械对异步电机提出的特殊要求，也是异步电机的又一种运行状态。制动运行时异步电动机的电磁转矩 T 与转速 n 的方向相反，电机将吸收转轴上的动能转换成电能。为适应不同的生产机械所提出的不同要求，异步电动机常用的制动方法有反接制动、正接反转制动、能耗制动和回馈制动等。

思　考　题

11-1　三相异步电动机在不对称电压下运行时，正序阻抗和负序阻抗有何不同？在什么情况下正序阻抗和负序阻抗相等？

11-2　为什么三相异步电动机不宜长期运行于三相不对称电压？

11-3　三相笼型异步电动机能否改接成由单相电源供电，画出接线图。改接后能否保持原三相电动机的输出功率不变，为什么？

11-4　单相异步电动机一相工作时，为什么没有起动转矩？在起动以后，为什么又有运行转矩？

11-5　比较单相异步电动机和三相异步电动机的 T-s 曲线，着重就以下各点进行比较：

（1）当 $s=0$ 时的转矩；

(2) 当 $s=1$ 时的转矩；

(3) 最大转矩及临界转差率 s_k；

(4) 相同负载转矩时的转差率；

(5) 当 $1<s<2$ 时的转矩。

11-6　怎样改变单相电容电动机的旋转方向？罩极式电动机的旋转方向能否改变？为什么？

11-7　单相电容运转电动机电容器的焊头脱落（开路），电动机能否自行起动？为什么？罩极电动机能否自行起动？为什么？罩极电动机定子上的短路铜环开断，电动机能否自行起动？为什么？

11-8　异步发电机单机运行时负载变化，如何保持发电机的电压和频率稳定？

11-9　简单描述三相异步发电机单机运行时电压建起过程。

11-10　三相异步电动机运行于回馈制动状态时，是否可以把电机定子出线端从接在电源上改变接在负载电阻上？

11-1　设有一台三相异步电动机，50Hz，6 极，380V，星形连接，其参数：$r_1=r'_2=1.5\Omega$，$x_1=x'_2=7.0\Omega$，$r_m=15\Omega$，$x_m=170\Omega$。接在 380V 电网上作异步发电机运行，当转速为 1050r/min 时，试求：该机的输出电流、输出的有功功率和无功功率。

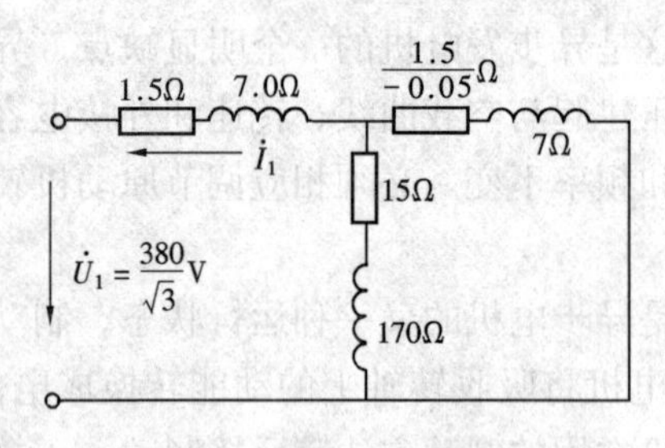

图 11-17　习题 11-1 的等效电路

解　当转速为 1050r/min 时，等效电路如图 11-17 所示。

$$s=\frac{1000-1050}{1000}=-0.05$$

设以$\dot{U}_1$ 为参考轴，将电流的正方向取作输出，则输出电流为

$$I_1=\frac{U_1}{Z_1+\frac{Z'_{2s}Z_m}{Z'_{2s}+Z_m}}=\frac{-220\angle 0°}{(1.5+j7)+\frac{\left(\frac{1.5}{-0.05}+j7\right)(15+j170)}{\left(\frac{1.5}{-0.05}+j7\right)+(15+j170)}}$$

$$=6.62+j3.57=7.54\angle 28.3°\ (A)$$

$\dot{I}_1$ 超前$\dot{U}_1$，表示输出电流的无功分量是电容性电流，$\dot{I}_1$，$\dot{U}_1$ 间夹角小于 90°，其有功分量是正值，故发电机输出的有功功率

$$P=3U_1I_1\cos\theta_1=3\times 220\times 7.54\times\cos 28.3°=4370\ (W)$$

发电机输出的无功功率（容性）

$$Q=3U_1I_1\sin\theta_1=3\times 220\times 7.54\times\sin 28.3°=2356\ (W)$$

11-2　设题11-1的发电机不接至电网，而接至三角形连接的电容器组供给励磁电流，其他数值不变，求电容器组的电容值。

11-3　设题11-1的发电机，当转速为1030r/min时，试求：该机输出的有功功率和无功功率。

11-4　有一台三相异步电动机，4极，50Hz，380V，三角形连接，其参数：$r_1=r'_2=0.05\Omega$，$x_1=x'_2=0.2\Omega$，当电源一相断电，此时转速为1425r/min，试求（不计励磁电流）：

（1）线电流及各相电流；

（2）电磁转矩。

11-5　设题11-4的三相异步电动机额定转速为1470r/min，试求：额定转矩为多少？若电源一相断电，设负载转矩保持不变，转速将如何变化？

11-6　如图11-18所示，三相异步电动机接成两相短路单相运行，试用对称分量法推导出各相电流和电磁转矩的表达式。试问b、c相中的电流是否相同。

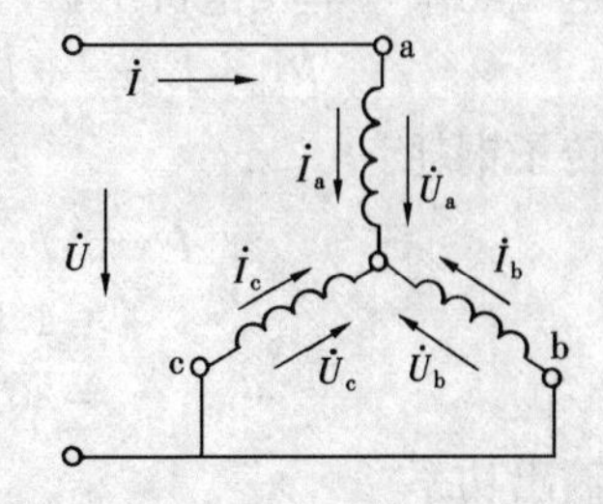

图11-18　习题11-6的电路图

11-7　有一台单相异步电动机，110V，4极，50Hz，其定、转子绕组的参数：$r_1=1.3\Omega$，$r'_2=3.5\Omega$，$x_1=x'_2=2.5\Omega$，$x_m=50.0\Omega$，空载损耗$p_0=14W$，额定转速$n_N=1455r/min$，试求：

（1）额定电流；

（2）额定转矩；

（3）额定时输入功率，输出功率和效率。

解　（1）额定转差率

$$s_N=\frac{n_1-n}{n_1}=\frac{1500-1455}{1500}=0.03$$

根据单相电机单相绕组运行的等效电路，如图11-19所示，注意等效电路图参数。

正序阻抗

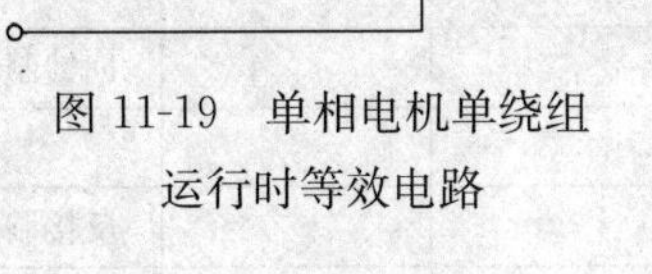

$$Z_+=\frac{1}{2}\times\frac{\left(\frac{r'_2}{s}+jx'_2\right)\times jx_m}{\frac{r'_2}{s}+jx'_2+jx_m}=\frac{1}{2}\times\frac{\left(\frac{3.5}{0.03}+j2.5\right)\times j50}{\frac{3.5}{0.03}+j\ (2.5+50)}$$

$$=8.91+j20.991$$

图11-19　单相电机单绕组运行时等效电路

负序阻抗

$$Z_-=\frac{1}{2}\times\frac{\left(\frac{r'_2}{2-s}+jx'_2\right)\times jx_m}{\frac{r'_2}{2-s}+jx'_2+jx_m}=\frac{1}{2}\times\frac{\left(\frac{3.5}{2-0.03}+j2.5\right)\times j50}{\frac{3.5}{2-0.03}+j\ (2.5+50)}$$

$$=0.805+j1.218$$

总阻抗　$\sum Z=Z_1+Z_++Z_-$

$$=1.3+j2.5+8.91+j20.991+0.805+j1.218$$

$$=11.015+j24.709$$

额定输入电流

$$I_{1N}=\frac{U}{\sum Z}=\frac{110}{11.015+j24.709}=4.066\angle-65.97°\text{ (A)}$$

(2) 电磁转矩应为正序和负序电磁转矩合成

$$T=T_{+}-T_{-}=\frac{I_{1N}^{2}r_{+}}{\Omega_{1}}-\frac{I_{1N}^{2}r_{-}}{\Omega_{1}}$$

$$=\frac{60}{2\pi\times1500}\times(4.066^{2}\times8.91-4.066^{2}\times0.805)$$

$$=0.853\text{ (N·m)}$$

(3) 额定时输入功率

$$P_{1}=UI\cos\theta_{1}=110\times4.066\times\cos65.97°=182.11\text{ (W)}$$

电磁功率（单相电机中，$P_{M}\neq T\Omega_{1}$）

$$P_{M}=I_{1N}^{2}r_{+}+I_{1N}^{2}r_{-}=4.066^{2}\times8.91+4.066^{2}\times0.805=160.61\text{ (W)}$$

转子铜耗

$$p_{Cu2}=p_{Cu2+}+p_{Cu2-}=I_{1N}^{2}r_{+}\times s+I_{1N}^{2}r_{-}\times(2-s)$$

$$=4.066^{2}\times8.91\times0.03+4.066^{2}\times0.805\times(2-0.03)$$

$$=30.64\text{ (W)}$$

输出功率

$$P_{2}=P_{M}-p_{Cu2}-p_{0}=161.61-30.64-14=115.97\text{ (W)}$$

额定时效率

$$\eta=\frac{P_{2}}{P_{1}}=\frac{115.97}{182.11}=63.68\%$$

11-8 有一台单相异步电动机，4 极，50Hz，220V，其参数：$r_{1}=r'_{2}=6.5\Omega$，$x_{1}=x'_{2}=12.5\Omega$，$r_{m}=11.8\Omega$，$x_{m}=200\Omega$，负载时转速为 1440r/min，试求：单绕组运行时

(1) 定子电流，功率因数和输入功率；

(2) 负载时的电磁转矩；

(3) 负载时的电磁功率和转子铜损耗。

11-9 三相异步电机，50Hz，分析以下电动机的运行状态，填写表 11-1 中的空格。

表 11-1 习题 11-9 的表

电源相序	转速 n r/min	同步转速 n_1 r/min	转差率 s	极数	输入功率 P_1	电磁功率 P_M	运行状态
正序	1470	1500			+	+	
反序		600	0.06				
			−0.04	4			回馈制动
正序	1100			6			
	500			10			反接制动
正序		750	1.2				
			0.08	12			能耗制动

表中：输入功率和电磁功率等格均以电动机状态为参考，相同可填“+”，相反填“−”或其他。运行状态可填何种制动方式或其他运行状态等。

第四篇

同　步　电　机

同步电机的基本理论和运行特性

第一节 同步电机的结构

同步电机是指电机转子的转速与旋转磁场转速相同的交流电机。“同步”一词因两转速相同而来。同步电机的转速 n，电枢电流的频率 f 和交流电机磁极对数 p 之间的关系为

$$n=\frac{60f}{p}(\text{r/min})$$

由上式可以看出：当电机的极对数和转速一定时，发出的交流电流频率也是固定的。由此可见：我国电力系统的标准电流频率为50Hz，在同步电机设计成一对极时，它的转速 n 必定是3000r/min；设计成两对极时，转速 n 必定是1500r/min，依此类推。

同步电机主要用来作为发电机运行。现在全世界的发电量几乎全部由同步发电机提供。尽管目前世界上还在大力研究其他的发电形式，如风力发电、太阳能发电和磁流体发电等，但在电力系统中还是以同步发电机为主。

同步电机也可作为电动机应用，用于拖动生产机械，它一般使用在不需要调速的低速大功率机械中。此外，同步电机还可以作为同步补偿机用，它能够专门用来向电网输送感性和容性无功功率，满足电网对无功功率的要求。

一、同步电机的基本结构型式

图12-1为同步电机结构原理图。它的定子和异步电机相同，定子铁芯上有齿和槽，槽内设置三相绕组（图中只画出了一相）。转子上装有磁极和励磁绕组。当励磁绕组通以直流电流后，电机内就产生转子磁场。同步电机中也有采用永久磁铁励磁的，称为永磁同步电机。同步电机的磁极通常装在转子上，而电枢绕组放在定子上，通常称为旋转磁极式电机。因为电枢绕组往往是高电压、大电流的绕组，装在定子上便于直接向外引出；而励磁绕组的电流较小，放在转子上可以通过装在转轴上的集电环和电刷引入，比较方便。在小容量或特殊用途同步电机中也有相反的情况，即将磁极放在定子上，而电枢绕组放在转子上，这通常称为旋转电枢式电机。例如同步电机的交流励磁机，其电枢绕组放在转子上，电流经过装在转子轴上的旋转整流器整流后，直接为同步电机转子上的励磁线圈提供直流励磁电流，构成无刷系统。

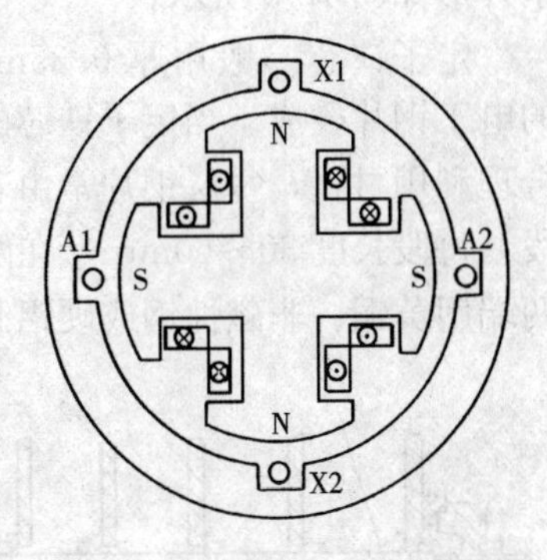

图12-1 同步电机结构原理图

旋转磁极式同步电机的转子有**隐极**和**凸极**两种结构型式，如图12-2（a）、（b）所示。

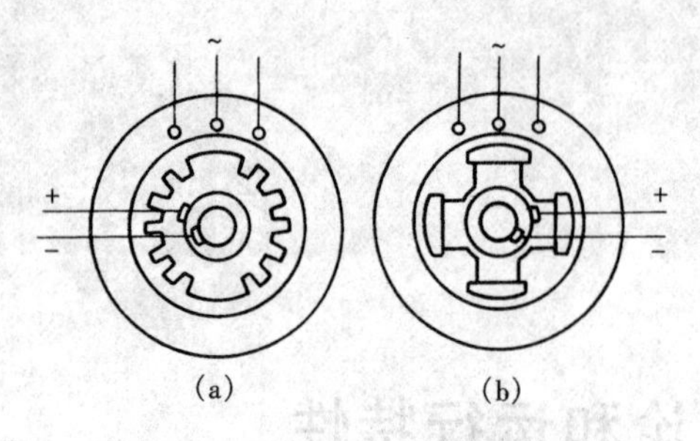

图 12-2 旋转磁极式同步电机
(a) 隐极式；(b) 凸极式

隐极电机的气隙均匀，转子成圆柱形。凸极电机的气隙不均匀，极弧下较小，而极间较大。对于高速的同步电机（3000r/min），从转子机械强度和妥善地固定励磁绕组考虑，采用励磁绕组分布于转子表面槽内的隐极式结构较为可靠。对于低速电机（1000r/min 及以下），由于转子的圆周速度较低、离心力较小，故采用制造简单、励磁绕组集中安放的凸极式结构较为合理。

大型同步发电机通常用汽轮机或水轮机作为原动机来拖动，前者称为汽轮发电机，后者称为水轮发电机。由于汽轮机是一种高速原动机，所以汽轮发电机一般采用隐极式结构。水轮机则是一种低速原动机，所以水轮发电机一般都是凸极式结构。同步电动机、由内燃机拖动的同步发电机以及同步补偿机，大多做成凸极式，少数两极的高速同步电动机亦有做成隐极式的。

二、同步电机的构造特点

同步电机一般由定子、转子、端盖和轴承等部件构成。下面分别从结构的角度来给予说明。

1. 定子

同步电机的定子大体上和异步电机相同，它是由铁芯、绕组、机座以及固定这些部分的其他结构件组成。只是大容量电机的电压高、电流大、几何尺寸大，使得各部件实际结构不完全相同。同步电机定子外形如图 12-3 所示。

图 12-3 同步电机定子外形图

定子铁芯一般用厚 0.35mm 或 0.5mm 的电工钢片叠成。当定子铁芯的外径较大时（外径大于 1m），受限于电工钢片的尺寸，为了合理利用材料，每层钢片常由若干块扇形片组合而成。沿着轴长，定子铁芯常分为许多叠片段，每段长度 30～60mrn，在两段之间留有宽度约 10mm 的径向通风槽。铁芯叠成后，在其两端用黄铜、非磁性钢或硬铝制成的齿压板和定子铁芯压圈压住齿部和定子铁芯，再用螺杆拉紧以防止钢片松动。定子铁芯通过其外圆的燕尾形槽固定在定子机座上，如图 12-4 所示。

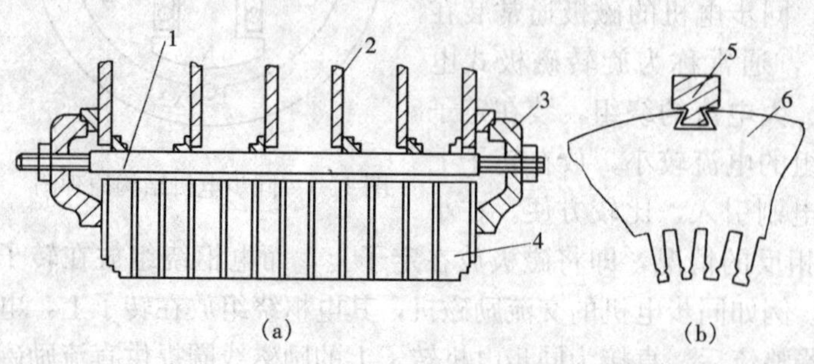

图 12-4 定子铁芯结构
(a) 定子铁芯；(b) 定子冲片
1—拉紧螺杆；2—机座壁板；3—端压板；4—铁芯；5—燕尾形槽；6—冲片

定子机座主要用于固定铁芯，常由钢板焊接而成。它必须有足够的强度和刚度，同时还必须满足通风散热的需要。铁芯一般固定在机座内圆的筋上，铁芯外圆与机座壁间留有空间作为通风道。在大型电机中，当电磁负荷增大时，由于定、转子间的磁拉力，定子铁芯会产生很大的双倍频率的振动。为了防止这种振动传到机座引起厂房基础及其他设施发生危险的共振，常在铁芯和机座间采用弹性连接的隔振结构。

定子绕组一般采用双层三相对称绕组。为了便于绕组下线，定子槽型均为矩形开口槽。定子绕组放入槽中以后，槽口用槽楔封住，槽楔常用绝缘材料（如玻璃布板）做成。由于大型电机的定子电流极大，要求定子绕组导线有较大的截面积。为了减小导体中的集肤效应带来的附加损耗，定子绕组常由若干根截面较小的铜线并联，且沿着槽长进行适当的换位，使绕组的有效部分，有时甚至连同绕组的端接部分，成为编织形。

2. 转子

以同步发电机为例来讨论其转子结构。

（1）汽轮发电机转子结构。现代汽轮发电机一般都是两极的，同步转速为 3000r/min 或 3600r/min（对 60Hz 的电机）。这是因为提高转速可以提高汽轮机的运行效率，减小整个机组的尺寸、降低机组的造价。由于转速高，转子直径受离心力的限制，不能做得过大，所以汽轮发电机的直径较小，长度较长。通常转子本体长度与直径之比 $l_2/D_2=2\sim6$，容量越大，此比值亦越大。汽轮发电机均为卧式结构。图 12-5 所示为一台汽轮发电机转子外形图。

图 12-5　汽轮发电机转子外形图

从机械应力和发热两方面来看，汽轮发电机中最吃紧的部件是转子。大容量汽轮发电机的转子周速可达 170～180rn/s。由于周速高，转子的某些部件将受到极大的机械应力，因此现代汽轮发电机的转子一般都用整块的具有良好导磁性的高强度合金钢锻成。沿转子表面约 2/3 部分铣有轴向凹槽，励磁绕组就分布嵌放在这些槽里。不开槽的部分组成一个“大齿”，大齿的中心线即为转子主磁极的中心线。嵌线部分和大齿一起构成了发电机的主磁极。为将励磁绕组可靠地固定在转子上，转子槽楔采用非磁性的金属槽楔，端部套上用高强度非磁性钢锻成的护环。

转子本体两端的伸长部分就是转轴。转轴按机械强度计算尚分成粗细不同的几段，通常称转轴经联轴器与汽轮机相连的一端为汽机端，称与励磁机相接的另一端为励磁机端。在转轴两端装有供电机内部通风的风扇。通常由于励磁机端有绕组连接线，发热情况要比汽轮机端严重。因此，为增加励磁机端的冷却效果，将励磁机端风扇尺寸加大，使其直径大于定子内圆直径。汽轮机端风扇直径则小于定子内径，以保证转子的安装。此外，由于汽轮发电机的机身比较细长，转子和发电机中部的通风比较困难，所以良好的通风、冷却系统对汽轮发电机特别重要。通常，汽轮发电机的冷却系统比较复杂。

励磁绕组由扁铜线绕成同心式线圈，匝间垫有绝缘，线圈与铁芯要有可靠绝缘，槽口由硬铝或铝铁镍青铜做成的槽楔固定紧，图 12-6 为汽轮发电机转子槽形图。

（2）水轮发电机转子结构。水轮发电机一般转子都为凸极结构。大型水轮发电机通常都是立式结构，与隐极式电机相比较，由于它的转速低、极数多，要求转动惯量大，故其特点是直径大、长度短。在低速水轮发电机中，定子铁芯的外径和长度之比 D_s/l 可达 5～7 或更大。图 12-7 为凸极式水轮发电机转子外形图。

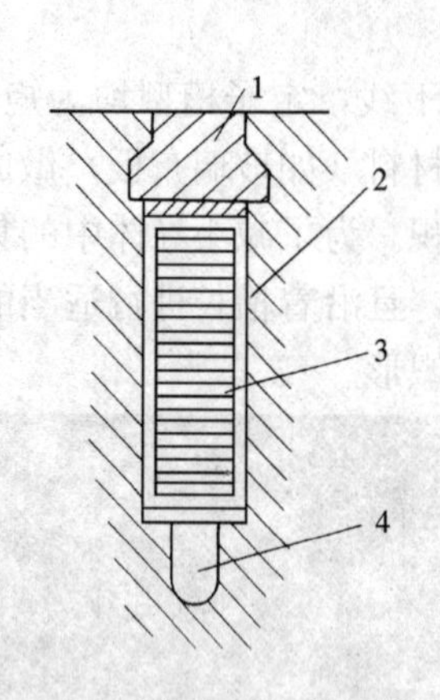

图 12-6　汽轮发电机转子槽形图

1—槽楔；2—铁芯；3—线圈；4—通风槽

图 12-7　凸极式水轮发电机转子外形图

在立式水轮发电机中，整个机组转动部分的重量以及作用在水轮机转子上的水推力均由推力轴承支撑，并通过机架传递到地基上。按照推力轴承的位置，水轮发电机又有悬式和伞式两种结构，悬式的推力轴承装在转子上面，伞式的推力轴承装在转子下面，状如伞形。伞式结构可以减小电机的轴向高度和厂房高度，从而可以节约电站建设投资，但机组的机械稳定性稍差，故主要用于低速水轮发电机中。当转速较高时，从减小振动和增加机械稳定性出发，以采用悬式为宜。图 12-8 为悬式和伞式水轮发电机示意图。

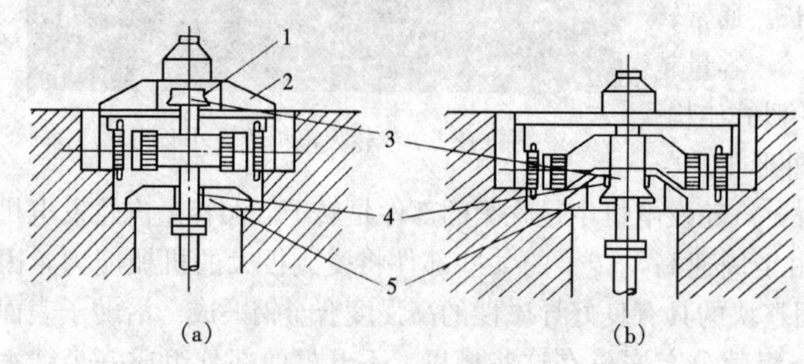

图 12-8　悬式和伞式水轮发电机示意图

(a) 悬式；(b) 伞式

1—上导轴承；2—上机架；3—推力轴承；4—下导轴承；5—下机架

水轮发电机的转子由轴、转子支架、磁轭、磁极以及励磁绕组、阻尼绕组等部件组成。轴用来传递转矩，它是由高强度的钢锻成的，通常做成空心，以便减轻重量和便于检查锻件质量。转子支架作为轴与磁轭间的连接，转子支架通常由轮辐和轮数构成。通过螺栓连成一体。磁轭用来固定磁极并构成磁路，一般用 2～4.5mm 钢板冲成扇形片，交错叠成整体，再用拉紧螺杆固紧，其外边缘有倒 T 形缺口安装磁极。磁极由 1.5mm 钢板叠压而成，外套励磁绕组，极靴上装有笼形阻尼绕组，它的结构如图 12-9 所示。阻尼绕组与笼型感应电机转子的笼形绕组结构相似，它由插入主极极靴槽中的铜条和两端的端环焊成一个闭合绕组。在同步发电机中，阻尼绕组起抑制转子机械振荡的作用；在

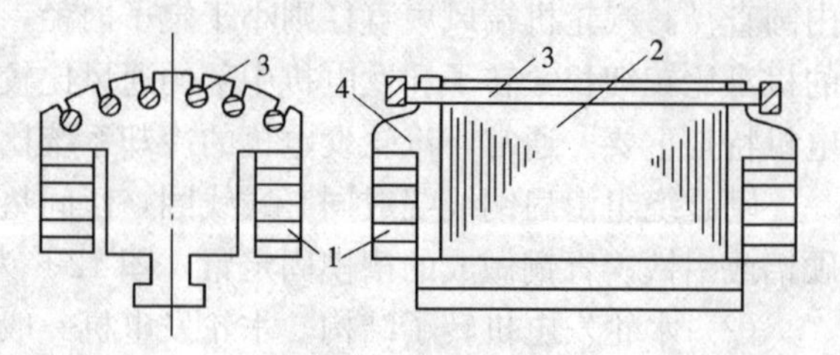

图 12-9　磁极铁芯

1—励磁绕组；2—磁极铁芯；3—阻尼绕组；4—磁极压板

同步电动机和补偿机中，主要作为起动绕组用。

凸极同步发电机也有卧式（横式）结构。绝大部分同步电动机、同步补偿机和用内燃机或冲击式水轮机拖动的同步发电机都采用卧式结构。

三、超导同步发电机简介

超导同步发电机是高效节能的新型发电设备，自世界上第一台 45kW 超导同步发电机于 1967 年在美国麻省理工学院问世以来，世界上工业发达国家相继投入力量，开展相关技术的研究。1986 年高临界温度陶瓷超导材料的发现，开启了超导电机发展的新篇章，引发了超导电机的研究热潮，并且已取得了实质性进展，其中包括美国 GE 公司研制的 1.8MVA/3600rpm 高温超导同步发电机。

与普通同步发电机相比拥有许多突出的优异性能，例如单机极限容量大、效率高、系统稳定性好、尺寸小、重量轻等。常用的超导同步发电机与普通同步发电机存在明显区别：

（1）应用超导材料绕制转子励磁绕组。

（2）采用空心式定子电枢绕组和励磁绕组，在定子环境屏蔽之内，包括整个定子区域和转子区域，不含任何铁磁介质构件。

（3）为保护超导励磁绕组设置阻尼屏蔽系统。

图 12-10 为超导同步发电机结构示意图。

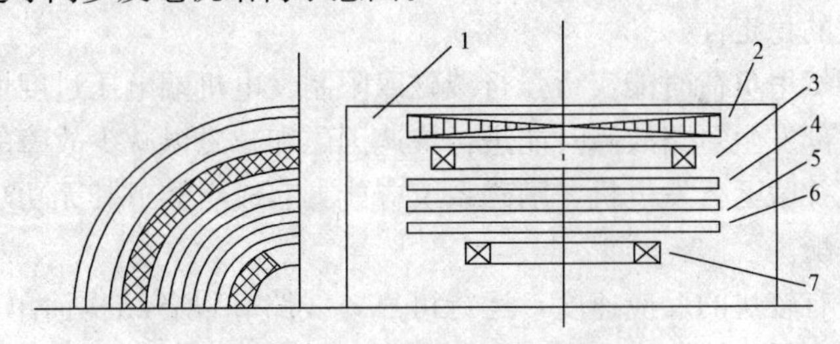

图 12-10　超导同步发电机结构示意图

1—机壳；2—定子环境屏蔽；3—电枢绕组；4—转子外屏；5—转子辐射屏；6—转子内屏；7—励磁绕组（超导线）

四、同步电机的额定值

同步电机的额定值（铭牌值）有以下几种：

（1）额定容量 S_N 或额定功率 P_N。对同步发电机而言，额定容量是指发电机出线端的额定视在功率，一般以千伏安（kVA）或兆伏安（MVA，即百万伏安）为单位；而额定功率是指发电机输出的额定有功功率，一般以千瓦（kW）或兆瓦（MW，即百万瓦）为单位。对同步电动机而言，额定容量是指其转轴上输出的有效机械功率，也用千瓦（kW）或兆瓦来表示。对于同步调相机，则用发电机出线端输出的无功功率来表示其容量，以千乏（kvar）或兆乏（Mvar）来表示。

（2）额定电压 U_N，是指同步电机在额定运行时其定子三相的线电压，单位为伏（V）或千伏（kV）。

（3）额定电流 I_N，是指同步电机在额定运行时流过其定子绕组的线电流，单位为安（A）。

（4）额定功率因数 $\cos\theta_N$，是指同步电机在额定运行时的功率因数。

（5）额定效率 η_N，是指额定运行时的效率。

综合定义(1)～(5)，可以得出它们之间的基本关系。即对三相交流发电机而言

$$P_N = S_N \cos\theta_N = \sqrt{3} U_N I_N \cos\theta_N$$

对于三相交流电动机而言

$$P_N=\sqrt{3}U_N I_N \cos\theta_N \eta_N$$

(6) 额定转速 n_N 和额定频率 f_N，是指同步电机运行时其运行的转速（r/min）和定子绕组中电流与电压的工作频率（Hz）。

(7) 额定励磁电压 U_{fN} 和额定励磁电流 I_{fN}，是指同步电机额定运行时加到励磁绕组上的直流电压和电流。

*第二节　同步电机的励磁系统

同步电机运行时，必须在其转子励磁绕组中通入直流电流，以便建立磁场，这个电流称为**励磁电流**，而供给励磁电流的整个系统称为**励磁系统**。

励磁系统是同步电机的重要组成部分，励磁系统和励磁元件的性能对电机的运行性能有重要影响。励磁系统主要应满足如下要求：

(1) 在正常运行条件下供给发电机的励磁电流，并能根据发电机负载情况作相应的调整以维持发电机端电压或电网电压的数值。

(2) 当电力系统发生短路故障或其他原因使系统电压严重下降时，能对发电机进行强行励磁来提高电力系统的稳定性。

(3) 当发电机突然甩负荷时能实行强行减磁以限制发电机端电压过度增高。

(4) 当发电机内部发生短路故障时能进行快速灭磁和减磁以减少故障的损坏程度。

(5) 对两台以上并联运行发电机，励磁系统应能具有成组调节其无功功率的能力，使无功功率得到合理的分配。

(6) 励磁系统应有较快的反应速度，运行可靠，线路和设备结构简单，维修调整简便，电能损耗小，设备成本低、体积小。

目前，励磁系统主要有两大类：一类是用直流发电机作为励磁电源的**直流励磁机励磁系统**；另一类是用整流装置将交流变成直流后供给励磁的**交流励磁机整流励磁系统**。

一、直流励磁机励磁系统

直流励磁机通常与同步发电机同轴。当发电机转起来后，励磁机就可以发出直流电压。

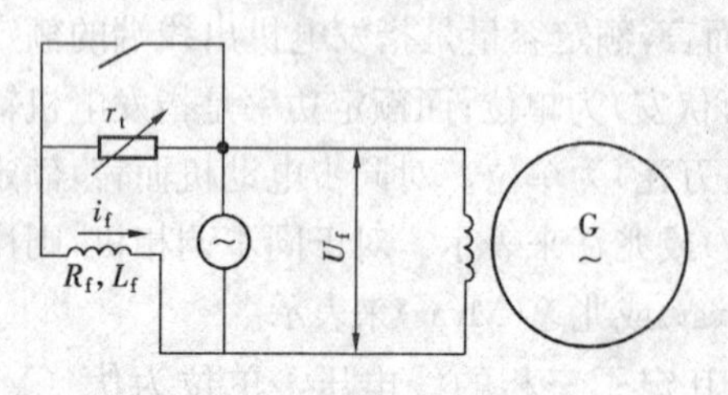

图 12-11　直流并励励磁机系统

一般最常用的是直流并励发电机，如图 12-11 所示。小型电机可手动调节 r_1 以调整励磁电流来保证同步发电机恒压，一般均利用自动电压调节器来调节。

当电网电压 U 因外界故障突然下降时，为提高发电机的动态稳定性以免失步，必须采用强励磁措施。当电压显著下降时，r_t 将短接，使励磁电压 U_f 显著上升，励磁电流 I_f 增大。

为了提高励磁系统的反应速度，并使励磁机在较低电压下也能稳定运行，直流励磁机也有采用他励方式，此时励磁机的励磁由另一台与主励磁机同轴的副励磁机供给。为使同步发电机的输出电压保持恒定，常在励磁电流中加进一个反映发电机负载电流的反馈分量；当负载增加时，使励磁电流相应地增大，以补偿电枢反应和漏抗压降的作用，这样的系统称为**复式励磁系统**。

二、交流励磁机整流励磁系统

当发电机容量较大时，由于换向困难已不宜于采用直流励磁机，这时一般采用交流励磁机与整流装置相配合来共同构成励磁系统给主发电机提供励磁电流。这类励磁系统根据装置的放置位置又可分为**静止整流励磁和旋转整流励磁**。

1. 静止整流励磁

静止整流励磁可分为**他励式**和**自励式**两种型式。他励式静止整流器励磁系统的工作原理如图 12-12 所示。图中交流主励磁机是一台与同步发电机同轴连接的三相同步发电机（为了减少励磁电流波形的纹波及励磁时间常数，其频率通常为 100Hz），主励磁机的交流输出经静止的三相桥式不可控整流器整流后，通过集电环接到主发电机的励磁绕组，以供给其直流励磁。而主励磁机的励磁电流则由交流副励磁机发出的交流电，经静止的可控整流器整流后供给，交流副励磁机也与主同步发电机同轴连接，它一般采用 500Hz 的中频三相同步发电机（由于其容量较小，有时也采用永磁发电机以简化设备）。副励磁机的励磁，开始时由外部直流电源供给，待电压建起后再转为自励。自动电压调整器系根据主发电机端电压的偏差，对交流主励磁机的励磁进行调节，从而实现对主发电机励磁的自动调节。为了减少时间常数，加快励磁系统的反应速度，交流励磁机定子铁芯往往选用 0.35mm 厚冷轧硅钢片，转子用 1mm 厚钢板叠压而成。

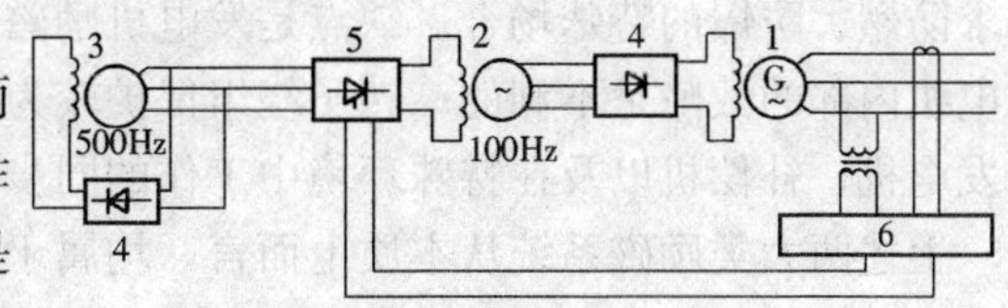

图 12-12　他励式静止整流励磁系统

1—发电机；2—交流主励磁机；3—交流副励磁机；4—不可控整流器；5—可控整流器；6—自动电压调整器

这种励磁系统运行、维护方便，由于取消了直流励磁机，用硅整流代替了换向器，这不仅提高了励磁容量，而且大大提高了发电机运行可靠性，因而在大容量汽轮发电机中获得广泛的应用。但励磁系统的缺点是接线复杂、设备繁多，起动时需要另外的直流起励电源向副励磁机供给励磁电流。

自励式系统没有旋转的励磁机，励磁功率是从主发电机发出的功率中取得。空载时，同步发电机的励磁由输出的交流电压经励磁变压器和三相桥式半控整流装置整流后供给；负载时，发电机的励磁除由半控桥供给外，还由复励变流器经三相桥式硅整流装置整流后共同供给。这种励磁系统便于维护，电压稳定性较高，动态特性好，目前在中小型同步发电机中已经采用。

2. 旋转整流励磁

交流励磁机静止整流励磁系统解决了直流励磁机换向器在大电流时火花严重的问题，但仍存在滑环和电刷。当发电机容量增大后，励磁容量也增加，会引起集电环的严重过热，影响发电机的运行可靠性。为此，可将交流励磁机作为旋转电枢式的三相同步发电机，旋转电枢的交流电经过与主轴一起旋转的不可控整流器整流后，直接送到发电机的转子励磁绕组用于励磁，其基本原理如图 12-13 所示。因为交流主励磁机的电枢、整

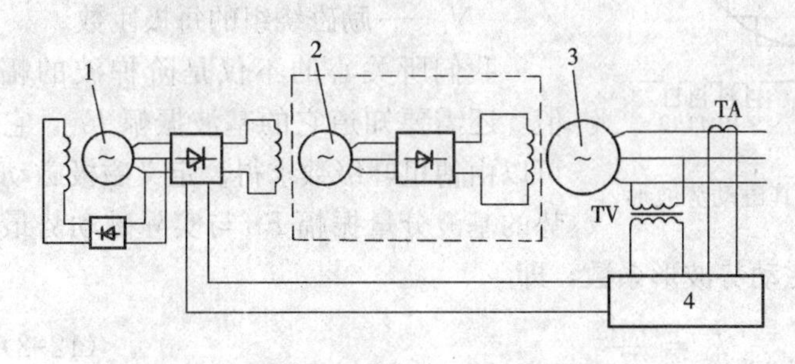

图 12-13　旋转整流励磁系统

1—交流副励磁机；2—交流主励磁机；3—同步发电机；4—自动电压调节器

流装置与主发电机的励磁绕组均装设在同一旋转体上（图 12-13 中用点划线框出），不再需要集电环和电刷装置，所以这种系统又称为无刷励磁系统。交流主励磁机的励磁，由同轴的交流副励磁机经静止的可控整流器整流后供给。发电机的励磁由电压调整器自动调节。

由于取消了电刷和集电环，所以这种励磁方式的运行比较可靠，维护简单，尤其适合于要求防燃、防爆的特殊场合。缺点是发电机励磁回路的灭磁时间常数较大，这对迅速消除主发电机内部的故障是不利的；转子绕组保护较为困难。这种励磁系统大多用于大中容量的汽轮发电机、补偿机以及在特殊环境中工作的同步电动机中。

上述两大类励磁系统从本质上而言，均属于他励式励磁方式。它们必须有辅助电源来提供原始励磁电流。事实上，随着现代电力电子技术和器件的发展，直接利用主发电机的交流电能中的一小部分经整流后供给主发电机的励磁绕组，这种方式统称为自励式。目前，在小型同步电机中，已得到了较好的应用。它主要有自并励励磁系统、并联式自复励励磁系统、相位补偿复励式励磁系统、三次谐波励磁系统等形式。它们的主要区别在于取电方式、整流方式、调节方式等方面。

第三节 同步电机的空载运行

当原动机把同步发电机拖动到额定转速后，转子绕组中通入直流励磁电流，此时在电机的气隙中就会产生磁通。该磁通以同步电机额定转速的运动来切割定子（电枢）绕组，如定子绕组开路（不接负载），定子绕组中无电流，这时发电机端电压等于绕组中的感应电动势，称为空载电动势 $\dot{E}_0$，该电动势的数值取决于励磁电流在气隙空间中所产生的磁动势。同步电机的运行特性主要是由磁极磁动势的基波分量所决定，而磁极磁动势的波形在隐极机或凸极机中，都不是正弦波，为此首先应了解磁极磁动势的分布波形，再从中求出其基波分量。

一、隐极式同步电机的空载磁动势

隐极式同步电机的转子绕组为分布绕组，在每极面下有一个大齿和若干个小齿，转子磁动势的空间分布波形为阶梯波形，如图 12-14 所示。它的幅值为

$$F_f = \frac{1}{2} I_f N_f \qquad (12\text{-}1)$$

式中 I_f——励磁电流；

N_f——励磁绕组的每极匝数。

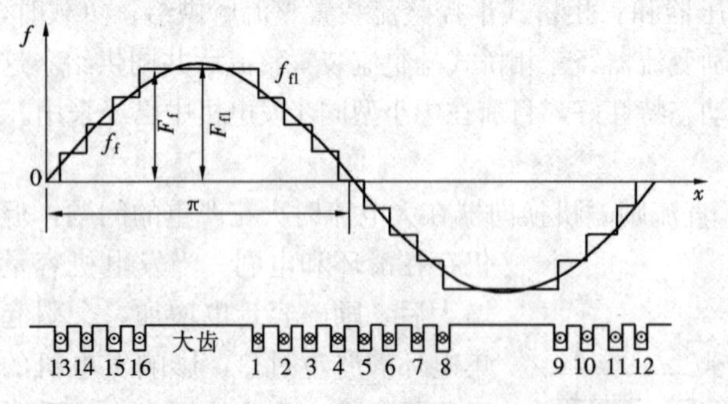

图 12-14 隐极同步电机的转子绕组及其磁动势波形

我们所关心的不仅是阶梯波的幅值，还需要知道它的基波振幅 F_{f1}，它可以由傅里叶级数求得。定义磁极磁动势的基波分量振幅 F_{f1} 与实际磁动势最大值 F_f 之比为 k_f，称为电机的励磁磁动势波形系数，即

$$k_f = \frac{F_{f1}}{F_f} \qquad (12\text{-}2)$$

利用 k_f 可直接由 F_f 计算出 F_{f1}，或反之亦可。

通常每极下面小齿齿距的和与极距之比约为$\frac{2}{3}\sim\frac{4}{5}$，这个比值用符号 r 表示。k_f 的大小主要取决于比值 r，如取 $r=\frac{3}{4}$，则 $k_f=1$。这意味着在这种情况下励磁磁动势的基波振幅等于实际的励磁磁动势振幅。

二、凸极式同步电机空载磁动势

凸极同步电机的绕组是集中绕组，它所产生的磁动势波是矩形波，如图 12-15 所示。幅值为 F_f，可求出其基波分量的振幅为

$$F_{f1}=\frac{4}{\pi}F_f\sin\frac{\alpha\pi}{2} \tag{12-3}$$

则凸极同步电机的励磁磁动势的波形系数

$$k_f=\frac{4}{\pi}\sin\frac{\alpha\pi}{2} \tag{12-4}$$

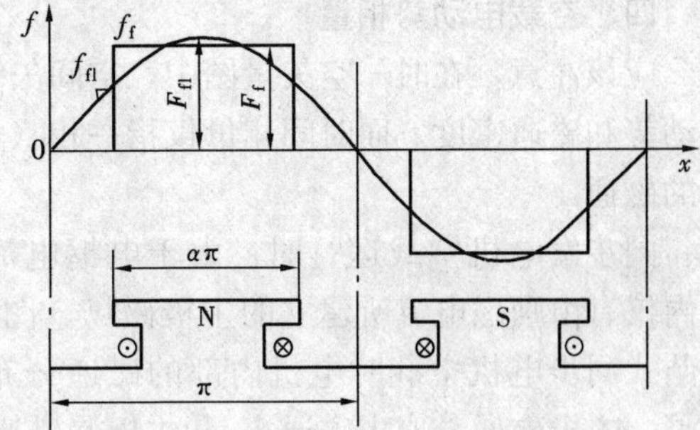

图 12-15　凸极同步电机的转子磁动势波形

三、时间相量与空间矢量

励磁绕组在空间产生的基波磁动势 F_{f1} 按正弦函数分布，因而磁通密度基波 B_{f1} 也在空间按正弦函数分布，它们在时间上随转子一起以同步旋转角速度 $\omega_1=2\pi n_1/60$ 旋转，并且空间上是同相位，因而可以把它们看成是一个随时间变化的空间矢量 $\vec{F}_{f1}$ 和 $\vec{B}_{f1}$。这个磁通密度基波 $\vec{B}_{f1}$ 会产生通过定、转子的磁通相量 $\dot{\Phi}_0$，在时间上将按 ω_1 的变化周期分别在定子三相绕组中感应出电动势 $\dot{E}_0$。由于在定子绕组中感应的电动势和空间旋转磁通是时间的相量，它们与空间矢量的变化频率是一致的，因此可以将二者画在同一坐标平面上。这种合并画在同一坐标平面上的时间相量图和空间矢量图简称为时—空矢量图。在画时间相量图和空间矢量图时均应分别规定其参考轴，参考轴的选取一般是任意的。但是，如把相绕组轴线作为空间矢量参考轴，并令时间相量参考轴与空间矢量参考轴重合，这样会给分析同步电机电磁关系带来方便。图 12-16 就是按照上述方法选取参考轴而画出的同步电机空载时的时—空矢量图。

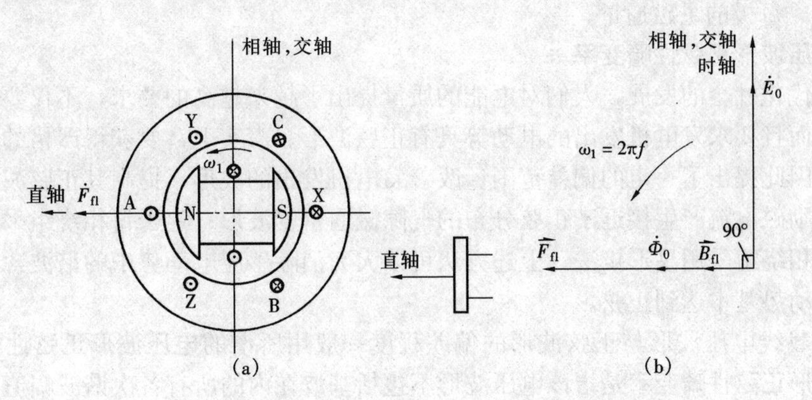

图 12-16　同步电机空载时—空矢量图

(a) 同步电机剖面图；(b) 时—空矢量图

在图 12-16 中，将定子三相绕组看成等效的集中三相绕组，三相在空间上相差 120°角。

在图 12-16（a）所示的瞬间，A 相绕组正处于极面中心处，A 相绕组的感应电动势为最大值，交链的磁通刚好等于零。按照图 12-15 中同步电机空载时空矢量图所选择的参考轴规则，感应电动势 $\dot{E}_0$ 相量应在时间参考轴上，磁通 $\dot{\Phi}_0$ 相量超前于 $\dot{E}_0$ 相量 90°，则磁通时间相量 $\dot{\Phi}_0$ 与空间矢量 $\vec{F}_{f1}$ 和 $\vec{B}_{f1}$ 重合，如图 12-16（b）所示。习惯上称转子绕组的轴线为直轴，用符号 d 表示。两极之间的中线称为交轴，用符号 q 表示。则 $\vec{F}_{f1}$ 和 $\vec{B}_{f1}$ 始终与 d 轴正方向一致。

四、空载电动势相量

应该注意，在时—空矢量图中，空间矢量是指整个三相电枢或主极的作用。它表示的是磁动势和磁通密度。而时间相量仅指一相（如 A 相），表示其电动势、电压、电流及绕组匝链的磁通。

同步发电机空载运行时，由于电枢电流为零，同步电机内仅有由励磁电流所建立的主极磁场。图 12-17 为一台 4 极凸式同步电机空载时电机内部的磁通分布示意图。从图可见，主极磁通分成主磁通 Φ_0 和主极漏磁通 $\Phi_{f\sigma}$ 两部分，前者通过气隙并与定子绕组相交链，能在定子绕组中感应三相交流电动势；后者不通过气隙，仅与励磁绕组相交链，主磁通所经过的路径称为主磁路。从图 12-17 可见，主磁路包括空气隙、电枢齿、电枢轭、磁极极身和转子轭五部分。

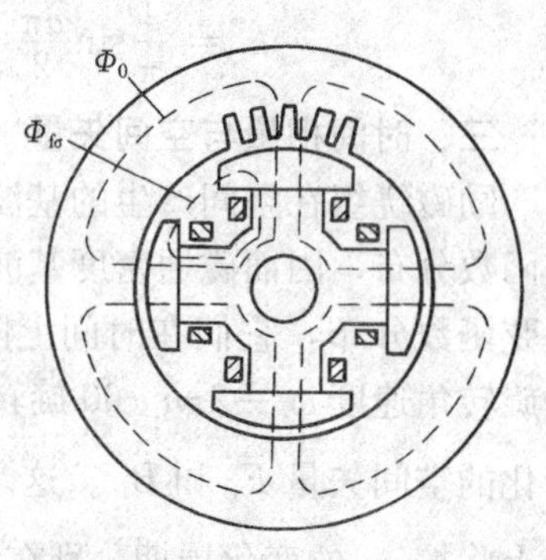

图 12-17 空载时同步电机内部磁通分布示意图

当转子以同步转速旋转时，主磁场就在气隙中形成一个旋转磁场，它“切割”对称的三相定子绕组后，就将在定子绕组内感应出频率为 f 的一组对称三相空载电动势为

$$\dot{E}_{0A} = E_0\angle 0°, \dot{E}_{0B} = E_0\angle -120°, \dot{E}_{0C} = E_0\angle 120°$$

忽略高次谐波时，励磁电动势的有效值 E_0（相电动势）为

$$E_0 = 4.44 f N_1 K_{N1} \Phi_0 \tag{12-5}$$

式中 Φ_0——每极的主磁通量。

五、电压波形正弦性畸变率

随着现代化社会的发展，人们对电能的质量提出了越来越高的要求，不仅要求供电系统可靠稳定，而且要求发电机发出的电动势具有正弦波形。事实上，要获得严格的正弦波是非常困难的，因此提出了一定的偏差范围。改善发电机发出的波形，提高其正弦波的程度，基本途经有：励磁电流产生接近于正弦分布的气隙磁通密度波形；定子每相绕组采用分布和短距线圈；三相绕组采用星形接法。上述方法可以大大消除感应电动势中的谐波含量，使同步电机的线电动势基本达到正弦。

实际空载线电压波形与正弦波形的偏差程度一般用所谓的**电压波形正弦性畸变率**来表示。**电压波形正弦性畸变率**是指该电压波形不包括基波在内的所有各次谐波幅值平方和的平方根值与该波形基波分量幅值的百分比，用 K_ν 表示，即

$$K_\nu = \frac{\sqrt{U_{m2}^2 + U_{m3}^2 + \cdots + U_{mk}^2 + \cdots}}{U_{m1}} = \frac{\sqrt{\sum_{n=2}^{\infty} U_{mn}^2}}{U_{m1}} \tag{12-6}$$

并且规定：交流发电机在空载及额定电压时，线电压波形正弦性的允许畸变率在额定功率为1000kVA以上者，不超过5%；额定功率在10到1000kVA时，不超过10%。

电压波形畸变率的值可以通过专用的畸变测量仪测定，也可以通过获取电压波形进行数字分析获得。如果电压波形畸变率太大，不仅会给用户的用电设备带来很大的危害，而且会导致供电线路的损耗和影响通信系统。

第四节　对称负载时的电枢反应

同步电机空载时，气隙磁场就是由励磁磁动势所产生的同步旋转的主磁场，在定子绕组中只感应有空载电动势 $\dot{E}_0$，因为定子电流 $\dot{I}_0=0$，所以端电压 $\dot{U}=\dot{E}_0$。带上对称负载以后，定子绕组流过负载电流时，电枢绕组就会产生电枢磁动势以及相应的电枢磁场，若仅考虑其基波，则它与转子同向、同速旋转，它的存在使空气隙磁动势分布发生变化，从而使空气隙磁场以及绕组中的感应电动势发生变化，这种现象称为**电枢反应**。

电枢反应不仅使气隙磁场发生变化，直接关系到机电能量转换之外，同时它的去磁或增磁作用，对同步电机的运行性能产生重要影响。电枢反应的性质（增磁、去磁或交磁）取决于电枢磁动势和主磁场在空间的相对位置。本节将进一步讨论磁动势相对位置对同步电机运行性能的影响。下面以三相凸极同步电机为例，并假设磁路不饱和的情况。

同步电机电枢磁动势与转子磁动势间的相对位置取决于负载电流的性质。将同步电机负载电流 $\dot{I}$ 和空载电动势 $\dot{E}_0$ 之间的相角 ψ 定义为**内功率因数角**。$\psi=0$ 时，$\dot{I}$ 与 $\dot{E}_0$ 同相；$\psi>0$ 时，电流 $\dot{I}$ 滞后于 $\dot{E}_0$；$\psi<0$ 时，$\dot{I}$ 超前于 $\dot{E}_0$。

为了区别，将端电压 $\dot{U}$ 和负载电流 $\dot{I}$ 之间的相位角称为**外功率因数角 θ**，它是可以测量的，而**内功率因数角 ψ** 是分析电机特性时所定义的一个角度。只是在电机空载，即 $\dot{I}=0$ 时才能量得电动势 $\dot{E}_0$，当电机带负载时，$\dot{I}\neq0$，$\dot{E}_0$ 实际上并不存在，因此也就无所谓 $\dot{I}$ 与 $\dot{E}_0$ 之间的相角 ψ 了。但是，引进内功率因数角 ψ 来分析同步电机的特性，特别是在分析同步电机的电枢反应时是很有用的。下面分析各种不同 ψ 角时的电枢反应。

一、$\dot{I}$ 和 $\dot{E}_0$ 同相（$\psi=0$）时的电枢反应

图 12-18 为具有 $\psi=0$ 电枢反应时所描述的同步发电机内部电磁关系图。其中图 12-17（a）表示一台同步电机的剖面简图，AX、BY、CZ 分别为定子等效三相集中绕组，磁极画成凸极式，励磁磁动势、电枢磁动势以及定子绕组中的感应电动势只考虑基波。在图 12-18（a）中所示的瞬间，A 相绕组电动势为最大；因为 $\psi=0$，A 相电流也恰好为最大值，这时转子磁极轴线（d 轴）超前于 A 相轴线 90°。图 12-18（b）是三相的电动势、电流时间相量图。知道：当某相电流达到最大值时，电枢磁动势的振幅恰好处于该相绕组的轴线处。以 A 相绕组的轴线作为空间矢量参考轴，则空间矢量 $\vec{F}_a$ 正好在参考相轴上。$\vec{F}_{f1}$ 超前于 $\vec{F}_a$90°，即 $\vec{F}_a$ 刚好作用在 q 轴，便称为**交轴电枢反应**。图 12-18（c）画出了磁动势的空间展开图，可以看出 F_a 与 F_{f1}的分布情形。图 12-18（d）画出了时—空矢量图，图中既画有时间相量（只需画出一相），又画有空间矢量。需强调指出，为了图面清晰，图 12-18（c）中只画出了

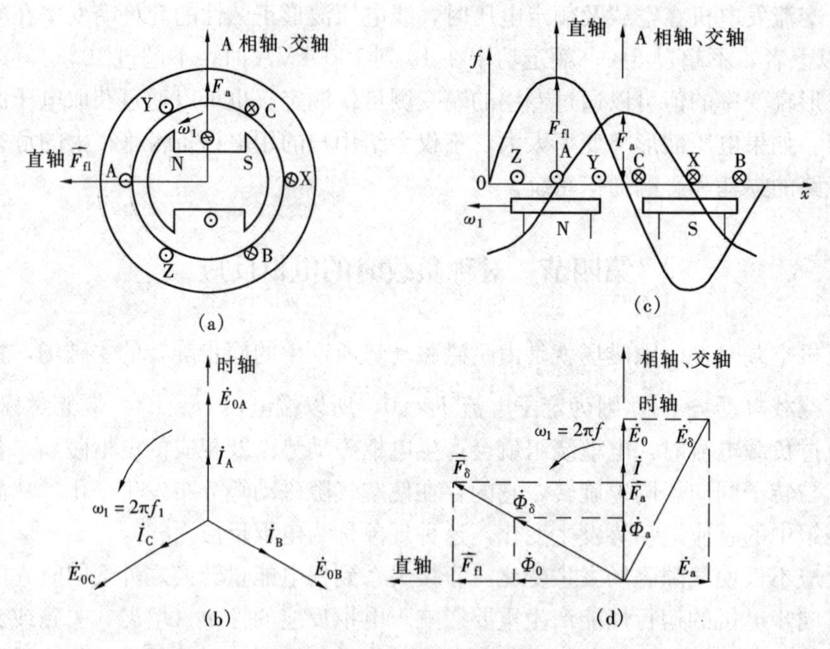

图 12-18　$\psi=0$ 时的电枢反应

(a) 同步电机剖面图；(b) 电动势、电流时间相量图；(c) 磁动势空间分布图；(d) 时—空矢量图

$\dot{\Phi}_a$—电枢反应磁通（时间相量，因为该瞬间 A 相绕组交链的为 $\dot{\Phi}_a$ 最大值，故 $\dot{\Phi}_a$ 应画在实轴上）；$\dot{E}_a$—电枢反应电动势（时间相量），滞后于 $\dot{\Phi}_a 90°$；$\vec{F}_\delta$—合成磁动势（空间矢量）；$\dot{\Phi}_\delta$—合成磁通（时间相量）；$\dot{E}_\delta$—合成电动势（时间相量）

各相绕组的空间位置，未标明电动势与电流的波形。$\vec{F}_a$ 是三相电流共同产生的，它是旋转磁动势，已知当哪一相电流达到最大，$\vec{F}_a$ 恰好转到那一相的轴线上。图 12-18（d）中只画出了 A 相电路，**其他相可根据对称关系推出**由于已选定了时间参考轴与空间参考轴，且相对静止，这样就可以将它们画在一个坐标平面上。如此则 $\dot{\Phi}_0$ 与 $\vec{F}_{f1}$ 同方向，$\vec{F}_a$ 与 $\dot{I}$ 同方向。

从图 12-18 中可以看出：相量 $\dot{I}$ 与 $\dot{E}_0$ 同相，它表明发电机有有功功率输送至电网，故同步电机处于发电运行状态。由于 $\psi=0$，$\cos\psi=1$，$\sin\psi=0$，该发电机不发出无功功率。

二、$\dot{I}$ 滞后 $\dot{E}_0 90°$（$\psi=90°$）时的电枢反应

在图 12-19 中画出了导体中电流方向，$\dot{I}$ 滞后 $\dot{E}_0 90°$时，定子三相电枢电流所产生的电枢反应磁动势的轴线滞后于转子励磁绕组所产生磁动势轴线 180°，因而 $\vec{F}_a$ 与 $\vec{F}_{f1}$ 两个空间矢量始终保持相位相反、同步旋转的关系。此时 $\vec{F}_a$ 在直轴上，故称此种情况下的电枢反应为直轴电枢反应，$\vec{F}_a$ 与 $\vec{F}_{f1}$ 相反表示为定子磁动势起去磁作用。

此时 $\dot{I}$ 滞后于 $\dot{E}_0 90$，$\cos\psi=0$，$\sin\psi=1$，有功功率等于零，仅发出感性无功功率。当发电机接到电网上，由于电网的电压需保持不变，从而要求空气隙的合成磁场近似保持不变。在 $\psi=\frac{\pi}{2}$时，电枢反应起去磁作用，原有的直流励磁就不够了，应相应增大。同步电机在直流励磁增大后的运行状态称为**过励状态**。由此得出结论：过励运行状态下的同步电机将向电网输送感性无功功率。

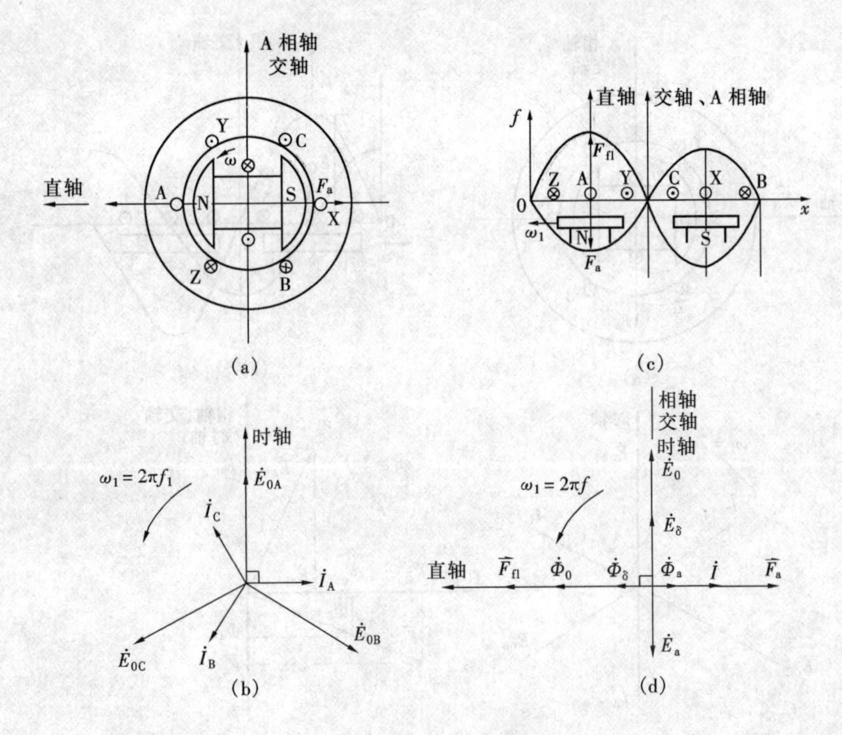

图 12-19 $\psi=\frac{\pi}{2}$时的电枢反应

(a) 同步电剖面图；(b) 电动势、电流时间相量图；(c) 磁动势空间分布图；(d) 时—空矢量图

三、$\dot{I}$ 滞后 $\dot{E}_0$ 180°（$\psi=180°$）时的电枢反应

此时 $\dot{I}$ 与 $\dot{E}_0$ 反相 180°。$\cos\psi=-1$，$\sin\psi=0$，有功功率将从电网输送到发电机，故实际上同步电机运行在电动机状态，向外输出机械功率。

如图 12-20（a）所示，当 $\psi=\pi$ 时，导体中电流和电枢反应磁动势方向，$\vec{F}_a$ 作用在交轴，与相轴正方向反相 180°，是交轴电枢反应。图 12-20（c）磁动势空间展开图，图 12-20（b）是三相电动势电流时间相量图，图 12-20（d）是时—空矢量图。

四、$\dot{I}$ 超前 $\dot{E}_0$ 90°（$\psi=-90°$）时的电枢反应

此时 $\dot{I}$ 超前 $\dot{E}_0$ 90°，$\cos\psi=0$，$\sin\psi=-1$，仅向电网输送容性无功功率。

如图 12-21（a）所示，在该瞬间 A 相电动势达最大值，因 $\psi=-\frac{\pi}{2}$，A 相电流为零，电枢磁动势 $\vec{F}_a$ 超前于相轴 90°，恰好作用在 d 轴上，是**直轴电枢反应**。因为 $\vec{F}_a$ 与 $\vec{F}_{f1}$ 同相，起**磁化作用**。图 12-21（b）为三相电动势、电流时间相量图，图 12-21（c）为磁动势展开图，图 12-21（d）为时—空矢量图。

当需电压保持不变，由于 $\vec{F}_a$ 的磁化作用，原有的直流励磁过大了，必须相应减小。因此同步发电机减小直流励磁后的运行状态称为欠励运行状态。由此同样可得出结论：**欠励运行的同步电机是输送容性无功功率到电网。**

五、一般情况下的电枢反应

以上分析了几个特殊负载情况，事实上发电机是可以运行在任意 ψ 角度的状态下。在这

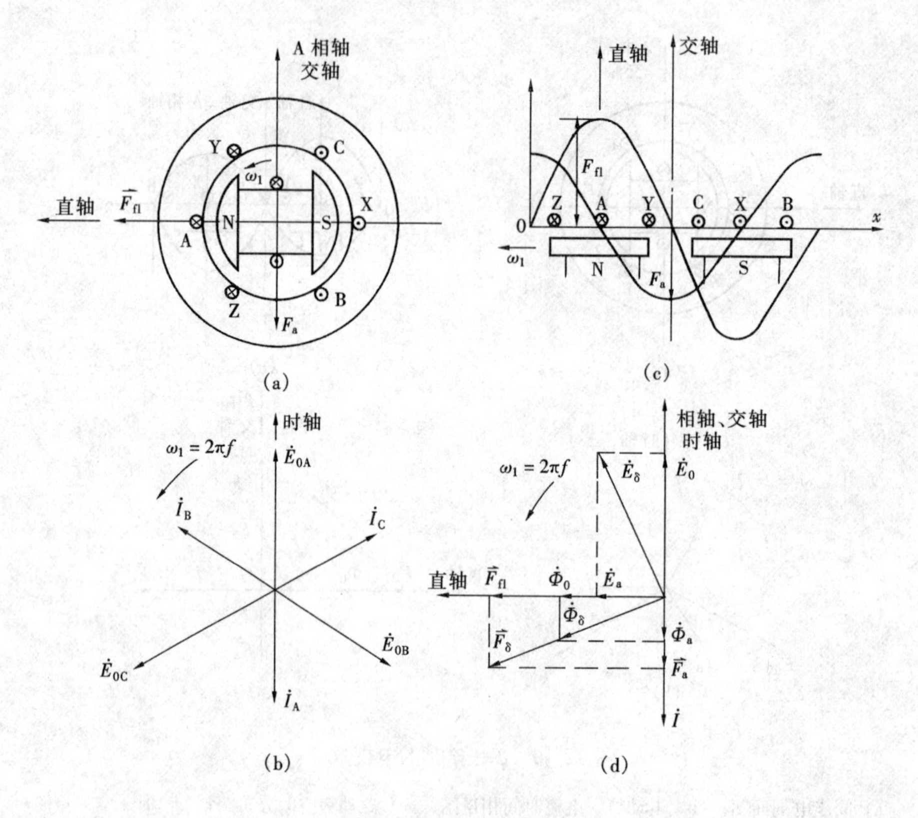

图 12-20　$\psi=\pi$ 时的电枢反应

(a) 同步电机剖面图；(b) 电动势、电流时间相量图；(c) 磁动势空间分布图；(d) 时—空矢量图

种情况下，可以将电枢磁动势分解为直轴和交轴两个分量。交轴分量滞后于 $\vec{F}_{f1}$ 为发电机运行，超前于 $\vec{F}_{f1}$ 为电动机运行，它对应于输出和输入有功功率。电枢磁动势直轴分量可能起磁化或去磁作用。当起去磁作用时，不论电网上的同步电机用作发电机或电动机，都是处于**过励状态**。反之，当直轴电枢磁动势起磁化作用时，接在电网上的同步电机，不论它用作发电机或电动机，均是处于**欠励状态**。

图 12-22 表示了同步发电机最常见的运行情况 $0<\psi<\frac{\pi}{2}$ 时的电枢反应。其时 $\vec{F}_a$ 滞后 $\vec{F}_{f1}$ 一个 $\frac{\pi}{2}+\psi$ 角，这时电枢磁动势空间波 $\vec{F}_a$ 分解为直轴分量 $\vec{F}_{ad}$ 和交轴分量 $\vec{F}_{aq}$，此时 $\vec{F}_{aq}$ 呈交磁作用，$\vec{F}_{ad}$ 呈去磁作用。同样，电枢负载电流 $\dot{I}_A$ 时间相量分解为两个分量：一个是和空载电流同相的分量 $\dot{I}_q$，称为交轴分量，显然它所产生的电枢反应与图 12-18 一样，为交轴电枢反应；一个是和空载电动势成 90°的分量 $\dot{I}_d$，称为直轴分量，它所产生的电枢反应与图 12-19 一样，为直轴电枢反应 $\vec{F}_{ad}$。由上面的分析可得

$$\left.\begin{aligned}\vec{F}_a&=\vec{F}_{ad}+\vec{F}_{aq}\\I_q&=I_A\cos\psi\\I_d&=I_A\sin\psi\end{aligned}\right\}\qquad(12\text{-}7)$$

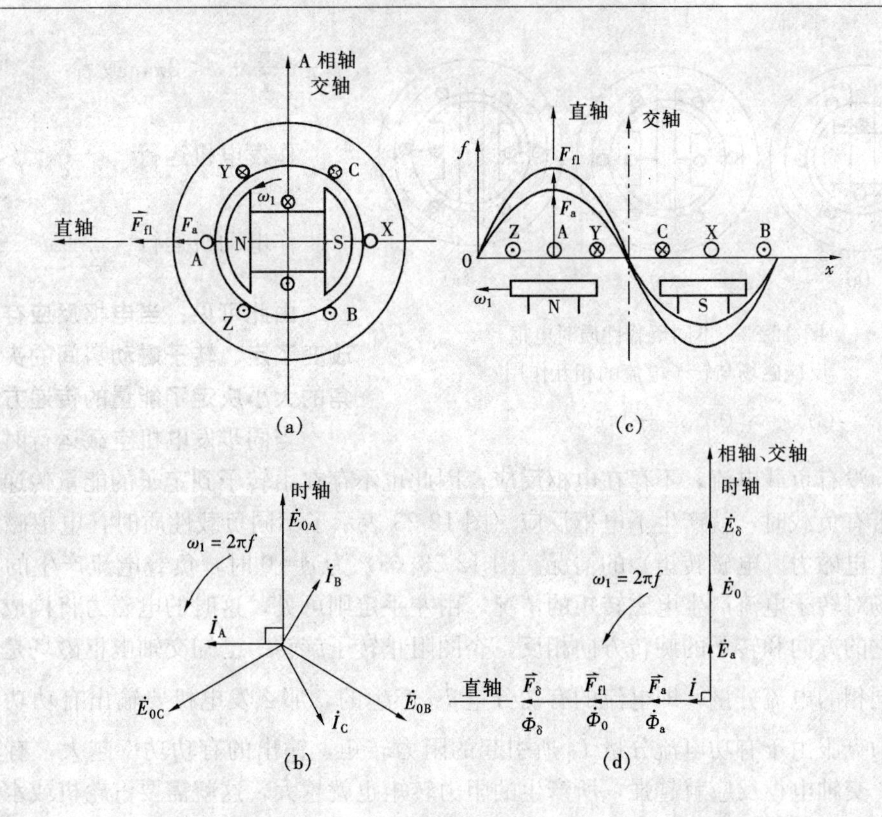

图 12-21　$\psi=-\frac{\pi}{2}$时的电枢反应

(a) 同步电机剖面图；(b) 电动势、电流时间相量图；(c) 磁动势空间分布图；(d) 时—空矢量图

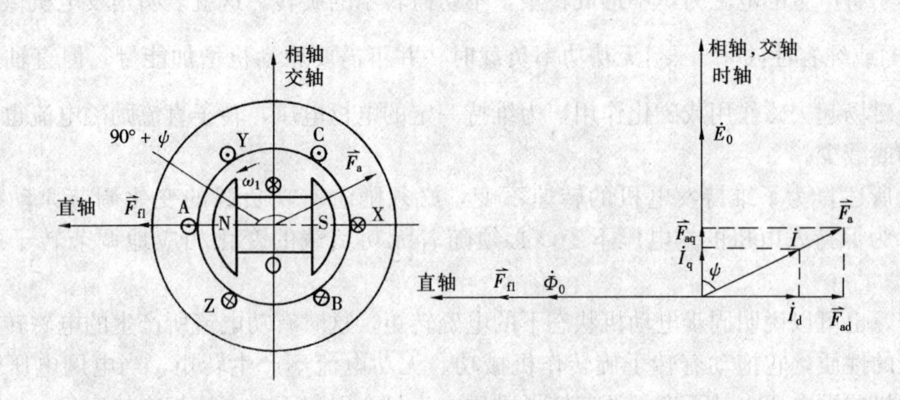

图 12-22　$0<\psi<\frac{\pi}{2}$时的电枢反应

由前面的分析可以得到这样的结论：**同步电机的运行方式可以由内功率因数角ψ来判断。同步电机作为发电机运行时，转子磁场将较定子磁场超前，但如转子磁场超前的角度超过π电弧度时，反形成了定子磁场超前的相对位置，发电机即转变为电动机运行方式。**因为$\vec{F}_a$与$\vec{F}_{f1}$间相差的角度为$\frac{\pi}{2}+\psi$，所以发电机作用便相当于$0<\frac{\pi}{2}+\psi<\pi$，电动机作用相当

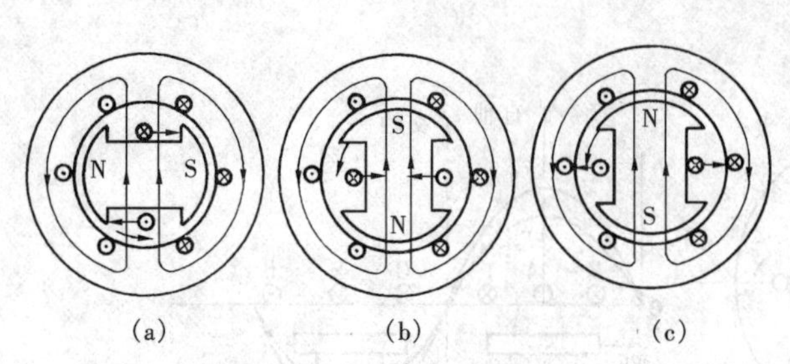

图 12-23 不同负载性质时电枢反应磁场与转子电流的相互作用

(a) $\psi=0$；(b) $\psi=\frac{\pi}{2}$；(c) $\psi=-\frac{\pi}{2}$

于 $\pi<\frac{\pi}{2}+\psi<2\pi$，或者

作发电机运行 $-\frac{\pi}{2}<\psi<\frac{\pi}{2}$

作电动机运行 $\frac{\pi}{2}<\psi<\frac{3\pi}{2}$

由此可见：当电枢反应存在时，它改变了定、转子磁动势间的夹角，该夹角的大小决定了能量的传递方向。

当同步发电机空载运行时，定子绕组开路，没有负载电流，不存在电枢反应，因此也不存在由转子到定子的能量传递。当同步发电机带有负载时，就产生了电枢反应。图 12-23 表示了不同负载性质时，电枢磁场与转子电流产生电磁力（电磁转矩）的情况。图 12-23（a）为 $\psi=0$ 时，负载电流产生的交轴电枢反应磁场对转子电流产生电磁转矩的情况，由左手定则可见，这时的电磁力将构成一个电磁转矩，它的方向和转子的旋转方向相反，企图阻止转子旋转。已知交轴电枢磁场是由与空载电动势同相的电流分量，即电流的有功分量 $\dot{I}_q$ 产生的，那么发电机要输出有功功率，原动机就必须克服由于有功电流分量 $\dot{I}_q$ 所引起的阻力转矩，输出的有功功率越大，有功电流分量越大，交轴电枢反应就越强，所产生的阻力转矩也就越大，这就需要汽轮机或水轮机产生更大的推进力，才能克服电磁反力矩，以维持发电机的转速不变。由图 12-23（b）和图 12-23（c）可见，当 $\psi=\pm\frac{\pi}{2}$时，电枢电流的无功分量 $\dot{I}_d$ 所产生的直轴电枢反应磁场与转子电流相互作用所产生的电磁力，不形成转矩，不妨碍转子的旋转。这就表明当发电机供给纯感性$\left(\psi=\frac{\pi}{2}\right)$或纯容性$\left(\psi=-\frac{\pi}{2}\right)$无功功率负载时，并不需要原动机增加能量。但直轴电枢磁场对转子磁场起去磁作用或磁化作用，为维持一定的电枢电压，转子直流励磁电流也就应相应地增加或减少。

综上所述，为了维持发电机的转速不变，必须随着有功负载的变化调节原动机的输入功率，为保持发电机的端电压不变，必须随着无功负载的变化相应地调节转子的励磁电流。

同理，也可以说明同步电动机状态下的电磁转矩，这时有功电流所产生的电磁转矩具有原动转矩的性质，它拖动着转子旋转作机械功。无功电流不产生转矩，当电网电压保持不变，电动机的端电压也就不变，调节转子励磁电流只会引起无功电流相应的变化。

第五节 隐极同步发电机的分析方法

掌握负载时凸极同步电机内部磁场的基础上，利用电磁感应定律和基尔霍夫定律，即可写出同步发电机的电压方程，并画出相应的相量图和等效电路。由于隐极电机和凸极电机的磁路结构有明显区别，因此它们的分析方法也有所不同。本节先分析隐极电机的情况。

一、不计磁路饱和时隐极同步发电机分析方法

1. 电路方程和等效电路

同步发电机在稳态对称运行时，无论是电枢磁场还是转子磁场都是以同步转速旋转，与转子绕组没有相对运动，因而都不会在转子绕组中感应电动势。故从电路观点而言，同步电机要比变压器及异步电机更为简单。

当不考虑磁路饱和现象时，便可应用叠加原理，认为转子磁场与电枢磁场分别在定子绕组中感应电动势。转子磁场感应的电动势称为空载电动势，用 $\dot{E}_0$ 表示；电枢磁场感应的电动势称为电枢反应电动势，用 $\dot{E}_a$ 表示。于是可以写成定子回路电压平衡式，即

$$\dot{E}=\dot{E}_a+\dot{E}_0=\dot{U}+\dot{I}(r_a+jx_\sigma) \tag{12-8}$$

式中 $\dot{E}$——合成电动势；

$\dot{U}$——定子绕组的端电压；

$\dot{I}$——定子电流；

r_a——定子绕组的电阻；

x_σ——定子绕组的漏抗。

以上均系每相数值。根据式（12-8）可作出隐极同步发电机的等效电路，如图 12-24 所示。

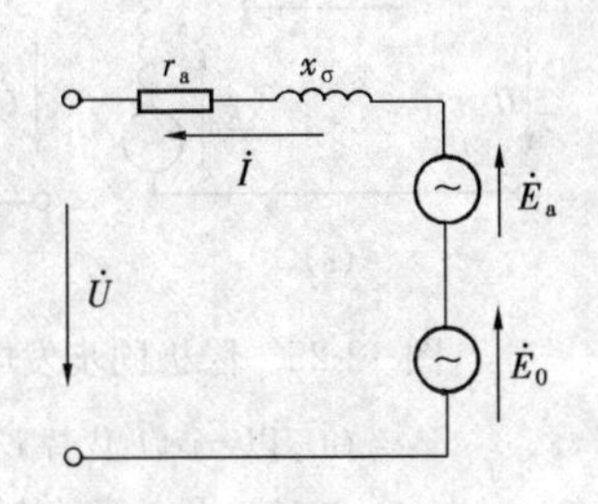

图 12-24　隐极同步发电机的等效电路图

由此可见，隐极同步发电机在稳态运行时的等效电路是简单的独立回路，没有二次回路和它耦合，求解时也无需应用联立方程，非常简单。

2. 电枢反应电抗和同步电抗

暂不考虑电枢磁动势的谐波分量，其基波振幅为

$$F_a=\frac{\sqrt{2}}{\pi}m\frac{N}{p}K_{N1}I=1.35\frac{NK_{N1}}{p}I \tag{12-9}$$

式中 I——定子三相电流的有效值。

对于隐极式同步电机，如不计齿槽的影响，则沿空气隙各点都有相同的磁导，故从电枢磁动势改变一下比例尺寸便可直接求得电枢磁通密度分布波。如令 $k_\delta\delta$ 表示空气隙的有效长度，并假定全部磁动势都消耗在空气隙中，则得电枢磁场的基波振幅为

$$B_a=\frac{\mu_0}{k_\delta\delta}F_a=\frac{\mu_0}{k_\delta\delta}\frac{\sqrt{2}}{\pi}m\frac{N}{p}K_{N1}I \tag{12-10}$$

由此可求得每极电枢磁通为

$$\Phi_a=\frac{2}{\pi}B_a l\tau \tag{12-11}$$

当电枢磁通截切定子绕组时，在每相绕组中感应的电动势为电枢反应电动势，即

$$E_a=\sqrt{2}\pi fK_{N1}N\Phi_a \tag{12-12}$$

将式（12-10）、式（12-11）代入式（12-12）中，加以整理后得

$$E_a=\left(\frac{4}{\pi}\times\frac{\mu_0 mfN^2K_{N1}^2\tau l}{pk_\delta\delta}\right)I \tag{12-13}$$

由式（12-13）可见，电枢反应电动势与负载电流成正比，它们之间的比例常数称为电枢反应电抗 x_a。如果长度的单位用 m，则可代入 $\mu_0=4\pi\times10^{-7}$ H/m，因而得

$$x_a=\frac{16mfN^2K_{N1}^2\tau l}{pk_\delta\delta}\times10^{-7}(\Omega) \tag{12-14}$$

电枢反应电动势 $\dot{E}_a=-jx_a\dot{I}$ 将较 $\dot{\Phi}_a$ 滞后 90°，亦即将较 $\dot{I}$ 滞后 90°，故用复数表示时，式(12-13)可以写成

$$\dot{E}_a=-jx_a\dot{I} \tag{12-15}$$

式(12-15)说明了电枢反应电抗的物理意义：**电枢反应磁场在定子每相绕组中所感应的电枢反应电动势 $\dot{E}_a$，可以把它看作相电流所产生的一个电抗电压降，这个电抗便是电枢反应电抗 x_a。**

若将电枢反应电动势 $\dot{E}_a$ 用电抗压降 $-jx_a\dot{I}$ 表示，并进一步将 x_a 和 x_σ 合并为一个电抗 x_s，则式(12-8)可写成

$$\begin{aligned}\dot{E}_0&=\dot{U}+\dot{I}[r_a+j(x_a+x_\sigma)]\\&=\dot{U}+\dot{I}(r_a+jx_s)\\&=\dot{U}+\dot{I}Z_s\end{aligned} \tag{12-16}$$

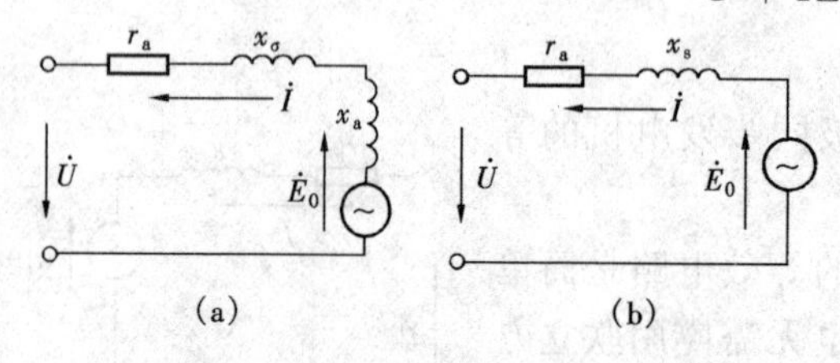

图 12-25　隐极同步发电机的等效电路

(a) 以 $-jx_a\dot{I}$ 代替 $\dot{E}_a$ 等效电路；
(b) 用 x_s 表示的等效电路

其等效电路如图 12-25 所示。其中

$$x_s=x_a+x_\sigma \tag{12-17}$$

称为**同步电抗**。如令

$$Z_s=r_a+jx_s \tag{12-18}$$

则 Z_s 称为同步阻抗。就物理概念而言，同步电抗包含两部分，一部分对应于定子绕组的漏磁通，另一部分对应于定子电流所产生的电枢反应磁通。在实用上，通常不将它们分开，而将 x_a+x_σ 当作一个同步电抗来处理。这是因为：①在计算同步电机的各种性能时，一般仅需应用同步电抗，无需将它的两个组成部分分开；②在实际测量时，直接测定同步电抗要比分别测定 x_a 及 x_σ 方便。

电枢反应电抗对应于通过空气隙的互磁通，即对应于定子旋转磁场，因此它的数值很大。且由于定子旋转磁动势是由三相电流联合产生的，它的振幅为每相脉动磁动势振幅的 $\frac{3}{2}$ 倍，故电枢反应电抗为每相励磁电抗的 $\frac{3}{2}$ 倍。显然它就更大于和定子绕组漏磁通相应的定子漏抗。因为漏抗 x_σ 数值甚小，所以同步电抗与电枢反应电抗在数值上相差不大。

同步电机的电枢反应电抗 x_a 和异步电机的励磁电抗 x_m 性质相仿，但因同步电机具有较大的空气隙，在数值上 x_a 要较异步电机的 x_m 为小。它们所对应的都是三相电流产生的旋转磁场，但却等于该磁场所感应的每相电动势和相电流之比，所以 x_a 及 x_m 均系每相值。且由于该磁场以同步转速依次截切各相绕组，故各相均有相等的电枢反应电抗及同步电抗。

电枢反应磁场与转子都以同步转速同方向旋转。定子磁场并不切割转子绕组，同步电抗也就为定子方面的总电抗。虽然转子绕组在电路方面不起二次绕组的作用，但转子铁芯为旋转磁场所经磁路的一个组成部分，所以在磁路方面却起着重要作用。如将转子抽去，则定子电流所遇到的电抗将不再是电枢反应电抗或同步电抗，而将接近于漏抗 x_σ。

需要强调指出，只有当定子流过对称电流时，亦即只有当空气隙磁场为圆形旋转磁场时，同步电抗才有意义。当定子绕组中流过不对称三相电流时，便不能无条件地应用同步电抗。

3. 隐极发电机的相量图

在作同步发电机相量图时，只需考虑定子电枢回路，故所得的相量图甚为简单。求得空载电动势 $\dot{E}_0$ 与电枢反应电动势 $\dot{E}_a$ 之和，再减去漏阻抗电压降以后，便得端电压 $\dot{U}$，各种数量都用每相值。

隐极发电机的相量图最为简单，可按式（12-8）作出，如图 12-26 所示。电流相量与端电压及空载电动势间的相角差将依负载情况及励磁情况而定。图 12-26（a）表示当负载电流 $\dot{I}$ 滞后于空载电动势 $\dot{E}_0$，即当 $0<\psi<\frac{\pi}{2}$ 时的情况，该发电机处在过励状态。图 12-26（b）表示当负载电流 $\dot{I}$ 超前于空载电动势 $\dot{E}_0$，即当 $0>\psi>-\frac{\pi}{2}$ 时的情形，该发电机系在欠励状态。

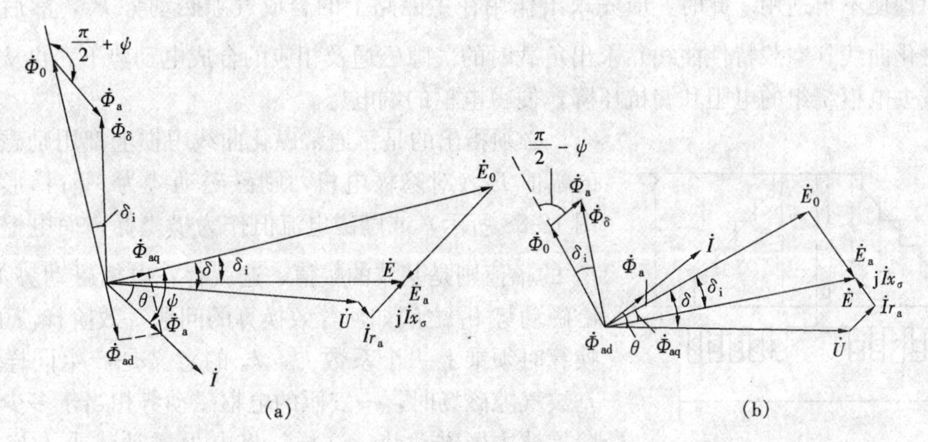

图 12-26　隐极同步发电机相量图

（a）过励发电机；（b）欠励发电机

由前面分析可知：$\dot{E}_0$、$\dot{E}_a$ 和 $\dot{E}$ 每个电动势相量都对应有相应的磁通相量 $\dot{\Phi}_0$、$\dot{\Phi}_a$ 和 $\dot{\Phi}_\delta$，磁通相量在时间相位上超前电动势相量 90°，因此由 $\dot{\Phi}_0$、$\dot{\Phi}_a$ 和 $\dot{\Phi}_\delta$ 所构成的磁通相量三角形与由 $\dot{E}_0$、$\dot{E}_a$ 和 $\dot{E}$ 构成的电动势相量三角形相似。也曾证明磁极基波磁通相量 $\dot{\Phi}_0$ 与磁极磁动势矢量 $\vec{F}_{f1}$ 重合。因此如把磁通相量三角形中的各相量换一比例尺寸便是磁动势矢量三角形。为了图面清晰，图 12-26 中未标出各空间矢量。定义 $\dot{E}_0$ 与 $\dot{U}$ 之间的相位角为 δ，称之为功角，它在分析同步电机功率时是十分重要的。又令 $\dot{E}_0$ 与 $\dot{E}$ 之间的相位角为 δ_i，从而空间矢量 $\vec{F}_{f1}$ 与 $\vec{F}_\delta$ 间的相位角也是 δ_i，它反映了负载后磁动势的位移，δ_i 称为**位移角**。由于 $\delta\approx\delta_i$，即两者相差甚微，实用上也认为两者相等而不加以区别。也可按式（12-16）画出相量图，如图 12-27 所示。图中用同步电抗压降 $j\dot{I}x_s$ 取代了漏抗压降 $j\dot{I}x_\sigma$ 和电枢反应电动势 $\dot{E}_a$。

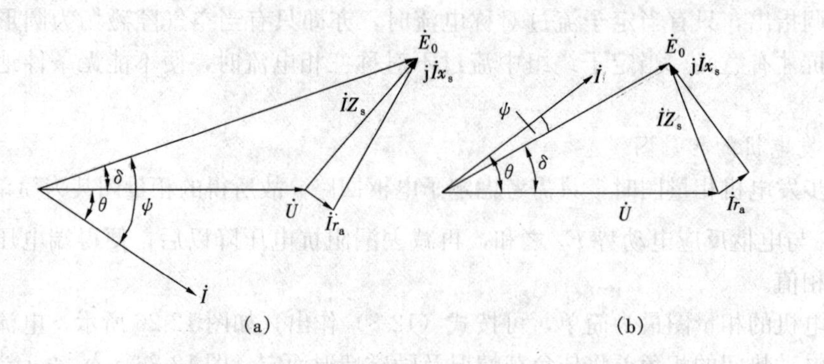

图 12-27　隐极同步发电机的简化相量图

(a) 过励发电机；(b) 欠励发电机

二、考虑磁路饱和时隐极同步发电机的分析方法

实际上同步电机常常运行在接近于磁饱和的区域。考虑磁饱和时，由于磁路的非线性，叠加原理便不再适用。此时，应先求出作用在主磁路上的合成气隙磁动势 $\vec{F}_\delta$，然后利用电机的磁化曲线（空载特性曲线）求出负载时的气隙磁通及相应的合成电动势 $\dot{E}$，再从合成电动势减去电枢绕组的电阻和漏抗压降，便得电枢的端电压。

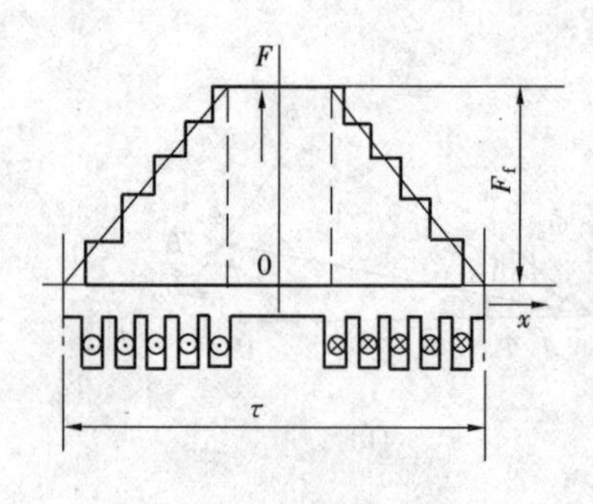

图 12-28　汽轮发电机主极磁动势的分布

必须指出的是：通常磁化曲线习惯上都用励磁磁动势的幅值 F_f（对隐极电机，励磁磁动势为一阶梯形波，如图 12-28 所示）或励磁电流值作为横坐标，而电枢磁动势 $\vec{F}_a$ 的幅值则是基波的幅值，这就存在电枢磁动势 F_a 与励磁磁动势 F_f 之间如何等效换算的问题，效阶梯波的作用，换算时须乘上一个系数 k_a。k_a 的意义是产生同样大小的基波气隙磁场时，一安匝的电枢磁动势相当于多少安匝的阶梯波主极磁动势。这样，将电枢磁动势乘上换算系数 k_a，就可得到换算为主极磁动势时电枢的等效磁动势。对于通常的汽轮发电机，$k_a \approx 0.93 \sim 1.03$。

考虑饱和效应的另一种方法是，根据运行点的饱和程度，找出相应的同步电抗的饱和值 x_s，然后通过运行点将磁化曲线线性化，将非线性问题化作线性问题来处理。其他分析过程与线性磁路一致。

第六节　凸极同步发电机的分析方法

一、凸极同步电机的电枢反应——双反应理论

凸极同步电机的电枢磁动势和隐极机的一样，其基波振幅同样可用式（12-9）表示。但是凸极同步机的气隙不均匀，气隙各处的磁阻不相同，在极面下的磁导大，两极之间的磁导小，二者相差甚大。由于这一特点，分析凸极同步电机电枢反应时，从电枢磁动势波求电枢磁通就会发生很大的困难。同一电枢磁动势波作用在气隙不同处，会遇到不同的磁阻。因此，在分析电枢反应时，不仅要知道电枢磁动势的大小和空间位置，还必须找出该空间位置

处的磁阻，才能求出电枢磁通密度分布波。当电机气隙不均匀时，求空气隙各点处的磁阻又是非常困难的。为了解决这个困难，一般在分析中都采用了双反应法。将电枢基波磁动势 $\vec{F}_a$ 分解为作用在直轴上的**直轴电枢反应磁动势** $\vec{F}_{ad}$ 和作用在交轴上的**交轴电枢反应磁动势** $\vec{F}_{aq}$。直轴磁导和交轴磁导虽不相等，但它们本身却都有固定的数值。这种将一个电枢反应 $\vec{F}_a$ 用**两个电枢反应分量** $\vec{F}_{ad}$、$\vec{F}_{aq}$ **来替代的方法称为双反应法**，只要找出直轴和交轴相应的磁导，便可分别求出直轴和交轴的磁通密度波及相应的磁通。最后，可求出直轴电枢反应磁通和交轴电枢反应磁通在每相定子绕组中感应的直轴电枢反应电动势 $\dot{E}_{ad}$ 和交轴电枢反应电动势 $\dot{E}_{aq}$。这样，就避免了要找出气隙各不同处磁阻的难度。

实际上，将 $\vec{F}_a$ 分解为 $\vec{F}_{ad}$ 和 $\vec{F}_{aq}$ 的方法在图 12-22 中已经应用。它们之间的关系为

$$\left.\begin{aligned}F_{ad}&=F_a\sin\psi\\F_{aq}&=F_a\cos\psi\end{aligned}\right\}\tag{12-19}$$

还可以将电枢电流 $\dot{I}$ 分解为直轴分量 $\dot{I}_d$ 和交轴分量 $\dot{I}_q$，即

$$\left.\begin{aligned}I_d&=I_a\sin\psi\\I_q&=I_a\cos\psi\end{aligned}\right\}\tag{12-20}$$

它们分别产生相应的电枢磁动势 $\vec{F}_{ad}$ 和 $\vec{F}_{aq}$。

双反应法是建立在叠加原理的基础上，当不计饱和时，应用双反应法来分析凸极同步电机既方便又准确。

需要指出，虽然直轴和交轴电枢反应磁动势都是正弦分布波，但由于气隙不均匀，它们所产生的空间磁通密度分布波便和磁动势波不同，不再是正弦波。且由于直轴、交轴磁阻不同，电枢基波磁动势和电枢磁通密度基波相位也不相同。

二、电路方程和等效电路

前面已经讨论过，在分析凸极同步电机的磁场性质时，必须将电枢反应磁动势 $\vec{F}_a$ 分解成直轴电枢反应磁动势 $\vec{F}_{ad}$ 和交轴电枢反应磁动势 $\vec{F}_{aq}$。当不计磁路饱和现象，同样可利用叠加原理，即认为 $\vec{F}_{ad}$ 和 $\vec{F}_{aq}$ 分别建立直轴电枢反应磁场和交轴电枢反应磁场。在定子绕组中分别建立直轴电枢反应电动势和交轴电枢反应电动势。其基波分量分别记作 $\dot{E}_{ad}$ 和 $\dot{E}_{aq}$。于是，可列出凸极同步电机的定子绕组的电压平衡式，即

$$\dot{E}=\dot{E}_0+\dot{E}_{ad}+\dot{E}_{aq}=\dot{U}+\dot{I}(r_a+jx_\sigma)\tag{12-21}$$

式中，除 $\dot{E}_{ad}$ 和 $\dot{E}_{aq}$ 之外，其他符号的定义同隐极电机。其等效电路如图 12-29 所示。

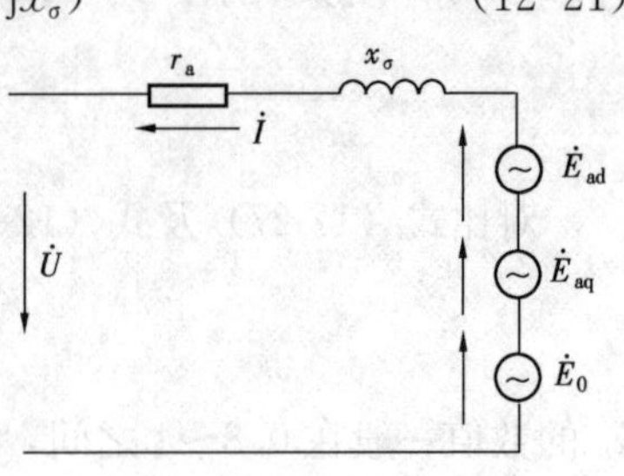

图 12-29　凸极同步发电机的等效电路

三、直轴与交轴电枢反应电抗和同步电抗

1. 直轴电枢反应电抗

电枢电流直轴分量 $\dot{I}_d$ 产生直轴电枢反应磁动势 f_{ad}，其基波振幅为

$$F_{ad}=\frac{\sqrt{2}}{\pi}m\frac{N}{p}K_{N1}I_d\tag{12-22}$$

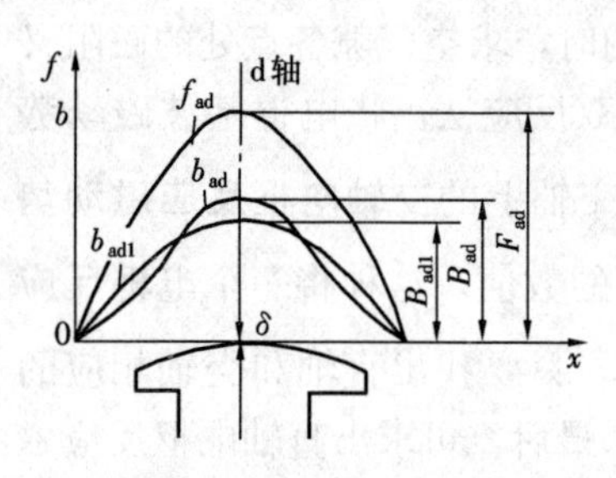

图 12-30　凸极同步发电机直轴电枢反应磁动势和磁通密度波

由于气隙不均匀，f_{ad}产生的磁通密度分布波如图 12-30 所示，已不再是正弦波。具体形状将由空气隙各点处的磁动势和磁导决定，其计算甚为复杂。由于对称关系，气隙磁通密度的振幅 B_{ad}仍在直轴处，且有

$$B_{ad}=\frac{\mu_0}{k_\delta\delta}F_{ad} \tag{12-23}$$

式中　δ——图示 d 轴处的空气隙长度。

产生正弦电动势 $\dot{E}_{ad}$的是磁通密度波的基波分量 $\dot{B}_{ad1}$，它可根据波形分析出来。设其振幅为

$$B_{ad1}=k_d B_{ad} \tag{12-24}$$

式中　k_d——直轴电枢磁通密度分布曲线的波形系数。

由 B_{ad1}感应出来的直轴电枢反应电动势为

$$E_{ad}=\sqrt{2}\pi fNK_{N1}\Phi_{ad1} \tag{12-25}$$

式中　Φ_{ad1}——直轴电枢反应基波每极磁通，故有

$$\begin{aligned}\Phi_{ad1}&=\frac{2}{\pi}B_{ad1}l\tau\\&=\frac{2}{\pi}k_d\frac{\mu_0}{k_\delta\delta}\frac{\sqrt{2}}{\pi}m\frac{N}{p}K_{N1}\tau lI_d\\&=\frac{2\sqrt{2}}{\pi^2}\frac{\mu_0 mNK_{N1}\tau lk_d}{pk_\delta\delta}I_d\end{aligned} \tag{12-26}$$

所以最后可写出 E_{ad}为

$$E_{ad}=\left(\frac{4}{\pi}\frac{\mu_0 mfN^2K_{N1}^2\tau lk_d}{pk_\delta\delta}\right)I_d \tag{12-27}$$

式中，括号内的数值即为直轴电枢反应电抗 x_{ad}。电动势 $\dot{E}_{ad}$将较 $\dot{\Phi}_{ad1}$滞后 90°，亦即滞后 $\dot{I}_d$90°。如用复数表示，式（12-27）可写成

$$\dot{E}_{ad}=-\mathrm{j}\dot{I}_d x_{ad} \tag{12-28}$$

对比式（12-27）及式（12-13），可得

$$x_{ad}=k_d x_a \tag{12-29}$$

k_d 的数值一般在 0.8～1 之间，它和磁极下的最大、最小气隙之比值及极弧与极距之比值等数值有关。准确数值需进行电磁场分析求得，实际使用时，往往可由设计资料提供的曲线中去查得。

2. 交轴电枢反应电抗

电枢电流交轴分量 $\dot{I}_q$ 产生交轴电枢反应磁动势 f_{aq}，其基波振幅为

$$F_{aq}=\frac{\sqrt{2}}{\pi}m\frac{N}{p}K_{N1}I_q \tag{12-30}$$

它所产生的磁通密度波如图 12-31 所示，呈马鞍形。通过波形分析，可以得到磁通密度波的基波振幅为 B_{aq1}。根据对称关系，B_{aq1}的波峰位于 q 轴。

现设基波幅值为 F_{aq}的轴线正位于 q 轴上，那将在 q 轴上产生一个幅值为 B_{aq}的假想磁通密度波，如图 12-31 中虚线所示。定义

$$k_q=\frac{B_{aq1}}{B_{aq}} \tag{12-31}$$

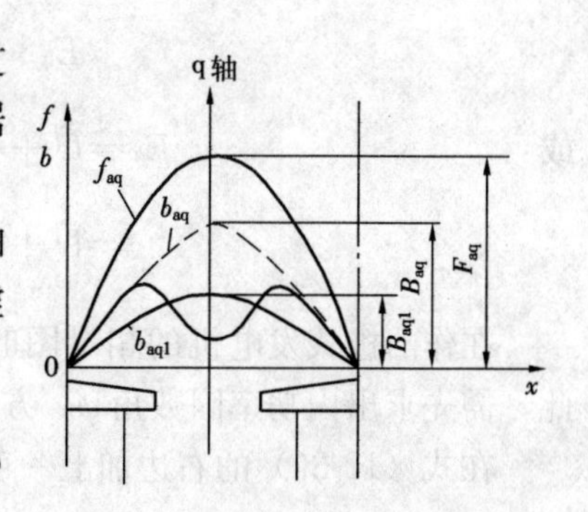

图 12-31　凸极同步发电机交轴电枢反应磁动势和磁通密度波

式中　k_q——交轴电枢磁通密度分布曲线的波形系数。

显然，假想的交轴磁通密度振幅为

$$B_{aq}=\frac{\mu_0}{k_\delta\delta}F_{aq} \tag{12-32}$$

交轴电枢反应电动势 E_{aq}为基波磁通密度分量所感应产生，即

$$E_{aq}=\sqrt{2}\pi fNK_{N1}\Phi_{aq1} \tag{12-33}$$

$$\Phi_{aq1}=\frac{2}{\pi}B_{aq1}l\tau$$

式中　Φ_{aq1}——交轴电枢反应基波每极磁通。

综合上述关系，经整理后可得

$$E_{aq}=\left[\frac{4}{\pi}\frac{\mu_0mfN^2K_{N1}^2l\tau k_q}{pk_\delta\delta}\right]I_q=x_{aq}I_q \tag{12-34}$$

式中　x_{aq}——**交轴电枢反应电抗**。

当用复数表示时，为

$$\dot{E}_{aq}=-jx_{aq}\dot{I}_q \tag{12-35}$$

式（12-34）与式（12-13）相对照，可见

$$x_{aq}=k_qx_a \tag{12-36}$$

k_q 的性质与 k_d 类似，其数值一般在 0.4～0.6 之间。可由设计资料查得。

3. 直轴同步电抗和交轴同步电抗

设 x_σ 为定子每相漏抗，则可将漏抗与电枢反应电抗合并，即

$$x_d=x_\sigma+x_{ad} \tag{12-37}$$

$$x_q=x_\sigma+x_{aq} \tag{12-38}$$

式中　x_d——直轴同步电抗；

x_q——交轴同步电抗。

四、凸极发电机的相量图

若将电枢反应电动势看作是电抗压降，则式（12-21）可写作

$$\left.\begin{aligned}\dot{E}_0-\mathrm{j}\dot{I}_d x_{ad}-\mathrm{j}\dot{I}_q x_{aq}&=\dot{U}+\dot{I}(r_a+\mathrm{j}x_\sigma)\\ \text{或}\quad \dot{E}_0&=\dot{U}+\dot{I}r_a+\mathrm{j}\dot{I}_d(x_\sigma+x_{ad})+\mathrm{j}\dot{I}_q(x_\sigma+x_{aq})\\ &=\dot{U}+\dot{I}r_a+\mathrm{j}\dot{I}_d x_d+\mathrm{j}\dot{I}_q x_q\end{aligned}\right\}\tag{12-39}$$

在作凸极式发电机的相量图时，需要找出电枢电流的直轴分量 $\dot{I}_d$ 和交轴分量 $\dot{I}_q$。为此，需先求出内功率因数角 ψ。方法如下。

在式（12-39）的右边加上一项 $\mathrm{j}\dot{I}_d x_q$，再减去一项 $\mathrm{j}\dot{I}_d x_q$，进行移项和合并可得

$$\dot{E}_0-\mathrm{j}\dot{I}_d(x_d-x_q)=\dot{U}+\dot{I}r_a+\mathrm{j}\dot{I}x_q\tag{12-40}$$

因为相量 $\dot{I}_d$ 与 $\dot{E}_0$ 垂直，故相量 $\mathrm{j}\dot{I}_d(x_d-x_q)$ 正好与 $\dot{E}_0$ 在同一线上。因此，可由式（12-40）的右端项确定相量 $\dot{E}_0$ 的位置。也就是说，可以根据负载情况，先行作出相量 $\dot{U}$ 和 $\dot{I}$。相量 $\dot{U}$ 加上 $\dot{I}r_a$ 和 $\mathrm{j}\dot{I}x_q$ 以后，便找到了内功率因数角 ψ。将负载电流分解为直轴分量 $\dot{I}_d=\dot{I}\sin\psi$ 和交轴分量 $\dot{I}_q=\dot{I}\cos\psi$ 后，按照式（12-40）可作出相量图，如图 12-32 所示。图12-32（a）表示过励发电机状态，直轴电枢反应为去磁作用。图 12-32（b）为欠励发电机状态，直轴电枢反应为磁化作用。

隐极同步电机可看作凸极同步电机的特例来看待。因为隐极机的气隙均匀，气隙磁场波的波形系数 $k_d=k_q=1$，电枢反应也就无需分解为直轴分量和交轴分量了。在气隙均匀情况下，$x_{ad}=x_{aq}=x_a$，$x_d=x_q=x_s$，只需要用一个参数 x_s 来代表同步电抗。

同步电抗为同步电机的重要参数，常用标幺值表示。以每相额定电压为电压的基值，

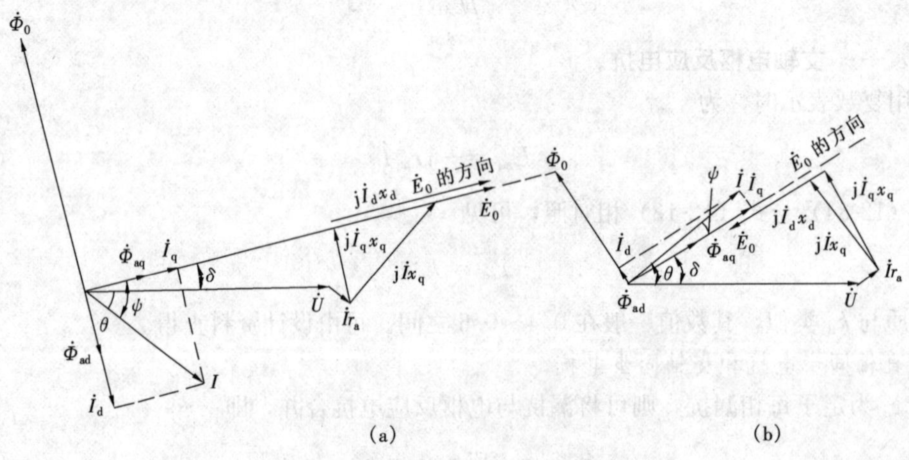

图 12-32　凸极同步发电机的相量图

（a）过励发电机；（b）欠励发电机

以每相额定电流为电流的基值，且以电压基值与电流基值的比值为阻抗的基值。隐极同步发电机的同步电抗标幺值在0.9～2.5之间；凸极式同步发电机的直轴同步电抗标幺值（不饱和值）在0.65～1.6之间，交轴同步电抗标幺值在0.4～1.0之间；凸极式同步电动机的直轴同步电抗标幺值（不饱和值）在1.5～2.2之间，交轴同步电抗在0.95～1.4之间。

第七节 电枢绕组的漏抗

当电枢绕组中有电流通过时，它所产生的磁通大部分穿过空气隙，进入转子磁路并和转子绕组相键链，这部分磁通称为**互磁通**，即前面所述的电枢磁通。但电枢电流产生的磁通中另有一部分只与电枢绕组本身相键链，不穿过空气隙，这部分磁通就称为**电枢漏磁通**。电枢漏磁通主要包括槽漏磁通和端接部分漏磁通两部分，如图12-33所示。这些漏磁通以电枢电流的频率脉动，所以也要在电枢绕组中感应电动势，这个电动势称为**漏磁电动势**，以 E_σ 表示。每相绕组中的漏磁电动势和每相电枢电流的比值，即为**电枢漏抗** x_σ。由于漏磁通的路径主要是非磁性物质，不会饱和，所以 x_σ 是个常数，且数值较小。通常用标幺值表示时，$x_{\sigma*}$ 在0.07～0.45之间。

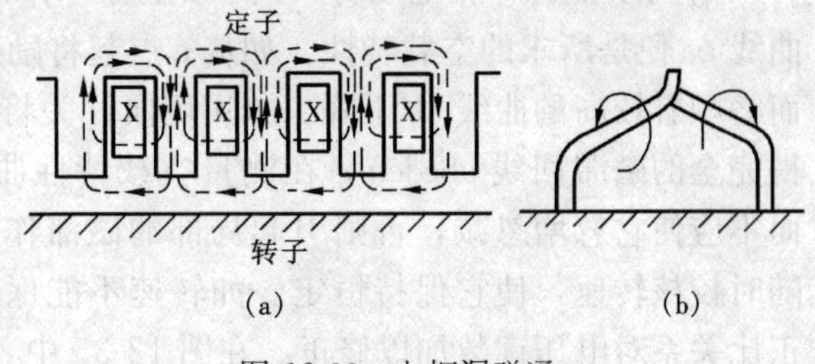

图12-33 电枢漏磁通
(a) 槽漏磁通；(b) 端部漏磁通

此外，还有一种对应于电枢高次空间谐波磁通的电抗，叫做**差漏抗或谐波漏抗**。这些磁通在电枢绕组中感应电动势为基波频率，它与每相电枢电流之比即为差漏抗。它的数值较小，一般只是前述漏抗的10%～20%左右。通常实验测得的或计算特性时所用的漏抗，就是上述两种漏抗之和。

漏磁通对同步电机的运行有很大的影响，如槽漏磁通将使导体内的电流产生集肤效应，增加绕组的铜损耗；端部漏磁通将在端部附近的构件（端盖、压环、螺栓等）中引起涡流，产生局部发热。漏磁通在电枢绕组中产生的漏磁电动势则将影响到电机的端电压。

在同步电机中，特别是在大型同步发电机中，漏抗的数值远远大于电枢绕组的电阻。容量越大，二者相差越大。例如，300MW汽轮发电机的电阻标幺值只是0.00234。所以分析同步电机时，尤其对于大型同步发电机，电枢绕组的电阻往往可以忽略不计。

第八节 同步发电机的空载、短路和负载特性

一、空载特性

同步发电机的转子绕组加上直流励磁，而电枢绕组开路，即为同步发电机的空载运行。此时，空气隙中只有一个由转子励磁的机械旋转磁场。该磁场截切电枢绕组便将感应三相对称的空载电动势 E_0，由于电枢绕组开路，所以这时同步发电机的端电压即等于空载电动势 E_0。**空载运行特性就是讨论转子直流励磁电流 I_f 和空载电动势 E_0 的关系**。实际运行时，发

电机空载运行是很少遇到的，但空载特性 $E_0 = f(I_f)$ 却是同步电机的一个重要特性，体现着电机中磁与电的关系，并能由此求出同步电机的一些主要参数。

因为空载电动势和转子磁场的每极磁通 Φ 成正比，而转子励磁电流和转子励磁磁动势成正比，因此只要选用不同的比例尺，$E_0 = f(I_f)$ 和同步电机的磁化曲线 $\Phi_0 = f(F_f)$ 是相同的。

空载特性可通过电机的磁路计算或实验测得。用实验方法测定同步电机的空载特性时，可用如图 12-34 所示的接线图。同步电机由原动机拖动，且保持额定转速不变。励磁回路由一直流电源供电，并接有双极双投开关和可变电阻 R_f，用以调节励磁电流的方向和量值。励磁电流 I_f 和定子电枢绕组的电动势 E_0 可由电流表 PA 和电压表 PV 同时读出。调节可变电阻，使励磁电流逐步上升，每次记下 I_f 和 E_0 的读数。取得足够的读数后，便可以 I_f 为横坐标，相电动势 E_0 为纵坐标，作出同步电机的空载特性。如图 12-35 所示，曲线 oa 便是所求的空载特性。如从 a 点起将励磁电流逐级减小，则曲线将不以原路返回，而将顺着较高的曲线 ab 下降。如用倒向开关将励磁电流的方向倒转，重复上述操作则可得完全的磁滞回线 abcdefa。在测量空载特性曲线时，应使励磁电流顺着一个方向改变，而不应使它忽增忽减，否则引起局部的磁滞作用，使结果产生误差。同时必须用转速表随时校核转速，使它保持恒定。如转速不能保持恒定，则应把转速表的读数记下，并按正比关系对电压读数加以修正。在图 12-35 中，$E_r = \overline{ob}$是由剩磁所感应的电动势，称为剩磁电动势。

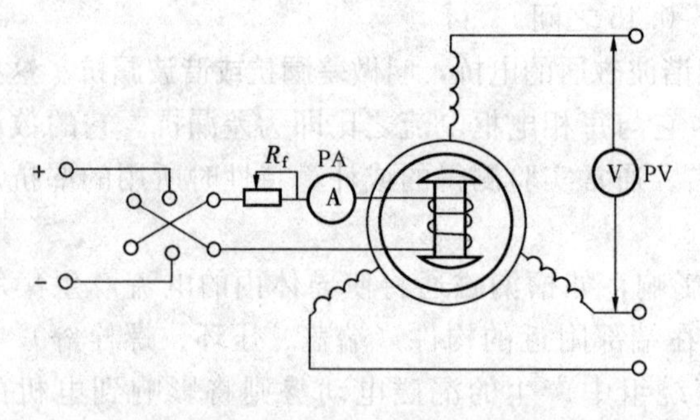

图 12-34 同步机空载试验接线图

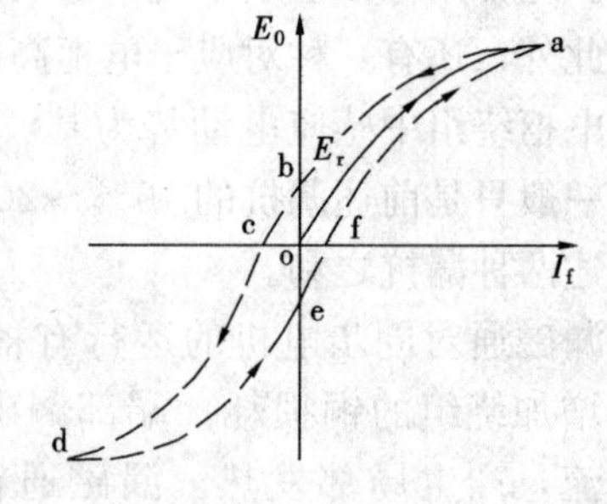

图 12-35 磁滞回线

对于已经励磁过的电机，由于存在剩磁，上述试验不能测得过原点的空载特性曲线 oa。为此，规定用下降曲线来表示空载特性。试验时，先增大 I_f，使 E_0 达到电机额定电压的 1.3 倍，然后单方向减小 I_f 逐点记录 I_f 及相应的 E_0，直至 $I_f = 0$，$E_0 = E_r$ 为止，如图12-36 所示。如果剩磁电压 E_r 较大，则空载特性应加以校正。延长下降曲线交横轴于 c 点，$\overline{oc} = \Delta I_f$便作为校正量。将下降曲线向右平移$\overline{oc}$，即得通过原点校正了的空载特性曲线。

同步发电机的空载特性常用标幺值表示，取额定相电压 U_N 为空载电动势的基值，取 $E_0 = U_N$时的励磁电流 I_{fN}为励磁电流的基值。用这样的标幺值表示的空载特性，不论电机容量的大小、电压的高低，它们的空载特性彼此是非常相近的。通过实践和研究，人们找出了一条典型的空载特性（标幺值表示），见表 12-1。

表 12-1　　典型的空载特性

I_{f*}	0.5	1.0	1.5	2.0	2.5	3.0	3.5
E_{0*}	0.58	1.0	1.21	1.33	1.40	1.46	1.51

可用这条典型的空载特性与设计好的或已制成的同步发电机的空载特性相比较，它们应该是很相近的，否则就是该电机的磁路过于饱和或材料没有充分利用。

由图 12-37 中曲线可见，空载特性开始一段实际上是一条直线，因为这时 Φ_0 很小，电机磁路中的铁磁部分未饱和，该部分所需的磁动势远小于空气隙磁动势，转子励磁磁动势 F_f 主要消耗在空气隙中。从该直线部分延长而得的直线$\overline{od}$便可以表示气隙磁动势 F_δ 和每极磁通 Φ_0 的关系，常称它为气隙线（图 12-37 中曲线 1）。空载特性的电压较高的部分开始向下弯曲，那是因为随着 Φ 的增大，电机磁路的铁磁部分迅速饱和，它所需磁动势 F_{Fe} 也就很快增大，空载特性便偏离气隙线开始向下弯曲。空载特性和气隙线间横向距离即为铁磁部分所需磁动势 F_{Fe}，如图 12-37 中$\overline{bc}$线段。通常将 E_{0*} 为 1 时的总磁动势和气隙磁动势之比称为电机的饱和系数，用 k_μ 表示，即 $k_\mu=\dfrac{\overline{ac}}{\overline{ab}}$。为了合理利用有效材料，空载额定电动势 E_{0N} 常设计在空载特性的弯曲处，如图中 c 点附近。一般 k_μ 约为 1.2 左右。

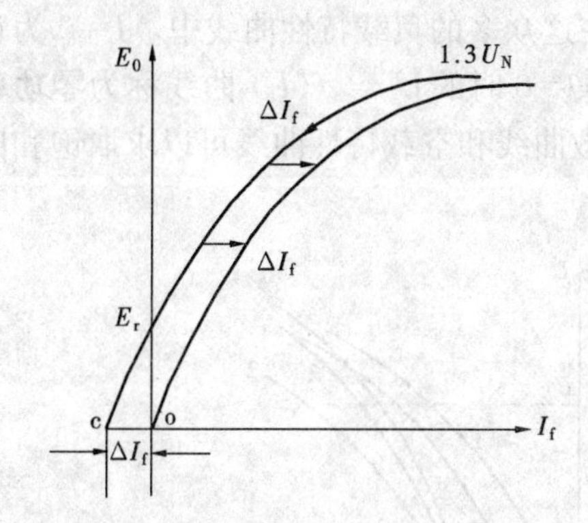

图 12-36　空载特性曲线的校正

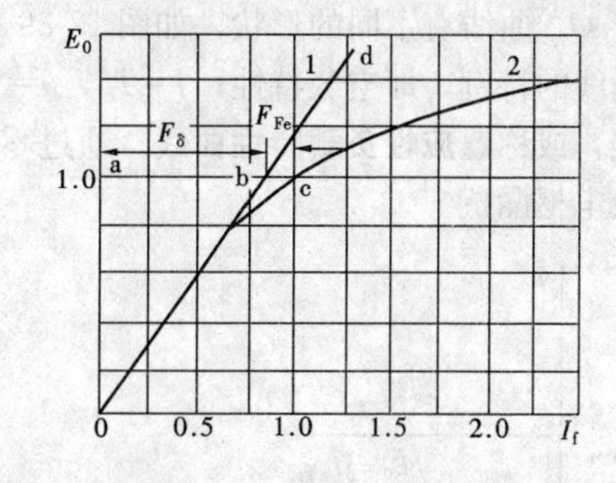

图 12-37　空载特性 $E_0=f(I_f)$，即磁化曲线 $\Phi=f(F_{Fe})$

除了在下文中将介绍利用空载特性可以求取同步电机的参数和特性外，在发电厂中经常测取空载特性，以检查三相电枢绕组的对称性，用它和历年所测数据或该同步发电机的出厂数据相对比，如果所得曲线有下降，则说明该发电机转子绕组的某些线匝可能发生了短路故障，需用其他方法进一步进行故障探测。

二、短路特性

同步发电机的短路特性是指在进行发电机三相稳态短路试验时，电枢短路电流 I_k 与励磁电流 I_f 间的关系曲线。它不仅可以用来说明同步发电机的性能，更主要的是可以用来测定同步电机的参数。

发电机短路后，端电压 $\dot{U}=0$，电枢短路电流 $\dot{I}_k=\dfrac{\dot{E}_0}{Z_s}$。由于电枢电阻和同步电抗相比较时可以略去不计，即 $Z_s\approx jx_s$，因此短路电流可认为是纯感应性电流，内功率因数角 ψ 接近 90°滞后。这时的电枢电流只有直轴分量，它所产生的电枢反应为纯粹的去磁作用。同步发电机在短路时的相量图如图 12-38 所示，其空载电动势 $\dot{E}_0$ 和同步电抗电压降 $\mathrm{j}I_k x_s$ 相等。如是凸极机，则所用的同步电抗应为直轴同步电抗。

已知同步发电机的电压方程式为

$$\dot{E}_0 + \dot{E}_a = \dot{E} = \dot{U} + \dot{I}(r_a + \mathrm{j}x_\sigma) \tag{12-41}$$

短路时合成磁动势 E 的数值甚小，只等于漏抗降落。相应地，产生 E 的合成气隙磁通 Φ 和合成气隙磁动势 F_δ 亦很小，故电机磁路处于不饱和状态，磁动势和磁通间为线性关系。因此，合成气隙磁动势 F_δ 正比于合成气隙磁通 Φ，而后者正比于合成电动势 E，短路电流又正比于该电动势，即有 $F_\delta \propto \Phi \propto E \propto I_k$。另一方面，电枢磁动势正比于电枢电流，即 $F_a \propto I_k$。于是可知短路电流正比于励磁电流（$I_f \propto F_{f1} \propto F_\delta - F_a \propto I_k$），短路特性是一条过原点的直线。

测定短路特性时，应先将三相电枢绕组在出线端处短接，再起动原动机将发电机带到同步转速，通入不同数值的励磁电流 I_f，读取每次相应的短路电流 I_k，即得同步发电机的短路特性。

三、负载特性

当电枢电流 I 及功率因数 $\cos\theta$ 均为常数时，端电压与励磁电流之间的关系曲线 $U = f(I_f)$ 称为负载特性，用数学式表示为 $I = \text{const}$，$\cos\theta = \text{const}$ 时，$U = f(I_f)$。不同的 I 和不同的 $\cos\theta$，曲线有不同的形状，如图 12-39 所示。在这众多的负载特性曲线中，$I=0$ 为负载特性曲线的特例，即空载特性；$I=I_N$，$\theta=90°$，$\cos\theta=0$ 时的 $U = f(I_f)$ 曲线称为**零功率因数曲线**，或称**感应性负载特性曲线**。通过零功率因数曲线和空载特性曲线可以求取饱和同步电抗及电枢漏抗。

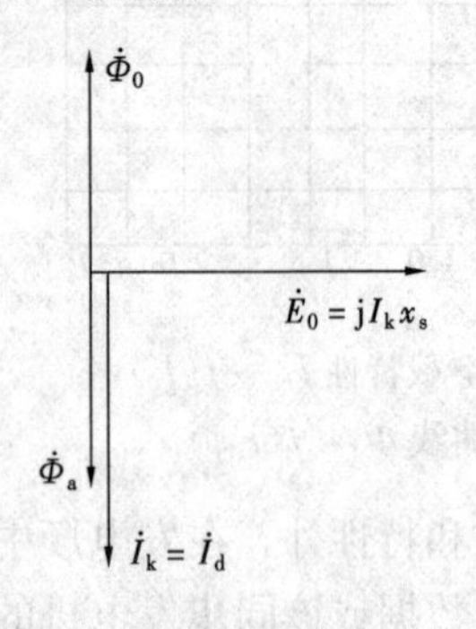

图 12-38 同步发电机短路时的相量图

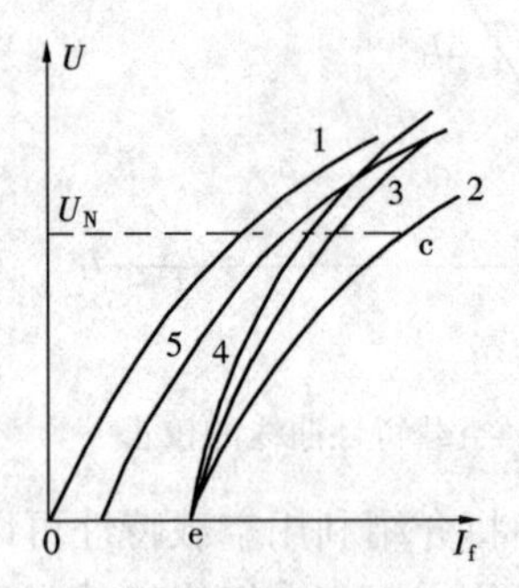

图 12-39 各种负载特性

1—空载特性，$I=0$；2—$\theta=90°$，$\cos\theta=0$，$I=I_N$；3—$\theta>0$，$0<\cos\theta<1$，$I=I_N$；4—$\theta=0$，$\cos\theta=1$，$I=I_N$；5—$\theta=90°$，$\cos\theta=0$，$I<I_N$

当同步发电机带纯感应性负载时，电枢反应为纯粹去磁作用，即 $\vec{F}_{aq}=0$，$\vec{F}_{ad}=\vec{F}_a$，此时励磁绕组的主磁动势 $\vec{F}_f$ 减去电枢反应磁动势 $k_{ad}\vec{F}_{ad}$ 以后，剩下的即为空气隙合成磁动势 $\vec{F}_\delta$，合成磁动势所产生的空气隙合成磁场将在电枢绕组中感应出合成电动势 $\dot{E}$，合成电动势减去电枢漏抗压降（略去电枢电阻），就得到发电机的端电压，即有

$$\dot{U} = \dot{E} - \mathrm{j}\dot{I}x_\sigma = \dot{E}_0 - \mathrm{j}\dot{I}x_s \tag{12-42}$$

可作出纯感应性负载时的相量图如图 12-40 所示，图 12-40（a）为隐极同步机，图 12-40（b)为凸极同步机。由图可见，此时 $\dot{E}_0$ 和 $\dot{U}$ 同相，即有 $\theta=\psi=90°$，磁动势间的关系以及电动势间的关系都是代数关系，即

$$\left.\begin{aligned}F_\delta &= F_f - K_N F_{ad}\\ U &= E_0 - Ix_s = E - Ix_\sigma\end{aligned}\right\}\qquad(12\text{-}43)$$

由式（12-43）可知：在已知电枢漏抗 x_σ 以及相当于电枢反应去磁作用的励磁电流后，就可直接由空载特性推导出零功率因数曲线。首先来求取零功率因数曲线上，相当于转子磁动势 F_f 的励磁电流 $I_f=\overline{om}$所对应的纵坐标（即端电压），图 12-41 中，令$\overline{mn}$为相当于额定电流 I_N 产生的电枢反应去磁作用 $k_{ad}F_{ad}$的励磁电流，则$\overline{om}-\overline{mn}=\overline{on}$便相当于气隙合成磁动势 F_δ 的励磁电流，$\overline{an}$即气隙合成磁场所感应的合成电动势 E。令$\overline{ab}=I_N x_\sigma$ 为电枢漏抗压降，由式（12-43）可知，$U=E-I_N x_\sigma=\overline{an}-\overline{ab}=\overline{bn}$，就是端电压的数值。作$\overline{bc}=\overline{mn}$，则 c 点即为零功率因数曲线上相对于励磁电流为$\overline{om}$的一点。

由图 12-41 可见，直角三角形 abc 的高$\overline{ab}$和底边$\overline{bc}=\overline{mn}$均正比于电枢电流。当电枢电流保持不变时，该三角形的大小也是不变的，通常称此直角三角形为**电抗三角形**。此三角形的顶点 a 落在空载特性上，c 点落在零功率因数曲线上，故将它在空载特性上平移，c 点的轨迹即为零功率因数曲线。

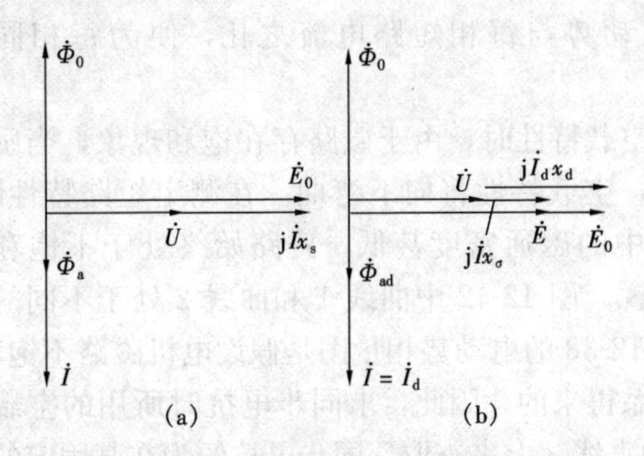

图 12-40　同步发电机供给纯感应性负载时的相量图

（a）隐极式同步机；（b）凸极式同步机

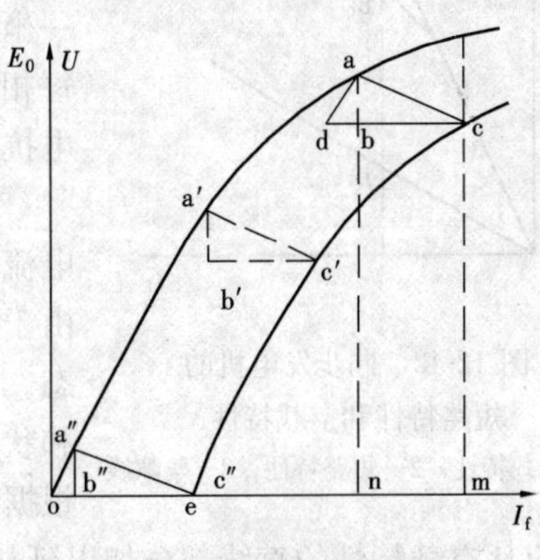

图 12-41　空载特性和零功率因数特性曲线

零功率因数曲线也可用实验方法测得。试验时，电枢接到一个可变三相纯电感负载（例如三相可变电抗器，或欠励状态下空载运行的同步电动机等），然后同时调节发电机的励磁电流和负载，使电枢电流保持为额定值，记录不同励磁下的发电机端电压，即得零功率因数曲线。

对于大容量的同步发电机，由于很难得到容量相当的纯电感负载，所以不能再用上述方法来求取整条零功率因数曲线。但却能用简单的方法求得零功率因数曲线上两个关键的坐标点，即图 12-39 中曲线 2 上的 e 点和 c 点。e 点处，$I=I_N$，$U=0$，显然为一短路点，可由短路试验求得。调节发电机的励磁电流，使它的三相稳态短路电流为额定值，即 $I_k=I_N$，其时的 I_f 就确定了 e 点的位置。c 点是这样求的，将发电机接在额定电压的电网上，同时调节原动机及励磁电流，使发电机处于过励状态，电枢电流为额定值，而输出的有功功率为零。此刻的励磁电流 I_f 及额定电压 U_N 决定了 c 点的坐标。下文将介绍，通过零功率因数曲线求

取电枢漏抗时，如果没有整条曲线，有上述两个坐标点即可。

实际上要使 $\cos\theta=0$ 是有困难的，但只要保持 $\cos\theta<0.2$，已能获得足够准确的结果。

第九节 同步发电机的参数及测定

为了计算同步电机的稳态性能，除了需要知道电机的工况（端电压、电枢电流和功率因数等）之外，还应给出同步电机的参数。下面说明同步电抗、电枢漏抗和电枢反应等效磁动势的实验确定法。

一、同步电抗的测定

1. 不饱和同步电抗的测定

如果不计电枢绕组电阻 r_a，同步发电机短路时，其空载电动势 $\dot{E}_0$ 恰和同步电抗电压降相等，即 $\dot{E}_0=\mathrm{j}\dot{I}_k x_s$。对于凸极式同步电机，则由于短路电流 $\dot{I}_k$ 落后 $\dot{E}_0$ 近 90°，为纯直轴电流，$\dot{I}_q=0$，$\dot{I}_d=\dot{I}_k$，$\dot{E}_0$ 便可写成 $\dot{E}_0=\mathrm{j}\dot{I}_k x_d$。根据以上关系，可以利用空载特性和短路特性来确定同步电抗 x_s 或直轴同步电抗 x_d。将测得的空载特性和短路特性画在同一坐标上，如图 12-42 所示。在某一固定的励磁电流时，每相空载电动势与每相短路电流之比，便为每相同步电抗。

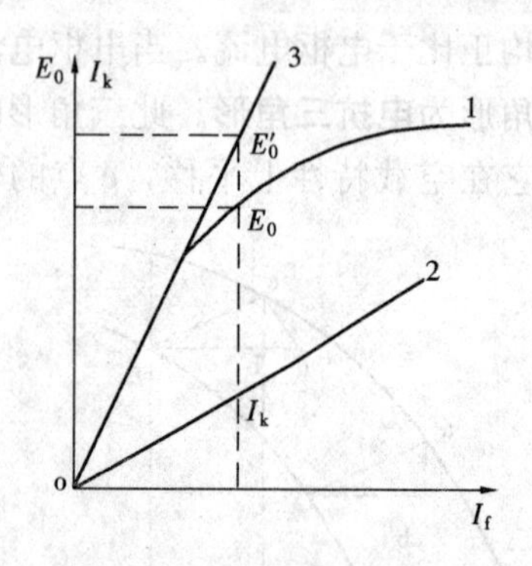

图 12-42 同步发电机的短路特性和空载特性

1—空载特性；2—短路特性；3—气隙线

在测定空载特性时，由于磁路存在饱和现象，当励磁电流增大时，空载特性将向下弯曲。在测定短路特性时，由于空气隙中的磁通密度甚低，磁路始终处于不饱和状态。也就是说，图 12-42 中曲线 1 和曲线 2 处于不同的饱和状态。图 12-38 的电动势相量图是假设电机磁路不饱和，根据线性关系得来的。因此，求同步电抗时所用的空载电动势应从空载特性的直线部分加以延长所得的直线 3 上来查取。同步电抗便为在某固定的励磁电流时，曲线 3 的纵坐标与曲线 2 的纵坐标之比，即

$$x_d = x_s = \frac{E'_0}{I_k} \tag{12-44}$$

这样测得的同步电抗称为不饱和同步电抗。不论在横坐标上选取哪一点进行计算，所求得的不饱和同步电抗，均有相同的数值，对隐极同步电机而言，所测得的同步电抗即 x_s；对凸极同步电机而言，所得系直轴同步电抗 x_d，而凸极同步电机的交轴同步电抗 x_q 需要用其他的方法测定。

2. 求饱和同步电抗

由图 12-43 可见，在发电机供给纯感应性负载这一特定情况下，空载电动势、端电压和同步电抗电压降三者之间呈代数关系，即 $E_0-U=Ix_s$。因此可以从空载特性和零功率因数曲线求取饱和同步电抗。

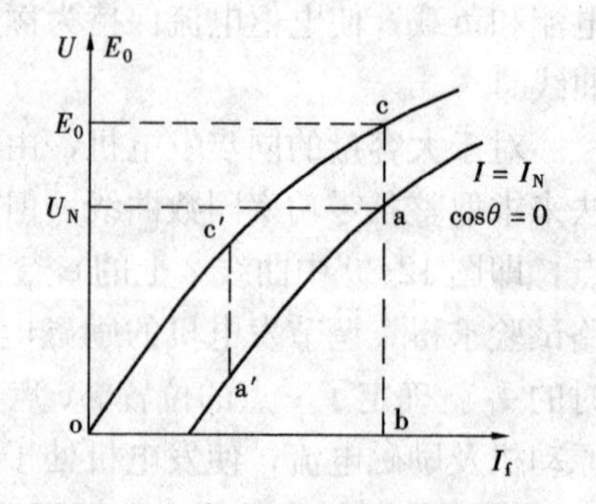

图 12-43 求饱和同步电抗的图解法

图 12-43 中表示出空载特性和 $I=I_N$ 的零功率因数曲线。设在零功率因数曲线上取 a 点，$\overline{ab}$表示额定端电压 U_N，则根据 $E_0-U=Ix_s$ 可知，$\overline{cb}$应该代表相应的空载电动势 E_0，$\overline{ca}$表示同步电抗电压降 I_Nx_s(或 I_Nx_d)，所以饱和同步电抗 x_s 的标幺值为

$$x_{s*}=\frac{x_s}{\frac{U_N}{I_N}}=\frac{I_Nx_s}{U_N}=\frac{\overline{ca}}{\overline{ab}} \tag{12-45}$$

磁路的饱和状况决定于发电机气隙中合成磁场的数值，如不计漏阻抗电压降的影响，它就直接决定了端电压的数值。当发电机有不同的端电压时，x_s 也就有不同的数值。由图 12-43 可见，当磁路不饱和时，同步电抗电压降为$\overline{c'a'}$，它比$\overline{ca}$大得多，即不饱和同步电抗的数值要比饱和同步电抗的数值大得多。

二、短路比

短路比是同步电机设计中的一个重要数据。**短路比是指在空载时使空载电动势有额定值时的励磁电流，与在短路时使短路电流有额定值时的励磁电流之比**。图 12-44 中给出了同步发电机的空载特性和短路特性。设当励磁电流为 I_{f0}时，空载电动势刚好有额定值 U_N，保持励磁电流 I_{f0}做短路试验，它将在电枢绕组中产生短路电流 I_{k0}；如要使短路电流达到发电机的额定电流值 I_N，则必须将励磁电流增加到 I_{fk}。此时，从图 12-44 中可以得到短路比的数值为

$$k_k=\frac{I_{f0}}{I_{fk}}=\frac{I_{k0}}{I_N} \tag{12-46}$$

如将 I_{f0}称为额定励磁电流，则短路比的另一种定义为：**有额定励磁电流时的短路电流与额定电流之比**。

短路比与同步电抗间有一定关系，设 x_d 为不饱和同步电抗，则从图 12-44 中可得 $x_d=\frac{E'_0}{I_{k0}}$，同步电抗的标幺值便为

$$x_{d*}=\frac{E'_0}{I_{k0}}\cdot\frac{I_N}{U_N}=C_0\frac{I_N}{I_{k0}}=C_0\frac{1}{k_k} \tag{12-47}$$

式中，$C_0=\frac{E'_0}{U_N}$，由于电机磁路的饱和，C_0 大于 1。由式 (14-47) 可见，短路比要比不饱和同步电抗的倒数略大。

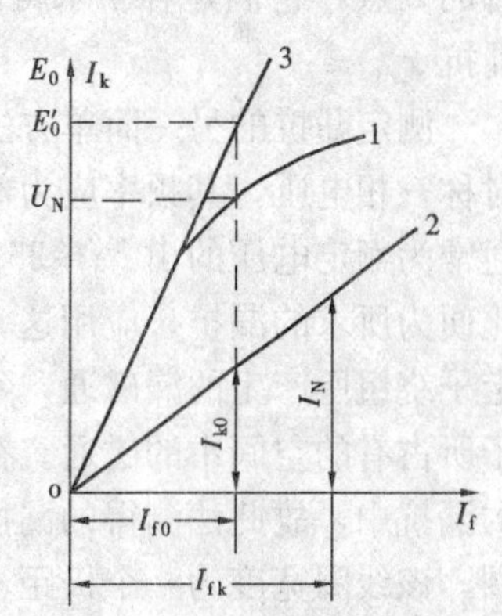

图 12-44　短路比的测定

由上面的分析可知，短路比大，同步电抗就小，则负载变化时发电机的电压变化也就较小，并联运行时发电机的稳定度也较高；但此时电机的气隙较大，转子的额定励磁安匝和用铜量增多，电机的造价较高。反之，短路比小，则电压调整率较大，电机的稳定度较差，但电机的造价却较低。所以正确地选择短路比是同步电机设计中的一个重要问题。我国制造的汽轮发电机的短路比一般在 0.5～0.7 之间。水轮机因转子散热条件较好，及水电站的输电距离较长，稳定性问题比较突出，故短路比取得稍高，一般在 1.0～1.4 之间。

三、漏抗的测定和保梯电抗

1. 漏抗的测定

当发电机供给纯粹的感应性电流时，漏抗电压降可从空载电动势直接减去，电枢反应磁

动势也可自转子磁动势直接减去。因此，如果知道电机的漏抗和相当于电枢反应的励磁电流，便可作出电抗三角形。在空载特性上平移电抗三角形，便可得零功率因数曲线。现在反过来，如果知道了空载特性和零功率因数曲线，也可以求出电抗三角形，并由此确定漏抗 x_σ。

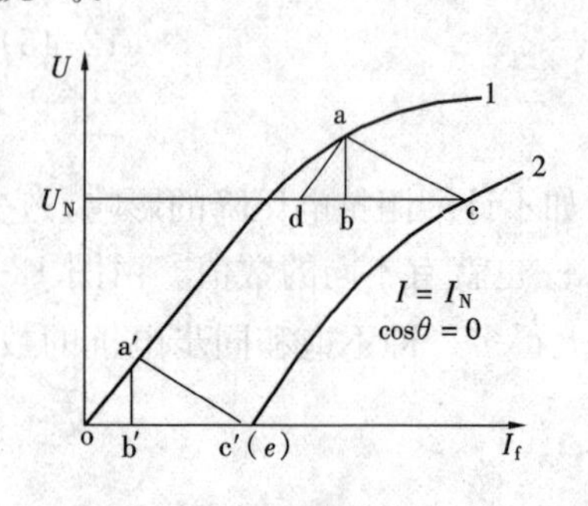

图 12-45　电抗三角形的求法

1—空载特性；2—零功率因数曲线

图 12-45 中曲线 1 为空载特性，曲线 2 为当负载电流保持在额定值时的零功率因数曲线。直角三角形 abc 为电抗三角形，$\overline{ab}$便为漏抗电压降 $I_N x_\sigma$，$\overline{bc}$便为用以抵消电枢反应的励磁电流值。设 c 点为零功率因数曲线上相当于额定电压的一点，a 点便是 c 点在空载特性上的相应点。

如果空载特性和零功率因数曲线均已测定，则求 x_σ 的问题的关键在于如何确定和 c 点相对应的 a 点。众所周知，磁化曲线的下面部分为直线，如将直角三角形下移，使底边 bc 位于横坐标上，即可形成斜边三角形 oa′c′（显然，c′点即图 12-39 中曲线 2 上的 e 点），三角形 oa′c′的一部分 a′b′c′便和所求的电抗三角形 abc 完全相等。由此求电抗三角形的方法如下：从 c 点作一直线 cd 和横坐标平行，且使$\overline{cd}=\overline{oc'}$；再从 d 点作一直线与空载特性下面部分 oa′平行，该直线与空载特性的交点便为 a 点。作出了电抗三角形后，便可求得$\overline{ab}=I_N x_\sigma$，$\overline{ab}$和额定电流 I_N 的比值，即是漏抗 x_σ。

正如上面曾指出的那样，为了求漏抗 x_σ，并不需要作出整条零功率因数曲线，只要找到两个特定点即可，即图 12-45 中表示短路电流有额定值的励磁电流点 e，及额定电压时的 c 点，它们是容易求得的。有了这两点，就可用上述方法确定电抗三角形，继而求得漏抗 x_σ。

测定漏抗的另一简单方法为抽出转子法，将电机的转子抽出，在定子绕组端点上外施一对称三相电压，其频率应为额定值。外施电压的量值应使流入定子绕组中的电流有额定值，通常为额定电压的 10%～25%。由于电枢电阻可以略去不计，每相外施电压与额定电流之比便为所求的漏抗。应用这一方法测得的漏抗要比实际的漏抗略大，因为在将转子取出后，定子绕组所产生的漏磁通，除了应计入实际漏抗中的各种漏磁通外，还存在一小部分位于转子所占有的空间中的磁通。在实际的漏抗中后一部分漏磁是不存在的，现在却计入了所测得的漏抗中，故此法测得的漏抗偏大，需要进行修正。简单的方法是在定子内腔中放一探测线圈，该线圈宽度为一个极距，匝数为 N_d，绕在直径等于转子外径的框架上，使它和上述后一部分磁通相键链。试验时同时测量外施电压 U、定子电流 I 和探圈的电动势 $E_{\omega d}$。将 $E_{\omega d}$ 按匝数变比 $\dfrac{N_1 k_{N1}}{N_d}$ 折算到定子侧，即 $E'_{\omega d}=E_{\omega d}\dfrac{N_1 k_{N1}}{N_d}$，$N_1 k_{N1}$ 为定子每相有效匝数。外施电压 U 和 $E'_{\omega d}$ 的差值与定子电流之比即为修正后的漏抗。

顺便指出，应用图 12-45 求 x_σ 时，同时可测得相当于额定电流所产生的电枢反应的励磁电流，$I_{fa}=\overline{bc}$。

2. 保梯电抗

图 12-41 中由空载特性曲线和电抗三角形所推出的零功率因数曲线，称它为理论零功率因数曲线。实验测得的曲线将更为弯曲一点，如图 12-46 中的虚线曲线 3 所示。

零功率因数曲线上 c 点所对应的转子励磁磁动势相当于$\overline{om}$，减去相当于电枢反应去磁磁动势$\overline{bc}$，得空气隙合成磁动势相当$\overline{on}=\overline{om}-\overline{bc}$。对空载特性上的 a 点而言，由于电枢电流$I=0$,无电枢反应磁动势，气隙合成磁动势即是转子励磁磁动势，也等于$\overline{on}$。c、a 两点有着相同的气隙合成磁动势和气隙磁通密度，它们的饱和程度应该是一样的。

实际上，虽然它们的气隙磁动势相等，但 c 点的励磁磁动势$\overline{om}$大于 a 点的励磁磁动势$\overline{on}$，而转子磁极间的漏磁通却正比于转子励磁磁动势。由图 12-47 可见，零功率负载试验时磁极的漏磁较大，极芯的饱和程度较高。换句话说，零功率试验时电机主磁路的总磁阻，由于磁极的饱和而增大了，为获得同样的气隙磁通，必须将励磁磁动势加大，如图 12-46 中 m′（c′）点所示，所以实验测得的特性曲线如曲线 3 所示。

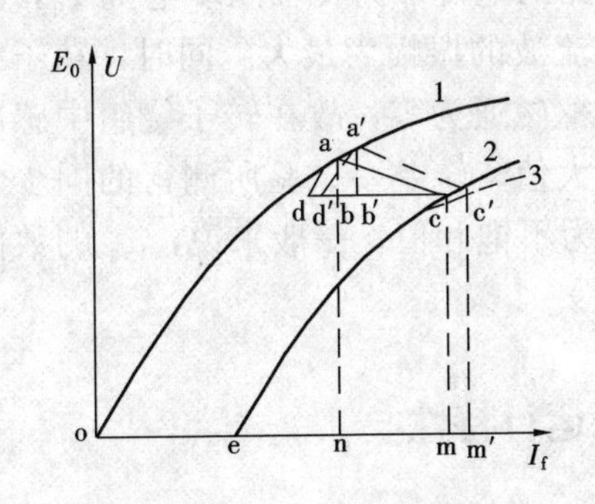

图 12-46　求保梯电抗

1—空载特性曲线；2—理论零功率因数曲线；3—实测零功率因数曲线

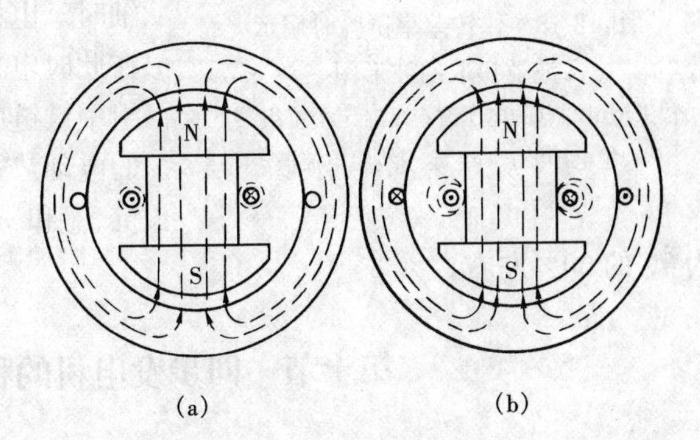

图 12-47　空载和零功率负载试验时磁场分布示意图

（a）空载；（b）零功率负载

对于实测的零功率因数曲线 3，应用图 12-45 的方法来求 x_σ，则作出的电抗三角形为a′b′c′,如图 12-46 所示。同理，漏抗电压降落为$\overline{a'b'}$，由此算出的漏抗将大于前述 x_σ。为了区别，将△a′b′c′称为保梯三角形，由$\overline{a'b'}$所求出的漏抗称为**保梯电抗**，用 x_p 表示。即 $I_N x_p=\overline{a'b'}$。

对于汽轮发电机，因极间漏磁通较小，故 $x_p \approx x_\sigma$；对凸极式同步电机，则 $x_p=$（1.1～1.3）x_σ。

在计算同步发电机的电压变化率和额定励磁电流时，磁路情况更接近于零功率负载试验，因此应用 x_p 代替实际漏抗 x_σ，反而会获得更准确的结果。

四、转差法测定 x_d 和 x_q

如需同时测得 x_d 和 x_q，可以采用转差法，将被试同步电机用原动机驱动到接近同步转速，励磁绕组开路，再在定子绕组上施加三相对称低电压，约为 2%～5%额定电压的数值，外施电压的相序必须使定子旋转磁场的转向与转子转向一致。调节原动机的转速，使被试电机的转差率小于 1%，但不被牵入同步，这时定子旋转磁场与转子之间将保持一个低速相对运动，使定子旋转磁场的轴线交替地与转子直轴和交轴相重合。

当定子旋转磁场与直轴重合时，定子所表现的电抗为 x_d，此时电抗最大、定子电流最小，线路压降最小，端电压则为最大。当定子旋转磁场与交轴重合时，定子所表现的电抗为 x_q，此时电抗最小，定子电流最大，端电压为最小。故设测得的电流和电压都为每相值，则得每相的同步电抗 x_d 和 x_q 分别为

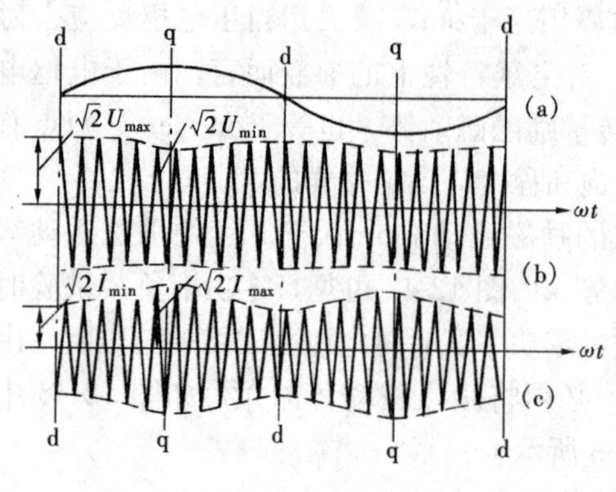

图 12-48　作转差率试验时用示波器摄取的波形图

（a）转子绕组端点的电压波；（b）定子绕组端点的外施电压波；（c）定子绕组电流波

$$\left.\begin{aligned} x_d &= \frac{U_{max}}{I_{min}} \\ x_q &= \frac{U_{min}}{I_{max}} \end{aligned}\right\} \tag{12-48}$$

作转差率试验时用示波器摄得的电压和电流的波形，如图 12-48 所示。当电枢反应磁场位于直轴时，电枢回路中的电抗为直轴同步电抗 x_d，故此时电枢电流波的振幅为最小。同时，转子励磁绕组中键链的电枢磁通为最大，故在转子绕组中的感应电动势为零。同理，当电枢反应磁场位于交轴时，电枢回路的电抗即为交轴同步电抗 x_q，故在此时电枢电流波的振幅为最大。同时，转子绕组中键链的电枢磁通为零，故在转子绕组中感应的电动势达最大值。转差率试验所测得的同步电抗 x_d 和 x_q 均为不饱和值。一般来说，x_q 的数值约为 x_d 的 60%左右。

第十节　同步发电机的稳态运行特性

同步发电机的稳态运行特性包括外特性、调整特性和效率特性。从这些特性中可以确定发电机的电压调整率、额定励磁电流和额定效率，这些都是标志同步发电机性能的基本数据。

一、外特性

外特性是指发电机的转速为同步转速、励磁电流和负载功率因数不变时，发电机的端电压与电枢电流之间的关系曲线，即 I_f=const，$\cos\theta$=const 时，$U=f(I)$。图 12-49 表示带有不同功率因数的负载时，同步发电机的外特性。从图可见，在感性负载和纯电阻负载时，外特性是下降的，这是由于电枢反应的去磁作用和漏阻抗压降所引起。在容性负载且内功率因数角为超前时，由于电枢反应的增磁作用和容性电流的漏抗电压上升，外特性亦可能是上升的。外特性既可以用直接负载法测取，亦可用作图法求出。

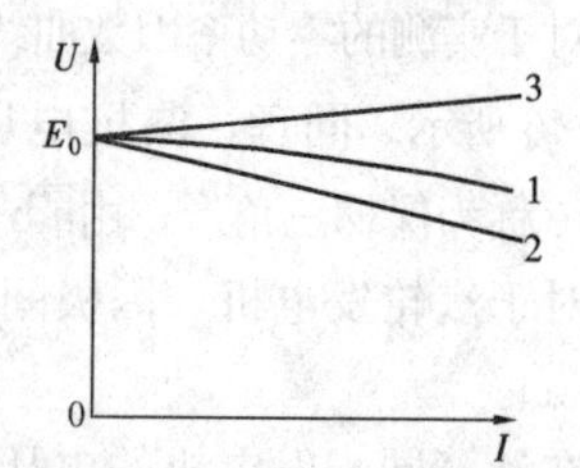

图 12-49　外特性 $U=f(I)$

1—I_f=const，$\cos\theta=1$；2—I_f=const，$\cos\theta=0.8$（滞后）；3—I_f=const，$\cos\theta=0.8$（超前）

二、电压变化率

当发电机的端电压为额定值，并输出额定负载（$I=I_N,\cos\theta=\cos\theta_N$）时，称为同步发电机的**额定工作状态**。如果额定工作时的同步发电机，保持其转速及励磁电流不变，而卸去负载，则端电压将发生变化。由于同步发电机的额定功率总是滞后的，所以卸去负载，呈去磁作用的电枢反应将随电枢电流同时消失，端电压的变化是升高，如图 12-50 所示。这种端电压升高的数值用额定端电压的百分数来表示，就称为同步发电机的**电压变化率**，或称为**电压调整率**，常用 $\Delta U\%$表示，即

$$\Delta U\% = \frac{E_0 - U_N}{U_N} \times 100\% \qquad (12\text{-}49)$$

显然，为了使同步发电机的端电压不随负载电流的变化而剧烈波动，它的电压变化率应尽量地小。实际上由于同步电抗的数值相对甚大，负载电流变化产生的同步电抗电压降必然要引起端电压明显的变化。为了保证电网电压的质量，现代同步发电机都装备有快速自动电压调节器，它能根据端电压的变化，自动改变励磁电流使发电机端电压保持基本不变。但这不等于对电压变化率 ΔU 可以不加限制了。为防止同步发电机被突然卸去负载，特别是当短路故障同步发电机电枢出线端的开关被断开时，端电压将急剧上升，以致击穿绝缘。$\Delta U\%$最好限制在50%以内，近代凸极式同步发电机的 $\Delta U\%$一般在18%～30%之间，汽轮发电机则由于电枢反应较大，$\Delta U\%$也就较大，通常在30%～48%的范围内。

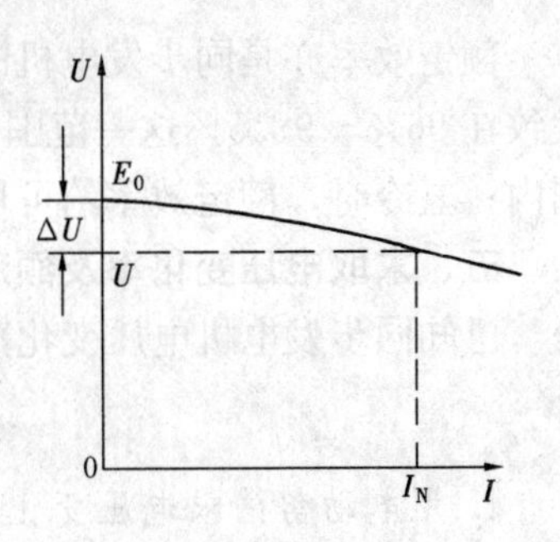

图 12-50　$I_f = I_{fN}$，$\cos\theta = \cos\theta_N$ 时的外特性 $U = f(I)$ 及电压变化率

三、调整特性

同步发电机正常运行情况下，当端电压和负载的功率因数一定时，表示负载电流和励磁电流之间关系的曲线称为**调整特性**，即

$$U = \text{const}，\cos\theta = \text{const} 时，I_f = f\ (I)$$

图 12-51 表示了端电压为额定，不同负载功率因数时的调整特性，调整特性的变化趋势与外特性恰好相反。例如，当感性负载电流增大时，为补偿电枢反应的去磁作用及电枢漏阻抗电压降，以维持端电压不变，必须相应地增加励磁电流，如图 12-51 中曲线 2 所示。

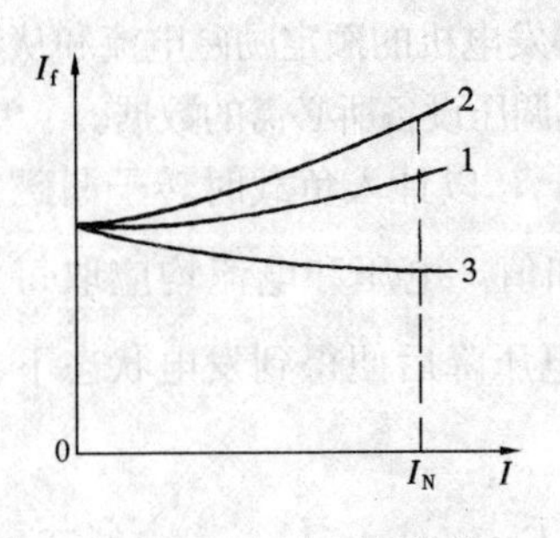

图 12-51　调整特性
1—$U=U_N$，$\cos\theta=1$；2—$U=U_N$，$\cos\theta=0.8$（滞后）；3—$U=U_N$，$\cos\theta=0.8$（超前）

四、效率特性

同步发电机的**效率特性**是指转速为同步转速、端电压为额定电压、功率因数为额定功率因数时，发电机的效率与输出功率的关系；即 $n = n_N, U = U_N, \cos\theta = \cos\theta_N$ 时，发电机效率 $\eta = f(P_2)$。发电机的效率可以通过直接负载法或损耗分析法求出。

同步电机的损耗可分为基本损耗和杂散损耗两部分。基本损耗包括电枢的基本铁损耗 p_{Fe}、电枢基本铜损耗 p_{Cua}、励磁损耗 p_{Cuf} 和机械损耗 p_{mec}。电枢基本铁损耗是指主磁通在电枢铁芯齿部和轭部中交变所引起的损耗。电枢基本铜损耗是换算到基准工作温度时，电枢绕组的直流电阻损耗。励磁损耗包括励磁绕组的基本铜损耗、变阻器内的损耗、电刷的电损耗以及励磁设备的全部损耗。机械损耗包括轴承、电刷的摩擦损耗和通风损耗。

杂散损耗包括电枢漏磁通在电枢绕组和其他金属结构部件中所引起的涡流损耗，高次谐波磁场掠过定、转子表面所引起的表面损耗等。杂散损耗的情况比较复杂，不易准确计算，但可用实验法测定。

总损耗 Σp 求出后，效率即可确定，即

$$\eta = \left(1 - \frac{\Sigma p}{p_2 + \Sigma p}\right) \times 100\% \qquad (12\text{-}50)$$

额定效率亦是同步发电机的性能指标之一，现代空气冷却的大型水轮发电机，额定效率大致在96%～98.5%这一范围内；空冷汽轮发电机的额定效率大致在94%～97.8%这一范围内；氢冷时，额定效率约可增高0.8%。

五、求取电压变化率及额定励磁电流

已知同步发电机电压变化率的定义为

$$\Delta U\% = \frac{E_0 - U_N}{U_N} \times 100\% \tag{12-51}$$

1. 用电动势法求电压变化率

设同步电抗为已知，则电压变化率从有关相量图求得，这种方法称为**电动势法**。一般，电枢电阻相对很小，通常可以略去不计。如果所用的同步电抗为不饱和值，则所得的电压变化率将比实际值为大。如若采用从空载特性及零功率因数曲线上 $U = U_N$ 处求得的同步电抗饱和值，则从相量图上获得的电压变化率将比较合理。

2. 用磁动势法求电压变化率

电机制造厂中所实际应用的方法为**磁动势法**。这个方法的特点是直接考虑电枢磁动势 F_a 的作用，而不是把它看作电枢反应电抗来处理，因而可以将实际的磁路饱和情况考虑进去。但在应用这一方法时，却不将电枢磁动势分解为直轴分量和交轴分量，即不考虑隐极式电机和凸极式电机间的差别。虽然如此，磁动势法仍可获得和实验结果相近的满意结果。

用磁动势法不仅可求出和实际相符的电压变化率，而且可以求得发电机的额定励磁电流和从空载到满载时励磁电流的变化范围，这都是设计发电机励磁绕组及其调压设备所必需的数据。

在用磁动势法求电压变化率时，常用保梯电抗 x_p 代替漏抗 x_σ，以计入负载时转子漏磁比空载时大的影响。在额定运行情况时，$\dot{U}_N$、$\dot{I}_N$ 和 θ_N 均为已知值，电压和电流均应取每相值。不计电枢绕组电阻，端电压 $\dot{U}_N$ 加上保梯电抗值的漏阻抗电压降后便得到发电状态下的近似合成电动势 $\dot{E}$，即

$$\dot{E} \approx \dot{U}_N + j\dot{I}_N x_p \tag{12-52}$$

相应的相量图如图12-52所示。在空载特性上查取产生 $\dot{E}$（取垂直线 $\overline{aa'} = \dot{E}$ 的幅值）所需的励磁磁动势为 $\dot{F}'_{f0}$，为计算方便起见，换一个比例尺寸，便可用相应的励磁电流表示，则 $\dot{F}'_{f0}$ 对应的励磁电流为 $\dot{I}'_{f0}$，$\dot{I}_{fa}$ 为和电枢反应相当的励磁电流，则励磁绕组中实际的励磁电流 $\dot{I}_{fN}$ 可认为由两部分组成，其中一部分用以抵消电枢反应，另一部分供给产生合成磁场所必需的励磁电流 $\dot{I}'_{f0}$。这种励磁电流的相量相加，实际上反映了磁动势间的矢量相加。

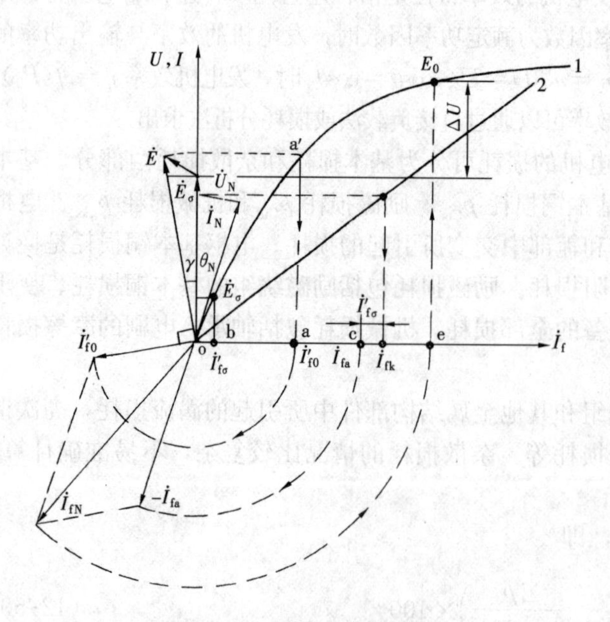

图12-52　用磁动势法求 ΔU

图 12-52 表示了用磁动势法求 ΔU 及 I_{fN} 的情况，图中曲线 1 表示发电机的空载特性，曲线 2 为短路特性。在纵坐标上取 $\dot{U}_N$，并根据 θ_N 作出电流相量 $\dot{I}_N$。不计电枢电阻，按式（12-52）作出合成电动势 $\dot{E}$，并从空载特性上取得和 E 相应的励磁电流 I'_{f0}，它的相量应超前 $\dot{E}90°$。在短路特性上取得纵坐标为 I_N 时的励磁电流 I_{fk}。在 I_{fk} 中除去漏抗电动势 $E_\sigma=I_N x_p$ 所需的励磁电流 $I'_{f\sigma}$ 以后，便得到相当于电枢反应励磁电流 I_{fa}。相量 $\dot{I}_{fa}$ 应和电流 $\dot{I}_N$ 同相，相当于气隙合成磁场的 $\dot{I}'_{f0}$ 应是实际额定励磁电流 $\dot{I}_{fN}$ 加上与电枢反应去磁作用相当的励磁电流 $\dot{I}_{fa}$，即

$$\dot{I}'_{f0}=\dot{I}_{fN}+\dot{I}_{fa} \tag{12-53}$$

由 $\dot{I}'_{f0}$ 及 $\dot{I}_{fa}$ 求得的 $\dot{I}_{fN}$ 即为额定励磁电流。再从空载特性上取横坐标为 $I_f=I_{fN}$ 的一点，该点的纵坐标便为空载电动势 E_0。从 E_0 和 U_N 可按式（12-51）求得电压变化率。

图 12-52 中既有电动势相量，又有磁动势矢量，故也称为电动势—磁动势图。

由图 12-52 可见合成电动势和电枢电流 $\dot{I}_N$ 之间的夹角为 $\theta_N+\nu$，也就是 $-\dot{I}_{fa}$ 超前 $\dot{I}'_{f0}$ 一个角度 $90°-(\theta_N+\nu)$。于是为求 I_{fN} 及 E_0，图 12-52 可简单地按图 12-53 作出。和上述方法一样，先作出 $\overline{oa}=I'_{f0}$，$\overline{bc}=I_{fa}$。然后从 a 点作 $\overline{ad}$，使 ad 线超前横坐标 $90°-(\theta_N+\nu)$，且 $\overline{ad}=\overline{bc}$，显然，$\overline{od}$ 即为 I_{fN}，取 $\overline{oe}$ 等于 $\overline{od}$，便可从空载特性曲线 1 上找出 E_0 及 ΔU。

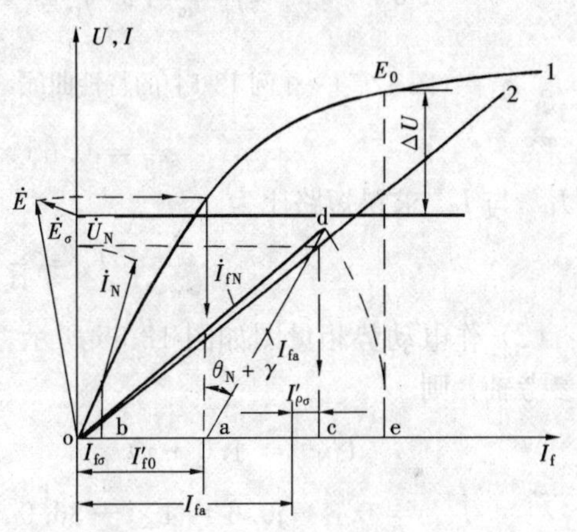

图 12-53　用磁动势法求 ΔU 的实用画法

【例 12-1】　一台凸极同步发电机，12500kVA 三相，星形连接，50Hz，$U_N=10.5$kV，额定功率因数为 0.8（滞后），极对数 $p=16$，空载额定电压时的励磁电流为 252A，电枢电阻略去不计，$x_p=1.2x_\sigma$，$x_{q*}=0.65$，空载特性数据见表 12-2。短路特性为通过原点的直线，当 $I_{k*}=1.0$ 时，$I_{fk*}=0.965$，由额定电流时的零功率因数试验得知，当 $U_*=1.0$ 时，$I_{f*}=2.115$。

表 12-2　　**［例 12-1］的表**

U_{0*}	0.55	1.0	1.21	1.27	1.33
I_{0*}	0.52	1.0	1.56	1.76	2.1

试求：

（1）x_p、x_σ、x_d（不饱和值）、x_q 及短路比；

（2）用电动势法求电压变化率，位移角 δ；

（3）用磁动势法求电压变化率和额定负载时的励磁电流 I_{fN}。

解　（1）依题示数据作出用标幺值表示的空载特性曲线 1、短路特性曲线 2 及额定电流时零功率因数曲线上的短路点 e 和额定电压点 c，如图 12-54 所示。

$$U_N(\text{每相值})=\frac{10.5}{\sqrt{3}}=6.06(\text{kV})$$

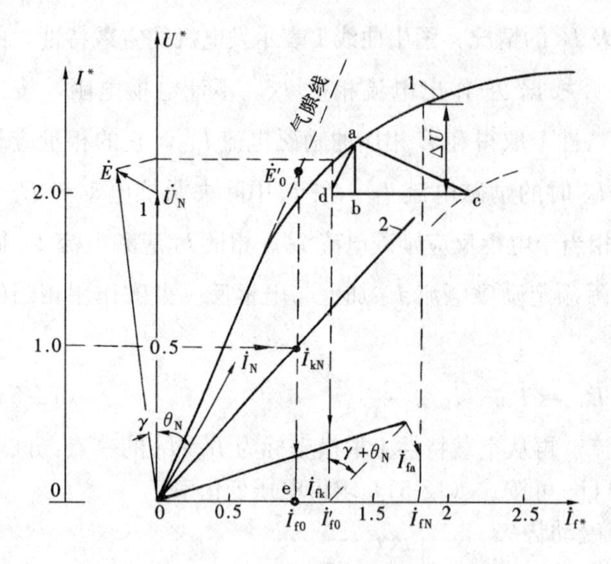

图 12-54　[例 12-1] 的特性曲线

$$I_N = \frac{12500}{\sqrt{3}\times 10.5\times 0.8} = 860(\text{A})$$

$$z_b = \frac{6.06}{0.86} = 7.05(\Omega)$$

作保梯三角形，得 $x_{p*}=\overline{ab}=0.16$，故

$$x_p = 0.16\times 7.05 = 1.13(\Omega)$$

$$x_{\sigma*} = \frac{0.16}{1.2} = 0.133$$

$$x_\sigma = 0.133\times 7.05 = 0.937(\Omega)$$

由空载特性的气隙线和短路特性得

$$x_{d*}(\text{不饱和值}) = 1.06$$

$$x_d(\text{不饱和值}) = 1.06\times 7.05 = 7.473(\Omega)$$

依题意

$$x_{q*} = 0.65$$

$$x_q = 0.65\times 7.05 = 4.58(\Omega)$$

由 I_{f0*} 与 I_{fk*} 求得短路比为

$$k_k = \frac{1}{0.965} = 1.036$$

（2）作电动势相量图如图 12-55 所示，设以 $\dot{U}_N$ 为参考轴，则

$$\dot{U}_{N*} = 1.0 + j0$$

$$\dot{I}_{N*} = 0.8 - j0.6 = 1\angle -36.9°$$

$$j\dot{I}_{N*}x_{q*} = j(0.8-j0.6)\times 0.65 = 0.39 + j0.52$$

$$\dot{U}_{N*} + j\dot{I}_{N*}x_{q*} = 1.39 + j0.52$$

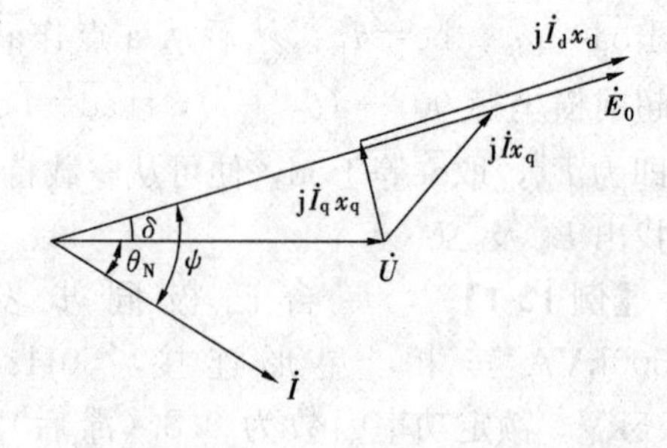

图 12-55　[例 12-1] 的电动势相量图

所以位移角为

$$\delta = \tan^{-1}\frac{0.52}{1.39} = 20.5°$$

内功率因数角

$$\psi = \delta + \theta_N = 20.5 + 36.9 = 57.4(°)$$

电枢电流直轴分量和交轴分量分别为

$$I_{d*} = I_{N*}\sin\psi = 0.842$$
$$I_{q*} = I_{N*}\cos\psi = 0.539$$

空载电动势为

$$E_0 = U_{N*}\cos\delta + I_{d*}x_{d*} = \cos 20.5° + 0.842\times 1.06 = 1.83$$

最后求得电压变化率为 83%。由于磁路的饱和，实际的电压变化率将比此值小得多。

（3）作磁动势图，如图 12-54 所示。由 $\dot{E}=\dot{U}+j\dot{I}_{x_p}$，可求得 $r+\theta_N=44°$，$E_*=1.11$，$I'_{f0*}=1.21$，故有

$$\overline{bc} = 0.78$$

$$I_{fa*} = 0.78$$

求得

$$I_{fN*} = 1.82$$
$$E_{0*} = 1.28$$

电压变化率

$$\Delta U = 28\%$$

额定负载时的励磁电流为

$$1.82 \times 252 = 458.6\ (A)$$

小　结

同步电机的一个基本特点是电枢电流的频率 f 和极对数 p 与转速 n 有着严格的关系

$$n = n_1 = \frac{60f}{p}$$

同步电机在结构上一般采用旋转磁极式。由于同步电机的单机容量较大，电枢电流较大，电压也较高，如采用旋转电枢结构，难以保证安全运行。汽轮发电机的原动机是汽轮机。由于汽轮机的转速较高，受机械强度的限制，汽轮发电机的转子采用隐极结构。随着容量增大，只能增大轴向长度，导致机组轴向尺寸增长。为便于与汽轮机连接，采用卧式结构。水轮发电机的原动机是水轮机。由于水轮机的转速较低，为满足频率要求，它的极对数较多，必须采用凸极结构。与同等容量的汽轮发电机相比，转子直径较大，轴向尺寸较短，又由于水轮机常采用立式结构，为便于与水轮机连接，水轮发电机采用立式结构。

汽轮发电机采用整数槽绕组，水轮发电机由于极数较多，常采用分数槽绕组。分数槽绕组是指每极每相槽数的平均值为分数，从三相电动势和磁动势对称角度来看，分数槽绕组也能满足对称要求。

当同步电机所发出的电磁功率仅为有功功率时，内功率因数为 1，电枢反应仅有交轴分量；当同步电机发出的电磁功率仅为无功功率时，内功率因数为零，电枢反应仅有直轴分量。由于电机绕组本身有电阻和电感，在发电机内部也将消耗一部分有功功率和一部分感性无功功率。因此，如以电枢端点上量得的外功率为准，则无论对有功功率或对感性无功功率而言，输出的外功率总比电磁功率小，而输入的外功率总比电磁功率大。以内功率和外功率为准的同步电机的各种运行情况，如图 12-56 所示。P_M 表示有功电磁功率，Q_M 表示无功电磁功率，P 表示有功外功率，Q 表示无功外功率。内功率和外功率之间的关系为

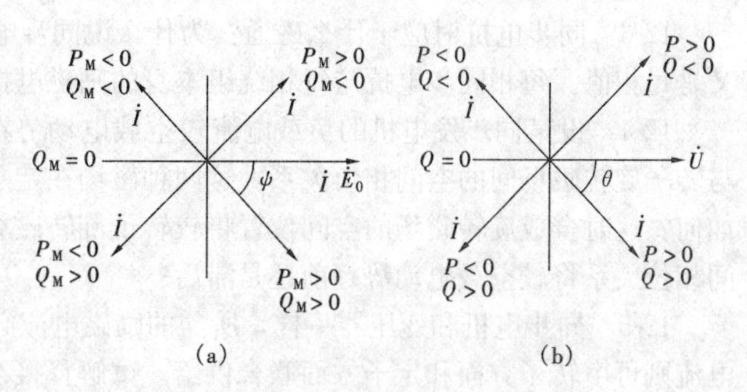

图 12-56　同步电机的各种运行情况

(a) 以电磁功率为准；(b) 以外功率为准

$$P_M - P = I^2 r_a$$

对隐极式同步发电机　　$Q_M - Q = I^2 x_s$

对凸极式同步发电机　　$Q_M - Q = I_d^2 x_d + I_q^2 x_q$

对两种电机
$$\left.\begin{aligned}Q &= UI\sin\theta \\ Q_M &= E_0 I\sin\psi\end{aligned}\right\}$$

以上各项均为每相值。

本章还介绍了三相同步发电机在稳态对称运行情况下，电机内部的电磁物理现象，重点说明了同步电机的作用原理、电枢磁动势与磁极磁动势的空间相对位置及其在能量转换中的作用，分析了从磁动势到电动势的计算方法，引进了同步电抗参数，建立了空载电动势与端电压、相电流和励磁电流间的关系，列出了电路方程及等效电路和相量图，为研究同步电机特性打下基础。由于同步电机的转子结构有隐极与凸极之分，气隙磁阻分布差异很大，导致磁场分布波形差异很大，为此，介绍了双反应法。计及磁路饱和与不计及磁路饱和时，由磁动势到电动势的计算方法也不相同。当不考虑磁路饱和，可利用叠加原理，分别计算电枢磁动势与磁极磁动势产生的基波磁场，从而计算出相应基波电动势；当计及磁路饱和，必须将电枢磁动势与磁极磁动势合成，再由合成磁动势求得合成磁场与合成电动势。由于电枢磁动势与磁极磁动势的波形不同，在求合成磁动势时，必须对电枢磁动势的波形按磁极磁动势波形作等效折算。本章全面介绍了同步发电机的单机运行特性，及同步电机的参数计算和测量方法。

思　考　题

12-1　同步电机的空气隙磁场，在空载时是如何激励的？在负载状态下又是如何励磁的？如何确定定子旋转磁场与转子旋转磁场的波形、振幅、转速以及它们之间的相对位置？

12-2　定子电流所产生的谐波磁动势与转子电流所产生的谐波磁场各以什么转速旋转？它们在定子绕组中感应的电动势又有什么不同？在电机正常运行时，空气隙磁场是否在转子绕组中感应电动势？为什么？

12-3　同步电抗对应于什么磁通？为什么说同步电抗是三相电流产生的电抗而它的数值又是每相值？每相同步电抗与每相绕组本身的励磁电抗有什么区别？

12-4　设某同步发电机的负载电流较空载电动势在时间轴上滞后 30°，求定子旋转磁场与转子旋转磁场间的空间相角关系，这两种磁场在定子绕组中所感应的电动势间相角差又是如何？这时合成旋转磁场的空间位置将较转子旋转磁场超前还是滞后？合成感应电动势的时间相位关系将较空载电动势超前还是滞后？

12-5　异步电机和变压器一样，所需的励磁电流必须由电网供给。同步电机所需的励磁电流则可由转子方面和定子方面联合供给。试解释接在电网上的同步电机，当电网电压不变的条件下，改变转子方面的直流励磁为何可以调节同步机的功率因数。为什么说过励发电机有滞后的功率因数，而过励电动机则有超前的功率因数？

12-6　什么叫双反应法？为什么凸极同步电机要用双反应法来分析电枢反应？隐极同步电机能不能应用双反应法？

12-7　为什么从空载特性和短路特性不能测定同步电机的交轴同步电抗？为什么从空载特性和短路特性不能准确地测定同步电抗的饱和值？为什么感应性负载特性和空载特性有相同的形状？

12-8　试画出同步发电机供给额定电流、功率因数为零超前时的 $U = f(I_f)$ 曲线。

12-9　为什么同步电机的空气隙要比容量相当的异步电机的空气隙大？如将同步电机的空气隙做得和异步电机的空气隙一样小，有什么不好？如将异步电机的空气隙做得和同步电机的空气隙一样大，又有什么不好？

12-10　同步发电机的短路特性为一直线，为什么？设 x_d 的标幺值为 1，当短路电流有额定值时，$I_k x_d$ 已等于额定电压，但此时短路特性仍不饱和，为什么？

12-11　为什么说短路比是同步发电机的重要参数之一？短路比与同步电抗的关系怎样？汽轮发电机的短路比可以比水轮发电机的短路比小，为什么？

12-12　试比较变压器的励磁阻抗，异步电机的励磁阻抗和同步电机的同步阻抗，并说明为什么有这些差别。

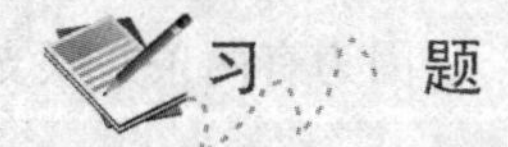

12-1　有一台 $P_N=25000\text{kW}$，$U_N=10.5\text{kV}$，星形连接，$\cos\theta_N=0.8$（滞后）的汽轮发电机，$x_{s*}=2.13$，电枢电阻可略去不计。试求额定负载下发电机的空载电动势 E_0 和 $\dot{E}_0$ 与 $\dot{I}$ 的夹角 ψ。

12-2　三相汽轮发电机，额定功率为 $P_N=25000\text{kW}$，额定电压 $U_N=10500\text{V}$，额定电流 $I_N=1720\text{A}$，同步电抗 $X_s=2.3\Omega$，忽略电枢电阻，试求：

(1) 同步电抗标幺值 x_{s*}；

(2) 额定运行且 $\cos\theta=0.8$（滞后）时的 E_0 标幺值；

(3) 额定运行且 $\cos\theta=0.8$（超前）时的 E_0 标幺值。

12-3　有一台 $P_N=72500\text{kW}$，$U_N=10.5\text{kV}$，星形连接，$\cos\theta_N=0.8$（滞后）的水轮发电机，$x_{d*}=1, x_{q*}=0.554$，电枢电阻略去不计。试求额定负载下的空载电动势 E_0 和 $\dot{E}_0$ 与 $\dot{I}$ 的夹角 ψ。

12-4　三相凸极发电机，同步电抗的标幺值分别为 $X_{d*}=0.9$，$X_{q*}=0.6$，在额定电压时供给额定电流且功率因数为 0.8（滞后）。试求：

(1) 空载电动势 E_{0*} 和功角 δ；

(2) 电枢电流的直轴分量 I_{d*} 和交轴分量 I_{q*}。

12-5　设一台 750kVA、50Hz、三相，1000r/min、星形连接、凸极式同步发电机。其具体数据如下：定子内径 $D_a=86\text{cm}$，定子轴向长度 $l_a=40.5\text{cm}$，定子槽数 $Z=72$。电枢绕组为双层绕组，每线圈 5 匝，线圈跨距为 10 槽，电枢回路有两条并联支路。设磁极的磁通密度分布波的基波振幅为 $B_{m1}=0.756\text{T}$，并有一个 3 次谐波，其振幅 $B_{m3}=0.142\text{T}$。试求：

(1) 在空载时的每相电动势及线电动势；

(2) 当有效值为 100A 的对称三相电流流过定子绕组，定子旋转磁动势的振幅。

12-6　一台 80kVA、400V、50Hz、三相、星形连接，凸极式同步发电机，其具体数据如下：定子内径 $D_a=45\text{cm}$，定子轴长 $l_a=17\text{cm}$，定子槽数 $Z=54$。电枢绕组为双层绕组。每线圈 7 匝，线圈跨距为 7 槽。电枢回路有两条并联支路。定子漏抗的标幺值 $x_{\sigma*}=0.10$。电枢电阻可以略去不计。额定功率因数为 0.8（滞后）。试求该机在额定运行情况下的空气隙最高磁通密度及线负载。

解 如取额定电压为参考轴，则$\dot{U}^*=1+\mathrm{j}0$，$\dot{I}^*=0.8-\mathrm{j}0.6$，这时由空气隙合成磁场所感应的电动势为

$$\dot{E}_*=1+\mathrm{j}\ (0.8-\mathrm{j}0.6)\ \times 0.10=1.06+\mathrm{j}0.08$$

即有 $$E_*=\sqrt{1.06^2+0.08^2}=1.063$$

或 $$E=1.063\times 230=244.5\ (\mathrm{V})$$

每极每相槽数 $$q=\frac{Z}{2pm}=\frac{54}{2\times 3\times 3}=3$$

每槽导体数 $$S=2N_c=2\times 7=14$$

每相匝数 $$N=Sqp=14\times 3\times 3=126$$

每相串联匝数 $$\frac{N}{2}=63\text{（因为有两条并联支路）}$$

分布因数 $$K_d=\frac{\sin 63^\circ}{3\times \sin 10^\circ}=0.962$$

节距因数 $$K_p=\cos 20^\circ=0.94$$

绕组因数 $$K_N=0.962\times 0.94=0.904$$

由感应电动势公式可得每极磁通

$$\Phi=\frac{E}{4.44fK_N N}=\frac{244.5}{4.44\times 50\times 0.904\times 63}=0.01932\ (\mathrm{Wb})$$

由于 $$\Phi=\frac{2}{\pi}B_\delta l\tau=\frac{2}{\pi}B_\delta l\frac{\pi D_a}{6}=\frac{1}{3}B_\delta lD_a$$

故得 $$B_\delta=\frac{\Phi\times 3}{lD_a}=\frac{0.01932\times 3}{0.17\times 0.45}=0.758\ (\mathrm{T})$$

额定相电流 $$I_{aN}=\frac{80000}{3\times 230}=116\ (\mathrm{A})$$

每一导体中的电流

$$\frac{I_{aN}}{2}=58\ (\mathrm{A})$$

导体总数 $$N=3\times 2\times 126=756$$

故得线负载为 $$\frac{N\frac{I_{aN}}{2}}{\pi D_a}=\frac{756\times 58}{\pi\times 45.0}=310\ (\mathrm{A/cm})$$

12-7　一台水轮发电机的数据如下：容量$S_N=8750\mathrm{kVA}$，额定电压$U_N=11000\mathrm{V}$，星形连接，从实验取得各特性的数据见表 12-3～表 12-5。

表 12-3　　空载特性数据

I_{f0} (A)	456	346	284	241	211	186
E_0 (V)	15000	14000	13000	12000	11000	10000

表 12-4　　三相短路特性数据

I (A)	115	230	345	460	575
I_f (A)	34.7	74.0	113.0	152.0	191.0

表 12-5　　当 $I=459$A 及 $\cos\theta\approx0$ 时的感应性负载特性数据

I_f（A）	486	445	410.5	381	358.5	345
U（V）	11960	11400	10900	10310	9800	9370

试求：

（1）在方格纸上绘出以上的特性曲线（选用适当的比例尺，要画得比较大一些）；

（2）求出 x_d 的不饱和值及饱和值，用欧姆值及标幺值表示；

（3）求出漏抗 x_σ 的欧姆值及标幺值；

（4）求出短路比。

12-8　根据题 12-7 数据，用磁动势法求出这一水轮发电机在额定运行情况下，$\cos\theta=0.8$（滞后）时的电压变化率。

第十三章

同步发电机在大电网上运行

第一节　同步发电机的并联运行

现代的发电厂中，无例外地采用几台同步发电机并联运行的方式，而电力系统中又是许多发电厂在并联运行，因此电力系统中存在有很多台发电机在并联运行。这种共同给负载供电的运行方式有以下优点：

(1) 采用并联运行方式，可以提高用电质量。现代的电力系统容量很大，单台发电机的容量和它相比是很小的，采用并联方式，单台发电机的负载情况不会影响整个电网的电压和频率。如果用数学公式表示，则为 $U=\text{const}$，$f=\text{const}$。这样的电网对单台发电机而言，可以称为**无穷大电网或无穷大汇流排。**

(2) 采用并联方式，电能的供应可以互相调剂，减少发电厂的储备容量，在电网内统一调度发电容量。

(3) 采用并联方式，提高了发电厂运行的经济性。电厂可以根据不同季节，甚至一天之内的不同时间负荷变化情况，确定投入并联运行的发电机台数。

(4) 采用并联运行方式，可以提高电厂建设的效益。工农业的用电量是逐年发展的，采用了并联运行方式，发电厂就可以根据负荷的发展，相应地逐步增加发电机的台数。

(5) 采用并联运行方式，可以提高用电的可靠性。系统容量很大，单台发电机的运行方式、单个大容量负载对系统影响很小。

同步发电机并联运行，是同步发电机最基本的运行方式，研究和掌握它的运行性能是有重要意义的。我们所讨论的并联运行是指单台发电机和无穷大电网的并联运行。

一、并联运行的条件

同步发电机要并入到一个大电网中，要求在短时间内（几个周波）不应产生电流的冲击。为了做到这一点，发电机并入大电网必须满足下述四个条件：

(1) 发电机的频率等于电网频率；

(2) 发电机的电压幅值等于电网电压的幅值；

(3) 发电机的电压相序与电网的相序相同；

(4) 在并网时，发电机的电压相角与电网电压的相角一样。

如果上述四个条件有一个不满足，将对发电机运行产生严重的后果。它们都会在发电机绕组中产生环流，引起发电机功率振荡，增加运行损耗，运行不稳定等问题。

二、并联运行的方法

为了投入并联所进行的调节和操作过程，称为**整步过程**。实用的整步方法有两种，一种叫**准确整步法**，一种叫**自整步法**。

1. 准确整步法

将发电机调整到完全合乎投入并联的条件，然后投入电网，叫做**准确整步**。为了判断是否满足投入并联条件，常常采用同步指示器。最简单的同步指示器由三个同步指示灯组成，它们可以有两种接法，即直接接法和交叉接法。

直接接法是将三个同步指示灯分别跨接在电网和发电机的对应相之间，即接在A、A′，B、B′和C、C′之间，如图13-1（a）所示。设发电机和电网的相序一致，此时发电机和电网

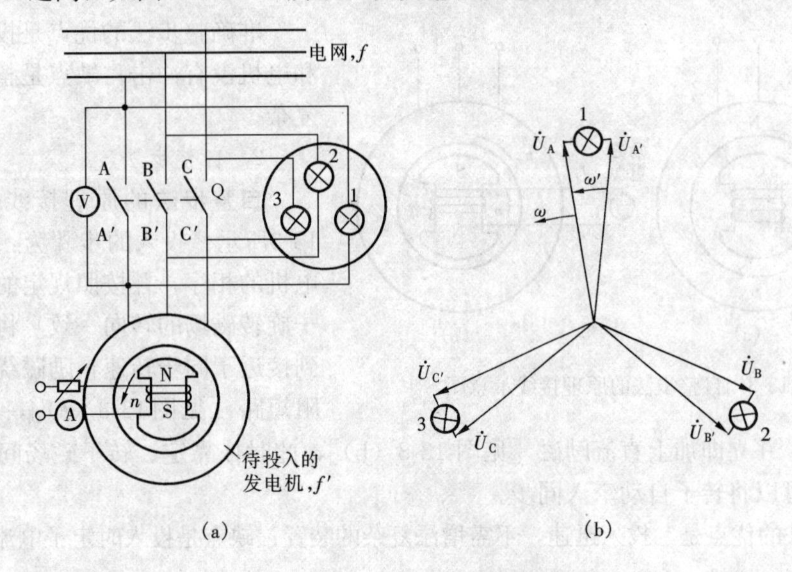

图13-1　直接接法的接线和相量图

（a）接线图；（b）相量图

电压的相量图如图13-1（b）所示；图中$\dot{U}_A$、$\dot{U}_B$、$\dot{U}_C$ 和$\dot{U}_{A'}$、$\dot{U}_{B'}$、$\dot{U}_{C'}$分别表示电网和发电机的三相电压相量。若频率$f'\neq f$，则发电机和电网的电压相量之间便有相对运动，三个指示灯上的电压将同时发生时大时小的变化，于是三个灯将同时呈现出时亮时暗的现象（若三灯轮流亮暗，则表示发电机与电网相序不同，应改变发电机相序）。调节发电机的转速，直到三个灯的亮度不再闪烁时，就表示$f'=f$。再调节发电机电压的大小和相位（相位可通过调节发电机的瞬时速度来调整），直到三个灯同时熄灭且A'与A间电压表指示亦为零，就表示发电机已经满足并联运行的条件，此时可以合闸投入并联。直接法亦称为灯光熄灭法。

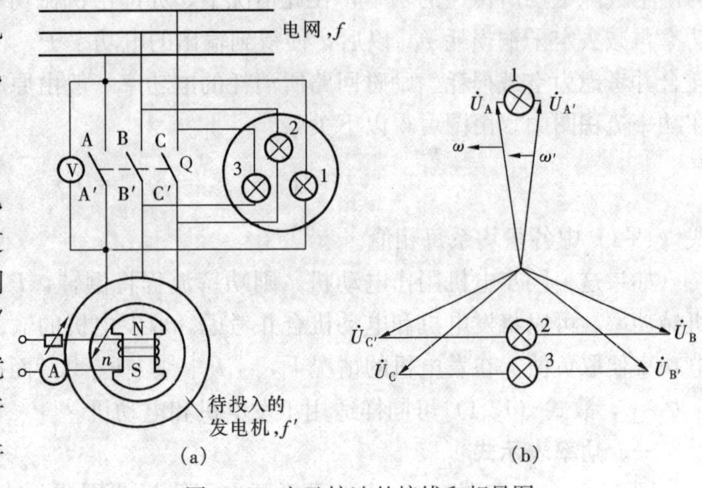

图13-2　交叉接法的接线和相量图

（a）接线图；（b）相量图

交叉接法的接线如图13-2（a）

所示，其中灯 1 仍接在 A、A′之间，灯 2 和灯 3 交叉地接在 B、C′和 C、B′之间。此时发电机和电网电压的相量图如图 13-2（b）所示。若 $f' \neq f$，则三个同步指示灯交替亮暗，形成灯光旋转现象。若 $f' > f$，则灯光按图中灯 1→灯 2→灯 3 的次序旋转；若 $f' < f$，则灯光按顺时针旋转。调节发电机的转速，到灯光不再旋转时，就表示 $f' = f$。再调节发电机电压的大小和相位，直到灯 1 熄灭，灯 2 和灯 3 亮度相同，且 A′与 A 间电压表指示亦为零，就表示发电机已经满足并联运行的条件，此时可以合闸投入并联。交叉法亦称为灯光旋转法，此法的优点是能看出发电机频率比电网高还是低，故用得较多。

准确整步法的优点是投入瞬间电网和电机没有冲击；缺点是整步过程比较复杂。

2. 自整步法

自整步法的原理接线示意图如图 13-3所示。投入的步骤为：首先校验发电机的相序，并按照规定的转向（和定子旋转磁场的转向一致）将发电机拖动到接近于同步转速，励磁绕组经限流电阻短路［见图13-3（a）］，然后将发电机投入电网，并立即加上直流励磁［见图 13-3（b）］，此时依靠定、转子磁场间所形成的电磁转矩，就可以将转子自动牵入同步。

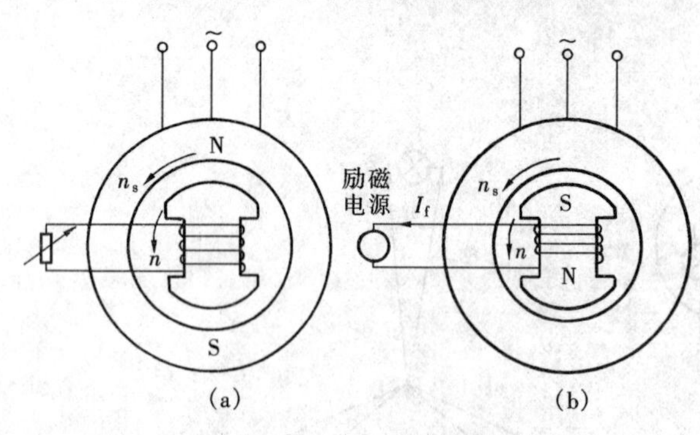

图 13-3 自整步法的原理接线示意图

自整步法的优点是，投入迅速，不需增添复杂的装置；缺点是投入时定子电流冲击稍大。

第二节 隐极同步发电机的功角特性

同步发电机的功率流程图如图 13-4 所示。P_1 为自原动机输入到发电机的机械功率。由 P_1 减去机械损耗 p_m、铁芯损耗 p_{Fe} 和附加损耗 p_Δ 以后，便得到电磁功率 P_M。电磁功率即为由空气隙磁场所传递的功率，在此情况下，亦即由机械功率转变而来的功率。转变后的电功率再减去定子铜损耗 p_{Cu1} 以后，便得到输出的电功率 P。机械损耗常和铁芯损耗及附加损耗合并考虑为空载损耗。励磁回路所消耗的电功率一般由原动机或其他电源供给，故不包括在功率流程图中。由图可得以下关系

$$P_M - P = p_{Cu1} = I^2 r_a \tag{13-1}$$

式（13-1）中各量均系每相值。

如果这一同步电机用作电动机，则功率流程将倒转，P 为输入的电功率，P_1 为输出的机械功率。可以将发电机和电动机合并考虑。取发电机的输出电功率为正值，电动机的输入电功率便取负值。在发电机的情况下，$|P| < |P_M|$；而在电动机的情况下，则 $|P| > |P_M|$，故式（13-1）可同样适用于发电机和电动机。

一、功率表示式

图 13-5（a）和图 13-5（b）重复画出了隐极式同步发电机的等效电路和相量图，由相量图可见

$$\left.\begin{aligned}P &= UI\cos\theta = \text{Re}[\dot{U}\dot{I}^*]\\P_{\text{M}} &= UI\cos\theta + I^2 r_{\text{a}} = E_0 I\cos\psi = \text{Re}[\dot{E}_0\dot{I}^*]\end{aligned}\right\}\tag{13-2}$$

再从等效电路可以求得电枢电流为

$$\dot{I} = \frac{\dot{E}_0 - \dot{U}}{Z_{\text{s}}}\tag{13-3}$$

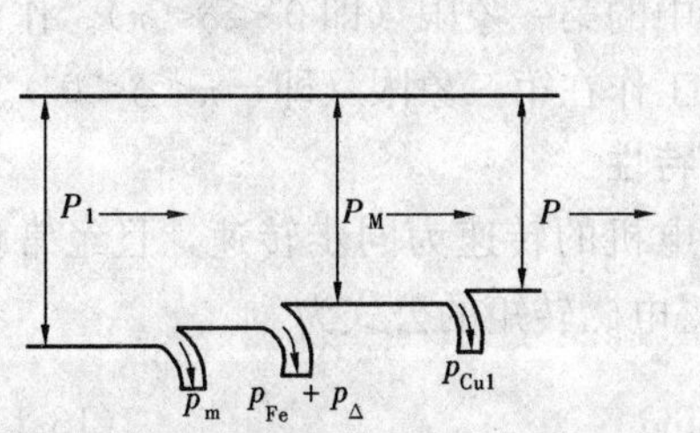

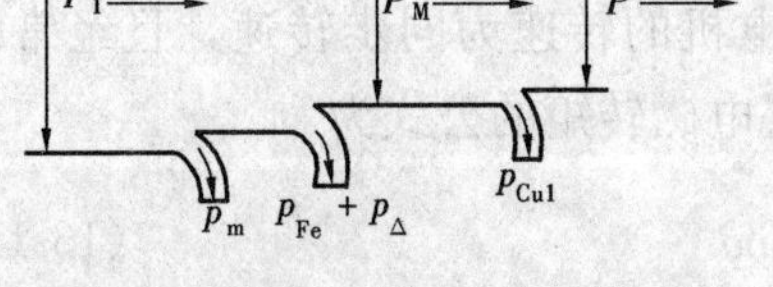

图 13-4　同步发电机的功率流程图

图 13-5　隐极同步发电机的等效电路和相量图
(a) 等效电路；(b) 相量图

如将端电压相量 $\dot{U}$ 放在参考轴上，则有

$$\left.\begin{aligned}\dot{U} &= U\angle 0°\\\dot{E}_0 &= E_0\angle\delta\end{aligned}\right\}\tag{13-4}$$

同步阻抗可以表示为

$$Z_{\text{s}} = z_{\text{s}}\angle\varphi = z_{\text{s}}\angle\left(\frac{\pi}{2} - \rho\right)\tag{13-5}$$

式中

$$\rho = \tan^{-1}\frac{r_{\text{a}}}{x_{\text{s}}}\tag{13-6}$$

将以上各式代入式（13-3）中，可得

$$\dot{I} = \frac{E_0}{z_{\text{s}}}\angle\left(\delta - \frac{\pi}{2} + \rho\right) - \frac{U}{z_{\text{s}}}\angle\left(-\frac{\pi}{2} + \rho\right)\tag{13-7}$$

再将式（13-7）代入式（13-2），并加以整理，便得端点功率 P 与电磁功率 P_{M} 的表示式各为

$$P = \frac{E_0 U}{z_{\text{s}}}\sin(\delta + \rho) - \frac{U^2}{z_{\text{s}}}\sin\rho\tag{13-8}$$

$$P_{\text{M}} = \frac{E_0 U}{z_{\text{s}}}\sin(\delta - \rho) + \frac{E_0^2}{z_{\text{s}}}\sin\rho\tag{13-9}$$

对于发电机而言，输出功率即为端点功率 P，故应采用式（13-8）。对于电动机而言，转变为机械功率的功率为 P_{M}，故应采用式（13-9）。如发电机的 P 和 δ 有正值，则电动机的 P_{M} 和 δ 均应有负值。如将电枢电阻 r_{a} 略去不计，则 $\rho=0$，$\sin\rho=0$，$z_{\text{s}}=x_{\text{s}}$，式（13-8）和式（13-9）便化为

$$P = P_{\text{M}} = \frac{E_0 U}{x_{\text{s}}}\sin\delta = P_{\max}\sin\delta\tag{13-10}$$

端点功率便和电磁功率相等。这一结论从式（13-1）中也可看出。

二、功角特性

同步电机中所产生的电磁功率称为**同步功率**。由式（13-10）可见，同步功率随着 δ 角的正弦函数而变化。当端电压和励磁保持不变时，同步功率有一最大值，其数值为 $P_{\max}=$

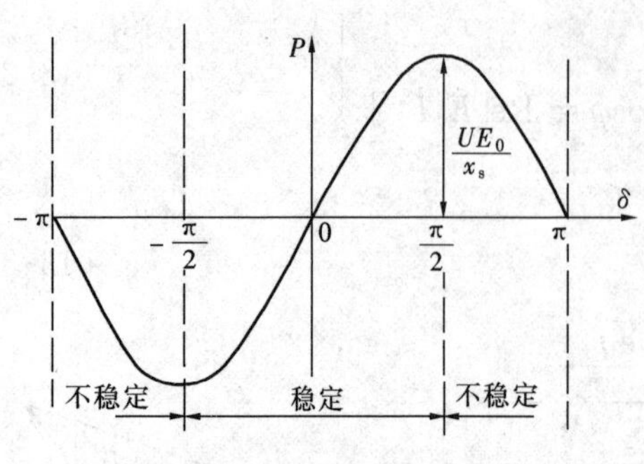

图 13-6　隐极式同步电机略去电阻时的功角特性

$\frac{E_0U}{x_s}$，且出现在当 $\delta=90°$时。功率 P_M 或 P 随着 δ 角而变化的关系称为**功角特性**，隐极式同步电机在把电阻略去时的功角特性如图 13-6 所示。前面已经说明，这一功角特性既可适用发电机运行情况，也可适用于电动机运行情况。作发电机运行时，工作在图中的第一象限（即 $0°<\delta<\pi$）。作电动机运行时，工作在第三象限（即 $-\pi<\delta<0°$）。

三、转矩特性

由于同步电机的转速为同步转速，且经常保持不变，故转矩就和功率成正比。如略去电枢电阻，则得电磁转矩的公式为

$$T=\frac{p}{\omega}P_M=\frac{p}{\omega}\cdot\frac{E_0U}{x_s}\sin\delta \tag{13-11}$$

亦即转矩随着 δ 角变化的曲线将与功率随着 δ 角变化的曲线相同。在用标幺值表示时由于取转速的基值为同步转速，所以同步电机正常运行时转速标幺值为 1，转矩和功率便有相同的标幺值。

从功角特性公式可见，同步功率（或同步转矩）随着功角 δ 而变化，且有一极限最大值 P_{max}。最大功率与额定功率之比称为**过载能力**，用 K_m 表示。设一台隐极式同步机，在额定运行时的功角为 δ_N，则有

$$\left.\begin{aligned} P_N&=\frac{E_0U}{x_s}\sin\delta_N\\ P_{max}&=\frac{E_0U}{x_s}\\ K_m&=\frac{1}{\sin\delta_N}\end{aligned}\right\} \tag{13-12}$$

由式（13-12）可见，δ_N 越小，则过载能力 K_m 越大。此外，从相量图可见，在一定的负载情况下，如要减小 δ_N，就必须减小同步电抗 x_s。也就是说，具有较大短路比的电机也有较大的过载能力。但是，增大短路比势必增加电机的成本，故过载能力不应规定得过大。汽轮发电机的过载能力一般不小于 1.5。

如果考虑电枢电阻的影响，端点功率 P 和电磁功率 P_M 分别由式（13-8）和式（13-9）表示。由该两式可见，功角特性仍为正弦函数，电枢电阻的影响，并不会改变功角特性的形状，仅使坐标原点产生一个位移而已。参看图 13-7，设在不计电阻时的坐标原点为 0 点，对称于正弦波的正半波与负半波。如功角特性由式（13-8）表示，则坐标原点将由 0 点移至 $0'$ 点，即纵坐标应向右边移过一距离等于 ρ，横坐标向上移过一距离等于$\frac{U^2\sin\rho}{z_s}$。同理，如功角特性由式（13-9）表示，则坐标原点将由 0 点移至 $0''$点，即纵坐标应向左边移过一段距离等于 ρ，横坐标应向下移过一距离等于$\frac{E_0^2\sin\rho}{z_s}$。对于发电机而言，输出电功率即端点功率 P，故功角特性应取式（13-8），即取 $0'$为原点；对于电动机而言，由电功率转变而来的机械功率即为电磁功率 P_M。故功角特性应取式（13-9），即以 $0''$为原点。由图 13-7 可见，无论发

电机或电动机，电枢电阻的存在，都将使最大功率的数值减小，且使最大功率在 δ 角的绝对值小于 90°时出现。

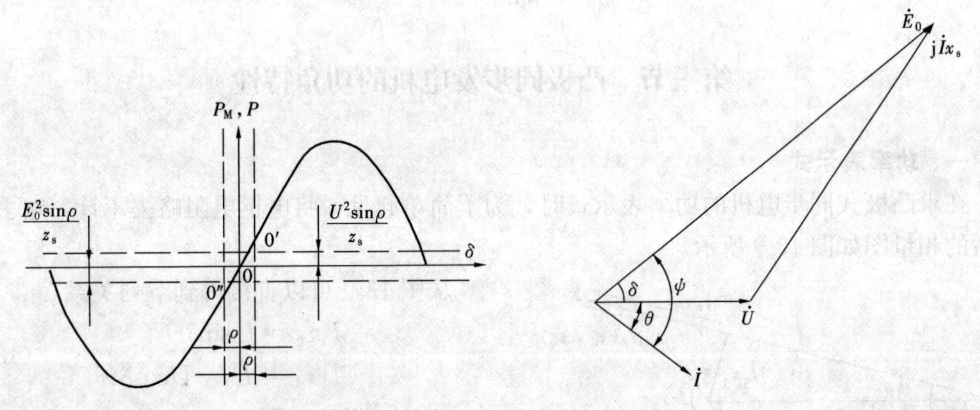

图 13-7　电枢电阻对功角特性的影响　　　　图 13-8　［例 13-1］的简化相量图

【例 13-1】　QFS-300-2 型汽轮发电机，$S_N=353\text{MVA}$，$I_N=11320\text{A}$，$U_N=18000\text{V}$，双星形接法，$\cos\theta_N=0.85$（滞后），$x_{s*}=2.26$（不饱和值），电枢电阻可忽略不计。此发电机并联在无穷大汇流排运行，当发电机运行在额定情况时，试求：

（1）不饱和的空载电动势 E_0；

（2）功角 δ_N；

（3）电磁功率 P_M；

（4）过载能力 K_m。

解　（1）求不饱和的 E_0。作简化相量图，如图 13-8 所示，则

$$\theta_N=\cos^{-1}0.85=31.8°$$

$$\sin\theta_N=\sqrt{1-0.85^2}=0.527$$

用标幺值进行计算，因为 $U_*=1$，$I_*=1$，故

$$\begin{aligned}E_{0*}&=\sqrt{(U_*\sin\theta_N+I_*x_{s*})^2+U_*^2\cos^2\theta_N}\\&=\sqrt{(1\times0.527+1\times2.26)^2+(1\times0.85)^2}\\&=2.92\end{aligned}$$

$$E_0=E_{0*}\frac{U_N}{\sqrt{3}}=2.92\times\frac{18000}{\sqrt{3}}=30345(\text{V})\qquad(\text{每相值})$$

（2）求 δ_N。

$$\psi_N=\tan^{-1}\frac{U_*\sin\theta_N+I_*x_{s*}}{U_*\cos\theta_N}=\tan^{-1}\frac{0.527+2.26}{0.85}=\tan^{-1}3.3=73°$$

所以　$$\delta_N=\psi_N-\theta_N=73°-31.8°=41.2°$$

（3）求 P_M。

$$P_{M*}=\frac{U_*E_{0*}}{x_{s*}}\sin\delta_N=\frac{1\times2.92}{2.62}\times\sin41.2°=0.85$$

三相总的电磁功率 $P_M=0.85\times353\times10^6=300\times10^6=300(\text{MW})$

(4) 求过载能力 K_m，即

$$K_m=\frac{1}{\sin\delta_N}=\frac{1}{\sin41.2^\circ}=\frac{1}{0.66}=1.52$$

第三节　凸极同步发电机的功角特性

一、功率表示式

在求凸极式同步电机的功率表示式时，为了简单起见，将电枢电阻略去不计，略去电阻以后的相量图如图 13-9 所示。

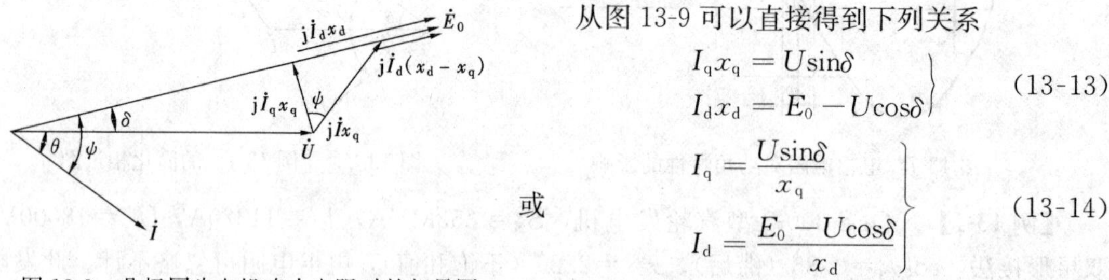

图 13-9　凸极同步电机略去电阻时的相量图

从图 13-9 可以直接得到下列关系

$$\left.\begin{aligned}I_q x_q &= U\sin\delta\\ I_d x_d &= E_0-U\cos\delta\end{aligned}\right\}\tag{13-13}$$

或

$$\left.\begin{aligned}I_q &= \frac{U\sin\delta}{x_q}\\ I_d &= \frac{E_0-U\cos\delta}{x_d}\end{aligned}\right\}\tag{13-14}$$

因为电阻已被略去不计，故有

$$P=P_M=UI\cos\theta=UI\cos(\psi-\delta)=UI_q\cos\delta+UI_d\sin\delta\tag{13-15}$$

将式 (13-14) 代入式 (13-15) 并加以简化，使得

$$P=P_M=\frac{E_0U}{x_d}\sin\delta+\frac{U^2(x_d-x_q)}{2x_dx_q}\sin2\delta\tag{13-16}$$

二、功角特性

式 (13-16) 为凸极式同步电机的功角特性表示式。必须指出，对于凸极机而言，电磁功率包含两项，第一项 $\frac{E_0U}{x_d}\sin\delta$ 称为**基本电磁功率**，是由定子电流和转子磁场之间的相互作用而形成的；第二项 $\frac{U^2(x_d-x_q)}{2x_dx_q}\sin2\delta$ 称为**附加电磁功率**，主要由交、直轴磁阻不相等引起，所以称为**磁阻功率**。附加电磁功率与 E_0 的大小无关，只与电网电压 U 有关。即使 $E_0=0$，转子没有加励磁，只要 $U\neq0$，$\delta\neq0$，而沿交轴、直轴的磁阻不相同（即 $x_d\neq x_q$），就会产生附加电磁功率。基本电磁功率当 $\delta=90^\circ$ 时达到最高值，附加电磁功率则当 $\delta=45^\circ$ 时有最高值，总的电磁功率的最高值将出现于 δ 在 $45^\circ\sim90^\circ$ 之间时，具体位置将视两项的振幅的相对大小而定。根据式 (13-16) 作出的功角特性，如图 13-10 所示。由图可见，凸极机的最大电磁功率将比具有同样 E_0、U 及 x_d 值的隐极机略大。当同步电机的 E_0 越大，附加电磁功率在整个电磁功率中所占的比例就越小；在正常情况下，附加电磁功率仅占百分之几。

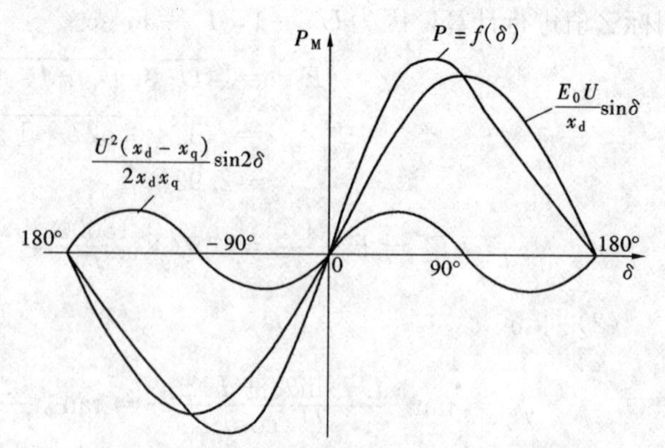

图 13-10　凸极式同步电机的功角特性

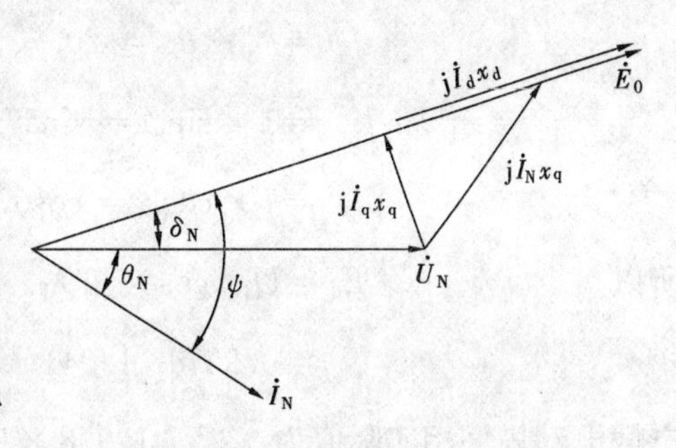

图 13-11　凸极式同步电机相量图

参看图 13-11，因漏阻抗压降一般较小，所以端电压 U 和电枢合成电动势 E 相差甚微，δ 角就可近似认为是空载电动势 $\dot{E}_0$ 和合成电动势 $\dot{E}$ 间的时间相角差，因此也就是转子磁场和空气隙合成磁场之间的空间功角。显然，功角的数值决定着同步机电磁功率的大小，而且其正负还决定着同步机的运行方式。当转子磁场超前合成磁场时设 δ 为正值，同步电机作为发电机运行。反之，合成磁场在前，转子磁场在后，δ 角有负值，同步机便作为电动机运行。由此可见，如转差率 s 是异步电机的重要变量那样，**功率角 δ 是同步电机的重要变量**。

【例 13-2】　一台三相、50Hz、星形连接、11kV、8750kVA 凸极式水轮发电机。当额定运行情况时的功率因数为 0.8（滞后），每相同步电抗 $x_d=17\Omega$，$x_q=9\Omega$，电阻可以略去不计。试求：

（1）同步电抗的标幺值；

（2）该机在额定运行情况下的功率角 δ_N 及空载电动势 E_0；

（3）该机的最大电磁功率 P_{max}、过载能力及产生最大功率时的功率角 δ。

解　（1）额定电流

$$I_N=\frac{8750}{\sqrt{3}\times 11}=460(\mathrm{A})$$

每相额定电压

$$U_N=\frac{11000}{\sqrt{3}}=6350(\mathrm{V})$$

同步电抗的标幺值

$$x_{d*}=x_d\frac{I_N}{U_N}=17\times\frac{460}{6350}=1.232$$

$$x_{q*}=x_q\frac{I_N}{U_N}=9\times\frac{460}{6350}=0.654$$

（2）先作出相量图如图 13-11 所示，以下的计算都用标幺值。令端电压为参考轴，则

$$\dot{U}_{N*}=1.0+j0$$

$$\dot{I}_{N*}=0.8-j0.6$$

$$\dot{U}_{N*}+j\dot{I}_{N*}x_{q*}=1.0+j(0.8-j0.6)\times 0.654=1.392+j0.523$$

$$\delta_N=\tan^{-1}\frac{0.523}{1.392}=\tan^{-1}0.376=20.7^\circ$$

$$\theta_N=\cos^{-1}0.8=36.9^\circ$$

$$\psi = \delta_N + \theta_N = 20.7° + 36.9° = 57.6°$$

$$I_{d*} = 1 \times \sin\psi = \sin 57.6° = 0.845$$

$$I_{q*} = 1 \times \cos\psi = \cos 57.6° = 0.536$$

所以 $$E_0 = U_{N*}\cos\delta_N + I_{d*}x_{d*} = \cos 20.7° + 0.845 \times 1.232$$

$$= 0.937 + 1.041 = 1.978$$

空载电动势每相实际值为 $1.978 \times 6350 = 12560(\text{V})$

（3）将具体数据代入功角特性公式，则

$$P_{M*} = \frac{E_{0*}U_*}{x_{d*}}\sin\delta + \frac{U_*^2(x_{d*} - x_{q*})}{2x_{d*}x_{q*}}\sin 2\delta$$

$$= \frac{1.978}{1.232} \times \sin\delta + \frac{1^2(1.232 - 0.654)}{2 \times 1.232 \times 0.654} \times \sin 2\delta$$

$$= 1.605\sin\delta + 0.359\sin 2\delta$$

令$\frac{dP_M}{d\delta} = 0$,则有

$$\frac{dP_M}{d\delta} = 1.605\cos\delta + 0.718\cos 2\delta = 0$$

故 $$1.605\cos\delta + 0.718(2\cos^2\delta - 1) = 0$$

$$1.436\cos^2\delta + 1.605\cos\delta - 0.718 = 0$$

$$\cos\delta = \frac{-1.605 \pm \sqrt{1.605^2 + 4 \times 1.436 \times 0.718}}{2 \times 1.436}$$

$$= \frac{-1.605 \pm 2.59}{2.872}$$

由于 $\cos\delta$ 必须小于 1，故分子第二项应取正号，即得

$$\cos\delta = \frac{0.985}{2.872} = 0.342$$

$$\delta = 70°$$

$$\sin\delta = 0.94; \sin 2\delta = 0.643$$

故 $$P_{\max*} = 1.605 \times 0.94 + 0.359 \times 0.643 = 1.509 + 0.231 = 1.74$$

三相总的最大功率 $$P_{\max} = 1.74 \times 8750 = 15225(\text{kW})$$

过载能力 $$K_m = \frac{P_{\max}}{P_N} = \frac{1.74}{0.8} = 2.18$$

第四节 同步发电机的有功功率调节

一、有功功率的调节

现代电力系统的容量都很大，其频率和电压基本不受负载变化或其他扰动的影响而保持

为常值，对于装有调压、调频装置的电网而言更是如此。这种恒频、恒压的交流电网，通常称为“**无穷大电网**”。同步发电机并联到无穷大电网之后，其频率和端电压将受到电网的约束而与电网相一致，这是并联运行的一个特点。

发电机投入并联的目的，就是要向电网输出功率。一般情况下，当发电机通过准确整步法并入电网以后，尚处于空载状态，这时发电机的输入机械功率 P_1 恰好和空载损耗 p_0 相平衡，没有多余部分可以转化为电磁功率，即 $P_1=p_0$，$T_1=T_0$，发电机处于平衡状态。如果增加输入机械功率 P_1，使 $P_1>p_0$，则输入功率扣除了空载损耗之后其余部分将转变为电磁功率，即 $P_1-p_0=P_M$，发电机将输出有功功率。这个过程从能量守恒观点来看，也是很显然的。发电机输出的有功功率是由原动机输入的机械功率转换来的。所以要改变发电机输出的有功功率，必须相应地改变由原动机输入的机械功率。

上述过程也可以用功角 δ 的空间物理概念来加以说明。空载时 $P_M=0$，$P_1=p_0$，$T_1=T_0$，由功角特性可见，此时 $\delta=0$，转子磁场和空气隙磁场恰恰重合。增加输入功率 P_1，也就是增大发电机的输入转矩 T_1，原来的平衡状态受到了破坏。因为 $T_1>T_0$，所以转子就将加速，而无穷大汇流排的电压和频率均系常数，空气隙合成磁场的大小和转速都是固定不变的。转子加速，就使转子磁场超前于空气隙合成磁场，出现一个正的功角 δ。δ 角的增大引起电磁功率的增大，发电机便输出有功功率。当 δ 增大到某一数值，使相应的电磁功率达到 $P_M=P_1-p_0$ 时，输入转矩 T_1 恰与电磁阻力转矩 T_M 与空载转矩 T_0 之和相等，转子加速的趋势即停止，发电机便达到了一个新的平衡状态。上述同步发电机由一个平衡状态过渡到另一新的平衡状态，只有缓慢地调节输入功率时才能实现。

由此可见，要调节与电网并联的同步发电机的输出有功功率，只需要调节发电机的输入机械功率，这时发电机内部会自行改变功角 δ，相应地改变电磁功率和输出功率，达到新的平衡状态。

假使连续不断地增加发电机的输入功率，当 δ 达到 90°时（指隐极机），电磁功率便增加到 $P_{Mmax}=\dfrac{E_0U}{x_s}$。若再增加输入功率，则 δ 角将大于 90°。由功角特性可见，这时电磁功率随着 δ 的增大而减小，输入功率扣除掉空载损耗和减去电磁功率后还有剩余，剩余的功率将使转子继续加速，δ 角继续增大，电磁功率继续减小，功率不能再保持平衡。如此互为因果，导致发电机不能再以同步转速运行。综上所述，同步发电机在 $0<\delta<\dfrac{\pi}{2}$ 范围内运行是稳定的，在 $\dfrac{\pi}{2}<\delta<\pi$ 范围内是不稳定的，如图 13-6 所示。同理可以说明，同步电机作为电动机运行，当 $-\dfrac{\pi}{2}<\delta<0$ 时是稳定的，当 $-\pi<\delta<-\dfrac{\pi}{2}$ 时是不稳定的。即在图 13-6 所示正负最高值处两条垂直线中间，这一同步电机可以稳定运行，在正负最高值的限界以外，同步电机的运行是不稳定的。

二、静态稳定的概念

同步发电机的原动机，不论是汽轮机还是水轮机，由于它们的蒸汽参数或水源参数经常可能由于某种原因发生瞬息即逝的变化，导致发电机输入功率受到一些微小的扰动，发生瞬时的增大或减小。如果不考虑调压器和调速器的作用，同步发电机能在这种瞬时扰动消除后，继续保持原来的平衡运行状态，就称这时的同步发电机是“静态稳定”的，否则就是静

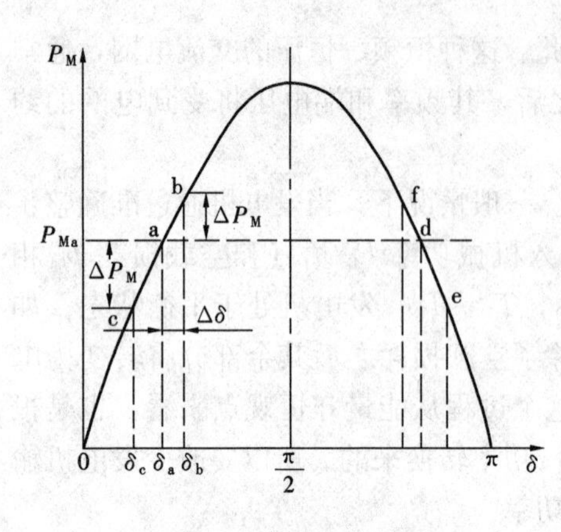

图 13-12 静态稳定的概念

态不稳定。

如图 13-12 所示，假设发电机运行在 a 点，这时输入功率为 P_1，电磁功率为 P_{Ma}，$P_1=P_{Ma}+p_0$，所以电机稳定地运行在功角为 δ_a 的 a 点处。如果发电机受到一个使 P_1 增大的微小的瞬时扰动，发电机转子便将加速，使转子得到一个功角增量 $\Delta\delta$，转子磁场与空气隙合成磁场的相对位置由 δ_a 变成 δ_b（$\delta_b=\delta_a+\Delta\delta$）。由图可见，发电机的电磁功率也增大了 ΔP_M，变为 P_{Mb}（$P_{Mb}=P_{Ma}+\Delta P_M$）。当扰动消失，由于发电机的输入功率仍保持原来的数值，功率平衡就破坏了，即 $P_1<P_{Mb}+P_0$，转子将减速，功角将自 δ_b 开始减小，直到功角为 δ_a 时，功率又趋于平衡，发电机仍能稳定地运行在原来的平衡状态。同理，若瞬时的小扰动是使 P_1 减小，则转子将减速，功角将由 δ_a 变为 δ_c，使电磁功率减小一个 ΔP_M，成为 P_{Mc}，当扰动消失后，由于功率关系变为 $P_1>P_{Mc}+P_0$，转子将加速，功角增大，待到功角回复到 δ_a 时，功率又趋平衡，发电机也仍稳定运行在原来的平衡状态。由此可见，运行点 a，有自动抗干扰的能力，能保持静态稳定。

通过同样的分析可知，如果发电机原来工作在 d 点，当发电机受到一个瞬时小干扰后，它的工作点不能再回复到 d 点。不是功角不断地增大，转子不断加速而失步，就是功角不断减小，最后达到工作点 a。因此 d 点是静态不稳定的。

综上所述，可以得出下列结论：**凡处于功角特性曲线上升部分的工作点，都是静态稳定的；下降部分的工作点都是静态不稳定的。或者说功角特性上功角和电磁功率同时增大，或同时减小的那一部分是静态稳定的。**静态稳定的条件用数学式表示为

$$\frac{\Delta P_M}{\Delta\delta}>0 \tag{13-17}$$

或用微分形式表示为

$$\frac{dP_M}{d\delta}>0 \tag{13-18}$$

我们称$\frac{dP_M}{d\delta}$为**比整步功率**，用符号 P_{SS}表示。对于隐极式同步电机的比整步功率可对式（13-10）求导数来得到

$$P_{SS}=\frac{dP_M}{d\delta}=\frac{E_0U}{x_s}\cos\delta \tag{13-19}$$

P_{SS}可表示发电机运行的稳定度。如图 13-13 所示，当功角发生一个变化 $\Delta\delta$ 时，如果所引起的电磁功率的变化 ΔP_M 越大，也即 P_{SS}的数值越大，则发电机的运行也就越为稳定。当 $\delta=0$时，P_{SS}最大，故同步发电机在空载时最为稳定。当 $\delta=\frac{\pi}{2}$时，$P_{SS}=0$，这时同步发电机保持稳定的能力已经不再存在，发电机将由稳定状态进入不稳定状态。当 $\delta>\frac{\pi}{2}$时，P_{SS}有负值，发电机便失去了稳定。

必须指出，如果并联在电网上的同步发电机失去静态稳定，由于双方频率不同了，将引起一个很大的电枢电流；由于输入和输出功率失去平衡，多余的功率可能引起转子超速，将对发电机造成损坏，因此必须采取适当措施，例如采用快速励磁装置等来保证静态稳定。

三、动态稳定的概念

当接在电网上的同步发电机遇到突然加负载、切除负载等正常操作时，或者发生突然短路、电压突变、发电机失去励磁电流等非正常运行时，发电机能否继续保持同步运行的问题，称为**动态稳定**问题。

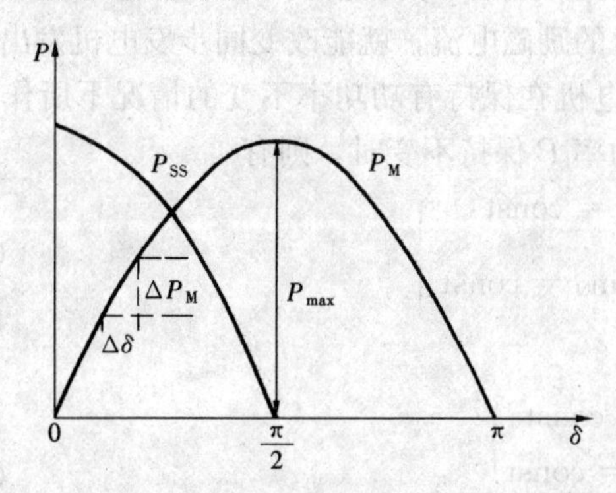

图 13-13　比整步功率 P_{SS} 随 δ 角而变化的关系

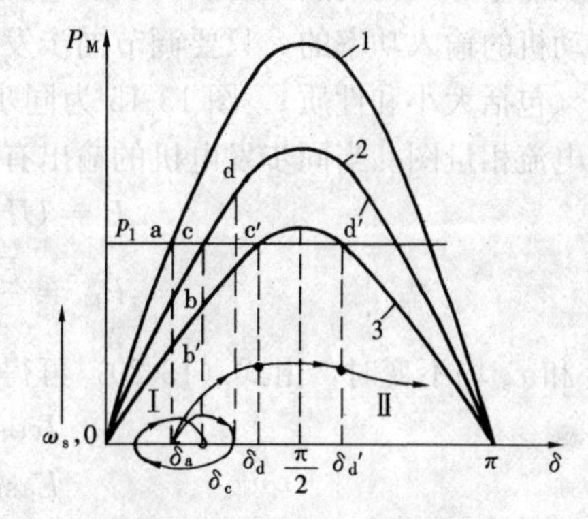

图 13-14　动态稳定概念

例如，一台隐极式同步发电机稳定运行在图 13-14 所示的功角特性曲线 1 的 a 点，功角为 δ_a。输入机械功率和电磁功率分别为 P_1 及 P_{Ma}。为简单起见，略去空载损耗，则有 $P_1=P_{Ma}$。今电网电压因事故明显跌落，功角特性的幅值下降如图中曲线 2。发电机的转子由于机械惯性其转速不能突然改变，δ 角也不可能突变，因此电压降低瞬间，发电机的功角仍是 δ_a。于是工作点将移到曲线 2 上的 b 点，电磁功率为 P_{Mb}。显然，$P_1>P_{Mb}$，转子便开始加速，功角也开始增大，发电机的运行点将沿曲线 2 向 δ 增大方向移动。到 c 点，虽然此瞬间 $P_1=P_{Mc}$，使转子加速度的转矩等于零，但这时转子的转速大于同步转速，由于转子动能的作用，δ 仍继续增大。运行点移到曲线 2 的 cd 段上，这时 $P_1<P_M$，转子开始减速。达到 d 点，转子转速又恢复到同步转速，δ 就不再增大。但是 $P_1<P_{Md}$，转子仍将继续减速使 δ 角自 δ_d 开始减小，运行点将自 d 点向 c 点移动。由于这时的转速已低于同步转速，仍不会稳定，按此原理继续分析可知工作点将在 c 点左右经过一定次数的**减幅振荡**，最后才稳定在 c 点。上述过程中转子转速和功角的变化情况，如图 13-14 中曲线Ⅰ所示，图中速度曲线的纵坐标的原点为同步转速 ω_s。

如果电网电压下降很大，如图 13-14 中曲线 3 所示，则按上所述，当功角自 b' 点（$\delta'_b=\delta_a$）经过 c' 点（δ'_c）到达 d' 点（δ_d）时，转子转速还大于同步转速，δ 角将继续增大，越过 d' 点后，电磁功率变小，$P_1>P_M$，转子又将加速，工作点不可能再返回到 c' 点。继续加速将导致发电机失去同步。这个过程中转子转速和功角变化情况，如曲线Ⅱ所示。

综上所述，前一种情况仍是稳定的，后一种情况就失去了动态稳定。

上面介绍的是动态稳定的基本概念，只说明何谓动态稳定，它与静态稳定不同之处，实际情况远为复杂。例如，电网发生故障时，电网电压和发电机都处在过渡过程中，功角特性中的参量 U、E_0、x_s 等均将是暂态变量。以上分析均在假定发电机的励磁为常数的条件下进行的，实际上，现代同步发电机的原动机都带有快速调压器，当电网电压降低时，它能迅速增大励磁，导致功角特性曲线上升，从而提高动态稳定。详细分析将在后续课中进行。

第五节 无功功率的调节和V形曲线

电网的负载包含有功功率和无功功率。因此，同步发电机与电网并联后，不但要向电网供给有功功率，而且还要与电网进行无功功率的交换。

从能量守恒的观点来看，同步发电机与电网并联后，如仅仅调节无功功率，是不需要改变原动机的输入功率的。只要调节同步发电机的励磁电流，就能改变同步发电机发出的无功功率（包括大小和性质）。图13-15为同步发电机在保持有功功率不变的情况下所作的调节励磁电流相量图。当同步发电机的输出有功功率P保持不变时，则有

$$\left.\begin{aligned}P &= UI\cos\theta = \text{const}\\ P_{\mathrm{M}} &= \frac{E_0 U}{x_{\mathrm{s}}}\sin\delta = \text{const}\end{aligned}\right\} \tag{13-20}$$

当U和x_{s}均不变时，由式（13-20）可得

$$\left.\begin{aligned}I\cos\theta &= \text{const}\\ E_0\sin\delta &= \text{const}\end{aligned}\right\} \tag{13-21}$$

如欲保持发电机的有功功率不变，则在调节同步发电机的励磁电流时，电机必须保持式（13-20）所示的关系。图13-15（a）是发电机输出某一有功功率$UI\cos\theta$时的相量图。如若调节励磁电流，由式（13-21）可见，$\dot{E}_0$相量的端点必须落在$\overline{\mathrm{mm}'}$线上，该线与横坐标的距离为$E_0\sin\delta$。相量$\dot{I}$的端点必须落在$\overline{\mathrm{nn}'}$线上，该线与纵坐标的距离为$I\cos\theta$。图13-15（b）画出了不同励磁时的情况。当励磁电动势为$\dot{E}_{01}$时，相应的电枢电流为$\dot{I}_1$，发电机只输出有功功率，与电网没有无功功率的交换。$\dot{E}_{02}$为励磁增大后的情况，相应的电枢电流$\dot{I}_2$滞后于端电压$\dot{U}$。发电机除输出有功功率外，还供给电网一个感性无功功率。此时发电机处于过励状态。如果继续增大励磁，电枢电流和滞后的θ角将同时增大，发电机将输出更多的感性无功功率。由于δ随励磁增大而减小，提高了发电机运行的稳定度。增加感性无功功率的输出，将受到励磁电流和电枢电流的限制。

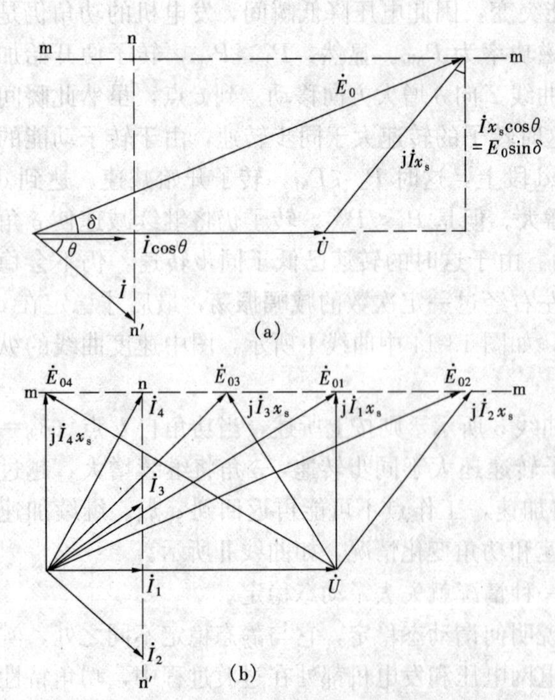

图13-15 P_{M}=const时调节励磁电流相量图

（a）输出有功功率时的相量图；（b）不同励磁时的相量图

$\dot{E}_{03}$为励磁减小后的情况，相应的电枢电流$\dot{I}_3$较$\dot{U}$超前。发电机除输出有功功率外，还供给电网一个电容性无功功率，此时发电机处于欠励状态。如果继续减小励磁，电枢电流和超前的θ角将同时增大，

发电机将输出更多的容性无功功率。此时，由于功角随励磁减小而逐步增大，当δ达到$90°$后将失去稳定，所以增加容性无功功率的输出，不仅要受到电枢电流的限制，还要受到稳定的限制。图13-15（b）中$\dot{E}_{04}$的情况，功角δ已达到$90°$，发电机已处于静态稳定的极限状态。

综上所述，**当发电机与无穷大电网并联时，调节励磁电流的大小，就可以改变发电机输出的无功功率，不仅能改变无功功率的大小，而且能改变无功功率的性质。当过励时电枢电流是滞后电流，发电机输出感性无功功率；当欠励时，发电机输出容性无功功率，电枢电流是超前电流。**

在有功功率保持不变时，表示电枢电流和励磁电流之间关系的曲线$I=f(I_f)$，由于其形状像字母“V”，故常称它为V形曲线。对应于不同的有功功率，有不同的V形曲线。当输出的功率值越大时，曲线越向上移。同步发电机的V形曲线如图13-16所示。当励磁电流调节至某一数值时，电枢电流为最小，该点即V形曲线上的最低点，此时同步发电机的功率因数便为1。V形曲线族最低点的连线表示$\cos\theta=1$；该线的右边为过励状态，是功率因数滞后的区域，表示发出的无功系感性；该线的左侧为欠励状态，是功率因数超前的区域，表示发出的无功系容性。如前所述，对于每一给定的有功功率都有一允许的最少励磁，进一步减小励磁将使发电机失去稳定。

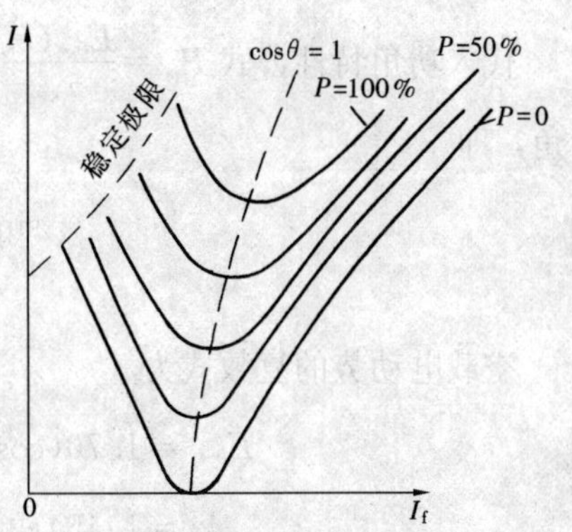

图13-16　同步发电机的V形曲线

必须注意，对于与电网并联运行的发电机，当改变原动机方面的输入功率时，发电机的功角δ将相应地跟着变化，起着调节有功功率的作用，但此时如使励磁保持不变，则输出的无功功率也会发生变化。如只要求改变有功功率，应在调节原动机方面的输入功率的同时，适当地改变同步发电机的励磁。反之，如不调节原动机方面的输入功率，而仅只调节同步发电机的励磁，则只能改变它的无功功率，并不会引起有功功率的改变，虽然这时候E_0和δ都随着励磁的改变而发生了变化。

【例13-3】　一台汽轮发电机在额定运行情况下的功率因数为0.8（滞后），同步电抗的标幺值$x_{s*}=1.0$。该机并联在电压保持额定值的无穷大汇流排上。试完成：

（1）求当该机供给90%额定电流且有额定功率因数时，输出的有功功率和无功功率。这时的空载电动势E_0及功角δ为多少？

（2）如调节原动机方面的输入功率，使该机输出的有功功率达到额定运行情况的110%，励磁保持不变，这时的δ角为多少度？该机输出的无功功率将如何变化？如欲使输出的无功功率保持不变，试求E_0及δ的数值。

（3）如保持原动机方面的输入功率不变，并调节该机的励磁，使它输出的感性无功功率为额定运行情况下的110%，试求此时的E_0和δ角的数值。

解　（1）令$\dot{U}_*=1+j0$

已知　$|\dot{I}_*|=0.9，\cos\theta=0.8，\sin\theta=0.6$

故有电枢电流的有功分量　$I_{a*}=0.9\times0.8=0.72$

电枢电流的无功分量　　$I_{r*}=0.9\times0.6=0.54$

即　　$\dot{I}_*=0.72-\mathrm{j}0.54$

空载电动势　　$\dot{E}_{0*}=\dot{U}_*+\mathrm{j}\dot{I}_*x_{s*}=1+\mathrm{j}(0.72-\mathrm{j}0.54)\times1$

$=1.54+\mathrm{j}0.72=1.70\angle25.1^\circ$

故得空载电动势的标幺值为1.70，$\delta=25.1^\circ$。输出的有功功率和无功功率的标幺值分别为0.72及0.54。

(2) 已知　　$P_*=0.8\times1.1=0.88$

代入功角特性公式$P_*=\frac{E_{0*}U_*}{x_{s*}}\sin\delta$中，并注意到$E_{0*}=1.7$，$U_*=1$，$x_{s*}=1$，可求出$\delta$角，即

$$\sin\delta=\frac{0.88\times1}{1.70\times1}=0.518$$

$$\delta=31.2^\circ$$

空载电动势的复数式为

$$\dot{E}_{0*}=1.70(\cos\delta+\mathrm{j}\sin\delta)=1.70(0.856+\mathrm{j}0.518)$$

$$=1.454+\mathrm{j}0.880$$

因为　　$\mathrm{j}\dot{I}_*x_{s*}=\dot{E}_{0*}-\dot{U}_*=0.454+\mathrm{j}0.880$

可见此时电机的感性无功电流由原来的0.54减少到0.454，即为原来的84.1%，故发电机输出的感性无功功率亦按同样比例减小。

如欲保持输出的无功功率不变，则有

$$I_{a*}=0.88, I_{r*}=0.54$$

$$\dot{I}_*=0.88-\mathrm{j}0.54$$

空载电动势

$$\dot{E}_{0*}=\dot{U}_*+\mathrm{j}\dot{I}_*x_{s*}=1+\mathrm{j}(0.88-\mathrm{j}0.54)\times1=1.54+\mathrm{j}0.88=1.77\angle29.8^\circ$$

即应将空载电动势E_0增加到1.77，此时的δ角为29.8°。

(3) 已知由电机输出的有功功率保持不变，故有

$$I_{a*}=0.72$$

无功功率增加到110%，则有$Q=0.6\times1.1=0.66$，即$I_{r*}=0.66$

空载电动势

$$\dot{E}_{0*}=\dot{U}_*+\mathrm{j}\dot{I}_*x_{s*}=1+\mathrm{j}(0.72-\mathrm{j}0.66)\times1=1.66+\mathrm{j}0.72=1.81\angle23.5^\circ$$

即应将空载电动势增加到1.81，此时的δ角反将减小，变为23.5°。

第六节　同步电动机与同步补偿机

同步发电机和同步电动机只是同步电机的不同运行方式，它也是一种应用很广泛的电动机。与感应电动机相比较，同步电动机具有转子转速与负载大小无关而始终保持为同步转

速，且其功率因数可以调节的特点。因此在恒速负载及需要改善功率因数的场合，常常优先考虑选用同步电动机。同步补偿机则是一种专门用来补偿电网无功功率和功率因数的同步电机。

一、同步电动机运行分析

图 13-17 表示隐极式电动机的相量图。图 13-17（a）为过励状态，这时$\frac{\pi}{2}<\psi<\pi$；图 13-17（b）为欠励状态，$-\frac{\pi}{2}>\psi>-\pi$。$\dot{I}$ 为自同步电机流向电网的电流。由于 $\dot{I}$ 的有功分量与 $\dot{U}$ 反相，所以由同步电机输至电网的有功功率有负值，亦即有功功率将自电网流入同步电机。如果另作相量 $\dot{I}_D$与相量 $\dot{I}$ 相等且反相，则 $\dot{I}_D$便可表示同步电机自电网吸收的电流。在图 13-17（a）中，电枢反应的直轴分量为去磁作用，必须有较大的励磁电流才能获得与端电压 $\dot{U}$ 相应的气隙合成磁场，故为过励状态。同理，对于图 13-17（b），电枢反应的直轴分量为磁化作用，故电机处于欠励状态。在这两种情况下，$\dot{E}_0$均较 $\dot{U}$ 为滞后，功角有负值，表示空气隙合成磁场在前，转子磁场在后，由合成磁场拉着前进，符合于电动机的运行情况。从图中也可看出，**过励电动机**将自电网吸收超前电流，因而对 $\dot{I}_D$来讲，电动机有超前的功率因数；欠励电动机将自电网吸取滞后电流，因而电动机有滞后的功率因数。

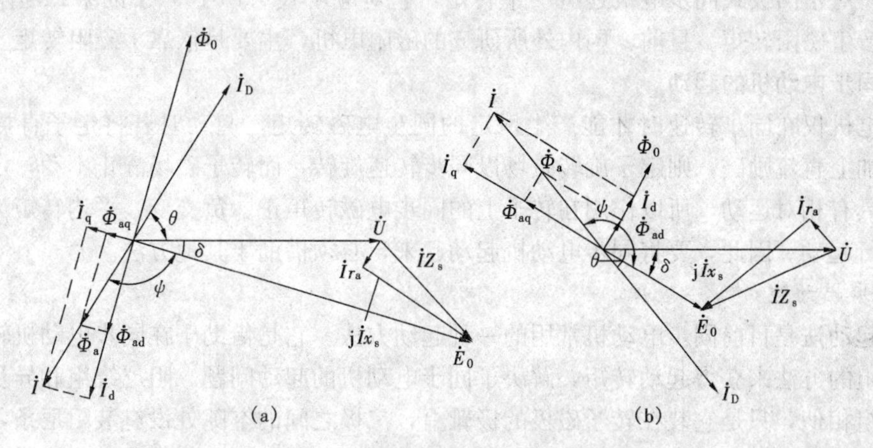

图 13-17　隐极式同步电动机的相量图

（a）过励状态；（b）欠励状态

同理，可以作凸极同步电动机的相量图如图 13-18 所示。上述对隐极同步电动机的讨论也完全适用于凸极同步电动机。

调节同步电动机的励磁，可以改变它的输入电流的功率因数，从功率因数为滞后到功率因数为 1，一直到功率因数超前。这一点和异步电机不同，异步电动机没有直流励磁，它所需的全部励磁必须全部由交流方面供给，故异步电动机必须自电网吸取一滞后电流，它的功率因数也就总是滞后的。功率因数可以调节是同步电动机的重要优点，将过励的同步电动机接在电网上，可以改善电网的功率因数。

异步电机运行时，空气隙磁场与转子间存在有相对运动的速度，由此而产生的转矩称为**异步转矩**。同步电机正常运行时，转差率 s 为零，空气隙磁场不能在转子绕组中感应电动势和电流，因而不产生异步转矩。但在同步电机的转子上，有一个由直流激励的旋转磁场，这

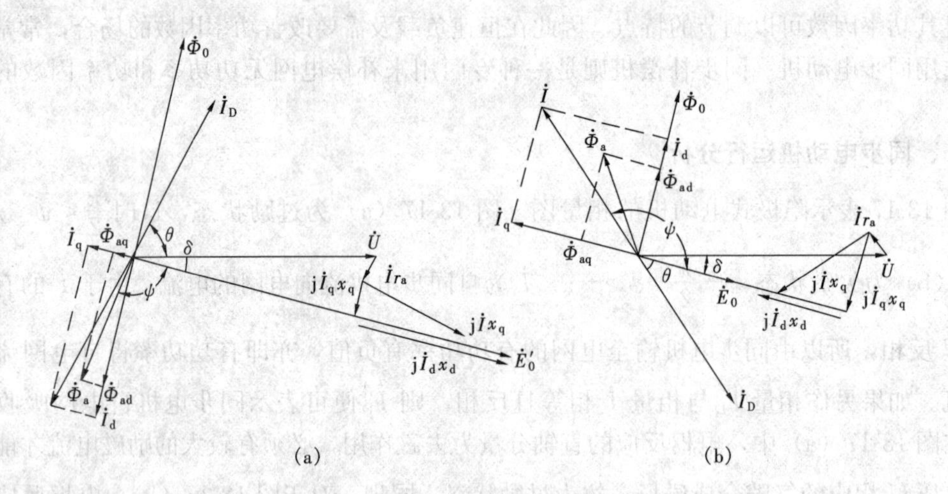

图 13-18　凸极式同步电动机的相量图

(a) 过励状态；(b) 欠励状态

一磁场与定子磁场间将产生相互吸引力，从而产生电磁转矩。此种转矩称为**同步转矩**。该同步转矩随着空气隙磁场与转子间的相对位置而变化，即和 $\sin\delta$ 成正比。

此外，对于凸极式同步电机还有一个转矩，它对应于式（13-16）中的第二项附加电磁功率，它产生磁阻转矩。目前，国内外所研究的磁阻电机，主要是依靠了磁阻转矩。

二、同步电动机的起动

同步电机仅在同步转速时才能产生恒定的同步电磁转矩，起动时若将定子直接投入电网，转子加上直流励磁，则定子旋转磁场以同步转速旋转，而转子磁场静止不动，定、转子磁场之间具有相对运动，所以作用在转子上的同步电磁转矩正、负交变，平均转矩为零，电机不能自行起动。因此，要将同步电动机起动起来，必须借助于其他方法。

1. 异步起动法

异步起动法是目前同步电动机常用的一种起动方法。它是借助于在同步电动机转子上装置阻尼绕组的方法来获得起动转矩，解决了同步电动机的起动问题。阻尼绕组和异步电动机的笼型绕组相似，只是它装在转子磁极的极靴上，二极之间的空隙处没有装阻尼条，是一个不完整的笼型绕组。有时就称同步电动机的阻尼绕组为起动绕组。

同步电动机的异步起动步骤如下：

第一步，将同步电动机的励磁绕组经过一个电阻短接，电阻的阻值约为励磁绕组本身电阻值的 10 倍左右。

第二步，将同步电动机定子绕组接通电源。这时同步电动机由于起动绕组的作用，产生异步转矩而起动。一般它的转速将达到同步转速的 95％左右。根据电动机容量、负载的性质、电源的情况等条件，可采取直接全压起动或某种方法降压起动。

第三步，将励磁绕组与直流励磁电源接通。这时转子上增加了一个转差频率的交变转矩，转子磁场与定子磁场间的相互吸引力便能把转子拉住，使它跟着定子旋转磁场以同步转速旋转，即所谓**牵入同步**。故同步电动机异步起动过程可以分为两个阶段：①异步起动至接近于同步速度；②牵入同步。最后，必须适当地调节励磁电流，使同步电动机的定子电流有正常数值和合适的功率因数。

在异步起动阶段，起动绕组产生的转矩类似于感应电动机的异步电磁转矩，如图 13-18 所示。对异步起动阶段，要求起动转矩 T_{st} 大，牵入转矩 T_{pi} 也要大。所谓牵入转矩，是指转速达到 $0.95n_N$（即转差率 $s=0.05$）时，起动绕组所产生的异步转矩值。牵入转矩越大，电机越容易牵入同步。起动转矩和牵入转矩的大小与起动绕组的电阻有关，根据感应电机理论可知，起动绕组的电阻大，起动转矩就大，但牵入转矩则将变小；两者的矛盾，应在设计电动机时根据实际需要协调解决。

在异步起动阶段，励磁绕组不能开路，否则起动时定子旋转磁场会在匝数较多的励磁绕组中感应出高电压，易使励磁绕组击穿或引起人身事故。但也不能直接短路，否则励磁绕组（相当于一个单相绕组）中的感应电流与气隙磁场相作用，将会产生显著的"单轴转矩"$T_{e(单轴)}$，使合成电磁转矩在 $1/2n_N$ 附近产生明显的下凹，如图 13-19 所示，从而使电动机的转速停滞在 $1/2n_N$ 附近而不能继续上升。为减小单轴转矩，可在励磁绕组内串接一个限流电阻，其阻值约为励磁绕组本身电阻的 5～10 倍。

牵入同步的过程是比较复杂的。当转子接近于同步转速时，磁阻转矩开始起作用，它叠加在异步转矩上，使转子转速发生振荡，如图 13-20 中加入励磁前的曲线所示，加入直流励磁后，主极将呈现出固定的极性，此时除异步电磁转矩和磁阻转矩外，主极磁场与气隙磁场相互作用，还会产生一个按转差频率作周期性振荡的同步电磁转矩。在同步电磁转矩的作用下，转子转速经过一段衰减振荡，通常即可牵入同步，如图 13-20 所示。一般来讲，负载越轻，加入直流励磁时电动机的转差越小，就越易牵入同步。若负载过重、励磁过小，或接入励磁的瞬间不当，亦可能未牵入同步。

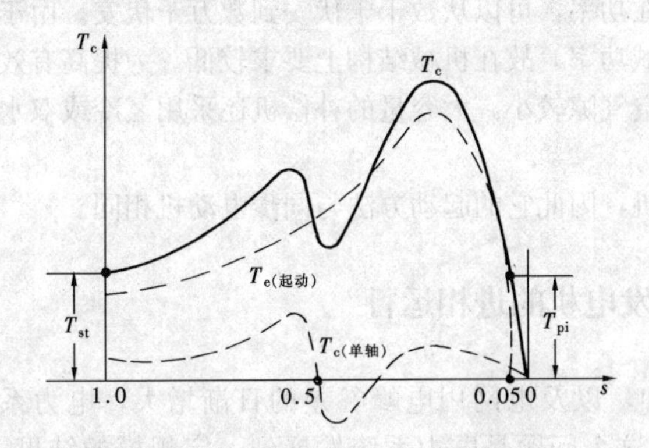

图 13-19　同步电动机异步起动时的转矩曲线

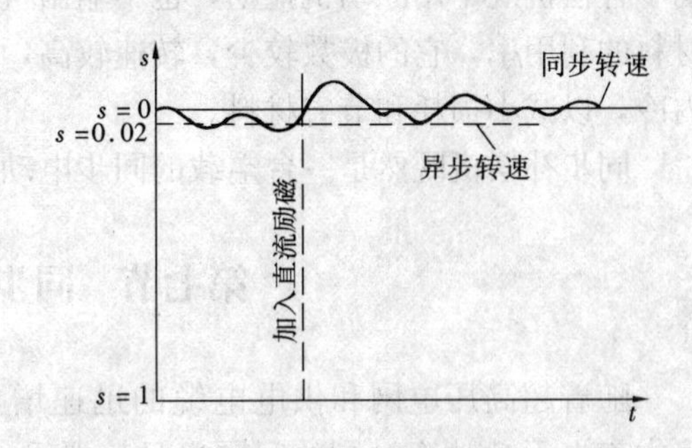

图 13-20　同步电动机牵入同步时转速的振荡

2. 其他起动方法

同步电动机亦可以用其他的辅助电动机拖动而起动，此时通常选用与同步电动机极数相同的感应电动机（容量约为主机的 10%～15%）作为辅助电动机。当辅助电动机将主机拖动到接近同步转速时，再用自整步法将主机投入电网。

在具有三相变频电源的场合，亦可以采用变频起动法。起动时，电动机的转子加上励磁，将变频电源的频率调得很低，使同步电机投入电源后定子的旋转磁场转得极慢。这样，依靠定、转子磁场之间相互作用所产生的同步电磁转矩，即可使电动机开始起动，并在很低的同步转速下运转。然后逐步提高电源的频率，使定子旋转磁场和转子的转速逐步加快，一直到额定转速为止。

三、同步补偿机

根据调节励磁即可调节同步电动机的无功电流和功率因数这一特点，可专门设计一种用以改善电网功率因数，不带任何机械负载的同步电机，这种电机称为同步补偿机（亦称为同步调相机）。

由电网所供给的电力负载中，异步电动机的数量最多。由于异步电动机本身没有直流励磁，它所需要的励磁电流必须由电网供给。因此，电网除了供给异步电动机以必要的有功功率外，还需同时供给相当数量的感性无功功率，从而使发电机的功率因数降低。功率因数太低，则发电机的容量便不能充分利用。同时，当感性无功功率通过输电线传输时，线路中的电压降和铜损耗也将大大增加。

由此可见，提高电网的功率因数在经济价值上及改善运行条件上都有着重大的意义。如果能在适当的地点将负载所需的感性无功功率就近供给，则可以避免无功功率远程输送，从而减少了线路中的损耗和电压降，减轻了发电机的无功功率负担而使它的容量能得到充分利用。在适当的地点设置同步补偿机便是解决这个问题的方法之一。当然，装设同步补偿机也要耗费一定的投资，在何种条件下值得应用同步补偿机，应由技术经济比较决定。

同步补偿机实际上就是一台在空载运行情况下的同步电动机。除了电机本身的损耗，它不从电网吸取其他的有功功率。当补偿机过励时，它将对电网供给感性无功功率（或自电网吸取电容性无功功率），这时补偿机的功能犹如电容器；当其欠励时，它将从电网吸取感性无功功率，即起着电抗器的作用。因为电网需要由同步补偿机来供给感性无功功率，所以它主要在过励状态下运行，即在电磁功率接近于零和零功率因数的情况下运行。

同步补偿机的容量是指它在过励时的视在功率，可以从数千千伏安到数万千伏安。由于同步补偿机既不用原动机拖动，也不输出机械功率，故在机械结构上要求较低。为提高有效材料的利用率，它的极数较少，转速较高，空气隙较小。大容量的补偿机还采用氢冷或双水内冷，以减小损耗和节省材料。

同步补偿机既然是一台空载的同步电动机，因此它的起动方法与同步电动机相同。

*第七节 同步发电机的进相运行

随着超高压电网和供电电缆的迅速增加，以及电网用电峰谷差的日渐增大，电力系统中充电无功功率过剩的问题也日趋严重。这个问题是电力系统发展到一定规模的结果，而且系统规模越大，这一问题也更显突出。解决这一问题的一个简单、易行、有效而又经济的措施是使系统内某些机组在系统轻载或故障时进相运行，使其在发出一定有功功率的同时，发出容性无功功率，以吸收电网中多余的感性无功功率。同步发电机的进相运行主要受以下两个方面因素的限制：其一，由于低励磁而使发电机的运行稳定度降低；其二，发电机定子铁芯等部件上的漏磁随着超前功率因数角的增大而增大，导致损耗过大，温升过高。

一、发电机进相运行时内部电磁关系分析

发电机中的磁场是定、转子绕组电流联合作用的结果，其强度与定、转子电流的大小以及磁路结构有关。如果定义某一点的磁阻为经过此点的小截面磁力管的磁阻，则就整个发电机区域而言，不同的点其磁阻是不同的。若某点对应于定、转子绕组的磁阻分别记为 R_d、

R_f，则对于 $R_d<R_f$ 和 $R_d>R_f$ 两种情况，相对应的磁通密度矢量图如图 13-21 所示。图13-21（a）中 $AD/AB=R_d/R_f$，图 13-21（b）中 $AD/AO=R_f/R_d$。图中 OA 表示电枢反应磁动势，AB 表示转子励磁磁动势。B_d、B_r、B_a 分别为按一定的比例关系所得的定、转子绕组在发电机内某点产生的磁通密度以及该点的合成磁通密度。下面来研究当电枢反应磁动势保持不变时，合成磁通密度与功率因数角 θ 之间的关系。

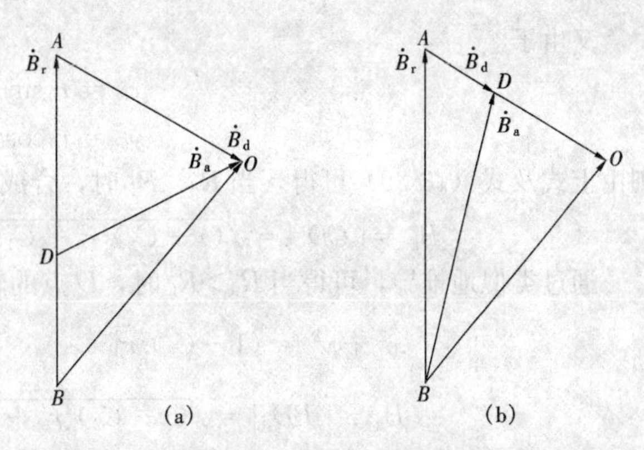

图 13-21　磁通密度矢量图

(a) $R_d<R_f$；(b) $R_d>R_f$

如图 13-22 所示，$\triangle OBA$ 为发电机的磁功势三角形。由前述可知，图13-22（a）中 OD 表示某点的合成磁通密度，图 13-22（b）中 BD 表示某点的合成磁通密度。首先研究 D 点的变化轨迹。假设 OB 长为 d，OA 长为 r_0，根据比例关系，可得 r_0、d 分别为与电枢电流 I 和发电机端电压 U 有关的数。设图 13-22（a）中，$AD/AB=R_d/R_f=C_1$，A 点坐标为（x_0，y_0），D 点坐标为（x，y），则有以下关系成立

$$\left.\begin{aligned}\frac{x+d}{x_0+d}=\frac{BD}{BA}=1-C_1\\ \frac{y}{y_0}=\frac{BD}{BA}=1-C_1\end{aligned}\right\}\tag{13-22}$$

由于保持电枢反应磁动势不变，则 A 点坐标满足

$$x_0^2+y_0^2=r_0^2\tag{13-23}$$

由式（13-22）、式（13-23）可得

$$(x+C_1d)^2+y^2=(1-C_1)^2r_0^2\tag{13-24}$$

由式（13-24）知，当 $R_d<R_f$ 时，D 点的轨迹是以点（$-C_1d$，0）为圆心，（$1-C_1$）r_0 为半径的半圆，如图 13-22（a）所示。

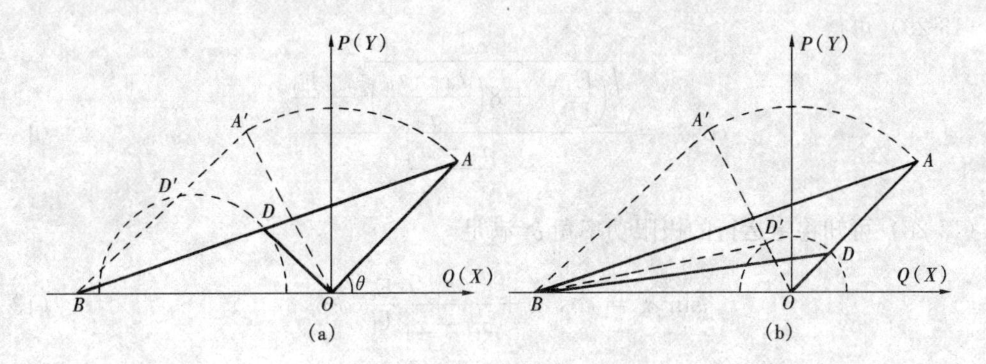

图 13-22　合成磁通密度的变化轨迹

(a) $R_d<R_f$；(b) $R_d>R_f$

又由于

$$\left.\begin{aligned} x_0 &= r_0\sin\theta \\ y_0 &= r_0\cos\theta \end{aligned}\right\}$$

则由上式及式（13-22）可得，当 $R_d < R_f$ 时，合成磁通密度 B_a 为

$$B_a = |OD| = \sqrt{(1-C_1)^2 r_0^2 + C_1^2 d^2 - 2C_1(1-C_1)r_0 d\sin\theta} \tag{13-25}$$

通过类似地推导，可得当 $R_d > R_f$ 时，D 点的轨迹方程和合成磁通密度分别为

$$x^2 + y^2 = (1-C_2)^2 r_0^2 \tag{13-26}$$

$$B_a = |BD| = \sqrt{(1-C_2)^2 r_0^2 + d^2 + 2(1-C_2)r_0 d\sin\theta} \tag{13-27}$$

上两式中，$C_2 = AD/AO = R_f/R_d$。

通过以上分析可知：

（1）在发电机由滞相运行过渡到进相运行的过程中，当发电机的电枢反应磁动势保持不变时，凡是 $R_d < R_f$ 的区域，其磁通密度将上升；凡是 $R_d > R_f$ 的区域，其磁通密度将下降。即磁通密度的变化趋势直接决定于该点的 R_d 与 R_f。

（2）磁通密度的平方值与 $\sin\theta$ 呈直线关系，对于 $R_d < R_f$ 的区域，为直线递减；对于 $R_d > R_f$ 的区域，则为直线递增。

（3）发电机进相运行时，许多部件的温升增大，是由于这些部件处在 $R_d < R_f$ 的区域，造成磁通密度上升，使得电磁损耗增大所致。

二、发电机稳定性分析

1. 单机直接与无穷大电网相连时的稳定性分析

根据前面讨论，发电机静态稳定条件为 $\dfrac{dP_M}{d\delta} > 0$，则可得

$$\frac{dP_M}{d\delta} = \frac{E_0 U}{x_d}\cos\delta + U^2\left(\frac{1}{x_q} - \frac{1}{x_d}\right)\cos 2\delta > 0 \tag{13-28}$$

极限情况下式（13-28）为 0，即

$$2U\frac{x_d - x_q}{x_d x_q}\cos^2\delta_s + \frac{E_0}{x_d}\cos\delta_s - U\frac{x_d - x_q}{x_d x_q} = 0 \tag{13-29}$$

由式（13-29）可得

$$\cos\delta_s = \frac{\sqrt{\left(\dfrac{E_0}{U}\right)^2 + 8\left(\dfrac{x_d - x_q}{x_q}\right)^2} - \dfrac{E_0}{U}}{4\dfrac{x_d - x_q}{x_q}} \tag{13-30}$$

由式（13-28）可知稳定运行的极限功率角 δ_s 满足

$$\sin^2\delta_s = \cos^2\delta_s + \frac{x_q}{x_d - x_q}\frac{E_0}{U}\cos\delta_s \tag{13-31}$$

则由式（13-31）及式（13-29）可得发电机保持稳定运行的最大有功功率为

$$P_{max} = \frac{E_0 U}{x_d}\sin\delta_s + U^2\left(\frac{1}{x_q} - \frac{1}{x_d}\right)\sin\delta_s\cos\delta_s$$

$$=U^2\left(\frac{1}{x_q}-\frac{1}{x_d}\right)\frac{\sin\delta_s}{\cos\delta_s}\left(\cos^2\delta_s+\frac{x_q}{x_d-x_q}\frac{E_0}{U}\cos\delta_s\right) \tag{13-32}$$

$$=U^2\left(\frac{1}{x_q}-\frac{1}{x_d}\right)\frac{\sin^3\delta_s}{\cos\delta_s}$$

由上面几式，可得稳定极限时的无功功率为

$$\begin{aligned}Q_s&=\frac{E_0U}{x_d}\cos\delta_s-U^2\left(\frac{1}{x_d}-\frac{1}{x_d}\sin^2\delta_s+\frac{1}{x_q}\sin^2\delta_s\right)\\&=\frac{E_0U}{x_d}\cos\delta_s-U^2\left[\frac{1}{x_d}+\left(\frac{1}{x_q}-\frac{1}{x_d}\right)\left(\cos^2\delta_s+\frac{x_q}{x_d-x_q}\frac{E_0}{U}\cos\delta_s\right)\right]\\&=-\frac{U^2}{x_d}-\frac{x_d-x_q}{x_dx_q}U^2\cos^2\delta_s\end{aligned} \tag{13-33}$$

由式（13-33）可知，稳定极限时发电机发出的无功功率必为容性的。

由式（13-30）、式（13-32）、式（13-33）可以得到单机直接与无穷大电网相连时的稳定极限角、最大有功输出功率以及相应的无功功率。

2. 考虑单机与无穷大电网实际连接时的发电机稳定性分析

实际运行中，发电机多是经过变压器和高压输电线路并入电网的，如图 13-23 所示。图中 G 表示水轮发电机，x_c 表示发电机与系统的联系电抗。

这时的相量图如图 13-24 所示，图中 δ_1 为电网电压 $\dot{U}$ 与发电机空载电动势 $\dot{E}_0$ 之间的夹角，θ_1 为电网电压 $\dot{U}$ 与电流 $\dot{I}$ 的夹角。

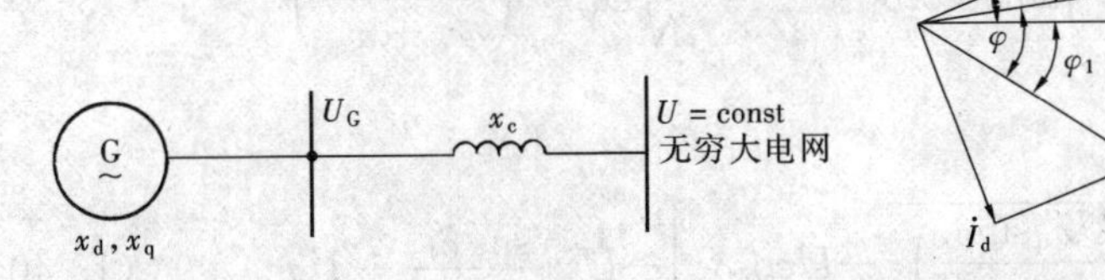

图 13-23　发电机与系统的接线图

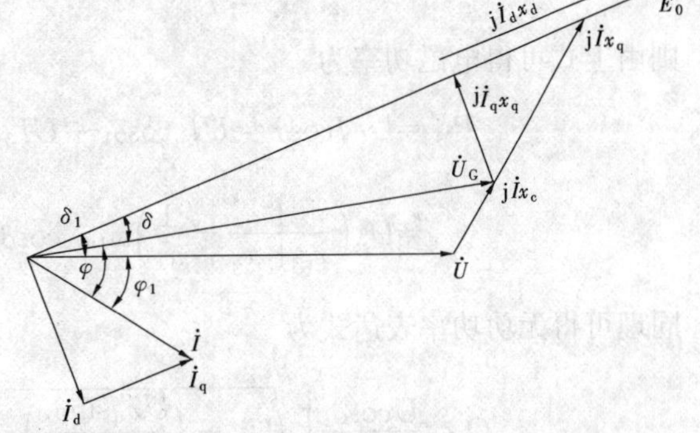

图 13-24　考虑发电机与电网实际连接时的相量图

由图 13-24 可得以电网电压与发电机空载电动势间夹角 δ_1 表示的发电机电磁功率表达式为

$$P_M=\frac{E_0U}{x_c+x_d}\sin\delta_1+U^2\frac{(x_d-x_q)}{2(x_c+x_q)(x_c+x_d)}\sin2\delta_1 \tag{13-34}$$

无功功率表达式为

$$Q=\frac{E_0U}{x_c+x_d}\cos\delta_1-U^2\left(\frac{1}{x_c+x_d}\cos^2\delta_1+\frac{1}{x_c+x_q}\sin^2\delta_1\right)+I^2x_c \tag{13-35}$$

由发电机稳定运行条件可得极限角 δ_{1s}满足

$$\cos\delta_{1s}=\frac{\sqrt{\left(\frac{E_0}{U}\right)^2+8\left(\frac{x_d-x_q}{x_c+x_q}\right)^2}-\left(\frac{E_0}{U}\right)^2}{4\,\frac{x_d-x_q}{x_c+x_q}} \tag{13-36}$$

通过推导，可得发电机稳定运行极限时的电磁功率及无功功率表达式为

$$P_{MS}=U^2\frac{x_d-x_q}{(x_c+x_q)(x_c+x_d)}\frac{\sin^3\delta_{1s}}{\cos\delta_{1s}} \tag{13-37}$$

$$Q_S=\frac{E_0U}{2(x_c+x_d)}\cos\delta_{1s}-\frac{U^2}{2}\left(\frac{1}{x_c+x_d}+\frac{1}{x_c+x_q}\right)+I^2x_c \tag{13-38}$$

由以上讨论可知：

（1）在有功输出和励磁不变情况下，发电机与系统之间的连接电抗 x_c 越大，则空载电动势与电网电压间的夹角越大，因而稳定性变差。

（2）发电机输出的有功越大，则静态稳定极限情况下的允许进相无功值越小。

3. 计及励磁调节器作用时的发电机稳定性分析

因励磁调节器随发电机端电压变化能自动地改变空载电动势 E_0，以维持机端电压 U_G 保持不变，另外无穷大电网电压 U 和频率 f 均可认为是常数，则由图 13-24 可知

$$\left.\begin{aligned}U\sin\delta_1&=I_q(x_c+x_q)\\U_G^2&=(U\cos\delta_1+I_dx_c)+(I_qx_q)^2\end{aligned}\right\}$$

故可得

$$I_q=\frac{U\sin\delta_1}{x_c+x_q},\ I_d=\frac{\sqrt{U_G^2-\left(\dfrac{Ux_q\sin\delta_1}{x_c+x_q}\right)^2}-U\cos\delta_1}{x_c}$$

则由上式可得电磁功率为

$$\begin{aligned}P_M&=U_GI\cos\theta=UI_q\cos\delta_1+UI_d\sin\delta_1\\&=U^2\left(\frac{1}{x_c+x_q}-\frac{1}{x_c}\right)\sin\delta_1\cos\delta_1+\frac{U\sin\delta_1}{x_c}\sqrt{U_G^2-\left(\frac{Ux_q\sin\delta_1}{x_c+x_q}\right)^2}\end{aligned} \tag{13-39}$$

同理可得无功功率表达式为

$$Q=\frac{U\cos\delta_1}{x_c}\left[\sqrt{U_G^2-\left(\frac{Ux_q\sin\delta_1}{x_c+x_q}\right)^2}-U\cos\delta_1\right]-U^2\frac{\sin^2\delta_1}{x_c+x_q}+I^2x_c \tag{13-40}$$

分别利用式(13-34)、式(13-39)计算了 SF125-96/1560 型水轮发电机的功角特性，见图 13-25 中曲线 1、2 所示。曲线 1 表示考虑发电机与系统的连接电抗，并保持励磁恒定时的发电机功角特性，曲线 2 表示计及连接电抗及自动励磁调节器作用时，发电机的功角特性。从此图中可以看出，当 $E_0=\text{const}$ 时，最大有功功率出现在 $\delta_1\approx84°$时；当 $U_G=\text{const}$ 时，最大有功功率出现在 $\delta_1\approx122°$时。另外，计及自动励磁调节器作用时，有功功率极值也有较大幅度的增加。由此可见，在发电机作进相运行时，投入自动励磁调节器，可以大大改善发电机的运行稳定性。

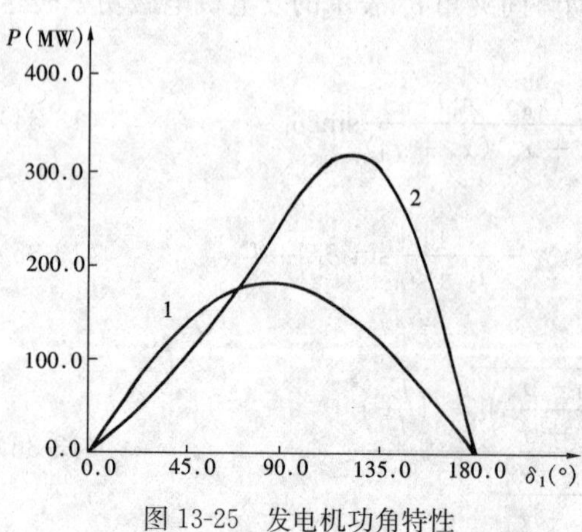

图 13-25 发电机功角特性

三、发电机安全进相运行分析

根据上述讨论，通过电磁场、温度场、发电机稳定性的计算结果，可以得到发电机的安全运行范围。图 13-26 为 SF125-96/1560 型水轮发电机额定电压时的 $P-Q$ 容量图。

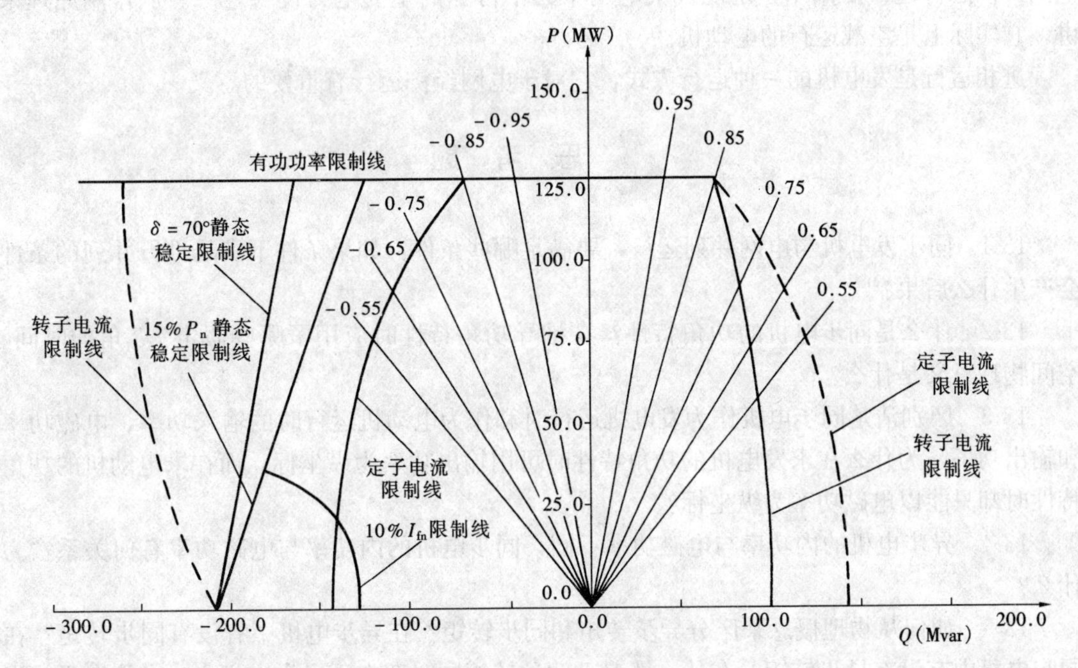

图 13-26　额定电压下，SF125-96/1560 型水轮发电机 $P-Q$ 容量图

由此图可以看出，SF125-96/1560 型水轮发电机的进相运行主要受静态稳定性和电流以及有功功率额定值的限制，温升并不是主要的限制因素。另外，实际运行中的发电机都是经过变压器和输电线路与电网相连，这样使得发电机进相运行时会造成厂用电电压下降，且进相深度越深，电压下降越多，故发电机的进相运行还受到厂用电电压下降的限制。

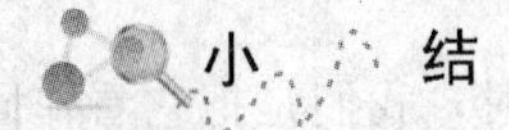

小　结

本章讨论了同步发电机并联运行的原理和操作条件，并入电网后的有功功率和无功功率的调节方法，以及静态稳定和动态稳定的概念。本章所讨论的内容都是针对无穷大电网的。所谓无穷大电网，是指该电网的电压和频率保持不变。

并入电网运行的主要特性是功角特性，功指的是电机的功率，角指的是电机电动势 $\dot{E}_0$ 与电网电压 $\dot{U}$ 之间的相位角。用它可以分析同步电机并入网后的有功功率和无功功率的调节方法。功角特性也是研究电力系统的基本公式之一。

静态稳定和动态稳定是一个很重要的概念。用以研究同步电机在电力系统中运行的稳定性。

同步发电机和同步电动机均投入电网运行，所不同的是功率流向，发电机向电网输出有功功率，电动机从电网输入有功功率。在分析电动机理论时，为了公式统一，本书一律按发电机列出方程，而以电流流向电网作为电流正方向。在相量图中，发电机运行表现为 $\dot{E}_0$ 超前于$\dot{U}$，功率角为正值。电动机运行表现为$\dot{E}_0$滞后于$\dot{U}$，功率角δ为负值。

同步补偿机称同步调相机，接在电网上专门用于无功功率调节，对改善电网功率因数及电网经济运行起重要作用，是现代大电网中必不可少的主要电力设备之一。从作用原理来讲，它实际上是空载运行的电动机。

进相运行是发电机的一种运行方式，它对于电网经济运行有重要的意义。

思 考 题

13-1 同步发电机与电网并列运行，要满足哪些条件？如果条件不满足进行并列的条件会产生什么后果？

13-2 什么是同步电机的功角特性？在推导功角特性时应用了哪些假定？δ角的时间、空间物理意义是什么？

13-3 区别清楚同步电机作为发电机运行时和作为电动机运行时的输入功率、电磁功率和输出功率。为什么在求发电机的功角特性时可用输出功率为纵坐标，而在求电动机的功角特性时却只能以电磁功率为纵坐标？

13-4 异步电机的内功率与电磁功率不同，同步电机的内功率与电磁功率有何关系？为什么？

13-5 如何从物理概念来区分异步转矩和同步转矩？在异步电机中有没有同步转矩？在同步电机中有没有异步转矩？在什么情况下两种转矩同时存在于一台电机中？在从电磁功率求电磁转矩时，对两种电机却应用相同的公式，为什么？

13-6 在求凸极机的电磁功率时，为什么$P_M \neq E_0 I\cos\psi$？在什么情况下$E_0 I\cos\psi$将较电磁功率为大？在什么情况下$E_0 I\cos\psi$将较电磁功率为小？两者之差代表什么？

13-7 在隐极电机中，定子电流和定子磁场不能相互作用而产生转矩，但在凸极式电机中，定子电流和定子磁场却能相互作用而产生转矩，为什么？磁阻转矩应该看作是同步转矩还是异步转矩？为什么？

13-8 在作同步电动机相量图时，我们是把它看作同步发电机来处理的，试直接应用电动机的电压方程式，重作同步电动机在过励状态下与欠励状态下的相量图。为何可从相量$\dot{E}_0$和$\dot{U}$的相对相角关系确定同步电机是在发电机状态下运行或在电动机状态下运行？

13-9 同步电机的电枢电流是交流电，那么，在作同步电动机相量图时，我们说“I为自同步电机流向电网的电流”应如何理解？

13-10 比较在下列情况下同步电机的稳定性：

（1）当有较大的短路比或较小的短路比时；

（2）在过励状态下或在欠励状态下运行时；

（3）在轻载状态下或在满载状态下运行时；

（4）直接接至电网或通过外电抗接至电网时。

13-11 试为同步补偿机作一相量图。该机本身的损耗如何供给？

13-12 何谓进相运行？同步发电机进相运行时对发电机和系统将会产生哪些影响？

习　题

13-1　设有一台隐极式同步发电机，电枢电阻可以略去不计，同步电抗的标幺值 $x_{s*}=1.0$。端电压 U 保持在额定值不变。试求在下列情况下空载电动势 E_0 的标幺值和电压调整率。

(1) 当负载电流有额定值且功率因数为 1 时；

(2) 当负载电流有 90%额定值且功率因数为 0.85（滞后）时；

(3) 当负载电流有 90%额定值且功率因数为 0.85（超前）时。

每一种情况下的功角 δ 为多少度？

13-2　设有一台凸极式同步发电机接在电网上运行，电网电压保持在额定值不变。该发电机的同步电抗的标幺值为 $x_{d*}=1.0$，$x_{q*}=0.6$，电阻可以略去不计。试求在下列情况下空载电动势 E_0 的标幺值和电压调整率：

(1) 当负载电流有额定值且功率因数为 1 时；

(2) 当负载电流有 90%额定值且功率因数为 0.85（滞后）时；

(3) 当负载电流有 90%额定值且功率因数为 0.85（超前）时。

求出每一种情况功角 δ 的值，并写出功角关系的表达式。

13-3　设一台三相、星形连接的 24000kVA 水轮发电机，额定线电压 $U_N=10.5\text{kV}$，每相同步电抗 $x_d=5.0\Omega$，$x_q=2.76\Omega$，电枢电阻可以略去不计。

(1) 调节励磁使空载电动势 E_0 的标幺值为 1.5。写出功角关系的表示式（各种数量都用标幺值表示）；

(2) 根据功角关系的表示式，求出当该发电机供给 20MW 至电网时的位置角 δ；

(3) 求出在这一运行情况下该发电机供给至电网的无功功率；

(4) 求出当 E_0 的标幺值保持在 1.5 时，该发电机所能供给的最大功率。

13-4　设有两台相同的隐极式同步电机，一台用作发电机，供给另一台电动机。电动机拖动一机械负载，其功率为同步电机额定功率的 50%，同步电机的电枢电阻及各种损耗可以略去不计，同步电抗的标幺值为 $x_{s*}=1.0$，接线图如图 13-27 所示。试完成：

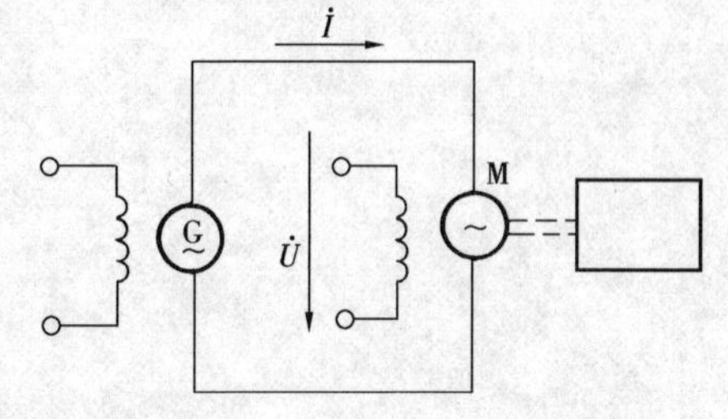

图 13-27　习题 13-4 的接线图

(1) 如把端电压 U 保持在额定值，并把发电机的励磁调节到使它的空载电动势标幺值等于 1.2，求电动机空载电动势的标幺值；

(2) 现在如把发电机的励磁减小，使它的空载电动势的标幺值下降至 1.1. 并保持电动机的励磁及输出机械功率不变，求此时的端电压。

13-5　试证明隐极式同步电机的无功功率的功角关系式为 $Q=UI\sin\theta=\dfrac{E_0U}{X_S}\cos\delta-\dfrac{U^2}{X_S}$（略去电枢电阻）。

13-6　设有一台同步电动机在额定电压下运行，且由电网吸收一功率因数为 0.8（超前）的额定电流，该电动机的同步电抗标幺值为 $x_{d*}=1.0$，$x_{q*}=0.6$。试求该电动机的空

载电动势 E_0 和功角 δ。指出该电动机是在过励状态下运行还是在欠励状态运行？

13-7 设有一台三相、星形连接，400V、50Hz、80kVA、1000r/min 同步电动机。同步电抗的标幺值为 $x_{d*}=1.106$，$x_{q*}=0.76$，电枢电阻可以略去不计。外面的负载情况要求该机发出的电磁转矩为 600N·m。试求：

(1) 当 $U_*=1.0$，$E_{0*}=1.2$ 时的输入电流及其功率因数；

(2) 当 $U_*=1.0$，$E_{0*}=1.4$ 时的输入电流及其功率因数；

(3) 当 $U_*=1.0$，$E_{0*}=0.9$ 时的输入电流及其功率因数。

第十四章

同步发电机的不对称运行

第一节　同步电机各序阻抗与等效电路

在一般情况下，电力系统的负载是三相对称的。但是，在运行中无论是电力系统或发电机本身的三相对称状态，有时会因系统运行需要或不对称短路而被破坏。此时，就会出现使发电机工作在三相电流或电压不对称的状态下。不对称运行将给同步发电机带来不利的影响，因而有必要来研究同步发电机不对称运行的分析方法以及所带负载的容许不对称程度。

分析同步发电机不对称运行的基本方法与分析异步电机不对称运行的方法基本是一样的，通常采用对称分量法。应用对称分量法，可以将发电机不对称的三相电压、电流及其所激励的磁动势分解为正序分量、负序分量和零序分量，然后对各个分量分别建立的端点方程式和相序方程式，求解各序分量并研究各序分量分别产生的效果，最后将它们叠加起来，就得出实际不对称运行的结果和影响。实践证明，在不计饱和时，上述方法所求得的结果，特别是对于基波分量而言，基本上是正确的。

在不对称运行时，同步发电机的空气隙磁场为一椭圆形旋转磁场，即除了正序旋转磁场以外，尚有负序旋转磁场。因为它们的旋转方向不同，所以转子回路的反应也各不相同，对不同相序的电流，同步电机呈现的电抗也就有不同的数值。

当同步电机对称运行时，定子电流为一稳定的对称三相电流，实际上为一组正序分量，它们所产生的旋转磁场（即正序旋转磁场）和转子之间没有相对运动，这个磁场并不能在转子绕组中产生感应电动势，这个电流所遇到的电抗便是同步电抗。故同步电机的正序电抗即系同步电抗，即 $x_{+}=x_{s}$。

不对称运行时，负序电流所产生的负序旋转磁场以同步转速向着和转子转向相反的方向旋转，即该磁场将以两倍同步转速载切转子绕组，将在转子绕组中感应一个两倍于电源频率的交变电流。对于负序旋转磁场而言，转子绕组的作用为一短路绕组，致使负序电流所遇到的便不再是同步电抗，而是另一个电抗 x_{-}，称它为**负序电抗**，其数值远较同步电抗为小。

负序旋转磁场在转子励磁绕组和阻尼绕组中所感应的两倍频率的交变电流，将引起附加的铜损耗；负序旋转磁场还将在转子表面产生涡流，从而引起附加表面损耗。这些损耗都将使转子温升提高。此外，负序旋转磁场还将在转子轴和定子机座引起振动。

根据我国《发电机运行规程》规定：①在额定负载连续运行时，汽轮发电机三相电流之差，不得超过额定值的 10%；水轮发电机和同步补偿机的三相电流之差，不得超过额定值的 20%，同时任一相的电流不得大于额定值。②在低于额定负载连续运行时，各相电流之差可以大于上面所规定的数值，但应根据试验确定。

当零序电流流过定子绕组时，由各相零序电流所产生的三个脉动磁动势，其幅值相等，时间上同相，而三者在空间各相隔120°电角度，因此三相零序基波合成磁动势恰相互抵消，不形成气隙互磁通，只存在一漏磁场，数值一般很小。零序电路所遇到的电抗为带有漏抗性质的**零序电抗**，用 x_0 代表，x_0 较 x_- 更小。

一、正序阻抗

在稳定状态下，同步电机的正序阻抗 Z_+ 就是同步电抗。对于隐极机

$$Z_+ = r_+ + jx_+ = r_a + jx_s \tag{14-1}$$

对凸极式同步机，由于气隙不均匀，仍应用双反应理论，正序电流所遇到的阻抗为直轴同步阻抗和交轴同步阻抗。由于电枢电阻比同步电抗小得多，因此，短路时电枢电流的正序分量基本上为一纯感性的电流，$\psi \approx 90°$，即 $I_+ \approx I_{+d}$，而 $I_{+q} \approx 0$。此时，$x_+ = x_d$。

二、负序阻抗

假设同步电机的转子绕组也为一对称多相绕组，例如对称两相绕组。当然，这一假设与事实不尽符合，但由于阻尼绕组的作用衷及整块铁芯转子的阻尼作用，也可认为沿着交轴存在着某一等效的短路绕组，故以上的假设可认为是近似符合的。因此，同步电机的情况便和异步电机相同。因为，负序电流产生的反向气隙旋转磁场对正向旋转的转子而言，有两倍的相对同步转速，从电磁关系来看，此刻的同步电机恰如一台转差率 $s=2$ 的异步电动机。因此可用$s=2$的异步电动机等效电路来表示同步电机负序阻抗网络，如图14-1（a）所示。根据该图可算出 $Z_- = r_- + jx_-$。可见负序电阻是 Z_- 的电阻分量，不只是电枢绕组的每相电阻。通常电阻的数值很小，在分析负序阻抗时可将电阻忽略不计。于是得负序电抗的网络如图14-1（b）所示。由图14-1（b）可得

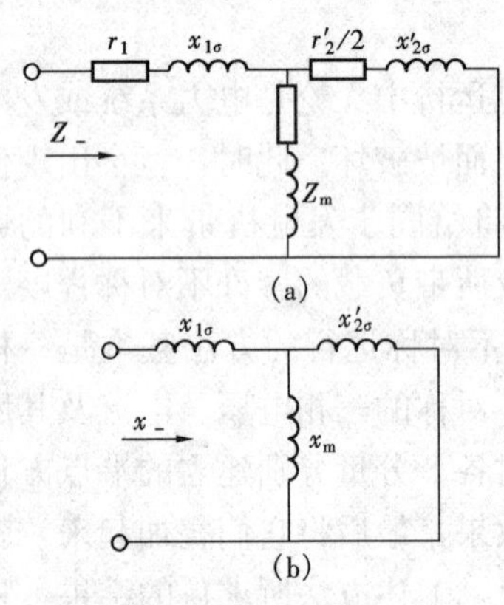

图14-1　同步发电机负序电抗网络

(a) 计入电阻；(b) 略去电阻

$$x_- = x_{1\sigma} + \frac{x'_{2\sigma} x_m}{x'_{2\sigma} + x_m} \tag{14-2}$$

当负序旋转磁场对比转子漏磁通为很大时，即 $x_m \gg x'_{2\sigma}$，则式（14-2）可以化为

$$x_- = x_{1\sigma} + x'_{2\sigma} \tag{14-3}$$

此时负序电抗即为定子漏抗与转子漏抗之和。另一种极限情况，即当同步电机有很强的阻尼系统时，负序旋转磁场将被转子感应电流所产生的去磁磁动势所抵消，式（14-2）便化作

$$x_- = x_{1\sigma} \tag{14-4}$$

此时负序电抗便和定子漏抗相等。在有整块转子的汽轮发电机中，便很接近于这种情况。

严格说来，由于转子上的励磁绕组为单相绕组，阻尼绕组也不是完全对称的绕组，因此对称分量法不能无条件地应用。在定子端点上的负序电压与流过定子绕组的负序电流决不能都有正弦波形。**负序电抗应为负序端电压的基波分量与定子绕组的负序电流的基波分量之比。**负序电抗的数值和负载情况有关，在各种不同的短路情况下，负序电抗的数值也各不相同。

凸极式同步电机的阻尼作用一般较差，负序磁场便可能较强。当负序磁场反向旋转时，将依次掠过直轴和交轴，负序磁动势的轴线时而与转子直轴重合，时而与交轴重合。由于沿着两轴的磁阻不同，阻尼作用也不相同，负序磁场的振幅便将不断变化，相应的负序电抗数

值也将不断变化。对转子上无阻尼绕组的凸极同步电机，负序电抗将在图 14-2 中的 x_{-d} 和 x_{-q} 之间交变。

负序电抗的数值范围大致如下：汽轮发电机的负序电抗平均值为 0.155，装有阻尼绕组的水轮发电机的负序电抗平均值为 0.24，没有阻尼绕组的水轮发电机的负序电抗平均值为 0.42。以上数值均系标幺值。

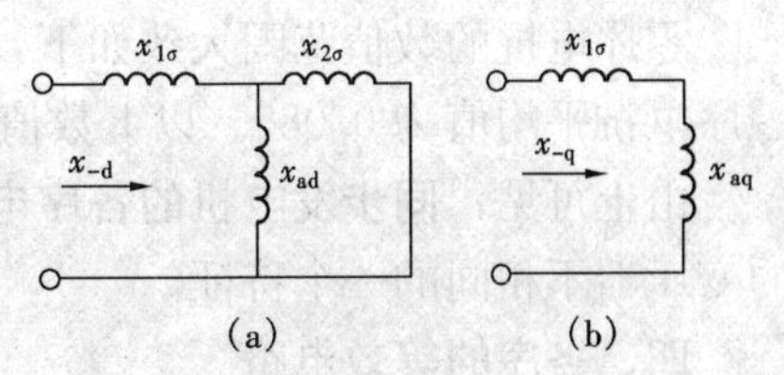

图 14-2　无阻尼绕组时凸极同步电机负序阻抗的网络

(a) 直轴网络；(b) 交轴网络

测定负序电抗的方法之一，是在定子绕组端点外施一适当降低的三相对称电压，受试电机的转子由原动机带动，且以同步转速旋转，但其转向应与定子磁场的旋转方向相反。励磁绕组应被短接。电压表、电流表和功率表的连接方法，和平常在三相线路中作测量时相同。根据各电表的读数，便可求出负序电阻和电抗。

必须指出，负序电阻的数值比定子绕组的电阻为大，因为它除了包含电枢绕组的每相电阻外，还包含由定子供给转子损耗的等效电阻。

三、零序阻抗

当大小相等、相位相同的零序电流流过三相对称的电枢绕组时，将产生三个脉动磁场，它们的振幅和相位均相同，但在空间则有 120°电角度的相位差。根据基本三角关系，可知这样三个脉动磁场的基波分量的合成磁场为零，即零序电流不形成基波旋转磁场。因此，零序电流只产生漏磁通，相应的零序电抗具有漏抗的性质。

零序电流所产生的漏磁通与正序电流所产生的漏磁通不同，它们之间的差别要依绕组的型式而定。对于单层绕组和整距双层绕组而言，在每一槽中的电流都属于同一相，零序漏磁通便和正序漏磁通相同。对于短距双层绕组而言，在一部分槽中，上层圈边和下层圈边分别属于不同的两相，当有正序电流流过时，合成的槽内电流为相邻两相电流的相量差。当有零序电流流过时，上下层电流大小相等方向相反，槽内合成电流为零。因而双层短距绕组的零序漏磁通较正序漏磁通为小，也就是说零序漏抗小于正序漏抗。

当定子绕组中流过零序电流时，除了产生漏磁通以外，还必须考虑它所产生的 3 次及 3 的倍数次空间谐波磁动势。这些磁动势不仅在时间上各个同相，而且在空间轴上也各个同相，将合成空间 3 次及 $3n$ 次谐波脉动磁动势（$n=1$，2，…）。在凸极机中，当这些磁动势的磁轴与转子直轴重合时，磁阻最小，所得的磁通为最大；当这些磁动势的磁轴与转子交轴重合时，磁阻最大，所得的磁通为最小。故零序电抗将由于这些谐波磁场的影响，数值随着转子位置的变化而稍有脉动，即随着转子位置的不同有 3 倍和 $3n$ 倍于基波频率的周期变化。

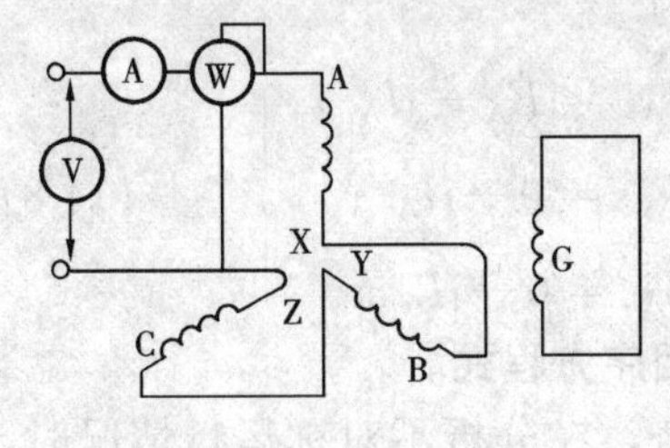

图 14-3　测定零序电抗的接线图

为测定零序电抗，可用图 14-3 所示的接线图，将定子绕组串联连接，然后在端点上外施一适当电压的单相交流电源，使流入的电流（即零序电流）数值等于额定电流。电源电压应有额定频率。同步电机的转子由原动机带动，使它以同步转速旋转，励磁绕组应被短接，使在进行试验时的情况尽可能符合实际情况。零序阻抗即可根据电压表、电流表及功率表的读数求出。

因为零序电流主要产生漏磁通，不与转子键链，所以零序电阻就是电枢绕组的每相电阻。此外，也基于零序磁场的这个特性，测定零序电抗时，可在转子不动的情况下进行。如要计及其谐波磁场的影响，则应使转子有不同的位置，取下不同位置时的读数，然后取其平均值。

零序电抗的数值范围大致如下：汽轮发电机的零序电抗平均值为 0.056，水轮发电机的零序电抗平均值为 0.085。以上数值均系标幺值。

由上可见，**同步发电机的各序电抗是不相同的**，$x_{+}>x_{-}>x_{0}$。这也是旋转电机和静止的变压器不相同的一个特征。

四、各序的等效电路

根据以上分析，不难写出各序的基本方程式和等效电路。同步发电机对称运行时的电动势方程式为

$$\dot{U}=\dot{E}_{0}-\dot{I}Z_{s} \tag{14-5}$$

式中 $\dot{E}_{0}$——空载电动势；

Z_{s}——同步阻抗。

由于三相是对称的，所以只要写出一相的方程式即可。

当发电机不对称运行时，上列基本方程式将根据对称分量法改写为正序、负序和零序三个基本方程式，方程式中各个量值均为各序的数值。因为对各序来说，它们都是对称三相系统，故各序的基本方程式也只需写出一相便足够。下面以 A 相为例，为了避免空载电动势的符号与零序的符号相混淆，A 相的空载电动势用 E_{A} 表示，并分别以 E_{A+}、E_{A-}、E_{A0} 表示 A 相的正序、负序和零序空载电动势。

同步发电机的转向是由原动机所固定的，转子磁场只能在电枢绕组中感应相序为 A、B、C 的正序电动势，而不会感应负序电动势或零序电动势，即有

$$\left.\begin{aligned}\dot{E}_{A+}&=\dot{E}_{A}\\ \dot{E}_{A-}&=\dot{E}_{A0}=0\end{aligned}\right\} \tag{14-6}$$

于是同步发电机各序的基本方程式为

$$\left.\begin{aligned}\dot{U}_{A+}&=\dot{E}_{A}-\dot{I}_{A+}Z_{+}\\ \dot{U}_{A-}&=0-\dot{I}_{A-}Z_{-}\\ \dot{U}_{A0}&=0-\dot{I}_{A0}Z_{0}\end{aligned}\right\} \tag{14-7}$$

图 14-4 便是和各序基本方程式（14-7）相对应的各序等效电路。

如果不计各序阻抗中的电阻，则方程式（14-7）可改写为

$$\left.\begin{aligned}\dot{U}_{A+}&=\dot{E}_{A}-j\dot{I}_{A+}x_{+}\\ \dot{U}_{A-}&=0-j\dot{I}_{A-}x_{-}\\ \dot{U}_{A0}&=0-j\dot{I}_{A0}x_{0}\end{aligned}\right\} \tag{14-8}$$

这便是所谓**相序方程式**。

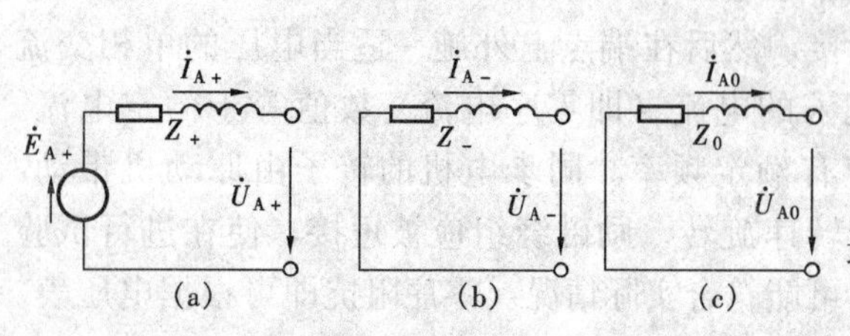

图 14-4 同步发电机的各序等效电路

(a) 正序；(b) 负序；(c) 零序

一般而言，在分析不对称运行情况时，空载电动势和各序阻抗是已知的，待求量是各相的电流和电压。由式（14-8）可见，未

知量是6个。为此必须按不对称运行的具体情况列出端点方程式。3个相序方程式和3个端点方程式共6个独立方程式，便可以求出$\dot{U}_{A+}$、$\dot{U}_{A-}$、$\dot{U}_{A0}$、$\dot{I}_{A+}$、$\dot{I}_{A-}$、$\dot{I}_{A0}$ 6个未知量，最后依对称分量法的基本关系式，求出各相的电流和电压，即

$$\left.\begin{aligned}\dot{I}_A &= \dot{I}_{A0} + \dot{I}_{A+} + \dot{I}_{A-}\\ \dot{I}_B &= \dot{I}_{A0} + a^2\dot{I}_{A+} + a\dot{I}_{A-}\\ \dot{I}_C &= \dot{I}_{A0} + a\dot{I}_{A+} + a^2\dot{I}_{A-}\end{aligned}\right\}\tag{14-9}$$

和

$$\left.\begin{aligned}\dot{U}_A &= \dot{U}_{A0} + \dot{U}_{A+} + \dot{U}_{A-}\\ \dot{U}_B &= \dot{U}_{A0} + a^2\dot{U}_{A+} + a\dot{U}_{A-}\\ \dot{U}_C &= \dot{U}_{AC} + a\dot{U}_{A+} + a^2\dot{U}_{A-}\end{aligned}\right\}\tag{14-10}$$

由于现代电力系统的规模很大，在正常运行时负载电流的严重不对称是不常见的。具有实际意义的不对称运行情况为故障状态，如单相接地短路、两相短路和两相接地短路等。下面就利用这种方法对典型的不对称短路进行对称分量分析，求解短路的电压和电流。

第二节　同步发电机的单相稳定短路

电力系统中的短路故障，其整个过程一般分为两个阶段：第一个阶段称为**突然短路**，是一个暂态过程；第二个阶段为**稳态短路**。自短路故障开始瞬间起，到所出现的巨大冲击电流衰减完毕，为第一阶段，它所经历的时间很短，一般只有零点几秒到几秒。冲击电流衰减完以后就属第二个阶段。前面分析过的三相对称短路就是稳态短路，下面仍先讨论各种不对称的稳定短路，突然短路过程将在下一章讨论。

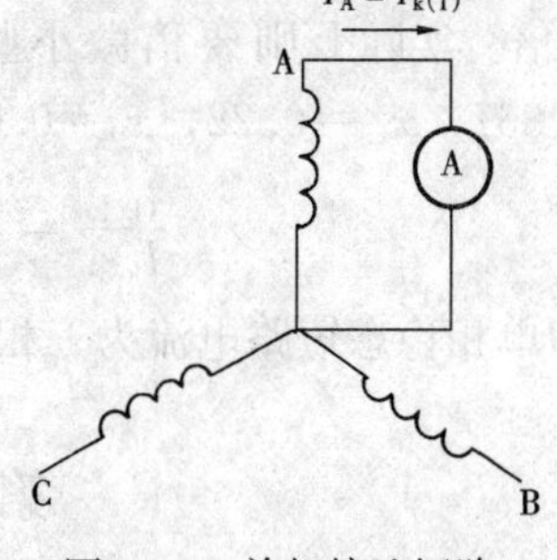

图14-5　单相接地短路

同步发电机单相接地短路的线路图如图14-5所示。令$I_{k(1)}$表示单相短路电流，按端点情况，可以写出下列端点方程式

$$\left.\begin{aligned}\dot{U}_A &= 0\\ \dot{I}_B &= 0\\ \dot{I}_C &= 0\end{aligned}\right\}\tag{14-11}$$

将以上各式的数量用相应的对称分量表示，并加以简化后，可得

$$\left.\begin{aligned}&\dot{I}_{A0} = \dot{I}_{A+} = \dot{I}_{A-} = \frac{1}{3}\dot{I}_A = \frac{1}{3}\dot{I}_{k(1)}\\ &\dot{U}_{A0} + \dot{U}_{A+} + \dot{U}_{A-} = 0\end{aligned}\right\}\tag{14-12}$$

不计电枢电阻，将式（14-8）中的三个方程式相加，并代入式（14-12）所示的关系，便得

$$\dot{E}_A - \mathrm{j}\dot{I}_{A+}(x_+ + x_- + x_0) = 0\tag{14-13}$$

故

$$\dot{I}_{A+} = \frac{\dot{E}_A}{\mathrm{j}(x_+ + x_- + x_0)}\tag{14-14}$$

由此得单相短路电流为

$$\dot{I}_{\mathrm{A}} = \dot{I}_{\mathrm{k(1)}} = \frac{3\dot{E}_{\mathrm{A}}}{\mathrm{j}(x_{+} + x_{-} + x_{0})} \tag{14-15}$$

将各序电流的表示式代入相序方程式（14-8）中，有

$$\left.\begin{aligned}
\dot{U}_{\mathrm{A+}} &= \dot{E}_{\mathrm{A}} - \mathrm{j}\frac{\dot{E}_{\mathrm{A}}}{\mathrm{j}(x_{+}+x_{-}+x_{0})}x_{+} = \frac{\dot{E}_{\mathrm{A}}(x_{-}+x_{0})}{x_{+}+x_{-}+x_{0}} \\
\dot{U}_{\mathrm{A-}} &= -\mathrm{j}\frac{\dot{E}_{\mathrm{A}}}{\mathrm{j}(x_{+}+x_{-}+x_{0})}x_{-} = \frac{-\dot{E}_{\mathrm{A}}x_{-}}{x_{+}+x_{-}+x_{0}} \\
\dot{U}_{\mathrm{A0}} &= -\mathrm{j}\frac{\dot{E}_{\mathrm{A}}}{\mathrm{j}(x_{+}+x_{-}+x_{0})}x_{0} = \frac{-\dot{E}_{\mathrm{A}}x_{0}}{x_{+}+x_{-}+x_{0}}
\end{aligned}\right\} \tag{14-16}$$

最后可写出 B、C 相的电压表示式为

$$\dot{U}_{\mathrm{B}} = a^{2}\dot{U}_{\mathrm{A+}} + a\dot{U}_{\mathrm{A-}} + \dot{U}_{\mathrm{A0}} = \frac{\dot{E}_{\mathrm{A}}}{x_{+}+x_{-}+x_{0}}[x_{-}(a^{2}-a) + x_{0}(a^{2}-1)] \tag{14-17}$$

$$\dot{U}_{\mathrm{C}} = a\dot{U}_{\mathrm{A+}} + a^{2}\dot{U}_{\mathrm{A-}} + \dot{U}_{\mathrm{A0}} = \frac{\dot{E}_{\mathrm{A}}}{x_{+}+x_{-}+x_{0}}[x_{-}(a-a^{2}) + x_{0}(a-1)] \tag{14-18}$$

由于负序电抗和零序电抗要比正序电抗小得多，由式（14-15）可见，单相短路电流远大于三相短路电流。如将负序电抗和零序电抗略去，则单相短路电流将高达三相短路电流的 3 倍。实际上则要稍微小些，例如某台 125MW 汽轮发电机的各序电抗标幺值为 $x_{+}=1.867$，$x_{-}=0.22$，$x_{0}=0.069$，则有

$$\frac{I_{\mathrm{k(1)}}}{I_{\mathrm{k(3)}}} = \frac{3x_{+}}{x_{+}+x_{-}+x_{0}} = \frac{3\times 1.867}{1.867+0.22+0.069} = 2.6$$

即单相稳态短路电流为三相稳态短路电流的 2.6 倍。

第三节　同步发电机的两相稳定短路

和单相接地短路一样，假设正常的相开路，其电流为零，则两相短路的情况如图 14-6 所示。令 B 相和 C 相直接短接，而在分解为对称分量时，则仍以 A 相的数量为标准，并以 $I_{\mathrm{k(2)}}$ 表示两相短路电流。

按图 14-6 的端点情况可以写出下列端点方程

$$\left.\begin{aligned}
\dot{I}_{\mathrm{A}} &= 0 \\
\dot{U}_{\mathrm{B}} &= \dot{U}_{\mathrm{C}} \\
\dot{I}_{\mathrm{B}} &= -\dot{I}_{\mathrm{C}} = \dot{I}_{\mathrm{k(2)}}
\end{aligned}\right\} \tag{14-19}$$

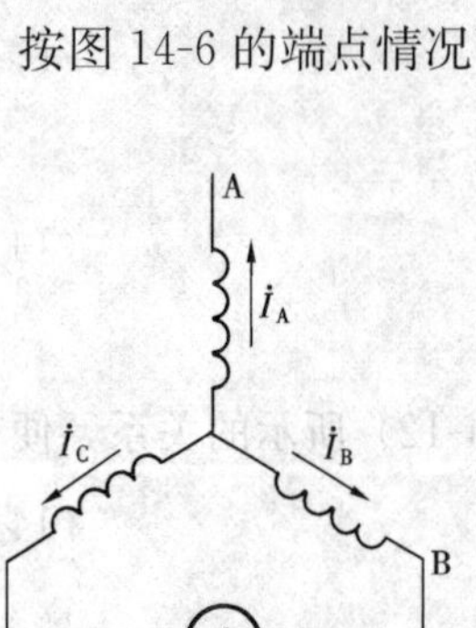

图 14-6　两相短路

分解为对称分量并加以化简后，便得

$$\left.\begin{aligned}
\dot{U}_{\mathrm{A+}} &= \dot{U}_{\mathrm{A-}} \\
\dot{I}_{\mathrm{A+}} + \dot{I}_{\mathrm{A-}} &= 0
\end{aligned}\right\} \tag{14-20}$$

因为没有中性线连接，故在短路电流中没有零序分量，即

$$\begin{aligned}\dot{I}_{A0} &= 0 \\ \dot{U}_{A0} &= 0\end{aligned} \tag{14-21}$$

将式（14-20）、式（14-21）代入各序基本方程式（14-8），求解得 $\dot{I}_{A+}$ 和 $\dot{I}_{A-}$ 为

$$\dot{I}_{A+} = -\dot{I}_{A-} = \frac{\dot{E}_A}{j(x_+ + x_-)} \tag{14-22}$$

B 相电流的对称分量为

$$\left.\begin{aligned}\dot{I}_{B+} &= a^2\dot{I}_{A+} = \frac{a^2\dot{E}_A}{j(x_+ + x_-)} \\ \dot{I}_{B-} &= a\dot{I}_{A-} = -\frac{a\dot{E}_A}{j(x_+ + x_-)}\end{aligned}\right\} \tag{14-23}$$

故得两相短路电流为

$$\dot{I}_{k(2)} = \dot{I}_B = \dot{I}_{B+} + \dot{I}_{B-} = -\frac{\sqrt{3}\dot{E}_A}{x_+ + x_-} \tag{14-24}$$

式中，负号表示流过 B 相的短路电流与 A 相的空载电动势 $\dot{E}_A$ 反相。

两相短路电流也比三相短路电流大。仍以上节所列电机为例，可算得 $I_{k(2)}$ 为 $I_{k(3)}$ 的 1.55 倍。

下面再分析两相短路时的电压情况，将 $\dot{I}_{A+}$、$\dot{I}_{A-}$ 代入式（14-8），并加以整理

$$\left.\begin{aligned}\dot{U}_{A+} &= \frac{\dot{E}_A x_-}{x_+ + x_-} \\ \dot{U}_{A-} &= \frac{\dot{E}_A x_-}{x_+ + x_-}\end{aligned}\right\} \tag{14-25}$$

故正常相 A 的电压为

$$\dot{U}_A = \dot{U}_{A+} + \dot{U}_{A-} = \dot{E}_A \frac{2x_-}{x_+ + x_-} \tag{14-26}$$

短路相的电压为

$$\begin{aligned}\dot{U}_B &= \dot{U}_C = \dot{U}_{B+} + \dot{U}_{B-} = a^2\dot{U}_{A+} + a\dot{U}_{A-} \\ &= (a^2 + a)\dot{U}_{A+} = -\dot{U}_{A+} = -\frac{1}{2}\dot{U}_A\end{aligned} \tag{14-27}$$

此外，根据两相短路试验，可以测定同步电机的负序电抗 x_-。将式（14-24）中 $\dot{I}_{k(2)}$ 的关系代入相电压的表示式（14-26）和式（14-27），可得

$$\left.\begin{aligned}\dot{U}_A &= -\frac{2x_-}{\sqrt{3}}\dot{I}_{k(2)} \\ \dot{U}_B &= \dot{U}_C = \frac{x_-}{\sqrt{3}}\dot{I}_{k(2)}\end{aligned}\right\} \tag{14-28}$$

故

$$x_- = \frac{\sqrt{3}\dot{U}_A}{2\dot{I}_{k(2)}} = \frac{\sqrt{3}\dot{U}_B}{\dot{I}_{k(2)}} \tag{14-29}$$

由此可见，在进行两相短路试验时，测量短路电流 $I_{k(2)}$ 及开路相电压 U_A 或短路相电压 U_B，便可按式（14-29）求出负序电抗。

如果发电机的中性点没有引出来，测不到相电压，则 x_- 可按下述关系求得。未短路相的端点与短路点间的电压为

$$\dot{U}_{BA}=\dot{U}_B-\dot{U}_A=-\frac{1}{2}\dot{U}_A-\dot{U}_A=-\frac{3}{2}\dot{U}_A \tag{14-30}$$

将式（14-28）中的 $\dot{U}_A$ 代入式（14-30），有

$$\dot{U}_{BA}=\sqrt{3}\dot{I}_{k(2)}x_- \tag{14-31}$$

或

$$x_-=\frac{\dot{U}_{BA}}{\sqrt{3}\dot{I}_{k(2)}} \tag{14-32}$$

由式（14-32）可见，只需测量两相短路电流 $I_{k(2)}$ 及开路端和短路点之间的电压 U_{BA} 即可求得负序电抗 x_-。

【例 14-1】　某 125MW 汽轮发电机，其参数：$x_{s*}=1.867$，$x_{-*}=0.22$，$x_{0*}=0.069$（全系标幺值），设空载电压为额定电压，试求：

（1）三相短路电流；

（2）单相短路电流；

（3）单相短路时，未短路相及短路相端电压；

（4）两相短路电流；

（5）两相短路时，未短路相及短路相的端电压；

（6）两相对中点短路时的短路电流及中点电流；

（7）两相对中点短路时，未短路相的端电压。

解　全部应用标幺值计算，依题意空载电动势等于 1，并以它为参考轴，即 $\dot{E}_A=1+j0$。

（1）三相短路电流可由基本电压方程式直接写出，即

$$I_{k(3)}=\frac{E_A}{x_s}=\frac{1.0}{1.867}=0.535$$

以上答案仅考虑短路电流的数值，下仿此。如考虑相位则 $\dot{I}_{k(3)}$ 应较 $\dot{E}_A$ 滞后 90°。

（2）单相短路电流由式（14-15）求得

$$I_{k(1)}=\frac{3E_A}{x_++x_-+x_0}=\frac{3\times1.0}{1.867+0.22+0.069}=\frac{3}{2.156}=1.395$$

（3）设 A 相短路，故未短路相的端电压为 $\dot{U}_B$ 和 $\dot{U}_C$，可由式（14-17）和式（14-18）求得

$$\dot{U}_B=\frac{\dot{E}_A}{x_++x_-+x_0}[x_-(a^2-a)+x_0(a^2-1)]$$

因为算子

$$a=e^{j120}=-0.5+j0.866$$

所以

$$a^2-a=-0.5-j0.866-(-0.5+j0.866)=-j1.732$$

$$a^2-1=-0.5-j0.866-1=-1.5-j0.866$$

故 $\dot{U}_B=\frac{1.0}{2.156}\times[0.22\times(-j1.732)+0.069\times(-1.5-j0.866)]=0.21\angle-103.2^\circ$

因为
$$a-a^2=-0.5+j0.866-(-0.5-j0.866)=j1.732$$
$$a-1=-0.5+j0.866-1=-1.5+j0.866$$

所以 $\dot{U}_C=\dfrac{1.0}{2.156}\times[0.22\times(j1.732)+0.069\times(-1.5+j0.866)]=0.21\angle 103.2°$

（4）两相短路电流按式（14-24）有

$$\dot{I}_{k(2)}=\frac{\sqrt{3}E_A}{x_+ + x_-}=\frac{\sqrt{3}}{1.867+0.22}=0.83$$

（5）设 B、C 相短路，未短路相电压 $\dot{U}_A$ 按式（14-26）为

$$\dot{U}_A=\frac{2\dot{E}_A x_-}{x_+ + x_-}=\frac{2\times 0.22}{1.867+0.22}=0.21$$

短路相端电压按式（14-27）为

$$\dot{U}_B=\dot{U}_C=\frac{1}{2}\dot{U}_A=0.105$$

（6）由题意，可画出 B、C 相对中性点短路的情况，如图 14-7 所示。由图 14-7 可写出端点方程式为

$$\left.\begin{aligned}\dot{I}_A&=0\\ \dot{U}_B&=0\\ \dot{U}_C&=0\end{aligned}\right\}\qquad(14\text{-}33)$$

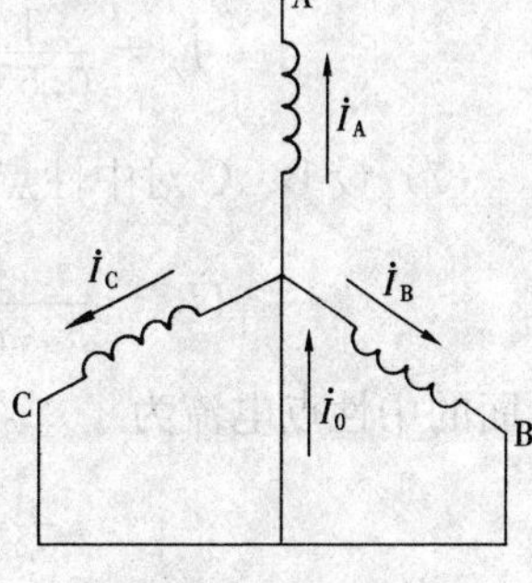

图 14-7　两相对中点短路

将式（14-33）分解为对称分量可得

$$\left.\begin{aligned}\dot{I}_A&=\dot{I}_{A+}+\dot{I}_{A-}+\dot{I}_{A0}=0\\ \dot{U}_{A0}&=\dot{U}_{A+}=\dot{U}_{A-}=\frac{1}{3}\dot{U}_A\end{aligned}\right\}\qquad(14\text{-}34)$$

由式（14-34）和相序方程式（14-8）求解各序分量，得

$$\left.\begin{aligned}\dot{I}_{A+}&=\frac{\dot{E}_A}{j\left(x_+ + \dfrac{x_-\,x_0}{x_- + x_0}\right)}=-j\frac{\dot{E}_A(x_- + x_0)}{x_+\,x_- + x_+\,x_0 + x_-\,x_0}\\ \dot{I}_{A-}&=j\frac{\dot{E}_A x_0}{x_+\,x_- + x_+\,x_0 + x_-\,x_0}\\ \dot{I}_{A0}&=j\frac{\dot{E}_A x_-}{x_+\,x_- + x_+\,x_0 + x_-\,x_0}\end{aligned}\right\}\qquad(14\text{-}35)$$

$$\dot{U}_{A+}=\dot{U}_{A-}=\dot{U}_{A0}=\frac{\dot{E}_A x_-\,x_0}{x_+\,x_- + x_+\,x_0 + x_-\,x_0}\qquad(14\text{-}36)$$

最后可求得各相电流与电压数值

$$\left.\begin{aligned}\dot{I}_B&=\frac{j\dot{E}_A}{x_+\,x_- + x_+\,x_0 + x_-\,x_0}[x_-(1-a^2)+x_0(a-a^2)]\\ \dot{I}_C&=\frac{j\dot{E}_A}{x_+\,x_- + x_+\,x_0 + x_-\,x_0}[x_-(1-a)+x_0(a^2-a)]\end{aligned}\right\}\qquad(14\text{-}37)$$

$$\dot{U}_{\mathrm{A}} = 3\dot{U}_{\mathrm{A}+} = \frac{3\dot{E}_{\mathrm{A}} x_- x_0}{x_+ x_- + x_+ x_0 + x_- x_0} \tag{14-38}$$

将有关数字代入，可得

$$\begin{aligned}\dot{I}_{\mathrm{B}} &= \frac{\mathrm{j}\dot{E}_{\mathrm{A}}}{x_+ x_- + x_+ x_0 + x_- x_0}[x_-(1-a^2) + x_0(a-a^2)] \\ &= \mathrm{j}\frac{1.0}{0.554} \times [0.22 \times (1.5 + \mathrm{j}0.866) + 0.069 \times (\mathrm{j}1.732)] \\ &= 0.816\angle 133.2^\circ\end{aligned}$$

$$\begin{aligned}\dot{I}_{\mathrm{C}} &= \frac{\mathrm{j}\dot{E}_{\mathrm{A}}}{x_+ x_- + x_+ x_0 + x_- x_0}[x_-(1-a) + x_0(a^2-a)] \\ &= \mathrm{j}\frac{1.0}{0.554} \times [0.22 \times (1.5 - \mathrm{j}0.866) + 0.069 \times (-\mathrm{j}1.732)] \\ &= 0.816\angle 46.8^\circ\end{aligned}$$

中性点电流 $\dot{I}_0$为 $\dot{I}_{\mathrm{B}}$与 $\dot{I}_{\mathrm{C}}$之和，故

$$\dot{I}_0 = \frac{1}{0.554}(-0.31 + \mathrm{j}0.33 + 0.31 + \mathrm{j}0.33) = 1.19\angle 90^\circ$$

（7）设 B、C 对中性点短路，未短路相端电压 $\dot{U}_{\mathrm{A}}$按式（14-38）为

$$\dot{U}_{\mathrm{A}} = \frac{3\dot{E}_{\mathrm{A}} x_- x_0}{x_+ x_- + x_+ x_0 + x_- x_0} = \frac{3 \times 0.22 \times 0.069}{0.554} = 0.0824$$

上面的中性点电流为

$$\dot{I}_0 = \mathrm{j}\frac{\dot{U}_{\mathrm{A}}}{x_0} = \frac{\mathrm{j}0.0824}{0.069} = \mathrm{j}1.19 = 1.19\angle 90^\circ$$

小　结

本章主要介绍三方面内容：①同步发电机三个相序阻抗（正序阻抗、负序阻抗和零序阻抗）的物理概念及其测量方法；②用对称分量法分析三相同步发电机的不对称稳定短路；③三相同步发电机不对称运行对电机的影响。

本章所讨论的内容以及分析方法也是电力系统专业后续课程的理论基础。

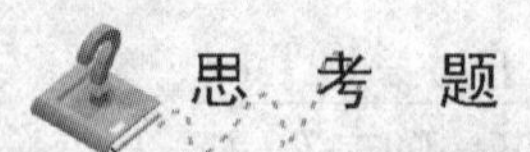

思　考　题

14-1　同步电机中，转子绕组对正序旋转磁场起什么作用？对负序旋转磁场起什么作用？如何体会正序电抗即系同步电抗？为什么负序电抗要比正序电抗小得多，而零序电抗较负序电抗更小？当三相绕组中流过零序电流时，合成磁动势为零，为什么零序电抗不等于零。

14-2　表示同步机的负序电抗的网络和表示异步电机的负序电抗的网络有什么不同？在推导同步电机的负序网络时应用了什么假设？在同步电机的转子上装设阻尼绕组将如何影响负序电抗的数值？为什么？

14-3　当同步发电机的一线对中点通过外电抗 x_e 而短路时，写出求短路电流的公式。当两根外线通过外电抗 x_e 而短路时，写出求短路电流的公式。

14-4　当同步电机有很强的阻尼系统时，负序电抗 $x_- = x_{1\sigma}$，问如何从图 20-1（b）来分析？图中 x_m 是否即 x_{ad}？

14-5　负序漏磁通与正序漏磁通有何不同？零序漏磁通与正序漏磁通有何不同？

14-6　如果同步电机的电枢三相绕组只引出三相端点及中性点，应如何测定零序电抗，并和书上介绍的方法作一比较。

习　题

14-1　试用对称分量法推导两相对中性点短路时稳态短路电流的表示式。

14-2　一台汽轮发电机，星形连接。当空载电压为额定值时有短路试验数据如下：$I_{k(3)*} = 0.588, I_{k(2)*} = 0.933, I_{k(1)*} = 1.57$，电枢电阻略去不计。试求该电机的正序、负序及零序电抗的标幺值各为多少？

同步电机的突然短路与振荡

第一节　同步发电机突然短路的物理过程

同步发电机突然短路时，各绕组中会出现很大的冲击电流，其峰值可达额定电流的10倍以上，因而将在电机内产生很大的电磁力和电磁转矩。如果设计或制造中未加充分考虑，就可能损坏定子绕组的端部，或使转轴发生有害变形；还可能损坏与发电机相连接的其他电器装置，并破坏电网的稳定和正常运行，因此，尽管突然短路的瞬态过程很短，却可能带来严重的后果。

同步电机突然短路时，电枢（定子）电流和相应的电枢磁场幅值发生突然变化，定、转子绕组间出现了变压器感应关系，转子绕组中将会感应电动势和电流，此电流又会反过来影响定子绕组的电流。因此，突然短路过程要比稳态短路过程复杂得多。

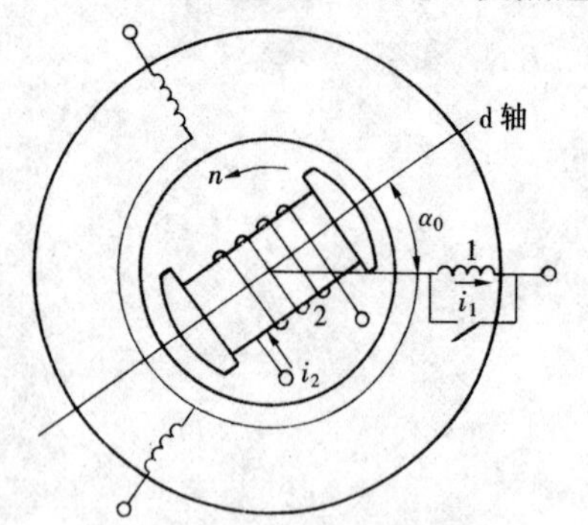

图 15-1　说明超导体闭合回路磁链不变原则

1—定子绕组；2—转子绕组

在图15-1中，1表示一相定子绕组，2表示转子绕组。在图示瞬间，合上开关使绕组1突然短路，绕组中的电压方程式为

$$ir + \frac{\mathrm{d}\psi}{\mathrm{d}t} = 0 \tag{15-1}$$

如将电阻 r 略去，则式（15-1）变成

$$\frac{\mathrm{d}\psi}{\mathrm{d}t} = 0 \tag{15-2}$$

它的一般解为 $\psi = \text{const}$，设图示瞬间为 $t=0$，绕组中的磁链为 $\psi_{t=0}$，于是，根据起始条件求得的特解为

$$\psi = \psi_{t=0} \tag{15-3}$$

式（15-3）意味着，这个没有电阻的闭合绕组的磁链不会变化，永远等于突然短路瞬间，即 $t=0$ 时这个绕组所匝链的磁链 $\psi_{t=0}$。由此可得结论如下：**在没有电阻的闭合回路中，磁链将保持不变**，这一简单关系称为**磁链不变原则**。由于超导体的电阻等于零，故上述关系也常称为**超导体闭合回路磁链守恒原理。**

在实际的闭合回路中，电阻总是存在的，由于电阻的影响，磁链将逐渐变化，但因磁链不能突变，在突然短路的初瞬，仍可认为磁链保持不变，也就是说，短路初瞬实际情况仍和无电阻的超导体的情况相同。

下面用磁链不变原则分析无阻尼绕组同步发电机空载运行时，在发电机出线端点处发生三相突然短路后电机各绕组中的磁链变化情况。分析时假设励磁电流和转子转速保持不变，并且不计饱和影响，以便应用叠加原理。

同步发电机空载时，转子旋转磁场将在各定子绕组中形成磁链 ψ_{fA}、ψ_{fB} 和 ψ_{fC}，这些随时间正弦变化的磁链如图 15-2（a）所示，因为此时定子绕组开路，不受磁链不变原则的制约，所以定子绕组中没有电流，不产生定子磁场。

设当 $t=0$ 时，如图 15-2 所示，发电机端点三相突然短路。此瞬间，定子绕组的磁链分别为 ψ_{0A}、ψ_{0B} 及 ψ_{0C}。现在绕组电路已闭合，不计电路的电阻则根据磁链不变原则可知，短路以后各绕组的磁链将分别保持 ψ_{0A}、ψ_{0B} 和 ψ_{0C}，不再随时间改变。

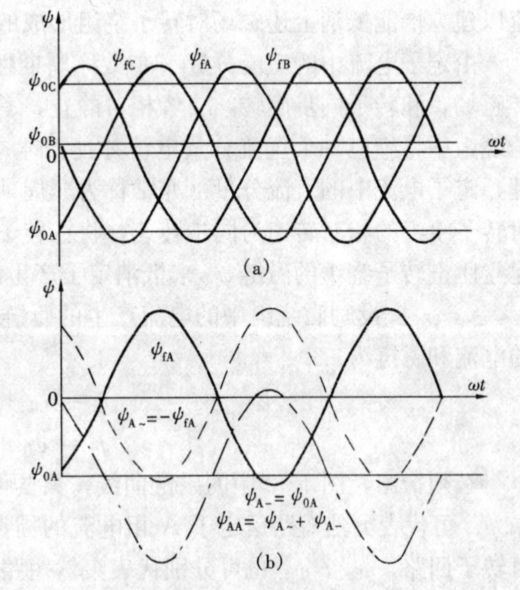

图 15-2 三相突然短路时磁链变化情况

当转子继续以同步转速旋转，转子磁场对定子绕组形成的磁链 ψ_{fA}、ψ_{fB} 和 ψ_{fC}，始终对时间按正弦规律变化。因此，定子各绕组的磁链要保持为 ψ_{0A}、ψ_{0B} 和 ψ_{0C} 不变，还需由已闭合的定子绕组中产生感应电流，由该电流分别在各相绕组中建立磁链 ψ_{AA}、ψ_{BB} 和 ψ_{CC}，而它们的大小和随时间变化的规律取决于能分别和 ψ_{fA}、ψ_{fB} 和 ψ_{fC} 共同合成相应的 ψ_{0A}、ψ_{0B} 和 ψ_{0C}。

ψ_{fA}、ψ_{fB} 和 ψ_{fC} 系转子旋转磁场所形成，如果定子电流产生一个和转子旋转磁场大小相等、极性相反、转速相同的同步旋转磁场，则该磁场将在定子各相绕组中形成 $-\psi_{fA}$、$-\psi_{fB}$ 和 $-\psi_{fC}$，恰能抵消上述 ψ_{fA}、ψ_{fB} 和 ψ_{fC}。显然，产生这个定子旋转磁场的应是一组同频率的三相对称交流电，它产生的各相磁链用 $\psi_{A\sim}$、$\psi_{B\sim}$ 和 $\psi_{C\sim}$ 表示，即有

$$\left.\begin{aligned}\psi_{A\sim} &= -\psi_{fA}\\ \psi_{B\sim} &= -\psi_{fB}\\ \psi_{C\sim} &= -\psi_{fC}\end{aligned}\right\} \tag{15-4}$$

如定子电流仅只产生 $\psi_{A\sim}$、$\psi_{B\sim}$ 和 $\psi_{C\sim}$，还不能满足磁链不变原则，因为它们的作用只能使定子绕组的磁链为零，因短路发生时，定子绕组已匝链有磁链 ψ_{0A}、ψ_{0B} 和 ψ_{0C}，短路后各相绕组应保持这些磁链不变。因此在定子绕组中还应流过能产生上述磁链的电流。这些磁链是不等的常数，故产生它们的电流将是相应的大小不等的直流分量。由直流分量建立的磁链分别用 ψ_{A-}、ψ_{B-} 和 ψ_{C-} 表示，即有

$$\left.\begin{aligned}\psi_{A-} &= \psi_{0A}\\ \psi_{B-} &= \psi_{0B}\\ \psi_{C-} &= \psi_{0C}\end{aligned}\right\} \tag{15-5}$$

及

$$\left.\begin{aligned}\psi_{AA} &= \psi_{A\sim} + \psi_{A-}\\ \psi_{BB} &= \psi_{B\sim} + \psi_{B-}\\ \psi_{CC} &= \psi_{C\sim} + \psi_{C-}\end{aligned}\right\} \tag{15-6}$$

综上所述，A 相磁链的变化情况如图 15-2（b）所示，B、C 相的磁链也可按类似方法求出。

转子绕组中的磁链在突然短路后的变化情况，亦同样可利用磁链不变原则来分析。

转子励磁电流建立匝链转子绕组的磁链用 ψ_{ff} 表示。不计转子回路的电阻，则根据磁链不变原则可知，转子磁链将保持突然短路发生时的数值，即保持 ψ_{ff} 不变。现在由于定子电流产生的旋转磁场和直流磁场的出现，转子磁链守恒将被破坏，转子电路中必将引起感应电流以建立恰能抵消上述磁场对转子绕组形成的磁链。

由定子电流中的交流分量（亦常称周期性分量）产生的 $\psi_{\mathrm{A}\sim}$、$\psi_{\mathrm{B}\sim}$ 和 $\psi_{\mathrm{C}\sim}$ 合成一圆形旋转磁场，和转子同步旋转，二者相对静止，其匝链转子绕组的磁链为 $\psi_{\sim}$，大小不变，故转子绕组中将感应一个直流分量电流才能产生一个 $\psi_{\mathrm{f}-}$，以抵消磁链 $\psi_{\sim}$，即 $\psi_{\mathrm{f}-}=-\psi_{\sim}$。同理，定子电流中的直流分量（亦常称为非周期性分量）产生的直流磁场，在空间是静止的，对转子绕组的相对转速为同步转速，将在转子回路中感应一个频率为 50Hz 的交变电流，以建立匝链转子绕组的磁链 $\psi_{\mathrm{f}\sim}$ 来抵消定子产生的直流磁场在转子绕组中形成的磁链 ψ_{-}，即有 $\psi_{\mathrm{f}\sim}=-\psi_{-}$。设励磁绕组中的电流产生的匝链本身绕组的总磁链为 ψ_{f}，则短路后励磁绕组中的电流和磁链为

$$\left.\begin{aligned} i_{\mathrm{f}} &= I_{\mathrm{ff}}+I_{\mathrm{f}-}+i_{\mathrm{f}\sim} \\ \psi_{\mathrm{f}} &= \psi_{\mathrm{ff}}+\psi_{\mathrm{f}-}+\psi_{\mathrm{f}\sim} \end{aligned}\right\} \tag{15-7}$$

必须指出，图 15-2 中的磁链曲线，只要换以不同的比例尺，即可代表相应的电流曲线。如 $\psi_{\mathrm{A}\sim}$ 可代表突然短路后定子 A 相电流的周期性分量；$\psi_{\mathrm{A}-}$ 可代表其非周期性分量。同样，对转子回路，$\psi_{\mathrm{f}\sim}$、$\psi_{\mathrm{f}-}$ 也可分别代表突然短路后转子回路中感应产生的周期性电流分量和非周期分量。

事实上，在发电机定子、转子回路中均有电阻存在，上述各电流分量均将按某些时间常数衰减，并最后消失。这时定子电流将是稳态短路电流，转子回路将是正常外施的励磁电流。

第二节　同步电机的瞬态电抗和超瞬态电抗

根据电磁场理论，任一线圈产生一定数量磁通所需的电流大小将因磁通所走的路径不同而大不相同。为产生同样的磁通，如磁阻较小，所需的电流也较小；如磁阻较大，所需的电流也就较大。从电路理论可知，前者有较大的电抗，后者的电抗较小。下面将应用这一概念来分析同步发电机的短路电流，先分析磁通的大小，再分析磁通所走的路径，然后引出各个电抗以便计算短路电流。

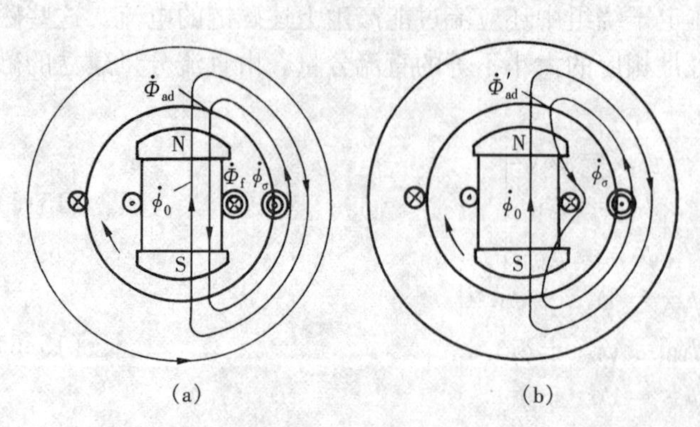

图 15-3　当没有阻尼绕组的同步电机突然短路时，电枢磁通所通过的路径
（a）稳定短路；（b）突然短路的瞬间

一、直轴瞬态电抗 x'_{d}

三相稳态短路时，端电压 $\dot{U}$ 等于零，电枢反应为纯去磁作用。如不计电枢电阻和漏磁通的影响，由定子电流所产生的电枢反应磁通 $\dot{\Phi}_{\mathrm{ad}}$ 与由转子电流所产生的磁通 $\dot{\Phi}_0$，大小相等，方向相反。电枢反应磁通所经的路线如图 15-3（a）所示。图中 $\dot{\Phi}_0$ 为直流励磁电流所激励的转子磁通，$\dot{\Phi}_{\mathrm{ad}}$ 为电枢反应磁通，$\dot{\Phi}_{\sigma}$ 和 $\dot{\Phi}_{\mathrm{f}}$

分别为定子绕组和转子绕组的漏磁通。稳态短路时，电枢反应磁通将穿过转子铁芯而闭合，所遇到的磁阻较小，定子电流所遇到的电抗便为数值较大的同步电抗 x_d，这是我们所熟知的。图 15-3（b）为三相突然短路初瞬时的情形。为了简单起见，设发生短路前发电机为空载，故转子绕组只键链磁通 $\dot{\Phi}_0$ 和 $\dot{\Phi}_f$。短路发生瞬间，按照磁链不能突变的原则，转子绕组所键链的磁通不能突变，根据上节分析，在短路瞬间转子中产生了一个磁化方向与电枢磁场相反的感应电流，该电流产生的磁通恰巧抵消了要穿过转子绕组的电枢反应磁通，于是保持了转子绕组所键链的磁通"守恒"。我们可以换一种分析方法来理解，即在短路初瞬，由于磁链不变原则，短路电流所产生的电枢反应磁通不能通过转子铁芯去键链转子绕组，而是如图 15-3（b）中所示的 $\dot{\Phi}'_{ad}$，被挤到转子绕组外侧的漏磁路中去了。定子短路电流所产生的磁通 $\dot{\Phi}'_{ad}$ 所经路线的磁阻变大，这就意味着，此时限制电枢电流的电抗变小，使突然短路初始瞬间有较大的短路电流。这个限制电枢电流的电抗称为**直轴瞬态电抗**或**直轴暂态电抗**，用 x'_d 表示，可见 x'_d 远比 x_d 小。

由于转子绕组有电阻，上述感应电流将因电阻的阻尼作用而衰减消失，然后电枢磁通便将穿过转子铁芯，其路径又将如图 15-3（a）所示。也就是说，由于转子绕组有电阻，使突然短路时较大的冲击电流逐渐减小，最后短路电流为 x_d 所限制。这时电机已从突然短路状态过渡到稳定短路状态。短路电流的衰减时间常数将在本章第三节讨论。需要指出的是：图 15-3 中**电枢反应磁通 Φ_{ad} 是由三相交流电共同激励产生**，但为图形表达清晰起见，图中的定子绕组仅画了一相，不能误解为仅一相有短路电流，也不应误解 $\dot{\Phi}_{ad}$ 为某一相所产生；同样为了表达清晰简洁，图中的磁通只画出半边，实际上两边是对称的。

二、直轴超瞬态电抗 x''_d

当转子上装有阻尼绕组时，则因阻尼绕组也为闭合回路，它的磁链也不能突然改变。同理，在短路初始瞬间，电枢磁通将被排挤在阻尼绕组以外。也就是说，电枢磁通将依次经过空气隙、阻尼绕组旁的漏磁路和励磁绕组旁的漏磁路，如图 15-4 中 Φ''_{ad} 所示。这时，磁路的磁阻更大了，与之相应的电抗将有更小的数值 x''_d。x''_d 称为**直轴超瞬态电抗**或**直轴次暂态电抗**。

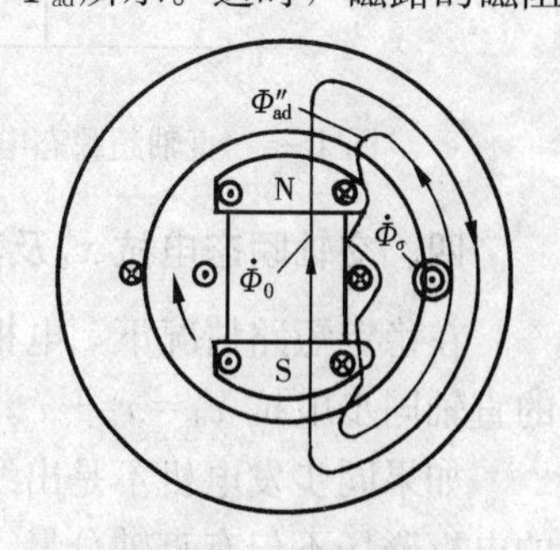

图 15-4　当同步发电机有阻尼绕组时在短路初时瞬间电枢磁通路径

在短路初始瞬间，定子绕组中的短路电流将为 x''_d 所限制。由于阻尼绕组中的感应电流衰减得较快，故在最初几个周波以后，电枢磁通即可穿过阻尼绕组而取得如图 15-3（b）的 $\dot{\Phi}'_{ad}$ 路径，此时定子电流将为 x'_d 所限制。最后达到稳态值时，定子电流便为 x_d 所限制。

三、x''_d 和 x'_d 的表示式

当同步发电机装有阻尼绕组时，电枢磁通在短路初瞬所经的路线如图 15-4 所示。设 Λ_{ad} 代表空气隙的磁导，Λ_{ld} 代表阻尼绕组旁的漏磁路的磁导，Λ_f 代表励磁绕组旁的漏磁路的磁导，则得该磁路的总磁导为 Λ''_d，即有

$$\Lambda''_{ad}=\frac{1}{\dfrac{1}{\Lambda_{ad}}+\dfrac{1}{\Lambda_f}+\dfrac{1}{\Lambda_{ld}}} \tag{15-8}$$

再将电枢漏磁路线的磁导加上，则得全部电枢磁通所经磁路的总磁导为

$$\Lambda''_{\mathrm{d}} = \Lambda_{\sigma} + \Lambda''_{\mathrm{ad}} = \Lambda_{\sigma} + \frac{1}{\dfrac{1}{\Lambda_{\mathrm{ad}}} + \dfrac{1}{\Lambda_{\mathrm{f}}} + \dfrac{1}{\Lambda_{\mathrm{ld}}}} \tag{15-9}$$

由于电抗和磁导成正比，故式（15-9）可以改写作

$$x''_{\mathrm{d}} = x_{\sigma} + \frac{1}{\dfrac{1}{x_{\mathrm{ad}}} + \dfrac{1}{x_{\mathrm{f}}} + \dfrac{1}{x_{\mathrm{ld}}}} \tag{15-10}$$

式中 x_{ad}——直轴电枢反应电抗；

x_{f}——励磁绕组的漏抗；

x_{ld}——阻尼绕组在直轴的漏抗。

由式（15-10）可得直轴超瞬态电抗的等效电路如图 15-5 所示。

如在转子上没有阻尼绕组或者是当阻尼绕组中的感应电流衰减完毕，电枢反应磁通可以穿过阻尼绕组时，磁路如图 15-3（b）所示，其总磁导为

$$\Lambda'_{\mathrm{d}} = \Lambda_{\sigma} + \frac{1}{\dfrac{1}{\Lambda_{\mathrm{ad}}} + \dfrac{1}{\Lambda_{\mathrm{f}}}} \tag{15-11}$$

同理，直轴瞬态电抗 x'_{d}的表示式为

$$x'_{\mathrm{d}} = x_{\sigma} + \frac{1}{\dfrac{1}{x_{\mathrm{ad}}} + \dfrac{1}{x_{\mathrm{f}}}} = x_{\sigma} + \frac{x_{\mathrm{ad}} x_{\mathrm{f}}}{x_{\mathrm{ad}} + x_{\mathrm{f}}} \tag{15-12}$$

直轴瞬态电抗的等效电路如图 15-6 所示。

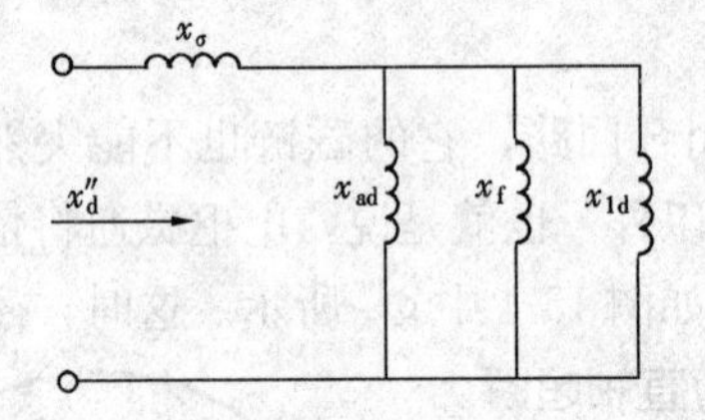

图 15-5 直轴超瞬态电抗等效电路图

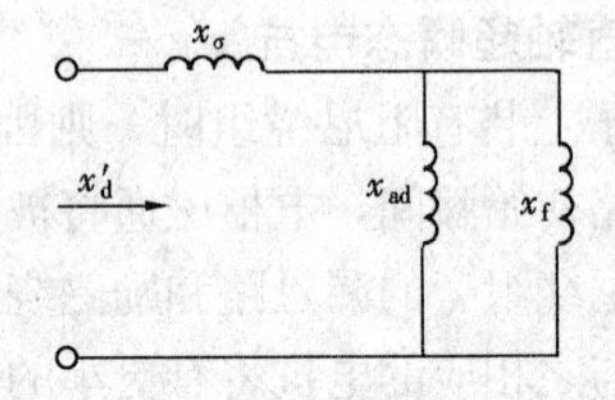

图 15-6 直轴瞬态电抗的等效电路

四、交轴瞬态电抗 x'_{q}及其表示式

在稳定短路情况下，电枢反应磁通 $\dot{\Phi}_{\mathrm{ad}}$ 全部穿过转子铁芯，如图 15-3（a）所示，这时的直轴同步电抗 $x_{\mathrm{d}}=x_{\sigma}+x_{\mathrm{ad}}$，是已证明过的。

如果同步发电机不是出线端处发生短路，而是经过负载阻抗短路，则由短路电流所产生的电枢磁场不仅有直轴分量，而且也有交轴分量。由于沿着交轴的磁路与沿着直轴的磁路有不同的磁阻，所以相应的电抗也有不同的数值。由前面的分析可知，在凸极同步电机中，交轴同步电抗 x_{q} 比直轴同步电抗 x_{d} 小。在突然短路初始瞬间，沿着交轴的电抗为 x'_{q}和 x''_{q}。x'_{q}称为**交轴瞬态电抗或交轴暂态电抗**，x''_{q}称为**交轴超瞬态电抗或交轴次暂态电抗**。它们和相应的直轴参数有不同的数值。

因为同步发电机在交轴上没有励磁绕组，故一般说来，交轴瞬态电抗和交轴同步电抗相等，亦即

$$x'_{\mathrm{q}} = x_{\mathrm{q}} \tag{15-13}$$

五、交轴超瞬态电抗 x''_q 及其表示式

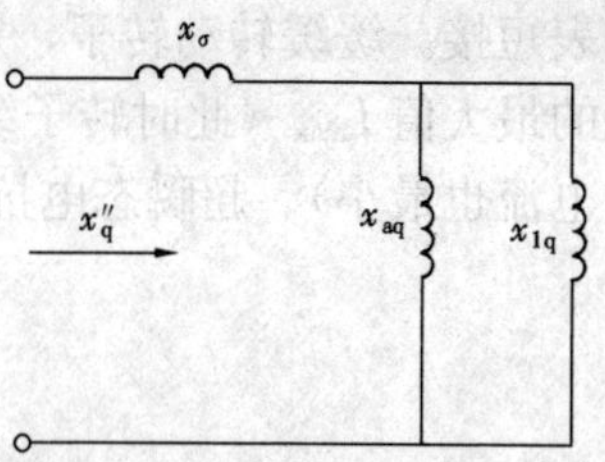

在有阻尼的情况下，由于阻尼绕组为一不对称绕组，所以它在交轴所起的阻尼作用与在直轴所起的阻尼作用不同。与图 15-5 相似，交轴超瞬态电抗的等效电路如图 15-7 所示。由图中的简单关系可得

$$x''_q = x_\sigma + \frac{x_{aq}x_{lq}}{x_{aq}+x_{lq}} \tag{15-14}$$

图 15-7　交轴超瞬态电抗的等效电路

一般说来，阻尼绕组在直轴所起的作用比在交轴所起的作用大，故 x''_q 亦就比 x''_d 略大。在不用阻尼绕组而由整块铁芯起阻尼作用的隐极式电机中，x''_d 便和 x''_q 近似相等。

六、超瞬态电抗与负序电抗间的关系

这里仅作概要的叙述，不作严格分析。通常有下列三种情况。

(1) 设在同步发电机定子端点上外施一负序电压，且令转子以同步转速旋转，转子绕组则保持在短路状态。显然，此时电枢呈现的电抗即为负序电抗。定子电流受负序电抗的限制，即正比于 $\frac{1}{x_-}$。但是也可以这样分析，当电枢磁场掠过直轴时，定子电流将受 x''_d 的限制，即此瞬间电流正比于 $\frac{1}{x''_d}$；当电枢磁场掠过交轴时，定子电流便由 x''_q 所限制而正比于 $\frac{1}{x''_q}$；实有的定子电流可以认为受 x''_d 和 x''_q 的平均值所限制而正比于 $\frac{1}{2}\left(\frac{1}{x''_d}+\frac{1}{x''_q}\right)$，即得

$$\frac{1}{x_-} = \frac{1}{2}\left(\frac{1}{x''_d}+\frac{1}{x''_q}\right) \tag{15-15}$$

或

$$x_- = \frac{2x''_d x''_q}{x''_d + x''_q} \tag{15-16}$$

(2) 设外施负序电压并不直接加在电枢端点上，而是先经一很大的外接电抗 x_e，然后加到电枢绕组，则式 (15-15) 便可写成

$$\frac{1}{x_- + x_e} = \frac{1}{2}\left(\frac{1}{x''_d + x_e}+\frac{1}{x''_q + x_e}\right) \tag{15-17}$$

当 x''_d 和 x''_q 与 x_e 比较，当前者相对甚小时，利用级数将式 (15-17) 展开并略去高次项，则有

$$x_- = \frac{1}{2}(x''_d + x''_q) \tag{15-18}$$

(3) 设接在电枢绕组和电源间的外接阻抗 x_e 是和负序电抗相等，则式 (15-17) 可化作

$$\frac{1}{2x_-} = \frac{1}{2}\left(\frac{1}{x''_d + x_-}+\frac{1}{x''_q + x_-}\right) \tag{15-19}$$

求解式 (15-19)，得

$$x_- = \sqrt{x''_d x''_q} \tag{15-20}$$

式 (15-18) 表示负序电抗为直轴超瞬态电抗和交轴超瞬态电抗的代数平均值，式 (15-20) 表示负序电抗为直轴超瞬态电抗和交轴超瞬态电抗的几何平均值。当两相短路时，所用的负序电抗应如式 (15-20) 所示。

瞬态电抗和超瞬态电抗可以通过称为**静止法**的试验来测定。试验时定子绕组的一相开路，另两相串联并外施一单相低压交流电源，使定子电流不大于额定值。转子励磁绕组由电

流表短接。缓缓转动转子，定子电流和转子电流均将变化，记下定子外施电压 U 和定子电流的最大值 I_{max}（此时转子绕组中的感应电流也最大）和最小值 I_{min}（此时转子绕组中的感应电流也最小）。超瞬态电抗计算式

$$\left.\begin{aligned} x''_d &= \frac{U}{2I_{max}} \\ x''_q &= \frac{U}{2I_{min}} \end{aligned}\right\} \tag{15-21}$$

如果没有阻尼绕组，则由式（15-21）求得的即为瞬态电抗。

第三节 三相突然短路电流

在前节中，从物理概念出发描述了同步发电机突然短路电流增大的原因，并指出短路电流中包含有**交变分量**（亦称为**周期性分量**）和**直流分量**（亦称为**非周期性分量**）。其中的交流分量对各相来说，大小相等，相位相差 120°，是一组三相对称的电流分量。而直流分量与短路的瞬间有关，即和短路初始瞬间存在于绕组中的磁链有关。在短路初始瞬间，存在于各相绕组中磁链是各不相同的，故各相的直流分量不相同，因此各相的短路电流是不相同的。考虑两种极限的情况：①在短路初始瞬间，短路绕组中的磁链 $\psi_0=0$；②在短路初始瞬间，短路绕组中的磁链 $\psi_0=\psi_{max}$。第一种情况相当于当短路绕组的轴是与交轴重合时发生短路，第二种情况相当于当短路绕组的轴是与直轴重合时发生短路。

一、当 $\psi_0=0$ 时的突然短路电流

设在同步发电机三相突然短路的瞬间，绕组中的磁链为零，即当 $t=0$ 时，$\psi=\psi_0=0$。此时该绕组中的感应电动势有最高值。由于短路电流近似为纯感应性电流，它将较感应电动势滞后 90°。故此时该绕组中的电流恰过零点。这一条件和带有电感的线路初始条件符合，因此短路电流中便可以避免直流分量，只有交流分量，且 $t=0$ 瞬间交流分量的瞬时值恰为零。当某相的磁链 $\psi=\psi_0=0$ 时发生三相突然短路，该相的突然短路电流如图 15-8 所示。如对这一短路电流曲线作包络线，则由图可见，上、下外包络线对横坐标是对称的，这亦表明这相突然短路电流中没有非周期分量。短路电流的起始值受直轴超瞬态电抗 x''_d 所限制，此后将逐渐衰减，待到阻尼绕组中的感应电流消失后，短路电流便受直轴瞬态电抗 x'_d 所限制。最后待到励磁绕组中的感应电流消失以后，短路电流便达到稳定值而受直轴同步电抗 x_d 所限制。图 15-9 重复表示了该突然短路电流的包络线，外包线的纵坐标即为周期性电流的振幅。

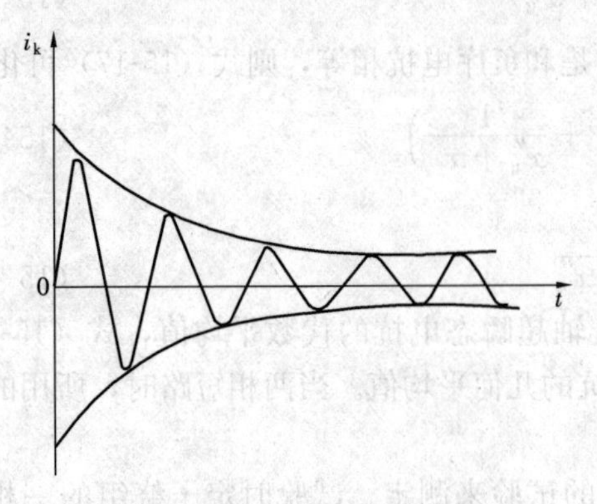

图 15-8 当 $\psi=0$ 时的突然短路电流

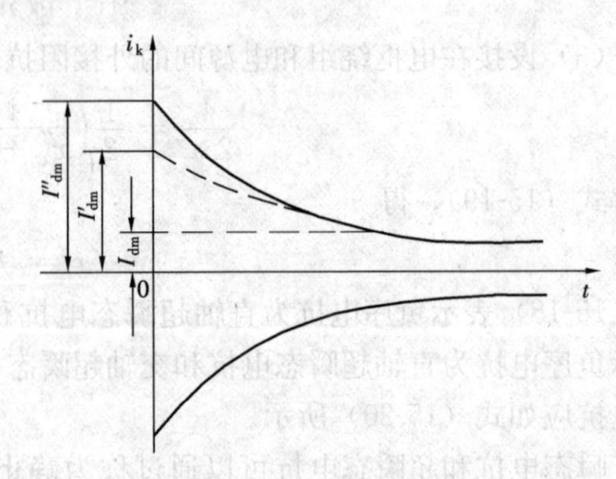

图 15-9 周期性短路电流的外包线

由图 15-9 可见，周期性电流的起始瞬间振幅为 I''_{dm}。假如没有阻尼绕组，则周期性电流的起始瞬间振幅将为 I'_{dm}，稳定短路电流的振幅为 I_{dm}。由此可见，周期性短路电流可以分为三部分：第一部分为 $I''_{dm}-I'_{dm}$，它将以时间常数 T''_{d3} 衰减；第二部分为 $I'_{dm}-I_{dm}$，它将以时间常数 T'_{d3} 衰减；第三部分为 I_{dm}，它就是稳定短路电流的振幅。因此，得该相突然短路电流的表示式为

$$i_k=\left[(I''_{dm}-I'_{dm})e^{-\frac{t}{T_{d3''}}}+(I'_{dm}-I_{dm})e^{-\frac{t}{T_{d3'}}}+I_{dm}\right]\sin\omega t \tag{15-22}$$

如引入各种电抗，则式（15-22）也可写作

$$i_k=E_{0m}\left[\left(\frac{1}{x''_d}-\frac{1}{x'_d}\right)e^{-\frac{t}{T_{d3''}}}+\left(\frac{1}{x'_d}-\frac{1}{x_d}\right)e^{-\frac{t}{T_{d3'}}}+\frac{1}{x_d}\right]\sin\omega t \tag{15-23}$$

$$T''_{d3}=\frac{x''_{1d}}{\omega r_{1d}};\quad x''_{1d}=x_{1d}+\frac{1}{\dfrac{1}{x_{ad}}+\dfrac{1}{x_f}+\dfrac{1}{x_\sigma}}$$

$$T'_{d3}=T_{d0}\frac{x'_d}{x_d};\quad T_{d0}=\frac{L_{f0}}{r_f}$$

式中　E_{0m}——空载电动势的振幅；

x''_{1d}——阻尼绕组的短路电抗；

r_{1d}——阻尼绕组的电阻；

r_f——励磁绕组的电阻；

L_{f0}——励磁绕组本身的总电感；

T_{d0}——定子绕组开路时励磁绕组电流自由分量衰减时间常数；

T'_{d3}——瞬态电流分量衰减时间常数；

T''_{d3}——超瞬态电流分量衰减时间常数。

二、当 $\psi_0=\psi_{max}$ 时的突然短路电流

设在突然短路的瞬间，某相绕组的磁链恰有最高值，即当 $t=0$ 时，$\psi=\psi_0=\psi_{max}$。此时该绕组的感应电动势为零，因为短路电流将较感应电动势滞后 90°，故短路电流的周期分量瞬时值恰有负的最高值。但根据初始条件，当 $t=0$ 时，绕组中的电流必须仍保持为零。因此，在这种情况下，短路电流中除了交流分量以外，还需要有一直流分量，即非周期性分量。非周期性分量的初始值应和周期性分量的初始值相抵消，而使总电流的初值为零。我们知道，非周期性电流的作用是保持短路绕组中的磁链不能突变，由于绕组存在电阻，非周期性电流将逐渐衰减。当发生三相突然短路时，如某相磁链恰为 $\psi=\psi_0=\psi_{max}$，则该相的突然短路电流如图 15-10 所示。

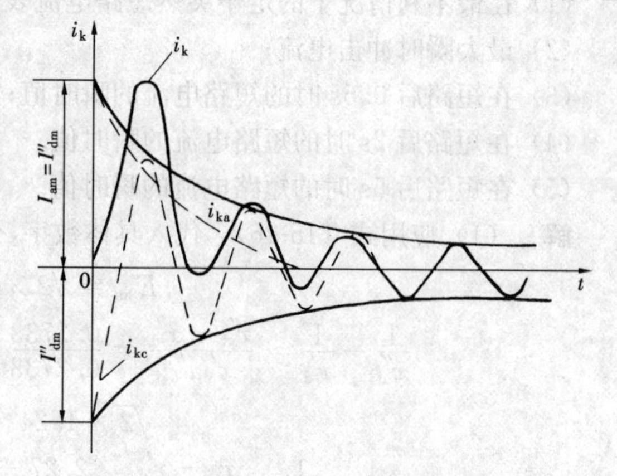

图 15-10　当 $\psi_0=\psi_{max}$ 时的突然短路电流

图 15-10 中短路电流曲线由实线表示，它的周期性电流分量和非周期性电流分量则由虚线表示。设令 T_{a3} 表示**非周期性电流衰减的时间常数**，则得短路电流中非周期性电流分量 i_{ka} 和周期性电流分量 i_{kc} 的表示式为

$$i_{ka}=I_{am}e^{-\frac{t}{T_{a3}}} \tag{15-24}$$

$$i_{kc}=\left[(I''_{dm}-I'_{dm})e^{-\frac{t}{T''_{d3}}}+(I'_{dm}-I_{dm})e^{-\frac{t}{T'_{d3}}}+I_{dm}\right]\sin(\omega t-90^{\circ}) \tag{15-25}$$

总的短路电流为

$$i_k=E_{0m}\left[\left(\frac{1}{x''_d}-\frac{1}{x'_d}\right)e^{-\frac{t}{T''_{d3}}}+\left(\frac{1}{x'_d}-\frac{1}{x_d}\right)e^{-\frac{t}{T'_{d3}}}+\frac{1}{x_d}\right]\sin(\omega t-90^{\circ})+I_{am}e^{-\frac{t}{T_{a3}}} \tag{15-26}$$

式中

$$T_{a3}=\frac{x_-}{\omega r_a}$$

由于 $I_{am}=I''_{dm}$，故在式（15-26）中，如令 $t=0$ 则得 $i_k=0$，与所需的初始条件符合。

这是一种最不利的突然短路的情况，它将导致最大可能的冲击电流。设想一种极限情形，如果周期性电流和非周期电流都衰减得非常缓慢，即假设在 0.01s（半个周波）以后，两个分量都基本上没有衰减，则在此瞬间它们将直接相加，而使最高冲击电流达到周期性电流的起始振幅的 2 倍。最高冲击电流将出现于当 $t=\frac{T}{2}$时。至于前一种突然短路情况，则最高冲击电流的极限值即和周期性电流的起始振幅相等，且将出现于当 $t=\frac{T}{4}$时。

较严格的分析可以证明，在定子短路电流中，除了直流分量以外，尚有一个 2 次谐波分量。这是由于电机的凸极结构，单凭直流分量还不能保持短路绕组中的磁链不变。为要激励某一固定的磁通，当短路相的磁轴面对直轴时，所需要的电流要小些，而当短路相磁轴面对交轴时，所需的电流要大些。故非周期电流分量的振幅应以 2 倍同步频率脉动，亦即在非周期电流分量中，除了直流分量以外还有 2 次谐波。2 次谐波分量的振幅并不大，一般可以略去。

【例 15-1】　某 300MW 汽轮发电机有下列数据：$x_d=2.27$，$x'_d=0.2733$，$x''_d=0.204$（均系标幺值），$T'_{d3}=0.993s$，$T''_{d3}=0.0317s$，$T_{a3}=0.246s$。设该机在空载电压为额定值时，发生三相短路。试求：

（1）在最不利情况下的定子突然短路电流表示式；

（2）最大瞬时冲击电流；

（3）在短路后 0.5s 时的短路电流的瞬时值；

（4）在短路后 2s 时的短路电流的瞬时值；

（5）在短路后 5s 时的短路电流的瞬时值。

解　（1）应用式（15-26），代入具体数字，均用标幺值表示，则

$$E_{0m}=\sqrt{2}\times 1=\sqrt{2}$$

$$\frac{1}{x''_d}-\frac{1}{x'_d}=\frac{x'_d-x''_d}{x'_dx''_d}=\frac{0.2733-0.204}{0.2733\times 0.204}=\frac{0.0693}{0.0557}=1.24$$

$$\sqrt{2}\times 1.24=1.76$$

$$\frac{1}{x'_d}-\frac{1}{x_d}=\frac{x_d-x'_d}{x_dx'_d}=\frac{2.27-0.2733}{2.27\times 0.2733}=\frac{1.997}{0.62}=3.21$$

$$\sqrt{2}\times 3.21=4.54$$

$$\frac{1}{x_d}=\frac{1}{2.27}=0.44$$

$$\sqrt{2}\times 0.44=0.622$$

$$I_{am}=\frac{E_{0m}}{x''_d}=\frac{\sqrt{2}}{0.204}=6.93$$

故得最不利情况下突然短路电流的表示式为

$$i_k=(1.76e^{-\frac{t}{0.0317}}+4.54e^{-\frac{t}{0.993}}+0.622)\sin\left(100\pi t-\frac{\pi}{2}\right)+6.93e^{-\frac{t}{0.246}}$$

（2）最大冲击电流出现在半周以后，即当 $t=0.01s$ 时，则

$$e^{-\frac{0.01}{0.0317}}=e^{-0.315}=0.73$$

$$e^{-\frac{0.01}{0.993}}=e^{-0.01009}=0.99$$

$$e^{-\frac{0.01}{0.246}}=e^{-0.0406}=0.9602$$

$$\sin\left(100\pi\times0.01-\frac{\pi}{2}\right)=\sin\frac{\pi}{2}=1$$

故

$$\begin{aligned}i_{k(max)}&=(1.76\times0.73+4.54\times0.99+0.622)\times1+6.93\times0.9602\\&=1.285+4.5+0.622+6.66=13.067\end{aligned}$$

即冲击电流的最大瞬时值将高达额定电流的13倍以上。

（3）当 $t=0.5s$ 时，则

$$e^{-\frac{0.5}{0.0317}}=e^{-15.8}\approx0$$

$$e^{-\frac{0.5}{0.993}}=e^{-0.503}=0.604$$

$$e^{-\frac{0.5}{0.246}}=e^{-2.03}=0.131$$

$$\sin\left(100\pi\times0.5-\frac{\pi}{2}\right)=\sin\left(50\pi-\frac{\pi}{2}\right)=-1$$

故得

$$\begin{aligned}i_{k(t=0.5)}&=(1.76\times0+4.54\times0.604+0.622)\times(-1)+6.93\times1.31\\&=-2.75-0.622+0.909=-2.463\end{aligned}$$

这时周期性电流中的超瞬态分量已经衰减殆尽，非周期性电流分量也已衰减到起始值的13%左右，而周期性电流中的瞬态分量尚有起始值的60%左右。

（4）当 $t=2s$ 时，则

$$e^{-\frac{2}{0.0317}}=e^{-63}\approx0$$

$$e^{-\frac{2}{0.993}}=e^{-2.02}=0.132$$

$$e^{-\frac{2}{0.246}}=e^{-3.12}\approx0$$

$$\sin\left(200\pi-\frac{\pi}{2}\right)=-1$$

故得

$$i_{k(t=2)}=-(4.54\times0.132+0.622)=-1.22$$

此时非周期分量已基本消失，瞬态分量也只有起始值的13%左右，总的突然短路电流瞬时值已经快接近于额定电流了。

（5）当 $t=5s$ 时，则

$$e^{-\frac{t}{T_{d3}}}=e^{-\frac{5}{0.993}}=e^{-5.04}\approx0$$

$$\sin\left(500\pi-\frac{\pi}{2}\right)=-1$$

所以

$$i_{k(t=5)}=-(4.54\times0+0.622)=-0.622$$

这时突然短路电流中的超瞬态分量、非周期分量均已衰减完毕，周期性电流中的瞬态分量也基本上消失，定子绕组中的短路电流已达到稳定短路状态时的数值。

根据统计，在电力系统发生的短路故障中，绝大多数是线对中性点和线对线的短路，三相对称突然短路发生的几率相对很少，也就是说绝大多数为不对称突然短路。

不对称突然短路的物理现象比对称的三相突然短路来得更复杂，但是和对称突然短路相似，定子绕组的电流中也包含有周期性瞬态分量和非周期性瞬态分量；当自由分量都衰减完毕以后，即进入不对称稳定短路状态。此外，和不对称稳态短路相似，突然短路电流中也将出现一系列高次谐波，非故障相绕组上也可能出现过电压现象。不对称突然短路的基波分量同样可利用对称分量法来分析，因此需要考虑各序短路电流的瞬态分量。由于该过程比较复杂，本书不再讨论。

*第四节　同步电机振荡的物理概念

当同步电机运行时，可以将合成磁场与转子磁场间看作有弹性联系。当负载增加时，位移角 δ 将增大，这便相当于把磁力线拉长；当负载减小时，位移角 δ 也将减小，这便相当于磁力线缩短了。当负载突然变化时，由于弹性作用，转子的位移角不能立即达到新的稳定值，而将引起振荡。在振荡期间，转子的转速有时在同步转速以上，有时在同步转速以下。如果振荡的振幅逐渐衰减下来，则转子将在最后获得新的位移角的情况下，仍以同步转速稳定运行。如果振荡的振幅逐渐扩大，则位移角将不断增加，这时便相当于磁力线的弹性极限已被超过，同步电机将与电网失步。

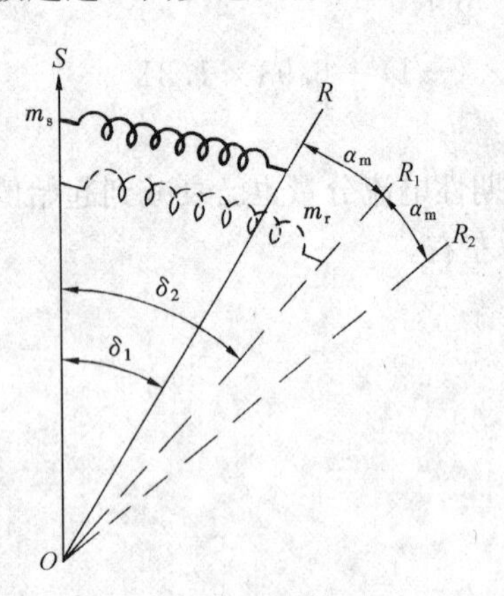

图 15-11　同步电机振荡的机械模型

上述情况可以用一机械模型来形象化地表示。在图 15-11 中，OS 和 OR 各表示以 O 为支点的杆件。它们可以环绕着 O 点自由旋转。设令 OS 和 OR 的质量分别为 m_s 和 m_r，且各集中于一点。OS 与 OR 间由一弹簧连接。由于外力的作用，这一弹簧处于某种稳定的伸长情况。如质量 m_s 比质量 m_r 大得多，则当 OR 振荡时，OS 可以不受影响。或者说，如把 OS 钉住，便不能移动，则也可得到同样的结果。这时 OS 便相当于容量为无限大的电网，OR 便相当于接在电网上的同步电机。如果作用在 m_r 上的外力不变，则 OR 和 OS 间的位移角 δ_1 也将保持不变，外力将为弹簧的拉力所平衡。但如作用在 OR 上的外力突然增大，则系统中的力的平衡将被破坏，m_r 便将加速，当达到新的平衡位置 OR_1 的位移角变为 $\delta_2=\delta_1+\alpha_m$。在这位置上的弹簧拉力是和增加后的外力相等，这时被移动的杆件的加速为零，而它的速度却有最大值。由于储藏在 m_r 中的动能，这一杆件的位置并不能就此稳定，而仍将继续前移。最后的位置将从 OR_1 再冲过一角度 α_m 而达到 OR_2。在从 OR_1 移向 OR_2 的过程中，由于弹簧拉力大于外力，故杆件将减速，而储藏在 m_r 中的动能亦将转变为储藏在弹簧中的位能。最后杆件的速度为零，而它的加速度却有负的最大值。如果没有由于摩擦力而引起的阻尼作用，则杆件便将环绕着新的平衡位置而在振幅为 $\pm a_m$ 的范围内振荡。

实际上，由于阻尼作用的存在，振荡的振幅将逐渐衰减而使杆件稳定在新的平衡位置 OR_1。振荡的频率与外力无关，而仅决定于杆件的质量和弹簧的参数，故此种振荡称为**自由振荡。**

对于同步电机而言，转子原先以稳定的同步转速旋转，当外施转矩突然增加而使位移角从 δ_1 增加到 δ_2 时，转子将加速。当位移角为 δ_2 时，转子的转速达到最大值。在位移角再由 δ_2 增加至 δ_2+a_m 的过程中，转子将减速，直到转子的转速仍旧恢复至同步转速。此后转子将继续减速至同步转速以下，因而使位移角减小。待到位移角回到 δ_2 时，转子又将开始加速，但因它的转速仍在同步转速以下，故位移角将继续减小，直到 $\delta_1=\delta_2-a_m$ 为止，故转子的位移角将环绕着新的平衡位置 δ_2 而振荡，它的转速则将环绕着同步转速而振荡。如果振荡的振幅随着阻尼作用而逐渐减小，这一同步电机的运行便将趋于稳定。

再回到图 15-11，如果作用在杆件 OR 上的外力本身为一振荡力，则 OR 便将按照外力的振荡频率而随着一起振荡。此种振荡称为**强制振荡。**当同步发电机由不均匀转矩的原动机拖动时，或当同步电动机拖动不均匀的负载转矩时，便将发生强制振荡。在各种原动机中，汽轮机常有均匀转矩，内燃机都有周期性的不均匀转矩。往复式空气压缩机可以作为不均匀负载转矩的例子。

以上所讨论的是当同步电机接在容量很大的电网上的情况。这时端电压 U 和频率 f 均可保持不变。如果有两台同步发电机并联运行，而它们的容量又相差不多，则当任一发电机发生振荡时，必将引起另一发电机同时发生振荡。在图 15-11 中，设质量 m_r 与质量 m_s 在数值上相差不多，则当杆件 OR 受到外力而发生振荡时，杆件 OS 也将跟着一起振荡，这便相当于电网电压的振荡。这种情形要比上面的情形复杂得多。

小　结

同步电机发生突然短路时，各绕组中的电流将急剧增大，随后逐渐衰减。它是一个瞬态过程，分析时常分两步进行。先将各个绕组回路看作是超导体闭合回路，应用超导体闭合回路磁链不变原则，分析定、转子绕组中的电流分量及其所匝链磁链的路径，确定电抗参数，用以计算短路初瞬的短路电流。然后再考虑电阻的影响，用时间常数来计算它的衰减过程。

本章主要研究了同步发电机的出线端三相突然短路后的定子短路电流及其衰减规律。

定子周期性电流中，又可分成三个分量。其中超瞬态分量的起始振幅为 $\frac{E_{0m}}{x''_d}-\frac{E_{0m}}{x'_d}$，它以阻尼绕组时间常数 T''_{d3} 衰减，瞬态分量的起始振幅为 $\frac{E_{0m}}{x'_d}-\frac{E_{0m}}{x_d}$，它以励磁绕组的时间常数 T'_{d3} 衰减；稳态分量的振幅 $\frac{E_{0m}}{x_d}$ 为不变量。

定子电流中的非周期分量电流的大小，取决于短路时的初始条件。如发电机在空载下发生突然短路，当 $t=0$ 时，定子非周期性电流即与周期性电流的初始值大小相等而方向相反，它以时间常数 T_{a3} 衰减。

突然短路是一件突发事件，可能发生在任意时刻，我们分析了两种极端情况：①当 $\psi_0=0$时，发生了突然短路，短路电流中不存在非周期性电流成分，短路电流的最大可能的幅值为 $\frac{E_{0m}}{x''_d}$；②当 $\psi_0=\psi_{max}$时，发生了突然短路，短路电流中的非周期性电流的大小等于周期性短路电流的振幅。两值叠加，短路电流可能出现的峰值为 $2\frac{E_{0m}}{x''_d}$，这是最危险的情况。一般来讲，定子短路电流的峰值在这两值之间。

本章还介绍了同步电机产生振荡的物理过程。产生振荡主要有两种原因。一种是由于负载突然变化引起的，对发电机来说是由于突然增加负载或减小负载；对电动机来说是由于转轴上的负载突然变化。另一种原因是由于原动机力矩本身包含有谐波分量，对电动机来说，机械负载本身就包含有谐波分量。两种振荡的影响也各不相同。前者将引起自由振荡，通常它是衰减振荡；而后者是强制振荡。

思 考 题

15-1 试为图 15-2 补上 B 相和 C 相的磁链变化曲线。

15-2 试说明下列情况中同步电机的转子电流中有没有交流分量：

(1) 同步运转，定子电流三相对称且有稳态值；

(2) 同步运转，定子电流有稳态值但三相不对称；

(3) 稳定异步运转；

(4) 同步运转，定子电流突然变化。

15-3 说明瞬态电抗和超瞬态电抗的物理意义。它们和定子绕组的漏抗有什么不同？由于隐极式电机有均匀的空气隙，所以同步电抗 x_d 和 x_q 相等，为什么超瞬态电抗 x''_d 和 x''_q 却又不相等？为什么沿交轴的瞬态电抗即等于沿交轴的同步电抗 x_q，而沿交轴的超瞬态电抗 x''_q 又和 x_q 不相等？

15-4 试从物理概念说明：为什么同步发电机的突然短路电流要比持续短路电流大得多？为什么突然短路电流与合闸瞬间有关？为什么在短路电流分量中含有直流分量？

15-5 试按数值的大小排列同步电机的各种电抗 x_σ、x_d、x_q、x'_d、x''_d、x''_q、x_-、x_0。

15-6 怎样理解用静止法测得的是超瞬态电抗？

15-7 当阻尼绕组的感应电流衰减完毕时，限制三相短路电流的是什么电抗？

15-8 试绘出突然短路过程中，同步发电机转子电流的变化曲线。

习 题

15-1 设有一台三相、星形连接的凸极式同步发电机，测得各种参数如下：$x_d=1.45\Omega$，$x_q=1.05\Omega$，$x'_d=0.70\Omega$，$x''_d=0.55\Omega$，$x''_q=0.65\Omega$，$x_\sigma=0.20\Omega$。

当每相空载电动势 $E_0=220V$ 时，试求：

(1) 三相稳态短路电流；

(2) 三相突然短路电流的最大可能振幅；

(3) 外线至外线间稳态短路电流；

(4) 单相外线至中性线间稳态短路电流；

(5) 每相经外 1.5Ω 电阻短路时的稳态短路电流。

解 (1) 三相稳态短路电流

$$I_{k(3)}=\frac{E_A}{x_d}=\frac{220}{1.45}=151.7\ (A)$$

(2) 三相突然短路电流的最大可能振幅

$$\frac{2\times\sqrt{2}E_A}{x''_d}=\frac{2\times\sqrt{2}\times220}{0.55}=1132\ (A)$$

(3) 外线对外线间稳态短路电流

$$I_{k(2)}=\frac{\sqrt{3}E_A}{x_{+}+x_{-}}=\frac{\sqrt{3}E_A}{x_d+\sqrt{x''_d x''_q}}=\frac{\sqrt{3}\times220}{1.45+\sqrt{0.55\times0.65}}$$

$$=\frac{\sqrt{3}\times220}{1.45+0.599}=186(A)$$

(4) 单相外线至中性线间稳态短路电流

$$I_{k(1)}=\frac{3E_A}{x_{+}+x_{-}+x_0}=\frac{3\times220}{1.45+0.599+0.20}=293(A)$$

(5) 先作相量图如图 15-12 所示，由图可得

$$\tan\psi=\frac{x_q}{R_e}$$

$$\psi=\tan^{-1}\frac{x_q}{R_e}=\tan^{-1}\frac{1.05}{1.5}=35.1°$$

故 $\cos\psi=0.818,\ \sin\psi=0.575$

$$E_0=IR_e\cos\psi+I_d x_d=I\ (R_e\cos\psi+x_d\sin\psi)$$

故 $I=\dfrac{E_0}{R_E\cos\psi+x_d\sin\psi}=\dfrac{220}{1.5\times0.818+1.45\times0.575}$

$$=\frac{220}{1.23+0.834}=106.6\ (A)$$

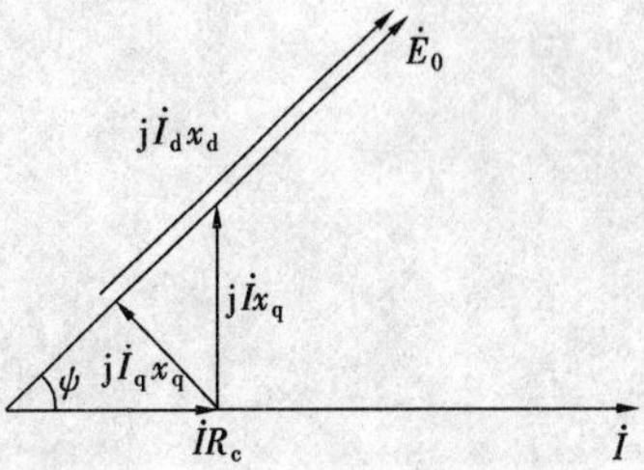

图 15-12　题 15-1 的相量图

15-2　设一台汽轮发电机有下列参数

$$x_d=1.10,\ x'_d=0.155,\ x''_d=0.090\ (均为标幺值)$$

$$T'_{d3}=0.6,\ T''_{d3}=0.035,\ T_{a3}=0.09\ (单位均为\ s)$$

试写出在最不利情况下的三相突然短路电流的表示式，在短路以前 $E_{0*}=1$。求出当短路后 0.01s 时的短路电流的瞬时值（用额定电流的倍数表示）。

第五篇

直 流 电 机

直流电机的基本原理和电磁关系

第一节　直流电机的基本结构

直流电机是旋转电机的主要类型之一。直流发电机供电质量较好，常作为直流电源使用。直流电动机具有良好的起动、调速性能，常用在调速要求较高的场合。但是它与交流电机相比，由于有换向器，结构较复杂，造价较高，运行维护和可靠性较差。近年来电力电子技术发展较快，在某些场合，半导体整流电源已替代直流发电机；由电子换向线路实现无接触换流的直流无刷电动机（仍具备直流电动机的各种优异运行特性），有取代传统有刷换向器直流电动机的趋势。尽管如此，目前直流换向器电机（习惯简称直流电机）仍有相当高的实用价值。

直流电机与其他旋转电机的结构基本类似。直流电机主要由定子和转子两大基本结构部件组成。定子用来固定**磁极**和作为电机的机械支撑，转子用来感应电动势而实现能量转换称为**电枢**，另有一个换向器和电刷结构实现交流电变成直流电的**换向**。

一、定子部分

直流电机的定子由主磁极、电刷装置、机座等组成。直流电机的结构如图 16-1 所示。

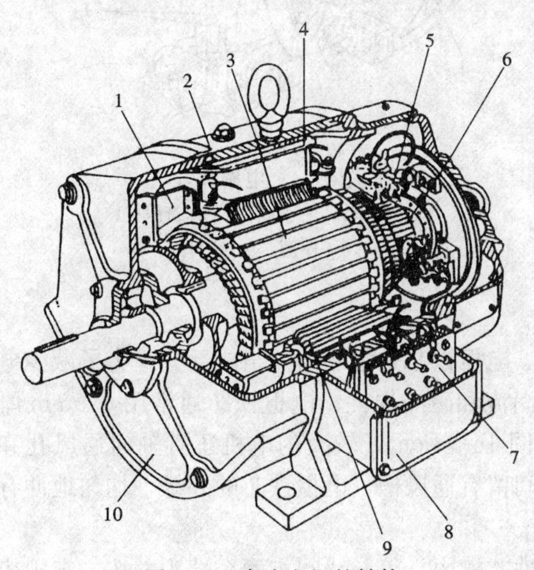

图 16-1　直流电机的结构

1—风扇；2—机座；3—电枢（铁芯和绕组）；4—主磁极铁芯；5—电刷装置；6—换向器；7—接线板；8—接线盒；9—励磁绕组；10—端盖

主磁极的作用是产生主磁场。主磁极由**磁极铁芯**和套在铁芯上的**励磁绕组**构成，如图 16-2 所示。当励磁绕组中通有直流励磁电流时，气隙中会形成一个恒定的主磁场，

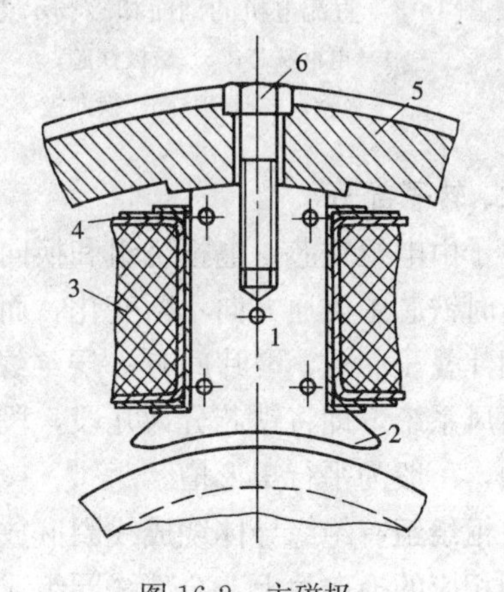

图 16-2　主磁极

1—主磁极铁芯；2—极靴；3—励磁绕组；4—绕组绝缘；5—机座；6—螺杆

示意图如16-3所示。图中极芯下面截面较大的部分称为**极靴**，极靴表面沿圆周的长度称为**极弧**，极弧与相应的极距之比称为**极弧系数**，通常为0.6～0.7。极弧的形状对电机运行性能有一定影响，它能使气隙中磁通密度按一定规律分布。为了减少电枢旋转时齿、槽依次掠过极靴表面而形成磁密变化造成铁芯涡流损耗，主磁极铁芯通常用1～1.5mm厚的导磁钢片叠压而成，然后再固定在磁轭上。各主磁极铁芯上套有励磁绕组，励磁绕组之间可串联，也可并联。主磁极成对出现，沿圆周是N、S极交替排列。

容量较大的直流电机还有**换向极**（位于两个主磁极之间的较小磁极），如图16-3中5为换向极，常用厚钢板或整块钢制成，极上装有换向极绕组，换向极下的空气隙较主磁极下的空气隙大。换向极数目一般与主磁极相同，但是小功率直流电机中，换向极的数目可以少于主磁极，甚至不装换向极。

一般直流电机的机座既是电机的机械支撑，又是磁极外围磁路闭合的部分，即**磁轭**，因此用导磁性能较好的钢板焊接而成，或用铸钢制成。机座两端装有带轴承的端盖。**电刷**固定在机座或端盖上，一般电刷数等于主磁极数。电刷装置有电刷、刷握、刷杆、压紧弹簧和汇流条等组成，如图16-4所示。电刷一般用碳—石墨制成，装于刷握中，并有弹簧压住，保证电枢转动时电刷与换向器表面有良好的接触。电刷装置将电枢电流由旋转的换向器通过静止的电刷与外部直流电路接通。

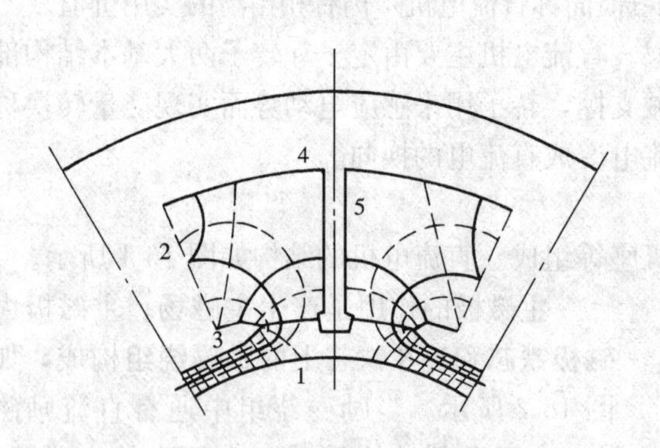

图16-3 直流电机的剖面和磁场示意图
1—电枢铁芯；2—磁极铁芯；
3—极靴；4—磁轭；5—换向极

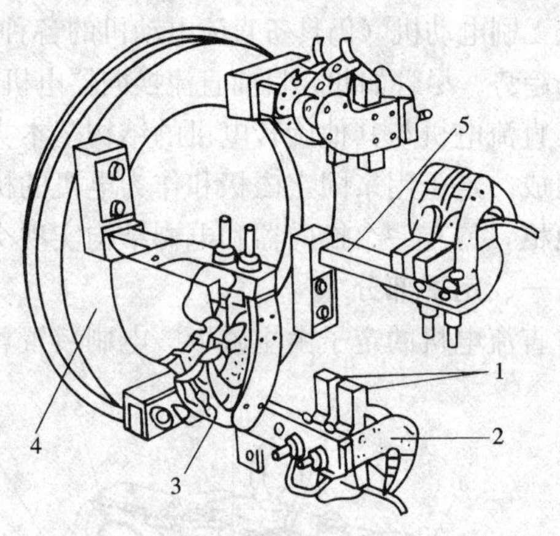

图16-4 电刷装置
1—电刷；2—刷握；3—弹簧压板；
4—座圈；5—刷杆

二、转子部分

转子由电枢铁芯、电枢绕组和换向器组成。**电枢铁芯**是主磁路的组成部分，为了减少电枢旋转时铁芯中磁通方向不断变化，而产生的涡流和磁滞损耗，电枢铁芯通常用0.5mm厚的硅钢片叠压而成，叠片间有一层绝缘漆，如图16-5所示。较大的电机还有轴向通风孔和径向通风系统，即将铁芯分为几段，段与段之间留有通风槽。电枢铁芯的外缘，均匀地冲有齿和槽，一般为平行矩形槽。

电枢绕组有绝缘导体绕成线圈嵌放在电枢铁芯槽内，每一线圈有两个端头，按一定规律连接到相应的换向片上，全部线圈组成**一个闭合的电枢绕组**。电枢绕组是直流电机的功率电路部分，也是产生感应电动势、电磁转矩和进行机电能量转换的核心部件，绕组的构成对电机的性能关系密切，其具体连接方法和功能，将在下一节中讨论。

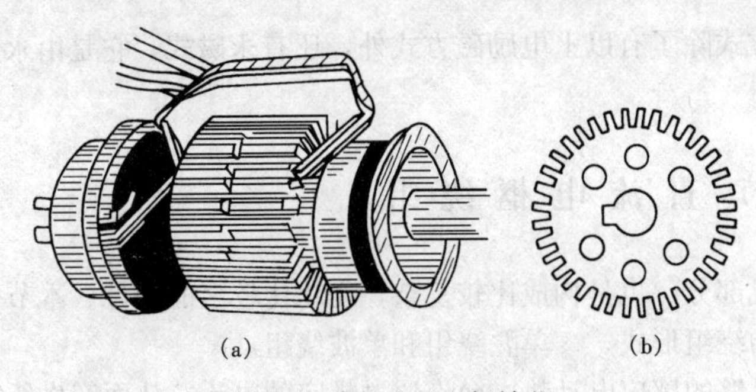

图 16-5　直流电机电枢铁芯

(a) 电枢铁芯装配图；(b) 电枢铁芯冲片

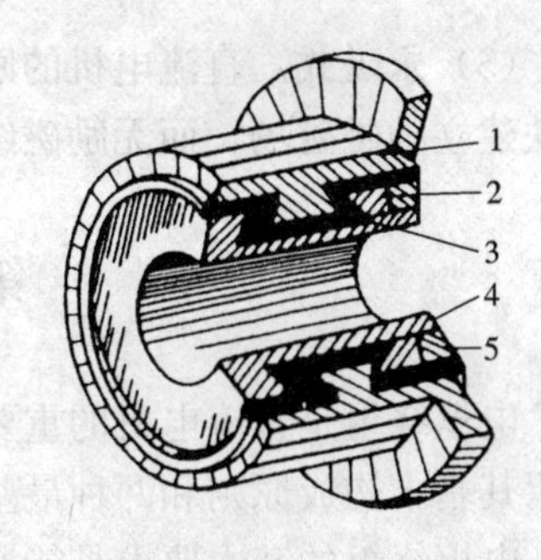

图 16-6　换向器的构造

1—换向片；2—垫圈；3—绝缘层；4—套筒；5—螺帽

换向器由许多彼此绝缘的**换向片**组合而成，如图 16-6 所示。它的作用是将电枢绕组中的交流电动势用**机械换向**的方法转变为电刷间的直流电动势，或反之。换向片可以为燕尾形，升高部分分别焊入不同线圈两个端点引线，片间用云母片绝缘，排成一个圆筒形。目前小型直流电机改用塑料热压成形，简化了工艺，节省了材料。

三、励磁方式

直流电机的电路主要有两个部分，一个是套在主磁极铁芯上的励磁绕组，另一个是嵌在电枢铁芯槽中的电枢绕组。此外还有换向极绕组。电机的运行特性与励磁绕组获得励磁电流的方式，即励磁绕组与电枢绕组间的连接方式关系很大，按励磁方式直流电机可分为他励式和自励式两大类。直流电机的各种励磁方式如图16-7所示。

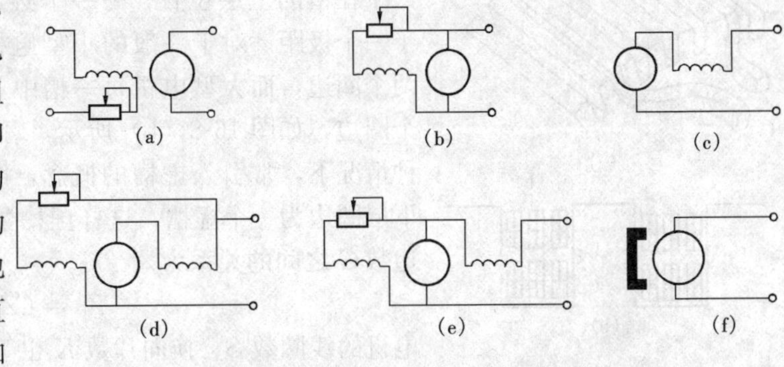

图 16-7　直流电机的各种励磁方式

(a) 他励；(b) 并励；(c) 串励；(d) 复励（长分接法）；(e) 复励（短分接法）；(f) 永磁式

(1) **他励式**。他励式励磁绕组与电枢绕组不相连接，而由另一个独立的直流电源供给励磁。

(2) **自励式**。自励式励磁绕组与电枢绕组按一定的规律相连接。直流发电机中，励磁电流由发电机本身供给；直流电动机中，励磁电流和电枢电流同由一个直流电源供给。自励式按两个绕组的连接方法不同又可分为并励、串励和复励。

1) **并励**：励磁绕组与电枢绕组并联，两个绕组上的电压相等，即电机的端电压。

2) **串励**：励磁绕组与电枢绕组串联，两个绕组中电流相同。

3) **复励**：励磁绕组分两部分，一个与电枢绕组串联，另一个与电枢绕组并联。如串联绕组所产生的磁动势与并联绕组所产生的磁动势方向相同，称为**积复励**；若两者相反，则称为**差复励**。通常应用的直流电机为积复励。先将串联绕组与电枢绕组串联，然后再与并联绕组并联，称**长分接法复励**；反之，先将并联绕组与电枢绕组并联，然后再与串联绕组串联，称**短分接法复励**。

(3) **永磁式**。直流电机的励磁方式除了有以上电励磁方式外，还有**永磁式**，它是由永久磁铁建立励磁磁场，而无励磁绕组。

第二节 直流电枢绕组

电枢绕组是直流电机的重要组成部分，也是构成比较复杂，变化比较多的部件。本节仅介绍其基本构成原则和两种最基本的绕组形式——单叠绕组和单波绕组。

电枢绕组的基本要求是能产生足够的感应电动势，允许通过规定的电流，从而产生所需电磁转矩，并尽可能节约材料、工艺简单、运行可靠。

电枢绕组由结构形状相同的线圈单元组成，每一线圈的两端分别接至两个换向片，每个换向片又与两个线圈的端头相连，所以电枢绕组是各线圈通过换向片串联起来的，是一个**闭合绕组**。而交流电机的绕组是**开启绕组**，它是从一导体出发，依次连接该相所有线圈，每相都有首端与终端。为了便于分析直流电枢绕组，这里介绍几个绕组的术语，其中有些在交流绕组中已经讲过。

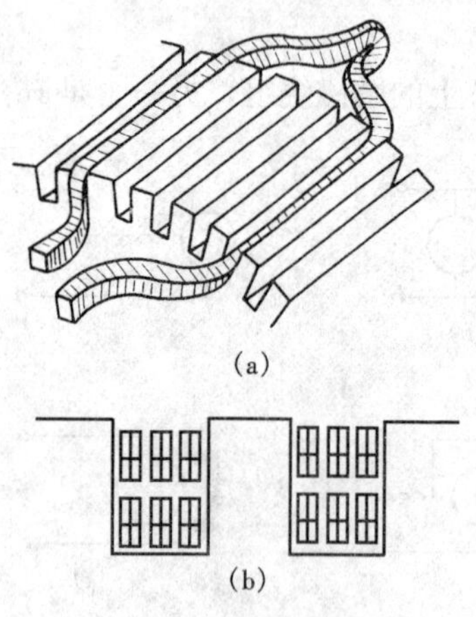

图 16-8 直流电机电枢绕组
(a) 双层绕组示意图；
(b) 并列圈边示意图

电枢绕组均为双层绕组，如图 16-8 (a) 所示，一个线圈有两个**圈边**分别处于不同极面下，放在电枢铁芯的槽中，一个在槽的上层位置，另一个必定在下层位置，跨距约等于一个极距。对于一般的小型电机，每一槽中仅有上、下两个圈边，而大型电机每一槽中上层和下层并列嵌放了几个圈边，如图 16-8 (b) 所示，每层有 $C=3$ 个圈边。在这种情况下，常引入**虚槽**的概念，即取一个上层圈边与一个下层圈边为一个虚槽，这样虚槽数 Z_e、实槽数 Z 和并列圈边数 C 之间的关系为

$$Z_e = CZ \tag{16-1}$$

电机的线圈数 S、换向片数 K 也等于虚槽数 Z_e，即

$$S = K = Z_e \tag{16-2}$$

设每个线圈有 N_c 匝，电枢总的导体数 N 为

$$N = 2CN_cZ = 2N_cZ_e \tag{16-3}$$

直流电机电枢绕组分为**叠绕组**和**波绕组**两大类，各种绕组在电枢及换向器上的连接规律可由几个绕组“节距”来确定。

(1) **第一节距** y_1。一个线圈的两个圈边之间的距离，称第一节距。通常用虚槽数表示，为了获得较大的感应电动势，y_1 应等于或接近于一个极距 $\tau=Z_e/2p$，y_1 必须是整数，故

$$y_1 = \frac{Z_e}{2p} \pm \varepsilon = \text{整数} \tag{16-4}$$

式中：ε 为使 y_1 凑成整数的一个分数。$\varepsilon=0$ 为**整距**，$-\varepsilon$ 为**短距**，$+\varepsilon$ 为**长距**，一般取整距或短距绕组。

(2) **第二节距** y_2。连至同一换向片上两个圈边之间的距离，即前一个线圈的下层圈边与后一个线圈上层圈边之间所跨的虚槽数，称第二节距。

(3) **合成节距** y。相串联的两个线圈对应圈边之间的距离，称合成节距，同样用虚槽数

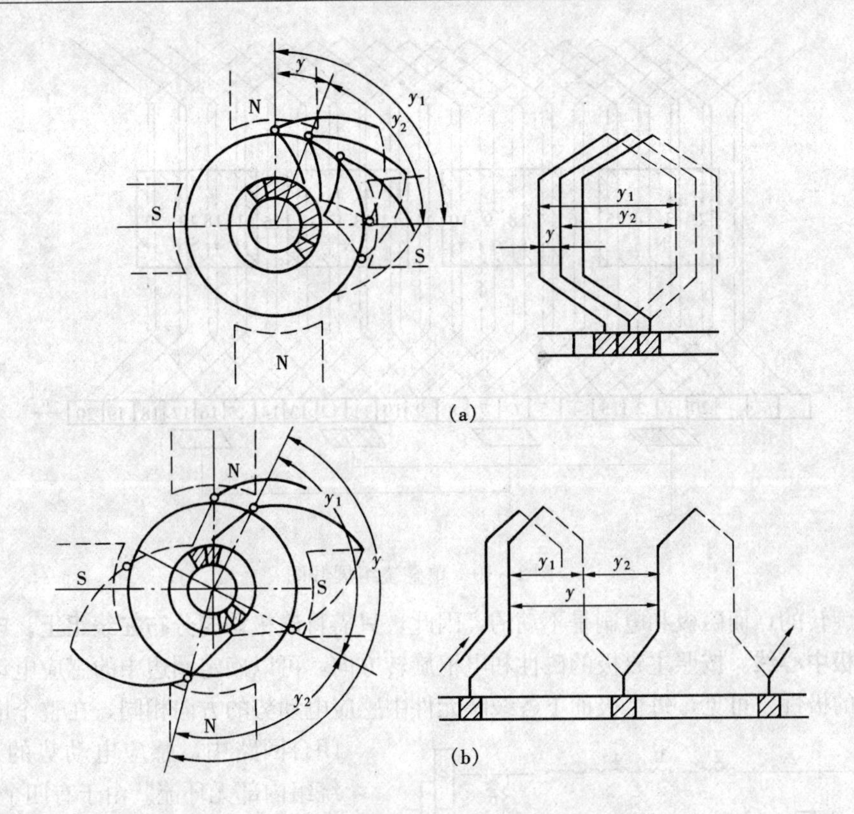

图 16-9　直流电枢绕组连接示意图

(a) 单叠绕组连接规律示意图；(b) 单波绕组连接规律示意图

表示。y_1、y_2 和 y 之间关系如图 16-9 所示，其表达式为

$$y = y_1 + y_2 \tag{16-5}$$

式中，y_2 对于**叠绕组为负值**，对于**波绕组为正值**。

(4) **换向器节距** y_k。每一线圈两端所连接的换向片之间，在换向器表面上所跨的距离，称为换向器节距 y_k，用换向片数表示，换向片数与虚槽数相同，故

$$y = y_k \tag{16-6}$$

一 、单叠绕组

单叠绕组是指一个绕组元件相对于前一绕组元件仅仅移过一个槽，同时每个线圈的出线端依次连在相邻的换向片上，所以

$$y = y_k = \pm 1 \tag{16-7}$$

式中："+1"和"−1"分别表示右行和左行绕组；图 16-9 (a) $y=+1$ 为**右行绕组**，而左行绕组连接线相互交错，用铜较多，故很少采用。

现举例说明单叠绕组的连接。设绕组的极数 $2p=4$，电枢有 20 槽，$c=1$，单叠右行绕组，则

$$y = y_k = +1$$

第一节距　$y_1 = \dfrac{Z_e}{2p} \pm \varepsilon = \dfrac{20}{4} = 5$（为整距绕组）

第二节距　$y_2 = y - y_1 = 1 - 5 = -4$

根据已知的各个节距，可以画出电枢绕组的展开图，如图 16-10 所示。图中电枢绕组和

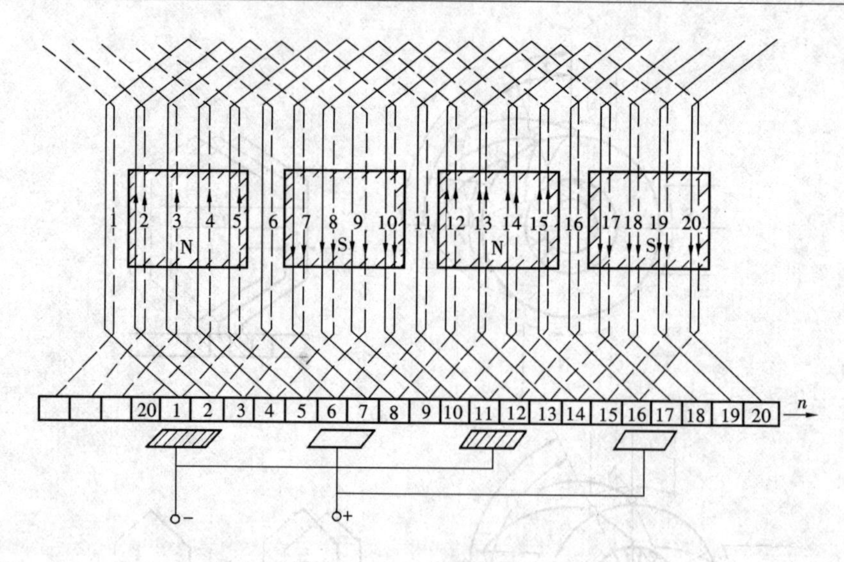

图 16-10 单叠绕组展开图

换向器是旋转的，而磁极和电刷是不动的，因此，只需将**磁极均匀分布在绕组上，电刷的中心线对着磁极中心线**。按照主磁极的磁性和电枢旋转方向，可以确定圈边中的感应电动势的方向以及电刷的极性。可见，每个极面下各线圈元件中感应电动势的方向相同，在整个电枢绕组的闭合回路中，感应电动势的总和为零，绕组内部无环流。由于有四个电刷(电刷数等于磁极数)均匀分布在换向器圆周上，各个电刷都将一个线圈元件短路，该元件的电动势恰为零，这样每个极面下的线圈元件串联成一个支路，本例中有四条并联支路，如图 16-11 所示。

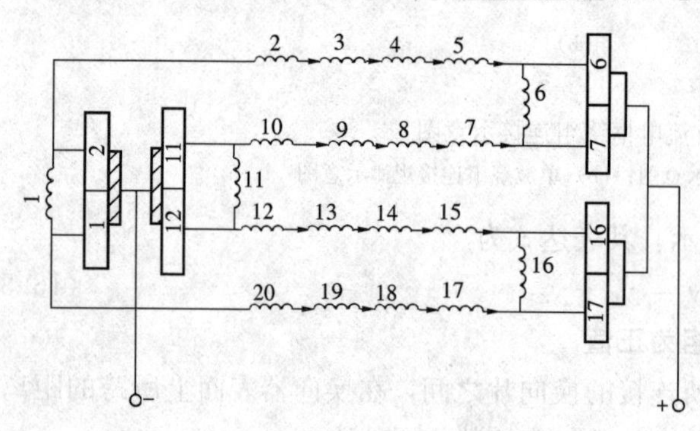

图 16-11 单叠绕组的元件连接示意图

由此可见，**单叠绕组电刷数应该与磁极数相同，并联支路数等于电机极数**，即

$$2a = 2p \tag{16-8}$$

由正负电刷引出的电枢电流 I_a 为各支路电流 i_a 之和，即

$$I_a = 2ai_a \tag{16-9}$$

故**叠绕组是一种并联支路数较多，电枢电流较大，而电刷间电动势较小的并联绕组**。

二、单波绕组

波绕组与叠绕组不同，单波绕组的每一绕组元件的出发点和终端不是在相邻的换向片上，而是相隔近似一对极距，经过 p 个绕组元件串联后，回到原出发换向片的相邻一片上，所以

$$y = \frac{K \pm 1}{p} \tag{6-10}$$

式中，“+1”和“−1”分别表示右行和左行绕组，图 16-9（b）取“−1”为**左行绕组**，为了避免连线交错，节约铜线，常采用左行绕组。

现举例说明单波绕组的连接。设极数 $2p=4$，电枢有 19 槽，$C=1$，单波左行绕组。

则合成节距　$y=\frac{K-1}{p}=\frac{19-1}{2}=9$

第一节距　$y_1=\frac{Z_e}{2p}\pm\varepsilon=\frac{19}{4}\pm\varepsilon=5$

第二节距　$y_2=y-y_1=9-5=4$

由于合成节距必须为整数，所以波绕组的换向片数和极数之间应该有一合理配置，如一个4极电机，换向片为18或20都不能绕成单波绕组。

依据确定的各个节距，可以排出各绕组元件连接次序图和单波绕组的展开图，如图16-12和图16-13所示。由图可见，单波绕组只有两条并联支路，它的每一条支路包含了同一极性下的所有元件，所以它与电机的极数无关。即

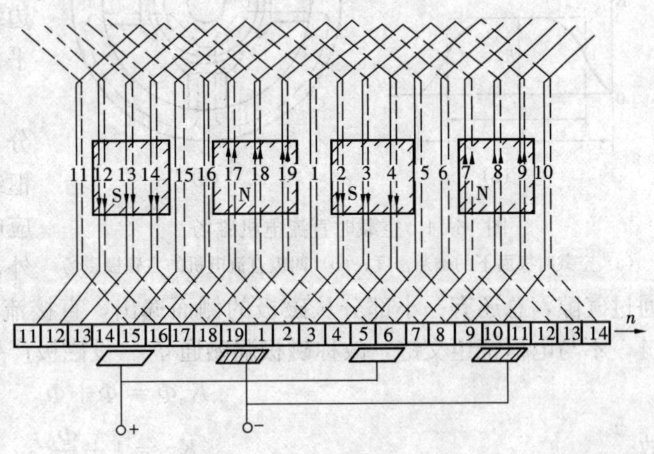

图16-12　单波绕组展开图

$$2a=2 \tag{16-11}$$

展开图中电刷的安放与单叠绕组相同，照理两条并联支路只需要一对电刷，便可将电动势导出，但是流过电刷的电流密度有一定限制，若减少电刷个数，必定增加每个电刷的截面积，因此一般仍取电刷数等于极数。

由上分析可见，单波绕组与单叠绕组各有特点，单波绕组具有最少的并联支路数，即$a=1$，因此**电刷间的电动势较大，而电枢电流较小**，$I_a=2i_a$，故又**称串联绕组。**

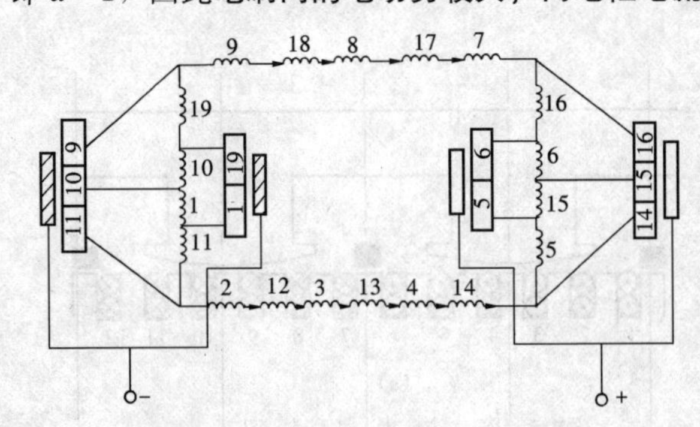

图16-13　单波绕组的元件连接次序图

实用中直流电枢绕组除单叠和单波绕组外，还有复叠、复波和混合绕组。双叠绕组$y=2$，可以看成是两个单叠绕组组合而成，并联支路数为极数的2倍。双波绕组$y=\frac{K\pm 2}{p}$，可以看成是两个单波绕组组合而成，并联支路数$2a=4$。混合绕组由一套波绕组和一套叠绕组按一定规律组合而成。就使用而言，各种绕组的主要区别是并联支路数的多少。通常根据电机的所需电流的大小和电压的高低来选择绕组的形式。

第三节　直流电机的磁场和电枢反应

一、空载时直流电机的磁场

在空载时，电枢电流为零，直流电机的气隙磁场由主磁极绕组的励磁电流所产生，由于励磁电流是直流，所以气隙磁场是一个不随时间变化的恒定磁场。这一磁场在空间分布，即

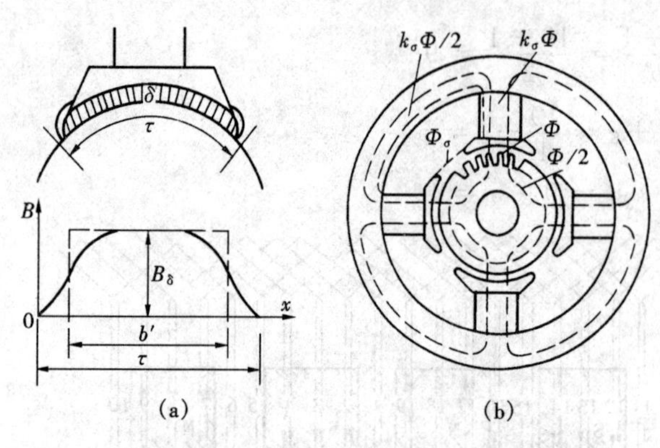

图 16-14　空载时直流电机磁场

(a) 空载时极面下的磁通密度；(b) 四极直流电机的主磁极磁场

一个极面下磁场分布，如图 16-14 (a) 所示，磁极面下磁阻较小且较均匀，故磁通密度较高为 B_δ，而两极之间的气隙处，磁通密度显著降低，从磁极边缘至几何中线处，磁通密度沿曲线平滑下降，称边缘磁通。

电机主磁极产生的磁通分成两部分，**主磁通** Φ 通过气隙，同时交链电枢绕组和励磁绕组，是电机中产生感应电动势和电磁转矩的有效磁通。另外，由于磁极产生的磁通不可能全部通过气隙，总还有一小部分从磁极的侧面逸出，直接流向相邻的磁极，它只与励磁绕组交链，不与电枢绕组交链，故称**磁极漏磁通** Φ_σ。设磁极产生的总磁通为 $K_\sigma\Phi$，则

$$K_\sigma\Phi = \Phi + \Phi_\sigma \tag{16-12}$$

故

$$K_\sigma = 1 + \frac{\Phi_\sigma}{\Phi} \tag{16-13}$$

式中　K_σ——**漏磁系数**，一般可取 1.15～1.25。

直流电机的主磁路包括气隙、电枢齿、电枢磁轭、主磁极和定子磁轭。除气隙外，其他部分均由铁磁材料组成。主磁路和漏磁路示意图如图 16-14 (b) 所示。

二、负载时电枢电流的磁场

当直流电机带有负载时，电枢绕组中有电流流过，电枢电流也将产生磁场，称作**电枢磁场**。为了分析方便，首先讨论电枢磁场，然后讨论由主磁极磁动势和电枢磁动势共同作用的合成磁场。

在实际电机中，电刷放在磁极中心线上的换向片上，该换向片所连的圈边在两磁极中间，即**几何中性线（交轴线）附近**。下面磁场分析为了简便，略去换向器只画主磁极、电枢绕组和电刷。此时，在图 16-15 (a) 中电刷位置恰在交轴处，即电枢绕组电流改变方向处，电枢绕组由许多线圈组成，每个线圈跨距近似为极距 τ，一个线圈 N_c 流过电流 i_a 产生气隙磁动势为矩形波，幅值为 $N_c i_a$，每两相邻线圈都移过一个齿距，流过电流大小相同，气隙中合成的磁动势等于各线圈磁动势波的叠加，所得合成磁动势为一个阶梯形波，幅值为 $3N_c i_a$。如线圈沿电枢分布无限增多，则阶梯形波趋近于三角波，如图 16-15 (b) 所示，电枢磁场轴线在交轴

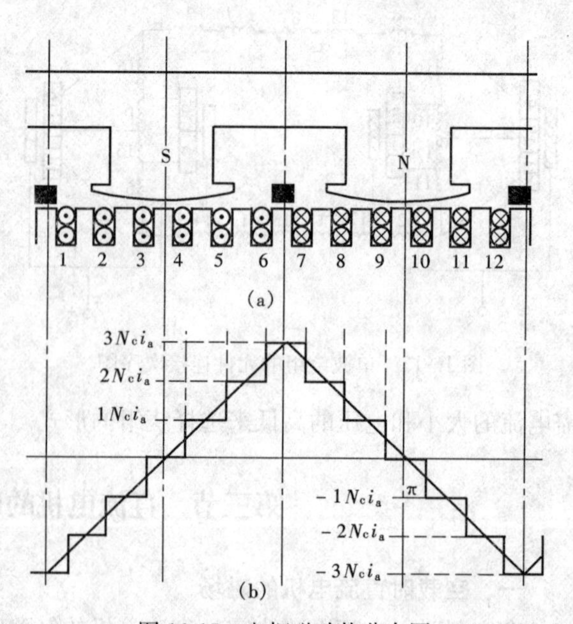

图 16-15　电枢磁动势分布图

(a) 直流电机展开示意图；(b) 横坐标以励磁电流表示

处，它和主磁极磁动势的轴线（直轴处）相差90°电角度。

取主磁极轴线为横坐标原点，每个气隙所消耗的电枢磁动势为

$$F_{ax}=AX \tag{16-14}$$

式中　A——线负荷，$A=\dfrac{Ni_a}{\pi D_a}=\dfrac{NI_a}{2p\tau\cdot 2a}=\dfrac{NI_a}{4pa\tau}$，$i_a$为导体内电流，$I_a$为电枢总电流；

N——电枢总的导体数。

当$X=\dfrac{\tau}{2}$时，即电刷位于交轴处，电枢磁动势为最大值F_{aq}，即

$$F_{aq}=\frac{1}{2}A\tau=\frac{NI_a}{8pa} \tag{16-15}$$

式中　τ——极距。

三、交轴电枢反应

当直流电机带有负载时，就有主磁极磁动势和电枢磁动势同时作用在空气隙。电枢磁动势的存在使空载磁场分布情况改变，即**负载时电枢磁动势对主极磁场的影响称为电枢反应**。通常电刷处于交轴处，由于电枢磁动势的轴线总是与电刷轴线重合，故称为**交轴电枢反应**。

图16-16（a）表示主磁极产生的气隙磁场分布图（不考虑电枢齿槽的影响，下同），$B_0(x)$曲线的横坐标为沿圆周的距离，纵坐标为磁通密度。每极磁通Φ为一个极距内$B_0(x)$曲线及横坐标间所包含的面积。图16-16（b）表示电枢磁动势为三角形波。

由于直流电机定子为凸极，空气隙是不均匀的，极面下磁阻小且均匀，$B_a(x)$与$F_a(x)$成正比，而在极尖以外，磁阻增大很多，尽管$F_a(x)$在交轴处最大，但是$B_a(x)$仍将下降，比极尖处低很多。故电枢电流产生的磁场分布波$B_a(x)$与电枢磁动势分布波$F_a(x)$有较大不同，$B_a(x)$曲线呈马鞍形，如图16-16(c)所示。

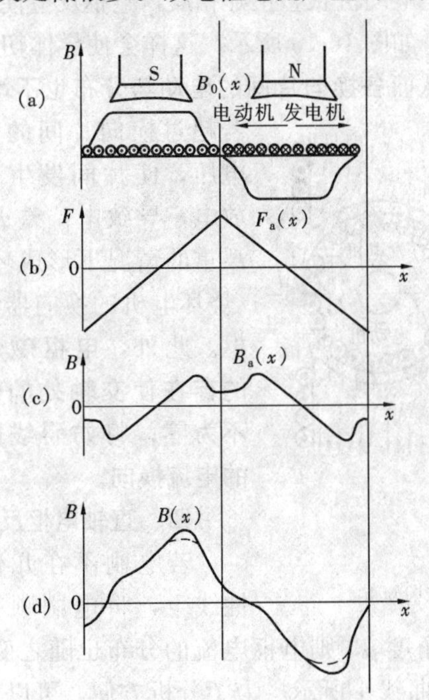

图16-16　空气隙中的磁通密度分布波

(a)空载时的磁通密度；(b)电枢磁动势；(c)电枢磁通密度；(d)合成磁通密度

空气隙中的合成磁场$B(x)$即为$B_0(x)$与$B_a(x)$之和，如图16-16(d)所示。由图可见，电枢磁动势使一半极面下（如图上所示的右半极面下）的磁通增加，而使另一半极面下的磁通减少。如不考虑磁路的饱和现象，上述一半磁极增加的磁通正好等于另一半磁极减少的磁通，故每一极面下的总磁通仍将保

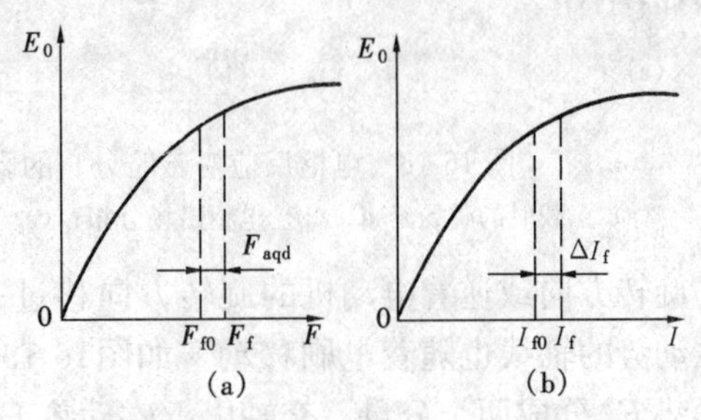

图16-17　考虑电枢反应的去磁作用

(a)横坐标以磁动势表示；(b)横坐标以励磁电流表示

持不变，合成磁场的分布如图16-16（d）中实线所示。但是，实际上磁路通常有饱和现象存在，由于增磁部分的磁通密度很大，磁路饱和程度增加，使$B(x)$的高峰部分略有下降，如图16-16（d）中虚线所示，因此，使一半极面下所增的磁通小于另一半极面下所减少的磁通，故每一极面的总磁通略有减少。交轴电枢反应对电机运行的影响有以下几个方面。

（1）电枢反应的去磁作用将使每极磁通略有减少。由于电机中磁路饱和现象的存在，交轴电枢磁动势将产生**去磁作用**，也即使每极面下的总磁通略有减少，其大小可用一个等效的直轴去磁安匝F_{aqd}或等效去磁电流ΔI_f来表示，如图16-17所示。F_{aqd}与磁路的饱和程度有关，随电枢电流的大小而变化，为了简便起见，可近似认为与电枢电流成正比。这样磁通的有效磁动势F_{f0}为

$$F_{f0}=F_f-F_{aqd} \tag{16-16}$$

式中　F_f——磁极磁动势。

如将式（16-16）各项均除以磁极的每极匝数N_f，则

$$\frac{F_{f0}}{N_f}=\frac{F_f}{N_f}-\frac{F_{aqd}}{N_f}$$

即

$$I_{f0}=I_f-\Delta I_f \tag{16-17}$$

式中　I_f——电机实际的励磁电流；

I_{f0}——产生磁通的有效励磁电流。

（2）电枢反应使极面下的磁通密度分布不均匀。由图16-16（d）可知交轴电枢反应使一半磁极面的磁通密度增大，而另一半极面下的磁通密度减少。电枢进入极面的磁极极尖称为**前极尖**，电枢离开极面处的极尖称为**后极尖**。因此，在发电机的情况下，电枢反应使前极尖下的磁通密度削弱，而使后极尖的磁通密度增强；电动机状态正好相反，电枢反应使前极尖下的磁通密度增强，而使后极尖的磁通密度减弱，如图16-18所示。这样会使导体切割最强的磁场所产生的感应电动势比一般的值高得多，从而**各换向片间的电动势分布也不均匀**。若超过换向片间的安全电压，使片间发生表面放电，导致电位差火花，严重的情况下形成环火，烧坏电机的换向器和电枢。此外，**电枢磁动势的存在使交轴处的磁场不为零，将妨碍线圈中的电流换向**。

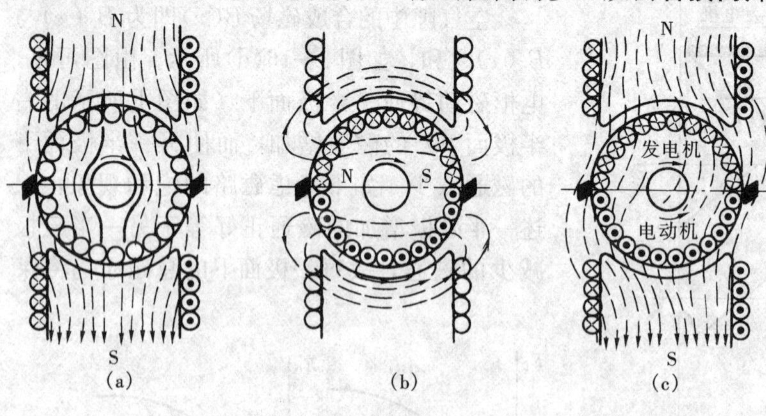

图16-18　电枢反应对磁路分布的影响

（a）空载时的磁场分布；（b）电枢磁场分布；（c）合成磁场分布

四、直轴电枢反应

若电刷不在几何中性线上，将电刷顺着发电机的旋转方向或逆着电动机的旋转方向移过一个角度β，则电枢电流的分布也随之变化，电枢磁动势的轴线也随着电刷移动。如图16-19中的曲线1所示。为了分析方便，可以将电枢磁动势F_{ax}分成两个分量，交轴电枢磁动势F_{aqx}和直轴电枢磁动势F_{adx}，如图16-19中曲线2和3所示，曲线1为曲线2和曲线3之和。在图16-20中，2β角度内的磁动势，其轴线与

主极轴线重合，称为**直轴电枢反应**。其余部分（$\pi-2\beta$）角度内的磁动势，其轴线与主磁极轴线相正交，称为**交轴电枢反应**。图 16-20（a）中的直轴电枢反应磁动势方向与主磁极极性相反，使主磁通减弱，呈**去磁作用**。图 16-20（b）中的电刷位置逆着发电机的旋转方向或顺着电动机的旋转方向移过了一个角度 β，此时直轴电枢磁动势方向与主磁极极性相同，故呈**磁化作用**。

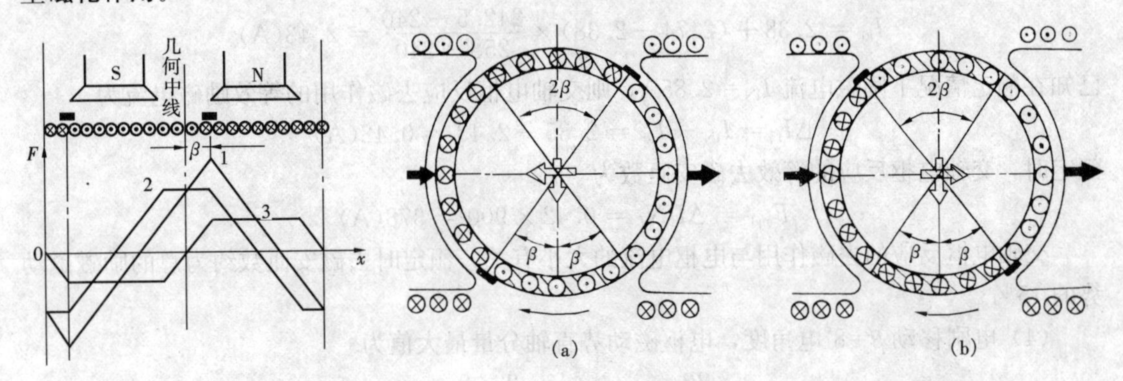

图 16-19　电刷不在几何中心线上时的电枢磁动势分布

图 16-20　电枢反应分解为交轴分量和直轴分量
(a) 直轴分量为去磁作用；(b) 直轴分量为磁化作用

设电枢磁动势每极安匝数为 F_a，其作用轴线在电流换向处，即电刷所在位置。电枢磁动势中的直轴电枢磁动势的最大值 F_{ad} 与主极轴线一致，其大小与 2β 角度范围内导体数有关，即

$$F_{ad}=F_a\frac{2\beta}{\pi}=A\tau\frac{\beta}{\pi} \tag{16-18}$$

同理，电枢磁动势中交轴电枢磁动势的最大值为

$$F_{aq}=F_a\frac{\pi-2\beta}{\pi}=A\tau\left(\frac{1}{2}-\frac{\beta}{\pi}\right) \tag{16-19}$$

【例 16-1】　一台四极直流发电机，额定电枢电压 230V，额定电枢电流 84.8A，额定转速为 1500r/min。电枢绕组为单波绕组，共有 444 根导体，电枢回路的总电阻为 0.147Ω，电枢直径 D_a=29.5cm。励磁绕组每极匝数为 900 匝。在额定运行情况下励磁电流为 2.85A。当转速为 1500r/min 时，测得电机的空载特性数据见表 16-1。试求：

表 16-1　　［例 16-1］的表

E_0（V）	44	104	160	210	240	258	275
I_{f0}（A）	0.37	0.91	1.45	2.00	2.38	2.74	3.28

（1）电枢的线负载 A；

（2）电刷在交轴处，额定时电枢反应的交轴磁动势 F_a；

（3）额定时，电枢反应的等效去磁安匝 F_{aqd}；

（4）若电刷顺着电枢旋转方向移动 8°电角度，电枢磁动势的直轴分量 F_{ad} 和交轴分量 F_{aq}。

解　(1) 线负载为单波绕组 $a=1$

$$A=\frac{NI_a}{2a}\times\frac{1}{\pi D_a}=\frac{444\times 84.8}{2\pi\times 29.5}=203.13(\text{A/cm})$$

（2）交轴电枢磁动势的幅值为

$$F_{a}=\frac{NI_{a}}{4\times 2p}=\frac{444\times 84.8}{4\times 4}=2353.2(\mathrm{A})$$

(3) 额定运行时电枢反应电动势为

$$E_{aN}=U_{N}+I_{aN}r_{a}=230+84.8\times 0.147=242.5(\mathrm{V})$$

由空载特性，求对应的有效励磁电流为

$$I_{f0}=2.38+(2.74-2.38)\times\frac{242.5-240}{258-240}=2.43(\mathrm{A})$$

已知在额定情况下励磁电流 $I_{fN}=2.85\mathrm{A}$，则交轴电枢反应去磁作用的等效励磁电流为

$$\Delta I_{f}=I_{fN}-I_{f0}=2.85-2.43=0.42(\mathrm{A})$$

额定时，交轴电枢反应的等效去磁安匝数为

$$F_{aqd}=\Delta I_{f}N_{f}=0.42\times 900=378(\mathrm{A})$$

交轴电枢反应的去磁作用与电枢电流的大小有关，额定时去磁安匝数约为总的励磁磁动势的 15%。

(4) 电刷移动 $\beta=8^{\circ}$电角度，电枢磁动势直轴分量最大值为

$$F_{ad}=F_{a}\frac{2\beta}{180}=2353.2\times\frac{2\times 8}{180}=209.2(\mathrm{A})$$

该直轴电枢反应磁动势与主磁极磁动势方向相反为去磁作用。

电枢磁动势交轴分量最大值为

$$F_{ad}=F_{a}\frac{180-2\beta}{180}=2353.2\times\frac{180-2\times 8}{180}=2144(\mathrm{A})$$

第四节 电枢绕组的感应电动势和电压、功率平衡方程式

直流电机的运行情况可以用基本方程式来分析，因此首先讨论电枢绕组的感应电动势和电磁转矩，进而导出直流电机稳态运行时电压平衡式、功率平衡式和转矩平衡式。

一、电枢绕组的感应电动势

电枢绕组的感应电动势是指电机正、负电刷之间的电动势，电刷间的电动势即等于一条支路中各串联导体的电动势的代数和。由于电枢是旋转的，由电刷量得的电动势，并非某几个固定导体的感应电动势之和，而是位于电刷之间一定位置的各个导体的感应电动势之和。如图 16-21 所示。图中某一个导体的感应电动势为

$$e_{j}=B_{j}lv \tag{16-20}$$

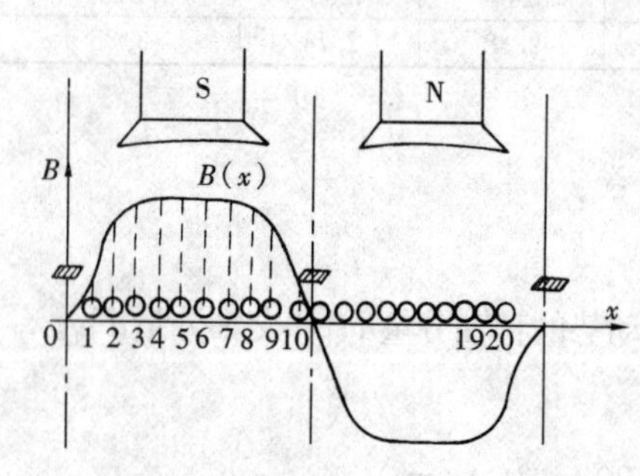

图 16-21 电刷间的电动势为一支路导体的感应电动势之和

式中 B_j——某导体所在处的气隙磁密；

l——电枢导体有效长度；

v——导体切割气隙磁场的速度。

设电枢绕组总导体数为 N，有 $2a$ 条并联支路，则每一条支路中的串联导体数为 $N/2a$，电刷之间的感应电动势为

$$E_{a}=\sum_{j=1}^{N/2a}e_{j}=\sum_{j=1}^{N/2a}B_{j}lv \tag{16-21}$$

式中 B_j 各处的气隙磁密不尽相同，为简便计算，设每

一极面下平均气隙磁密 B_{av}，它等于电枢表面各点气隙磁密的平均值，这样每一极的磁通量 Φ 为

$$\Phi = B_{av} l\tau \tag{16-22}$$

每根导体的平均感应电动势为

$$e_{av} = B_{av} lv = \frac{\Phi}{l\tau} l 2p\tau \frac{n}{60} = 2p\Phi \frac{n}{60} \tag{16-23}$$

由此可得相邻电刷之间感应电动势为

$$E_a = \frac{N}{2a} e_{av} = \frac{p}{a} N \frac{n}{60} \Phi = C_e n\Phi \tag{16-24}$$

式中 n——电枢旋转速度，r/min；

Φ——每一磁极的总磁通量，Wb；

C_e——电动势常数，$C_e = \dfrac{pN}{60a}$。

式（16-24）系电刷在交轴且绕组为整距时，直流电机感应电动势的计算公式，感应电动势与每极磁通量及转速的乘积成正比。如果绕组短距或电刷不在交轴处，使支路中一部分导体的感应电动势因磁场方向相反而反相，相互抵消，导致电刷间电动势的减小。此外，负载时交轴电枢反应使极面下磁通密度的分布发生畸变，又由于磁饱和影响，产生交轴电枢反应去磁作用，电刷间的感应电动势与极面下磁通密度的分布情况无关，但是与极面下总磁通量成正比，这样负载时的感应电动势比空载时略小。

电刷间电动势为直流，但是电枢导体的感应电动势是交变的，其频率为

$$f = \frac{pn}{60} \tag{16-25}$$

二、电压平衡式

1. 直流发电机电压平衡式

直流电机的电压、电流关系，可按照励磁方式画出一张接线图，并按电机的运行状态标出电流、电压和电动势的方向，然后应用电路定律，列出有关方程。现以并励发电机为例说明之。电路图如图 16-22（a）所示。并励发电机的电枢电流 I_a 为

$$I_a = I_L + I_f \tag{16-26}$$

式中 I_L——负载电流；

I_f——励磁电流。

发电机向负载供电，绕组的感应电动势应大于端电压，即 $E_a > U$，则

$$E_a = U + I_a r_a + 2\Delta U \tag{16-27}$$

式中 U——端电压；

$I_a r_a$——电枢回路中各串联绕组的电阻电压降；

ΔU——每一电刷的接触电压降，通常可以认为 ΔU 为常数，对于石墨电刷一般取$\Delta U = 1\text{V}$。

此时，感应电动势与电流方向一致，电机输出电功率。绕组感应电动势 $E_a = C_e \Phi n$，发电机的转速取决于原动机，通常保持不变。

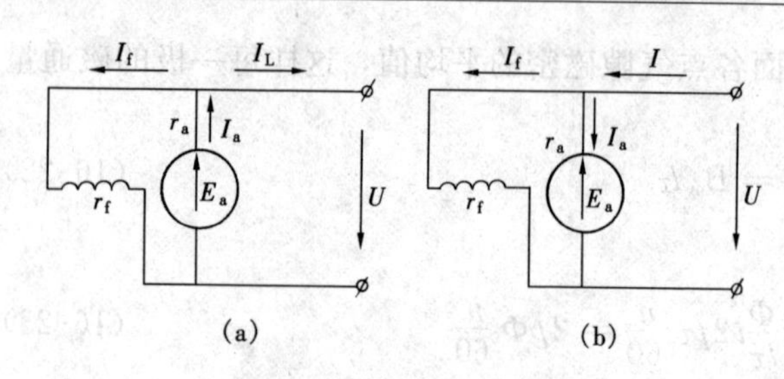

图 16-22 直流电机电路图
(a) 发电机；(b) 电动机

2. 直流电动机电压平衡式

以并励直流电动机为例，电路图如图 16-22（b）所示。电源流入电动机的电流 I 为

$$I = I_a + I_f \tag{16-28}$$

在电动机中感应电动势的方向与电枢电流的方向相反，故称**反电动势**，反电动势较端电压小，即 $E_a < U$，则

$$E_a = U - I_a r_a - 2\Delta U \tag{16-29}$$

三、功率平衡式

1. 直流发电机功率平衡式

将式（16-26）和式（16-27）相乘，可得并励直流发电机的电磁功率 P_M，实现机械能到电能的转换，电能为

$$\begin{aligned} P_M &= E_a I_a = UI_L + UI_f + I_a^2 r_a + 2\Delta U I_a \\ &= P_2 + p_f + p_a + p_b \end{aligned} \tag{16-30}$$

式中 P_2——输出电功率，$P_2 = UI_L$；

p_f——励磁损耗，$p_f = UI_f$；

p_a——电枢铜损耗，$P_a = I_a^2 r_a$；

p_b——电刷的电损耗，$p_b = 2\Delta U I_a$。

发电机输入的是机械功率，外施机械功率不能全部转化为电磁功率，因此，输入功率 P_1 为

$$P_1 = P_M + p_{mec} + p_{Fe} + p_{ad} \tag{16-31}$$

式中 p_{mec}——机械损耗，即轴承摩擦损耗、电刷和换向器的摩擦损耗、通风损耗。它们都与转速有关；

p_{Fe}——铁芯损耗，电机旋转时，电枢铁芯中的磁通是交变的，由此产生涡流和磁滞损耗，总称铁芯损耗；

p_{ad}——附加损耗，又称杂散损耗，$p_{ad} = (0.5 \sim 1)\% P_2$。

将式（16-30）代入式（16-31）得

$$P_1 = P_2 + p_{mec} + p_{Fe} + p_{ad} + p_f + p_b + p_a = P_2 + \sum p \tag{16-32}$$

式中 $\sum p$——总损耗，$\sum p = p_{mec} + p_{Fe} + p_{ad} + p_f + p_b + p_a$。

式（16-32）为并励发电机的功率平衡式，由此可画出并励直流发电机功率流程图，如图 16-23 所示。图中机械损耗 p_{mec} 和铁芯损耗 p_{Fe} 空载时就已存在，总称**空载损耗** p_0，当负载变化时，它们的数值基本不变，故又称**不变损耗**。而电枢绕组的铜损耗 p_a 和电刷接触压降损耗 p_b 是由负载电流所引起的，称**负载损耗**，受负载电流大小而变化，故又称**可变损耗**。而空载时电枢电流很小，$I_a = I_f$，所引起的 p_a 和 p_b 可忽略不计。励磁损耗 p_f 消耗的功率很小，一般仅为 $p_f = (1 \sim 3)\% P_M$。并励发电机的励磁损耗与负载电流

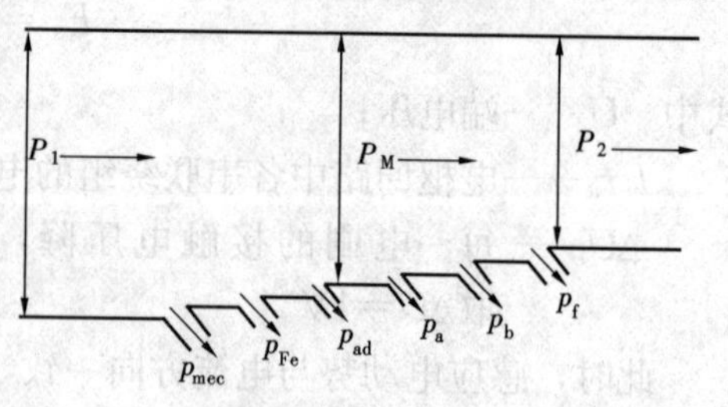

图 16-23 并励直流发电机的功率流程图

大小无关，可认为是不变损耗。

输出功率 P_2 与输入功率 P_1 之比就是电机的效率，即

$$\eta=\frac{P_2}{P_1}=\frac{P_1-\sum p}{P_1}=1-\frac{\sum p}{P_1} \tag{16-33}$$

2. 直流电动机功率平衡式

以并励直流电动机为例。由电网供给的电功率为输入功率，即

$$\begin{aligned}P_1=UI&=(E_a+I_a r_a+2\Delta U)(I_a+I_f)\\&=E_a I_a+I_a^2 r_a+2\Delta U I_a+I_f U\\&=P_M+p_a+p_b+p_f\end{aligned} \tag{16-34}$$

直流电动机的输入电功率扣除电枢铜损耗、电刷的电损耗及励磁损耗后才是电枢绕组吸收的电磁功率 P_M，即电功率转换成机械功率，但是它并不是电动机的轴上输出有效的机械功率 P_2，它们之间的关系是

$$P_M=P_2+P_0=P_2+p_{Fe}+p_{mec} \tag{16-35}$$

进一步计及附加损耗 p_{ad}，则直流电动机的功率平衡式为

$$\begin{aligned}P_1&=P_2+p_{mec}+p_{Fe}+p_a+p_b+p_f+p_{ad}\\&=P_2+\sum p\end{aligned} \tag{16-36}$$

由此可画出并励直流电动机的功率流程图，如图 16-24 所示 。

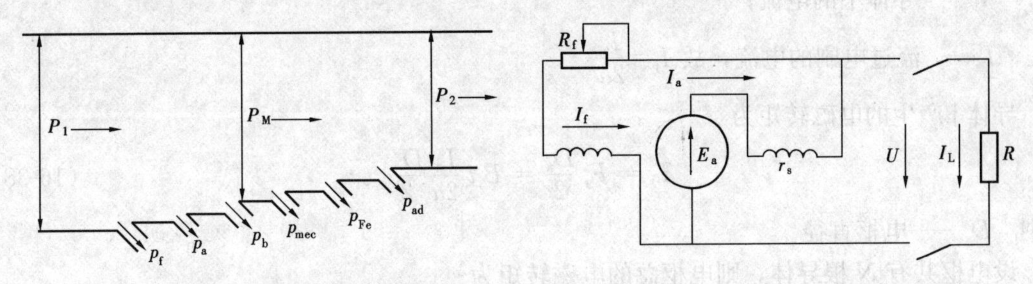

图 16-24　并励直流电动机的功率流程图　　图 16-25　［例 16-2］发电机的接线图

【例 16-2】　有一积复励发电机，额定功率 20kW，额定电压 220V，长分接法励磁，电枢绕组电阻 r_a=0.156Ω，串励绕组电阻 r_s=0.00714Ω，电刷接触电压降 ΔU=1V，并励绕组回路电阻 $\sum r_f$=78.3Ω，空载损耗 P_0=1kW，略去附加损耗。试求：额定负载时各绕组的铜损耗、电磁功率、输入功率和效率。

解　发电机的接线图如图 16-25 所示。

负载电流

$$I_L=\frac{P_N}{U_N}=\frac{20\times10^3}{220}=90.91(A)$$

励磁电流

$$I_f=\frac{U_N}{\sum r_f}=\frac{220}{78.3}=2.81(A)$$

电枢电流　$I_a=I_L+I_f=90.91+2.81=93.72\ (A)$

感应电动势

$$E_a=U_N+I_a(r_a+r_s)+2\Delta U$$

$$= 220 + 93.72 \times (0.156 + 0.00714) + 2 = 237.29(\text{V})$$

电磁功率　　$P_M = E_a I_a = 93.72 \times 237.29 = 22238.8\ (\text{W})$

电枢绕组铜耗　　$p_a = I_a^2 r_a = 93.72^2 \times 0.156 = 1370.2\ (\text{W})$

并励绕组铜耗　　$p_f = UI_f = 220 \times 2.81 = 618.2\ (\text{W})$

串励绕组铜耗　　$p_s = I_a^2 r_s = 93.72^2 \times 0.00714 = 62.7\ (\text{W})$

电刷的电损耗　　$p_b = 2\Delta U I_a = 2 \times 93.71 = 187.4\ (\text{W})$

输入功率　　$P_1 = P_M + P_0 = 22238.8 + 1000 = 23238.8\ (\text{W})$

效率　　$\eta = \frac{P_2}{P_1} = \frac{20000}{23238.8} = 86.06\%$

第五节　电枢绕组的电磁转矩和转矩平衡方程式

当电枢绕组中有电流流过，它与气隙磁场相互作用，将产生电磁力，电枢受到一个电磁转矩。这个转矩表达式可用推导绕组感应电动势表达式类似的方法导出。

电枢绕组中某一导体的电磁力为

$$F_j = B_j l I_j = B_j l \frac{I_a}{2a} \tag{16-37}$$

式中　I_j——导体中的电流；

I_a——流过电刷的电流，故 $I_j = \frac{I_a}{2a}$。

导体 j 产生的电磁转矩为

$$T_j = F_j \frac{D_a}{2} = B_j l \frac{I_a}{2a} \frac{D_a}{2} \tag{16-38}$$

式中　D_a——电枢直径。

设电枢共有 N 根导体，则电枢总的电磁转矩为

$$T = \sum_{j=1}^{N} T_j \tag{16-39}$$

同样，为简便计算，设每一极面下平均气隙密度为 B_{av}，则一根导体的平均电磁转矩为

$$T_{av} = B_{av} l \frac{I_a}{2a} \frac{D_a}{2} \tag{16-40}$$

总电磁转矩

$$T = NT_{av} = NB_{av} l \frac{I_a}{2a} \frac{D_a}{2} \tag{16-41}$$

将 $\pi D_a = 2p\tau$ 和 $\Phi = B_{av} l \tau$ 代入式（16-41），则

$$T = \frac{1}{2\pi} \frac{p}{a} N\Phi I_a = C_T \Phi I_a \tag{16-42}$$

式中　T——电枢绕组的电磁转矩，N·m；

C_T——转矩常数，$C_T = \frac{1}{2\pi} \frac{P}{a} N = 9.55 C_e$；

Φ——每一磁极的总磁通量，Wb。

式（16-42）系电刷在交轴处导出的直流电机电磁转矩公式，**电磁转矩与每极磁通和电**

枢电流的乘积成正比。

电磁转矩也可由电磁功率求得，即

$$T=\frac{P_{\mathrm{M}}}{\Omega}=\frac{E_{\mathrm{a}}I_{\mathrm{a}}}{\Omega}=\frac{p}{a}N\frac{n}{60}\Phi I_{\mathrm{a}}\frac{60}{2\pi n}=\frac{1}{2\pi}\frac{p}{a}N\Phi I_{\mathrm{a}}=C_{\mathrm{T}}\Phi I_{\mathrm{a}}$$

同样，绕组不是整距、电刷位置位移以及气隙磁场变化等也会对电磁转矩产生影响，讨论略。

1. 直流发电机转矩平衡式

由原动机供给的外施机械转矩为

$$T_1=\frac{P_1}{\Omega} \tag{16-43}$$

式中　P_1——输入机械功率，W；

Ω——角速度，rad/s；

T_1——输入机械转矩，N·m。

直流发电机的电磁转矩 T 是电磁作用使发电机转子受到制动的**阻力转矩**，即所谓**反转矩**

$$T=\frac{P_{\mathrm{M}}}{\Omega}=C_{\mathrm{T}}\Phi I_{\mathrm{a}}$$

空载损耗 P_0 所引起的空载制动转矩为

$$T_0=\frac{P_0}{\Omega}=\frac{p_{\mathrm{mec}}+p_{\mathrm{Fe}}+p_{\mathrm{ad}}}{\Omega} \tag{16-44}$$

直流发电机的转矩平衡方程式为

$$T_1=T_0+T \tag{16-45}$$

2. 直流电动机转矩平衡式

直流电动机的电磁转矩是用以带动机械负载的**驱动转矩**。电动机的转矩平衡式为

$$T=T_0+T_2 \tag{16-46}$$

式中　T——电磁转矩，$T=\frac{P_{\mathrm{M}}}{\Omega}$；

T_2——轴上的输出转矩，就是机械负载制动转矩，$T_2=\frac{P_2}{\Omega}$；

T_0——由机械损耗、铁芯损耗和杂散损耗引起的空载制动转矩，$T_0=\frac{P_0}{\Omega}=\frac{p_{\mathrm{mec}}+p_{\mathrm{Fe}}+p_{\mathrm{ad}}}{\Omega}$。

从原理上讲，任何直流电机既可作为发电机，亦可作为电动机运行。若电机由原动机驱动，且电枢的感应电动势 $E_{\mathrm{a}}>U$，则电枢向电网输出电流，此时电磁转矩是起制动作用的反转矩，电机为发电机状态；若电枢的感应电动势 $E_{\mathrm{a}}=U$，则电枢电流和相应的电磁转矩将变为零，电机为理想空载状态；若电枢的感应电动势 $E_{\mathrm{a}}<U$，则电网向电枢输入电流，此时电磁转矩将成为驱动转矩，电机为电动机状态。

小　结

本章介绍直流电机的基本构成、磁场分析和电磁作用原理。

（1）直流电机的结构特点是有换向器—电刷装置，它能使旋转的电枢绕组中的交流感应电动势，变换成静止的电刷间的直流电动势，故称为机械换向结构。

电枢绕组是直流电机的核心部件，当电枢绕组在磁场中旋转时就将产生感应电动势和电磁转矩。与交流绕组相比，直流电枢绕组的主要特点：① 是闭合绕组，每个线圈元件有两个端点，分别连在两个特定换向片上，整个绕组通过换向片连成一体，形成闭合回路；② 绕组均为双层绕组，线圈数、换向片数和总的虚槽数相等；③ 绕组的并联支路数取决于绕组的形式。单波绕组支路数最少，仅 2 条，$a=1$，而单叠绕组的支路数较多，$a=p$。

（2）直流电机磁场的性质、大小和分布与电机的工作特性及换向关系密切。空载时，电机内部磁场由励磁绕组单独激励，是一个恒定磁场。负载时，电机内部同时存在主极励磁磁动势和电枢磁动势，电枢反应使气隙磁场的大小和分布发生变化，对电机运行的影响主要是：① 考虑磁饱和现象，磁场畸变将使每极总磁通有所减少；② 磁场畸变后，使交轴处磁场不为零，极面下磁通密度分布不均，从而使换向片间电动势分布也不均，对换向不利，每一主极面下磁场一半削弱，另一半被加强，见表 16-2；③当电刷离开交轴几何中性线时，电机不仅有交轴电枢反应，还有直轴电枢反应，直轴电枢反应的作用见表 16-3。

表 16-2　　电枢反应的影响

电机	电动机	发电机
前极尖	助磁	去磁
后极尖	去磁	助磁

表 16-3　移动电刷后直轴电枢反应的作用

电机	电动机	发电机
顺电枢转向移电刷	助磁	去磁
逆电枢转向移电刷	去磁	助磁

（3）直流电机电枢绕组的感应电动势 $E_a=C_e n\Phi$，即感应电动势正比于每极磁通量和转速。在发电机中，感应电动势与电枢电流同方向，且 $E_a>U$，电压平衡方程式为 $U=E_a-I_a r_a-2\Delta U$；在电动机中，感应电动势为反电动势，电动势与电流方向相反，且 $E_a<U$，电压平衡方程式为 $U=E_a+I_a r_a+2\Delta U$。以此还能推出功率平衡方程式，画出发电机状态和电动机状态的功率流程图。

（4）直流电机电枢绕组的电磁转矩 $T=C_T I_a\Phi$，即电磁转矩正比于每极磁通量和电枢电流。在发电机中，电磁转矩是制动转矩，转速与转矩方向相反，转矩平衡方程式为 $T_1=T+T_0$；在电动机中，电磁转矩是驱动转矩，转速与转矩方向相同，转矩平衡方程式为 $T=T_0+T_2$。直流电机的电磁功率可写成 $P_M=T\Omega=E_a I_a$，它显示了电机内部机械功率与电磁功率之间的转换关系。

思 考 题

16-1　简述直流电机的各主要部件。为什么电枢铁芯要用硅钢片叠成，而磁轭却可用铸钢或钢板制成？

16-2　换向器和电刷装置在直流电机中起什么作用？如何确定电刷的正确位置？电刷如果偏离正确位置，对电机运行有何影响？

16-3　比较同步电机的集电环与直流电机的换向器在功能上有何异同？

16-4　为什么直流电机的电枢绕组是闭合绕组？闭合回路中会有环流吗？

16-5　简要说明叠绕组和波绕组的区别？

16-6　一台六极直流电机原为单波绕组，如改绕成单叠绕组，并保持线圈元件数、导体数、每线圈匝数、每槽并列圈边数不变，问该电机的额定容量要不要改变？额定电压、电流要不要变化？为什么？

16-7　有一台四极直流电机，电枢为单叠绕组，如发生下列故障，试分析电机会出现什么现象：

(1) 有一主磁极失磁；

(2) 有一对相邻电刷跌落。

16-8　电枢反应磁动势与主磁极磁动势有何不同？

16-9　交轴电枢反应和直轴电枢反应对电机性能会产生哪些影响？

16-10　直流电机负载时的电枢绕组电动势与无载时是否相同？计算电枢绕组电动势 E_a 时，所用的磁通 Φ 是指什么？

16-11　电磁转矩的大小与哪些因素有关？气隙中磁场的分布波形对其有无影响？

16-12　电刷之间的感应电动势与某一导体的感应电动势有什么不同？

16-13　直流电机作为发电机运行与作为电动机运行时，感应电动势起着怎样不同的作用？电磁转矩又起着怎样不同的作用？

16-14　直流电机电磁功率的物理意义。

16-15　直流电机稳态运行时，磁通是不变的，试问定子和转子中是否存在铁芯损耗，为什么？

16-16　直流发电机与直流电动机的功率流程图有何异同之处。

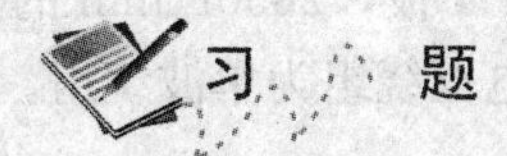

习　题

16-1　设有一台 20kW，4 极直流发电机，转速为 1000r/min，电枢共有 37 槽，每槽并列圈边数 $C=3$，每线圈元件匝数 $N_c=2$，试问：

(1) 电枢绕组原为单波绕组，端电压为 230V，求电机的额定电流及电枢绕组各项数据；

(2) 电枢绕组改为单叠绕组，求电机的额定电压、电流及电枢绕组各项数据；

(3) 空载时每极磁通量；

(4) 各导体中感应电动势的频率。

解　(1) 额定电流

$$I_N=\frac{P_N}{U_N}=\frac{20\times 10^3}{230}=87(\text{A})$$

绕组元件数 S，换向片数 K 和虚槽数 Z_a 为

$$S=K=Z_a=CZ=3\times 37=111$$

电枢总导体数　$N=2N_cZ_a=2\times 2\times 111=444$

设该绕组为单波左行，合成节距为

$$y=\frac{K-1}{p}=\frac{111-1}{2}=55$$

第一节距　$y_1=\frac{Z_e}{2p}\pm\varepsilon=\frac{111}{2\times 2}\pm\varepsilon=27$ 或 28

第二节距　$y_2=y-y_1=55-y_1=28$ 或 27

（2）如电枢绕组改为单叠绕组，并联支路将发生变化。单叠绕组时，$2a=2p=4$。单波绕组时，$2a=2$。这样每一支路中的串联导体数，单叠绕组只有单波绕组的一半，因此电枢绕组的感应电动势也将减半，如果电机的功率保持不变，则电枢电流将增加一倍。单叠绕组时

额定电压
$$U_N=\frac{230}{2}=115(\text{V})$$

额定电流
$$I_N=87\times2=174\ (\text{A})$$

额定功率
$$P_N=U_NI_N=115\times174=20010\ (\text{W})$$

设该绕组为单叠右行，合成节距为
$$y=1$$

第一节距
$$y_1=\frac{Z_e}{2p}\pm\varepsilon=\frac{111}{2\times2}\pm\varepsilon=28$$

第二节距
$$y_2=y-y_1=1-28=-27$$

（3）设空载时电枢绕组感应电动势等于端电压，即
$$E_a=U_n=230(\text{V})$$

空载时每极磁通量为
$$\Phi=\frac{E_a}{C_en}=\frac{E_a}{n}\times\frac{60a}{pN}=\frac{230\times60\times1}{1000\times2\times444}=0.0155(\text{Wb})$$

（4）导体中感应电动势是交变的，频率为
$$f=\frac{pn}{60}=\frac{2\times1000}{60}=33.3(\text{Hz})$$

16-2 设有一台10kW，230V，4极，2850r/min的直流发电机，额定效率为85.5%，电枢有31槽，每槽有12个导体，电枢绕组为单波绕组。试求：

（1）该电机的额定电流；

（2）该电机的额定输入转矩；

（3）额定运行时电枢绕组回路电压降为端电压的10%，则额定时每极磁通为多少？

（4）电枢导体中感应电动势的频率。

16-3 已知一台4极，1000r/min的直流电机，电枢有42槽，每槽中有3个并列圈边，每元件有3匝，每极磁通为$\Phi=0.0175$Wb，电枢绕组为单叠绕组。试问：

（1）电枢绕组的感应电动势；

（2）若电枢电流$I_a=15$A，电枢的电磁转矩。

16-4 试作一单叠绕组的展开图，并画出磁极和电刷的位置（$2p=4$，$Z=K=26$）。

16-5 试作一单波绕组的展开图，并画出磁极和电刷的位置（$2p=4$，$Z=K=21$）。

16-6 试在表16-4的空格中填入答案。

表16-4 习题16-6的表

座　号	1	2	3	4
绕组型式	单叠	单波		
极对数 p	2	3	4	3
换向片数 K	32	28	441	246
电枢槽数 Z	32		147	123
总导体数 N				
每元件匝数 N_c	2	4	2	1

续表

座　号	1	2	3	4
每槽并列圈边数 C		1		
合成节距 y				1
第一节距 y_1				
第二节距 y_2				
并联支路对数 a			1	
左行还是右行				

16-7　有一台直流发电机，4 极，电枢绕组总导体数 $N=266$，单波绕组，额定时转速为 1500r/min，电枢电流 $I_a=10$A。

（1）当 $E_a=230$V 时，求每极磁通 Φ；

（2）当每极磁通保持不变，电枢绕组改为单叠绕组，求电枢绕组的感应电动势 E_a；

（3）当每极磁通保持不变，转速降至 1200r/min，求电枢绕组的感应电动势 E_a；

（4）当每极磁通保持不变，电枢的电磁转矩 T；

（5）当每极磁通保持不变，且电机的功率不变，电枢绕组改为单叠绕组，求电枢电流 I_a 和电磁转矩 T。

16-8　有一台 4 极直流发电机额定电枢电流为 43A，电枢为单波绕组，共有 378 根导体，电枢直径为 13.8cm，电刷放在交轴处，试求：

（1）电枢线负载 A；

（2）电枢磁动势的幅值 F_a；

（3）若电刷顺着电枢旋转方向移动 10°电角度，求电枢磁动势的直轴分量 F_{ad} 和交轴分量 F_{aq} 的幅值，直轴电枢反应是去磁作用还是磁化作用？

16-9　有一台 4 极、110V、1500r/min 直流电动机，额定电枢电流为 33.3A，电枢为单波绕组，共有 91 个换向片，每线圈元件匝数为 3，电枢直径为 14.2cm，电枢绕组直流电阻 $r_a=0.30\Omega$，电刷在交轴，由于磁路饱和现象，电枢反应的等效去磁安匝数为交轴磁动势安匝数的 12%。该机在 1500r/min 时，测得的磁化曲线的数据见表 16-5。在额定运行情况下，励磁绕组中的电流为 1.53A，试求：

表 16-5　　**习题 16-9 的表**

E_0（V）	60	80	100	120	140
I_{f0}（A）	0.72	1.05	1.36	1.72	2.44

（1）电枢的线负载 A；

（2）电枢反应的交轴磁动势 F_{aq}；

（3）电枢反应的等效去磁磁动势；

（4）励磁绕组的每极匝数。

16-10　有一台并励发电机，额定容量 $P_N=9$kW，$U_N=115$V，$n_N=1450$r/min，电枢电阻 $r_a=0.07\Omega$，电刷接触压降 $\Delta U=1$V，并励回路电阻 $r_f=33\Omega$，额定时电枢铁耗 $P_{Fe}=400$W，机械损耗 $P_m=110$W。试求：

（1）额定负载时的输入功率和效率；

（2）额定负载时的电磁功率和电磁转矩；

（3）画出功率流程图。

16-11 有一台并励电动机，额定电压U_N=220V，电枢电流I_{aN}=75A，额定转速n_N=1000r/min，电枢回路电阻（包括电刷接触电阻）r_a=0.12Ω，励磁回路电阻r_f=92Ω，铁芯损耗P_{Fe}=600W，机械损耗P_m=180W。试求：

（1）额定负载时的输出功率和效率；

（2）额定负载时的输出转矩；

（3）画出功率流程图。

16-12 有一台并励直流电机，接在220V电源上，转速为1400r/min，电枢电阻r_a=0.54Ω，电刷压降ΔU=1V，励磁回路电阻r_f=138Ω，不计电枢反应影响。电机在1000 r/min时测得的磁化曲线见表16-6。试问：

（1）该电机处于发电机还是电动机状态？

（2）电机的电磁转矩T。

表16-6 **习题16-12的表**

I_{f0}（A）	0.89	1.38	1.73	2.07
E_0（V）	105	158	180.6	192

16-13 10kW、250V的并励发电机，电枢电阻为0.1Ω（包括电刷接触电阻），励磁电阻为250Ω，额定转速为900r/min。若此时该电机作电动机使用，额定功率10kW，额定电压250V。试问：

（1）电动机状态的额定转速；

（2）发电机状态和电动机状态的电磁转矩哪个大？

直流发电机和直流电动机

第一节　自励发电机的电压建起

直流发电机的励磁方式可分为他励式和自励式两类。自励发电机由于不需要有另外的直流电源供给励磁，因此发电机的运行、使用比较方便，其中**并励发电机**是最常用的一种。并励发电机励磁回路的励磁电压 U_f 和电枢的端电压 U 相等。当电机由原动机拖动旋转起来，起动初始 $U=0$，励磁电流也为零，如何使并励发电机能自己产生稳定的励磁电流和端电压，这称为**并励发电机的电压建起**。

直流电机并励接线如图 17-1（a）所示。在直流电机的磁极铁芯中，当励磁电流为零时，或多或少总有些剩磁存在，当电枢由原动机拖动旋转，剩磁的存在使得电枢绕组中感应出一微小的电动势，即相当于图 17-1（b）的纵坐标 ob，这一微小电压加至并励绕组，使其产生一微小的励磁电流，若该磁场与剩磁磁场方向相同，则磁极的磁性增强，电枢的端电压也随之增加，如此反复，随着发电机端电压的上升，励磁电流也随着不断加大，

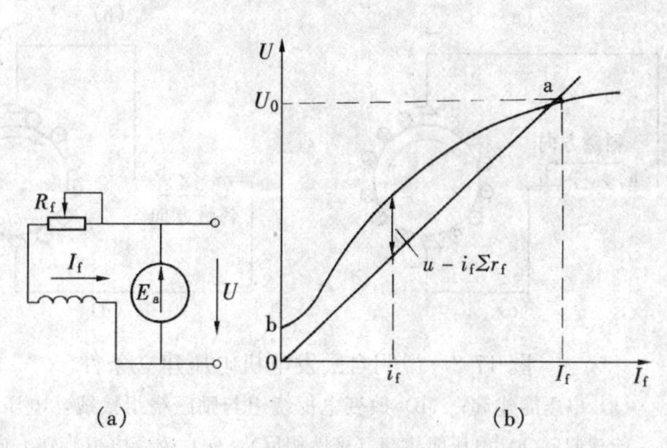

图 17-1　直流并励发电机的电压建立过程
（a）接线图；（b）电压建起过程

由电枢回路和励磁回路所构成的闭合回路中，电压方程式为

$$U=i_f\sum r_f+L_f\frac{di_f}{dt} \tag{17-1}$$

式中　L_f——励磁回路电感；

$\sum r_f$——励磁回路的总电阻。

在端电压达到 a 点以前，$U>i_f\sum r_f$，亦即$\frac{di_f}{dt}>0$，随着励磁电流 i_f 的增加，端电压 U 继续增大，直至到 a 点时，$\frac{di_f}{dt}=0$（励磁电流停止增加），端电压才达到稳定值。

根据并励发电机的接线图，空载端电压 U_0，并励绕组中电流，即励磁电流 I_f，必须同时满足下列两个关系式

$$U_0=I_f\sum r_f \tag{17-2}$$

$$U_0 = f(I_f) \tag{17-3}$$

式（17-2）根据励磁回路的欧姆定律获得。式（17-3）表示电机的感应电动势和励磁电流之间的关系，即电机的空载特性或磁化曲线，通常是一条饱和曲线，如图 17-1 中曲线 ba 所示。而式（17-2）是一条通过原点的直线，如图 17-1 中直线 oa 所示，其斜率正比与场阻 $\sum r_f$，称为**场阻线**。两线相交于 a 点，a 的纵坐标即发电机电压建起后的空载电压，横坐标即发电机电压建起后的励磁电流。

以上分析可见，为使自励发电机的电压能够建起，必须满足以下条件：

（1）**电机磁路有剩磁，磁化曲线有饱和现象。**若无剩磁，可用外加直流电源向励磁绕组通电获得剩磁。电机磁路中有铁磁材料，其空载特性有饱和现象，这样才能使空载特性与场阻线有交点，这是自励的必要因素。

（2）**励磁绕组接法和电枢旋转方向应配合正确。最初的微小励磁电流必须能增强原有的剩磁，才能使感应电动势逐渐加大。**如果最初的微小励磁电流所产生的磁动势方向与剩磁方向相反，则剩磁将被削弱，发电机的电压不能建起。最初微小励磁电流所产生磁场的方向，取决于电枢绕组与励磁绕组的相对连接以及电枢的旋转方向。图 17-2（a）表示电压能建起；图 17-2（b）改变电枢绕组与励磁绕组之间的相对连接，电枢旋转方向不变，则电压不能建起；图 17-2（c）同时改变电枢绕组与励磁绕组间的相对连接以及电枢旋转方向，则电压又能建起，但是电刷极性倒转；图 17-2（d）改变电枢旋转方向，而电枢绕组与励磁绕组的相对连接不变，则电压也不能建起。

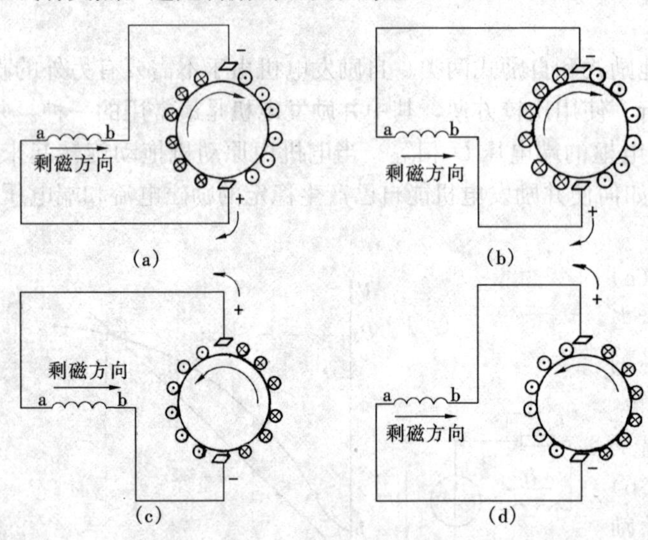

图 17-2　说明自励发电机电压建立条件

（a）电压能建起；（b）改变电枢绕组与励磁绕组接线，电压不能建起；（c）电压能建起（极性相反）；（d）改变电枢旋转方向，电压不能建起

（3）**励磁回路的总电阻应小于发电机在该转速时的临界电阻。**临界电阻是指在某一转速下，与磁化曲线的直线部分重合的场阻线，**对于不同转速将有不同的临界场阻。**图 17-3 中的 ob 直线，所对应的场阻$\sum r_{f2}$。若场阻大于临界电阻，如$\sum r_{f3}$，电压不能建起；场阻小于临界电阻，如$\sum r_{f1}$，电压能建起。当转速变化，如图 17-3 中虚线所示，表示转速提高后的磁化曲线，则临界电阻也变化，图中临界电阻将变大。换句话说，对于某一场阻，也存在一个临界转速，转速小于临界转速不能自励，转速大于临界转速，电压方能建起。

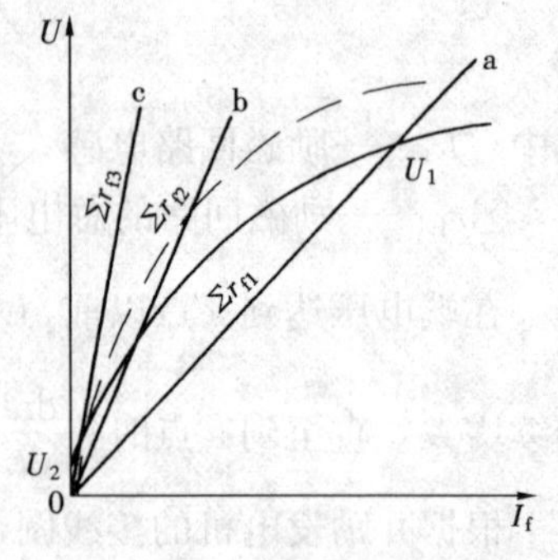

图 17-3　不同场阻值对自励发电机电压建起的影响

上述的并励发电机自励条件同样适用于复励发电机。

第二节　直流发电机的运行特性

直流发电机稳态运行特性根据基本方程式进行分析。其主要变量为端电压U、励磁电流I_f、负载电流I_L和电机转速n。通常运行时转速保持不变，将其他三个变量中任一变量保持不变，而将其余两个变量间的关系用曲线表示。第一种曲线称**外特性**，$U=f(I_L)$，I_f=常数，表示励磁电流不变，端电压随负载电流变化而变化。对用户来讲这是一条重要的特性，标志输出电能的质量。第二种曲线称**负载特性**，$U=f(I_f)$，I_L=常数，表示在某一负载电流情况下，端电压是如何随励磁电流而变化的。如果$I_L=0$，这条特性称**空载特性，即电机的磁化曲线**，是反应该电机磁路特性的重要曲线。第三种曲线称**调节特性**，又称调整特性，$I_f=f(I_L)$，U=常数，表示负载变化时，为要维持端电压一定，励磁电流的调节规律。

发电机的特性曲线，将随着电机励磁方式的不同而不同，以下对各种励磁方式的发电机特性加以讨论。

一、他励发电机的特性

1. 空载特性

空载特性是一条负载电流为零的负载特性曲线。即$n=n_N$=常数，$I_L=0$时，$U_0=f(I_f)$的曲线。此时端电压U_0等于感应电动势E_0，空载特性可以写成$E_0=f(I_f)$。它可以通过磁路计算获得，也可以通过空载试验获得。

由于$U_0=E_0=C_e\Phi n$，当n=常数，E_0正比于Φ，又励磁磁动势F_f与励磁电流I_f成正比，所以空载特性$E_0=f(I_f)$与电机的磁化曲线$\Phi=f(I_f)$的形状完全相似，它们的坐标之间仅相差一个比例常数，因此可以将空载特性看成是电机的磁化曲线。由此可以分析电机磁路的性质，判别电机工作点的饱和程度。

用空载实验求取空载特性和用空载特性分析问题时应注意，空载特性是指在某一特定转速下的数据，通常$n=n_N$，当转速不同时，曲线将随转速变化而成正比的上升或下降。此外，空载实验时，调节励磁电流时应单方向调节，这样作出上升与下将两条支线，其平均值为空载曲线，这是由于铁芯的磁滞现象形成的，如图17-4所示。当$I_f=0$时，磁路中还会有剩磁，由此感应的电压为剩磁电压，为2%～4%的额定电压。

由于空载特性是反应电机磁路特性的曲线，因此并励、串励和复励发电机的空载特性均可由他励的方法来求取。

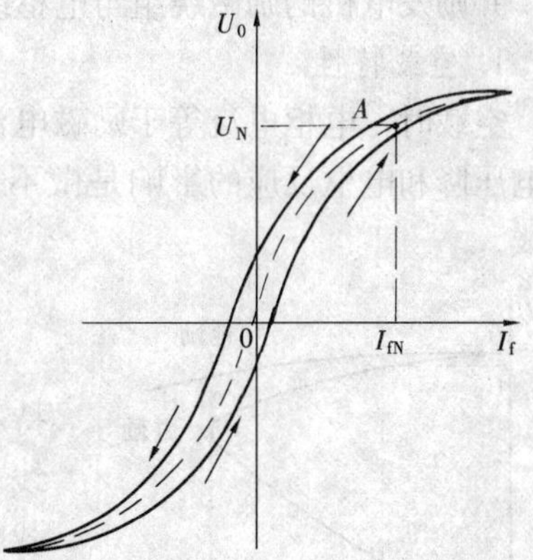

图17-4　空载曲线

2. 外特性

他励发电机的外特性通常指$n=n_N$=常数，I_f=常数，额定励磁电流I_{fN}时，$U=f(I_L)$的特性曲线。他励发电机$I_a=I_L$，根据发电机电压方程式和感应电动势公式$U=E_a-I_ar_a-2\Delta U$和$E_a=C_e\Phi n$。当负载电流流通时有两种因素影响其端电压：①**电枢回路中**

的电压降，包括电枢绕组的电阻压降和电刷的接触电压降；②**电枢反应的去磁作用**，它将使每极磁通有所减少，因而使感应电动势略有降低。所以他励发电机的外特性是一条随负载电流增加，端电压略有下降的曲线，如图 17-5 所示。

设令 U_0 为空载时端电压，U_N 为额定时端电压，由外特性上找出这两个特殊点，定义**额定时电压变化率或称电压调整率**

$$\Delta U_N = \frac{U_0 - U_N}{U_N} \times 100\% \tag{17-4}$$

他励发电机的 ΔU_N 为 5%～10%，可见负载变化端电压变化不大，基本上是恒压的。

3. 调节特性

调节特性是指当 $n=n_N=$常数时，欲保持端电压 $U=$常数，$I_f=f(I_L)$ 的特性曲线。以上分析可知，负载电流变化大时端电压降有所下降，为要维持端电压不变，负载电流增大时，励磁电流应当相应地增加，以抵消电枢反应的去磁作用和电枢回路的电压降。所以调节特性是一条略有上翘的曲线，如图 17-6 所示。图中 I_{fN} 是指电压和负载电流为额定值时的励磁电流。

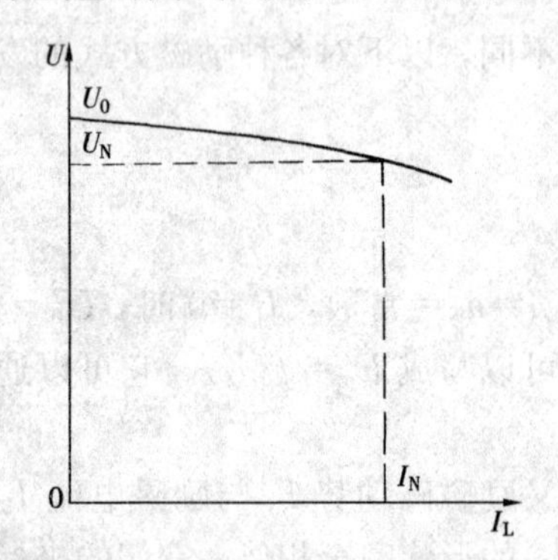

图 17-5 他励发电机的外特性

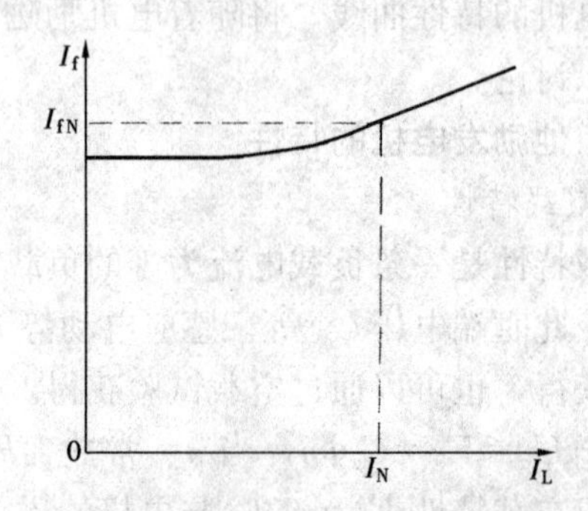

图 17-6 他励发电机的调节特性

二、并励发电机的特性

并励发电机的励磁绕组与电枢绕组并联，励磁电流由发电机电枢绕组自己供给。

1. 空载特性

空载时，电枢电流等于励磁电流，$I_{a0}=I_{f0}$，由于励磁电流很小，因而它流过电枢回路的电压降和电枢反应的影响是微不足道的，所以并励发电机空载特性可认为就是它的磁化曲线。

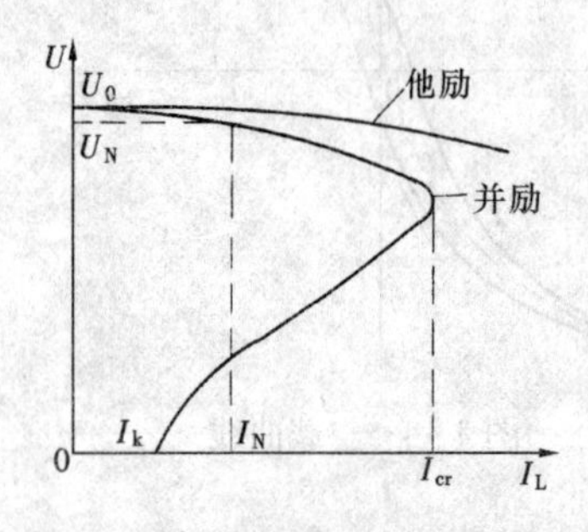

图 17-7 并励发电机的外特性

2. 外特性

负载时，并励发电机的外特性是指并励回路的电阻保持不变，即 $\sum r_f = R_f + r_f =$常数，求取 $U=f(I_L)$ 的特性曲线。如图 17-7 所示。与他励发电机相比，并励发电机有负载电流时，不仅有电枢回路电压降和电枢反应去磁作用，还有因端电压降低引起励磁电流减少，加剧了端电压的下降，所以**并励发电机的电压变化率要比他励发电机的大**，约为 20%左右。

从并励发电机外特性曲线上看出，它有一个负载电流的最大值，且稳态短路电流并不很大，出现了一个“拐点”。这是由于一方面当负载电阻减小，使负载电流增大，端电压下降；另一方面负载电阻减少后端电压下降，使励磁电流减少，导致气隙磁通和电枢电动势下降，这会使负载电流有下降的趋势。因此负载电阻减少对负载电流的影响，可以看成是上述两种因素的综合。当端电压较高励磁电流较大时，电机磁路一般处于饱和状态，励磁电流变化对感应电动势影响不大，这时前一种因素占优势，故当负载电阻减小时负载电流将增大。当电流增至临界值 I_{cr} 以后，端电压较低励磁电流较小，电机磁路退出饱和，后一种因素占优势，即端电压下降比负载电阻减少得更快，故当负载电阻减小时负载电流反而减小。当电枢直接短路时，端电压为零，励磁电流为零，电枢电流仅由剩磁电动势所产生，因此短路电流不会很大。但是，这并不说明并励发电机可以任意短路，这是因为短路过程要经过临界电流，临界电流为额定电流的 2～3 倍，而突然短路，瞬变短路电流更高。这些都会对电机造成损伤。

调节特性并励发电机和他励发电机的相似，是一条略有上翘的曲线。并励发电机由于不需要另外的激磁电流，用途较广。

三、串励发电机特性

串励发电机的励磁绕组与电枢绕组串联，也是一种自励发电机。串励发电机接线如图 17-8 所示。

1. 空载特性

空载特性是反应电机的磁化曲线，通常用另外电源供给励磁电流，以他励方式求得，只是因为励磁绕组匝数较少，所需励磁电流较大，所得磁化曲线的形状与其他发电机相似，如图 17-9 中的曲线 1 所示。

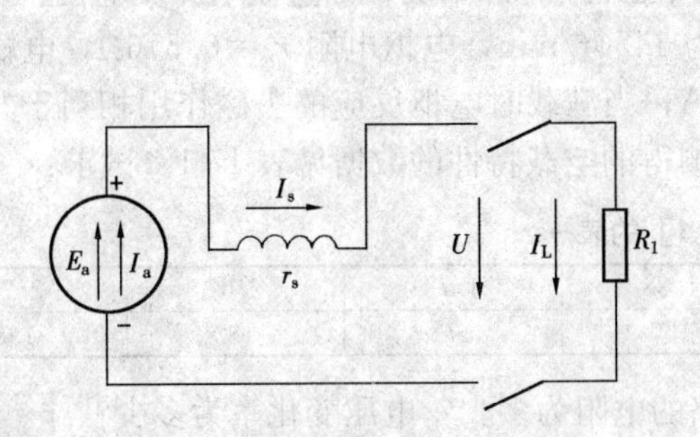

图 17-8　串励发电机接线图

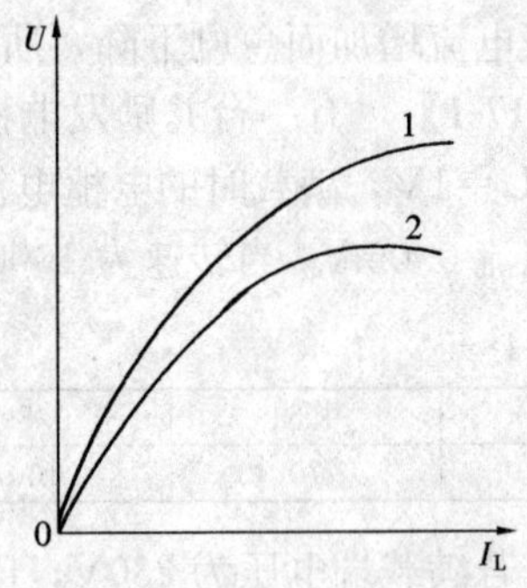

图 17-9　串励发电机的特性

1—空载特性；2—外特性

2. 外特性

串励发电机的电流和电压平衡方程式为

$$I_L = I_s = I_a \tag{17-5}$$

$$U = E_a - I_a(r_a + r_s) - 2\Delta U \tag{17-6}$$

当发电机空载时，励磁电流 $I_s = I_L = 0$，这时只有微小的剩磁感应电动势，随着负载电流的增加，励磁电流随之增加，使感应电动势 E_a 有很大增加，虽然有电枢电阻压降和电枢反应去磁作用的影响，但是端电压 U 仍将随着 I_L 的增大而增大。但是当负载电流很大使铁芯饱和时，电阻压降和电枢反应的去磁作用很大，E_a 上升不多，端电压 U 将随负载电流的增加而有所下降，如图 17-9 中曲线 2 所示为串励发电机的实际外特性。串励发电机励磁电流随负载电流而变化，端电压U随负载有很大的变化，而当前使用的供电系统大多是恒压系统，所以这种发电机实用价值很小，有时在特殊线路中作升压机用。

四、复励发电机的特性

复励发电机的励磁绕组分为两个部分，一部分是并励绕组，另一部分是串励绕组。常用积复励方式，用串励绕组的磁化作用去补偿电枢反应的去磁作用，这样并励绕组的磁动势起主要作用，以保证空载时产生额定电压，串励绕组起补偿作用。按照串励绕组补偿程度，外特性可分为三种形式：①如果串励绕组的磁化作用恰好补偿电枢反应的去磁作用和电枢电阻压降，使空载电压与额定负载时电压相等，即电压变化率为零，称为**平复励**。②如果串励绕组的磁化作用较强，补偿作用有余，使空载电压比额定负载电压低，即电压变化率为负值，称为**超复励**。③如果串励绕组的补偿作用较弱，使额定负载电压比空载电压低，即电压变化率为正值，但是比同一发电机用作并励发电机时电压变化率为小，称为**欠复励**。各种直流发电机外特性的综合比较如图17-10所示。

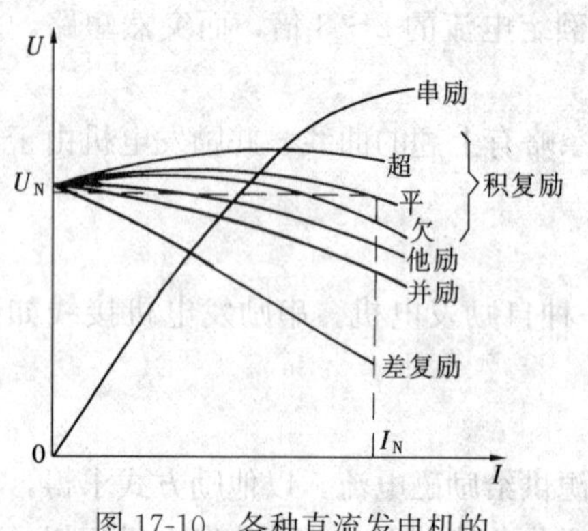

图17-10 各种直流发电机的外特性的综合比较

由图17-10所见，对于要求电源电压基本恒压的系统，积复励最为适宜，应用比较广泛。**差复励**是一种串励绕组的磁化方向与并励绕组磁化方向相反，串励磁动势起去磁作用的接法，其发电机端电压随负载电流增加而急剧下降，所以差复励只能用于特殊情况，如直流电焊发电机。

【例17-1】 有一台并励发电机，转速为1450r/min，电枢电阻r_a＝0.516Ω，电刷接触电压降ΔU＝1V，满载时的电枢电流为40.5A，当满载时电枢反应的去磁作用相当于并励绕组励磁电流0.05A。当转速为1000r/min，测得的空载特性的数据见表17-1。试求：

表17-1 **［例17-1］的表一**

I_{f0}（A）	0.64	0.89	1.38	1.73	2.07	2.75
E_0（V）	70	100	150	172	182	196

（1）若满载端电压为230V，问并励回路的电阻为多少？电压变化率为多少？

（2）若在每一磁极上加绕串励绕组5匝，则可将满载电压提升至240V，且场阻保持不变，问每一磁极上并励绕组有几匝？

（3）如上述发电机串励绕组增至10匝，问满载端电压为多少？

解 电机运行在1450r/min，应将题中磁化曲线进行转速换算，见表17-2。

表17-2 **［例17-1］的表二**

I_{f0}（A）	0.64	0.89	1.38	1.73	2.07	2.75
E_0（V）	101.5	145	218	249	264	284

（1）满载时的感应电动势

$$E_a = U + I_{aN}r_a + 2\Delta U = 230 + 40.5 \times 0.516 + 2 = 252.9\text{(V)}$$

查磁化曲线 $$I_{f0} = 1.73 + (2.07 - 1.73) \times \frac{252.9 - 249}{264 - 249} = 1.815\ \text{(A)}$$

考虑电枢反应去磁作用后的励磁电流

$$I_f = I_{f0} + 0.05 = 1.815 + 0.05 = 1.865(\text{A})$$

并励回路电阻

$$\sum r_f = R_f + r_f = \frac{U}{I_f} = \frac{230}{1.865} = 123.3(\Omega)$$

估计空载电压在空载特性 264V 与 284V 之间，U_0 与 I_f 应符合下列关系式

$$\begin{cases} U_0 = \sum r_f I_f = 123.3 I_f \\ \dfrac{U_0 - 264}{284 - 264} = \dfrac{I_f - 2.07}{2.75 - 2.07} \end{cases}$$

联立求解得　$I_f = 2.163$ (A)，$U_0 = 266.75$ (V)

电压变化率　$\Delta U = \dfrac{U_0 - U_N}{U_N} \times 100\% = \dfrac{266.75 - 230}{230} \times 100\% = 15.98\%$

（2）当满载端电压为 240V 时

$$E_a = U + I_{aN} r_a + 2\Delta U = 240 + 40.5 \times 0.516 + 2 = 262.9(\text{V})$$

由 E_a 查磁化曲线得对应的励磁电流

$$I_{f0} = 1.73 + (2.07 - 1.73) \times \frac{262.9 - 249}{264 - 249} = 2.045(\text{A})$$

保持场阻不变，并励绕组实有励磁电流

$$I_f = \frac{U}{\sum r_f} = \frac{240}{123.3} = 1.946(\text{A})$$

实际运行时，总的磁动势平衡式

$$I_{f0} N_f = I_f N_f + I_s N_a - F_{aqd}$$

$$2.045 N_f = 1.946 N_f + 5 \times 40.5 - 0.05 N_f$$

解得　$N_f = 1350$（匝/极）

（3）用**试探法**求解。设满载电压 $U = 246$V，则

$$E_a = 246 + 40.5 \times 0.516 + 2 = 268.9(\text{V})$$

由 E_a 查磁化曲线的所需磁化电流

$$I_{f0} = 2.07 + (2.75 - 2.07) \times \frac{268.9 - 264}{284 - 264} = 2.24(\text{A})$$

实际运行时，由总的磁动势平衡可得

$$I_f = I_{f0} + \frac{F_{aqd}}{N_f} - \frac{N_s I_a}{N_f} = 2.24 + 0.05 - \frac{10 \times 40.5}{1350} = 1.99(\text{A})$$

对于并励绕组回路，应用欧姆定律，可得

$$I_f = \frac{U}{\sum r_f} = \frac{246}{123.3} = 1.995(\text{A})$$

由此可见，所设满载电压 $U_N = 246$V，已有足够准确程度。

第三节　直流电动机的机械特性和工作特性

直流电动机的**机械特性**是指 $U = U_N$，$I_f = I_{fN}$，电枢回路电阻 $\sum r_a$ =常数时，转速与转矩之间的关系曲线 $n = f(T)$，故又称转矩—转速特性，是直流电动机的重要特性。

从电磁转矩公式和电压方程式可知

$$T = C_T \Phi I_a = C_T \Phi \frac{U - 2\Delta U - C_e \Phi n}{\sum r_a}$$

整理可得

$$n = \frac{U - 2\Delta U}{C_e \Phi} - \frac{\sum r_a}{C_e C_T \Phi^2} T \tag{17-7}$$

直流电动机的工作特性是指 $U = U_N$，励磁不变，电动机的转速、转矩、效率与电枢电流或输出功率的关系曲线。本节讨论转矩 T、转速 n 与电枢电流 I_a 之间的关系。

一、并励电动机的特性

1. 转矩特性 $T = f(I_a)$

并励电动机的原理接线图如图 17-11 所示，图中 R_a 为调节变阻器。如果端电压不变，$\sum r_f$ 不变，则 I_f 也不变，当负载电流很小时，电枢反应去磁作用也很小，可认为 Φ=常数，根据 $T = C_T \Phi I_a$，故电磁转矩 T 和电枢电流 I_a 成正比，$T = f(I_a)$ 是通过坐标原点的直线。当负载电流较大时，由于电枢反应的去磁作用增大(近似可看成与负载电流成正比)，使每极磁通减少，这时电磁转矩略有减小，如图 17-12 中的实线所示。

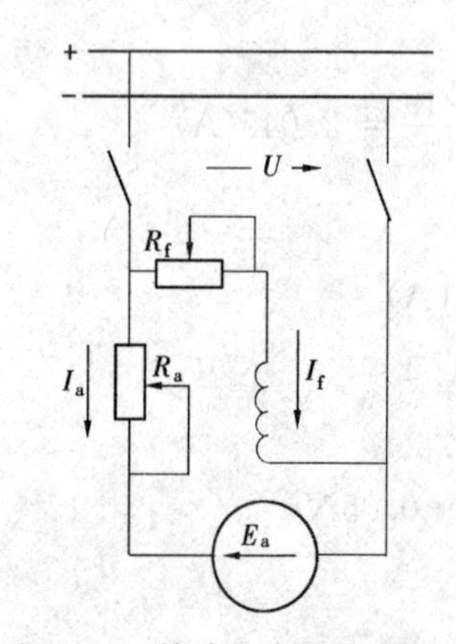

图 17-11 并励电动机原理接线图

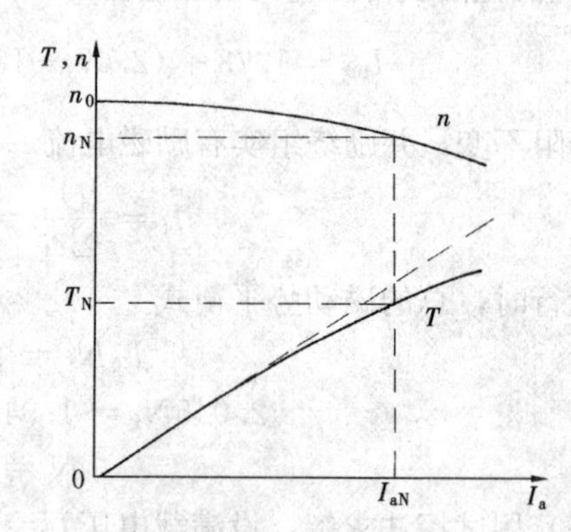

图 17-12 并励电动机的转速特性和转矩特性

2. 转速特性 $n = f(I_a)$

从感应电动势公式和电压方程式可得

$$n = \frac{E}{C_e \Phi} = \frac{U - I_a \sum r_a - 2\Delta U}{C_e \Phi} = \frac{U - 2\Delta U}{C_e \Phi} - \frac{\sum r_a}{C_e \Phi} I_a \tag{17-8}$$

从式 (17-8) 看出，空载时 I_a 很小，其影响可忽略不计，空载转速为

$$n_0 = \frac{U}{C_e \Phi_0} \tag{17-9}$$

式中 Φ_0——空载时由励磁电流产生的每极磁通。

当负载电流增大时，$I_a \sum r_a$ 增加，转速有减小的趋势。但是负载电流增加引起电枢反应的去磁作用将使每极磁通 Φ 减少，而使电机转速有上升的趋势。二者的影响是相反的，一般来说并励电动机的转速特性略有下降，如图 17-12 所示。

转速变化的大小用**转速变化率**或称**转速调整率** Δn 来表示

$$\Delta n = \frac{n_0 - n_N}{n_N} \times 100\% \tag{17-10}$$

式中 n_0——电动机的空载转速；

n_N——电动机额定时转速。

并励电动机的 Δn 为 3%～8%。这种负载变化而转速变化不大的转速特性称为**硬特性**。

并励电动机运行时，应该注意**励磁回路切不可断路**。当励磁回路断路时，气隙中的磁通将骤然降至微小的剩磁，电枢回路中的感应电动势也将随之减小，电枢电流将急剧增加。由于 $T=C_T\Phi I_a$，如负载为轻载时，电动机转速将迅速上升，直至加速到危险的高值，造成“飞车”；若负载为重载，电磁转矩克服不了负载转矩，电机可能停转，此时电流很大，超过额定电流好几倍，达到起动电流大小，这些都是不允许的。

3．机械特性 $n=f(T)$

根据式（17-7），并励电动机的机械特性是一条向下倾斜的直线，考虑电枢反应去磁作用的影响，随负载增大每极磁通略有减少，使机械特性的下降程度减小，甚至会成为水平或上翘的曲线。当电枢回路中没有另外接入调节电阻时，即 $\sum r_a = r_a$，所得的机械特性称为**自然机械特性**。如在电枢回路中接入调节电阻 R_a，$\sum r_a = r_a + R_a$，则使机械特性的斜率 $\dfrac{\sum r_a}{C_e C_T \Phi^2}$ 增大，R_a 越大斜率越大，如图17-13所示。

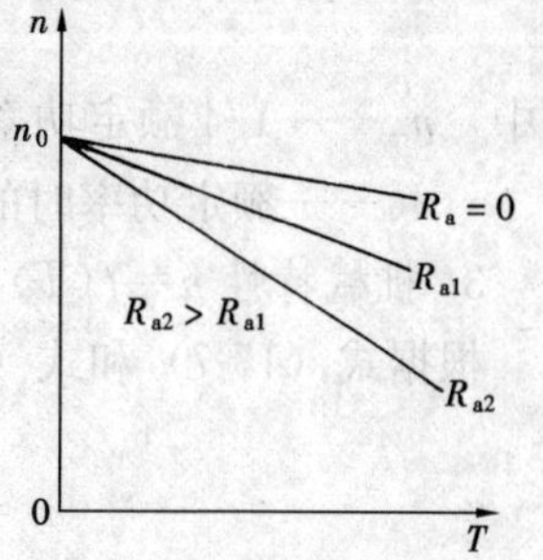

图 17-13　并励电动机的机械特性

他励电动机励磁绕组由另一个直流电源直接供给，可看成是并励电动机的一个特例，所以它的工作特性和机械特性与并励电动机相同。

二、串励电动机的特性

1．转矩特性 $T=f(I_a)$

串励电动机的原理接线图如图 17-14 所示。

$$I = I_a = I_s \tag{17-11}$$

因而串励电动机的主磁场随负载在较大范围内变化。当负载电流很小时，它的励磁电流也很小，铁芯处于未饱和状态，其每极磁通与电枢电流成正比，即 $\Phi=KI_a$，代入转矩公式得

$$T = C_T\Phi I_a = C_T K I_a^2 = \frac{C_T}{K}\Phi^2 \tag{17-12}$$

电磁转矩和电枢电流的平方成正比，转矩特性为一抛物线。当负载电流较大时，铁芯已饱和，励磁电流增大，但是每极磁通变化不大，因此电磁转矩大致与负载电流成正比，如图 17-15 所示。

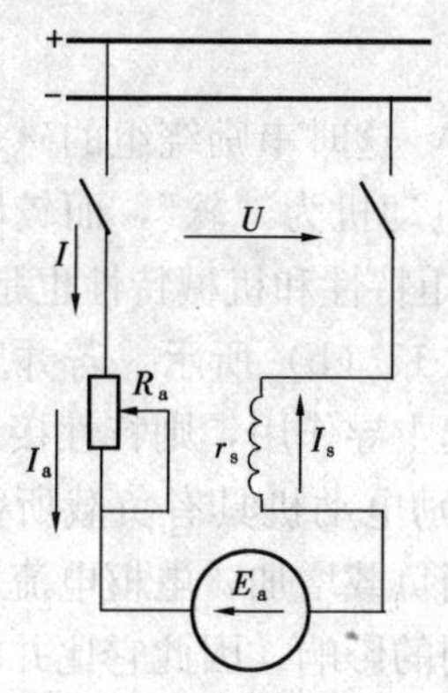

图 17-14　串励电动机的原理接线图

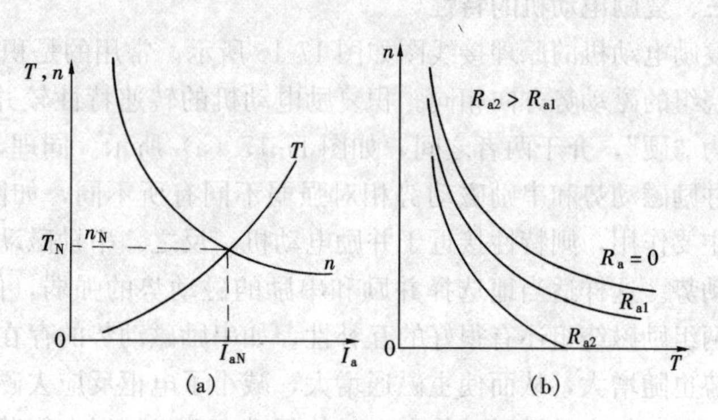

图 17-15　串励电动机的特性

（a）转速特性和转矩特性；（b）机械特性

2. 转速特性 $n=f(I_a)$

当负载较小时，$\Phi=KI_a$，代入转速公式，得

$$n=\frac{U-I_a\sum r_a-2\Delta U}{C_e\Phi}=\frac{U-2\Delta U}{C_eKI_a}-\frac{\sum r_a}{C_eK} \tag{17-13}$$

转速 n 与电枢电流 I_a 成反比，转速特性为一双曲线。当负载电流较大时，磁路已饱和，I_a 变大，Φ 变化不大，可见 I_a 增大，n 下降幅度减小了，如图 17-15（a）所示。

串励电动机**不允许空载运转，也不能带很轻负载**，这是因为此时励磁电流和电枢电流很小，气隙磁通很小，使电机转速急剧上升，超速导致电机的损坏。

鉴于上述原因，串励电动机的负载转矩一般不小于额定转矩的 1/4，其转速变化率定义为

$$\Delta n=\frac{n_{\frac{1}{4}}-n_N}{n_N}\times 100\% \tag{17-14}$$

式中 $n_{\frac{1}{4}}$——1/4 额定功率时的转速；

n_N——额定功率时的转速。

3. 机械特性 $n=f(T)$

根据式（17-7）和式（17-12），得到串励电动机的机械特性公式，即

$$n=\frac{\sqrt{C_T}}{\sqrt{K}}\cdot\frac{U-2\Delta U}{C_e\sqrt{T}}-\frac{\sum r_a}{C_eK}=\frac{U-2\Delta U}{a\sqrt{T}}-b \tag{17-15}$$

式中

$$a=C_e\sqrt{\frac{K}{C_T}};\ b=\frac{\sum r_a}{C_eK}$$

按式（17-15）而作出的串励电动机的机械特性也为一双曲线，n 与 $\sqrt{T}$ 成反比，当负载转矩增加时，转速下降很快，这种特性称为**软特性**。但当励磁电流较大，铁芯饱和，Φ 变化已不大，转速随转矩增加而下降的程度较小。当电枢回路的调节电阻 $R_a=0$ 时，所得的机械特性称为自然机械特性，串入电阻 R_a 后，式（17-15）中的 b 增加，曲线如图 17-15（b）所示。

从曲线可见，串励电动机有很大的起动转矩，很强的过载能力，但是它**不能在空载或很轻负载下运行**。因此，串励电动机与所驱动的负载应直接耦合，不宜用皮带传动，以防皮带脱落，形成电机高速危险。

三、复励电动机的特性

复励电动机的原理接线图如图 17-16 所示。常用的是积复励，这时串励绕组的磁动势与并励绕组的磁动势方向相同。积复励电动机的转速特性较并励电动机为“软”，而较串励电动机为“硬”，介于两者之间，如图 17-17（a）所示。同理，转矩特性和机械特性也是这样，并依并励磁动势和串励磁动势相对强弱不同有所不同，如图 17-17（b）所示。若并励磁动势起主要作用，则特性接近于并励电动机，反之，串励磁动势起主导作用，则特性接近于串励电动势。这样适当地选择并励和串励的磁动势的强弱，使复励电动机具有负载所需的特性。两组励磁绕组还有很好的互补性，如串励磁动势的存在，当负载增加，电枢电流和串励磁动势也随增大，从而使主磁通增大，减小了电枢反应去磁作用的影响，因此它比并励电动机优越。又如有并励磁动势存在，使复励电动机可以在轻载和空载时运行，克服了串励电动机的这一缺点。

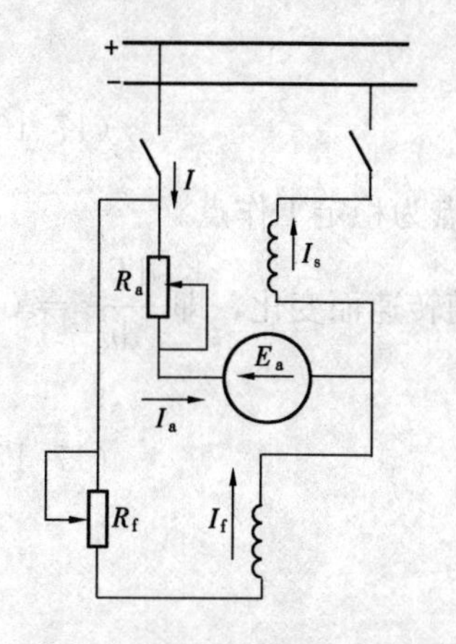

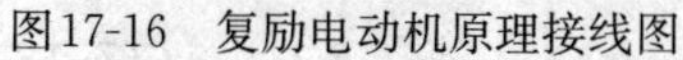
图17-16　复励电动机原理接线图

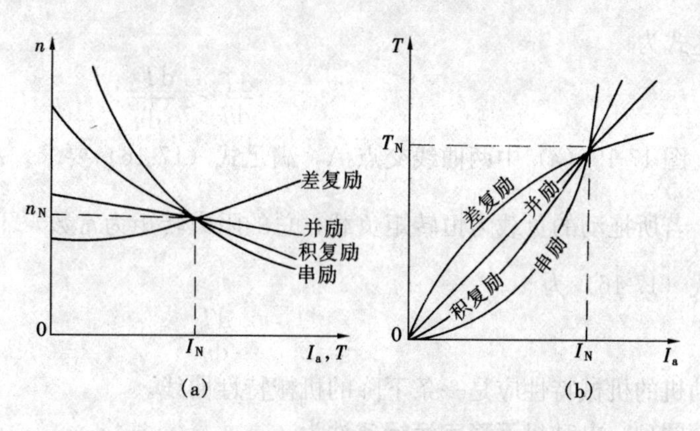

图 17-17　各种电动机的特性比较

(a) 转速特性；(b) 转矩特性

四、永磁直流电动机

永磁直流电动机截面图如图 17-18 所示。永磁直流电动机的电枢和普通直流电机一样，**励磁由永久磁铁提供，为固定磁通，不再需要外部的电励磁。**接线原理图如图 16-7（f）所示。**运行时永磁电机磁场保持不变与他励电动机的相似，特性也与他励电动机相同，转速特性为硬特性，机械特性是一条下降的直线。**

永磁直流电机没有励磁绕组及相关的功率损耗，**效率较高。**永久磁铁所需要的空间比励磁绕组所需空间小，**电机尺寸较小**。但是永磁直流电机受到永磁励磁的限制，如气隙磁通密度较小且不可调；永磁材料对温度的敏感性较大等。常用永磁磁铁有铁氧体和钕铁硼，随着新型永磁材料的发展，如钕铁硼材料性能的提高，限制会越来越小，应用越来越广泛，特别是小容量直流电机。

五、直流电动机稳定运行条件

直流电动机的静态稳定运行与异步电动机的一样，是指当电网或轴上机械负载波动而使电动机转速发生变化时，电动机具有能恢复到原工作状态的能力。电动机要能稳定运行，必须使电动机的机械特性 $T=f(n)$ 与机组的负载转矩特性 $T_\Sigma=f(n)$ 之间配合恰当。T_Σ 表示机组总阻力转矩，它是生产机械负载转矩 T_L 与电动机的空载阻力转矩 T_0 之和，即 $T_\Sigma=T_L+T_0$。

电动机的正常运行点是 $T=f(n)$ 与 $T_\Sigma=f(n)$ 这两条特性曲线的交点，如图17-19所示。电动机静态**稳定运行**的数学

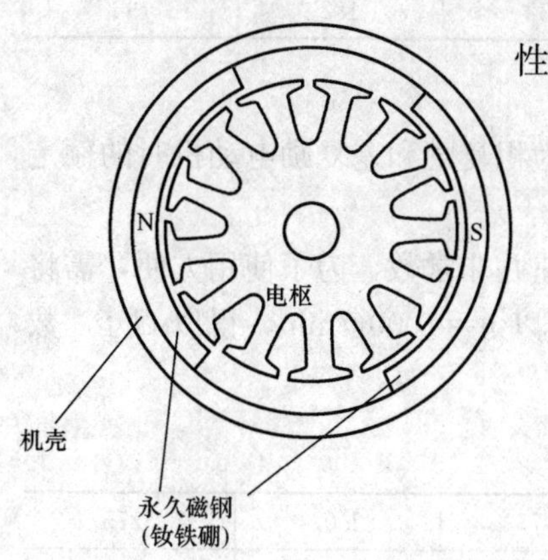

图 17-18　永磁直流电动机截面图

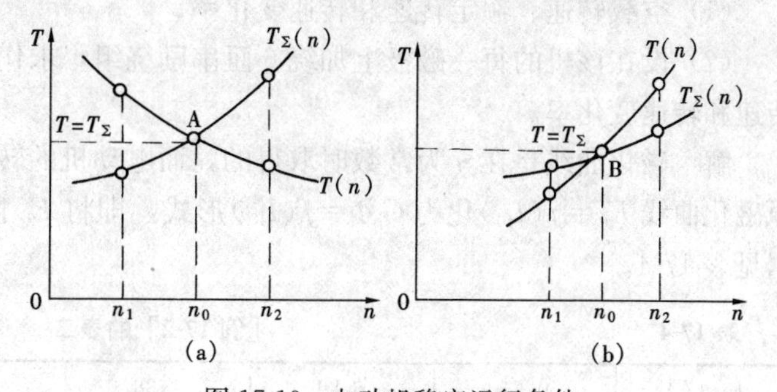

图 17-19　电动机稳定运行条件

(a) 稳定运行；(b) 不稳定运行

表达式为

$$\frac{\mathrm{d}T}{\mathrm{d}n}<\frac{\mathrm{d}T_{\Sigma}}{\mathrm{d}n} \tag{17-16}$$

图 17-19（a）中两曲线交点 A，满足式（17-16）要求，A 点为稳定工作点。

若所拖动的负载为恒转矩负载，总的阻力转矩为常数，不随转速而变化，即 $\frac{\mathrm{d}T_{\Sigma}}{\mathrm{d}n}=0$，则式（17-16）为

$$\frac{\mathrm{d}T}{\mathrm{d}n}<0 \tag{17-17}$$

电动机的机械特性应是一条下降的机械特性曲线。

同理，电动机**不稳定运行条件**为

$$\frac{\mathrm{d}T}{\mathrm{d}n}>\frac{\mathrm{d}T_{\Sigma}}{\mathrm{d}N} \tag{17-18}$$

图 17-19（b）中两曲线交点 B，符合式（17-18），故 B 点为不稳定工作点。

若 $\frac{\mathrm{d}T_{\Sigma}}{\mathrm{d}n}=0$，则

$$\frac{\mathrm{d}T}{\mathrm{d}n}>0 \tag{17-19}$$

也即电动机的机械特性是一种上升的特性曲线，以此对照各种电动机的机械特性曲线，**差复励电动机**（并励与串励两个励磁绕组极性相反）**稳定性较差**，故极少应用。为了提高运行时的稳定性，在他励和并励电动机的主极上通常附加一个匝数不多的起助磁作用的串联绕组（又称稳定绕组），以削弱电枢反应去磁影响，使其有一个下降的机械特性。

【例 17-2】 有一台并励电动机，额定电压 220V，额定运行时电枢电流 40.5A，电枢电阻 $r_a=0.516\Omega$，电刷接触电压降 $\Delta U=1\text{V}$，满载时电枢反应去磁安匝数为 100，并励绕组匝数为 1350，并励回路总电阻 $\sum r_f=123.3\Omega$，当转速为 1000r/min 时，测得磁化曲线数据见表17-3。试求：

表 17-3 **［例 17-2］的表一**

I_{f0}（A）	0.64	0.89	1.38	1.73	2.07	2.75
E_0（V）	70	100	150	172	182	196

（1）空载转速、额定转速和转速变化率；

（2）设在该机的每一磁极上加绕 6 匝串励绕组，求作为积复励和差复励电动机时的额定转速和转速变化率。

解 磁化曲线是在 n 为常数时取得的，而电动机的转速并非常数，为了使用方便，需将原磁化曲线 $E_0=f(I_{f0})$ 化为 $C_e\Phi=f(I_{f0})$ 形式，即将 E_0 除以 $n=1000\text{r/min}$，得以 $C_e\Phi$，数据见表 17-4。

表 17-4 **［例 17-2］的表二**

I_{f0}（A）	0.64	0.89	1.38	1.73	2.07	2.75
$C_e\Phi$	0.07	0.10	0.15	0.172	0.182	0.196

（1）并励绕组中的励磁电流

$$I_f = \frac{U}{\sum r_f} = \frac{220}{123.3} = 1.784(\text{A})$$

空载时　$C_e\Phi = 0.172 + (0.182 - 0.172) \times \frac{1.784 - 1.73}{2.07 - 1.73} = 0.1736$

空载转速　$n_0 = \frac{U}{C_e\Phi} = \frac{220}{0.1736} = 1267.3\ (\text{r/min})$

额定负载时反电动势

$$E_{aN} = U - I_{aN} r_{aN} - 2\Delta U = 220 - 40.5 \times 0.516 - 2 = 197.1(\text{V})$$

考虑电枢反应去磁作用后

$$I_{f0} = I_f - F_{adq} = 1.784 - \frac{100}{1350} = 1.71(\text{A})$$

由表 17-4 得

$$C_e\Phi = 0.15 + (0.172 - 0.15) \times \frac{1.71 - 1.38}{1.73 - 1.38} = 0.1707$$

额定负载时转速为

$$n_N = \frac{E_{aN}}{C_e\Phi} = \frac{197.1}{0.1707} = 1154.7(\text{r/min})$$

转速变化率　$\Delta n = \frac{n_0 - n_N}{n_N} = \frac{1267.3 - 1154.7}{1154.7} \times 100\% = 9.75\%$

（2）积复励电动机时

$$N_f I_{f0} = N_f I_f + N_s I_s - F_{aqd}$$

$$I_{f0} = I_f + \frac{N_s I_s}{N_f} - \frac{F_{aqd}}{N_f} = 1.784 + \frac{6 \times 40.5}{1350} - \frac{100}{1350} = 1.89(\text{A})$$

由表 17-4 得

$$C_e\Phi = 0.172 + (0.182 - 0.172) \times \frac{1.89 - 1.73}{2.07 - 1.73} = 0.1767$$

略去串励绕组的电阻压降，额定时 $E_{aN} = 197.1\text{V}$，额定转速为

$$n_N = \frac{E_{aN}}{C_e\Phi} = \frac{197.1}{0.1767} = 1115.4(\text{r/min})$$

加串励绕组空载转速不变，故转速变化率为

$$\Delta n = \frac{n_0 - n_N}{n_N} = \frac{1267.3 - 1115.4}{1115.4} = 13.62\%$$

差复励电动机时

$$N_f I_{f0} = N_f I_f - N_s I_s - F_{adq}$$

$$I_{f0} = I_f - \frac{N_s I_s}{N_f} - \frac{F_{adq}}{N_f} = 1.784 - \frac{6 \times 40.5}{1350} - \frac{100}{1350} = 1.53(\text{A})$$

由表 17-4 得

$$C_e\Phi = 0.15 + (0.172 - 0.15) \times \frac{1.53 - 1.38}{1.73 - 1.38} = 0.1594$$

额定转速 $n_N=\frac{E_{aN}}{C_e\Phi}=\frac{197.1}{0.1594}=1236.5\ (r/min)$

转速变化率 $\Delta n=\frac{n_0-n_N}{n_N}=\frac{1267.3-1236.5}{1236.5}\times 100\%=2.49\%$

可见，加串励绕阻后，空载转速不变，但是负载时转速发生较大变化。与并励接法相比，积复励接法负载转速下降，Δn 增大；而差复励接法负载转速增加，Δn 减小。

第四节 直流电动机的起动和调速

一、直流电动机的起动

直流电动机的起动，应该满足下列两项基本要求：①有足够大的起动转矩；②起动电流限制在安全范围以内。此外，起动时间要短，起动设备要经济、可靠。

起动过程是一个过渡过程，在起动瞬间电机接上电源，电枢仍在静止状态，转速未变化 $n=0$，则 $E=C_e n\Phi=0$，这时的电枢电流称电机的起动电流 I_{st}，即

$$I_{st}=\frac{U}{\sum r_a} \tag{17-20}$$

通常电枢绕组电阻很小，如将额定电压直接外施至电枢的端点，则起动电流可达额定电流的10～20倍，对电动机本身及电网均产生严重的影响。由 I_{st} 产生的电磁转矩称起动转矩 T_{st}，起动转矩与起动电流成正比，故起动转矩也很大，即

$$T_{st}=C_T\Phi I_{st} \tag{17-21}$$

直流电动机的起动方法有：① 直接起动；② 电枢回路中串变阻器；③ 降压起动。直接起动无需其他起动设备，操作简便，起动转矩大，但起动电流很大，只用于小容量电动机起动。

一般的直流电动机**起动时电枢回路中串入变阻器，以限制起动电流。**当转速逐渐上升时，可将起动电阻逐级切除，直到转速接近额定值，将起动电阻全部切除。

起动过程中，每切除一级起动电阻时，起动电流便将突然跃升，通常将起动电流限制在两个极限值之间。起动过程中，起动电流 I_{st} 和转速 n 随时间的变化曲线如图17-20所示。通常取起动电流最大值 $I_1=(1.75\sim1.5)I_N$，起动电流最小值 $I_2=(1.3\sim1.1)I_N$。并励电动机和复励电动机常用**三点起动器和四点起动器**，图17-21所示为四点起动器原理接线图。起动之初，手柄上推与第一个触点相接，变阻器的全部电阻都在电枢回路中，用以限制起动电

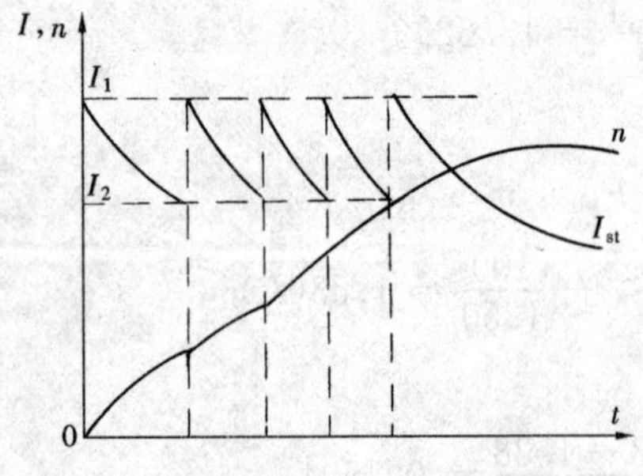

图17-20 电动机起动时的电流与转速

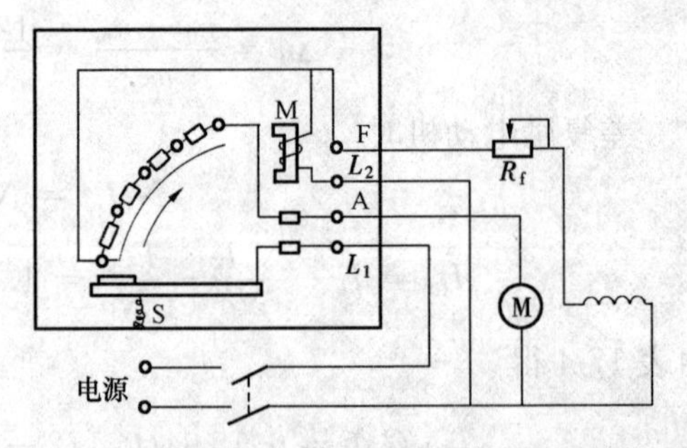

图17-21 直流电动机的四点起动器原理接线图

流，同时并励回路与电源接通，电磁铁也被激励；电动机起动，开始转动后，移动手柄，起动变阻器便被逐级切除，当变阻器的全部电阻自电枢回路中切除后，手柄便位于能被电磁铁M吸住的位置，保持不动。如电源断电，电磁铁失去磁性，手柄由于弹簧S的作用返回起动前位置。该类起动所需设备不多，在中、小型直流电机中广泛应用，对于大容量电动机起动器较笨重，且能耗较大，一般不采用这种方法，而用降压起动。

降压起动是降低起动电流的有效方法，通常采用他励，起动时励磁绕组电压不受降压的影响，保证有足够的起动转矩，起动过程中可逐渐升高电源电压，升速平稳，能耗小，但是需要专用电源，投资较大。

二、直流电动机的调速

与交流电动机相比，直流电动机有良好的调速性能，它的调速范围较广；调速连续平滑；经济性好，设备投资较少，调速损耗较小，经济指标高；调速方法简便，工作可靠。

分析直流电动机的机械特性和转速公式，例如并励直流电动机的转速公式可写成

$$n=\frac{U-I_a(r_a+R_a)-2\Delta U}{C_e\Phi} \tag{17-22}$$

由此可见，可以用这三种方法调速：① **调节励磁电流以改变每极磁通 $\boldsymbol{\Phi}$**；② **调节外施电源电压 $\boldsymbol{U}$**；③ **电枢回路中引入可调电阻 $\boldsymbol{R_a}$**。以下分别进行讨论。

1. 调节励磁电流以改变每极磁通 Φ

对于并励、他励电动机，调节励磁回路中的变阻器就能调节它们的励磁电流从而改变电机每极磁通的大小，用磁场控制来调速，一般都是减少气隙磁通。由式（17-7）可知，气隙磁通 Φ 减小时，首先使空载转速 n_0 上升，同时使机械特性的斜率 $\frac{\sum r_a}{C_eC_T\Phi^2}$ 增大，如图 17-22 所示。图中曲线 1 是自然机械特性，曲线 2 是气隙磁通减小后的特性。

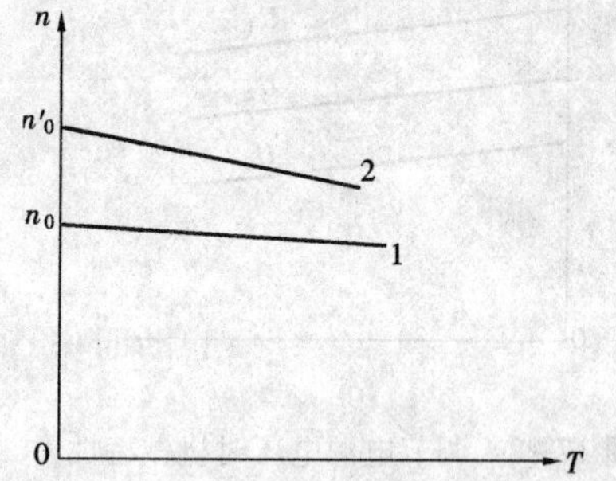

图 17-22　调节每极磁通时机械特性
1—自然机械特性；2—Φ 减小后机械特性

调速过程如下，当并励回路中变阻器的电阻增加，则励磁电流减小，每极磁通 Φ 减小，在最初瞬间电动机转速还没来得及变化，而反电动势 $E=C_e\Phi n$，随 Φ 减小而成正比例地减小，电动机外施电压 U 是常数，所以随着 E 的减小，电枢电流 I_a 将增大很多，增大的倍数远比 Φ 减少倍数大得多，这样电磁转矩 $T=C_T\Phi I_a$ 将增加，使电动机加速，直到电磁转矩与负载转矩平衡为止，此时电机转速比原转速高。如：每极磁通 Φ 降低 20%，若负载阻转矩保持不变，则电动机的电磁转矩 $T=C_T\Phi I_a$，也将不变，调速稳定后电枢电流 I_a 为原值的 1.25 倍；如电枢回路中电阻压降原为 5%，调速后增到 1.25×0.05=0.0625，这时的反电动势 $E=1-0.0625=0.9375$，按电动势公式 $E=C_e\Phi n$，调速前后的各物理量分别用下标“1”、“2”表示，调速关系式为

$$\frac{n_2}{n_1}=\frac{E_2}{E_1}\frac{\Phi_1}{\Phi_2} \tag{17-23}$$

将以上数据代入，可得 $n_2=\frac{0.9375\times1}{0.95\times0.8}n_1=1.23n_1$，转速增加 1.23 倍。由于电枢电阻压降较小，调节励磁前后 E 的变化很小，可以认为基本不变，这样

$$\frac{n_2}{n_1}=\frac{\Phi_1}{\Phi_2} \tag{17-24}$$

这种调速方法是通过调节励磁电流来调速，并励、他励电动机的励磁电流较小，用的控制功率较少，磁场变阻器的体积不大，在变阻器上消耗的功率不多，且便于连续平滑的调节速度，转速近似与每极磁通成反比，但是励磁电流与每极磁通不是单纯的线性正比关系，它与磁路饱和程度有关，调速时应予以注意。从上例还可以看到，励磁电流减小，每极磁通 Φ 减少至 0.8 倍，转速上升了 1.23 倍，若负载阻转矩不变，则电枢电流增加了 1.25 倍，输入功率与输出功率近似地按比例变化，**电机的效率可基本不变，这是一种高效的调速方法。**但是，调速时最高转速受到机械强度和换向的限制，最低转速受到励磁绕组自身电阻和磁路饱和的限制，因此调速比不能太大，一般为 1∶2～1∶6。

2. 调节外施电源电压 U

由转速公式可知，当励磁电流一定的情况下，一般电机的电枢回路电压降很小，转速与外施电压近似成正比，即

$$\frac{n_1}{n_2}\approx\frac{U_1}{U_2} \tag{17-25}$$

改变电源电压，电机机械特性硬度不变，不同电源电压时的机械特性是一组与其自然机械特性相并行的直线，如图 17-23 所示。

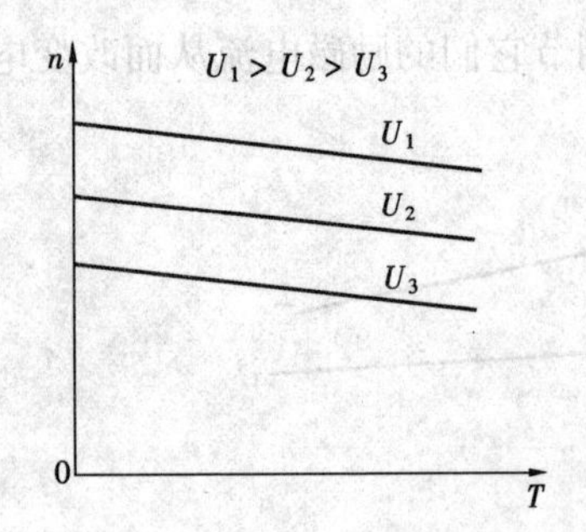

图 17-23 调节电源电压时机械特性

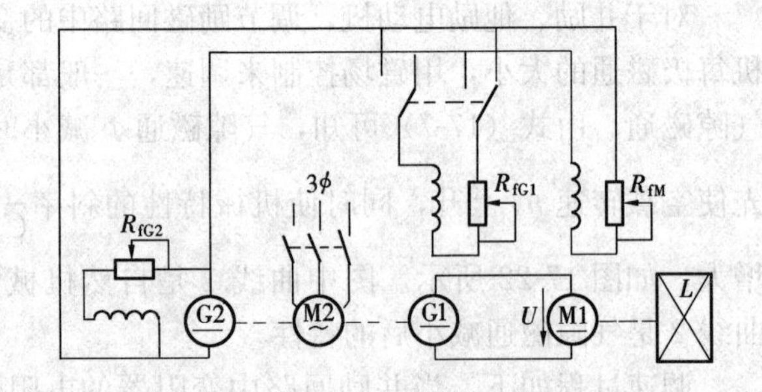

图 17-24 改变外施电压调速接线图

调压调速需要专用的直流电源向电动机供电。专用的直流电源，一种是直流发电机与电动机组成发电机——电动机系统；另一种是可控硅整流供电或直流斩波器供电。

图 17-24 所示为改变外施电压调速接线图，被调速电动机 M1 是一台他励电动机，由专用直流发电机 G1 供电，发电机 G1 和 G2 由一台三相交流电动机 M2 拖动，发电机 G2 是一台专供 G1 和 M1 励磁的励磁发电机，改变发电机的 G1 的励磁电流以调节其端电压，实现电动机 M1 的变电压调速。这种调速方法是通过调节小功率励磁电路进行的，调节方便，损耗小，调速范围广，可达 1∶24 以上，其缺点是专用直流电源设备投资大。当功率较大恒转矩负载（如卷扬机、印刷机等），可用这种调速方法。

3. 电枢回路中串可变电阻 R_a

电枢回路中串可变电阻 R_a 后，电枢电流流经 R_a 后有电压降，使电机电枢绕组的实际电压降低，因而也可以达到降低转速的目的。从机械特性上看，电机端电压和每极磁通不变，理想空载转速 n_0 也不变，而电枢回路的电阻为 r_a+R_a，R_a 增加，则机械特性的斜率增加，如图 17-13 所示。若所带负载是恒转矩负载，电枢回路中所串电阻越大，电机转速越低。

这种调速方法，当**负载转矩不变**时，电枢回路串电阻降低转速后，电机电磁转矩 $T=C_T\Phi I_a$ 也不变，**流入电机的电流、电压和输入功率仍保持不变，则输出功率随之按正比例降低**，因此，电动机的**效率将明显降低**，其消耗的能量较大，主要是电枢回路中电流较大，所串的调节电阻 R_a 上的功耗较大所致。故此法是一种耗能较大的不经济调速方法，且调速电阻体积也较大，需按长期通过较大电流来设计。此外，这种调速方法在负载转矩较小时，电枢电流较小，调速效果也不大。因此，这种调速方法虽然简单可行，然而调速效率低，调速范围小，故在不需经常调速的小容量电机，且机械特性要求较软的设备上被采用。

以上调速分析主要针对并励电动机，也适用于他励、复励电动机的调速。串励电动机的调速可以根据其转速公式（17-13），在电枢回路中串联变阻器或改变电枢端电压，还可以在串励绕组的两端并接一可调分流电阻，来调节流入串励电动机的励磁电流，或在电枢绕组两端并联可调电阻，使电枢电流小于励磁电流，同样可达到调速的目的。

【例 17-3】　设有一积复励电动机，额定时电压 $U_N=220V$，$I_{aN}=22A$，并励绕组电阻 $r_f=121\Omega$，电枢回路电阻 $r_a=0.954\Omega$，电刷接触电压降 $\Delta U=1V$，并励绕组每极 1530 匝，串励绕组每极 25 匝，满载时电枢反应去磁安匝数为 200，将该电机的并励绕组改由他励，转速为 500r/min 时测得的磁化曲线的数据见表 17-5。试求：

表 17-5　　[例 17-3] 的表一

E_0（V）	39.4	59.2	79.0	98.6	138.0	157.6	177.4
I_{f0}（A）	0.29	0.46	0.63	0.80	1.34	1.87	2.86

（1）调节该机的场阻使满载转速为 750r/min，此时并励回路中应串多少电阻？此时电动机的额定电磁转矩和空载转速？

（2）当电枢回路中串入 1Ω 的调速电阻，负载转矩不变，此时的电机额定转速、空载转速和额定输入功率及调速电阻上的功耗？

解　为了便于求磁通变化，应将磁化曲线的数据化成表 17-6。

表 17-6　　[例 17-3] 的表二

$C_e\Phi$	0.0788	0.118	0.158	0.197	0.276	0.315	0.355
I_{f0}（A）	0.29	0.46	0.63	0.80	1.34	1.87	2.86

（1）满载时的反电动势

$$E_a = U - I_a r_a - 2\Delta U = 220 - 22\times 0.954 - 2 = 197(V)$$

满载时

$$C_e\Phi = \frac{E_a}{n_N} = \frac{197}{750} = 0.263$$

用插值法求得对应的 I_{f0}，即

$$I_{f0} = 0.8 + (1.34 - 0.8)\times\frac{0.263 - 0.197}{0.276 - 0.197} = 1.25(A)$$

由磁动势平衡式

$$N_f I_{f0} = N_f I_f + N_s I_a - F_{aqd}$$

于是

$$1530\times 1.25 = 1530 I_f + 25\times 22 - 200$$

得

$$I_f = 1.022\ (A)$$

并励回路总电阻

$$\Sigma r_f = \frac{U}{I_f} = \frac{220}{1.022} = 215(\Omega)$$

并励回路中串入调速电阻

$$R_f = \sum r_f - r_f = 215 - 121 = 94(\Omega)$$

空载状态磁场全部由并励绕组电流产生，电枢反应的去磁作用不需考虑，即

$$I_{f0} = I_f = 1.022(\text{A})$$

用插值法求得对应的 $C_e\Phi$，即

$$C_e\Phi = 0.197 + (0.276 - 0.197) \times \frac{1.022 - 0.8}{1.34 - 0.8} = 0.23$$

空载转速 $n_0 = \frac{U}{C_e\Phi} = \frac{220}{0.23} = 956\ (\text{r/min})$

额定时电磁功率

$$P_M = E_a I_a = 197 \times 22 = 4330(\text{W})$$

电磁转矩 $T = \frac{P_M}{\Omega} = \frac{4330}{2\pi \times \frac{750}{60}} = 55.2\ (\text{N} \cdot \text{m})$

(2) 并励绕组的电流

$$I_f = \frac{U}{r_f} = \frac{220}{121} = 1.818(\text{A})$$

由磁动势平衡式求得额定时有效励磁电流

$$I_{f0} = I_f + \frac{N_s I_s}{N_f} - \frac{F_{aqd}}{N_f} = 1.818 + \frac{22 \times 25}{1530} - \frac{200}{1530} = 2.047(\text{A})$$

用插值法求对应的 $C_e\Phi$，即

$$C_e\Phi = 0.315 + (0.355 - 0.315) \times \frac{2.047 - 1.87}{2.86 - 1.87} = 0.3222$$

电枢串电阻后满载时的反电动势

$$E_a = U - I_a(r_a + R_a) - 2\Delta U = 220 - 22 \times (0.954 + 1) - 2 = 175(\text{V})$$

满载时转速

$$n_N = \frac{E_a}{C_e\Phi} = \frac{175}{0.3222} = 543.14(\text{r/min})$$

空载时转速与（1）相同，磁场全部由并励绕组电流产生，即

$$I_{f0} = I_f = \frac{U}{r_f} = \frac{220}{121} = 1.818(\text{A})$$

用插值法求对应的 $C_e\Phi$

$$C_e\Phi = 0.276 + (0.315 - 0.276) \times \frac{1.818 - 1.34}{1.87 - 1.34} = 0.311$$

空载转速

$$n_0 = \frac{U}{C_e\Phi} = \frac{220}{0.311} = 707.4(\text{r/min})$$

该电机并励回路和电枢回路均不串调速电阻，空载转速仍为 707.4r/min，满载时转速为 612r/min（计算略）；并励回路中串电阻，即减小励磁电流，降低每极磁通后，满载转速将提高到 750r/min，空载转速也提高到 965r/min；电枢回路中串电阻，满载时转速降为 594.5r/min，空载转速不变。电枢回路串电阻后，负载转矩不变，满载时电枢电流不变，故电机输入功率仍为

$$P_1 = UI_a = 220 \times 22 = 4840(\text{W})$$

满载时电枢回路中的调速电阻 R 上所消耗的功率为

$$P_R = I_a^2 R_a = 22^2 \times 1 = 484(\mathrm{W})$$

由此可见，这种调速方法调速电阻上的功率损耗较大，将使电机的效率下降。

*三、直流电动机的制动

直流电动机的电磁制动与异步电动机电磁制动一样，电动机转子产生一个与旋转方向相反的转矩，使电动机尽快停转，或由高速很快进入低速运行。常用的制动方法有：① 能耗制动；② 回馈制动；③ 反接制动。

1. 能耗制动

要使一台在运行中的直流电动机急速停转，如果将电动机的电枢回路从电源断开后，立即接到一个制动电阻 R 上，电机的励磁电流保持不变，此时电动机依据转子动能继续旋转，电机变成他励发电机运行，将储藏在转动部分的动能变为电能，在电阻负载中消耗掉，此时电枢电流所产生的电磁转矩的方向与转子的旋转方向相反，产生制动作用，使转速迅速下降，直至停转。这种制动方法称为**能耗制动**，或称**动能制动**，其原理接线图如 17-25 所示。

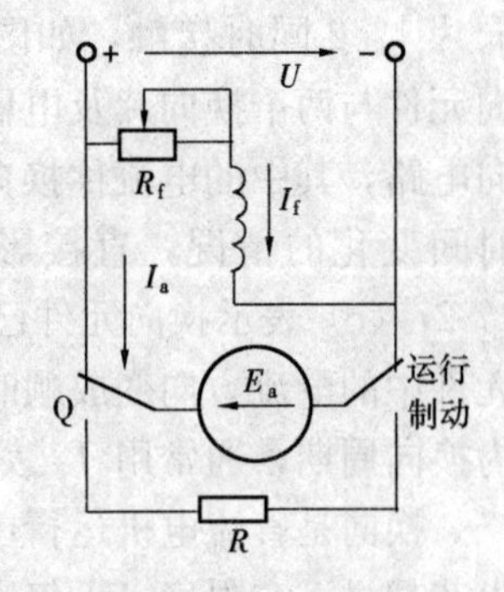

图 17-25　并励电动机能耗制动原理图

2. 回馈制动

为了限制电机转速的过高，如电车下坡时，重力加速度使车速增高，需要限速制动。此时将电车的牵引电机从**串励改为他励**，电枢仍然接在电网上，励磁电流由其他电源供电，电动机的感应电动势随着转速增高而增大，当转速高于某一数值时，电枢的感应电动势 E_a 大于电压 U，$E_a>U$，则电机将进入发电机状态，它的电枢电流和电磁转矩的方向都将倒转，电磁转矩起制动作用，限制转速的进一步提高，电枢电流方向倒转，电功率回馈至电网，称为**回馈制动**。

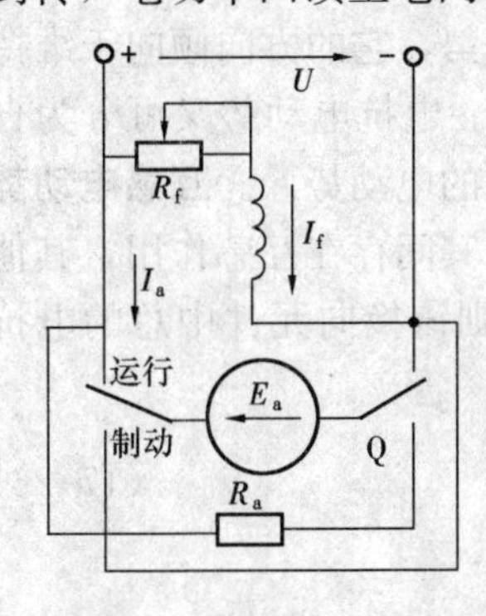

图 17-26　并励电动机反接制动原理图

3. 反接制动

如要使电动机迅速停转或限速反转，则可采用反接制动。图 17-26 所示为一台并励电动机反接制动原理图。反接制动时，励磁回路的连接保持不变，磁通的方向没有变，倒向开关 Q 向下，使电枢电流的方向倒向，电磁转矩的方向也随之反向。反接制动初瞬，电枢电流很大，因为此时外施电压和感应电动势同方向，$I_a=\dfrac{-U-E_a}{R_a}$，随之产生的很大制动性质的电磁转矩，使电动机迅速减速并停转，如果继续反接，电动机将反方向旋转。为了避免反接初瞬电流过大，在反接制动时的电枢回路中应接入适当的**限流电阻** R_a。

*第五节　直流电机的换向和改善换向的方法

直流有刷电机的换向是用机械方法强制改变电路连接，使绕组元件在极短时间内从一条支路经电刷短路后转入另一条支路，从而使该绕组元件中的电流改变方向，这种电流方向的变换称为**"换向"**。

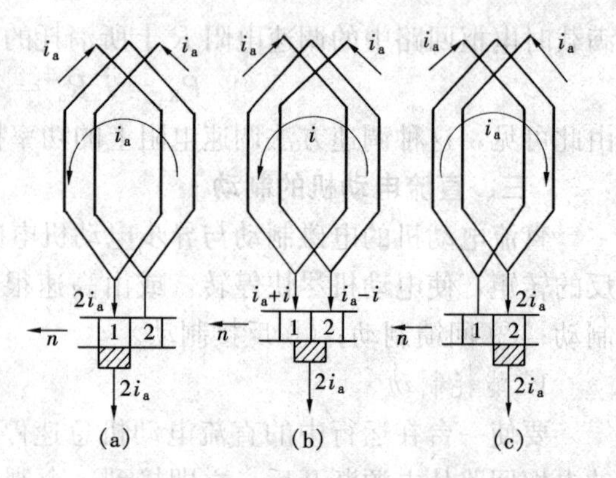

图 17-27　一元件的换向过程

(a) 换向开始；(b) 换向进行中；(c) 换向结束

图 17-27 表示一个单叠绕组元件中电流的换向过程。图中粗线表示换向元件，它的两端分别与换向片 1 和 2 相连接，设换向片宽度和电刷宽度相同。图 17-27（a）为换向开始状态，该元件位于电刷右边的支路，元件内电流 i_a 为逆时针方向。随着电枢的旋转，电刷与换向片 1、2 同时接触，如图17-27（b)所示，换向元件与两个换向片及电刷构成一个闭合的换向电路，其中的电流称**换向电流**。换向电流随时间变化的情况，直接影响换向的好坏。图 17-27（c）表示换向元件已移入电刷左侧支路，元件中的电流方向变成顺时针方向，此刻该元件换向已结束。这一换向过程所经历的时间称为换向周期，通常用 T_c 表示。换向周期很短，通常约为0.0005～0.002s。

换向是直流电机运行中的突出问题之一，换向不好将在电刷与换向片之间引起的火花，火花超过一定限度，不仅影响电机的正常工作，还会引起无线电电磁的干扰。下面就换向的电磁原因及改善换向作简要介绍。

一、换向电路分析

分析换向电流的变化规律，首先要分析闭合换向回路中存在的感应电动势，以及回路中换向片与电刷的接触电阻等。

1. 换向元件的电动势

换向元件有电抗电动势和速度电动势两种电动势。

当换向元件中有电流流过时，会产生交链该元件的漏磁通。电流变化时，漏磁通便随之而变化，将在该元件电路中产生一感应电动势 e_r，称其为**电抗电动势**，它的方向倾向于维持原来的电流不变，亦即阻碍换向电流 i 的变化，因此是阻碍换向的。电抗电动势又可分为自感电动势和互感电动势。**自感电动势**是由换向元件的漏磁通所产生的电动势 e_s。**互感电动势**是当电刷的宽度大于一换向片宽度，因一槽中有两个元件在换向，其间存在互感作用，其他换向元件中电流变化，也将在该换向元件中产生互感电动势 e_m，则该换向元件中总的电抗电动势为

$$e_r = e_s + e_m = -(L_s + \sum M)\frac{di}{dt} = -L_r\frac{di}{dt} \tag{17-26}$$

式中　L_r——合成等效漏感，$L_r = N_c^2 \times 2l\lambda$；

λ——换向元件的等效比漏磁导，对于普通直流电机为 $4\times10^{-8}\sim8\times10^{-8}$ H/cm。

换向电路中的 $\frac{di}{dt}$ 很难求得，可用换向元件在换向过程中电流变化的平均值来表示，在换向周期 T_c 时间段内，电流由 $+i_a$ 变化为 $-i_a$，总共变化 $2i_a$，于是式（17-26）可改写成

$$E_r = L_r \times 2\frac{i_a}{T_c} = 4N_c^2 l\lambda\frac{i_a}{T_c} \tag{17-27}$$

速度电动势是指换向元件的两个圈边在换向周期内，切割电机交轴处磁通而感应的电动势。换向元件在交轴处切割的磁通有三种：**主极磁场的边缘磁通，电枢磁场磁通和换向极磁**

通。交轴附近的主极磁场的边缘磁通是很微小的，但是如将电刷的交轴移过一个角度，便可使换向元件切割N极或S极的边缘磁通，所产生的速度电动势是阻碍换向还是帮助换向，视电刷移动方向而定。电枢磁场的速度电动势，无论是对于电动机还是对于发电机运行，其方向总是阻碍换向的。为了帮助换向，在电机交轴处特意设置了换向极，换向极产生的磁通总比电枢磁通略强而方向相反，这样换向元件在此情况下由换向极磁通和电枢磁通产生的总速度电动势 e_k（简称换向极速度电动势）与电抗电动势 e_r 反向，起到了帮助换向的作用。

2. 换向电路的电压方程式

换向电路的电阻主要是电刷接触电阻，换向元件本身电阻及元件与换向片间连接电阻都因数值较小而可以略去不计，假设每一个换向片与电刷接触表面上的电流密度是均匀的，电刷与换向片的接触电阻的大小与接触面成反正。如图17-27（b）所示，令 A 为电刷总的接触面积，A_1 与 A_2 为换向片1和换向片2各自与电刷的接触面积，当 $t=0$ 时，$A_1=A$，$A_2=0$；当 $t=T_2$ 时，$A_1=0$，$A_2=A$。令 R_b 为总的电刷接触电阻，R_1 和 R_2 为换向片1和2各自和电刷间的接触电阻，则

$$\left.\begin{aligned} R_1 &= R_b A/A_1 = R_b T_c/(T_c - t) \\ R_2 &= R_b A/A_2 = R_b T_c/t \end{aligned}\right\} \tag{17-28}$$

流经 R_1 的电流为 $i_1=i_a+i$，流经 R_2 的电流为 $i_2=i_a-i$。换向电路的电动势应是电抗电动势 e_r 和速度电动势 e_k 之和，即 $\Delta e=e_r+e_k$。

换向电路的电压方程式为

$$(i_a + i)R_b T_c/(T_c - t) - (i_a - i)R_b T_c/t = \Delta e \tag{17-29}$$

$$i = i_a\left(1 - 2\frac{t}{T_c}\right) + \Delta e/(R_1 + R_2) \tag{17-30}$$

对式（17-30）进行分析，换向电流的变化规则可分为三种情况：

（1）**直线换向**。设 $\Delta e=0$，即换向极速度电动势 e_k 与电抗电动势 e_r 大小相同，方向相反，这样，式（17-30）为

$$i = i_a = \left(1 - 2\frac{t}{T_c}\right) \tag{17-31}$$

换向元件随时间的变化规律为一直线，故称**直线换向**，如图17-28中直线1，其特点是电刷接触面上电流密度分布均匀，换向良好。

（2）**延迟换向**。若 $\Delta e>0$，阻碍换向的电动势 e_r 没有完全被抵消，使换向元件中电流改变方向的时刻向后推迟，即当 $t=T_c/2$ 时，电流 i 尚未下降至零，如图17-28中曲线2、5所示。这时两电刷上电流密度不同（后刷电流密度较大）。过分延迟换向，换向结束时 $i\neq i_a$，见曲线5，则当换向元件短路回路断开瞬间，电流突然强制变为 $-i_a$，此刻 di/dt 趋近于无穷大，释放大量的磁场储能，就会产生火花。

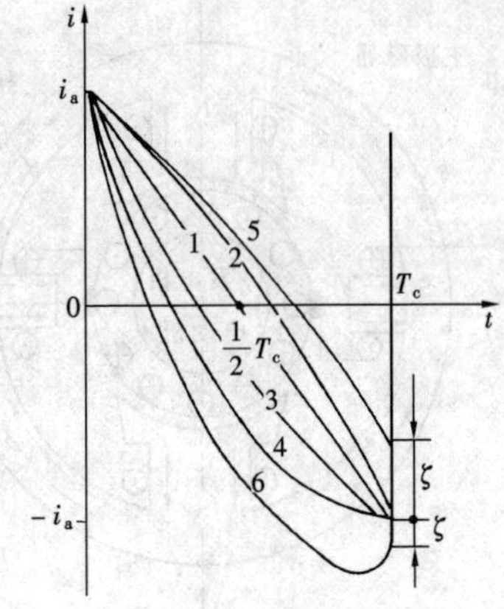

图17-28　在换向周期内电流变化的各种情况

（3）**超越换向**。若 $\Delta e<0$，换向极速度电动势 e_k 抵消电抗电动势 e_r 还有剩余，使换向元件中电流改变方向的时刻超前，如图17-28中曲线3、4、6所示。这时两电刷

上电流密度不同（前刷电流密度较大）与延迟换向相仿，略为超前或者略为延迟换向对换向影响不大，而过分超前换向如曲线 6，同样会在换向完毕时产生火花。

二、改善换向的方法

直流电机运行时分析换向好坏，往往是通过观察电刷和换向片间的火花。引起火花的原因很多，电磁原因是产生火花的重要原因，此外还有机械原因和电化学原因。直流电机运行时产生火花可以分为 1 级、$1\frac{1}{4}$级、$1\frac{1}{2}$级、2 级、3 级五个等级，只要火花被限制在一定程度内，一般电机在不超过 $1\frac{1}{2}$级时，不致影响换向器和电刷的连续正常工作。

改善换向的目的是减小或者消除电刷面下的火花。针对火花产生的原因，采取相应的措施。本节介绍消除电磁原因产生火花的方法。

根据换向电路分析可知，如回路中的 Δe 很小或接近于零，则换向过程使接近于理想的直线换向，$\Delta e = e_r + e_k$，减少电抗电动势 e_r 和增加换向极速度电动势 e_k（e_r，e_k 方向相反）是改善换向的重要方面。

设置换向极是改善直流电机换向的有效措施。换向极位于电机交轴，磁极上套有匝数不多的换向极绕组，并与电枢绕组相串联，如图 17-29 所示。其极性应使所产生的磁通与电枢磁场磁通有相反的方向。换向极磁动势 F_k 一部分用于抵消交轴处的电枢磁场磁动势 F_{aq}，另一部分 $F_{\delta k}$用于产生换向元件中 e_k 的磁场。即

$$F_k = F_{aq} + F_{\delta k} \tag{17-32}$$

设换向极下的磁通密度为 B_k，则换向元件的速度电动势为

$$e_k = 2N_c l_k v_a B_k \tag{17-33}$$

如果 e_k 正好抵消电抗电动势 e_r，就能大大改善换向。由于电抗电动势 e_r 和电枢反应磁动势都与负载电流成正比，因此，要使换向极电动势也必须正比于负载电流，这样**换向极绕组必须与电枢绕组串联**，如图 17-30 所示，且换向极磁路应是不饱和的，所以换向极极面下的空气隙比主磁极下的大得多。

换向好坏还与电抗电动势 e_r 的大小有关，由式（17-27）可知，**电机转速较低换向周期 T_c 较大和负载较轻，电流 i_a 较小时，e_r 较小，换向比较容易。**

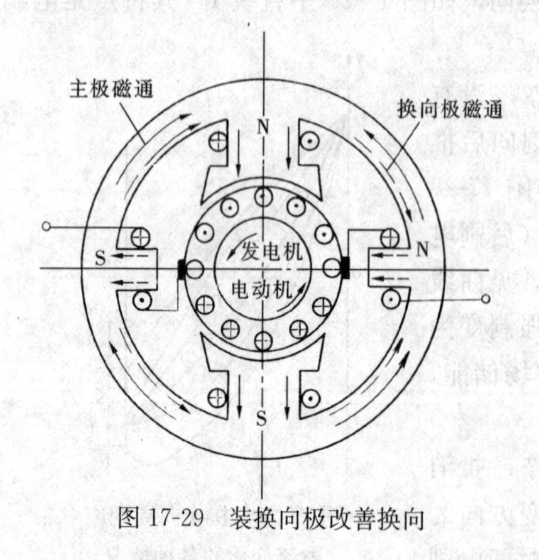

图 17-29 装换向极改善换向

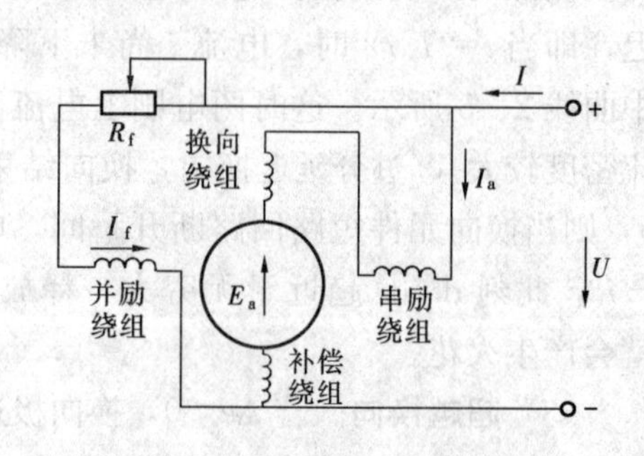

图 17-30 有换向极、补偿绕组的直流电机接线图

改善换向还可以通过**选择合适的电刷**，相对减小 e_r 和 Δe 所起的作用，电刷所采用材料是决定换向电路电阻 R_b 的主要因素，换向比较困难的电机，宜用接触电阻大的电刷，有利于换向，但是电刷接触电压大对运行不利。

此外，**移动电刷位置也能改善换向**，将电刷从几何中性上移开一个适当角度，使换向元件切割主磁极磁场产生的**速度电动势 e_k 与电抗电动势 e_r**，方向相反，相互抵消，达到改善换向的目的，但是移动电刷后会产生直轴去磁电枢反应，对电机其他性能产生不良影响，故这种方法现在已很少使用。

三、防止环火的方法

由于电枢反应使磁场畸变，在极靴下的增磁区气隙磁通密度达到很高的值，使与这些元件相连的换向片的片间电位差较高，就有可能形成电位差火花，与电刷下火花汇合成**环火**。对整个换向器造成很大的损坏，还会使线路受到破坏。为了防止环火现象的发生，需对电枢反应尽可能予以补偿。为此，在主磁极的极靴上专门冲槽，并安装一套分布的**补偿绕组**，使补偿绕组的电流分布与电枢绕组各对应点的电流大小相等，方向相反，如图17-31所示。此时**补偿绕组和电枢绕组串联**，如图 17-30 所示，其磁动势方向与电枢磁动势方向相反，在任何负载下均能减少或消除电枢反应引起的气隙磁场畸变。由于补偿绕组只能安装在极面下，中轴处通常仍由换向极帮助换向，但所需磁动势大为减少。安装补偿绕组，用铜增加，工艺也复杂，成本提高了，因此，只对有特殊要求的大型直流电机才应用。

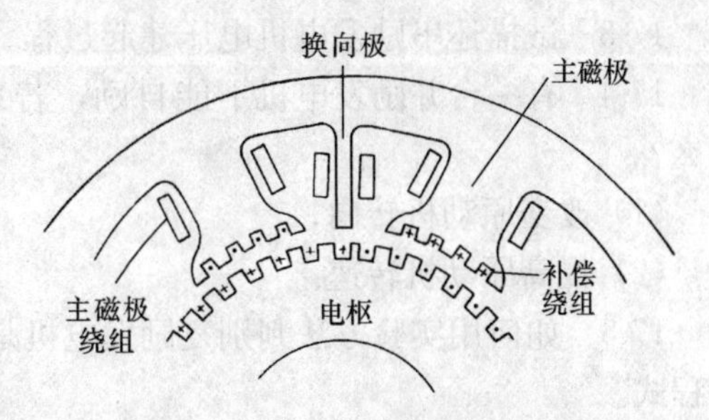

图 17-31　装有补偿绕组的直流电机

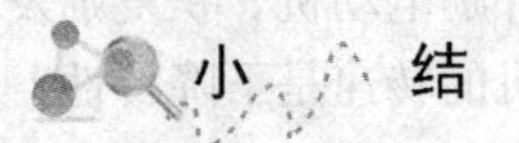

小　结

（1）直流发电机的运行特性与其励磁方式有关。外特性是其主要的运行特性，反映端电压随着负载电流变化的情况，标志输出电压的质量。负载特性表示在某一负载电流下，端电压随着励磁电流而变化的情况。当负载电流为零，该特性曲线称为空载特性，它是反映该电机磁路性能的重要曲线。调节特性表示，维持端电压为一常值时，励磁电流随着负载电流而变化的情况，可用于调节发电机的励磁。直流发电机的主要性能参数有电压变化率和效率。自励发电机能自己建立起稳定端电压是其一大优点，但是它必须满足自励条件。

（2）直流电动机的运行特性最重要的是机械特性，即转矩—转速特性，

$$n=\frac{U-2\Delta U}{C_e\Phi}-\frac{\sum r_a}{C_e\Phi C_T\Phi}T$$

因主磁通 Φ 随负载电流而变化的情况依励磁方式的不同而不同，故各种不同励磁方式的电机特性差别很大，也确定了它们的应用范围。

直流电动机的工作特性还有转速特性 $n=f(I_a)$，转矩特性 $T=f(I_a)$。转速变化率是表征电动机转速随着负载变化的重要参数。

（3）与交流电动机相比，直流电动机有较好的起动性能，起动设备比较简单。直流电动机起动转矩与起动电流成正比，所以起动转矩比较大。

(4) 直流电机有良好的调速性能，常用调节励磁电流、调节外施电压和电枢回路中串联电阻三种方法。其中并励电动机可直接调节励磁电流进行弱磁调速，调节性能好，又不需要昂贵复杂的调速设备。

(5) 换向是直流电机运行中的特殊问题。了解换向电路的分析，火花产生的电磁原因，了解换向极和补偿绕组的作用，以及改善换向的方法。

思　考　题

17-1　用什么方法改变他励发电机输出端的极性？

17-2　用什么方法改变并励发电机输出端的极性？

17-3　试描述串励发电机电压建起过程。

17-4　有一台并励发电机不能自励，若采用了以下措施后，该发电机能建起电压，为什么？

(1) 改变原动机转向；

(2) 提高原动机转速。

17-5　如何用实验方法判别复励发电机是积复励还是差复励？并分别写出其磁动势平衡方程式。

17-6　并励发电机在下列情况空载电压如何变化？

(1) 磁通减少 10%；

(2) 励磁电流 I_f 减少 10%；

(3) 励磁回路电阻减少 10%。

17-7　综合比较他励发电机、并励电动机、积复励发电机的外特性和电压变化率。

17-8　在什么情况下并励电动机的转速是下降特性？在什么情况下为上升特性？我们为什么宁可要下降特性，而不要上升特性？

17-9　如何改变并励电动机旋转方向？

17-10　并励电动机运行时励磁回路发生断路将会出现什么现象？

17-11　串励电动机为什么不能空载运行？复励电动机能否空载运行？

17-12　直流串励电动机电源改为交流电，能否正常运转？

17-13　设正常运行时，一直流电动机电阻压降为外施电压的 5%，现将励磁回路断路，试就下列两种情况判断该机将减速还是加速？

(1) 当剩磁为每极磁通的 10%时；

(2) 当剩磁为每极磁通的 1%时。

17-14　为什么说直流电动机起动性能比异步电动机好？

17-15　他励电动机带恒转矩负载，分别采用减少每极磁通、降低电源电压和电枢回路中串电阻三种方法调速，其空载转速 n_0、额定转速 n_N 和电枢电流 I_{av}将如何变化？

17-16　讨论直流电动机各种调速方法的优缺点，并说明它们的应用范围。

17-17　有一直流电动机装有换向极，且在额定运行时换向良好，当发生下列情况时，对换向有何影响？

(1) 当负载电流大幅度增加；

（2）当负载电流大幅度减少；

（3）当转速升高；

（4）当换向极绕组有一部分匝数短路；

（5）当换向极绕组开路；

（6）当电刷接触电阻增加；

（7）当电刷顺着旋转方向移动一个小角度（分电动机和发电机两种状态）。

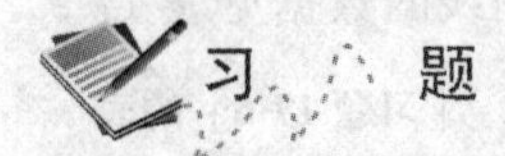

习　题

17-1　设有一直流并励发电机，额定功率 $P_N=2.5kW$，电压 $U_N=230V$，转速 $n_N=2850r/min$，每一极上的并励绕组有 4800 匝，电枢电阻 $r_a=1.14\Omega$，$\Delta U=1V$，在满载时电枢反应的去磁安匝数为 235。当转速为 1500r/min 时，测得的磁化曲线的数据见表 17-7。试求：

表 17-7　　**［习题 17-1］的表**

I_{f0} (A)	0.10	0.22	0.32	0.40	0.55	0.70
E_0 (V)	50	100	120	130	140	147

（1）该机在额定运行时，励磁回路中的电流和电阻；

（2）该机的空载电压和电压变化率；

（3）该机改为他励，励磁电压为 220V，励磁回路电阻保持前值不变，求空载电压、满载电压和电压变化率。

17-2　设有一 9kW 的直流并励发电机，额定电压 $U_N=116V$，电枢电阻 $r_a=0.08\Omega$，电刷接触电压降 $\Delta U=1V$，并励绕组每极为 1650 匝。在额定转速时测得的磁化曲线的数据见表 17-8。试求：

表 17-8　　**［习题 17-2］的表**

I_{f0} (A)	1.0	2.0	2.5	3.0	3.5	4.0	4.5
E_0 (V)	50	90	107	118	125.5	130	133

（1）当励磁回路的电阻 $\sum r_f=33\Omega$ 时空载电压；

（2）设场阻不变，满载电压为 116V 时，电枢反应的去磁安匝数；

（3）如将该机改为平复励发电机，设场阻不变，每一磁极上串励绕组匝数。

17-3　如题 17-2 的发电机转速为原转速的 90%，励磁回路电阻不变，空载电压为多少？电枢反应去磁安匝数不变，满载电压为多少？

17-4　一台并励发电机，额定功率 $P_N=100kW$，$U_N=250V$，并励绕组每极为 986 匝，空载时建立额定电压需要励磁电流 7.14A，而在满载时建立额定电压需要励磁电流 9.16A，不计电枢绕组压降，试求：

（1）满载时电枢反应去磁安匝数；

（2）该发电机改为平复励发电机，每极的串励绕组匝数。

17-5　一台他励电动机，$U_N=220V$，$I_N=100A$，$n_N=1150r/min$，电枢电阻 $r_a=0.095\Omega$，试求：

（1）不计电枢反应的影响，空载转速和转速变化率；

（2）若满载时电枢反应的去磁作用使每极磁通下降15%，空载转速和转速变化率（额定转速保持不变）。

17-6 有一串励电动机额定功率 $P_N=3.5kW$，$U_N=220V$，该电动机满载时的效率为80%，电枢回路中电阻为0.8Ω，电刷接触电压降 $\Delta U=1V$，满载时电枢反应去磁作用相当于励磁电流1A，设满载时电枢反应去磁作用与负载电流成正比。如将该电动机作他励，转速保持在1000r/min时测得的磁化曲线的数据见表17-9。试求：

表 17-9 **［习题 17-6］的表**

E_0（V）	40	80	120	140	160	180	200	220
I_{f0}（A）	1.8	3.6	5.7	7.0	8.8	11.3	15.7	22.0

（1）该电动机满载时转速；

（2）该电动机在半载时转速；

（3）该电动机转速限制在2000r/min以下，至少有多少负载电流。

17-7 设有一积复励电动机，额定电压 $U_N=220V$，满载电枢电流 $I_{aN}=22A$，电枢回路总电阻 $r_a=0.954\Omega$，$\Delta U=1V$，并励绕组每极1530匝，串励绕组每极25匝，满载时电枢反应去磁安匝数为200，该机作他励时，且转速保持在500r/min测得磁化曲线的数据见表17-10。试求：

表 17-10 **［习题 17-7］的表**

E_0（V）	39.4	59.2	79.0	98.6	138.0	157.6	177.4
I_{f0}（A）	0.29	0.46	0.63	0.80	1.34	1.87	2.86

（1）满载运行时，调节场阻使满载转速为750r/min，求此时并励回路中总电阻 $\sum r_f$ 和电磁转矩。

（2）如保持 $\sum r_f$ 不变，空载转速为多少？

（3）设并励绕组回路电阻，即场阻为130Ω，则该机的空载转速和满载转速为多少？

17-8 有一台并励直流电动机，额定电压 $U_N=220V$，额定电流 $I_N=22A$，电枢电阻 $r_a=0.82\Omega$，试设计一起动变阻器，使起动电流限制在26～40A之间，求该起动变阻器应有的级数及每级电阻之值。

解 设 R_1 为起动初瞬电枢回路中的总电阻，R_2 为变阻器切除一级后的总电阻，R_3 为变阻器切除二级后的总电阻，以此类推。

起动初瞬电枢回路中的总电阻 R_1 为

$$R_1=\frac{U_N}{I_{st1}}=\frac{220}{40}=5.5(\Omega)$$

当第一级电阻切除瞬间，电枢反电动势来不及变化，故

$$I_{st2}R_1=I_{st1}R_2$$

式中 I_{st1}——指起动电流允许最大值，切除第一级电阻后电流突然增大，其允许的最大起动电流即 I_{st1}，如图17-20所示；

I_{st2}——指起动电流限制范围下限，切除第一级电阻前，随转速上升起动电流将下降，

当达到 I_{st2} 时可切除一级电阻。

$$R_2=\frac{I_{st2}}{I_{st1}}R_1=\frac{26}{40}\times 5.5=3.575(\Omega)$$

同理

$$R_3=\frac{I_{st2}}{I_{st1}}R_2=\frac{26}{40}\times 3.575=2.324(\Omega)$$

$$R_4=\frac{I_{st2}}{I_{st1}}R_3=\frac{26}{40}\times 2.324=1.510(\Omega)$$

$$R_5=\frac{I_{st2}}{I_{st1}}R_4=\frac{26}{40}\times 1.510=0.982(\Omega)$$

如果把 R_5 的值再乘以 $\frac{I_{st2}}{I_{st1}}$，则所得的值小于 r_a，故起动变阻器应分为 5 级。各级电阻值如下：

第一级电阻　$R_1-R_2=1.952\Omega$

第二级电阻　$R_2-R_3=1.251\Omega$

第三级电阻　$R_3-R_4=0.814\Omega$

第四级电阻　$R_4-R_5=0.528\Omega$

第五级电阻　$R_5-r_a=0.162\Omega$

17-9　设有一并励电动机，额定功率 $P_N=2.2$kW，$U_N=220$V，效率 80%，电枢电阻 $r_a=0.51\Omega$，起动时，应使起动电流限制在 $(2\sim1.2)I_N$ 的上下限之间，试求：

(1) 直接起动时起动电流；

(2) 设计一起动变阻器，应有级数及每级电阻之值。

17-10　有一台并励电动机，额定电压 $U_N=220$V，额定电流 $I_N=40$A，励磁电流 $I_{fN}=1.2$A，电枢回路电阻 $r_a=0.5\Omega$，电刷接触电压降 $\Delta U=1$V，略去电枢反应去磁作用。转速为 1000r/min 时空载特性的数据见表 17-11。用以下方法进行调速，设调速前后负载转矩不变。试求：

表 17-11　［习题 17-10］的表

I_{f0} (A)	0.4	0.6	0.8	1.0	1.1	1.2	1.3
E_0 (V)	83.5	120	158	182	191	198.6	204

(1) 端电压降为 180V 时，空载转速和满载转速；

(2) 电枢回路中串 0.9Ω 调速电阻，空载转速、满载转速和调速电阻上的功耗；

(3) 励磁电流降为 1.1A 时，空载转速和满载转速。

17-11　有一台直流电动机，电枢回路中电阻电压降占外施电压的 6%，调节励磁电流调速，使每极磁通减至原有数值的 75%，设调速前后负载转矩不变，试求满载时：

(1) 调速初瞬电枢电流为原有电流的多少倍？电磁转矩是原值的多少倍？

(2) 调速稳定后转速为原有转速的多少倍？

永磁无刷直流电动机

第一节 基 本 结 构

有刷直流电动机，无论是采用电励磁还是永磁励磁，都具备以下特点：定子侧为静止的励磁磁场；转子侧由外部直流电源供电，但转子绕组中的电流和感应电动势都是交流的，由电刷和换向器完成上述直流到交流的转换；电刷是电枢电流的分界线，其位置决定了电枢电流的换流时刻，因此，电刷与换向片配合起到了检测转子位置的作用；尽管转子在旋转，但由于电刷相对定子磁极的位置不动，因此，电枢磁场与励磁磁场相对静止且互相垂直，确保产生最大的电磁转矩。

由于电刷和换向器存在机械接触，换向时产生的换向火花会引起电刷和换向器磨损、电磁干扰、噪声等问题，导致电机可靠性较差，易产生故障需要经常维护，限制了有刷直流电动机的应用场合。要根本解决这些问题，就必须去掉电刷和换向器，消除机械接触，这就促成了永磁无刷直流电动机的出现和发展。

如图 18-1 所示，永磁无刷直流电动机采用电力电子逆变器完成直流到交流的转换，即由电子换向取代有刷直流电动机的机械换向。由于没有电刷和换向片，电枢电流的换流时刻将由专门的转子位置传感器来检测，由控制电路根据转子位置来决定电力电子开关的导通与关断。由此也可见，永磁无刷直流电动机的运行必须配备相应的控制器，是一种典型的机电

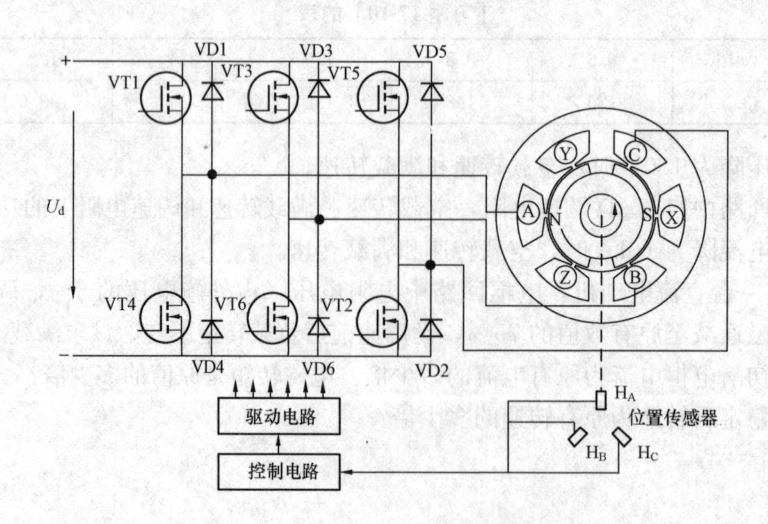

图 18-1 永磁无刷直流电动机系统结构图

一体化电机，电机的设计与运行不再仅仅是电和磁，还有相关的电子电路和控制理论知识。永磁无刷直流电动机和永磁有刷直流电动机，在结构上除了有无电刷之外，还有一个重要区别在于，无刷电机中将电枢和磁极的位置进行了互换，即电枢固定不动放在定子上，而磁极放到旋转的转子上，这样电机结构简单，便于电子换向的实现。

永磁无刷直流电动机必须有控制器才能运行，导致其成本较高，但在性能上较永磁有刷直流电动机和笼型异步电动机有明显优势，见表18-1。近10年来，随着永磁材料和电力电子器件技术的发展、成本的降低，永磁无刷直流电动机发展极为迅速，在许多电机应用领域中正在不断地取代永磁有刷直流电动机和笼型异步电动机，是当今电机技术发展的热点方向。

表18-1　永磁无刷直流电动机与永磁有刷直流电动机和笼型异步电动机的比较

项目	永磁无刷直流电动机	永磁有刷直流电动机	笼型异步电动机
定子	多相交流绕组	永磁	多相交流绕组
转子	永磁	直流绕组	笼型绕组
电刷	无，电磁干扰较低	有，电磁干扰较大	无
控制器	有	无（调速时需要）	无（调速时需要）
电源	直流	直流	交流，功率因数低
效率	高（几乎无转子损耗）	较低（电刷有损耗）	低（转子损耗大）
功率密度	高	较低	较低
转矩波动	大	小	小
机械特性	接近线性	线性	非线性
可控性	好	好	差
寿命和可靠性	较高，不必经常维护	低，需定期维护	高
安全性	较高	低	高（可用于防爆场合）
使用温度范围	较低（受永磁材料限制）	较低（受永磁材料限制）	较高
成本	高	较高	低

永磁无刷直流电动机由电动机本体、位置传感器和控制器三部分组成。电动机本体的主要部件是定子和转子。转子由永磁体、铁芯和支撑部件构成。永磁体通常采用径向充磁的铁氧体或钕铁硼，做成瓦片形或环形，贴装在转子铁芯表面，这种结构称之为表面贴装式。除此之外还有埋入式、内嵌式等结构，如图18-2所示。转子铁芯采用硅钢片叠压而成，也可直接用电工纯铁加工而成。支撑部件主要指转轴、轴套和压圈等。

永磁无刷直流电动机的定子主要由铁芯和绕组构成，与交流电机定子十分类似，有些情

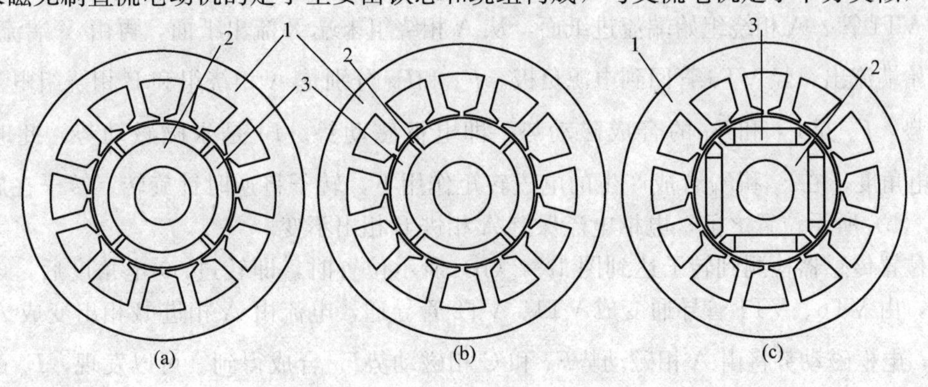

图18-2　永磁无刷直流电动机定转子结构图

（a）表贴式；（b）埋入式；（c）内嵌式

1—定子铁芯；2—转子铁芯；3—永磁体

况下甚至可互换使用。定子铁芯是由带有齿槽的环形硅钢片冲片叠压而成，多相对称绕组放置在槽中。为了采用自动绕线机或进行模块化生产，永磁无刷直流电动机多采用跨距为 1 的分数槽绕组，图 18-3 是一台 4 极 6 槽电机的绕组连接图，数字 1～6 表示的是槽号，A 相线圈直接绕在槽 1 和槽 2、槽 4 和槽 5 中间的齿上。

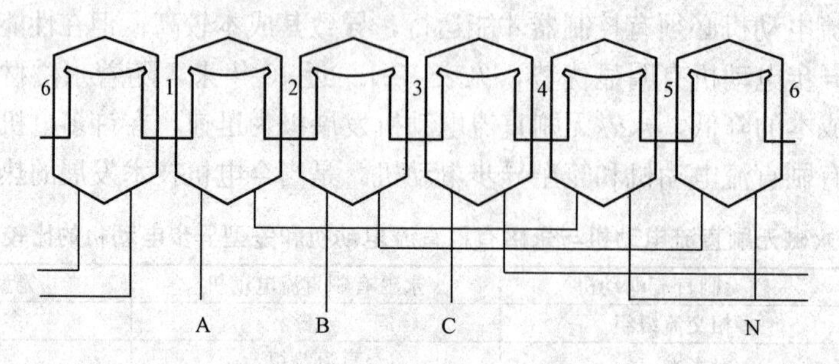

图 18-3 4 极 6 槽电机的绕组连接图

位置传感器的作用是检测转子在运动过程中对于定子绕组的相对位置，将永磁磁场的位置信号转换成电信号，为控制电路提供正确的换向信息，以控制电力电子开关器件的导通和关断，是电动机电枢绕组中的电流随着转子位置的变化按次序换向。最常用的位置传感器是锁存型霍尔集成电路芯片，将芯片放在定子铁芯槽口，或齿顶开槽，或线圈骨架靠近铁芯处，芯片标志面朝外，面对永磁体 S 极时，输出低电平，面对 N 极时，输出高电平。S-N-S-N 交替变化时，输出波形占空比接近 50%。

控制器需要为位置传感器提供激励，并接收位置传感器的输出信号，然后进行逻辑处理和综合处理，得到各相绕组的导通顺序，触发电力电子开关器件，使电枢绕组按一定的逻辑程序通电。除了可靠运行，对控制器还有调速、正反转、刹车、过电流保护等功能要求。

第二节 工 作 原 理

将图 18-1 中的 2 极 6 槽电机简化成图 18-4 的形式，三相绕组接成星形绕组。假设转子转到图 18-4（a）所示的位置，此时图 18-1 中的 VT6 和 VT1 管导通，电流从电源正极流出，经 VT1 管、A 相绕组始端流进纸面，从 A 相绕组末端 X 流出纸面，再由 Y 端流进，B 相绕组始端流出，经 VT6 管回到电源负极。$\vec{F}_A$ 和$\vec{F}_B$ 分别是 A 相绕组和 B 相绕组电流产生的磁动势，$\vec{F}_a$ 是$\vec{F}_A$ 和$\vec{F}_B$ 的合成磁动势，即电枢磁动势。$\vec{F}_f$ 是永磁磁动势，此时落后$\vec{F}_a$120°电角度，在$\vec{F}_a$ 和$\vec{F}_f$ 合成产生的电磁转矩作用下，转子将逆时针旋转。转子在旋转到图 18-4（b）所示位置之前，电枢电流保持 A 相进 B 相出不变。

当位置传感器检测到转子达到图 18-4（b）所示位置时，即转过 60°电角度后，电枢电流换向，由 VT6、VT1 管导通变成 VT1、VT2 管导通，电流由 A 相进 B 相出变成 A 相进 C 相出，电枢磁动势将由 A 相磁动势$\vec{F}_A$ 和 C 相磁动势$\vec{F}_C$ 合成得到。可以发现，$\vec{F}_a$ 的位置从图 18-4（a）所示位置跳跃到了图 18-4（b）所示位置，跳跃了 60°电角度，此时$\vec{F}_a$ 与$\vec{F}_f$ 的夹角又变成 120°，合成的电磁转矩继续促使转子逆时针旋转。当位置传感器检测到转子旋转到图 18-4（c）所示位置时，电枢电流再次换向，由 VT1、VT2 管导通变为 VT2、

VT3 管导通，电流方向变为 B 相进 C 相出，电枢磁动势继续顺着旋转方向向前跳跃 60°，$\vec{F}_a$ 与$\vec{F}_f$ 的夹角又从 60°变成 120°，转子在电磁转矩的作用下继续逆时针旋转。就按照这样的规律，转子达到图 18-4（d）所示位置时，VT3、VT4 管导通，电流方向为 B 相进 A 相出；转子达到图 18-4（e）所示位置时，VT4、VT5 管导通，电流方向为 C 相进 A 相出；转子达到图 18-4（f）所示位置时，VT5、VT6 管导通，电流方向为 C 相进 B 相出；然后回到图 18-4（a）所示状态，就这样周而复始地运转下去。

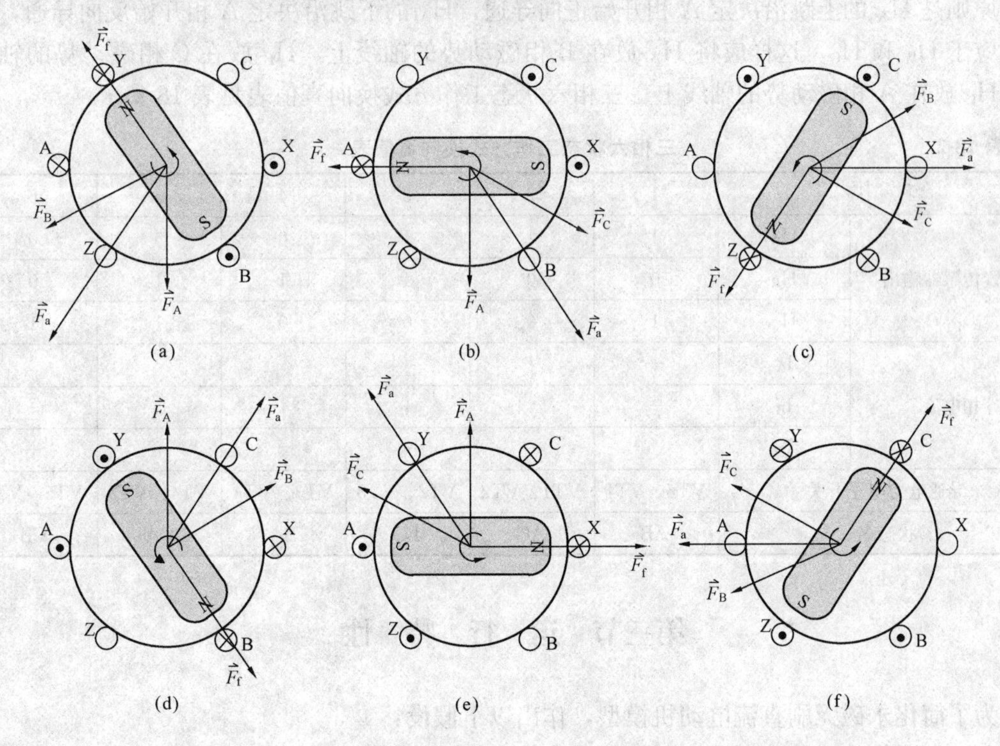

图 18-4　电枢磁动势和永磁磁动势相对空间位置关系

（a）VT6、VT1 导通；（b）VT1、VT2 导通；（c）VT2、VT3 导通；（d）VT3、VT4 导通；（e）VT4、VT5 导通；（f）VT5、VT6 导通

由以上分析可以看出，永磁磁动势方向是随着转子旋转在连续不断地变化，而电枢磁动势的方向并不是连续不断地变化，它是在做跳变，每次跳跃 60°，在一个电角度周期内，只有 6 个位置，因此这种控制方式也称为三相六状态法。还可以看出，在任一时刻，只有两只管子导通，一个属于上桥臂，另一个属于下桥臂；电枢中也只有两相绕组中有电流；VT1～VT6 管子在一个电角度周期内，每个连续导通 120°后关断，因此还可以称这种控制方式为两两导通 120°型。除此之外，永磁无刷直流电动机的控制方式还有三三导通 180°型和两三轮流导通 150°型，但两两导通 120°用得最多，这里不做详细阐述。

总结以上对永磁无刷直流电动机工作原理的分析，可以得出以下结论：

（1）在一个电角度周期内，三相定子绕组在空间共产生 6 个电枢合成磁动势位置。

（2）转子每转过 60°电角度，定子绕组就换流一次，相应的电枢磁动势就跳变一次。

（3）在这六个连续跳变的电枢磁动势作用下，转子永磁磁动势随转子旋转。

（4）尽管电枢合成磁动势是跳变的，它与永磁磁动势的夹角在 60°～120°范围内变化。但从平均意义上来看，这两者是相对静止，并且是相互垂直的。这表明永磁无刷直流电动机具有和直流电动机相同的电磁关系，从而决定了其机械特性和调速性能与直流电动机的相似性。

位置传感器必须正确摆放才能准确检测到转子位置。三相电机最少需要三个位置传感器，总共有八种输出可能，去掉全 1 和全 0，六种输出正好对应永磁磁动势的六个位置。确定的原则是 H_A 的上跳沿决定 A 相开始正向导通，H_A 的下跳沿决定 A 相开始反向导通，同理对应于 H_B 和 H_C。这样应将 H_A 放在 B 相磁动势的轴线上，H_B 放在 C 相磁动势的轴线上，H_C 放在 A 相磁动势的轴线上。三相六状态工作方式换向真值表见表 18-2。

表 18-2 三相六状态工作方式换向真值表

顺 序		1	2	3	4	5	6
位置传感器输出	H_A	1	1	1	0	0	0
	H_B	0	0	1	1	1	0
	H_C	1	0	0	0	1	1
相电流	I_A	+	+		−	−	
	I_B	−		+	+		−
	I_C		−	−		+	+
导通电力电子开关		VT6、VT1	VT1、VT2	VT2、VT3	VT3、VT4	VT4、VT5	VT5、VT6
状态名		AB	AC	BC	BA	CA	CB

第三节 运 行 特 性

为了简化永磁无刷直流电动机模型，作出以下假设：

（1）忽略绕组电感和互感，不考虑电流换向的过渡过程；

（2）忽略电枢反应对气隙磁场的影响；

（3）忽略永磁体中的涡流；

（4）电力电子开关用等效管压降来代替。

无论永磁无刷直流电动机采用什么样的结构、什么样的绕组型式，在一个电角度周期内总是可以划分若干个对称的状态角，分析等效电路时只需要考虑一个状态角内的情况即可。以三相六状态，两两导通 120°型为例，一个状态角为 60°，一个状态角内总有两相绕组中有电流，它的电磁关系和有刷直流电机是一样的，可以看作是一台他励直流电动机。因此感应电动势和电压、功率、转矩平衡方程式与第十六章第四节和第五节中关于直流电动机的描述是一样的，区别仅在于永磁无刷直流电动机中的电枢由两相绕组组成，用等效管压降来替代电刷上的压降。永磁无刷直流电动机的机械特性和工作特性都与有刷直流电动机类似，这里不再详细阐述。

索 引 (index)

参 考 文 献

[1] 周鹗，徐德淦，濮开贵. 电机学(修订本). 北京：水利电力出版社，1988.
[2] 周鹗 . 电机学 . 3 版. 北京：水利电力出版社，1995.
[3] 许实章. 电机学(修订本)(上、下册). 北京：机械工业出版社，1988.
[4] 汪国梁. 电机学. 北京：机械工业出版社，1987.
[5] 李发海，等. 电机学 . 2 版. 北京：科学出版社，1991.
[6] Theodore Wildi. Electrical Machines，Drives，and Power Systems，5th ed. 北京：科学出版社，2002.
[7] 菲茨杰拉德，等著 . 电机学 . 6 版 . 刘新正，等译. 北京：电子工业出版社，2004.
[8] 胡虔生. 电机学习题解析 . 2 版. 北京：中国电力出版社，2011.